谷物加工副产物综合利用关键技术及产品开发

张东杰　王立东　曹荣安　边　鑫　著

中国纺织出版社有限公司

内 容 提 要

本著作重点阐述了水稻、小麦、杂粮等谷物加工后副产物中米糠、麸皮、胚芽的综合利用关键技术及相关产品开发。书中系统介绍了小麦麸皮提取制备低聚木糖、水溶性多糖的关键技术及产品功能特性，小麦胚芽制备胚芽油、麦胚蛋白粉、麦胚蛋白肽等关键技术及产品，米糠稳定性及米糠油制备关键技术，米糠油生产共轭亚油酸和甘二酯关键技术，米糠蛋白溶解性及乳化性增强机制研究等内容，为谷物副产物的高值化利用提供了理论和应用基础。本书具有一定的前瞻性和实用性，具有较高的学术价值。

本书适合粮食加工专业、食品专业的学生作为参考书，也可供相关领域的科研人员阅读。

图书在版编目(CIP)数据

谷物加工副产物综合利用关键技术及产品开发／张东杰等著. --北京：中国纺织出版社有限公司，2021.4

ISBN 978-7-5180-8406-7

Ⅰ.①谷… Ⅱ.①张… Ⅲ.①谷物—粮食加工—粮食副产品—综合利用 Ⅳ.①TS210.9

中国版本图书馆CIP数据核字(2021)第040701号

责任编辑：潘博闻　国　帅　　责任校对：楼旭红

责任印制：王艳丽

中国纺织出版社有限公司出版发行

地址：北京市朝阳区百子湾东里A407号楼　邮政编码：100124

销售电话：010—67004422　传真：010—87155801

http://www.c-textilep.com

中国纺织出版社天猫旗舰店

官方微博 http://weibo.com/2119887771

三河市宏盛印务有限公司印刷　各地新华书店经销

2021年4月第1版第1次印刷

开本：710×1000　1/16　印张：31.5

字数：493千字　定价：88.00元

前　言

谷物副产物是指玉米、水稻、小麦、杂粮等谷物在生产加工环节产生的壳、麸皮、糠、胚芽、碎米等副产品。目前,我国谷物产后加工损失浪费极其惊人,谷物加工只注重粮食籽粒部分的开发利用,深加工转化率低;同时,为追求精、白、细的特点,部分粮油加工企业利用低水平、不合理的加工工艺对成品粮进行加工,每年在加工过程中造成的总损失量达750万吨。同时,我国日渐增多的谷物加工副产物的开发产品多停留在一级、二级的初级水平上,未能将副产物有效地综合利用,直接影响到资源节约、质量安全、环境保护以及农民增收等方面。因此,国家高度重视农产品加工的综合有效利用,加大扶持力度,加强科技攻关,实现变废为宝,化害为利,实现农产品资源的全利用。通过对谷物及其副产物等农业资源的综合加工利用,既有利于发展循环经济,降低资源消耗,实现农业资源的合理和有效利用,又能够实现农产品加工业经济活动的生态化和资源的可持续利用。

本书主要介绍谷物加工副产物综合利用关键技术及相关产品开发。书中系统地介绍了谷物加工副产物小麦麸皮提取低聚木糖、水溶性多糖的关键技术及产品功能特性,小麦胚芽制备胚芽油、麦胚蛋白粉、麦胚蛋白肽等关键技术及产品开发,米糠稳定性及米糠油制备关键技术,米糠油生产共轭亚油酸和甘二酯关键技术和小米麸皮制备膳食纤维关键技术等内容。在编写方法上从机理到工艺,从技术到产品,书中详尽地对谷物加工后副产物加工利用的关键技术和产品开发进行了介绍。

全书共十章,第一章主要论述了谷物加工后副产物研究与应用现状;第二章介绍了模拟移动分离床工业化生产小麦麸皮低聚木糖技术研究;第三章介绍了不同谷物麸皮中功能成分的提取及特性研究;第四章介绍了工业化制取小麦胚芽油工艺条件的研究;第五章介绍了工厂化制取麦胚蛋白粉及抗氧化肽工艺技术研究;第六章介绍了物理方法处理对米糠稳定性及米糠油提取率影响的研究;第七章介绍了米糠油共轭亚油酸高产菌株的诱变选育及培养基和发酵条件的优化;第八章介绍了米糠油生产共轭亚油酸生物技术研究;第九章介绍了米糠油酶法制备甘二酯关键技术研究;第十章介绍了不同预处理方法对米糠蛋白溶解性及乳化性增强机制研究。

全书由黑龙江八一农垦大学的张东杰、王立东、曹荣安及哈尔滨商业大学的边鑫合著而成。其中张东杰完成第一章第一节、第三章第三节,王立东完成第二章、第四章、第五章和第十章,曹荣安完成第一章第二节、第三章第一节、第二节,第六章和第七章,边鑫完成第八章和第九章。本书的出版得到国家重点研发计划战略性国际科技创新合作重点专项项目“杂粮食品精细化加工关键技术合作研究及应用示范(2018YFE0206300)”、黑龙江省自然科学基金项目“气流粉碎强化固相化学反应合成高疏水性酯化淀粉及其作用机理研究(LH2020C087)”、黑龙江省“杂粮生产与加工”优势特色学科项目(黑教联[2018]4号)、黑龙江省农垦总局项目“黑龙江垦区特色农产品生产与开发研究”、黑龙江省农垦总局项目“小麦麸皮多糖生物活性研究及产品开发(HKKYZD190703)”、黑龙江八一农垦大学学术专著论文基金的资助,以及黑龙江八一农垦大学农业部农产品加工质量监督检验测试中心(大庆)博士后工作站的支持。本书在成书过程中得到黑龙江八一农垦大学张丽萍、鹿保鑫、王长远、曹龙奎、李志江的大力支持,在此表示由衷的感谢,并对参与研究项目的黑龙江八一农垦大学刘诗琳、于仕博、李晓强、季瑞雪、张承泰、甄妮、林翔、程娟、曲鹏宇、唐伟、隋明等科研人员表示诚挚的感谢。

由于作者水平有限,受研究方法和条件的局限,书中难免会出现疏漏或者不恰当的观点和叙述,愿各位同仁和广大读者在阅读的过程中,能够给予更多的指导,并提出宝贵的意见。我们衷心希望本书的出版可以为相关科研人员、企业人员和高校师生提供参考。最后,再次感谢在本书编辑与出版过程中所有对我们的工作给予倾情支持和帮助的人们。

作者

2021 年 1 月于大庆

目 录

第一章　绪论

第一节　谷物加工副产物

一、谷物加工副产物

谷类作为发展中国家的传统主食，几千年来一直是老百姓餐桌上不可缺少的食物之一。在发达国家，虽然谷物的消耗量相对较少，但仍然是食物中不可或缺的一部分，在膳食中占据着重要的地位。世界上最早的谷物出现于12000年前的中东地区——新月沃土，而中国有关于谷物最早的记录来自先秦的五穀之说，在《论语》中记载称：谷物是指稻、黍、稷、麦、菽5种作物。近代以来，谷物被广泛的定义为禾本科粮食作物及其种子，包括大米、小麦、玉米、高粱、野米、燕麦、薏仁米等。谷物，还是粮食的一个概括性称号。目前，联合国粮食及农业组织（Food and Agriculture Organization of the United Nations，FAO），简称“粮农组织”，粮食是指包括麦类、豆类、粗粮类和稻谷类等的谷物。

自“二战”后，全球粮食生产急速发展增长。自1946年至1989年，全球粮食总产量约增长了2.5倍，人均粮食产量增长了63%。中国是世界上最大的产粮国（2019年全国粮食面积见图1-1），其中谷物作物以占农作物85%播种面积的优势成为主导作物。根据国家统计局提供的数据显示，我国谷物产量多年保持在较高位水平，2019年全国谷物产量达61368万吨，同比增长0.6%。在2020年9月举办的二十国集团农业和水利部长会议中，粮农组织指出2020年全球谷物总产量有望达到27.65亿吨，创历史新高，比2019年增加5800万吨。然而，目前不只是粮食的数量问题需要得到重视，粮食的利用率及浪费更值得关注。

谷物加工副产物是指谷物在生产加工环节中所产生的一系列不用作主要用途的加工产物，常见的谷物副产物包括糟糠类、饼粕类、麸皮类和次粉类等。其中，最主要的两类副产物就是糠类和麸类，“糠”是对制米的副产品的统称，而制粉的副产物被统称为“麸”。一般来说，谷物类加工的主产品为大米、面粉等子实

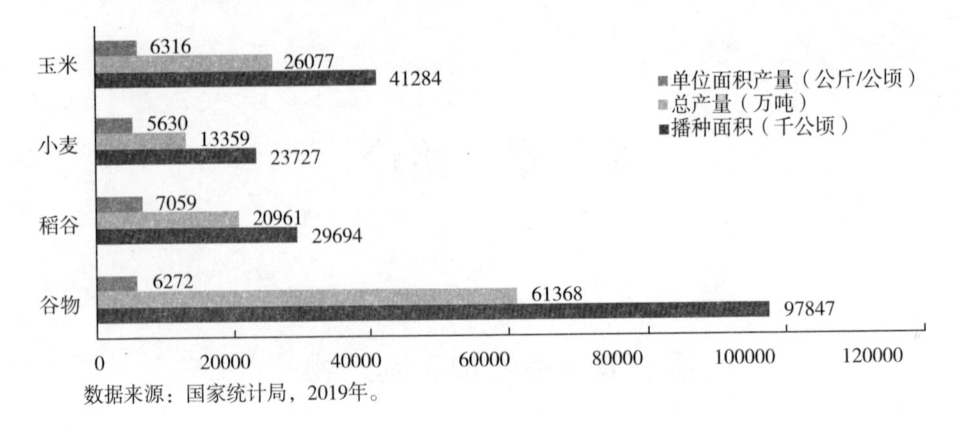

图 1－1　2019 年全国粮食播种面积、总产量及单位面积产量情况

的胚乳部分，而糠麸等副产品部分则来自种皮、糊粉层和胚三部分。根据加工程度不同，糠麸中有时还包括少量的胚乳。糠麸类副产物主要包括米糠、小麦麸、大麦麸、燕麦麸、玉米麸、高粱麸、大豆皮等，其中以小麦麸和米糠的产量最高。

据国家粮食局统计数据表明，我国粮食产后的损失浪费极其惊人。长期以来，我国的谷物加工只注重于粮食籽粒部分的开发利用，深加工转化率低，主要作为原料或初级产品流通于市场中。并且，为追求精、白、细的特点，部分粮油加工企业在利用低水平、不合理的加工工艺对成品粮进行加工的过程中，每年的总损失量高达 750 万吨。这代表的不仅是加工损耗所造成资源浪费，更是我国粮油加工副产物的综合利用率远远低于国际同行的重要表现。2014 年，我国农业部在农产品生产及加工副产物综合利用的专题调研中指出，由于我国日渐增多的农产品加工副产物的开发产品只停留在一级二级的水平上，未能将副产物完全利用，这直接影响到资源节约、质量安全、环境保护以及农民增收等方面，因此建议高度重视农产品加工的综合有效利用，加大扶持力度，加强科技攻关，实现变废为宝，化害为利，真正实现农产品资源全利用。同时，农业部印发《关于加强粮食加工减损工作的通知》，要求各级农产品加工业管理部门牢固树立“减损就是增产、减损就是增收、减损就是增供、减损就是增效”的理念，不断增强工作责任感和紧迫感，全面推进粮食加工减损工作。目前，我国的农业资源有限，对产品的开发和资源的利用方面呈现粗放的模式，使我国承受巨大的经济、环境和人口压力。对农产品等农业资源的综合加工利用，既有利于发展循环经济，降低资源消耗，实现农业资源的合理和有效利用，同时又能够实现农产品加工业经济活动的生态化和资源的可持续利用。

二、稻谷加工副产物

目前，稻谷在全球有近14万个种类，其代表种为稻（*Oryza sativa* L.），且新的稻种还在不断的被研发当中。作为人类种植最为广泛的谷物作物之一，稻谷也是全球一半以上人口的主食。根据美国农业部（United States Department of Agriculture，USDA）的数据显示，自2015年至今，全球稻谷的年产量均在47000万吨以上，其中2018年全球稻谷总产量高达49919.3万吨。从全球市场来看，全球90%左右的稻谷产自亚洲，而我国作为拥有1.4万余年稻作栽培历史的种植国家，因历史悠久、水稻遗传资源丰富等众多特点，成为了全球第一大稻谷产国（图1-2）。我国稻谷的主产区主要集中在长江流域、珠江流域以及东北地区，年产量可达世界总产量的30%左右，常年居世界首位。

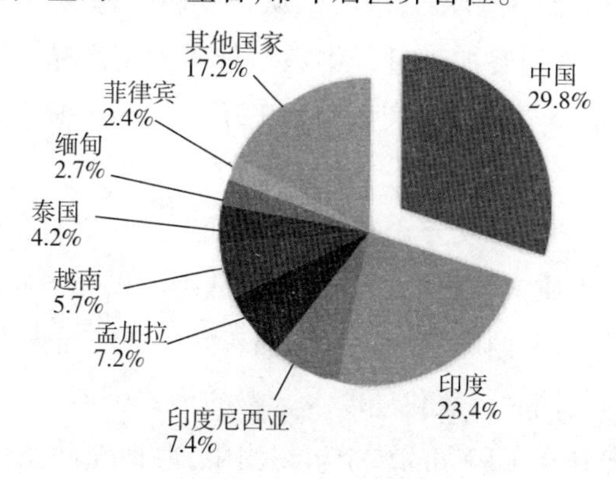

数据来源：美国农业部，2019年。

图1-2 2019年度全球稻谷产量格局

如图1-3所示，稻谷粒是由颖（外壳）和颖果（糙米）两部分组成，稻谷加工中经砻谷机处理得到糙米和稻壳，糙米再经过加工碾去皮和胚，留下胚乳就是人

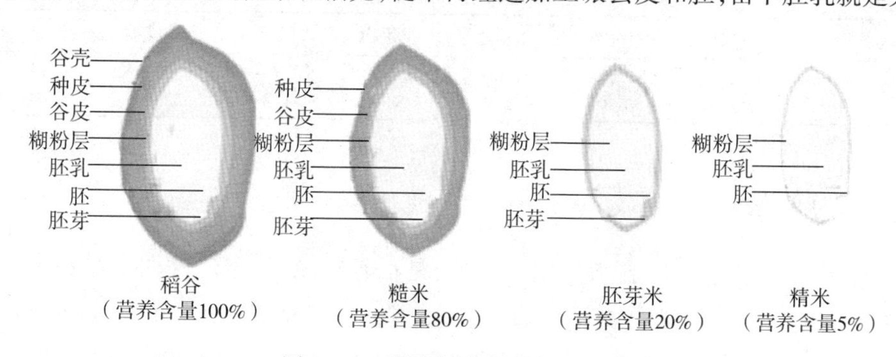

图1-3 不同阶段稻米组织结构图

们餐桌上所食用的精制大米。随着经济和生活水平的不断提高，人们对稻谷的加工工艺要求越来越细致，现行市场上的稻谷产品多是经过粗选—精选—剥壳—去皮—筛选—色选—抛光—去杂—分级等多重工艺进行精细加工后才进行包装销售的。伴随“三碾二抛光”等过度加工，我国每年都会有高达3000万吨的稻谷加工副产物产生，包括稻壳、碎米、米糠等，其中仅米糠下脚料每年就有约1000万吨产生。

(一)稻壳

稻壳又称作砻糠粉，是谷粒的硬保护罩，由外颖、内颖、护颖和小穗轴等部分组成，外颖顶部之外长有鬓毛状的毛。稻壳的颜色多为稻黄色、金黄色、黄褐色及棕红色等，且有着良好的韧形、多孔性、低密度性(112～144 kg/m^3)以及质地粗糙的特性。稻壳作为稻谷加工过程中数量最多的副产品，其重量约占稻谷总重量的20%。以目前世界稻谷年产量56800万吨为基准，那么每年将有约11360万吨的稻壳产生。

稻壳中营养物质和活性成分含量较低，含有少量的脂肪和蛋白质，主要的组成成分是纤维素类、木质素类和无定型结构的硅类。稻壳中硅的含量十分重要，含量越高，则稻壳越坚硬，耐磨性能也就越强。硅元素在稻壳中以无定形的二氧化硅(SiO_2)形式存在，同时二氧化硅以水合物的形式($SiO_2 \cdot mH_2O$)作为细胞和细胞壁的成分之一，存在于稻壳的各个组织当中，占稻壳硅总量的90%～95%，而硅酸含量占总硅量的0.5%～0.8%，胶态硅酸占0.00%～0.33%，其中木质部的硅元素全部是以单硅酸的形式存在。根据产地、气候、年份以及品种的不同，稻壳的成分含量有所变动，其大体的组成成分见表1-1。

表1-1　稻壳的化学组成成分分析表

成分	水分	粗纤维	木质素	粗蛋白	脂类	多缩戊糖	灰分
含量(%)	7.5～15.0	35.5～45.0	21.0～26.0	2.5～3.0	0.7～1.3	16.0～22.0	13.0～22.0

(二)碎米

碎米主要包括胚、胚乳和皮层三部分，是稻谷在脱壳、碾米等加工过程中产生的部分破碎的米粒，限于现有的碾米技术，其比例甚至可高达20%～30%。按照粒形大小可将碎米分为大碎米和小碎米，大碎米是指留存在直径2.0 mm圆孔筛上,不足本批正常整米 2/3 的碎粒,而小碎米是指通过直径 2.0 mm 圆孔筛,留存在 1.0 mm 圆孔筛上的碎粒。碎米产量的多少与稻谷的品种、新鲜度、加工工艺及生产操作等因素都密切相关。

碎米与普通大米没有明显区别,营养成分基本相同,唯一需要考虑的是,由于碎米经过机械破坏,其质地往往更加柔软,这种类型的米在加工烹饪过程中更容易入味。碎米与整米相同的是它们都含有丰富的淀粉(75%)、蛋白质(8%),和较为丰富的 B 族维生素和矿物质,不同的是碎米中的粗纤维和矿物质含量略高于整米。碎米中蛋白质含量虽然不高,却是一种质量较好的植物蛋白。碎米蛋白中的米谷蛋白的含量约占总蛋白含量的 80%,并且碎米中的蛋白质具有营养价值高以及易溶于水、不易引起过敏等优点。同时,碎米中含有的大米淀粉与其他作物淀粉相比,具有颗粒较小、粒度均匀,不易引起食物过敏,而且香味柔和,糊化后吸水快,质构柔滑、具有脂肪口感,且容易涂抹开的独特的理化和加工特性。而且,其中含有的蜡质大米淀粉除具有类似脂肪的性质之外,还具有良好的冻融稳定性。

(三)米糠

米糠(现行国家标准米糠),又称“青糠”、“全脂米糠”,主要是由稻谷脱壳后,糙米在碾制成精米的加工过程产生的谷皮、种皮、外胚乳、糊粉层和胚组成的副产物,其中还混有少量稻谷和碎米。一般米糠占稻谷总重的 10% ~20%,占糙米质量的 8% 左右。按照我国现在的稻谷产量(1.85 亿吨)计算,全年大约产生 1200 万吨的米糠。现在美国等发达国家已经有食用米糠问世,中国也出现了类似产品,即应用现代食品加工精准碾制技术将米糠中的不宜食物质(稻壳、果皮、种皮、灰尘、微生物等)与宜食营养物质(胚、糊粉层等外层胚乳)在洁净的生产车间里进行精准碾磨分离,此分离技术可将米糠分级为饲料级米糠和食品级米糠两部分,其中食品级米糠约占米糠总重量的 80%,营养的 90%。因为食品级米糠虽然只占稻谷重量的 6%,且占稻谷营养的约 60%,是大米碾白过程中的碾下物,所以其也被人们称为“米珍”或是“米粕”。

米糠集中了稻谷中 64% 的营养素,由于加工米糠的原料和所采用的加工技术不同,米糠的组成成分并不完全一样。其化学成分以糖类(3% ~8%)、脂肪(16% ~20%)和蛋白质(8.5% ~16%)为主,还含有膳食纤维、酚类、甾醇、角鲨烯、神经酰胺和较多的维生素,热量大约为 125.1 kJ/g。米糠的脂肪类物质中主要的脂肪酸为油酸、亚油酸等不饱和脂肪酸,并含有大量的维生素、植物醇、膳食纤维、氨基酸及矿物质等，而不含胆固醇。其不饱和脂肪酸达到80%，饱和脂肪酸、单不饱和脂肪酸和多不饱和脂肪酸比例约为1:2.1:1.8，与美国医院协会（The American Hospital Association，AHA）和世界卫生组织（World Health Ovganization，WHO）的推荐比例相近。并且，相比于大米中8种必需氨基酸组成比例而言，米糠蛋白的组成更接近FAO/WHO推荐模式，尤其是米糠蛋白中赖氨酸含量，是其他植物蛋白所无法比拟的。因此，米糠在国内外拥有着"天赐营养源"的美名。

米糠中含有的γ-谷维醇、角鲨烯、硫辛酸和神经酰胺等生物活性因子，多半具有清除体内自由基、抗衰老、降血压、降血脂以及护肤美容等功能。米糠中含有的植酸钙又称菲丁或植酸钙镁，其主要成分是肌醇六磷酸钙镁，其中的有机磷和钙易被人体吸收，可以促进人体新陈代谢，是一种滋补强壮剂。米糠油中含有丰富的维生素、谷维素、甾醇、复合脂质等几十种天然活性成分，具有降"三高"调养神经和人体新陈代谢等功能。此外，米糠中还含有一般食物中罕见的长寿因子——谷胱甘肽，谷胱甘肽在人体内能通过谷胱甘肽氧化酶的催化，减轻人体内过氧化物产生的危害。

三、小麦加工副产物

小麦是小麦属植物的统称，代表种为禾本科单子叶植物普通小麦（*Triticum aestivum* L.），是新石器时代的人类对其野生祖先进行驯化的产物。小麦的栽培历史已有1万年以上，最早栽培于两河流域，现在除南极外，小麦遍布于全球各大洲，养活了全球约40%的人口。小麦的主要种植国家有中国、俄罗斯、美国、加拿大、印度、澳大利亚、法国以及阿根廷等。作为在世界各地广泛种植的三大谷类作物之一，小麦更是中国最重要的口粮之一，几乎全作食用，仅约有1/6作为饲料使用。我国北起黑龙江漠河，南到海南岛，西起塔什库尔干塔克自治县，东抵沿海各省均有小麦的种植田。小麦作为人类膳食的主要原料，其颖果磨成面粉后可制作面包、馒头、饼干、面条等食物，发酵后可制成啤酒、酒精、白酒或生物质燃料。

明朝著名科学家宋应星编写的《天工开物》中记载，小麦的产量在当时约占全国粮食总产量的15%，足以表明小麦自明代起便已经是粮食作物中的重要一员。根据我国国家统计局于2020年7月15日发布的数据来看，我国2020年小麦产量达13168万吨，比2019年增加75.6万吨，增长0.6%，预计我国2021年小麦产量仍保持世界第一。

小麦中富含淀粉、蛋白质、脂肪、粗纤维、矿物质及多种维生素等营养物质，受到品种和环境条件的影响，其中各营养成分存在着较大的差异。从环境条件来看，潮湿气候能够降低麦粒中蛋白质的含量(8% ~10%)，而干旱的环境有利于蛋白质的存在，高含量蛋白质(14% ~20%)的小麦麦粒质硬而透明，面筋强而有弹性。中医领域中，未成熟的小麦可以入药治疗盗汗，小麦皮还可以用于治疗脚气病。小麦的籽粒结构十分复杂，可以被分成皮层、胚芽和胚乳 3 个解剖区域(图 1-4)。在小麦加工过程中，能够产生的副产物主要包括小麦麸皮、次粉以及麦胚，其中成品面粉以及各种副产物所占的比例分别为：面粉 75%，次粉 5%，麸皮 20%，麦胚 0.2%。

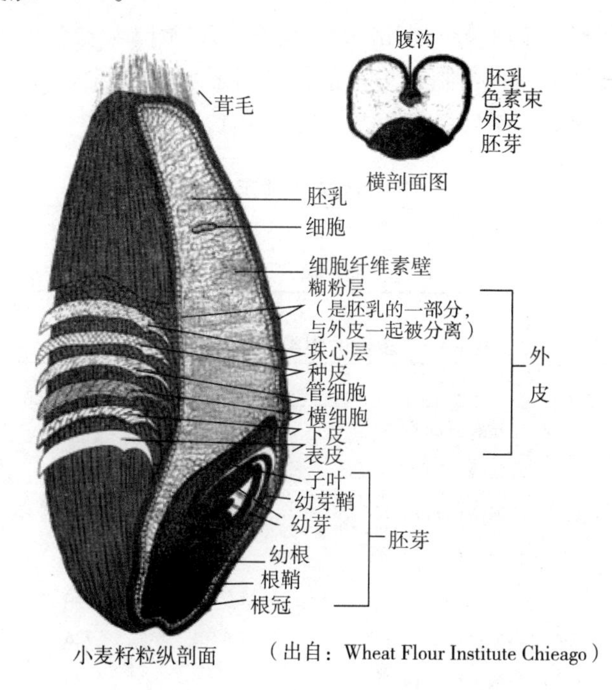

图 1-4 小麦籽粒组织结构图

(一)麦麸

《本草纲目》中曰："麸皮乃麦皮也，与浮(小麦)同性，而止汗之功次于浮麦，盖浮麦有肉也。"麦麸，呈麦黄色的片状或粉状，其主要由小麦种皮、糊粉层和少量胚芽组成。其中，糊粉层占粮粒的7% ~9%，占麸皮的45% ~50%。一般情况下，面粉厂经过逐道的研磨和筛理，除去打碎入粉的胚乳，生产出麦麸约占小麦籽粒质量的14% ~19%。麦麸的分类方法众多，按小麦品种，可分为红粉麸和白粉麸;按面粉加工精度可分为精粉麸、特粉麸和标粉麸;按产出麦麸的形态、形状,可将其分为片麸和面麸;按不同制粉工艺中产出物的形态、成分,又可分为大麸皮、小麸皮。我国每年的麦麸产量都在2000万吨左右,而其中85%的麦麸用来做饲料、酿酒、制醋和酱油。

麦麸作为膳食纤维的主要来源,包含46%的非淀粉多糖,其中阿拉伯木聚糖约为70%,纤维素约为24%,$\beta-(1\rightarrow3)(1\rightarrow4)$-葡聚糖约为6%,另外还有少量来自细胞胚乳和糊粉层的阿糖基半乳糖和葡聚糖以及少量的木聚糖。麦麸还含有4%~5%的植酸和0.4%~1.0%与之相结合的阿魏酸。面粉的主要组成蛋白质是醇溶蛋白(64%)和谷蛋白(24%),而麸皮中4种蛋白质分布较均匀,其中清蛋白20.1%、球蛋白14.3%、醇溶蛋白12.4%、谷蛋白23.5%。小麦中组成成分的含量受到其种类、品质、制粉工艺条件等因素水平的调控,小麦麸皮的主要组成成分及部分营养物质的含量如表1-2~表1-4所示。

表1-2 麦麸的基本组成成分

成分	蛋白质	脂肪	总碳水化合物	总膳食纤维	可溶性膳食纤维
含量(%)	12~18	3~5	45~65	35~50	2

表1-3 麦麸的脂类及氨基酸组成

类别	成分	每100 g中的含量	单位
氨基酸	亮氨酸(Leu)	928	mg
	蛋氨酸(Met)	234	mg
	苏氨酸(Thr)	500	mg
	赖氨酸(Lys)	600	mg
	色氨酸(Trp)	282	mg
	缬氨酸(Val)	726	mg
	组氨酸(His)	430	mg
	异亮氨酸(Ile)	486	mg
	苯丙氨酸(Phe)	595	mg
脂类	单不饱和脂肪酸	0.637	g
	多不饱和脂肪酸	2.212	g
	多不饱和脂肪酸占总脂肪酸比例	63.6	%
	胡萝卜素	6	μg
	叶黄素	240	μg

表 1-4 麦麸的维生素及矿物质组成

类别	成分	每 100 g 中的含量	单位
维生素	维生素 A	2.7	μg
	维生素 E	1.49	mg
	维生素 K	1.9	μg
	维生素 B_1（硫胺素）	0.523	mg
	维生素 B_2（核黄素）	0.577	mg
	维生素 B_3（烟酸）	13.578	mg
	维生素 B_4（胆碱）	74.4	mg
	维生素 B_5（泛酸）	2.181	mg
	维生素 B_6	1.303	mg
	维生素 B_9（叶酸）	79	μg
矿物质	钙	73	mg
	镁	611	mg
	钠	2	mg
	钾	1182	mg
	磷	1013	mg
	硫	149.423	mg
	氯	3.084	mg
	铁	10.57	mg
	锌	7.27	mg
	硒	77.6	μg
	铜	0.998	mg
	锰	11.5	mg

（二）麦胚

小麦胚芽作为小麦籽粒的一部分，是小麦发芽及生长的器官之一，更是小麦中相当于动物胎盘的生命根源。我国每年可用于开发利用的小麦胚芽蕴藏量高达 28 亿～42 亿 kg，并和次粉共同构成小麦加工产品及副产品中最具营养价值的 2 种产品。

作为小麦生长发育的基础，小麦胚芽因其含较多的蛋白质，且富含各种必需氨基酸和多种不饱和脂肪酸，而被营养学家们誉为“人类天然的营养宝库”。小麦胚芽中蛋白的含量约占 30%，比大米、面粉高出 6～7 倍，是鸡蛋的 2 倍。其中水不溶性蛋白占30.2%，非蛋白态氮占11.3%～11.5%。它还含有人体必需的8种氨基酸，尤其是一般谷物中缺乏的赖氨酸，每100 g小麦胚芽约含赖氨酸205 mg，比大米、面粉均高出几十倍，比鸡蛋的赖氨酸含量高出1.5倍。其中氨基酸的构成比例与FAO/WHO颁布的模式值，与大豆、牛肉，以及鸡蛋的氨基酸构成比例基本接近，有很好的氨基酸平衡，并且蛋白质利用率高，明显优于主食大米。

小麦胚芽油的质量占胚芽总质量的10%左右，主要成分是亚油酸、油酸和亚麻酸等脂肪酸，其中80%是不饱和脂肪酸。从营养学的角度来看，小麦胚芽油在组成上非常理想。其中对人体最重要的必需脂肪酸——亚油酸的含量高达50%以上。小麦胚芽油又是维生素E含量最高的一种植物油，其维生素E含量为200～500 mg/100 g油，高出其他植物油1～9倍。此外，小麦胚芽中还含有钙、镁、铁、锌、钾、磷、铜、锰等多种矿物质，特别是铁和锌的含量较为丰富，每100 g麦胚中含铁9.4 mg、锌10.8 mg。小麦胚芽的组成成分分析表如表1－5所示。

表1－5　小麦胚芽的组成成分分析表

类别	成分	每100 g中的含量	单位
基本营养	能量	360	kcal
	蛋白质	23.15	g
	脂肪	9.72	g
	碳水化合物	51.8	g
	粗纤维	13.2	g
氨基酸	亮氨酸(Leu)	1571	mg
	蛋氨酸(Met)	456	mg
	苏氨酸(Thr)	968	mg
	赖氨酸(Lys)	1468	mg
	色氨酸(Trp)	317	mg
	缬氨酸(Val)	1198	mg
	组氨酸(His)	643	mg
	异亮氨酸(Ile)	847	mg
	苯丙氨酸(Phe)	928	mg
脂类	单不饱和脂肪酸	1.365	g
	多不饱和脂肪酸	6.01	g
	多不饱和脂肪酸占总脂肪酸比例	66.5	%

(三)次粉

次粉是一种主要由种皮、糊粉层和部分外层胚乳组成的小麦加工副产物,其胚乳的含量低于标准粉但高于麸皮,又被称为黑面、黄粉、下面或三号粉等。之所以被称作"次粉",是由于其在提供人食用时的口感较差,而非是代表其营养价值低。次粉可以根据次粉颜色、新鲜程度、蛋白含量、粗纤维含量等参数的不同分成三个等级,好的次粉的颜色呈现为白色或浅灰色,颜色越白证明次粉越好,含粉率越高,含水率越低。水分含量越高,则抓握后次粉越容易成团,反之则不易成团。

次粉量大约占小麦籽粒总量的4%,富含蛋白质(主要包括清蛋白、球蛋白、麦胶蛋白、麦谷蛋白)、膳食纤维、脂肪、糖类、维生素、矿物质等,含有30%左右的淀粉。小麦次粉中的粗蛋白质含量在12.5% ~17%,平均比整粒小麦含量高2.5%左右。小麦次粉中粗蛋白、面筋蛋白的含量及醇溶蛋白与麦谷蛋白的比例是决定次粉面团流变学特性及蒸煮、烘烤品质的重要因素。但是,受到小麦品种、产地、加工工艺、制粉程度、以及出麸率的影响,小麦次粉的组成差异很大。几种不同品种小麦次粉的成分组成如图1-5所示。

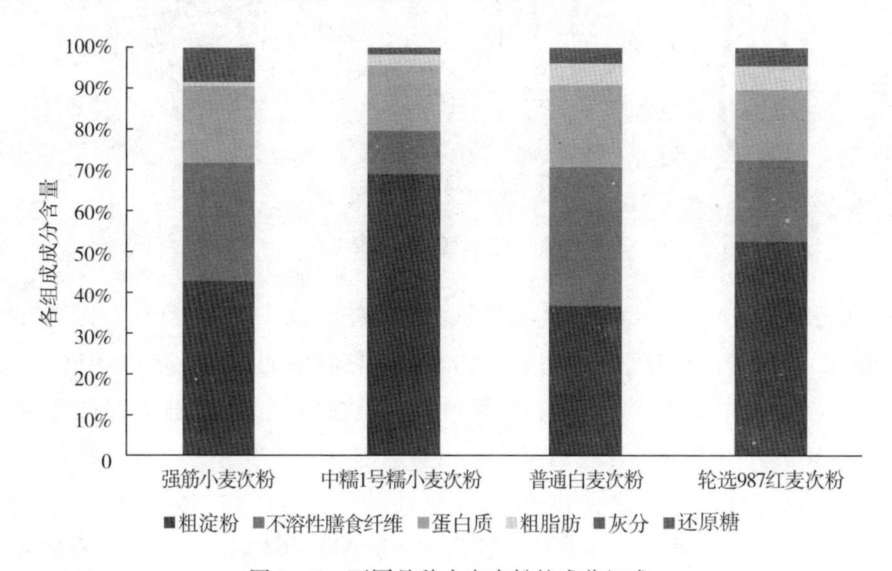

图1-5 不同品种小麦次粉的成分组成

四、玉米加工副产物

玉米(*Zea mays* L.)作为一种谷类作物,又被称为玉茭、苞谷、苞米棒子、玉蜀黍、珍珠米等，最初由墨西哥南部的土著居民在一万年前驯化而来。在我国，玉米是种植面积最大的粮食作物，也是总产量第一的粮食作物。玉米粒形是指玉米粒的形状，大小是指玉米籽粒的长度、宽度和厚度的尺寸，玉米形状和大小主要受品种的影响。一般玉米长 8 ~ 12 mm，宽 7 ~ 10 mm，厚 3 ~ 7 mm。根据玉米的粒型、硬度及用途的不同，玉米可被分为普通玉米和特种玉米；根据 GB 1353—2018 玉米新国标的规定，玉米还可以被划分为黄玉米、白玉米和混合玉米三种。单位体积内玉米重量的大小是由玉米籽粒的饱满程度和水分含量来决定。通常，容量高的玉米成熟好、皮层薄、角质率高、破碎效率低；容量低的玉米刚好相反，细胞组织内部水分大，籽粒膨胀。玉米籽粒的组织结构见图 1 - 6。

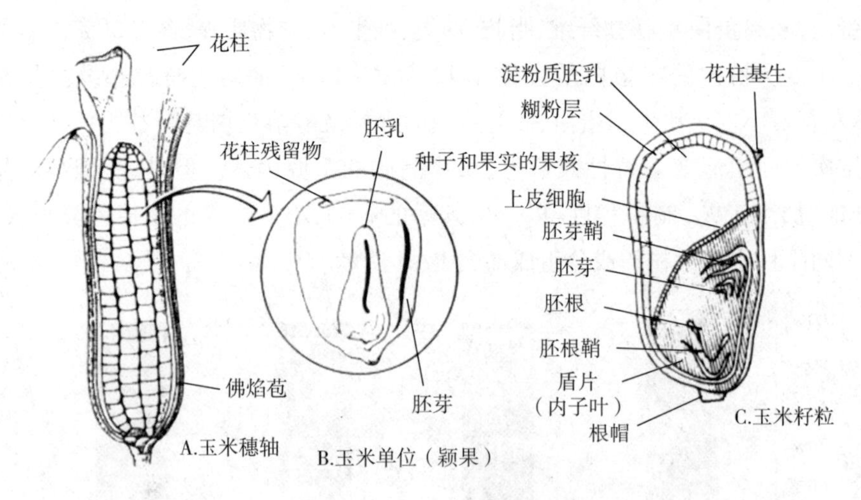

图 1 - 6　玉米籽粒组织结构图

水分作为玉米的重要化学组成成分之一，以游离水（自由水）和胶体结合水（束缚水）两种形态存在于玉米籽粒当中。玉米籽粒中的蛋白质是由 0.8% 白蛋白、0.3% 球蛋白、3.8% 醇溶蛋白和 4.1% 谷蛋白组成，共占玉米籽粒重量的 8% ~14%。其中 70% 的球蛋白与大量脂肪一起存在于胚芽中。玉米籽粒中的脂肪（1.2% ~ 18.8%）主要由 61.9% 亚油酸（C_{18-2}）、24.1% 油酸（C_{18-1}）、11.1% 棕榈酸（C_{16}）组成。玉米中还含有大量的淀粉（64% ~78%），主要存在于胚乳中，少量淀粉存在于胚芽和表皮中（表 1 - 6）。

表 1－6　玉米籽粒的化学成分分析表

组分	占籽粒重(%)	淀粉(%)	蛋白质(%)	脂肪(%)	灰分(%)	糖分(%)
胚芽	11.5	8.3	18.5	34.4	10.3	11.0
胚乳	82.3	86.6	8.6	0.86	0.31	0.61
根帽	0.8	5.3	9.7	3.8	1.7	1.5
皮层	5.3	7.3	3.5	0.98	0.67	0.34
籽粒	100	72.4	9.6	4.7	1.43	1.94

玉米除直接作为粗粮供人们食用外，还被大量应用于进一步深加工生产中。2010 年，我国玉米年产量便已达 1.6 亿吨左右，其中玉米的工业用量约 4700 万吨，且呈现出缓步增长的趋势，至 2017 年，我国玉米总产量达 2.16 亿吨。玉米深加工一直朝着无肥料、无污染、附加值高、效益好的方向发展。在工业生产中，玉米可被制成玉米淀粉、玉米糖、玉米油以及工业酒精等，从而能够产生大量的下脚料产品，包括玉米浆、葡萄糖母液、玉米纤维、玉米胚芽粕等。根据玉米不同的加工方式，其加工副产物种类、产量等均有不同。由于玉米主要的工业用途是湿法制备淀粉，因此玉米浆、玉米胚芽粕和玉米蛋白粉是玉米深加工过程中产量相对较多的几种副产品。

(一)玉米浆

在生产玉米淀粉的过程中，需要将净化好的玉米经浸泡、脱水后，再利用 0.20% ~0.25% 的亚硫酸溶液浸泡 60 ~70 h，浸泡过程中亚硫酸溶液能够严重破坏玉米的结构和组织，使玉米外皮形成“半透膜”，玉米中的可溶性营养物质如可溶性蛋白、游离脂肪酸、可溶性糖类和维生素等均可透过“半透膜”进入玉米浸渍液，浸渍液再经浓缩制成黄褐色的黏稠状液体就是玉米浆，含有丰富的可溶性蛋白、生长素和一些前体物质，是微生物生长普遍应用的有机氮源。玉米浆的 pH 通常在 3.7 ~4.1，其中可溶性蛋白质(高达 40%，按干基计算)、乳酸(LA)和短链淀粉含量较高，并富含大量的钙镁钠钾磷盐、植酸、乳酸和 B 族维生素等，且玉米浆中的纤维含量很低。受生产原料种类、工艺控制和生产季节等因素的影响，玉米浆成分变化比较大。

(二)玉米胚芽粕

玉米胚芽中含有较高的脂肪(33.3%)，大约占整个玉米籽实的 11%，主要为玉米的生长发育提供营养，胚芽中还有维生素 E 和大量的 B 族维生素。所以众多加工企业以玉米作为原料，生产淀粉或酒精，将玉米籽粒进行浸泡、粉碎和胚芽分离后榨油或直接浸提提取油，在此过程中所余下的副产品即是玉米胚芽粕。

经压榨或浸提提取玉米胚芽油后，玉米胚芽粕除较玉米胚芽的油脂含量降低外，其他营养成分基本不变。玉米胚芽粕中的粗蛋白含量在20%～27%，是玉米总蛋白质含量的2～3倍，且氨基酸组成合理；玉米胚芽粕粗脂肪含量与豆粕粗脂肪含量相近，为2%左右；其粗纤维含量比豆粕略高，是玉米粗纤维含量的4倍，但是粗纤维含量随产地和加工工艺的不同而不同。其中，山东省所产的玉米胚芽粕粗纤维含量为12.34%，而吉林省所产的玉米胚芽粕粗纤维含量为7.68%，中性洗涤纤维含量比较高，是豆粕的4.8倍，酸性洗涤纤维与豆粕接近，比玉米高；玉米胚芽粕的无氮浸出物含量为54.8%，达到豆粕含量的2倍，但低于玉米含量；粗灰分含量与豆粕含量接近，却高于玉米中粗灰分的含量；其钙含量较低仅为豆粕的18%，比玉米钙含量高；总磷和有效磷含量与豆粕接近，随玉米胚芽粕的产地不同，玉米胚芽粕的营养成分变化大，吉林省所产的玉米胚芽粕总磷含量为0.86%，山东省所产的玉米胚芽粕总磷含量为0.49%。

美国在1890年第一次运用玉米胚芽制取玉米胚芽油，剩余副产物为玉米胚芽粕。调查表明，2007年美国的玉米胚芽油总产量达到110万吨，玉米胚芽粕产量达到196.43万～314.28万吨。与此同时，德国、日本和韩国也长期大量使用玉米胚芽油，可生产出大量的玉米胚芽粕。我国玉米胚芽粕的生产虽然只有短短二十几年，但是国内玉米胚芽粕的年产量也达到了21.43万～34.29万吨，其中，根据玉米胚芽分离的好坏，一部分以压榨制油的玉米胚芽粕在经过脱溶脱臭处理后，作为食品添加剂用于饼干、糕点以及玉米胚芽饮料中，也可以制取分离蛋白，但是大多数经过三级真空烘干后作为动物饲料处理。

（三）玉米蛋白粉

玉米蛋白粉又叫玉米黄粉、玉米麸质粉，是在湿磨法制备玉米淀粉或者酿酒行业加工过程中，玉米淀粉中经淀粉分离机分离出的蛋白质水，然后用浓缩离心机或沉淀池浓缩，经脱水、干燥制得。玉米蛋白粉的主要组成就是蛋白质，其次是淀粉、脂肪、纤维素，外观呈颗粒粉状，硬度高，水分含量少，难溶于水。一般的玉米蛋白粉中还含有较多的颗粒和少量的淀粉，颜色为橙黄色，具有炒豆和花生的味道。比较纯正的蛋白粉中的颗粒和淀粉的含量很少，颜色则为金黄色且味道为豆香味。玉米蛋白粉中总蛋白质含量约65%，高于鱼粉、豆粕等，氨基酸组成十分丰富，其中成分含量最高的5种氨基酸分别是谷氨酸（12.26%）、亮氨酸

(8.24%)、丙氨酸(4.81%)、天门冬氨酸(3.21%)和苯丙氨酸(3.09%)。

玉米蛋白粉的加工残余成分也对其营养价值具有较大影响,比如残余的淀粉类物质和纤维不容易被酶解,在消化道内吸收水分后黏滞性大大增强,不利于肠道的正常蠕动和对其他营养物质的吸收。在纤维成分组成上,玉米蛋白粉主要包括木质素、非淀粉多糖等,不利于消化吸收以及对氮类物质的综合利用。

五、杂粮加工副产物

杂粮通常是指除五谷(水稻、小麦、玉米、大豆、薯类)以外的粮豆作物,包括高粱、荞麦(甜荞、苦荞)、燕麦(莜麦)、大麦、糜子、黍子、薏仁、籽粒苋以及绿豆、菜豆(芸豆)、小豆(红小豆、赤豆)、蚕豆、豌豆、豇豆、小扁豆(兵豆)、黑豆、以及其他杂豆等。近几年,杂粮的种植和加工在我国呈现逐年上升的态势,至2019年,我国杂粮种植面积约900万公顷,产量2000余万吨。

杂粮在生产加工过程中的副产物与稻谷和小麦相似,都产生大量的秸秆、米糠、谷壳、麸皮、废渣等副产物,未经深加工和再利用的这些副产物的经济价值低,同时造成资源的大量浪费。在杂粮加工后的副产物中含有丰富的营养物质,如膳食纤维、多糖、活性肽、功能性油脂、优质蛋白和新营养素等多种功能性成分,因此,通过对杂粮加工副产物的综合利用,可减少资源浪费,保护生态环境,增加产品的附加值,提高企业经济效益,拓宽农民收入新渠道,获得较好的经济效益和社会效益。由于杂粮的作物种类繁多,各种应运而生的副产物也纷繁众多,因此与之前的稻谷和小麦的分类不同的是,笔者在对杂粮副产物进行分类时选择了对其功能性成分分别进行概述。

(一)功能性多糖

功能性多糖通常被分为膳食纤维和活性多糖,美国谷物官方化学家协会(AACC)将膳食纤维定义为不被人体小肠消化吸收,在人体大肠内能被部分或全部发酵的可食用的植物性成分、碳水化合物及其相类似物质的总和。从溶解度角度可将膳食纤维进行细分为可溶性膳食纤维(SDF)和不可溶性膳食纤维(IDF),其中不可溶的膳食纤维通常又被称为粗纤维。随着人们生活水平的提高和健康意识的增强,膳食纤维被誉为人类的第七大营养素,受到国内外营养学家的广泛关注和重视,具有良好的发展前景。杂粮原料,尤其是谷物和豆类皮壳的细胞壁中含有大量果胶、纤维素、半纤维素和木质素等膳食纤维。谷物麸皮和豆渣都是优质活性膳食纤维的重要来源之一,主要包括燕麦纤维、荞麦纤维、黑麦纤维和米糠纤维等。豆渣中膳食纤维的含量高达50%以上;青稞中膳食纤维含量可达15%;燕麦中膳食纤维含量约在20%,其中水溶性膳食纤维——葡聚糖含量较高。

活性多糖作为一类由多个单糖分子缩合、失水而成,分子结构复杂且庞大的高聚糖类物质,在各类杂粮谷物中均有存在。β-葡聚糖是杂粮中一种常见的活性多糖——可溶性膳食纤维,主要分布在谷物籽粒的糊粉层和亚糊粉层中,通过现代加工技术,在麸皮中得到富集。目前β-葡聚糖相关的研究主要集中于燕麦β-葡聚糖。燕麦β-葡聚糖的含量存在遗传差异,裸燕麦的含量通常高于皮燕麦,不同基因型的裸燕麦,其β-葡聚糖的含量也存在显著差异;环境因素对燕麦β-葡聚糖含量也有明显影响,氮素供应的增加通常会提高β-葡聚糖含量,而其他环境因子包括磷、钾等矿质元素对燕麦籽粒β-葡聚糖合成及积累的影响还不清楚。管骁等以燕麦麸为原料进行了提取β-葡聚糖的研究,探讨了不同提取工艺条件下得到的产品在组成及性质上的不同,并采用凝胶过滤色谱法分别测定了它们的分子量分布。通过该工艺得到的β-葡聚糖产品纯度可达到80%,其他主要杂质为蛋白质,且β-葡聚糖分子可能是以与蛋白质分子结合的状态存在。汪海波等探讨了燕麦β-葡聚糖溶液的流体流变学性能和黏弹性能及其相关影响因素,为燕麦β-葡聚糖在食品增稠和食品凝胶领域的应用提供理论依据,结果表明燕麦β-葡聚糖溶液黏度随剪切速率的增高而逐渐降低,表现为典型的剪切稀化型非牛顿流体。

(二)功能蛋白及生物活性肽

谷物蛋白主要是指从谷物的胚乳及胚中分离提取出来的蛋白质。目前已经或正在开发利用的主要有小麦蛋白、大米蛋白、玉米蛋白。世界大多数人口的食物蛋白质绝大部分来源于谷物,因此开发利用谷物蛋白对解决人类食用蛋白质的缺乏问题将产生积极影响。杂粮加工过程中产生的米糠中含有较高的优质蛋白,含有人体必需的8种氨基酸,且配比合理。如燕麦蛋白主要集中在燕麦麸皮中,质量分数可达16%~30%。而燕麦麸皮是燕麦加工过程中的副产物,是一种良好的蛋白资源。燕麦蛋白主要由谷蛋白、醇溶蛋白、球蛋白和清蛋白组成。燕麦蛋白含有人体必需的8种氨基酸,且配比合理,接近于FAO/WHO推荐的模式,并且赖氨酸含量较丰富,有益于增进智力和骨骼发育,能弥补我国传统膳食结构所导致的“赖氨酸缺乏症”。同时,燕麦蛋白的功效比(PER)、化学评分(CS)、生物价(BV)也是植物蛋白中的佼佼者。因此,燕麦蛋白是优质的蛋白质资源，成为国内外近几年研究的热点。

肽是蛋白质不完全降解产物，介于氨基酸和蛋白质之间的物质。肽类是涉及生物体内多种细胞功能的生物活性物质，营养生理功能非常重要，所以被称为生物活性肽。从功能角度来分，可以分为降压肽、抗氧化肽、降胆固醇肽、高 F 值寡肽、品强味肽等。利用杂粮加工的副产物可以制备生物活性肽，其中主要包括降压肽和抗氧化肽。

（三）功能性油脂

功能性油脂是指含有对人体健康起调节作用的营养成分的食用油，其具有保健功能和药用功能，对人体的健康有促进作用。其中既包括主要的油脂类物质甘油三酯，也包括油溶性的其他营养素如维生素 E、磷脂、甾醇等类脂物。研究表明功能性油脂具有降血脂、抗衰老、改善心肌功能、提高运动耐力的作用。谷物加工副产物中蕴藏着巨大的油脂资源，目前研究和市场生产较多的是小麦胚芽油、玉米胚芽油和米糠油，它们是功能性谷物油脂的主要代表。

（四）黄酮类及色素类物质

研究发现生物黄酮类物质具有一定的营养保健功能，其能够有效促进动物生长、增加细胞中酶功能；具有抗氧化和清除体内自由基的作用；具有重金属螯合作用；具有抗肿瘤作用；具有与维生素 C 协同作用；具有对葡萄球菌、大肠杆菌、痢疾杆菌和伤寒杆菌的抑制作用。因此生物黄酮是种生物学活性极强的功能性成分，其应用十分广泛。杂粮中含有丰富的黄酮类物质，其中以荞麦中黄酮的含量最高。苦荞麦籽粒、根、茎、叶及花都含有黄酮类物质，其主要成分为芦丁，芦丁含量占总黄酮的 70% ~90%。肖诗明等人对苦荞麦麸皮中黄酮的提取工艺条件研究，采用乙醇溶液浸提、水溶液浸提、乙醇抽提三种方法提取苦荞麦麸皮中的黄酮类化合物，得到采用乙醇浸提法是工业生产实用的方法，制备得到高得率的黄酮，苦荞麦麸皮可作为提取黄酮物质的理想原料。熊双丽等研究苦荞和甜荞麦粉及麦壳中总黄酮的提取和自由基清除活性，主要采用不同溶剂提取苦荞和甜荞麦粉及麦壳中的总黄酮，比较不同来源的总黄酮的得率、光谱特性及 DPPH 自由基清除活性。初步认为苦荞麦粉含有黄酮醇类化合物，苦荞麦壳含有黄酮化合物，而甜荞麦壳和甜荞麦粉中可能含有黄烷酮化合物。用不同溶剂提取得到的不同荞麦麦粉及麦壳中总黄酮，其 DPPH 自由基清除作用具有相似的效果。母智森等对荞麦籽壳中黄酮类化合物提取方法进行研究，发现 65%

的乙醇提取效果最好。

杂粮皮壳中含有丰富的色素类物质，主要有类胡萝卜素、花青苷类色素、叶绿素等。原花青素作为植物界中广泛存在的一大类多酚类化合物，近年来研究越来越多。随着原花青素与蛋白质、多糖、多酚、金属离子、微生物、酶的反应活性及抗氧化、清除自由基等一系列化学反应被初步揭示，人们看到了这类天然产物的广阔应用前景，因此天然产物化学、生物化学、医疗卫生、食品以及日用化学品等多种行业均有越来越多的学者开始涉足这一领域的研究工作。花青苷具有较好抗氧化功能，有益于预防冠心病和动脉硬化，也有解毒、散寒、行气和护胃功效。在荞麦、高粱等谷物皮壳中都含有丰富花青苷。查阳春等人采用响应面法优化荞麦壳中原花青素的提取工艺，采用70%乙醇—水体系提取荞麦壳原花青素时，通过旋转正交试验优化提取工艺，在提取温度、料液比、提取时间三个因素中，提取温度和时间对荞麦壳原花青素提取得率的影响达到了显著水平，料液比对荞麦壳原花青素提取得率的影响不显著。刘睿等研究提取黑龙江产高粱外种皮中的原花青素并鉴定其组成，通过正交试验对提取工艺进行优化，采用柱层析、葡聚糖(Sephadex LH－20)凝胶色谱进行纯化和分离，纯化和分离的原花青素产物用ESI－MS鉴定其组成。最终得出黑龙江产高粱外种皮中的原花青素以聚合度小于5的低聚体为主。刘琴等对黑米麸皮花青素提取物的组成、抗氧化性与稳定性比较研究，得到黑米麸皮花青素提取物的主要成分为矢车菊色素－3－葡萄糖苷，几乎占总含量的95%以上。

第二节 谷物副产物的利用现状

一、稻谷副产物的综合利用

(一)稻壳

1.在食品领域中的应用

稻壳在食品行业中，主要是经加工后作为过滤助剂或糖尿病患者的甜味剂而存在。在苹果、梅子、葡萄等果汁压榨过程中，洗净的稻壳可以作为过滤助剂起到疏松和助滤的作用，从而提高果汁或干果浆的得率。经清洗碾压后的稻壳，与水和麦芽浆或淀粉酶混合搅拌加热后，再浓缩可以得到食用液糖。稻壳还可以用于制备木糖，除杂洗净的稻壳与20%的纯碱进行混合加热，水煮去碱后再加硫酸或盐酸水解加热搅拌,即可得到木糖。结晶木糖粉末呈白色,甜度相当于蔗糖的67%,是一种戊醛糖,经过催化加氢能够制得木糖醇:

$$C_5H_{10}O_5 + H_2 \longrightarrow C_5H_{12}O_5$$

木糖醇具有抑制腐蚀的作用,作为一种不发酵物质,代替蔗糖等其他食用糖原料为口香糖提供甜度使用,能够预防龋齿。稻壳在传统的酱油酿造、食醋酿造和酿酒等工艺中也是不可或缺的存在。例如,传统师傅在蒸酒时通常使用一层粮食一层谷壳的放置方法,这样保证锅中的蒸汽能够透气,使全部粮食受热后更易出酒,从而增加白酒产量。而在酿造过程中加入稻壳的目的主要有三点:①稻壳的添加能够稀释淀粉含量,控制发酵入池淀粉浓度保持在17~22%;②稻壳具有弹性,酒曲在有氧的情况下大量繁殖,无氧发酵,借助稻壳使发酵的粮醅含有一点点空气,正好使酵母菌等繁殖起来;③通常白酒发酵过程是在窖池中进行,有了稻壳可以使窖池内上下层发酵均匀,不至于上层发酵的不好,下层水过多。

2.在农业领域中的应用

在牲畜饲养方面,由于稻壳中的粗纤维含量较高,很难直接被单胃动物利用,因此不能直接用作饲料。但是,稻壳是很好的填充物、抗结块剂、赋形剂、维生素预混料以及复合预混料的载体,还可以作为鸡舍垫料而使用。而经过碱、氨处理或改性、膨化处理过后的稻壳就变成了一种可直接利用的饲料,处理后的稻壳中硅和木质素含量降低,改善了其原本的消化性能。实践表明,每日在围栏肥育牛的优质精料中添加15%的砻糠粉,有助于增加饲料体积,刺激家畜的胃口,从而降低牛肝脏肿大的发病率。在现代畜牧行业中,可以将65%的稻壳与30%的米糠和5%的碎米进行混合,制造成为一种优良的牛饲料,而用含有核黄素的饲料加工生产的稻壳更是性能良好的家禽饲料。日本和菲律宾等国家选择将稻壳发酵后再作为饲料进行使用,检测发现稻壳发酵产物中的蛋白质含量高达30%,可以与脱脂乳(32%)相媲美。稻壳还可以用作生产单细胞蛋白饲料,利用4%~17%的氢氧化钠和稻壳共同经高温处理后,能够得到营养较好的稻壳黑色液体,其纤维生物转化为生物量的41%~42%,终产物蛋白质含量高达40%。

除用于家畜饲养方面,稻壳还可以被加工处理成为优质的肥料作物,改良土壤。经过膨化后的稻壳可以吸收自重2~3倍的水分,还可以用作食用菌的培养基,能够有效地缩短生产周期,替代木屑用于栽培香菇,具有操作更为简便的优点。英国研究学者发现稻壳是条播机中种子混合物最为经济的一种添加剂。通过向稻壳中添加少量石炭水,并于露天环境下自然发酵60~70天,待颜色变黑后的物质可以作为肥料所使用,具有良好的保土性、保肥性和孔隙性。将稻壳炭处理制备成海绵状,可以获得吸水性和保水性都极好的材料,其蓄水系数能够达到泥土的1倍以上,且有更为良好的吸光性和吸空气性。用稻壳灰、菜油下脚料和菜籽饼等复合配制得到的有机复合肥料中的氮、磷、钾含量齐全、肥效高、增产明显。绥化植物油厂利用稻壳碳化后的产物与菜油下脚料等进行配制,再根据土壤的成分生产出含氮、磷、钾等不同比例成分的有机肥料,用于作物培养。稻壳与鸡粪进行堆沤生成的肥料能显著改良过酸土壤,促进土壤中微生物的增长和繁殖,从而有效提高土壤肥力水平和平稳供应各种养分。

稻壳在储藏稻米的过程中能够作为防腐剂,起到很大的保护和防治米象虫害的作用。印度的一项试验证明,用稻壳储藏稻米比粉状燧石、白云石和路渣的储藏效果更好。稻壳燃烧后产生的稻壳灰也同样具有防治蟑螂等昆虫的作用,主要是因为其成分中大量的二氧化硅能够腐蚀昆虫胸部的蜡质表层,从而打乱昆虫的正常新陈代谢,引起死亡。

3.在化工领域中的应用

糠醛和糠醇是迄今为止无法用石油化工原料合成,而只能采用农作物纤维肥料生产的两种重要的有机化工产品。糠醇的制备原料是糠醛,糠醛由稻壳中所含的聚戊糖深度水解而得,如木醋酸、醋酸、甲醇、丙酮、酚油、沥青等。糠醛在铜、镉、钙等催化剂条件下加氢还原成糠醇,糠醇是呋喃树脂的主要生产原料。其产品包括脲醛呋喃树脂、酚醛呋喃树脂、酮醛呋喃树脂和脲醛酚醛呋喃树脂。该树脂广泛用于铸造生产中造型和制芯。稻壳还可以与酚醛、三聚氰胺、尿酚、尿醛及聚苯乙烯等一起制造模型混合料,作橡胶、油毡、塑料和胶制品的原料。以稻壳为原料制得的环保塑料餐具拥有着安全、无毒、可降解、成本低等优点。

在一定条件下,稻壳灰中的二氧化硅溶出率可达90%以上。低温焙烧后的二氧化硅可形成纳米尺度的微粒,微粒间松散聚集形成大量纳米尺度的孔隙,具有巨大的比表面积,经过改性、复合等处理可以作为废水处理的吸附剂,吸附性能远远优于活性炭,其也可制成活性碳硅作为有效澄清剂。二氧化硅与烧碱反应可以制得水玻璃,并且利用谷壳中的二氧化硅制作陶瓷比从石灰石等原料中获得二氧化硅更为简单、能耗少、成本低。热解稻壳还可用作天然填料替代工业碳黑和二氧化硅生产高性能橡胶制品。印度将谷壳和水在一氧化碳或氢存在的环境下进行催化反应可制得合成油。将稻壳经碱处理后,再分别经过酸反应、过滤、水洗等方法能够制得活性炭和白炭黑,市场需求极大。稻壳在化工中除上述应用外,还可生产硅载体镍催化剂、太阳能电池硅、氟硅酸钠、生物乙醇、生物丁醇、活性炭和吸附剂等产品。

4.在建材领域中的应用

稻壳热传导率低，熔点高，是很好的耐火原材料。稻壳中含有20%的无定形硅石，是制砖好原料，印度和日本等国家通过向稻壳中掺入不同比例的黏土、嘧胺树脂和磷酸铝，进行反应后压制成绝热耐火砖。制成的砖具有防火、防水、绝热性能好、重量轻且成本低等优点。稻壳燃烧产物稻壳灰可以用于制备高标号水泥，在窑炉中稻壳灰被煅烧成活性高的黑色炭，再与石灰进行反应即可制备得到黑色稻壳灰水泥。日本还开发稻壳制造了一种典型的绝热轻质混凝土，印度也采用65%磨细的谷壳灰与硅酸盐进行混合，制成了强度较高的砂浆和绝热轻质混凝土。

德国、日本、加拿大、菲律宾和我国都成功地利用脲醛树脂或酚醛树脂为胶黏剂，将稻壳加工成稻壳板。我国关于稻壳板的研究始于20世纪70年代末至80年代初，研发设计的这种板材具有可锯、可钻、可钉等加工性能，还具有防火、防蛀、防霉、防白蚁、以及强吸水性等特征。板材的静曲强度、平面抗拉等指标也接近刨花板，经二次加工后可制作家具和建筑板材等。日本的部分企业还以稻壳粉作填充剂用于配制涂料，这样的涂料涂在墙上不会发生龟裂。

5.在能源领域中的应用

稻壳从1000年前便被作为燃料使用，至20世纪50年代起其作为燃料再次受到关注。近年来，伴随着煤炭、石油等资源日渐衰竭，稻壳等极为优良的再生燃烧资源重新燃起了人们探究的兴趣。将稻壳在密封的炭化炉中缺氧干馏成炭粒，再将炭粒进行压制而成的炭块、炭棒优于木炭，具有起火快、火力强、成本低的特点。并且，稻壳的堆积密度较小，约为100～140 kg/m^3，因此，通过添加黏结剂或助燃剂，压缩成型的燃料块(棒)，是一种便于运输、方便实用，燃烧效率高的产物。稻壳的着火性能良好，可以通过煤气发生炉产生煤气，再用煤气作动力发电，1 t稻壳燃料产生的热量相当于0.6～0.8 t煤产生的热量。稻壳燃料能源还能够通过燃烧产生蒸汽为发动机提供动力以发电。目前，我国利用稻壳燃烧作生产动力的主要有三种形式即稻壳煤气机、稻壳煤气发电机组、稻壳蒸汽发电机组，不完全统计稻壳煤气机、稻壳煤气发电机组超百套，有效功率近2万千瓦。和火电及水电相比，稻壳发电的投资只占一半左右。我国在此方面的技术处于领先地位、得到国际公认和关注，在国外受到高度重视。

6.在其他领域中的应用

除以上的各个领域外，稻壳及其燃烧产物——稻壳灰的应用还有许多。稻壳燃烧后余下的灰烬被称为稻壳灰，由于具有较大的比表面积(50～100 m^2/g)、较好的多孔性,而常被用于制备去污剂和多用途吸附剂。印度将稻壳灰、三聚磷酸钠、硼砂、和烷基芳基磺酸盐按适当比例混合、研磨,制成了家用去污剂。相同的是,英国也开发了稻壳制去污剂。通过把稻壳灰添加到磨碎的玉米穗轴中制得的清洁粉,用于清除机器部件的油污,效果极好。用85%的稻壳和15%的化学吸附剂,能制成内燃机废气过滤材料,减少废气污染物的排放量。并且,稻壳能够吸附放射性废钻井泥浆和危险品废液,日本利用稻壳作过滤吸附介质,用于废水处理。

(二)碎米

1.在食品领域中的应用

首先,在食品加工应用方面,碎米可以通过转化来生产淀粉糖浆,或通过酶水解和催化生产果葡糖浆,或可以通过酶液化、糖化生产普通麦芽糖浆和超高麦芽糖浆,还可以通过水解、加氢还原生产麦芽糖醇,另外,麦芽糊精也可通过碎米的液化、过滤来进行生产。生产得到的淀粉糖浆能够广泛的应用于糖果、饮料、果脯、蜜饯等多种食品当中,以提高糖果的韧性和强性、增加饮料的黏稠度和稳定性、防止水果加工过程中的氧化。果葡糖浆除了能够作为蔗糖的代替糖源添加到低热食品中,在糕点中的适量添加还能够起到抑菌、保留原品风味、维持质地松软等作用。麦芽糖醇因为在体内几乎不会被分解代谢的特点,常被用来代替砂糖,作为糖尿病人和肥胖患者的食品糖原料来使用。低DE值的麦芽糊精具有改善食品的黏度和硬度的特性,是很好的脂肪替代品,还具有安全性高、性质稳定和热量低等优点。

部分食品公司以碎米制备的米粉为原料,直接加入加工肉类产品中,以提高肉制品的水分含量、柔软性和风味色泽等指标。碎米还可以代替大米用来开发米面包、米粉、重组米等。此外,碎米水提物营养较为丰富,可用于加工制作饮料、高蛋白营养米粉、和酶解功能性饮品。同时,以碎米为原料还可以生产味精、酒和抗性淀粉等。

碎米还可以用来代替大米,通过红曲霉固/液体发酵、菌种分离诱变等工艺精制干燥制备红曲米。红曲米又称红曲、赤曲、丹曲、红糟等,作为中国古老的天然食用红色素被广泛的应用于糖果、酱菜、肉制品、糕点等食品中。红曲色素作为腌渍剂或注射剂添加到肉制品中时,能够起到发色和防腐的作用,同时还能够促进脂肪的代谢。除作为色素存在以外,红曲米还以发酵剂的身份参与红曲米酒、红曲老醋以及红腐乳等食品的生产,能够为发酵食品提供多种色素和酶类,使产品形成诱人的颜色,以及独特的香气和风味。

2.在化工领域中的应用

碎米中的米淀粉通常被提取添加到化妆品中用作化妆品填充剂。碎米中的大米抗氧化肽作为一种安全的抗氧化剂，经过提取可以添加到日常所使用的护肤霜、面膜、以及唇膏等多种护肤品中，起到细腻肌肤、延缓肌肤衰老、淡化色斑和抗脂质成分氧化的作用。水解大米蛋白在化妆品中还能够作抗静电剂、头发调理剂和皮肤调理剂使用。从碎米中提取的蛋白质通过蛋白质分解酶的加水分解处理后，调配得到的蛋白质分解精华，能够促进纤维芽细胞产生胶原。应用于化妆品中，能在发挥高效保湿效果的同时，强化肌肤的防御机能，保持角质细胞的正常角化，抑制细菌繁殖。

大米对水果有催熟作用，将生果放在米缸中可以令其更快熟透。因此，可用碎米作为水果的催化剂，包裹住猕猴桃、香蕉等水果释放的乙烯，加快成熟的速度，拥有成本低廉、安全性高的特点。此外，国内每年需要 4000 t 左右的蛋白发泡粉，传统的蛋白发泡粉使用鸡蛋蛋白作为原料，1 t 发泡粉需要 15 t 蛋白，价格高昂。碎米在被利用于生产酒精、柠檬酸等产品后，其生产过程中产生的米渣可以经过碱法或酶法进一步制取成为蛋白发泡粉用作灭火发泡剂，大大降低成本。碎米更是制备多孔淀粉极好的原材料，可以通过超声波照射、机械撞击、醇变形、酸水解以及酶水解等方式获得。制备得到的多孔淀粉表面布满 1 μm 大小的小孔，其容积占整个颗粒的 50% 左右，形成一种马蜂窝状的中空颗粒，具有良好的吸附性。

3.在医药领域中的应用

碎米中易消化的蛋白质和生物活性肽在医药行业中也能够得到很好的利用。如将通过提取分离或蛋白酶水解碎米得到的血管紧张素转换酶（ACE）抑制肽、抗氧化肽、免疫调节肽等活性肽制备成胶囊或口服液等保健品，服用后能够清除人体中的自由基、降血压、延缓衰老、增强免疫力以及减轻疲劳等。高血压是一种常见的慢性病，全球患病人数已经超过 5 亿，ACE 抑制肽是一类能够降低人体血压的小分子多肽物质，在用作降血压药物使用时，能够通过竞争性抑制血管紧张素转换酶而发挥作用，发挥的降压效果平缓、持续时间长，且对人体的肾脏、心脏、肠胃等器官无毒副作用。研究表明，定期摄入小麦胚芽可减少与冠心病相关的危险因素，增加整个心血管系统的健康。

红曲米早在中国古代便被应用于医药领域当中。《本草纲目》中记载红曲米能够治女人血气痛及产后恶血不尽，擂酒饮之良。现代医学中常用于治疗产后恶露不净，瘀滞腹痛，食积饱胀，赤白下痢，跌打损伤。红曲霉菌培养物对蜡状芽孢杆菌、金黄色葡萄球菌、荧光假单胞菌、绿脓杆菌、鸡白痢杆菌和大肠杆菌有抗菌作用。此外,红曲米中富含 γ－氨基丁酸也具有良好的降压效果,以及健脑安神、抗癫痫、助眠、美容润肤等作用。红曲米中的胆固醇合成抑制剂 Monacolin K 能够通过减少体内胆固醇的合成调节血脂,进一步预防因高血脂引起的心脑血管疾病。

(三)米糠

1.在食品领域中的应用

我国对米糠的利用率不足 20%,其最主要的用途就是作为饲料或作为制备米糠油和菲汀的原料而使用。在食品行业中,米糠因为具有颗粒细小、颜色淡黄的特性,能够添加到烘焙食品及其他米糠强化食品中。同时,由于可溶性纤维具有良好的吸水膨胀性、持油性,而米糠中的可溶性纤维含量较低,通常将米糠添加到食物中用来降低食物油腻感。米糠中的植酸,也可以提取并应用作肉禽类产品的防腐剂,果蔬类的清洗剂。

米糠油作为烹饪油在欧美、日本等地流行,其具有气味芳香、耐高温、耐长时间储藏和无毒害副作用产生的优点。并且,以米糠油作为油炸用油,能够提升鱼类、肉类、休闲小吃等油炸食品的风味。米糠油还可以进一步加工成为人造奶油、人造黄油、起酥油、色拉油等。米糠蛋白水解物也是食品中的添加物之一,在烘焙制品、咖啡伴侣、糖果奶油、汤料及其他调味品中都有所添加。作为蛋白质类添加物,米糠蛋白质的价格是它的一大重要优点,能够显著降低产品成本。

2.在农业领域中的应用

米糠是较好的能量饲料,因为其含有大量的蛋白质和具有提升免疫力功效且无毒、无残留、无副作用的米糠多糖等而被广泛用于饲料行业。且米糠价格低于玉米和小麦麸皮,因此主要在动物畜禽饲料中用来代替玉米等原料,能够降低饲料成本和提高经济效益。用于畜牧业的米糠一般分为全脂米糠和脱脂米糠,脱脂米糠指的是提取米糠中的脂肪即米糠油后的米糠,一般是为了减少米糠脂肪酸败,延长贮存期。同时,经济动物食用添加米糠多糖的饲料后,不仅可以增强其免疫力,还可以调节身体新陈代谢,从而提高经济动物产品品质。在猪饲料中添加米糠能够有效降低喂养成本。不同时期的猪饲料配比比例不同,生长肥育猪前期饲料中米糠的用量以 10% 左右最好,后期饲料中米糠的比例可提高至 20%。在种公猪的饲料中,米糠的用量需控制在 10%～30%。而仔猪的饲料中米糠比例（ >5% ）过高时，将会导致仔猪不爱进食，发生下痢。家禽饲料中，鸡饲料中米糠不宜使用过多，要控制在 3% 以内，而鸭饲料中米糠的添加量可达 50% 。

3.在化工领域中的应用

米糠中存在的米糠油是一种被大量使用的油脂化工原料，可用于生产表面活性剂、化妆品、生物柴油等产品。米糠蜡作为米糠油加工业的一种大宗副产品（3% ~4%），是一种高级脂肪酸和高级蜡醇酯。米糠蜡经过精制，主要用于日用化工行业，是鞋油、上光蜡、复写纸、化妆品中的重要添加剂。而且，榨油产生的脱脂米糠可以用来制备植酸、肌醇和磷酸氢钙等。在化学冶金行业，植酸是良好的工业防腐剂原料及隔层涂料。植酸的缓蚀能力极强且无毒性，不仅是用于金属表面处理的优质螯合剂，还是金属优良缓蚀剂，更是改良同有机涂层的黏结性。因此，米糠中含有的植酸可以被大量提取加工并应用于化工领域。

米糠蛋白的衍生物——乙酰化多肽钾盐具有较强的表面活性，能够作为配料添加到化妆品中，对敏感肌用户较为友好，还能够使毛发达到再生和亮泽的作用。日本曾从脱脂米糠中提取得到一种淡褐色多糖粉末，用来复配成化妆水、乳液、冷霜等，具有嫩肤美容、均匀肤色、治疗皮肤疤痕等功效。

4.在医药领域中的应用

米糠半纤维素（RBH）有着促肠内双歧杆菌增殖的能力，从而能够促进肠胃蠕动。米糠纤维中还含有 74 种能够消除体内活性氧自由基的抗氧化剂，能够预防和改善冠状动脉硬化造成的心血管疾病；抑制和延缓胆固醇和甘油三酯在淋巴中的吸收；预防肝癌和大肠癌等。而米糠油在医疗上被作为治疗心血管以及皮肤病的激素类药物的前体。米糠油中含量很高的不饱和脂肪酸可以改变胆固醇在人体内的分布情况，减少胆固醇在血管壁上的沉积。米糠油中含有的维生素 E、角鲨烯、活性脂肪酶、谷甾醇和阿魏酸等成分，也在人体的生理功能、健脑益智、消炎杀菌、延缓衰老等方面起到着重要的调控作用。

米糠中的植酸在医药行业中被用于治疗妊娠疾病、钙尿毒、结石和肝脏疾病等。在医疗保健行业，倘若以米糠蛋白为原料，经过多种蛋白复合酶水解，可以得到具有增强机体免疫力的低过敏原功能肽。因此，可以以米糠蛋白为原料加工成具有多种保健功能的食品，还可以开发生产出功能性多肽用于医疗。

二、小麦副产物的综合利用

(一)麦麸

1.在食品领域中的应用

食品是人类赖以生存和繁衍的物质基础,是一切社会中一切人的第一需要。所以食品工业是人类社会的一个永恒的工业。到20世纪,随着制粉技术的发展,小麦粉的精度日益提高,而食用纤维素等营养物质的含量逐渐减少。所以一些常见病又称"文明病",如心脏病、胆结石、大肠炎、糖尿病、静脉病等的发病率越来越高。为了解决这一现象,小麦副产物在食用方向的开发利用被提上日程。麦麸营养价值极高,但由于其口感、口味不佳,所以大部分被用作饲料。为提高麦麸的食用性,可以通过蒸煮、加酸、加糖、干燥,除掉麦麸本身的气味,使之产生香味和提高食用感,加工成为可食用麦麸。国内对麸皮的开发主要是膳食纤维产品,即对小麦麸皮进行简单预处理后,将麸皮进行调配、干燥、粉碎、包装得到产品。将麦麸磨碎到要求的细度,可添加到面包、饼干等食品中,在小麦面包中麸皮的添加量一般控制在5%~20%,这些食品膳食纤维含量很高,发热量较低不会导致肥胖,且大量纤维素能增强肠胃功能。而且,麦麸中含有大量阿拉伯木聚糖,其具有超强的持水力,可使黏度提高或变稠,而且它还具有稳定蛋白质泡沫的能力,在烘焙食品中添加麦麸后,烘焙面包的颜色、感官质量和营养质量都高于纯面粉面包。所制备的低聚糖可用作双歧杆菌增长因子应用于食品。国外通过长期对小麦戊聚糖性质的研究发现,戊聚糖对面包的焙烤品质有着重要影响,面粉中添加戊聚糖可明显改善面包的焙烤品质。这类产品的生产工艺,既处理了麸皮中原有的微生物和植酸酶,又提高了二次加工的适应性。

麦麸中含有16种氨基酸,其中谷氨酸高达46%,可用作提取味精的原料,利用麦麸的水解液替代玉米浆发酵生产谷氨酸。小麦麸皮多糖凭借其较高的黏性和较强的吸水性、保水性,能够作为保湿剂、增稠剂、乳化稳定剂添加到食品中。麦麸中的阿魏酸和植酸都被众多国家列为食品添加剂,阿魏酸被广泛地作为抗氧化剂和机能促进物质应用于运动食品中,另外还可以作为交联剂逐渐地应用于制备食品胶和可食性包装膜等工艺中。而因为植酸具有较高的安全性,在日本不受《食品添加物公定书》和《食品添加物标准》的限制,因此在粮油及其加工的各类食品(如粮谷淀粉食品及植物蛋白食品)、熟面食品、饮料、罐头食品、果蔬及副食品中都具有广泛应用。

2.在农业领域中的应用

国外从20世纪90年代就兴起开发麸皮食用价值的热潮，相比较而言，国内对小麦麸皮的开发远远落后于发达国家，主要还是将其作为饲料食用。小麦麸可以在反刍动物中大量饲喂，当给奶牛的投喂量控制在25%～30%，有助于奶牛泌乳量的提高，但用量太大时会失去应有的效果。对于种牛、肉牛、牛犊等，育肥期宜与谷物类饲料配合使用，一样有较佳的营养效果。麦麸有轻泻作用，常用于饲喂妊娠期母猪以防治便秘，但从以往的生产经验来看，由于其吸水性也很强，大量饲喂可能会导致或加重便秘，故必须适量使用。麦麸的热能不高，故不适用于出栏猪的育肥饲料。对于育肥猪，用量太大会降低育肥效果。麦麸主要用于出栏前调节每日精粮的能量浓度，起限饲作用，有助于提高猪肉品质，可使脂肪变白。而对于家禽类，在不影响热能需求的前提下，可控制在10%以内与普通饲料进行混合饲喂。在对鸡进行限饲使用时，小麦麸皮可以起调节能量浓度的作用，在育成鸡的饲料中，用量最高可达30%。而且使用麦麸替代部分玉米饲喂蛋鸡，可以提高蛋鸡生产性能，改善鸡蛋品质，替代10%的玉米时效果最佳。此外，由于麦麸的物理结构疏松，常作为添加剂预混料、吸附剂与发酵饲料的载体。

同时，麦麸中的植酸酶活性高，可直接将其用作添加剂以提高对植酸酶的利用率。此外，能够保存物料经久不坏的青贮工艺中，可以提前将麦麸混入青贮物料之中，与鲜棵植物品种一同压实封闭起来，使贮存的青饲料与外部空气隔绝，用于提升青贮品质。

3.在化工领域中的应用

小麦麸皮中富含纤维素和半纤维素，是制备低聚糖的良好资源，将分离出的麸皮蛋白进行改性处理可以生产蛋白质水解液等。同时，小麦麸皮能够作为生产丙酮和乙醇、提取植酸、制取酶制剂的重要原材料。在治理水污染等方面，小麦麸皮也有着重要的作用。

4.在医药领域中的应用

麦麸在医药领域中的应用也十分广泛，小麦麸皮中的糊粉层含有丰富的吡多素（维生素B_6）、钴胺素（维生素B_{12}）、烟酸（维生素B_5或PP）、泛酸（维生素B_3）、叶酸（维生素B_{11}）等B族维生素。如缺乏维生素B_1会引起糖代谢障碍和多发性神经炎及脚气病，缺乏维生素B_6会引起舌炎、舌裂、贫血、周围神经炎等。从麦麸中提取的维生素E、戊聚糖等，具有十分重要的生物学功效，可以制取各种营养强化品。具有包括通便、降血脂、抗结肠癌、抗肿瘤、增强免疫能力等多种生理功能。因此，可以以麸皮为原料提取各种维生素，以供医药和强化食品用，还可以开发具有降血脂、润肠通便功效的功能性产品。

(二)麦胚

1.在食品领域中的应用

麦胚在食品中的应用已十分广泛,近年来,随着国外以“小麦麸皮”为商标的食品问世,以此为依托的纤维食品也接踵而至。麦胚粉能够被应用于多种食品中,是因为它含有较为丰富的矿物质元素、维生素以及优质的蛋白质和膳食纤维等,能起到营养强化和互补的作用。它可以作为甜点或冰沙的添加剂,因其本身具有很高的营养物质,甚至在许多食谱中作为营养添加剂或面粉的替代品,并且其独特的麦香可以改善食品的品质。在现代食品加工行业当中,已经开发的小麦胚芽食品有麦胚焙烤面包、胚芽挂面、胚芽奶茶、麦胚饮料、麦胚休闲小食品等。为了改善动物肉制品的质量,降低成本,提高产率,麦胚中的植物蛋白作为添加剂能够抑制胰脂酶的活性,降低血清胆固醇的总水平。小麦胚芽油在国外常被加工为烹饪或烘焙油,用于在沙拉或意大利面酱中,但高度浓缩的小麦胚芽油不能用作煎油,因为大多数营养物质在高温时会丢失。脱脂后的麦胚中还可以提取棉子糖。

2.在化工领域中的应用

从小麦胚芽中提炼的小麦胚芽油常常被作为抗氧化剂添加到化妆品中,其富含的大量天然维生素 E、维生素 B_6 以及 β - 胡萝卜素也是极好的皮肤保养品。小麦胚芽油能够有效地促进皮肤的新陈代谢,加强皮肤的保湿功能,调节女性的内分泌,从内而外地改善肌肤,减少黑斑及色素斑的形成,加强皮肤抗衰老性、起到抗皱功能,令女性肌肤变得柔润而富有弹性。而且,小麦胚芽油中含有的维生素 E 具有保持青春、护肤美容、补充精力等功效。小麦胚芽油可作为油脂成分,添加于口红、唇膏、腮红、眼霜、防晒霜、面霜、护发素、眉笔等化妆品中。

3.在医药领域中的应用

小麦胚芽油作为医药用途时,一般以胶丸的形式出售,部分胚芽油胶丸制品的售价高达 3000 美元/kg。日本以 85% ~95% 小麦胚芽油混合 3% ~8% 蛋白黄卵磷脂,均匀制备成液状,封入明胶胶囊,形成一种高级营养食品。小麦胚芽油中的一些活性成分可以降低胆固醇水平,从而减少中风和其他有害问题的概率,其还可以作为药物稳定剂添加到药品中。此外,小麦胚芽油中还含有一种对人体具有生理活性的物质——廿八碳醇,它能够增强运动的爆发力和耐力,改善心肌功能,提高全身肌肉松弛作用和灵敏性,对运动员来说是一种很好的营养保健品。同时,小麦胚芽中还含有二十二、二十五、二十六、二十八等碳烯醇,这些高级醇对改善机体基础代谢率、反应时间、反射性、灵敏性、肌肉机能和强化机体心负荷功能、增强体力、耐力、爆发力等有一定功效,其中尤以二十八醇对人体具有众多生理活性而受人瞩目。小麦中的黄酮分布于小麦籽粒各个部分,总黄酮含量为220.00 mg/kg,麦胚中含量最高,占总量的97%以上。黄酮类化合物是麦胚中主要的生理活性物质,具有抗氧化、防止动脉硬化、提高动物的免疫功能和抗癌等作用。麦胚发酵后的提取物,具有显著的免疫激活和抑制肿瘤转移功能,可用于提高免疫力和抑制肿瘤转移。小麦胚和整个小麦籽粒里都发现有叶绿醌(维生素K)和胡萝卜素(维生素A),小麦胚里也发现有较大量的维生素E,过去一般是采用小麦胚作为制造维生素E的源料。小麦胚芽中色素的成分是小麦黄酮,它是一种水溶性色素,对心血管疾病具有很好的治疗功能。并且,小麦胚芽中含有2% ~3%的膳食纤维,具有降低血中的胆固醇含量,加深大脑皮层记忆力的作用。

小麦胚芽中高浓度的Ω－3脂肪酸可以消除Ω－6脂肪酸的负面影响,保护心血管系统。利用酶法水解麦胚蛋白也能够生产ACE抑制肽,来治疗高血压。将小麦胚芽添加到饮食中会增加膳食纤维的含量,这与心脏病的减少有科学联系。麦胚中的蛋白质,经提取后再用碱性蛋白酶Proleather FG－F处理得到水解产物抗氧化肽,它能通过减少氧自由基和羟自由基来达到抗衰老的功能。麦胚凝集素是从小麦胚芽中提取的具有生物活性的蛋白质,具有抑制真菌孢子萌发和生长的作用,能与脂肪细胞反应,能激活葡萄糖氧化酶,降低人体血液中血糖含量,能凝集和抑制腹水瘤细胞的生长。

(三)次粉

1.在食品领域中的应用

小麦次粉用于加工面筋时能有效提高次粉的经济价值。小麦面筋蛋白作为一种优良的面团改良剂,小麦次粉是提取它的重要原料,小麦面筋蛋白及其产品在食品,化工工业中应用广泛。食品领域中,在面包、面条等面制品的生产中使用较多。在制作面包时,添加2%左右小麦面筋蛋白能够增强面团筋力,在醒发过程中留存气体,控制面包膨胀,提高产品得率,有利于保持面包柔软,并能够延长面包货架期,增强面包口味。在挂面生产中,添加1% ~2%的活性小麦面筋蛋白,可使面片成型好,柔软性增加,提高面团的加工特性,减少断条率。面筋蛋白对面条拉伸特性影响较大,能够有效防止面条过软或断条,咀嚼性、黏合性增大,有利于提高面条的口感。

小麦面筋蛋白在肉制品中同样应用广泛。在乳化型肉制品中添加麸皮蛋白质,其出品率和成品弹性、嫩度、色泽及风味都与添加大豆分离蛋白的样品相接近。在火腿肠的生产中,添加一定量的小麦面筋蛋白能够提高火腿出品率,改善其营养结构,增加产品稳定性。在重组化肉品中添加1% ~5%的小麦面筋蛋白,能够有效增加重组肉的保水性、黏弹性、出汁率和色泽稳定性,降低加工损耗。小麦面筋蛋白也可用于制作仿真肉,这类仿真肉具有高蛋白、低脂肪的特点,尤其适合老年人和肥胖人士的食用。

利用次粉可以提取小麦蛋白质浓缩物,美国已经利用这种小麦加工副产物来提取蛋白质浓缩物,作为食品添加剂应用到食品加工中,而且这种蛋白浓缩提取物中含有丰富的维生素(比标准面粉高出38倍)。小麦次粉在食品中主要应用于制备食醋和面制品等方面,同时小麦次粉也可进行再次加工,提高其加工特性。以次粉为原料酿造的食醋风味与传统方法酿造的基本相同,出醋率高,食醋成本低。另外,可利用小麦麸皮及次粉生产粉状纤维素,美国新泽西州James Kiver公司生产一种适用于食品工业的粉状纤维素,这种纤维素粉以低热量和纤维素含量高为特点。

2.在农业领域中的应用

饲料是畜牧业发展的物质基础,近年来我国畜牧业获得突飞猛进的发展,饲料原料的需求也相应的越来越大。我国的粮油副产品资源丰富,为发展配(混)合饲料、全价饲料创造了有利物质条件。国内生产的小麦次粉在现阶段主要用于饲料,且有许多优势。将次粉用作畜禽饲料,能够提高畜禽产品质量、解决目前饲料短缺等问题,具有较好的发展前景。次粉作为小麦加工后的主要副产品,含有30%左右的淀粉,在畜禽饲料中也常取代谷物作能量饲料,具有外观好,颗粒小,方便牲畜咀嚼的特点。小麦次粉中含有畜禽生长中所需的13种必需氨基酸,其中甲硫氨酸、赖氨酸、苏氨酸含量均高于玉米和小麦。粗纤维含量低于麦鼓,但高于玉米和小麦,能够有效促进禽畜的肠道蠕动。B族维生素含量较高,其中胡萝卜素含量为0.008%。次粉中的钙磷含量与麦鼓中的接近,小麦次粉中70%的总磷以植酸盐的形式存在,不易被畜禽吸收,所含矿物质如钠、铁、镁、铜、锌、锰等元素均高于玉米、小麦和鼓皮。从总营养价值看,每公斤次粉总能量为3.90兆卡,代谢能(鸡)为2.89兆卡,可消化能(猪)为3.21兆卡,与小麦、玉米大致相同,比麦鼓略高。与玉米相比,小麦次粉价格便宜、容易获得,富含的营养水平,尤其是蛋白质含量更高。目前小麦次粉取代玉米主要应用于养猪业。次粉的蛋白质和氨基酸含量均高于玉米,并且小麦次粉的B族维生素含量高,对提高猪消化吸收饲料中的蛋白质和氨基酸有重要的作用,猪对次粉中蛋白质和氨基酸的吸收率均高于玉米,适当补充能量和各种酶制剂、微生物添加剂能提高饲料中营养物质的利用率。有专家学者进行研究发现,饲喂小麦次粉组比玉米组的肥育猪毛更光亮,皮肤更红润,采食量有所增加,猪增重加快,料重比低,经济效益提高。另外的一个研究团队用小麦次粉取代部分玉米饲喂仔猪,研究结果表明仔猪的日增质量和采食量下降均不显著,料重比显著降低,饲料成本降低。由于小麦次粉含谷蛋白较多,容易糊口,在一定程度上影响鸡的采食,可以添加各种适量酶制剂、微生物添加剂提高饲料中营养物质的消化吸收从而提高饲料利用效率。将小麦次粉用于肉仔鸡试验发现,次粉日粮中加酶后,肉仔鸡的采食量随加酶量上升而上升,饲料转化率无显著差异但是有提高趋势,表观代谢能提高。试验中加入0.1%的阿拉伯木聚糖之后,次粉的表观代谢能值有大幅度的提高,能大幅度改善肉仔鸡的生产性能,所以可以在次粉日粮中添加酶制剂完全或部分替代玉米,不会影响肉仔鸡的生产性能,而且能提高经济效益。目前次粉较少应用于反刍动物,从理论上分析,次粉是反刍动物的良好的能量饲料,但在日粮中用量不宜超过混合精料的50%,否则可导致瘤胃过酸症。次粉在也可用于水产饲料中的颗粒饲料和鱼虾饵料,通常用作淀粉质来源及黏结剂。一般情况下:对虾饵料中添加15% ~20%;鲤鱼料中添加25% ~30%;罗非鱼料中添加30%;既能提高颗粒料的物理性质和饲用价值,又能降低饲料生产成本。次粉也可以用来作为蟹、鱼用药的敷料。

次粉中非淀粉多糖含量较高,导致小肠内容物黏性较高,减慢食糜通过消化道的速度,不宜被消化吸收,饲养效果差,通过在小麦次粉中添加溢多酶,分解抗营养成分,次粉的干物质和有机物的表观消化率、粗蛋白真代谢率、真代谢能、表观代谢能均有增长,提高了次粉的营养利用率。在次粉中添加戊聚糖酶,可以改善肉仔鸡的生产性能。在次粉中添加木聚糖酶制剂,能够有效地提高生长肥育猪的日增重,提升饲料转化率同时减少腹泻频率,降低饲料成本,有利于调整日粮配方,充分利用现有能量饲料资源。在次粉中添加木聚糖酶、β - 葡聚糖酶和纤维素酶,高次粉饲料能够促进仔猪的生长,对猪胴体特性及骨骼肌无显著影响,能够显著提高肝脏的相对重量,显著降低胰脏的相对重量。

3.在医药领域中的应用

心血管疾病是一个全球性公共健康问题,胰岛素抵抗、肥胖和糖尿病是心血管疾病的主要危险因素。在高脂小鼠饲料中添加10%的小麦次粉,发现小麦次粉具有较好的降血脂效果。小麦次粉中含有丰富的纤维和B族维生素,可以用来研制提取维生素和纤维用于临床医药。次粉中的淀粉和纤维素，在酸解的条件下，可提取葡萄糖，生产出优质的葡萄糖产品提供给病人。纤维是食物中所含不被人体消化道的酶类所分解的植物性多糖（如纤维素、半纤维素、果胶、树胶等）和木质素。它具有持水性、凝胶形成、阳离子交换及吸附有机物质等特性，有研究显示，具有一定黏度的水溶性多糖，即可溶性纤维一般具有较好的降血脂降血糖效果，而不溶性的纤维则具有较好的通便效果，对治疗便秘有一定的疗效。由潘铎等研制的“谷乐1号”膳食纤维胶囊，并经广州第一军医大学附属南方医院和北京市二龙路医院临床观察证明出这种胶囊对老年便秘者有很大的改善作用，可减少大便时间和排除难度，并且改变粪便性状以及减轻便秘所带来的腹胀程度，同时能降低升高的血糖、血胆固醇及血甘油三酯，还可以促进能防止动脉硬化的血高密度脂蛋白的提高。

三、玉米副产物的综合利用

（一）玉米浆

1.在农业领域中的应用

作为饲料配方，玉米浆中相对能值和蛋白质含量较高，是一种良好的微生物发酵饲料，其中可溶性蛋白质、B族维生素和一些无机盐离子可以促进家禽如猪牛羊等单胃和反刍动物的生长发育。在猪的微生物发酵饲料中，通过添加15%玉米浆能够起到促进成长的作用；在羔羊的基础日粮中添加5%玉米浆，可促进其生长发育。对于相对不耐酸的反刍动物，酸性的玉米浆可能会影响瘤胃菌群活动，大量减少纤维分解菌的数量。随着玉米浆添加量的增加，瘤胃氨态氮浓度和血液中的尿素氮的水平显著升高，瘤胃内pH、纤维素酶和淀粉酶的活力显著降低。将25%～30%的玉米浆与黄贮玉米秸秆进行混合发酵，制成的纤维发酵饲料，可以提高饲料的能量、增加蛋白质及其他营养成分的含量。

2.在医药领域中的应用

菲汀（phytin）是植酸（肌醇六磷酸）与金属钙和镁离子形成的复盐，主要用于制作肌醇的原材料，菲汀也可制备为植酸，精制的菲汀其自身为强壮药，能够用于治疗佝偻病、骨疾患等病症。玉米的干物中含有约1%的菲汀，在制备玉米浆的浸渍过程中几乎全部转入到玉米浆中，因此相对于玉米浆而言，菲汀占玉米浆干物含量约为30%。

3.在工业领域中的应用

玉米浆作为一种较好的微生物生长或代谢产物合成的促进剂，已广泛应用于酶制剂、抗生素、生化药物等众多发酵产品的生产过程。可以用玉米浆作为营养成分的补充剂，还可以利用乳酸杆菌和玉米浆，与葡萄糖酿酒渣一同发酵生产乳酸；也可以使用酵母与低乳糖的玉米浆和蔗糖蜜，进行乳糖酶工业化生产。玉米浆应用于发酵工业时，主要用于提供微生物所需的氮有机溶磷、生长因子、多种无机微量元素和大量的有机氮源（包括大分子蛋白质、大分子多肽、小分子多肽和多种单体氨基酸等），此外其还能够提高培养基的缓冲能力。有实验发现，甘油生产过程中以玉米浆作为磷源使用时，玉米浆的用量与发酵过程中菌体生长、甘油合成和葡萄糖消耗的情况密切相关，并且玉米浆磷可以调节途径与途径之间葡萄糖代谢流的分布，玉米浆中的微量元素还能够显著提高葡萄糖的消耗速率、促进菌体生长和提高甘油产量。在利用玉米浆生产发酵谷氨酸的过程中，大多数生产厂家的玉米浆被当作生物素生长因子而存在。玉米浆是发酵所需氮源最廉价的提供品，被广泛应用于生物制药、氨基酸发酵和酶制剂工艺中。而玉米浆能够当作培养基的缓冲能力加强剂，是由于玉米浆中富含的蛋白质、多肽和氨基酸等起作用。

（二）玉米胚芽粕

1.在食品领域中的应用

玉米胚芽粕通过干燥、磨制、筛理后得到玉米胚芽粕粉，在消除了玉米胚芽粕粉的不良风味以后适口性变好，并且很容易被人体吸收，可以转化成为一种风味、加工性能以及营养价值均优良的食品添加辅料。罗勤贵等研究表明，在面包制作中添加玉米胚芽粕是可行的，但是为了使面包品质不受较大的影响，面粉中的玉米胚芽粕的添加量不应该大于 50 g/kg。酱油的生产加工需要大量的蛋白原料，当今中国的企业应用的是豆饼或者大豆，但是因为需求量很大，它们的价格一直居高不下。运用玉米胚芽粕富含氮源，而且价格低廉的特点，将它们作为蛋白原料应用在酱油酿造中，不仅应用了新的蛋白原料，并且其酿造酱油后，酱油糟还能应用于饲料的生产，所以使用玉米胚芽粕代替大豆生产酱油，不仅增加了产品的附加值，而且为企业创造出更高的利润。

2.在农业领域中的应用

按照国际饲料分类的原则，玉米胚芽粕是属于中档的能量饲料原料，在动物饲料实际的生产中能够代替部分的玉米和大豆粕。有研究表明，将玉米胚芽粕和玉米蛋白饲料作为蛋白质添加于猪的基础日粮中，对公猪的料肉比、日增重、眼肌面积以及屠宰率均无强烈影响，但能够在一定程度上增加育肥猪的瘦肉率，而显著降低了平均膘厚；Almeida 等实验检测证明，从玉米与玉米胚芽粕对生长猪的能量与氨基酸标准的回肠的消化率来看，玉米胚芽粕营养价值和玉米营养价值基本一致；Widmer 等先后利用平衡试验分析生长猪对不同水平玉米胚芽粕钙、磷与能量的消化率与不同水平（5%、10%）玉米胚芽粕对生长猪胴体品质与生产性能的影响，发现生长猪对氮、钙、磷和能量的表观消化率分布为 82.7%、35.19%、28.6% 和 81.2%；10% 的玉米胚芽粕添加量组别的猪胴体质量93.8 kg，屠宰率为 71.8%，且猪肉的质量和风味与其他组别差异不显著（$P>0.05$）。

有研究发现，玉米胚芽粕在公鸭体内的真代谢能和表观代谢能分别为 9.39 和 7.8 MJ/kg，用玉米胚芽粕替代家禽饲料众多麸皮和棉粕，能够改善料蛋比、饲料成本、产蛋率等方面参数，经济效益更高。林谦等研究表明，在玉米胚芽粕中添加复合酶非淀粉多糖酶能够不同程度地提高黄羽肉鸡多种氨基酸的表观代谢率及真可利用氨基酸含量。2009 年，Stringhini 等人发表的一篇文章中提到，在肉鸡饲料中用不同比例的全脂玉米胚芽粕替代高梁作为能量饲料对肉鸡生产性能的影响，最多替代 21.03% ~21.8% 时不影响肉鸡的日增重和末重。Brunelli 等研究了在蛋鸡日粮中添加不同比例的脱脂玉米胚芽粕对蛋鸡蛋品质和生产性能的影响，经过 16 周的饲养试验，确定玉米胚芽粕在蛋鸡日粮中的添加量在 21.2% 时最好。Deek 等研究确定在蛋鸡日粮中分别添加8% ~12% 的玉米蛋白饲料并补充植酸酶能够提高 32 ~59 周龄蛋鸡的产蛋率（提高 0.5% ~0.9%），提高了 3.7% 的饲料转化率，蛋重和蛋壳质量也有了一定的改善。Brito 等和 C. M. Peter 等分别报道称玉米胚芽粕对雏鸡有较好的效果，在肉鸡体内的总氨基酸真消化率比玉米高但显著低于大豆，且成熟的消化道更容易将其消化。

3.在医药领域中的应用

玉米胚芽中的玉米纤维是以多糖（纤维素）为主，不能被人体所吸收消化的高分子物质，有很高的膳食纤维功能特性，能促进肠胃蠕动，防治心血管疾病，螯合胆固醇等，可以作为制造膳食纤维食品的优质原料。

4.在工业领域中的应用

据有关报道，应用高产蛋白酶霉菌可以降解玉米胚芽粕制备混合氨基酸，其产品中具有 18 种氨基酸，具备人体必需 8 种氨基酸，占混合的氨基酸总量的 41.5%，氨基酸的生成率可达到 40%，产率可达 80%，原料蛋白利用率可高达 87.2%，因为菌种不产生毒素，降解液也不含有重金属以至于产品的纯度很高，并且生成率、产率相当可观。原料来源丰富、耗电量小、设备简单、成本低,这样可以大批量投入工业化生产,产品可以广泛地应用于饲料、医药和食品等部门。另一方面,混合氨基酸能够进一步制备氨基酸输液、要素饮食和实用价值巨大,提取生成率高,价格昂贵的单氨基酸,进一步开辟氨基酸应用的新途径。

(三)玉米蛋白粉

1.在食品领域中的应用

玉米蛋白粉含有丰富的类胡萝卜素,其中玉米黄色素主要由玉米黄素、隐黄素、叶黄素等组成。它们以天然脂的形式存在于玉米胚乳中,营养价值较高,而且玉米黄色素具有鲜亮的黄色,是天然、安全的食品着色剂,可以广泛用作食品添加剂于面包、蛋糕、奶油、糖果等食品中,在国家食品添加剂使用的卫生标准(GB 2760—2014)中作为一种合法的着色剂被广泛使用。

从玉米蛋白粉中可以提取玉米醇溶蛋白,由于醇溶蛋白氨基酸组成的不平衡,疏水性氨基酸比例较大,因而就赋予了它较强的保油性和保水性,通过精细加工能制成柔软、均匀、透明的保鲜膜,是一种理想的天然保鲜材料。通过对玉米蛋白有限的酶解过程,还能生产出高营养且易于吸收的、高附加值的具生物学功能特性的多种玉米肽制品。实验研究表明,玉米蛋白酶酶解后,玉米小分子肽溶解性明显提高,起泡性能优良,黏性降低,不良风味和过敏成分得到有效去除。蛋白发泡粉是食品工业纯天然食品添加剂,具有使食品发泡、疏松、增白、乳化等作用,同时蛋白发泡粉除本身增加蛋白质营养成分。目前,国内生产玉米蛋白发泡粉主要以碱水解法传统工艺为主。2006 年,江洪波对用玉米麸质粉生产玉米蛋白发泡粉的生产工艺进行了改进研究,所得产物的蛋白质含量为 52.4%,收率达到 45.1%,颜色得到了较大改善。何欣等采用酶—碱法的工艺生产玉米蛋白发泡粉,水解液发泡性达到 460%,泡沫稳定性为 100%。

2.在农业领域中的应用

2012 年以来,我国逐渐推行无抗饲料,发酵饲料作为无抗饲料的先行产品,在饲料行业开展了大规模动物实验和应用。玉米蛋白粉作为饲料原料,口感欠佳,发酵玉米蛋白饲料成为研究和应用的热点。国内还有些学者通过混菌固态玉米蛋白粉饲料的种曲制备,蛋白酶活性达到 425.58 U/g,获得玉米蛋白粉饲料的高活性种曲。尽管植物蛋白源不能完全替代饲料中的鱼粉,但在适宜的范围内替代还是可行,Opstvedt J. 研究发现,分别用 28% 全脂大豆粉和 55% 玉米蛋白粉混合饲料替代水产饲料中鱼粉,喂养大西洋鲑鱼 15 周后,其生长并不受到显著影响。李秀梅等利用纳豆杆菌发酵玉米蛋白浓醪,并完成玉米蛋白粉改性,培养液中可溶性蛋白质含量明显增加,达到29.5 mg/mL。刘骥利用酵母菌发酵玉米蛋白,生产富肽饲料,具有抗氧化活性,可以清除自由基,减少疾病的发生,从而减少抗生素的使用。但是,在玉米蛋白粉的使用过程中,需加强霉菌含量的检测,以免影响畜禽的正常生长。

3.在医药领域中的应用

玉米蛋白粉中亮氨酸和谷氨酸含量较高,从其中分离出的谷氨酸除可以用于制作味精,也可以用于医药行业。玉米醇溶蛋白具有独特的溶解性、耐热性、成膜性和抗氧化性,主要用于药物缓释剂、药片包衣剂、制备生物活性肽、可降解膜等方面。据研究,玉米黄素抑制可以癌细胞的生长,其机理是通过抑制细胞脂质的自动氧化和防止氧化带来的细胞损伤,从而抑制肿瘤细胞的生长。玉米黄素还对眼睛有保护作用,类胡萝卜素具有高效淬灭线态氧,可捕获自由基、防止或降低氧化对视网膜带来的伤害。研究显示较多的玉米黄质、叶黄素和维生素E可预防眼部黄斑退化,降低老年性白内障的风险。

四、杂粮副产物的综合利用

1.在食品领域中的应用

杂粮加工副产物的糖类、油脂等被广泛应用于食品行业中。在日本、美国、俄罗斯等多个国家对活性多糖——β-葡聚糖已经被广泛应用于食品保健、美容护肤等行业。燕麦麸中含有22%~30%的纤维素,不仅具有明显的食疗功能,而且经济、实用、使用方便,可作为食品配料,应用于方便食品、面包、糕点、饮料、肉饼、肉肠等常用食品生产。邬海雄等将绿豆加工副产物绿豆皮经过超微粉碎处理制备绿豆皮膳食纤维,并将其添加于杏仁饼的制作中,既增加了原材料的附加值,又改善了原杏仁饼的营养结构。章中等从荞麦麸皮中提取高活性的水不溶性膳食纤维,并将其添加到面包中,使其营养风味均衡。杨健等研究小米麸皮膳食纤维超微粉碎的物理特性,通过将小米麸皮膳食纤维原粉进行超微粉碎制得膳食纤维微粉,比较不同粒度的膳食纤维微粉在膨胀力、持水力、持油力、结合水力及阳离子交换能力等方面的物理性质变化,超微粉碎能够较好的改善小米麸皮膳食纤维的物理特性,可广泛应用到药品和保健食品中。

杂粮产品可以开发谷物油脂,如小米糠油、高粱糠油、薏仁糠油等。国内外很多研究都集中在采用超临界CO_2萃取技术制备杂粮油。如蔡莹等人研究超临界CO_2流体提取薏仁米糠油及其脂肪酸成分分析,得到薏仁米糠油质量较好,具有很强实用性。魏福祥等研究超临界 CO_2 萃取—精馏小米米糠油，通过检测，超临界萃取法提取的小米糠油含有较高的不饱和脂肪酸，尤其是含有高达 67.8% 的亚油酸，且各项理化指标均优于市售小米糠油。管骁等为了改善燕麦蛋白的功能性质以扩大其在食品工业中的应用，以燕麦麸为原料制备了燕麦麸分离蛋白（OBPI），并利用胰蛋白酶对其进行水解，得到了 3 种不同水解度（4.1%、6.4%、8.3%）的酶解产物。

2.在农业领域中的应用

可以充分利用杂粮加工生产中的副产品，精粗搭配生产发酵日粮，通过微生物自身的代谢活动，将植物性、动物性饲料原料中的抗营养因子分解或转化，产生更能被畜禽采食、消化、吸收的养分，并通过发酵的方式分解降低饲料中霉菌毒素等有害物质含量。现今，富含 β - 葡聚糖的燕麦麸、小米糠等在牲畜的饲喂中均有存在，且多以发酵饲料的身份出现。

3.在医药领域中的应用

杂粮中的膳食纤维除作为食品添加物以外，其在医药方面也有着出色的表现，能够清洁消化壁和增强人体消化功能，同时可稀释和加速食物中的致癌物质和有毒物质的移除，对消化道和预防结肠癌具有很好的保护作用。同时，膳食纤维能够减缓消化速度和促进胆固醇排泄，可有效控制血液中的血糖和胆固醇水平。谷物中均有功能型多糖的存在，如 β - 葡聚糖，是由葡萄糖单位组成的多聚糖，它能够活化巨噬细胞、嗜中性白血球等，从而提高白细胞素、细胞分裂素和特殊抗体的含量，全面刺激机体的免疫系统。研究发现，β - 葡聚糖可以作为生命活动中起核心作用的遗传物质，能够控制细胞分裂和分化，调节细胞生长，在治疗肿瘤、肝炎、心血管、糖尿病和降血脂、抗衰老等方面有独特的生物活性。

研究发现，食物生物活性肽具有消除自由基、降血压、抗氧化、降血脂、抗衰老、抗疲劳、增强免疫、激素调节、促进钙吸收等多种生理调节作用。目前有部分学者从粮食加工的副产物中分离出具有生物活性的降血压肽。通过利用玉米蛋白粉，采用酶解、纯化技术制备具有一定生理功能的玉米活性肽，如谷氨酰胺肽、高 F 值低聚肽、降血压肽和玉米蛋白肽、疏水性肽等。利用米糠从米糠蛋白中分离提取具有降血压作用或增强免疫作用的生物活性肽制备的降压肽可被用来制作功能性食品和肽类药品。曹龙奎等利用绿豆淀粉加工副产物绿豆渣为原料，经预处理后采用酶解技术制备绿豆渣 ACE 抑制肽，并利用分离纯化技术和生物质谱技术对降血压肽进行了纯化和鉴定，最后通过模拟移动床色谱技术进行产业化分离高活性降血压肽。

抗氧化肽的抗氧化活性是由分子供氢的能力和自身结构的稳定性决定的，通过捕捉自由基反应链的过氧化自由基，阻止或减弱自由基链反应的进行，氢原子给予自由基后，本身成为自由基中间体，此中间体越稳定越易形成，其前体就越易消除自由基，则抗氧化能力越强。人们对抗氧化肽研究的种类有很多，常见的有大豆肽、乳蛋白肽和肌肽，也有一些特殊的蛋白肽，如苜蓿叶蛋白肽等。有些活性肽是直接提取的，也有通过蛋白水解方法获得的。刁静静等采用木瓜蛋白酶、碱性蛋白酶、胰蛋白酶、风味蛋白酶和中性蛋白酶制备豌豆肽，并采用单因素试验方法进行了不同底物质量分数、水解时间、不同酶与底物质量比对豌豆肽的水解度及肽得率的影响，最终筛选制备出高得率豌豆肽。朴美子等利用黑米糠酶解制备抗氧化肽。张强等研究了米糠抗氧化肽制备的最佳酶解工艺及抗氧化活性，制备的米糠抗氧化肽有很强的还原力，对超氧阴离子自由基和羟基自由基有很强的清除作用，且呈一定的量效关系，提示它在天然抗氧化剂及功能性食品领域具有很大的研究开发价值。李艳红等研究鹰嘴豆蛋白酶解物的制备及其抗氧化活性的研究，以鹰嘴豆蛋白为对象，采用生物酶解、抗氧化试验、凝胶色谱、反相高效液相色谱、质谱以及超高压等方法，系统研究了酶解工艺的各主要参数、酶解物体外体内抗氧化活性、抗氧化肽的分离纯化和结构表征以及超高压对酶解制备抗氧化肽的影响，为开发鹰嘴豆抗氧化肽功能性产品提供理论基础。

参考文献

[1]崔丽. 农产品加工副产物损失惊人，综合利用效益可期[N]. 农民日报. 2014-8-9.

[2]刘艳涛. 农业部向粮食过度加工发“禁令”[N]. 农民日报. 2014-7-9.

[3]赵志浩，邓媛元，魏振承，等. 大米适度加工和副产物综合利用现状及展望[J]. 广东农业科学，2020，47(11)：144-152.

[4]王继强，龙强，李爱琴，等. 碎米的营养特性及其在猪生产上的应用研究[J]. 饲料广角，2015，453(6)：40-42.

[5]张明星. 碎米的利用现状及展望[J]. 民营科技，2017，212(11)：23.

[6]师园园，王娉婷，李长乐，等. 大米加工副产物的综合利用[J]. 粮食加工，2017，42(5)：27-29.

[7]王继强，张波，张宝彤，等. 稻谷加工副产物的营养特点及在养殖业上的应用[J]. 广东饲料，2014，23(6)：38-40.

[8]邹陶. 米糠综合利用技术研究[D]. 福建农林大学, 2014.

[9]印铁, 曹秀娟, 张晓琳, 等. 米糠增值转化应用的研究进展 [J]. 粮油食品科技, 2015, 23(1): 84 - 88.

[10]李利民, 孙志. 小麦深加工及综合利用 [J]. 农产品加工(学刊), 2009, 166(3): 161 - 164.

[11]Maes C, Delcour J A. Structural Characterisation of Water - extractable and Water - unextractable Arabinoxylans in Wheat Bran[J]. Journal of Cereal Science, 2002, 35(3): 315 - 326.

[12]李全宏, 陶国琴, 付才力, 等. 麦麸中生理活性物质研究与应用进展 [J]. 食品科学, 2004(8): 196 - 200.

[13]Ralet M C , Thibault J F , Valle G D . Influence of extrusion - cooking on the physico - chemical properties of wheat bran[J]. Journal of Cereal Science, 1990, 11(3): 249 - 259.

[14]欧仕益, 陈喜德, 符莉, 等. 利用黑曲霉发酵麦麸制备阿魏酸肌醇和低聚糖的研究[J]. 粮食与饲料工业, 2003(5): 31 - 32.

[15]刘晓军. 丰富多彩的小麦加工副产品[J]. 农产品加工, 2007, 87(1): 16 - 18.

[16]曹辉, 杨巧绒, 马海乐. 大宗谷物加工副产品中功能成分的提取与利用发展动态[J]. 食品工业科技, 2003(6): 94 - 96.

[17]安艳霞, 周显青. 小麦胚芽资源开发利用现状及前景[J]. 粮食加工, 2004(5): 51 - 54.

[18]胡春凤, 周显青, 张玉荣. 小麦胚理化特性及其稳定化技术研究进展 [J]. 粮食加工, 2006(3): 70 - 74.

[19]郑学玲, 李利民, 张杰, 等. 次粉及面粉淀粉的制备分级与组成分析郑学玲[J]. 河南工业大学学报(自然科学版), 2008, 29(6): 9 - 12.

[20]陈薇, 郑学玲, 牛磊, 等. 不同品种小麦麸皮、次粉组分分析研究[J]. 粮油加工, 2007, 348(6): 97 - 100.

[21]赵久然, 王荣焕. 中国玉米生产发展历程、存在问题及对策[J]. 中国农业科技导报, 2013, 15(3): 1 - 6.

[22]SS Filipović, MD Ristić, MB SAKAČ. Technology of corn steep application in animal mashes and their quality[J]. Roum. Biotechnol. Lett., 2002, 7(3): 705 - 710.

[23] Chovatiya S G, Bhatt S S, Shah A R. Evaluation of corn steep liquor as a supplementary feed for *Labeo rohita* (Ham.) fingerlings[J]. Aquaculture International, 2011, 19(1):1 - 12.

[24]周贤文. 不同处理的玉米胚芽粕对生长猪饲用效果的研究[D]. 吉林农业大学, 2014.

[25]唐红明. 玉米蛋白粉深加工及利用探讨[J]. 南方农业, 2020, 14(21): 190 - 191.

[26]聂丛笑, 乔雪峰. 2013 年全国夏粮总产量达 13189 万吨[J]. 养猪,2013 (4):8.

[27]王凤梅, 樊明寿, 郑克宽. 燕麦β - 葡聚糖的保健作用及影响其积累的因素[J]. 麦类作物学报, 2005(2): 116 - 118.

[28]管骁, 姚惠源, 周素梅. 燕麦麸中β - 葡聚糖的提取及其分子量分布测定[J]. 食品科学, 2003(7): 40 - 43.

[29]汪海波, 徐群英, 刘大川, 等. 燕麦β - 葡聚糖的流变学特性研究[J]. 农业工程学报, 2008(5): 31 - 36.

[30]杜亚军, 贾玉. 燕麦膳食纤维在蛋糕中的应用[J]. 粮油食品科技, 2004 (6): 7 - 8.

[31]管骁, 姚惠源. 燕麦麸蛋白的组成及功能性质研究[J]. 食品科学, 2006 (7): 72 - 76.

[32] Pomeranz Y, Robbins G S, Briggle L W. Amino acid composition of oat groats [J]. Journal of Agricultural & Food Chemistry, 1971, 19(3):536 - 539.

[33]周建新. 大有开发前途的燕麦保健食品[J]. 食品科技, 1999(6): 55 - 56.

[34] Robert W W. The oat crop: production and utilization[M]. MN, St. Paul: American Association of Cereal Chemisits,1995.

[35]吴时敏主编. 功能性油脂[M]. 北京: 中国轻工业出版社,2001.

[36]曹万新, 徐廷丽. 功能性油脂的研究进展[J]. 中国油脂, 2004(12): 42 - 45.

[37]郑建仙. 现代功能性粮油开发[M]. 北京: 科学技术文献出版社, 2003.

[38]王宪楷. 天然药物化学[M]: 北京:人民出版社, 1986: 275 - 276.

[39]唐宇, 任建川. 荞麦中总黄酮和芦丁含量的变化[J]. 植物生理学通信, 1989(1): 33 - 35.

[40]肖诗明, 张忠, 李勇, 等. 苦荞麦麸皮中黄酮的提取工艺条件研究[J]. 食

品科学, 2006(1): 156-158.

[41]熊双丽, 李安林, 任飞, 等. 苦荞和甜荞麦粉及麦壳中总黄酮的提取和自由基清除活性[J]. 食品科学, 2009, 30(3): 118-122.

[42]母智森, 白英. 荞麦籽壳中黄酮类化合物提取方法研究[J]. 内蒙古农业科技, 2002(6): 23-25.

[43]石碧,狄莹. 植物多酚[M]. 北京: 科学出版社, 2000.

[44]查春阳, 杨义听, 胡晓菡, 等. 响应面法优化荞麦壳中原花青素的提取工艺[J]. 食品科学, 2009, 30(16):189-192.

[45]刘睿, 段玉清, 谢笔钧, 等. 高粱外种皮中原花青素的提取工艺及其组分鉴定[J]. 农业工程学报, 2004, 20(1):242-245.

[46]刘琴, 李敏, 胡秋辉. 黑米麸皮与紫包菜花青素提取物的组成、抗氧化性与稳定性比较研究[J]. 食品科学, 2012, 33(19): 113-118.

[47]陈波. 如何提高奶牛粗饲料利用率 [J]. 中国乳业, 2012, 121(1): 29-32.

[48]Tantrakulsiri J , Jeyashoke N , Krisanangkura K . Utilization of rice hull ash as a support material for immobilization of *Candida cylindracea* lipase[J]. Journal of the American Oil Chemists' Society, 1997, 74(2): 173-175.

[49]韩国财, 曲陆旺. 稻壳应用及发展综述[J]. 黑龙江粮油科技, 1996(1): 58-59.

[50]Wannipa S, Noble A D, Shinji S, et al. Co-composting of Acid Waste Bentonites and their Effects on Soil Properties and Crop Biomass[J]. Journal of Environment Quality, 2006, 35(6): 2293-2301.

[51]高国章, 陶丹丹, 张淑珍, 等. 稻壳的科学开发与综合利用[J]. 农机化研究, 2002(1): 123-124.

[52]刘泽斌. 不同稻壳处理方式对甘薯产量和土壤肥力的影响[J]. 现代农业科技, 2019, 757(23): 12-14, 17.

[53]周雯雯,李湘洲,历悦. 稻壳及其产品在环保等领域中的应用[J]. 林产化工通讯, 2005(4): 44-46.

[54]刘小梅, 郑典模, 温圣达. 稻壳的资源化利用[J]. 山东化工, 2008, 171(5): 35-37.

[55]侯海涛. 稻壳开发利用综述[J]. 四川粮油科技, 2003(3): 26-27.

[56]Zhu H , Liang G , Xu J , et al. Influence of rice husk ash on the waterproof

properties of ultrafine fly ash based geopolymer[J]. Construction and Building Materials, 2019, 208(MAY 30): 394 - 401.

[57]吴鹰. 稻壳制水玻璃和玻璃[J]. 建材工业信息, 1994(5): 13 - 14.

[58]Xue B, Wang X, Sui J, et al. A facile ball milling method to produce sustainable pyrolytic rice husk bio - filler for reinforcement of rubber mechanical property[J]. Industrial Crops and Products, 2019, 141: 111791.

[59]任素霞, 徐海燕, 杨延涛, 等. 稻壳灰的综合利用研究[J]. 河南科学, 2012, 30(5): 600 - 604.

[60]刘天霞, 张鹏. 稻壳粉水解液发酵生产燃料酒精的研究[J]. 可再生能源, 2005(5): 23 - 26.

[61]吴鹰. 稻壳制氟硅酸钠[J]. 科技创业月刊, 1994(8): 22 - 22.

[62]B B A G A . Utilization of waste straw and husks from rice production: A review [J]. Journal of Bioresources and Bioproducts, 2020, 5(3): 143 - 162.

[63]刘杰胜, 张娟, 夏琳, 等. 稻壳/稻壳灰在墙体材料领域中的应用研究[J]. 砖瓦, 2014, 322(10): 72 - 74.

[64]王军光, 刘肖凡, 袁加斗. 稻壳在建筑材料中的应用现状及作用机制[C]. 工业建筑. 2018 年全国学术年会论文集(下册), 2018: 753 - 756.

[65]程岩岩. 稻壳热解产品高值化综合利用[D]. 吉林大学, 2018.

[66]柳地. 我国最大的稻壳蒸汽发电站[J]. 可再生能源, 1990(3): 17.

[67]钱俊青. 稻壳制备吸附剂及其性能研究[J]. 中国粮油学报, 2000(6): 43 - 47.

[68]陈玉维, 单玉霞, 范之信. 稻壳灰作吸附剂的研究[J]. 粮油食品科技, 1993(1): 8 - 9.

[69]母应春, 解春芝, 杨夫光, 等. 加酶挤压碎米生产淀粉糖浆工艺优化[J]. 食品科技, 2014, 39(4): 163 - 168.

[70]唐家礼, 张家年. 从碎米研制高蛋白米粉和麦芽糊精[J]. 粮食与油脂, 1999(1): 9 - 10.

[71]吴瑶, 曹龙奎. 碎米淀粉制备果葡糖浆工艺优化[J]. 农产品加工(学刊), 2013, 323(14): 31 - 35.

[72]李文钊, 臧传刚, 潘忠, 等. 大米果葡糖浆的生产与应用进展[J]. 当代化工, 2017,46(12):2591 - 2595.

[73]吴双双, 冯艳丽. 高产 monacolin K 或色素红曲菌发酵米糠及碎米的研究

[J]. 湖北师范大学学报(自然科学版), 2020, 40(1): 15 -23.
[74]梁成云, 魏文平. 红曲红色素和高粱红色素的防腐与着色作用[J]. 肉类研究, 2008, 113(7): 16, 46 -49.
[75]陈运中, 陈春艳, 张声华. 红曲红色素组分 I 对实验小鼠脂质代谢的影响[J]. 食品科学, 2004(8): 164 -168.
[76]黄媛媛, 胡健, 倪斌. 新型红曲黄酒酿造工艺的研究[J]. 酿酒科技, 2019, 300(6): 41 -43, 48.
[77]孙琛, 马青斌, 郑旺斌, 等. 阳离子淀粉的制备及其在红曲霉素发酵中的应用[J]. 粮食与饲料工业, 2014, 321(1): 27 -29.
[78]马立安, 张雪山. 红曲酱腐乳的特点及制作工艺[J]. 农村科技开发, 2000(6):30 -31.
[79]郑玉娟, 夏宇, 周文化. 大米抗氧化肽研究进展[J]. 粮食与油脂, 2014, 27(1): 5 -7.
[80]胡中泽. 酶法水解制取大米蛋白发泡粉工艺参数的研究[J]. 粮食与饲料工业, 2002(9): 45 -46.
[81]赵越, 张孚嘉, 吴楠, 等. ACE 抑制肽的研究进展[J]. 中国酿造, 2020, 39(1): 6 -11.
[82]孙伟, 刘爱英, 梁宗琦. 红曲中莫纳可林 K(Monacolin K)的研究进展[J]. 西南农业学报, 2003(3): 112 -116.
[83]叶虔臻, 王微, 李春松, 等. 米糠油应用研究进展[J]. 食品工业科技, 2019, 40(3): 300 -306.
[84]吴幸芳. 开发米糠饲料的研究进展[J]. 广东饲料, 2006(6): 28 -29.
[85]罗晓岚, 朱文鑫. 米糠蜡的提纯及综合利用[J]. 粮油加工, 2007, 349(7): 84 -86.
[86]辛剑, 莫自如, 汤克峻, 等. 植酸缓蚀作用的研究[J]. 陕西化工, 1992(2): 20 -22.
[87]李壮, 叶敏, 熊万斌, 等. 米糠类产品的开发与综合利用[J]. 现代食品, 2016(5): 50 -52.
[88]徐瑞, 王晓曦, 谭晓蓉. 小麦加工副产品——麦麸的综合利用[J]. 现代面粉工业, 2011, 25(6): 33 -35.
[89]Jiwan S. Sidhu, Suad N. Al - Hooti, Jameela M. Al - Saqer Effect of adding wheat bran and germ fractions on the chemical[J]. Food Chemistry, 1999, 67:

365 - 371.

[90] Izydorczyk M S, Biliaderis C G. Influence of structure on the physicochemical properties of wheat arabinoxylan[J]. Carbohydrate Polymers, 1992, 17(3): 237 - 247.

[91] 彭大成. 植酸系列产品在食品工业上的应用[J]. 粮食与饲料工业, 1994(12): 32 - 34.

[92] 李浩, 宋泽和, 范志勇. 麦麸的主要营养特性及其在畜禽饲料中的应用[J]. 中国饲料, 2018, 599(3): 66 - 69.

[93] 白建, 薛建娥, 李军, 等. 麦麸替代玉米对蛋鸡生产性能和蛋品质的影响[J]. 激光生物学报, 2017, 26(1): 85 - 90.

[94] 张军强, 梁荣庆, 董忠爱, 等. 马铃薯茎叶青贮现状及青贮收获机的开发[J]. 农机化研究, 2019, 41(5): 262 - 268.

[95] 程志斌, 杨琏, 张红兵, 等. 水葫芦渣与麦麸混合青贮的感官品质研究[J]. 中国农学通报, 2012, 28(32): 11 - 15.

[96] 唐典俊. B族维生素的临床应用[J]. 中国农村医学, 1991(8): 34 - 36.

[97] 魏培培. 脱脂麦胚中棉子糖的提取制备[D]. 江南大学, 2011.

[98] 刘志平. 胚芽油在食疗保健和美容化妆品中应用[J]. 粮食与油脂, 1994(4): 34 - 36.

[99] 张相年. 二十八碳醇在营养保健食品中的应用[J]. 中国食品添加剂, 1995(4): 20 - 24.

[100] 吴定, 刘长鹏, 路桂红, 等. 麦胚凝集素分离纯化工艺研究[J]. 中国粮油学报, 2009, 24(11): 30 - 32.

[101] 王凯南, 朱琳云, 曲爱琴, 等. 麦胚凝集素的分离纯化和鉴定[J]. 中国生化药物杂志, 2005(2): 67 - 69.

[102] 贾光锋, 范丽霞, 王金水. 小麦面筋蛋白结构、功能性及应用[J]. 粮食加工, 2004(2): 11 - 13, 22.

[103] Maningat C C, Jr GKD, Chinnaswamy R, et al. Properties and applications of texturized wheat gluten[J]. Cereal Foods World, 1999, 44(9): 650 - 655.

[104] 李玲, 张玉兵, 杨宁宁, 等. 一种微生态复合饲料及其制备方法: CN109007308A[P].

[105] 陈加村, 王桂花, 张金武. 用小麦次粉代替玉米饲喂育肥猪试验[J]. 畜禽业, 2001(4): 45.

[106]陈清华,曹满湖,李召平,等. 非淀粉多糖酶在仔猪高次粉饲粮中的应用研究[J]. 饲料研究, 2006(10): 36-40.

[107]汪儆, 雷祖玉, 应朝阳, 等. 戊聚糖酶对小麦、次粉日粮肉仔鸡饲养效果及表观代谢能值的影响[J]. 中国饲料, 1996(13): 14-16.

[108]王冲, 娄玉杰. 常见饲料中抗营养因子及对动物的影响[J]. 家畜生态, 2000(4): 39-43.

[109]宋青龙, 秦贵信. 饲料中的抗营养因子及其消除方法[J]. 国外畜牧学:猪与禽, 2003,23(3): 9-12.

[110]郑学玲, 李利民. 小麦次粉降血脂效果以及影响机理研究[J]. 河南工业大学学报(自然科学版), 2009, 30(1): 45-47, 57.

[111]Mushtaq m a m a t. Effect of supplementingdifferent levels of con steep liquor on the post-weaning growth performance of pak-karkul lambs[J]. Pakistan Veterinary Journal, 2006,26(3).

[112]王春林, 陆文清, 王爱娜, 等. 微生物发酵饲料对猪生产性能及屠宰性状的影响[J]. 饲料工业, 2008, 316(7): 9-11.

[113]Wang Y, Mcallister T A. Rumen Microbes, Enzymes and Feed Digestion-A Review[J]. Asian Australasian Journal of Animal Sciences, 2002,15(11): 1659-1676.

[114]A. Azizi-Shotorkhoft, J. Rezaei, H. Fazaeli. The effect of different levels of molasses on the digestibility, rumen parameters and blood metabolites in sheep fed processed broiler litter[J]. Animal Feed Science and Technology, 2013, 179(1-4): 69-76.

[115]李红宇, 许丽, 方美琪, 等. 黄贮玉米秸秆中玉米浆添加水平对其发酵品质主要指标的影响[J]. 东北农业大学学报, 2013, 44(9): 137-143.

[116]张淑玲. 玉米浆促进地衣芽胞杆菌高效合成3-羟基丁酮的研究[D]. 华中农业大学, 2010.

[117]谢涛, 方慧英, 诸葛健. 玉米浆在产甘油假丝酵母甘油发酵中的作用机理[J]. 微生物学通报, 2006(4): 80-84.

[118]Lee P C, Lee W G, Lee S Y, et al. Fermentative production of succinic acid from glucose and corn steep liquor by *Anaerobiospirillum succiniciproducens*[J]. Biotechnology and Bioprocess Engineering, 2000, 5(5):379-381.

[119]罗勤贵, 廉小梅. 玉米胚芽粕在面包制作中的应用[J]. 西北农林科技大

学学报，2007(7).

[120]刘迎春，杜以文. 利用玉米胚芽粕酿造酱油的研究[J]. 科研与生产，2006，4(143)：45.

[121]张勇. 生长猪饲料中适宜粗纤维水平的研究[J]. 饲料研究，1998(9)：34－35.

[122]胡薇，郎仲武，温铁峰. 玉米胚芽粕和玉米蛋白饲料饲喂生长猪效果的研究[J]. 吉林农业大学学报，2002，24(6)：91－94.

[123]Almeida F N, Petersen G L, Stein H H. Digestibility of amino acids in corn, corn coproducts, and bakery meal fed to growing pigs. [J]. Journal of animal science, 2011, 89(2): 4109.

[124]Widmer. Effect of extracted corn germ from a fractionation process on pig growth performance and carcass characteristics[D]. Benjamin Wallace Isaacson.

[125]王林. 玉米胚芽粕在商品蛋鸡中的饲喂试验[J]. 中国禽业导刊，2003(11)：27.

[126]陈朝江，侯水生，高玉鹏. 鸭饲料表观代谢能和真代谢能值测定[J]. 中国饲料，2005(5):7－9.

[127]林谦，王向荣，王照群. 非淀粉多糖酶对饲喂玉米及其加工副产品黄羽肉鸡氨基酸表观代谢率的影响[J]. 中国饲料，2013(9)：30－35.

[128]Stringhini j Arantes－U, Laboissiere M. Performance of broiler fed sorghum and full－fat corn germ meal[J]. Revista brasileria de zootecnia, 2009, 12: 2435－2441.

[129]Brunelli S. Defatted corn germ meal in diets for laying hens from 28 to 44 weeks of age[J]. Revista brasileria de zootecnia, 2010(5): 1068－1073.

[130]Deek e Mona O, Mahmoud M. Effect of dietary corn glutted feed and phytase supplementation to laying hens diets[J]. Egypt poultry science, 2009(1): 21－38.

[131]Brito, a. b. de stringhin. Digestibility of amino acids from corn, soybean meal and corn germ meal in cecectomized roosters and broilers[J]. Revista Brasileira de Zootecnia, 2011, 40(7): 2147－2151.

[132]Peter C M. Limiting order of amino acids and the effects of phytase on protein quality in corn germ meal fed to young chicks[J]. Journal of animal science

Janim, 2000, 78: 2150 -2156.

[133]张乐乐, 胡文婷, 王宝维. 玉米胚芽粕在动物营养中的研究进展[J]. 饲料博览, 2011(17):47 -48.

[134]邱涛涛, 黄明发, 陈颜虹, 等. 玉米黄素提取及应用研究进展[J]. 中国调味品, 2008, 11: 18 -23.

[135]左艳文. 玉米蛋白发泡粉的生产工艺[J]. 长江大学学报(自然版), 2006, 3(2): 188 -191.

[136]何欢, 周佳, 齐森,等. 玉米蛋白发泡粉复合法制备工艺[J]. 中国食品添加剂, 2014(5): 130 -133.

[137]江成英, 王松, 李琰等. 发酵玉米蛋白粉饲料种曲的制备条件优化[J]. 黑龙江畜牧兽医, 2018(7): 196 -199.

[138]Opstvedt J, Aksnesa A, Hopea B, et al. Efficiency of feed utilization in Atlanticsalmon (*Salmo salar L.*) fed diets with increasing substitution of fish meal with vegetable protein[J]. Aquaculture, 2003, 221: 365 -379.

[139]李秀梅, 郑喜群, 刘晓兰, 等. 浓醪发酵玉米蛋白粉饲料生产工艺的研究[J]. 粮食与饲料工业, 2009(3): 38 -40.

[140]刘骥, 易春霞, 韩业东, 等. 微生物发酵玉米蛋白粉生产富肽饲料的研究[J]. 饲料工业, 2018, 17: 36 -39.

[141]Sujak a Gabrielska J, Wojciech Grudziński, et al. Lutein and Zeaxanthin as Protectors of Lipid Membranes against Oxidative Damage: The Structural Aspects[J]. Archives of Biochemistry & Biophysics, 1999, 37(1): 301 -307.

[142]Bone r. a. Landrum J. T. , Dixon Z. , et al. Lutein and zeaxanthin in the eyes, serum anddiet of human subjects[J]. Experimental Eye Research, 2000, 71 (3): 239 -2457.

[143]杜亚军. 燕麦膳食纤维汉堡肉饼的研制[J]. 肉类工业, 2006(1): 29 -31.

[144]康健. 膳食纤维的生理功能特性以及在食品中的应用[J]. 新疆大学学报(自然科学版), 2006(3): 314 -318.

[145]邬海雄, 张延杰, 宁初光. 绿豆膳食纤维超微粉在杏仁饼中的应用研究[J]. 食品工业科技, 2006(6): 123 -125.

[146]章中. 湿法粉碎制备荞麦水不溶性膳食纤维及其在面包中的应用研究[J]. 安徽农业科学, 2010, 38(2): 910 -911.

[147]杨健, 王立东, 包国凤. 超微粉碎对小米麸皮膳食纤维物理特性的影响

[J]. 食品工业科技, 2013, 34(13):128－131,135.

[148]蔡莹, 汪岳刚, 吴金鸿, 等. 超临界 CO_2 流体提取薏仁米糠油及其脂肪酸成分分析[J]. 食品与药品, 2012, 9(12): 309－312.

[149]魏福祥, 李世超, 王浩然, 等. 超临界 CO_2 萃取－精馏小米糠油[J]. 食品科学, 2011, 8:78－82.

[150]管骁, 姚惠源, 张鸣滴. 燕麦麸分离蛋白的酶解及其功能性质的影响[J]. 农业工程学报, 2006, 27(11): 217－222.

[151]范红军, 李猛. 杂粮发酵饲料混合日粮配制节本增效新技术研究[J]. 今日畜牧兽医, 2018, 34(3): 5.

[152]陈春刚, 韩芬霞. 生物活性肽的生理功能及其制备[J]. 安徽农业科学, 2006, 34(7): 1300－1301.

[153]金英姿. 玉米蛋白生物活性肽的开发[J]. 新疆大学学报(自然科学版), 2004, 23(2):46－48.

[154]沈建福. 粮食食品工艺学[M]. 北京: 中国轻工业出版社.

[155]曹龙奎, 刁静静. 绿豆降血压肽制备技术的研究[C]. 中国食品科学技术学会第九届年会论文摘要集, 2012.

[156]刁静静, 于伟, 张丽萍. 豌豆蛋白水解物的分离及其抗氧化活性的研究[J]. 包装与食品机械, 2013,31(3):25－29.

[157]王存, 董玉洁, 朴美子, 等. 黑米糠酶解液的脱色及其抗氧化肽的制备[J]. 中国食品学报, 2012, 8(12): 41－46.

[158]张强, 周正义, 王松华, 等. 从米糠中制备抗氧化肽的研究[J]. 食品工业科技, 2007(7):145－147.

[159]李艳红. 鹰嘴豆蛋白酶解物的制备及其抗氧化肽的研究[D]. 江南大学, 2008.

第二章　模拟移动分离床工业化生产小麦麸皮低聚木糖技术研究

第一节　引言

一、木聚糖制取方法研究概述

（一）木聚糖的结构

植物细胞壁中含有许多的功能性多糖，其中包括很大组分的半纤维素结构。Whiste 在国际生化讨论会上阐明了半纤维素物质的含义，“半纤维素物质是指存在于高等植物细胞壁中去除纤维素物质和果胶类物质的那部分多糖结构”，此定义近些年已被采用。在禾本科植物的半纤维素结构中主要是以木聚糖为主。半纤维素的聚合度大约在 80 ~ 200，木聚糖的聚合度在 200 左右。来自不同植物的半纤维素除在糖单位之间有所差异，分支上基团和侧链上的位置也有所差异。麸皮半纤维素主要为异质木聚糖，主要由木糖和阿拉伯糖组成，其摩尔比为 0.85∶1，同时还含有少量的半乳糖、葡萄糖和葡萄糖醛酸等糖类。D – 木糖通过 β – 1,4 糖苷键形成木聚糖主链。阿拉伯糖通过 α – 1,2 糖苷键和 α – 1,3 糖苷键键合于主链的木糖残基上。

木聚糖在植物的细胞壁中的含量略次于纤维素的含量，约占细胞干重的 35%。它的主链是由 β – D – 吡喃型木搪残基通过 β – 1,4 糖苷键相连而紧密聚合而成。

木聚糖的基本结构变化范围较大，有些是由 β – 1,4 糖苷键聚合而成的多聚木糖，也有由含有较多分枝的异质多糖通过糖苷键聚合而成。而其中的线型木聚糖通过简单的分离很难制取，一般方法下制取所得到的木聚糖大约含有 2 ~ 4 种不同的糖单体。根据研究表明，木聚糖结构中含有 D – 木糖残基约 85%，还含有成分不多的 L – 阿拉伯糖残基和微量的葡萄糖醛酸等残基。大部分的侧链糖

基均通过 α-糖苷键彼此紧密连接而成。这种特定的结构会根据木聚糖不同的来源,有着不同的分枝程度。

(二)木聚糖分离提取的方法

木聚糖通常在植物的细胞壁内,木聚糖、木质素和纤维素分别以共价结合和氢键结合。在这种结构性质下,为了使木聚糖连接得到破坏,需先将木聚糖从植物组织结构中提取出来。研究中常见的提取方法如下。

1.酸提取液法

植物组织中的木聚糖通常在100℃以下能够溶解在稀酸中,木聚糖会在酸作用下降解。1997 年 RobertW. T. Tennessee 等使用一种 CSBR 反应器对物料进行稀酸处理,可从所处理的原料中所含的半纤维素和纤维素中分别得到97%的木糖和87%的葡萄糖。1998 年 Ackerson 等及其同行经研究得出经过酸处理后,95%的半纤维素及纤维素会转化成为糖类。1999 年袁其鹏等使用0.1%强酸在100℃下对原料处理1 h,或用0.1%强酸在室温下浸泡原料12 h,可大大增加木聚糖的提取效果。2007 年许晓燕等以花生壳为原料,在料液比1∶20,H_2SO_4浓度为1.0%,120℃的条件下处理原料30 min,木聚糖提取率为40.1%。然而利用稀酸法提取木聚糖时木聚糖有很多被水解成为单糖,这种单糖的存在会对制备低聚木糖产生不利的影响。

2.碱液提取法

据研究,木聚糖可以溶解于碱溶液中,因此可以用碱液分离植物中的木聚糖。碱法提取木聚糖主要是用 NaOH 或 KOH 处理纤维质原料,通常碱溶液的浓度为2%~18%,选取浓度要针对植物的材质进行选择,一般为10%。日本的 Sioa 研究了酶水解法制备木聚糖时原料的预处理方法,研究了不同浓度稀碱溶液对木聚糖提取的影响,研究效果表明在碱溶液下,木聚糖可以很好的溶出。2000 年邵佩兰等利用玉米芯为原料,先用沸水浸泡4 h,然后用 NaOH 溶液按料液比1∶15,在80℃条件下浸提2 h,木聚糖的提取率可达30%,且提取后的提取液中还原糖与总糖质量之比小于26%。

3.蒸煮提取法

蒸煮提取法比蒸汽爆破提取法对温度的要求稍低,一般情况下低于180℃,且不存在释压喷放过程。而纤维质原料在经过蒸煮以后,部分半纤维素会溶于水中,经过离心分离后,可得到同时含有木聚糖和低聚木糖的溶液。

4.蒸汽爆破提取法

蒸汽爆破提取法是近些年来发展较快、成本较低、且污染最小的一项新兴分离技术。此方法是将原料先用高温的水蒸气处理 0.5 ~ 20 min，处理温度在200℃左右。在这种高温高压状态下，木聚糖的糖苷键会发生断裂，水蒸气随原料一同从反应器中瞬间释放而形成爆破，由于压力的骤然减小而形成的强大的气流作用，这种瞬间的气流可对植物细胞壁空间立体结构产生强大的机械破坏作用，使木聚糖分子键瞬间断裂。当细胞壁结构被裂解后，物料中的木质素会因为烯丙醚键的断裂而产生很多低分子物质，这样半纤维素中的木聚糖会充分的暴露出来，其分离性，可降解性会进一步的提高。

5.直接蒸煮提取法

不对原料做任何前处理而进行直接蒸煮。2007 年魏长庆等以棉籽壳为原料在蒸煮温度 115℃、加水量 100 g/L 的条件下蒸煮 45 min，料液比 1:15，100℃浸提0.5 h，木聚糖的提取率可达 62.8%。

6.超声波提取法

2005 年杨建等以玉米芯为原料在超声时间 30 min，温度 60℃，原料质量分数3.23%，超声功率 280 W 的条件下，用 7% 的氢氧化钠提取，其木聚糖的提取率达29.34%。后把玉米芯经过水煮，其木聚糖提取率为 33.01%。

7.酸预处理后干法蒸煮

将原料经稀酸处理一定时间，先洗去表面酸后再进行蒸煮。蒸煮后的物料再加水打浆浸提。2006 年吕珊珊以小麦麸皮为原料在 H_2SO_4浓度 0.1%、酸解时间 8 h、酸解温度 60℃；蒸煮温度 125℃ 的条件下蒸煮 30 min，木聚糖得率为19.44%。

综上所述，酸法提取和碱法提取对设备的腐蚀较大，提取后提取物中的杂质较多，使生产工艺烦琐；蒸汽爆破提取对设备的要求较高，提高了生产的成本。如果能使超声波提取技术应用在产业化生产中，可以减少提取物中的杂质含量，简化工艺条件，进而大大降低了生产成本。

二、低聚木糖的研究概述

（一）低聚木糖的结构

低聚木糖是指由木糖分子以 1,4 糖苷键连接而成的聚合性糖，其木糖聚合数为 2 ~ 7 个。低聚木糖的主要成分为木糖、木二糖、木三糖、木四糖、木五糖及少量木五糖以上的木聚糖，其中木二糖、木三糖为主要的有效成分，一般情况下木二糖、木三糖的含量直接影响低聚木糖产品的质量。其中木二糖、木三糖的结构见图2－1。

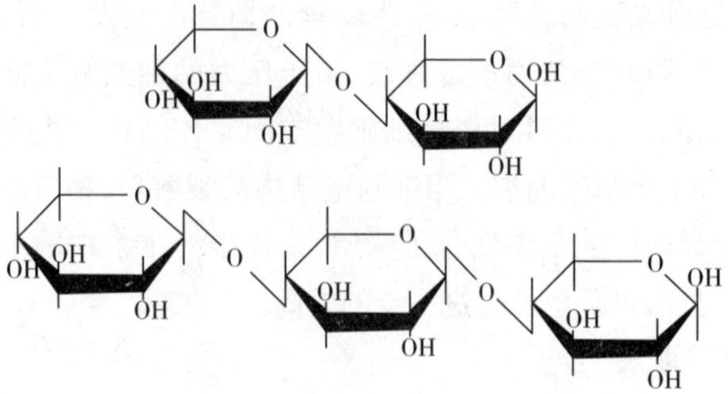

图2－1　低聚木糖结构

(二)低聚木糖的性质

1.低聚木糖的甜度

木二糖的甜度大约为蔗糖的一半，50%的低聚木糖成品其甜度大约为蔗糖的30%，低聚木糖的甜味纯正，与蔗糖非常相似。

2.稳定性

与其他种类的低聚糖相比，低聚木糖的最大的特点就是对酸、热的稳定性较好。5%的低聚木糖的水溶液在pH 2.5～8.0十分稳定，而在常温蒸煮条件下蒸煮1 h后低聚木糖也几乎不会发生变化。研究发现低浓度的低聚木糖溶液在pH呈酸性、不超过50℃的条件下，贮存3个月，不会发生明显的变化，其保留率仍保持在为100%；在pH 3.4的条件下，含低聚木糖的酸性饮料在室温下贮存1年，其中低聚木糖的保留量仍达97%以上。

3.水分活度与黏度

低聚木糖的黏度比较低，因而在产品的加工处理上较为方便。此外，低聚木糖还可以降低水分活度。这种性质类似于葡萄糖，与其他糖类相比较高于木糖，低于麦芽糖和蔗糖。

4.着色性

与蔗糖的着色性相比，低聚木糖的着色效果较弱，而且在烘烤后其芳香味较浓。

（三）低聚木糖的生理学特性

1.双歧杆菌增殖能力

双歧杆菌是一种人体肠道有益菌，可以保持人体健康、增强机体的免疫力、预防癌症及其他疾病以及降低血清胆固醇等方面具有显著的作用。低聚木糖可以有效的促进双歧杆菌的增殖，而大多数的肠道菌对低聚木糖的利用都比较差，因此，低聚木糖的这种特性体现尤为突出。低聚木糖是目前研究发现的促进双歧杆菌增殖有效用量最少的低聚糖。研究表明，每天只需要口服很少量的低聚木糖，几周后双歧杆菌在大肠杆菌中所占的比例提高了9%，而致病菌下降了8%。有研究表明，低聚木糖在对双歧杆菌的增殖能力方面强于低聚果糖。

2.不被消化性

低聚木糖与其他的低聚糖类物质相比，其在体内消化系统中能不被酶所分解。Okazaki等的研究证实了木二糖不会被消化吸收，因此低聚木糖所产生的热量非常低，食用后对血糖的含量没有影响，对糖尿病、高血脂等患者的身体健康十分有利。此外与某些低聚糖产品含有可消化性单糖相比它略有特殊气味，常规浓度的低聚木糖产品就可以达到食品加工中的特殊要求，同时在很大程度上提高了产品的附加值。

3.对龋齿的抗性

口腔内的细菌可利用食物中的糖类产生具有不溶性的物质，并在牙齿的表面积累形成齿垢进而产生龋齿。牙齿中的细菌会在适宜的温度下，发酵口腔中的糖类，并产生酸类物质，逐渐腐蚀牙齿，导致牙齿松脱，最终形成龋齿。低聚木糖在抗龋齿方面有很好的效果，它可以不被细菌分解发酵，对保护牙齿有独特的功能特性。

4.提高钙的吸收率

有研究表明，摄入低聚木糖后，对钙的吸收率比平时提高了1/5，肺内钙的保留率提高了21%。根据这一特点低聚木糖可以开发孕妇、老年等人群的功能性食品。

5.改善糖尿病症状

研究表明，用低聚木糖喂食患糖尿病的小鼠，可改善其生长缓慢等症状，并减少肝脏中的甘油三酯和脂肪酸的含量，进而减缓了糖尿病等症状。

6.改善肠道环境

低聚木糖可以调节肠道水分，提高排泄物的水分含量，使之保持正常，并具有调节泻痢或便秘的功能。

7.抑制有害细菌的生长

低聚木糖可以促进双歧杆菌的增殖,从而抑制有害细菌的生长,使人体内的吲哚、酚、氨和尸胺等有害物质明显减少。

(四)低聚木糖的生产现状

近些年,人们对木聚糖酶和酶法水解低聚木糖的研究已有较多报导。1986年和1987年日本的阿部奎一和入江利夫分别研究了木聚糖分解物的分离方法和木二糖的分离方法。罔崎昌子和Okazaki分别于1987年和1990年报导了有关低聚木糖对双歧杆菌的增殖效果的研究报告。2004年法国的Patrice Pellerin对酶法制备低聚木糖的工艺进行了研究。但是这些研究仍局限于细菌木聚糖酶基因的克隆,而且都是从杆菌上分离出木聚糖酶基因,然后在大肠杆菌上进行表达。

近年由日本三得利公司利用木聚糖酶进行低聚木糖的工业化生产,产品有低聚木糖含量为70%的糖浆和20%、35%的粉末。1995年产量约200 t,1996年的产量约400 t,1998年产量约1100 t(其中1000 t糖浆,100 t为固体粉末)。

低聚木糖的研究在我国刚刚起步,正处在初级阶段。蔡静平等报道了利用菌类产酶分解玉米芯中的木聚糖生产低聚木糖的研究。吴克等优化了酶法制备低聚木糖的研究结果。目前我国的低聚木糖生产工业大多以玉米芯为原料,利用酶法生产低聚木糖产品。

(五)低聚木糖的应用现状

低聚木糖具有应用范围广,食品添加量小,增殖双歧杆菌,清理体内肠道,改善肠内环境,抵抗有害菌的产生,甜味纯正,对酸、热稳定性高等特点,已被广泛的应用于食品、医药、保健品等领域。

低聚木糖可在乳酸饮料、醋饮料等食品中应用。经过长期贮存,食品中的低聚木糖也不会被细菌分解发酵而影响其产品的品质。根据对食品贮存的实验表明,在食品中的低聚木糖具有很好的稳定性,可以替代蔗糖添加到食品中。还可以在焙烤食品中添加低聚木糖,不但能很好的保持产品的水分,改变面团的流变特性,还可以在烘焙过程中,产生良好的色泽、特殊的香味、抵抗霉菌的生长,控制食品中的水分含量。

低聚木糖还可在栽培农作物时作为营养物质,能防止作物生病、促进生长速度和提高果实产量。低聚木糖还能对菜籽的发芽过程起调节作用,促进蔬菜生长和对土壤中微量元素的吸收起显著的作用。提高蔬菜中微量元素的含量,这对于延长土壤中的肥力具有显著意义。

在医药工业中应用时可以根据低聚木糖良好的表面活性,调节和抑制肠道有害细菌,增加机体对致病菌的抵抗力,增强肌体免疫系统的功能。此外,含有低聚木糖等的不被消化性低聚糖类可以防治腹泻等疾病。

低聚木糖也可作为饲料的添加剂投入到饲料的生产中,动物食用后能够提高机体免疫力,增加饲料的吸收率,大大提高动物生产的能力等。据研究表明,低聚木糖能够促进蛋鸡内的双歧杆菌的增殖,在促进蛋鸡的生产性能方面起着显著的作用。在饲料中添加低聚木糖 0.007% 时其促生长效果最为明显,蛋鸡的产蛋率可提高 2 到 4 个百分点。随着研究的不断深入,生物降解研究和分离制备技术的迅速发展,低聚木糖的生产成本已经大幅降低,这使其在饲料上应用的可行性逐渐提高。

(六)低聚木糖的提取方法

一般分离低聚糖是从天然植物中提取,通过化学作用和酶作用转移糖基,利用多糖进行水解等方法得到。目前低聚木糖的提取方法主要为多糖水解法,其中较为常见的有:酸水解提取法、热水抽提提取法、酶水解提取法、微波降解法。

1.酸水解提取法

所谓酸水解法就是采用稀酸水解植物中的木聚糖,使其糖苷键断裂,使低聚木糖溶出。石波等采用稀硫酸水解在实验室自制的桦木木聚糖,利用碳柱制备,冷冻干燥结晶制备低聚木糖中木二糖、木三糖标准品。研究结果为稀硫酸浓度 0.24 mol/L,水解温度 100℃,水解时间 15 min,酸解产物以木二糖、木三糖、木四糖、木五糖、木六糖为主。杨书燕研究从玉米芯中提取低聚木糖,其结果为固液比 1:6,稀硫酸液浓度 2%,水解温度 120℃,水解时间 60 min,其溶出总糖量 15.01%,低聚木糖平均聚合度 2.16。酸法水解目前还存在许多问题,主要是对设备的要求较高,不但要耐酸的腐蚀,还必须耐高压高温;技术方面也很难控制,因为木聚糖在酸中水解速度快,在低聚木糖这个水平上控制反应很困难,且反应中会产生许多有害成分,使产品的质量降低,精制工艺技术较为烦琐,低聚木糖得率较低。因此,工业化产技术研究将具有重要的实际意义。

2.高温蒸煮提取法

日本研究人员曾研究利用高温蒸煮法直接提取植物中的低聚木糖,但此法制备的低聚木糖溶液颜色较深,很难添加到食品中。2007年赵光远以玉米芯为原料,利用浓度0.05%硫酸浸泡,蒸煮温度200℃,蒸煮时间4 min。水解液经3.0%木聚糖酶酶解12 h后,其还原糖转化量可达226.6 mg/g。

3.酶水解提取法

目前酶水解法是工业上应用最多的方法。此方法可利用霉菌、细菌等生产木聚糖酶,然后用木聚糖酶水解木聚糖制备低聚木糖。研究上大多采用内切型木聚糖酶对木聚糖进行水解,再进一步分离纯化制备低聚木糖产品。韩玉洁利用木聚糖酶水解木聚糖,工艺条件为水解温度40℃,水解时间6 h,总糖得率为57.12%,低聚木糖的提取率为22.52%。

三、小麦麸皮制取低聚木糖的研究概述

小麦是我国主要粮食农作物之一,麸皮是小麦加工的副产物。在小麦的加工中,麸皮的产量接近小麦加工量的20%,每年麸皮的产量在2500万t以上,这为从麸皮中提取低聚木糖提供了丰富的原料。以往小麦麸皮的利用主要集中在加工麦麸面筋、木糖醇及饲料等方面,近些年对小麦麸皮中功能成分提取的研究逐渐增多,主要在膳食纤维的开发利用、戊聚糖和阿拉伯木聚糖的提取和加工等方面进行了研究。

小麦麸皮中含有大量的半纤维素成分。最初对小麦麸皮中半纤维素多糖的提取研究开始于20世纪末。研究是将小麦麸皮中的木聚糖成分用酸水解法水解成为木糖。到了21世纪初,陈凤莲等以小麦麸皮为原料,利用酶水解法制取低聚木糖,其提取的木二糖含量为70%;韩玉洁利用碱法从小麦麸皮中提取的低聚木糖含量为22.89%。小麦麸皮中除富含半纤维素,还有较为丰富的营养物质和天然活性成分,因此,对小麦麸皮中功能成分的提取和开发,具有很大的市场潜力。

四、超声波提取技术概述

本研究中应用了超声波提取技术(Ultrasound Extraction, UE),超声波提取技术是近年来应用到植物有效成分提取分离的一种最新的较为成熟的技术。由于传统提取方法存在许多弊端,不能满足实际需要,因此在提取方面需要更快速高效的提取方法。超声波提取技术以其快速高效及对营养价值影响小等优势正在受到人们的关注。近几年来,超声波提取天然产物的应用技术研究取得了长足的进步,提取方法也从单一的利用超声波发展为超声波辅助提取、超声波协同其

他技术进行提取的新阶段。

(一)超声波技术的特点

超声波提取技术是利用超声波的机械振动、空化作用、热效应等来加速动植物细胞壁的破裂、分子结构的改变,加速有效成分的溶出,从而达到快速提取的目的。所采用的超声波是频率大于20 kHz以上的声波,具有方向性好、功率大、穿透力强等特点。超声波作用时主要产生两种形式的振动,即横波和纵波,横波只是在固体中产生,而纵波可在固、液、气体中产生。利用超声振动能量可改变物质组织结构、状态、功能或者加速这些改变的过程,超声波不仅有强大的能量、空化作用和机械作用,而且还会产生许多次级效应,如热效应、乳化、扩散、击碎、化学效应、生物效应、凝聚效应等,也能加速动植物有效成分在溶剂中的扩散释放,有利于提取。另外,超声波提取技术还具备其他特点:无须高温,在40~50℃水温下即可超声强化提取,不破坏具有热不稳定、易水解或氧化特性的有效成分;常压提取,安全性好,操作简单易行,维护保养方便;超声波强化提取8~40 min即可获最佳提取率,提取时间仅为水煮、醇沉法的1/3或更少,且提取效率高;适用性广,绝大多数的植物、中药材及农业副产物中各类成分均可超声提取;超声波提取对溶剂和目标提取物的性质(如极性)关系不大,因此,可供选择的提取溶剂种类多、目标提取物范围广;由于超声提取无须加热或加热温度低,提取时间短,因此大大降低能耗;原料处理量大,且杂质少,有效成分易于分离、净化;提取成本低,综合经济效益显著。

(二)超声波技术的应用研究

由于超声波技术具有众多优点,所以超声提取在植物多糖的提取中得到广泛应用。近些年来,利用超声波技术研究其在动植物成分提取领域中的应用越来越多。吴广枫等将超声波用于芦荟多糖的提取;林勤保等分析了超声波在多糖降解和提取中的作用;江和源等采用超声波法提取茶多糖使得多糖的提取率增加;谬建民等在海带多糖的提取中应用了超声技术;徐凌川,张华对超声波提取灵芝多糖的工艺参数进行了研究;于淑娟等把超声和酶法提取技术结合起来用于提取灵芝多糖;赵二劳等研究了用超声波提取南瓜多糖的工艺条件。这些研究都取得了满意的效果。除了在植物功能成分的提取方面,也有学者研究将超声技术应用在畜产品加工领域,比如研究超声波处理对鸡肉的理化性质、适口性和风味的影响。尽管超声波技术的应用研究很多,但目前还未见利用超声波辅助高温高压蒸煮技术提取小麦麸皮中木聚糖的报道。

(三)影响超声波提取技术的因素

1.原料的粉碎度

原料粉碎得细,溶剂接触面较大,提取较快。但原料粉碎不宜太细,过细使大量细胞破裂,提取液中无效成分相对增多,致使成品不澄清,贮存中容易产生沉淀,而且往往使液体的黏度增大导致过滤困难。

2.超声时间

一般超声剂量加大时提取比较完全,但过大会使无效成分随时间增长而大量浸出,影响质量。

3.超声的频率和强度

一般料液在超声波辐射强度达3000 W/m^2时就完全会产生压力脉冲,形成瞬时的球形冲击波,从而导致被粉碎生物体及细胞完全破裂。由于提取介质中气泡尺寸不是单一的,而是存在一个分布的范围,所以超声波频率有一定的变化,即有一个带宽。

4.溶剂的选择、溶剂的浓度、浸泡时间

选用的溶剂要适于有效成分的提取,尽量不带出无效成分及有害成分,更不应与有效成分起化学反应。应考虑有效成分在溶剂中的溶解度、pH、表面张力、黏度和价格等因素,而浓度差是渗透和扩散的推动力,提取过程要保持较高浓度差,浸泡时间对提取率也有显著影响。

五、模拟移动床色谱分离技术概述

随着生物技术、生物医学、制药工业、食品科学等的快速发展,制备色谱技术日益得到重视。模拟移动床(SMB)色谱分离技术是20世纪60年代发展起来的一种现代化分离技术,具有分离能力强,设备体积小,投资成本低,便于实现自动控制并特别有利于分离热敏性及难以分离的物系等优点,在应用制备色谱技术中最适用于进行连续性大规模工业化生产。SMB技术的应用遍及石油、精细化工、生物发酵、医药、食品等很多生产领域,尤其在同系化合物手性异构体药物、糖类、有机酸和氨基酸等混合物的分离中显示出其独特性能。

(一)模拟移动床色谱分离技术

1946年,美国通用石油公司(UOP)开发了逆流连续循环移动床装置

(TMB),用于分离小分子质量的碳氢化合物,该方法在20世纪60年代得到了商业应用。由于该系统固定相流速较难控制和容易磨损,特别是极难应用于液相色谱中,因此没有得到进一步的发展。20世纪70年代初期,UOP开发一种基于模拟移动床原理的色谱技术,采用该技术开发的色谱装置,UOP称为Sorbex。该装置被用于分离各种石油馏出物,其特点是吸附剂颗粒被装填后不再移动,而是由原料进口和产品液流出口不断切换的方法,形成吸附剂颗粒和液流相对逆流运动来模拟固定相的移动。

(二)模拟移动床色谱分离技术的应用

1.石油化工领域的应用

该技术在20世纪70年代到80年代主要用于石油产品的分离,其本身就是在研究分离石油产品的过程中发展起来的。1969年美国UOP公司将模拟移动床色谱技术用于分离对二甲苯和间二甲苯,该分离过程被其称为Parex过程,同时UOP公司还将该技术应用于其他工业级的石油产品的分离过程中。

2.糖醇的分离

果糖来源于蔗糖的水解产物,该水解产物是果糖和葡萄糖的混合物。由于果糖和葡萄糖是同分异构体,因此常规方法难以将之分离。模拟移动床色谱分离果糖和葡萄糖是当前最佳的方法,UOP公司将采用该方法分离果糖和葡萄糖的过程称为Sarex过程,当前国外已有年产万吨果糖的成套商品化设备。

3.手性化合物的分离

随着生物技术和医药技术的快速发展,越来越多的手性化合物需要分离。由于模拟移动床色谱分离两组分体系的高效率,因此在手性化合物的分离方面有着大量的应用。

4.其他应用

模拟移动床色谱还可广泛地应用于其他物质的分离。Wang等进行了模拟移动床色谱分离氨基酸的研究;Gottschlich等研究了单克隆抗体的SMB色谱分离;Houwing等采用梯度SMB离子交换色谱分离了蛋白质;Juza等采用气相SMB色谱分离了一种挥发性的麻醉剂恩氟烷(enflurane);SMB色谱还可应用于同位素的分离,如H和D,D和T,^{16}O和^{17}O等。

第二节　小麦麸皮中淀粉和蛋白质去除方法的研究

一、实验材料与设备

(一)实验材料(表2-1)

表2-1　实验材料

名称	厂家
小麦麸皮	黑龙江北大荒丰缘麦业有限公司
耐高温α-淀粉酶	北京市双旋生物培养基制品厂
木瓜蛋白酶	上海天齐生物生物技术有限公司
中性蛋白酶	北京奥博星生物技术有限责任公司公司
Alclase 碱性蛋白酶	诺维信生物技术(中国)有限公司
盐酸、硫酸、氢氧化钠等化学试剂均为国产分析纯	

(二)实验仪器(表2-2)

表2-2　实验仪器

名称	厂家
JJ-1 精密定时电动搅拌器	江苏荣华仪器有限公司
T6 紫外-可见分光光度计	北京普析通用仪器有限责任公司
AP2140 电子分析天平	梅特勒-托利多仪器有限公司
DK-S24 电热恒温水浴锅	上海森信实验仪器有限公司
PB-10 型 pH 计	德国赛多利斯股份公司

二、实验方法

(一)小麦麸皮的预处理

小麦麸皮粉碎后过60目筛,冷藏备用。

(二)蛋白酶的筛选

选取常用的三种蛋白酶,其最适条件见表2-3。

表2-3　蛋白酶的最适条件

蛋白酶	pH	温度(℃)
木瓜蛋白酶	5.7	55~60
中性蛋白酶	7.0~7.8	40
Alclase碱性蛋白酶	9.0	50

各取50 g经预处理后的原料分别放入1000 mL的烧杯中,各加入0.5 g的三种蛋白酶,在各自的最适温度和pH下充分搅拌酶解2 h,取出后放入100℃水浴中做灭酶处理,利用水洗涤数遍,放入烘箱中在60℃下烘干。利用微量凯氏定氮法测定样品中蛋白质的残余含量,从中优选出最佳水解效果的蛋白酶。

(三)耐高温α-淀粉酶活性的测定

耐高温α-淀粉酶活性的测定采用酶解法(GB/T 24401—2009)。

(四)蛋白酶活性的测定

蛋白酶活力的测定采用Folin-酚法。

(五)耐高温α-淀粉酶和蛋白酶酶解小麦麸皮中淀粉和蛋白质单因素试验设计

影响酶解反应的条件很多,根据文献报道选取四个主要因素料液比、加酶量、酶解温度、酶解时间进行单因素试验,设定不同的酶解条件,以酶解后小麦麸皮中淀粉和蛋白质的残留量为指标,初步确定耐高温α-淀粉酶和蛋白酶作用的最适条件。

1.料液比的选择

取50 g小麦麸皮5份放入1L烧杯中,分别配成料液比为1:5、1:10、1:15、1:20和1:25的小麦麸皮悬浮液,加入0.6%耐高温α-淀粉酶,在95℃条件下,酶解反应30 min,在50℃下加入1%碱性蛋白酶,酶解反应2 h,反应结束后,测定酶解后小麦麸皮中淀粉和蛋白质残留量。

2.酶解温度的选择

取50 g麦麸5份配成料液比为1:15的悬浮液,加入0.6%的耐高温α-淀粉酶,分别在80℃、85℃、90℃、95℃和100℃条件下酶解30 min;再加入1%碱性蛋白酶30℃、40℃、50℃、60℃和70℃条件下酶解2 h,反应结束后,测定酶解后小麦麸皮中淀粉和蛋白质残留量。

3.加酶量的选择

取50 g麦麸5份配成料液比为1:15的悬浮液,分别加入0.2%、0.4%、0.6%、0.8%和1.0%耐高温α-淀粉酶在95℃条件下,酶解反应30 min;然后分别加入0.5%、1%、1.5%、2.0%和2.5%碱性蛋白酶,在50℃下酶解反应2 h,反应结束后,测定酶解后小麦麸皮中淀粉和蛋白质残留量。

4.酶解时间的选择

取50 g麦麸5份,配成料液比为1:15的悬浮液,加入0.6%淀粉酶在95℃条件下分别酶解10 min、20 min、30 min、40 min、50 min。加入1%碱性蛋白酶,50℃条件下,分别酶解30 min、60 min、90 min、120 min、150 min。测定酶解后的小麦麸皮中淀粉和蛋白质残留量。

(六)耐高温α-淀粉酶和蛋白酶的水解正交实验设计

根据单因素实验的测定结果确定酶解因素:料液比,水解温度,加酶量,水解时间的作用点,以淀粉和蛋白质的残留量为主要评价指标,采用$L_9(3^4)$试验方案来确定耐高温α-淀粉酶和蛋白酶的最佳水解条件(表2-4)。

表2-4 耐高温α-淀粉酶和蛋白酶的因素和水平

因素	耐高温α-淀粉酶酶解水平			碱性蛋白酶酶解水平		
	1	2	3	1	2	3
料液比A	1:12	1:15	1:18	1:10	1:15	1:10
温度B(℃)	90	95	100	45	50	55
加酶量C(%)	0.4	0.6	0.8	0.5	1.0	1.5
时间D(min)	20	30	40	90	120	150

(七)测定方法

水分含量测定:采用GB/T 24898—2010"粮食、油料检验水分测定法"105℃恒重测定法。

灰分含量的测定:采用GB/T 24872—2010"粮食、油料检验灰分测定法"550℃灼烧法。

粗蛋白质含量测定：采用 GB/T 24871—2010“谷物、豆类作物种子粗蛋白质测定法”微量凯氏定氮法。

粗脂肪含量测定：采用 GB/T 24902—2010“粮食、油料检验粗脂肪测定法”索氏抽提法测定。

粗淀粉含量测定：采用酶解法测定，3，5－二硝基水杨酸法测定还原糖。

木聚糖含量测定：主要以测定戊聚糖为主，采用 Douglas。具体方法为称取 1 mg样品与具塞比色管中，加入 2 mL 水及 10 mL 新配制的抽提试剂（冰醋酸 110 mL、浓盐酸 2 mL、1 g 间苯三酚、10 mL 无水乙醇、17.5 $mg \cdot mL^{-1}$ 葡萄糖 1 mL），混匀，沸水浴反应 25 min，迅速冷却，在 552 和 510 nm 下测定吸光度，将 552 nm 下的吸光度减去 510 nm 下的吸光度，与标准曲线进行比较，计算样品中木聚糖的含量。用木糖作标准曲线。

三、实验结果与分析

（一）蛋白酶的筛选结果

三种蛋白酶的实验结果见表 2－5。

表 2－5　不同蛋白酶对麦麸蛋白的水解效果

酶种类	样品 1 蛋白质残留量（%）	样品 2 蛋白质残留量（%）	样品 3 蛋白质残留量（%）	平均蛋白质残留量（%）
木瓜蛋白酶	7.32	7.65	7.48	7.48
中性蛋白酶	9.46	9.02	9.83	9.44
Alclase 碱性蛋白酶	4.68	4.12	4.25	4.35

从三种蛋白酶的酶解效果来看，碱性蛋白酶的效果较好，木瓜蛋白酶次之，并且从经济的角度考虑，碱性蛋白酶的价格便宜，故选碱性蛋白酶作为水解麸皮中蛋白质的最佳酶制剂。

（二）耐高温 α－淀粉酶和碱性蛋白酶的酶解单因素分析

耐高温 α－淀粉酶的比活力为：20140 $U \cdot mL^{-1}$；Alclase 碱性蛋白酶的比活力为：810260 $U \cdot g^{-1}$。

1.不同料液比对麦麸中淀粉去除的影响

料液比对酶解效果具有一定的影响，这是由于水含量的多少影响了酶的活性，水是反应的介质，从而影响酶解效果。测定结果见图 2－2。从图中可以看出当料液比为1:5时,小麦麸皮淀粉的残留量为5.23%,随着加水量的增加,淀粉的残留量逐渐减少,当料液比为1:15时,淀粉的残留量最低为0.86%,随着加水量进一步增加,淀粉的残留量稍有增加且残留量的变化趋势逐渐变得缓慢;由图2-2可知加水量对蛋白酶酶解效果的影响也基本符合这个规律,当料液比为1:5时,小麦麸皮蛋白质的残留量为10.58%,随着加水量的增加,小麦麸皮蛋白质的残留量逐渐减少,当料液比为1:15时,蛋白质的残留量最低为3.21%,随着加水量进一步增加,蛋白质的残留量稍有增加且残留量的变化趋势逐渐变得缓慢。这可能是由于当水量增加到一定程度时,淀粉酶和蛋白酶酶解的效果不再与水的多少具有直接关联,而加酶量等其他因素的影响更大一些。因此此时水量的增加,对酶解效果的影响变得缓慢,综合考虑初步选取料液比为1:15作为淀粉酶和蛋白酶作用的最佳条件。

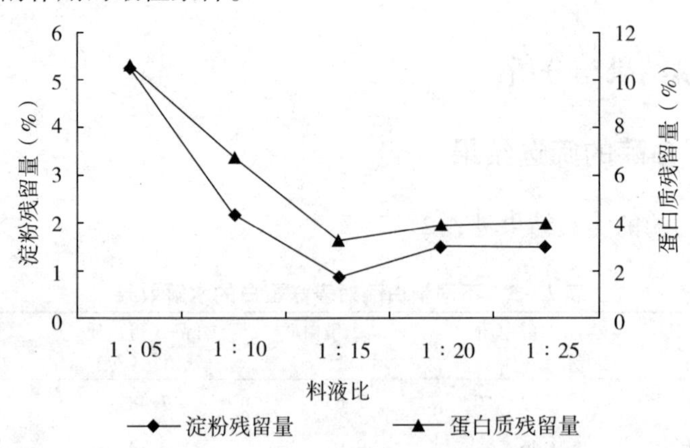

图2-2　不同料液比对麦麸中淀粉和蛋白质残留量的影响

2.酶解温度对酶解效果的影响

温度对酶的影响情况很复杂,它不仅影响酶蛋白质的天然构象、参与酶促反应功能性基团的解离状态,而且还影响酶与底物的亲和力、酶—底物络合物的分离,甚至还影响酶与激活剂、抑制剂的亲和力等。酶解温度对耐高温α-淀粉酶的影响见图2-3。反应温度在低于80℃时,小麦麸皮淀粉的残余量为8.67%,去除淀粉只有一半左右,而在90~100℃,小麦麸皮中淀粉残余量显著降低;说明淀粉酶的最佳温度应在90~100℃。从图2-3中可以知道,蛋白酶受温度的影响更大,在50℃左右时,蛋白酶的活性最大,温度低于40℃或高于60℃时,蛋白质的残留量明显增加。当酶解温度低于50℃时,随温度的升高蛋白质水解度增大,酶解后小麦麸皮中的蛋白质残留逐渐减少,在酶解温度超过50℃后,酶解后小麦麸皮蛋白质残留量出现上升趋势。这是由于每一种酶都有一定的适用范围,温度过低会抑制酶的活力,适当加热可提高酶活,并且增加温度可使蛋白质结构疏松,暴露出更多的酶作用位点,提高酶的作用效果。但随着温度的进一步增大,酶会发生热失活。由于使用的淀粉酶是耐高温 α-淀粉酶,并且淀粉酶的作用时间短,因此酶的失活效果不明显,而蛋白酶在60℃以后随着温度的升高,酶的受热失活越来越明显,催化反应速度降低,蛋白水解率降低,蛋白质的残留量变大。因此,在蛋白酶最适的温度范围内,提高温度到一定值,有利于酶解反应进行,可获得最低的蛋白质残留量,但超过这一温度,蛋白质水解率反而会下降。因此最适酶解温度在50℃左右。

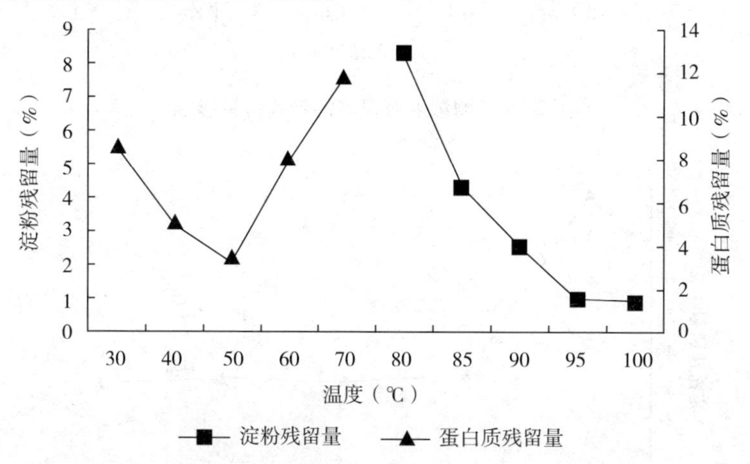

图2-3 不同温度对麦麸中淀粉残和蛋白质残留量的影响

3.酶浓度对酶解效果的影响

酶浓度对淀粉酶和蛋白酶的酶解效果的影响分别见图2-4、图2-5。小麦麸皮中淀粉和蛋白质的残余量随酶浓度的增加而逐渐减少,随着酶浓度的增加,越来越多的酶分子与底物相结合,最后,在酶浓度足够高时,所有的底物与酶分子相结合,一旦所有的底物与与酶分子相结合时,酶解效果达到最大。淀粉和蛋白质被迅速水解成可溶性的小分子糖类和蛋白片段。从图2-4中可以看出当酶浓度在0.6%以下时,小麦麸皮淀粉的残留量随着酶量的增大而迅速减少,但是当酶量进一步加大时,小麦淀粉残留量基本不再下降。这是由于反应底物淀粉相对减少,反应效率降低。蛋白酶同样在酶浓度达到1%以后,再多加酶也不再有更好的效果。并且酶本身也是一种蛋白质,过量的加入还会引起蛋白质的增加,既不会提高酶解效果又造成了酶的浪费。因此,选择最佳的淀粉酶浓度为

0.6%,最佳的蛋白酶浓度为1.0%。

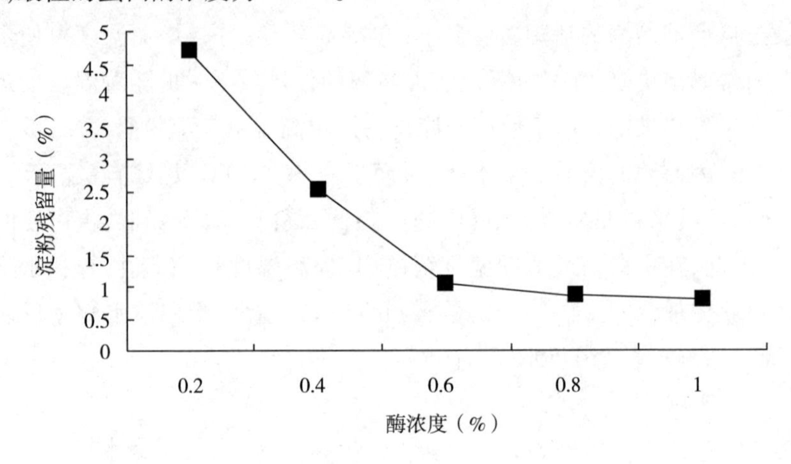

图2-4　酶浓度对麦麸淀粉残留量影响

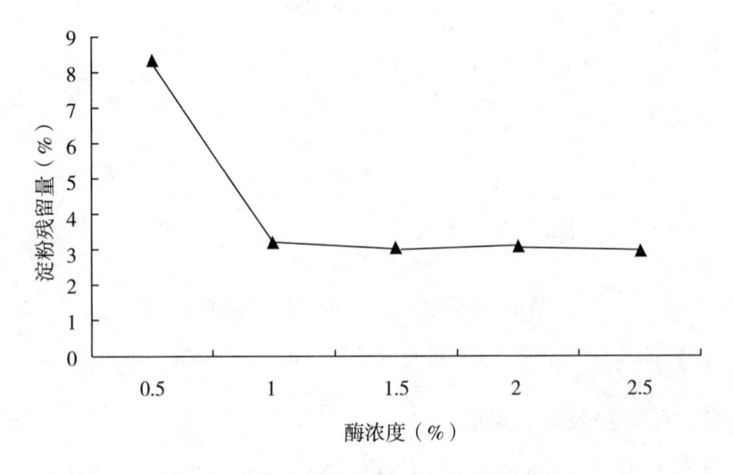

图2-5　酶浓度对麦麸蛋白质残留量影响

4.反应时间对酶解效果的影响

反应时间对淀粉酶和蛋白酶的酶解效果的影响分别见图2-6和图2-7。从图2-6中可以看出在30 min以前随反应时间的延长,小麦麸皮中淀粉的残余量急剧下降;而后随着时间的延长,小麦麸皮中淀粉残余量变化不大。从图2-7可以得出相似的结论,蛋白酶在120 min前作用效果比较明显,而120 min后小麦麸皮中的蛋白质残留量变化趋于平稳。这是由于随酶解时间的延长,水解产物的增加,对酶解反应有抑制作用,加之底物减少,酶自身逐步衰弱导致酶解效果大大降低。

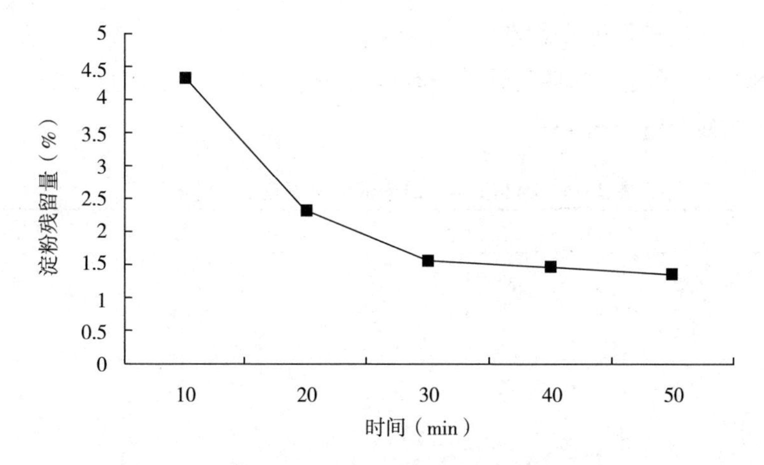

图 2－6　时间对麦麸淀粉残留量的影响

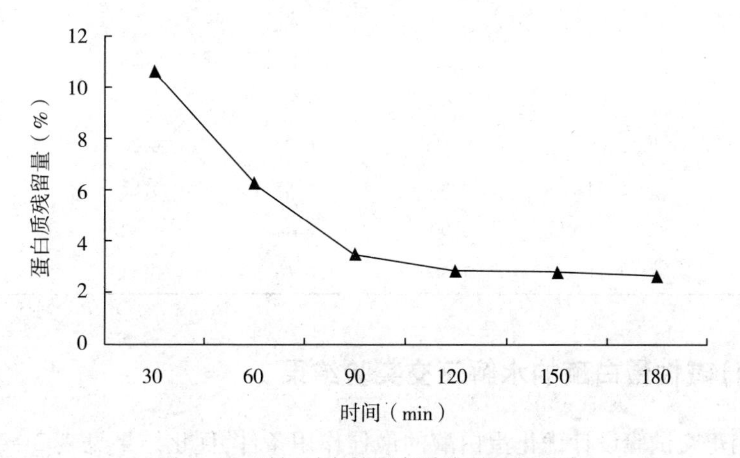

图 2－7　时间对麦麸蛋白质残留量的影响

(三)耐高温 α－淀粉酶水解正交试验结果

在单因素试验中，每组试验只考察一个因素，而酶解的各个因素之间存在交互作用，还须通过正交试验考察多因素的影响效果，所以根据单因素试验结果分别选取确定酶解过程中的酶解温度、料液比、酶浓度、酶解时间进行正交实验优化淀粉酶的最佳作用条件。

酶解后小麦麸皮中淀粉残留量越少，说明酶解效果越好。从表 2－6 的正交试验结果可知，影响因子的重要性为 $B>A>D>C$，即温度对麦麸淀粉的去除影响最大，其次是料液比、酶解时间，加酶量的影响最小。最佳因素水平为 $A_2B_3C_2D_3$，即料液比 1:15，水解温度 100℃，加酶量 0.6%，酶解时间 30 min，在实际生产中可利用碘液来确定淀粉是否酶解完全,尽量缩短反应时间,节约生产成本。最佳酶解结果 $A_2B_3C_2D_3$,在正交试验设计中没有出现,通过实验,进行验证,酶解后小麦麸皮中淀粉的残留量为0.46%。

表2-6　耐高温α-淀粉酶的水解正交实验结果

试验号	料液比 A	温度 B(℃)	加酶量 C(%)	时间 D(min)	残留量(%)
1	1	1	1	1	3.74
2	1	2	2	2	1.74
3	1	3	3	3	1.17
4	2	1	2	3	3.17
5	2	2	3	1	1.58
6	2	3	1	2	0.79
7	3	1	3	2	3.29
8	3	2	1	3	1.48
9	3	3	2	1	0.94
k_1	6.65	10.20	6.01	6.26	
k_2	5.54	4.80	5.85	5.82	
k_2	5.71	2.90	6.04	5.82	
R	1.11	7.30	0.16	0.44	

(四)碱性蛋白酶的水解正交实验结果

利用正交试验设计优化蛋白酶的最佳作用条件,优化结果见表2-7。由表2-7可知,极差分析得到对小麦麸皮蛋白酶解效果影响最大的因素是温度,其次是加酶量,时间,料液比,即影响因素主次顺序为 $B>C>D>A$。最佳因素水平为 $A_2B_2C_3D_3$,即料液比1∶15,水解温度50℃,加酶量1%麦麸蛋白,酶解时间120 min。同样最佳酶解结果 $A_2B_2C_3D_3$,在正交试验设计中没有出现,通过试验,得到验证,酶解后小麦麸皮中蛋白质的残留量为3.08%。

表2-7　碱性蛋白酶水解正交实验结果

试验号	料液比 A	温度 B(℃)	加酶量 C(%)	时间 D(min)	残留量(%)
1	1	1	1	1	7.61
2	1	2	2	2	4.93
3	1	3	3	3	5.47
4	2	1	2	3	5.99

续表

试验号	料液比 A	温度 B(℃)	加酶量 C(%)	时间 D(min)	残留量(%)
5	2	2	3	1	4.34
6	2	3	1	2	6.45
7	3	1	3	2	6.32
8	3	2	1	3	4.73
9	3	3	2	1	6.46
k_1	18.01	19.92	18.79	18.41	
k_2	16.78	14.00	17.38	17.70	
k_2	17.51	18.38	16.13	16.19	
R	1.23	5.92	2.66	2.22	

(五)酶解前后麦麸成分分析比较

小麦麸皮酶解前后的基本组成成分分析结果如表2－8所示。小麦麸皮经耐高温α－淀粉酶、碱性蛋白酶处理后，基本上可以将淀粉除尽，蛋白质的残留量明显降低，而戊聚糖的含量提高了将近3倍，有了大幅度的提高，为进一步制备低聚木糖提供了良好的条件。并且淀粉和蛋白的去除，避免了过多的杂质混入低聚木糖中，从而提高了低聚木糖的纯度。

表2－8　麦麸酶解前后的成分（%，干基）

样品名称	灰分	粗脂肪	粗蛋白	粗淀粉	戊聚糖	其他
原料麸皮	5.45	4.67	22.04	15.28	18.69	33.87
除淀粉、蛋白麸皮	2.56	2.82	3.08	0.46	44.58	46.50

四、小结

利用耐高温α－淀粉酶酶解可以将小麦麸皮中淀粉的含量从15.28%降到0.46%左右，基本除尽。通过正交实验确定耐高温α－淀粉酶的最佳工艺条件：料液比1∶15，水解温度100℃，加酶量0.6%麸皮淀粉，反应时间30 min。

通过选用不同蛋白酶水解麸皮蛋白的实验可知，碱性蛋白酶的水解能力强，除蛋白质效果较好，可将小麦麸皮中蛋白质的含量从22.04%降到3.08%。通过正交试验得碱性蛋白酶的最佳工艺条件为：料液比1∶15，反应温度50℃，加酶量1%麸皮蛋白，酶解时间120 min。

除去淀粉和蛋白质后木聚糖的质量分数明显增加,达到了低聚木糖的原料要求,也可降低低聚木糖后期分离纯化的难度。

通过耐高温α-淀粉酶和碱性蛋白酶水解小麦麸皮中淀粉和蛋白质的工艺研究,最终可确定工艺流程为:

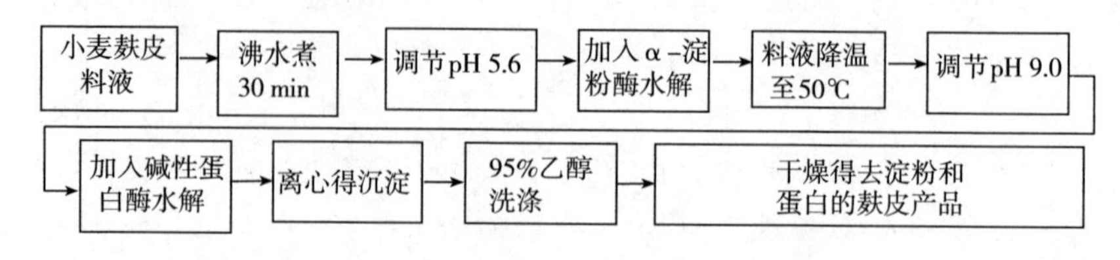

第三节　超声结合蒸煮法提取小麦麸皮中的木聚糖

一、实验材料与仪器

(一)实验材料(表2-9)

表2-9　实验材料

名称	厂家
小麦麸皮	黑龙江北大荒丰缘麦业有限公司
3,5-二硝基水杨酸	天津市科密欧化学试剂开发中心
偏重亚硫酸钠	天津市大茂化学试剂厂
酒石酸钾钠	沈阳市华东试剂厂
苯酚	天津市大茂化学试剂厂
盐酸、硫酸、氢氧化钠等化学试剂均为国产分析纯	

(二)实验仪器(表2-10)

表2-10　实验仪器

名称	厂家
LD4-1台式高速离心机	上海力申科学仪器分公司
T6紫外-可见分光光度计	北京普析通用仪器有限责任公司
AP2140电子分析天平	梅特勒-托利多仪器有限公司
DK-S24电热恒温水浴锅	上海森信实验仪器有限公司
JBT超声波药品处理机	济宁金百特电子有限公司
R-200不锈钢手提式灭菌器	山海申安医疗器械厂

二、实验方法

(一)原料麸皮预处理

将水解去除淀粉和蛋白质的小麦麸皮,用清水冲洗干净,烘干后备用。

(二)木聚糖的提取操作

将预处理过的小麦麸皮以一定的料液比在高频超声条件下超声处理,将超声后的溶液在高温高压的条件下蒸煮,离心得上清液,所得滤液即为木聚糖溶液。

(三)木聚糖质量的测定及木聚糖提取率的计算

木聚糖的粗提液用0.1%(w/w)的 NaOH 中和,此时有水不溶性的木聚糖沉淀出来。然后加入3倍体积的95%(体积分数)乙醇,可使水溶液中醇不溶性木聚糖也沉淀析出。4000 r/min 离心 15 min 得沉淀,将沉淀用体积分数为75%的乙醇洗涤2次后,再用蒸馏水洗2次,风干后得木聚糖,称重。

$$木聚糖提取率 = (m/m_1) \times 100\%$$

式中:m 为木聚糖质量(mg);m_1为原料质量(mg)。

(四)超声结合高压蒸煮法提取木聚糖的单因素试验

影响麸皮中木聚糖提取率的因素包括料液比、超声功率、超声频率、超声时间、蒸煮时间、蒸煮温度等。因此试验中选取料液比、超声功率、超声频率、超声时间、蒸煮时间、蒸煮温度六个因素进行单因素分析。试验以小麦麸皮中木聚糖的提取率为指标,根据各因素对提取率的影响程度最佳条件范围。每个试验设置三个平行样,采用 SAS 8.2 统计分析系统进行方差分析。

1.不同超声功率对木聚糖提取率的影响

称取5 g 预处理后的麸皮2份分别置于2个250 mL的锥形瓶中,设定料液比1:20,超声时间20 min,超声频率50 Hz,蒸煮温度100℃,蒸煮时间1 h,将超声功率分别设定在220 W、320 W两个水平,为了降低实验误差,每个试验重复3个平行对照样,测定所提取的木聚糖含量并计算出木聚糖提取率,实验结果分别用$y1$、$y2$、$y3$表示,平均提取率用Y表示。

2.不同料液比对木聚糖提取率的影响

称取5 g 预处理后的麸皮7份分别置于7个250 mL的锥形瓶中,设定超声功率 320 W,超声时间 20min,超声频率 50 Hz,蒸煮温度 100℃,蒸煮时间 1 h,料液比分别设定在 1:5、1:10、1:15、1:20、1:25、1:30、1:35 七个水平,为了降低实验误差,每个实验重复三个平行对照样,测定所提取的木聚糖含量并计算出木聚糖提取率,实验结果分别用 *y*1、*y*2、*y*3 表示,平均提取率用 *Y* 表示。采用 SAS 8.2 统计分析软件对实验结果进行方差分析,研究不同料液比对木聚糖提取率的影响,确定最适超声波处理时间的范围。

3.不同超声频率对木聚糖提取率的影响

称取 5 g 预处理后的麸皮 5 份分别置于 5 个 250 mL 的锥形瓶中,设定料液比 1:20,超声功率 320 W,超声时间 20 min,蒸煮温度 100℃,蒸煮时间 1 h,超声频率分别设定在 66 Hz、68 Hz、70 Hz、72 Hz、74 Hz 五个水平,为降低实验误差,每个实验重复三个平行对照样,测定所提取的木聚糖含量并计算出其木聚糖提取率,实验结果分别用 *y*1、*y*2、*y*3 表示,平均提取率用 *Y* 表示。采用 SAS 8.2 统计分析软件对实验结果进行方差分析,研究不同超声波处理频率对木聚糖提取率的影响,确定最适超声波处理频率的范围。

4.不同超声时间对木聚糖提取率的影响

称取 5 g 预处理后的麸皮 5 份分别置于 5 个 250 mL 的锥形瓶中,设定料液比 1:20,超声功率 320 W,超声频率 70 Hz,蒸煮温度 100℃,蒸煮时间 1 h,超声时间分别设定在 4 min、10 min、15 min、20 min、25 min 五个水平,为降低实验误差,每个实验重复三个平行对照样,测定所提取的木聚糖含量并计算出木聚糖提取率,实验结果分别用 *y*1、*y*2、*y*3 表示,平均提取率用 *Y* 表示。采用 SAS 8.2 统计分析软件对实验结果进行方差分析,研究不同超声波处理时间对木聚糖提取率的影响,确定最适超声波处理时间的范围。

5.不同蒸煮时间对木聚糖提取率的影响

称取 5 g 预处理后的麸皮 5 份分别置于 5 个 250 mL 的锥形瓶中,设定料液比 1:20,超声功率 320 W,超声频率 70 Hz,蒸煮温度 100℃,超声频率 50 Hz,蒸煮时间分别设定在 0.5 h、1 h、1.5 h、2 h、2.5 h 五个水平,为降低实验误差,每个实验重复三个平行对照样,测定所得木聚糖含量并计算出木聚糖提取率,实验结果分别用 *y*1、*y*2、*y*3 表示,平均提取率用 *Y* 表示。采用 SAS 8.2 统计分析软件对实验结果进行方差分析,研究不同蒸煮时间对木聚糖提取率的影响,确定最适蒸煮时间的范围。

6.不同蒸煮温度对木聚糖提取率的影响

称取 5 g 预处理后的麸皮 5 份分别置于 5 个 250 mL 的锥形瓶中,设定料液比

1:20,超声功率320 W,超声频率70 Hz,蒸煮时间1 h,超声频率50 Hz,蒸煮温度分别设定在80℃、90℃、100℃、110℃、120℃五个水平,为降低实验误差,每个实验重复三个平行对照样,测定所得的木聚糖含量并计算出木聚糖提取率,实验结果分别用y1、y2、y3表示,平均提取率用Y表示。采用SAS 8.2统计软件对实验结果进行方差分析,研究不同蒸煮温度对木聚糖提取率的影响,确定最适蒸煮温度的范围。

(五)四元二次旋转组合实验确定最佳木聚糖提取条件

基于单因素实验结果确定的最适工作条件,选取料液比、超声时间、蒸煮时间、蒸煮温度4个因素为自变量,以木聚糖提取率为响应值设计4因素共36个实验点的四元二次回归正交旋转组合的分析实验,运用SAS 8.2系统处理,因素水平编码见表2－11。

表2－11　四元二次旋转组合实验因素水平表

编码值 Coding value	料液比 X_1	超声时间(min) X_2	蒸煮时间(h) X_3	蒸煮温度(℃) X_4
+2	1:10	10	1	90
+1	1:15	15	1.5	95
0	1:20	20	2	100
－1	1:25	25	2.5	105
－2	1:30	30	3	110

三、实验结果与分析

(一)超声波提取木聚糖的单因素结果分析

1.不同超声功率对木聚糖提取率的影响

根据所测数据得出不同超声功率对木聚糖提取率的影响效果,见表2－12。

表2－12　不同超声功率对木聚糖提取率的比较

原料/实验编号	y1	y2	y3	木聚糖提取率/%
220 W	46.42	46.72	46.73	46.66
320 W	51.47	51.49	51.46	51.47

由表2－12可以看出,经不同功率超声处理后木聚糖含量显著不同,320 W时超声波对麸皮中的木聚糖提取率有显著的提高。这是由于在220 W时,功率较低,细胞壁不能完全被破坏,木聚糖只是部分溶出;当功率在320 W时,由于强度增大,使大部分细胞壁破坏,木聚糖溶出量因而大幅度的提高,因而木聚糖的

得率提高,因此,选择 320 W 为超声波提取麸皮中木聚糖的参数。

2.不同料液比对木聚糖提取率的影响

根据所测数据绘制不同料液比对木聚糖提取率的影响图,见图 2-8。实验结果以及单因素方差分析结果见表 2-13。

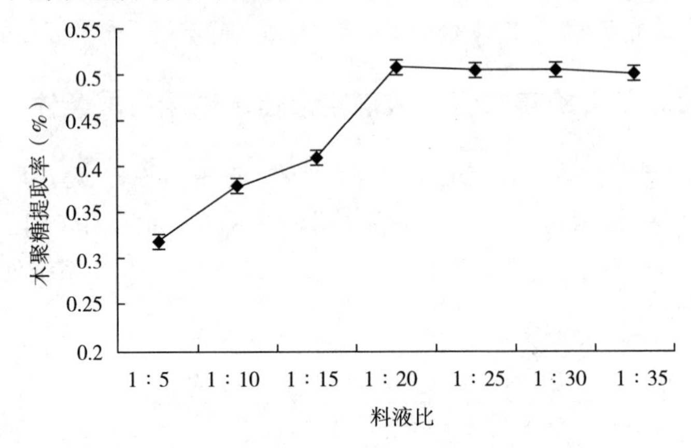

图 2-8 不同料液比对木聚糖提取率的影响

表 2-13 不同料液比的方差分析及 Duncan 多重比较标记结果

料液比	y1	y2	y3	平均值 $\bar{Y}$	变异来源 Source	SS	df	MS	F	$Pr>F$	5%水平
1:20	51.37	51.42	51.26	51.35							A
1:25	50.77	50.70	50.45	50.64							B
1:30	49.73	49.72	49.81	49.75	处理间	1088.6	6	181.44	6714.28	<0.0001	C
1:35	49.66	49.58	49.64	49.63	处理内	0.3783	14	0.0270			C
1:15	40.32	40.12	40.08	40.17	总变异	1089.5	20				E
1:10	36.84	36.45	36.71	36.67							D
1:5	32.82	32.22	32.41	32.48							F

在表 2-13 中不同料液比对木聚糖提取率影响因素的分析中,F 值为 6714.28,$P<0.0001$,说明不同料液比对麸皮中木聚糖的提取率影响差异显著,采用 SAS 8.2 统计系统分析系统对其进行相关性分析,相关系数 $R=0.9996$。由图 2-9可以看出,不同料液比对木聚糖提取含量显著不同,料液比 1:15 以上对麸皮中的木聚糖提取率有显著的提高,而料液比大于 1:20 以后,木聚糖的溶出量曲线趋于平稳,说明木聚糖溶出量的提高不明显,因此,综合考虑选取料液比1:20较为适宜。

3.不同超声频率对木聚糖提取率的影响

根据所测数据绘制不同超声频率对木聚糖提取率的影响图,见图 2-9。实验结果以及单因素方差分析结果见表 2-14。

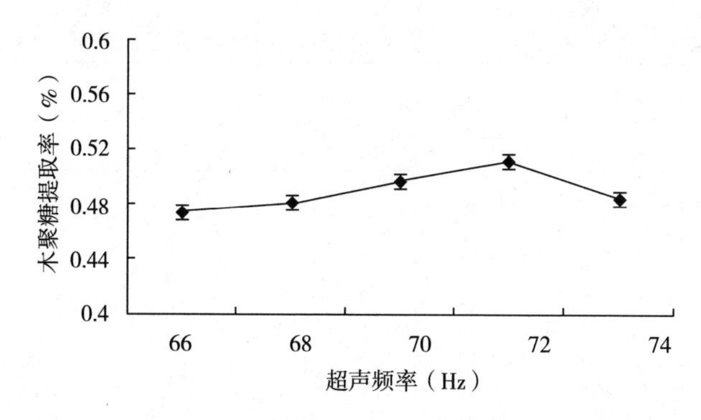

图2－9　不同超声频率对木聚糖提取率的影响

表2－14　不同超声频率的方差分析及Duncan多重比较标记结果

超声频率（Hz）	y1	y2	y3	平均值 $\bar{Y}$	变异来源 Source	SS	df	MS	F	Pr > F	5%水平
72	52.12	52.03	52.07	52.07							A
74	58.24	48.27	48.13	51.54	处理间	44.838	4	11.209	1472.3	<0.0001	B
70	49.71	49.21	49.66	49.58	处理内	0.0761	10	0.0076			C
68	47.68	47.66	47.50	47.89	总变异	44.915	14				D
66	47.52	47.50	57.43	47.61							D

在表2－14超声频率对木聚糖提取率影响因素的分析中，F 值为1472.3，$P<0.0001$，说明不同超声频率对木聚糖的提取率影响差异显著，采用SAS 8.2统计分析系统对其进行相关性分析，相关系数 $R=0.9983$。由图2－9可以看出，不同超声频率对木聚糖提取含量显著不同，随超声频率的增加提取率逐渐上升，在频率为72 Hz时达到最大，以后呈下降趋势。因此，选取超声频率最佳值为72 Hz。

4.不同超声时间对木聚糖提取率的影响

根据所测数据绘制不同超声时间对木聚糖提取率的影响图，见图2－10。实验结果以及单因素方差分析结果见表2－15。

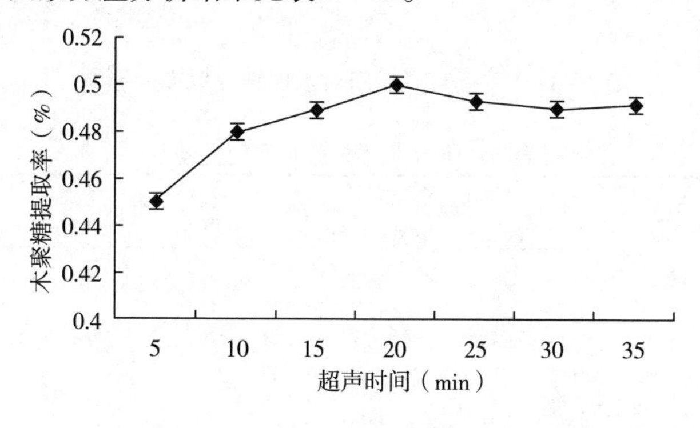

图2－10　不同超声时间对木聚糖提取率的影响

表 2-15 不同超声时间的方差分析及 Duncan 多重比较标记结果

处理时间(min)	y1	y2	y3	平均值 $\bar{Y}$	变异来源 Source	SS	df	MS	F	Pr > F	5%水平
20	50.12	50.13	50.22	50.16							A
25	49.23	49.22	48.30	49.32							B
35	49.10	49.17	48.70	49.25	处理间	42.922	6	7.1531	385.40	<0.0001	B
30	48.73	48.66	48.49	48.62	处理内	0.2598	14	0.1856			C
15	48.48	48.50	48.48	48.48	总变异	49.180	20				C
10	48.10	48.12	48.17	48.13							D
5	45.32	45.28	45.33	45.31							E

在表 2-15 不同超声处理时间对木聚糖提取率影响因素的分析中，F 值为 385.40，$P<0.0001$，说明不同超声处理时间对麸皮中木聚糖提取影响差异显著，采用 SAS 8.2 统计分析系统对其进行相关性分析，相关系数 $R=0.9939$。由图 2-10可以看出，超声波作用时间短时细胞壁未能完全破碎，因此木聚糖的溶出量较低；但是超过 20 min 后提取率曲线趋于平缓，说明此时细胞壁破碎完全，再长的超声处理已没有意义。因此，选取超声时间 20 min 较为适宜。

5.不同蒸煮时间对木聚糖提取率的影响

根据所测数据绘制不同蒸煮时间对木聚糖提取率的影响图，见图 2-11。实验结果以及单因素方差分析结果见表 2-16。

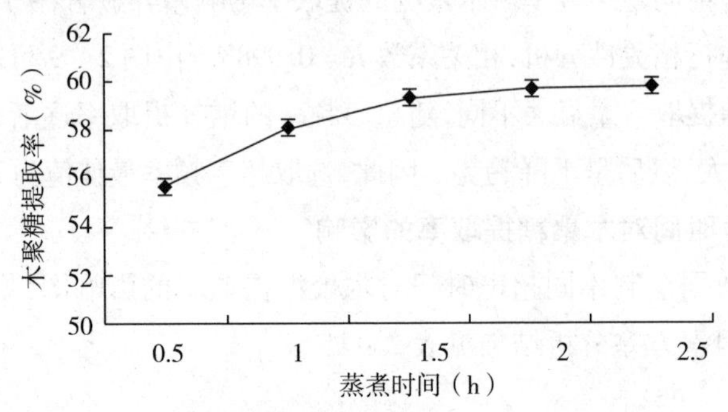

图 2-11 不同蒸煮时间对木聚糖提取率的影响

表 2-16 不同蒸煮时间的方差

蒸煮时间(h)	y1	y2	y3	平均值 $\bar{Y}$	变异来源 Source	SS	df	MS	F	Pr > F	5%水平
2	58.64	58.57	58.67	58.72							A
2.5	58.70	58.70	58.76	58.62	处理间	20.077	4	5.0192	1970.9	<0.0001	B
1.5	58.54	58.40	58.46	58.47	处理内	0.0254	10	0.0025			C
1	57.61	57.65	57.55	57.60	总变异	20.102	14				D
0.5	55.62	55.61	55.68	55.64							E

在表 2－16 不同蒸煮时间对木聚糖提取影响因素的分析中，F 值为 1970.9，$P<0.0001$，说明不同蒸煮时间对麸皮中木聚糖提取的影响差异显著，采用 SAS 8.2 统计分析系统对其进行相关性分析，相关系数 $R=0.9987$。由图 2－11 可以看出，蒸煮时间短，分子间化学键未能完全破坏，因此木聚糖的溶出量较低；但是超过 2 h 后提取率曲线趋于平缓，说明此时分子作用键较为完全。因此，选取蒸煮时间 2 h 较为适宜。

6.不同蒸煮温度对木聚糖提取率的影响

实验结果以及单因素方差分析结果见图 2－12、表 2－17。

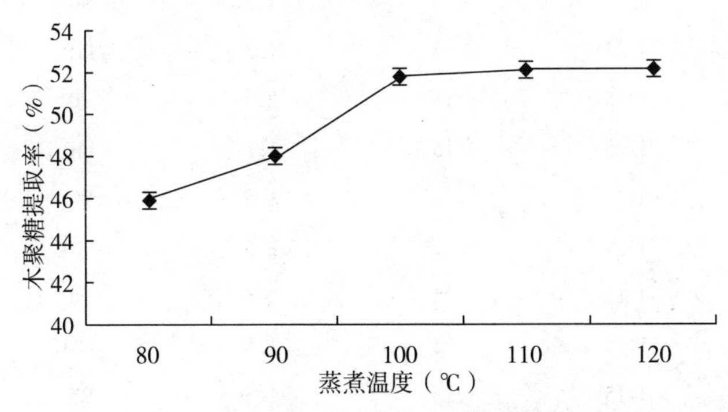

图 2－12　不同蒸煮温度对木聚糖提取率的影响

表 2－17　不同蒸煮温度的方差分析及 Duncan 多重比较标记结果

蒸煮温度（℃）	$y1$	$y2$	$y3$	平均值 $\bar{Y}$	变异来源 Source	SS	df	MS	F	$Pr>F$	5%水平
120	52.08	52.09	52.13	52.10							A
110	51.92	51.93	51.88	51.91	处理间	115.57	4	28.891			B
100	51.89	51.88	51.87	51.88	处理内	0.0267	10	0.0025	11198	<0.0001	B
90	47.91	47.88	47.73	41.84	总变异	115.59	14				C
80	45.21	45.30	45.27	45.26							D

在表 2－17 蒸煮温度对木聚糖提取影响因素的分析中，F 值为 11198，$P<0.0001$，说明不同蒸煮温度对麸皮木聚糖提取的影响差异显著，采用 SAS 8.2 统计分析系统对其进行相关性分析，相关系数 $R=0.9997$。由图 2－12 可以看出，随着蒸煮温度的升高木聚糖的提取率逐渐升高；但是温度超过 100℃后提取率不再上升，组间差异不显著（$P<0.0001$），因此，从节能考虑选取蒸煮温度 100℃较为适宜。

（二）超声波提取木聚糖的旋转组合优化试验及结果分析

1.木聚糖提取率响应面优化实验结果

对超声结合高压蒸煮法提取麸皮中木聚糖的工艺参数采取四元二次回归正

交旋转组合设计进行技术参数优化($m=4$),并对36次实验所得的数据进行多元回归分析。实验设计以及实验结果如表2-18所示。

表2-18 实验设计以及实验结果

试验号	X_1 料液比	X_2 超声时间(min)	X_3 蒸煮时间(h)	X_4 蒸煮温度(℃)	提取率(%)
1	1:25	25	2.5	110	61.4
2	1:25	25	2.5	90	32.8
3	1:25	25	1.5	110	47.3
4	1:25	25	1.5	90	31.2
5	1:25	15	1.5	110	57.1
6	1:25	15	2.5	90	27.8
7	1:25	15	1.5	110	45.8
8	1:25	15	1.5	90	23.4
9	1:15	25	2.5	110	53.7
10	1:15	25	2.5	90	28.5
11	1:15	25	1.5	110	44.2
12	1:15	25	1.5	90	22.9
13	1:15	15	2.5	110	50.2
14	1:15	15	2.5	90	25.1
15	1:15	15	1.5	110	37.8
16	1:15	15	1.5	90	21.8
17	1:30	20	2	100	45.5
18	1:10	20	2	100	42.6
19	1:20	30	2	100	55.6
20	1:20	10	2	100	46.9
21	1:20	20	3	100	53.3
22	1:20	20	1	100	52.6
23	1:20	20	2	120	56.3
24	1:20	20	2	80	20.6
25	1:20	20	2	100	58.2
26	1:20	20	2	100	58.1
27	1:20	20	2	100	57.8
28	1:20	20	2	100	58.8
29	1:20	20	2	100	59.0

续表

试验号	X_1料液比	X_2 超声时间(min)	X_3 蒸煮时间(h)	X_4 蒸煮温度(℃)	提取率(%)
30	1:20	20	2	100	58.5
31	1:20	20	2	100	57.9
32	1:20	20	2	100	57.8
33	1:20	20	2	100	58.2
34	1:20	20	2	100	58.5
35	1:20	20	2	100	58.7
36	1:20	20	2	100	57.9

2.多因素组合优化实验的分析

采用 SAS 8.2 统计分析软件对优化实验进行响应面回归分析,木聚糖提取率均值为 44.688889,标准误差为 5.283604,变异系数为 11.8231,$R^2=0.9128$。回归方程及各项的方差分析结果见表 2-19、表 2-20,二次回归参数模型数据如表 2-21 所示。

表 2-19 回归方程的方差分析表

方差来源	自由度 df	平方和	均方和	F	P
回归模型	14	6135.6497	438.26069		
误差	21	586.245846	27.916469	14.87	<0.0001
总校正	35				

表 2-20 回归方程各项的方差分析表

回归方差来源	自由度 df	平方和	均方和	F	P
一次项	4	2439.157084	609.789271	21.84	<0.0001
二次项	4	3258.552165	814.63804125	29.18	<0.0001
交互项	6	437.940460	72.990076667	2.61	0.0472
失拟项	9	520.418346	57.824261	10.54	0.0002
纯误差	12	65.827500	5.485625		
总误差	21	586.245846	27.916469		

表 2-21 二次回归模型参数表

模型	自由度	参数估计值	标准误	t 值	显著性检验
常数项	1	-891.759040	139.566450	-6.39	<0.0001
X_1	1	15.693123	3.548346	4.42	0.0002
X_2	1	10.820913	3.705582	2.92	0.0082
X_3	1	134.580506	35.526578	3.79	0.0011

续表

模型	自由度	参数估计值	标准误	t 值	显著性检验
X_4	1	9.841825	2.110617	4.66	0.0001
X_1^2	1	-0.245621	0.037449	-6.56	<0.0001
X_2^2	1	-0.204621	0.037449	-5.46	<0.0001
X_3^2	1	-18.362061	3.744866	-4.90	<0.0001
X_4^2	1	-0.044530	0.009362	-4.76	0.0001
X_1X_2	1	-0.119276	0.055032	-2.17	0.0418
X_1X_3	1	-1.545334	0.561929	-2.75	0.0120
X_1X_4	1	0.000888	0.027516	0.03	0.9746
X_2X_3	1	-0.454666	0.561929	-0.81	0.4275
X_2X_4	1	0.008112	0.027516	0.29	0.7710
X_3X_4	1	-0.125167	0.280965	-0.45	0.6605

以木聚糖的提取率为 Y 值，得出浸提液料液比、超声波处理时间、蒸煮时间、蒸煮温度的编码值为自变量的四元二次回归方程为：

$$Y = -891.759040 + 15.693123X_1 + 10.820913X_2 + 134.580506X_3 + 9.841825X_4 - 0.245621X_1^2 - 0.204621X_2^2 - 18.362061X_3^2 - 0.044530X_4^2 - 0.119276X_1X_2 - 1.545334X_1X_3 + 0.000888X_1X_4 - 1.479062X_2X_3 + 0.001667X_2X_4 + 0.000240X_3X_4$$

由表 2-19、表 2-20 可知，二次回归模型的 F 值为 14.87，$P<0.0001$，大于在 0.01 水平上的 F 值，同时失拟项的 F 值为 10.54，P 为 0.0002，小于在 0.05 水平上的 F 值，说明该模型拟合结果好。

由表 2-21 中可以看出：在一次项中，超声波处理时间和超声温度两个因素对木聚糖提取率均有极显著的影响（$P<0.01$）；交互项中，超声波处理时间和浸提液料液比的交互项以及料液比和蒸煮温度的交互项对木聚糖提取率有较显著的影响（$P<0.05$）；二次项中，超声波处理时间、料液比、蒸煮时间以及蒸煮温度四个因素的二次项均对木聚糖提取率有极显著的影响（$P<0.01$）。

3.响应面图解析

（1）料液比和超声时间及其交互作用对包埋效率的影响（图 2-13）。

图 2-13 的结果可以看出，当料液比在 1:（10～21），超声时间处于 10～20 min范围时，木聚糖提取率随料液比含量的升高而增大，且两者存在显著的增效作用。当料液比在 1:21，超声时间为 20 min 时，两者的协同作用达到最大。当料液比在 1:（21～30）范围，超声时间在 20～30 min 时木聚糖提取率随着料液比的增

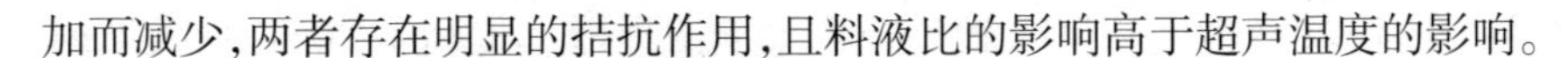

加而减少,两者存在明显的拮抗作用,且料液比的影响高于超声温度的影响。

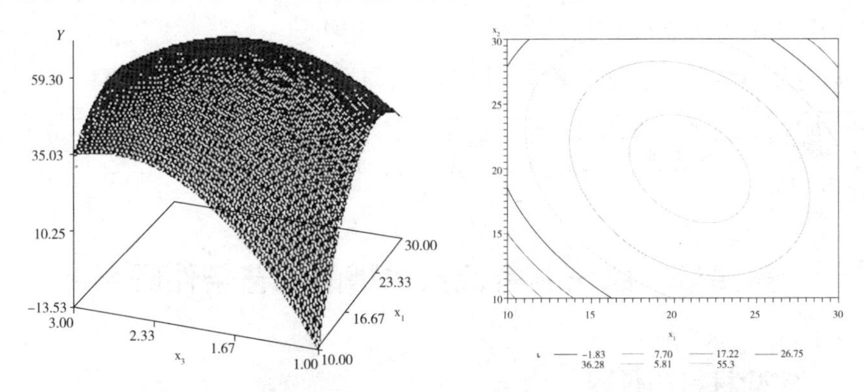

图 2－13　木聚糖提取率与料液比、超声时间的响应面图及等高线图

(2)料液比和蒸煮时间及其交互作用对包埋效率的影响(图 2－14)。

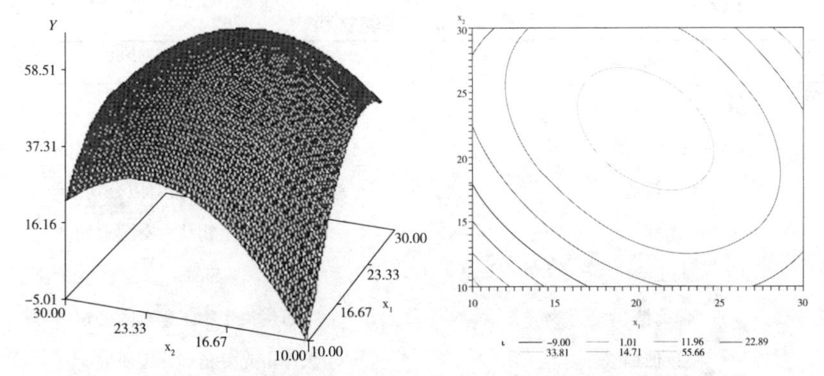

图 2－14　木聚糖提取率与料液比、蒸煮时间的响应面图及等高线图

图 2－14 结果可以看出,当料液比在 1∶(10～21),蒸煮时间处于 1～2.25 h 范围时,木聚糖提取率随料液比含量的升高而增大,且两者存在显著的增效作用。当料液比在 1:21,蒸煮时间为 2.25 h 时,两者的协同作用达到最大。当料液比在 1∶(21～30)范围,蒸煮时间在 2.25～3 h 时木聚糖提取率随着料液比的增加而减少,两者存在明显的拮抗作用,且料液比的影响高于蒸煮温度的影响。

四、小结

实验以去除淀粉和蛋白质的小麦麸皮为原料,以木聚糖提取率为检测指标。通过复合旋转实验,确定了提取木聚糖的最佳工艺参数。超声波结合蒸煮法提取木聚糖最佳工艺参数为:料液比为 1∶21,超声功率为 320 W,超声频率为 72 Hz,超声时间为 20 min,蒸煮时间为 2.25 h,蒸煮温度为 100℃。此方法使小麦麸皮中木聚糖的提取率达60.27%，较传统木聚糖的提取率提高了20%；使提取时间较传统提取方法缩短1/3。

通过超声结合蒸煮对木聚糖提取工艺的研究，最终可确定工艺流程为：

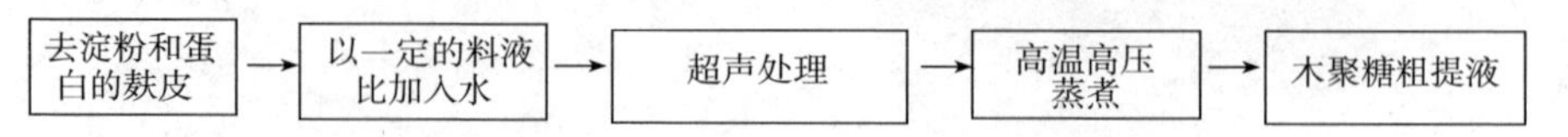

第四节　酶法制备低聚木糖的工艺条件研究

一、实验材料与仪器

（一）实验材料（表2－22）

表2－22　实验材料

名称	厂家
小麦麸皮木聚糖	实验室自制
燕麦木聚糖	Sigma
木聚糖酶	诺维信生物科技有限公司
木糖	上海楷洋生物技术有限公司
木二糖	Sigma
葡萄糖	上海生工生物工程有限公司
阿拉伯糖	天津市光复精细化工研究所
苯酚	国药集团化学试剂有限公司
3,5－二硝基水杨酸（DNS）	天津市科密欧化学试剂开发中心
盐酸、硫酸、氢氧化钠等其他化学试剂均为国产分析纯	

（二）实验仪器（表2－23）

表2－23　实验仪器

名称	厂家
JJ－1精密定时电动搅拌器	江苏荣华仪器有限公司
T6紫外－可见分光光度计	北京普析通用仪器有限责任公司
AP2140电子分析天平	梅特勒－托利多仪器有限公司。
DK－S24电热恒温水浴锅	上海森信实验仪器有限公司
PB－10型pH计	德国赛多利斯股份公司

续表

名称	厂家
HZQ－QX 全温振荡器	哈尔滨市东联电子技术开发有限公司
TD5A 台式多管架离心机	长沙英泰仪器有限公司
高效液相色谱仪	美国 Agileng Technologies
高效液相色谱柱	日本 SHODEX

二、实验方法

（一）木聚糖酶酶活的测定

木聚糖酶的酶活是指 1 g 酶粉，在 50℃、pH 为 5.0 条件下，每 1 min 生成 1 μmol还原糖（以木糖计算）所需要的酶量，定义为一个酶活单位，用 IU 表示（Bailey，M J，1992）。

准确称取 1 g 酶粉，先加入一定量的 pH 为 5.0 的磷酸氢二钠—柠檬酸缓冲液，于 50℃水浴中浸提 30 min（期间搅动 2～3 次）。然后转入 100 mL 容量瓶中，定容至刻度，摇匀。滤纸过滤，滤液再稀释 50 倍后测定吸光值。

精确吸取待测稀释酶液 0.5 mL，置于 50℃水浴预热 5 min。同时取适量 1% 木聚糖溶液进行 50℃水浴预热。吸取经预热的 1% 木聚糖溶液 0.5 mL，加入经预热的酶液中，立即开始计时，于 50℃水浴反应 10 min，立即加入 1.0 mL DNS 液终止反应，然后在沸水浴中保持 5 min，测定样品吸光值，并计算酶活，如下所示：

$$H = \frac{D \cdot C}{T \cdot V}$$

式中：H 为木聚糖酶酶活（U/g）；D 为酶稀释倍数；C 为木糖浓度（μmol/mL）；T 为反应时间（min）；V 为测定用酶液体积（mL）。

（二）水解液还原糖测定

采用 3，5－二硝基水杨酸（DNS）法。还原糖和 3，5－二硝基水杨酸试剂一起加热，产生一种棕红色的氨基化合物，在一定的浓度范围内，棕红色物质颜色的深浅程度与还原糖的量成正比。以木糖作标准曲线，在 550 nm 下进行比色，测定样品的吸光度，与标准曲线进行比较，计算样品的还原糖含量。

(三)水解液可溶性总糖含量测定

精确吸取酶解液 1 mL,加入 6 mol/L 盐酸 3 mL,置于沸水浴中 2 h,冷却,用 6 mol/L NaOH 中和水解液至 pH 为 7.0,用蒸馏水稀释至 10 mL,取稀释液 1 mL,以 DNS 法测定还原糖含量。可溶性总糖及平均聚合度的计算分别如下:

$$可溶性总糖含量 = 还原糖含量 \times 稀释倍数(10)$$

$$平均聚合度 = 10A_0/A$$

式中:A_0 为可溶性总糖的吸光值;A 为还原糖吸光值。

(四)高效液相色谱(HPLC)分析

1.色谱仪器

色谱仪器为美国 Agilent 公司 1200 型高效液相色谱仪,检测信号:示差折光检测器。

2.色谱条件

色谱柱:Suga KS－802 柱(300×6.5 mm),柱温:70℃,填料粒度 5 μm,流动相:超纯水,流速 0.8 mL/min;检测器温度:50℃,进样量:5 μL。

3.样品处理

酶解产物进样前用 0.45 μm 的微孔滤膜过滤。

(五)标准曲线的制作

精确称取木糖标准品,用蒸馏水配制浓度分别为 0.2 mg/mL、0.4 mg/mL、0.6 mg/mL、0.8 mg/mL、1.0 mg/mL、1.2 mg/mL、1.4 mg/mL、1.6 mg/mL、1.8 mg/mL、2.0 mg/mL 的标准木糖溶液,加入 3 mL 的 DNS 试剂,沸水浴显色 5 min后迅速冷却,定容至 25 mL,充分摇匀,以蒸馏水为空白,在 550 nm 处测定吸光值,作木糖标准曲线。

(六)木聚糖酶降解木聚糖制备低聚木糖

1.不同底物浓度对低聚木糖制备的影响实验

底物浓度对酶促反应具有很大的影响,为了解底物浓度对木聚糖酶法水解进程的影响,在酶解时间 5 h,酶解温度 55℃,加酶量 800 IU/g 的条件下,分别选取底物浓度 4%、6%、8%、10%、12%、14% 进行试验,测定还原糖、总糖含量,用高效液相色谱仪分析低聚木糖的分布。

2.不同温度对低聚木糖制备的影响实验

温度对酶促反应有很大的影响,在一定范围内,升高温度可以加快酶—底物中间体分解转化为产物的速度;然而温度过高会降低酶反应速率,因为酶是蛋白质,温度过高会降低酶的稳定性,使其失活,从而影响酶水解的最终作用效果。为了解温度对木聚糖酶法水解进程的影响,在酶解时间 5 h,底物浓度 10%,加酶量 800 IU/g 的条件下,分别选取酶解温度 45℃、50℃、55℃、60℃、65℃进行试验,测定还原糖、总糖含量,用高效液相色谱仪分析低聚木糖的分布。

3.不同时间对低聚木糖制备的影响实验

时间对酶促反应具有很大的影响。为了解时间对木聚糖酶法水解进程的影响,在酶解温度 55℃,底物浓度 10%,加酶量 800 IU/g 的条件下,分别选取酶解时间 3 h、4 h、5 h、6 h、7 h 进行试验,测定还原糖、总糖含量,用高效液相色谱仪分析低聚木糖的分布。

4.不同加酶量对低聚木糖制备的影响实验

加酶量对酶促反应具有很大影响,加酶量不足,随酶解时间的推移,酶会逐渐失活,则底物不会被充分水解;充足的加酶量能够使木聚糖底物得到充分降解,然而加酶量过大必然导致生产成本的增加。在酶解温度 55℃,底物浓度 10%,酶解时间 5 h 的条件下,分别选取加酶量 600 IU/g、800 IU/g、1000 IU/g、1200 IU/g、1400 IU/g 进行试验,测定还原糖、总糖含量,用高效液相色谱仪分析低聚木糖的分布。

5.多因素组合实验

为了综合考虑多因素对提取过程的影响,基于单因素实验结果确定的最适提取条件,在底物浓度固定的情况下,选取加酶量 A、反应温度 B、酶解时间 C 3 个主要因素为自变量,以平均聚合度为指标,进行 $L_9(3^4)$ 正交试验设计法,运用 SAS 8.2 系统处理分析。试验因素水平表见表 2-24。

表 2-24　$L_9(3^4)$ 正交实验因素水平表

因素	木聚糖酶酶水解水平		
	1	2	3
A 加酶量(IU/g)	A_1(800)	A_2(1000)	A_3(1200)
B 酶解温度(℃)	B_1(50)	B_2(55)	B_3(60)
C 酶解时间(h)	C_1(4)	C_2(5)	C_3(6)

(七)优化条件下酶解液组分分析

选取正交试验优化后的酶解条件进行低聚木糖的制备,并采用高效液相色谱法进行低聚木糖液的 HPLC 分析,确定低聚木糖的组成成分。

三、实验结果与分析

(一)低聚木糖的 HPLC 分析

以 SHODEX 公司的 SUGAR KS－802 为色谱分析柱,采用 HPLC 对低聚木糖进行了分析。图 2－15 是木二糖标准品的检测结果,图 2－16 是低聚木糖混合标准品的检测结果,图 2－17 是木糖标准品的检测结果。从图 2－16 中可以看出,木糖出峰时间为 11.636 min,木二糖为 10.484 min,木三糖 9.731 min,木四糖为 9.211 min,木五糖为 8.827 min。

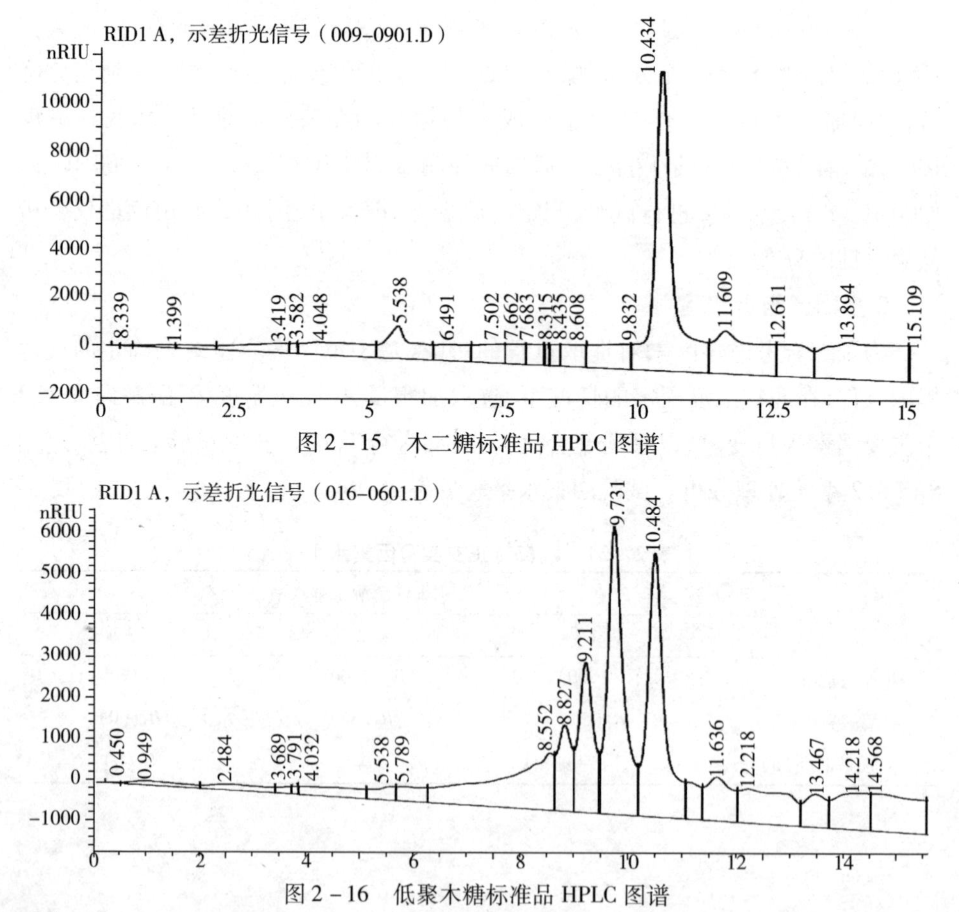

图 2－15　木二糖标准品 HPLC 图谱

图 2－16　低聚木糖标准品 HPLC 图谱

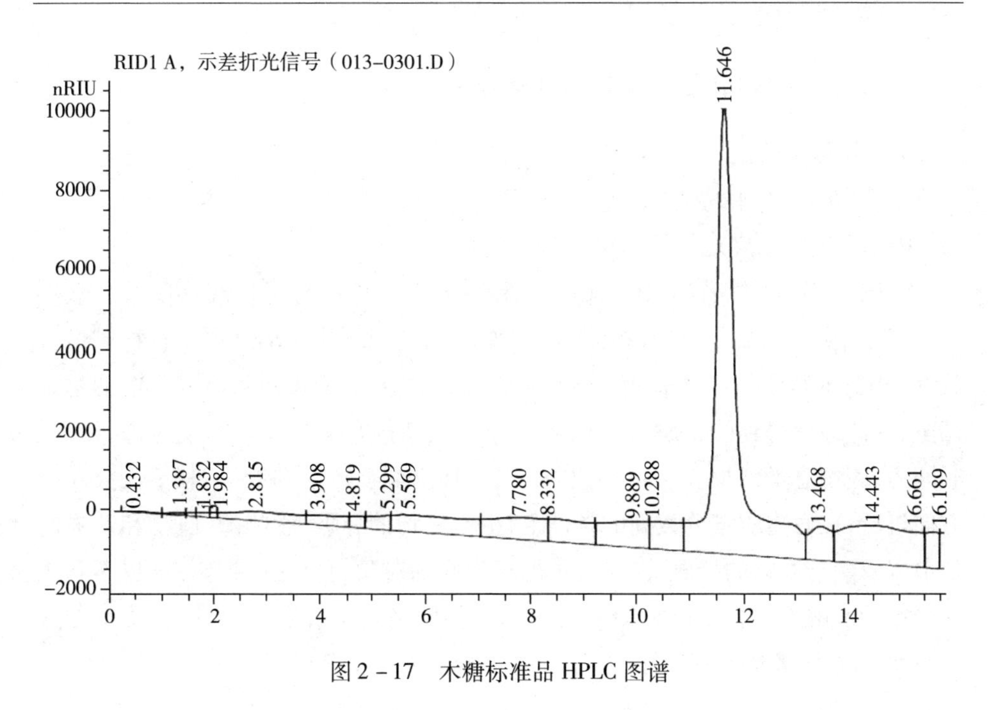

图 2－17　木糖标准品 HPLC 图谱

（二）木糖标准曲线

图 2－18 是木糖标准曲线。

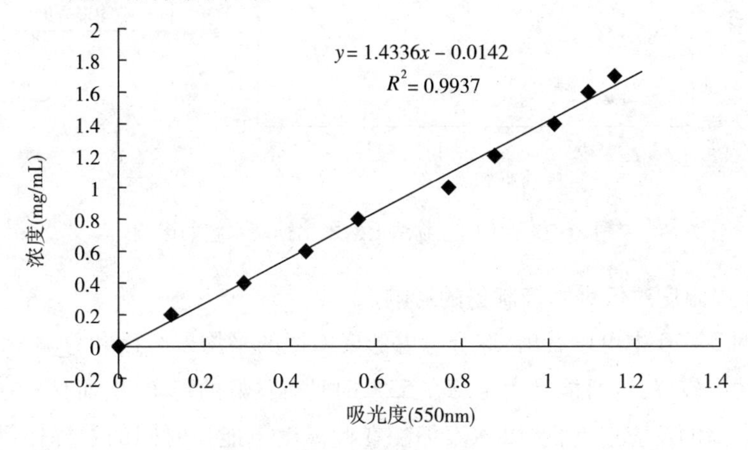

图 2－18　木糖标准曲线

如图 2－18 所示，得到回归方程：

$y = 1.4336x - 0.0142$，$R^2 = 0.9937$，根据其计算酶解液还原糖的含量。

(三)木聚糖酶酶解木聚糖制备低聚木糖

1.木聚糖酶酶活

经测定,木聚糖酶酶活力为 1208 IU/g。

2.不同底物浓度对低聚木糖制备的影响

从图 2-19 可以看出,还原糖和总糖在水解液中的含量在底物质量分数小于 15% 时,随底物质量分数的增加而增加,而平均聚合度(*DP*)却在底物质量分数为 8% 的时候最小。在底物质量分数低时,底物中含有的可被有效水解的木聚糖少,因此最终得到的水解液中的还原糖和总糖的含量较少。当反应进行一段时间后,底物总量减少,产物的量增加,对酶促反应会产生抑制,不利于反应向正方向进行;在底物质量分数高的条件下,由于底物的黏稠,影响酶、底物和产物的扩散以及酶与底物的接触,同时也可能产生底物对酶促反应的抑制,这也不利于木聚糖的水解。综合考虑总糖的得率和产物的平均聚合度,选择底物质量分数在 10% 的时候水解效果较好(总糖得率 41%,*DP* = 3.47)。

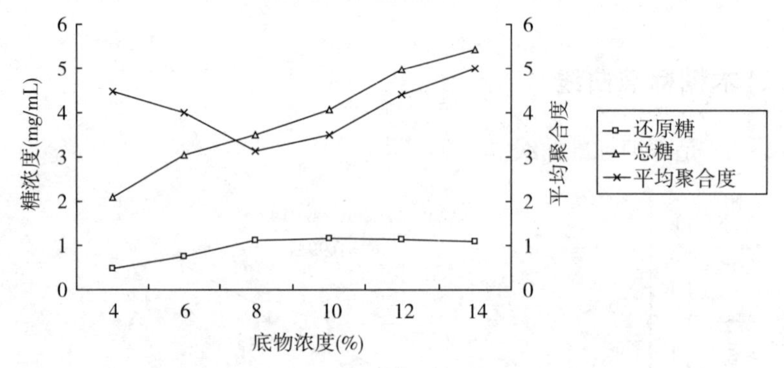

图 2-19 不同底物浓度对木聚糖酶水解的影响

3.不同温度对低聚木糖制备的影响

从图 2-20 中可以看出,综合考虑低聚木糖的平均聚合度和总糖量,55℃时的水解情况较好,这可能是由于酶在 55℃时具有良好的稳定性,而且酶在此温度下具有较高的反应速度,所以木聚糖酶在此温度下能长时间的发挥作用而不至于失去活性,而酶在高于 55℃时,开始时酶促反应速度较快,但在较长时间内会有一部分酶失活,因此要考虑长时间的综合作用效果。从图 2-20 结果可以看出,选择木聚糖水解温度在 55℃左右为宜。

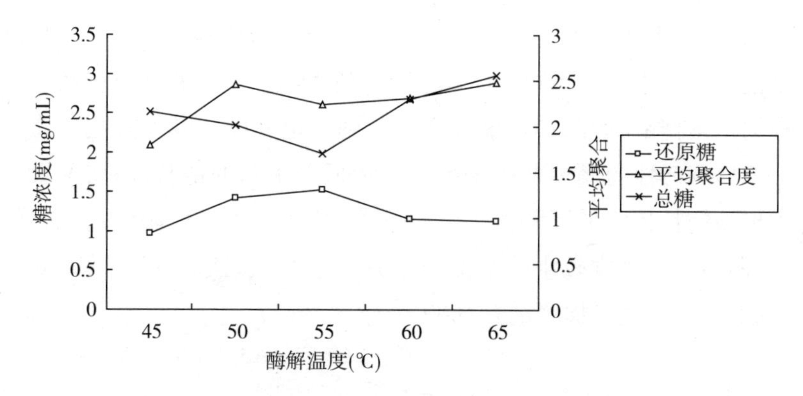

图 2－20　不同温度对木聚糖酶水解的影响

4.不同时间对低聚木糖制备的影响

从图 2－21 中可以看出，还原糖量随着时间的增加而不断增加，在开始一段时间内，还原糖量增加趋势明显，而随着时间的延长，增加趋势变得平稳，这符合一般酶水解反应规律，可以认为这主要是由酶失活和产物抑制引起的，或者是底物中能被有效水解的木聚糖被水解完全，总糖量变化随着时间的延长其生成的趋势减弱，随着作用时间的增加，木聚糖主链不断变短，而总糖量几乎不增加或增加很少量。从平均聚合度来看，在作用时间为 4 h 后，平均聚合度迅速下降，在水解时间 5 h 后，总糖约 3.5 mg/mL。在此之后，随着时间的增加，平均聚合度下降较为缓慢。从图 2－22 结果可以看出，选择木聚糖水解时间在 5 h 左右为宜。

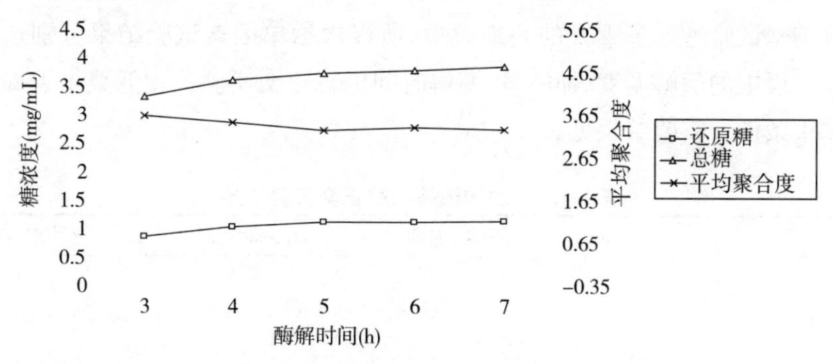

图 2－21　不同时间对木聚糖酶水解的影响

5.不同加酶量对低聚木糖制备的影响

从图 2－22 中可以看出，随着加酶量的增加，还原糖和总糖量有明显增加，产物的平均聚合度也明显下降。但加酶量从 800 IU/g 底物增加到 1200 IU/g 底物时,平均聚合度下降并不十分明显,这可能是木聚糖链被降解到一定程度时,该聚合度范围内的木聚糖不再是木聚糖酶的最佳底物,木聚糖酶转而作用于聚合度更高的木聚糖链,所以平均聚合度下降到一定程度后其下降趋势变得不再明显。木聚糖酶活性的表现取决于木聚糖和低聚木糖的链长,内切木聚糖酶的活性随木聚糖链长的降低而降低。由此可以推断出,木聚糖酶总是优先作用长链木聚糖,而不是聚合度较小的木寡糖。综合考虑木聚糖水解的效率和低聚木糖的生产成本,可以选择加酶量为 1000 IU/g 底物。

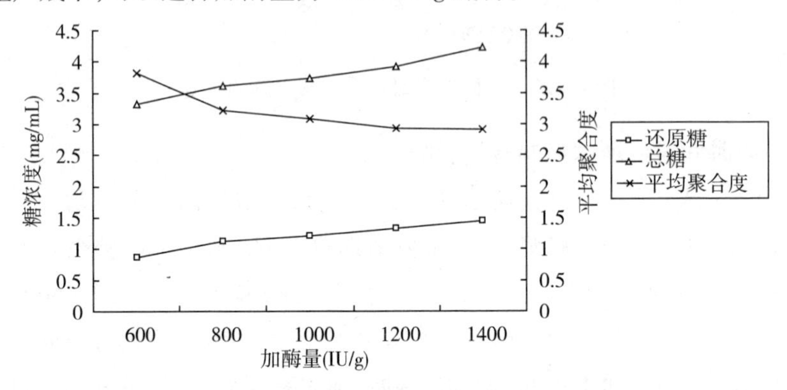

图 2-22　不同加酶量对木聚糖酶水解的影响

6.多因素组合实验

在单因素试验中,每组试验只考察一个因素,而酶解的最佳条件不是简单地将所有这些单因素试验的最佳结果叠加在一起,各个因素之间存在交互作用,还须通过正交试验考察多因素的叠加效果,所以根据单因素试验结果分别选取确定酶解过程中的酶解温度、加酶量、酶解时间进行正交实验优化低聚木糖提取的最佳作用条件。实验结果见表 2-25。

表 2-25　木聚糖酶水解正交实验结果

试验号	*A* 加酶量(IU/g)	*B* 酶解温度(℃)	*C* 酶解时间(h)	平均聚合度
1	1	1	1	4.25
2	1	2	2	3.86
3	1	3	3	4.13
4	2	1	2	3.42
5	2	2	3	3.65
6	2	3	1	3.71
7	3	1	3	3.12
8	3	2	1	3.27

续表

试验号	A 加酶量(IU/g)	B 酶解温度(℃)	C 酶解时间(h)	平均聚合度
9	3	3	2	2.68
K_1	12.24	10.79	11.23	
K_2	10.78	10.78	9.88	
K_3	9.07	10.52	10.9	
k_1	4.08	3.60	3.74	
k_2	3.59	3.59	3.29	
k_3	3.02	3.51	3.63	
R	1.06	0.09	0.45	

根据表2－25试验结果，采用SAS 8.2统计分析系统进行数据处理，通过方差分析，结果显示：$n=3$模型的F值为68.71，P为0.0144，大于在0.05水平上的F值（见表2－26）。由此可知，模型有效，实验结果是可靠的。A因素F值为174.42，P为0.0057，大于在0.01水平上的F统计量的值，因此因素A（加酶量）对试验的影响极显著；B因素F值为1.62，P为0.3812，小于在0.05水平上的F统计量的值，因此因素B（酶解温度）对试验的影响不显著；C因素F值为30.09，P为0.0322，大于在0.05水平上的F统计量的值，因此，因素C（酶解时间）对试验的影响显著。

表2－26　方差分析表

方差来源	SS	df	MS	F	P
模型	1.93840	6	0.33057	68.71	0.0144
A	1.67829	2	0.83914	174.42	0.0057
B	0.01562	2	0.00781	1.62	0.3812
C	0.28949	2	0.14474	30.09	0.0322
误差	0.00962	2	0.00481		
总和	1.99302	8			

由表2－26可以说明因素对实验的影响大小，比较F值大小：$F_a>F_c>F_b$，F值越大，影响作用越大，各因素对实验的影响程度大小的次序为$A>C>B$。

最佳工艺参数的确定，对A，C因素进行多重比较（表2－27～表2－29）：

表 2-27　多重比较 SSR 及 LSR 值表

秩次矩 K		2	3
SSR	0.05	6.090	6.090
	0.01	14.00	14.00
LSR	0.05	0.31	0.31
	0.01	0.56	0.56

表 2-28　A 因素多重比较

A 因素	A_1	A_2	A_3
平均值	4.08	3.59	3.02
显著性(0.05)	a	b	c
显著性(0.01)	A	AB	C

由表 2-28 可以看出,A 因素 $K_1-K_2=0.49>LSR_{0.05}=0.031$,所以 A_1、A_2 差异显著,$K_1-K_3=1.06>LSR_{0.01}=0.56$。因此 A_1 最佳。

表 2-29　C 因素多重比较

C 因素	C_1	C_3	C_2
平均值	3.74	3.63	3.29
显著性(0.05)	a	ab	c
显著性(0.01)	A	AB	ABC

由表 2-29 可以看出,C 因素 $K_3-K_2=0.34>LSR_{0.05}=0.31$,所以 C_2、C_3 差异显著,因此 C_1 最佳。

经多重比较分析后,最佳的超声波提取工艺为 $A_1B_2C_1$,即酶浓度为 800 IU/g 底物,水解温度为 55℃,水解时间为 4 h。

(四)优化条件下酶解液的组分分析

图 2-23 是优化条件下的酶解液的 HPLC 分析。在优化的条件下(酶浓度 800 IU/g 底物、水解温度 55℃,水解时间 4 h)的酶解产物 HPLC 分析,见图 2-23。结果表明,木聚糖酶优化条件下水解木聚糖主要成分为木二糖、木三糖、木四糖,纯度高达 31.99%,低聚木糖(木二糖~木六糖)纯度 64.41%,单糖为 21.05%。

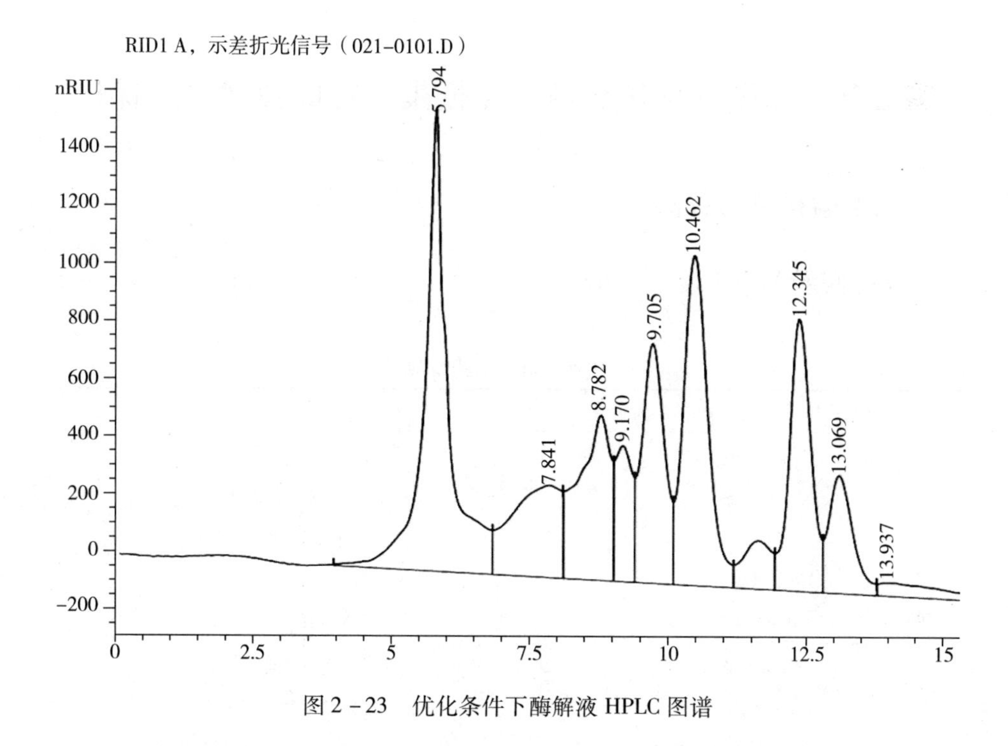

图 2－23　优化条件下酶解液 HPLC 图谱

四、小结

通过单因素及正交试验对木聚糖酶酶解制备低聚木糖的工艺技术进行优化，得出木聚糖酶水解麸皮制备低聚木糖的工艺条件：木聚糖酶水解最适底物浓度为 10%，加酶量为 800 IU/g 底物，木聚糖水解温度为 55℃，水解时间为 4 h，低聚木糖的得率为 25.52%。在此工艺参数下，总糖得率为 57.12%，*DP* 值为 2.68。

在此水解条件下制备的低聚木糖液，其主要成分为低聚木糖，纯度达到 64.41%，木二糖、木三糖、木四糖达到 31.99%。另外，酶解液中还有少量的单糖。

通过木聚糖酶水解木聚糖液制备低聚木糖工艺的研究，最终可确定工艺流程为：

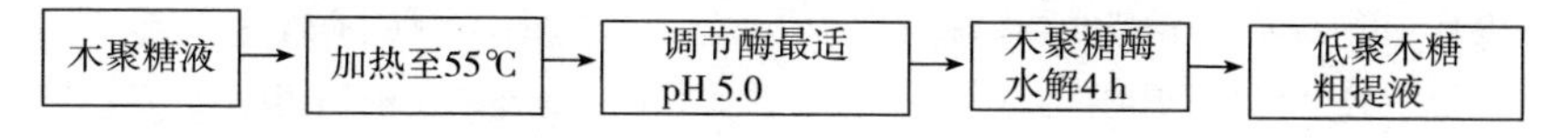

第五节　离子交换法分离纯化低聚木糖的技术参数优化

一、实验材料与仪器

（一）实验材料（表2－30）

表2－30　实验材料

名称	厂家
聚合 $AlCl_3$	沈阳市华东试剂厂
明矾	沈阳市华东试剂厂
CaO	天津市大陆化学试剂厂
$FeCl_3$	沈阳市试剂五厂
D392 树脂	天津南开大学化工厂
001×7 树脂	天津南开大学化工厂
Amberlite IR－120	北京百迪信生物技术有限公司
PUROLITE－PCR642Ca	北京百迪信生物技术有限公司
D001	南开大学化工厂
001×7	南开大学化工厂
低聚木糖标准品	Sigma
盐酸、硫酸、氢氧化钠等化学试剂均为国产分析纯	

（二）实验仪器（表2－31）

表2－31　实验仪器

名称	厂家
制备色谱分离系统	大庆三星机械制造公司
TBP－5002 制备泵	上海同田生物技术有限公司
201⁺ 紫外检测器	美国兰博仪器有限公司
DBS－100 电脑全自动部份收集器	上海泸西分析仪器厂
XMT612 智能 PID 温度控制仪	东莞唯科电子有限公司
Agilent1200 高效液相色谱仪	美国安捷伦科技有限公司
SHODEX SUGAR KS－802 分析色谱柱	日本昭和电工科学仪器有限公司

续表

名称	厂家
1.6cm×100cm 不锈钢制备分离柱	黑龙江省农产品加工工程技术研究中心
JJ－1 精密定时电动搅拌器	江苏荣华仪器有限公司
T6 紫外－可见分光光度计	北京普析通用仪器有限责任公司
AP2140 电子分析天平	梅特勒－托利多仪器有限公司
DK－S24 电热恒温水浴锅	上海森信实验仪器有限公司
PB－10 型 pH 计	德国赛多利斯股份公司
制备色谱分离系统	大庆三星机械制造公司

二、实验方法

（一）絮凝法去除杂质试验

1.最佳絮凝剂的选择

取一定量低聚木糖粗提液，在其他絮凝反应条件一定的情况下，分别加入聚合 $AlCl_3$、$FeCl_3$、CaO、明矾等絮凝剂进行絮凝反应，检测絮凝后糖液的脱色率和总糖损失率，考察不同絮凝剂对絮凝反应的影响。

2.絮凝剂用量对絮凝沉淀效果的影响

取一定量低聚木糖粗提液，分别以 0.1%、0.2%、0.3%、0.4%、0.5% 的量加入聚合 $AlCl_3$，在 60℃水浴条件下反应 30 min，计算絮凝后糖液的脱色率与总糖损失率。

3.絮凝时间对絮凝沉淀效果的影响

取一定量低聚木糖粗提液，加入 0.2% 的聚合 $AlCl_3$，在 60℃水浴条件下分别反应 10 min、20 min、30 min、40 min、50 min，计算絮凝后糖液的脱色率与总糖损失率。

4.絮凝温度对絮凝沉淀效果的影响

取一定量低聚木糖粗提液，加入 0.2% 的聚合 $AlCl_3$，在不同温度 40℃、50℃、60℃、70℃、80℃条件下反应 30 min，计算絮凝后糖液的脱色率与总糖损失率。

（二）脱盐脱色试验

本试验首先选择了 5 种不同的阴离子交换树脂进行了低聚木糖液的静态吸附试验，根据对低聚木糖液脱色率的比较，选用了 D392 树脂作为低聚木糖液脱色的技术参数研究。另外选用 3 种不同的阳离子交换树脂进行静态吸附试验，以脱盐率为测定指标，选用了001×7树脂作为低聚木糖液的脱盐技术参数研究。

1.D392树脂脱色最大吸附量的测定

将处理好的树脂湿法装柱于带有夹套恒温水浴的层析柱内，添柱高度29 cm，树脂填装体积为120 mL，用去离子水进行平衡，待树脂平衡后用恒流泵将糖液以1 mL/min的流速泵入柱内进行脱色，每50 mL测定一次流出液在420 nm处的吸光度，计算脱色率，得出树脂对糖浆色素的最大吸附量。

2.不同流速对D392树脂脱色效果的影响试验

量取500 mL pH 8.0低聚木糖粗糖浆，在50℃恒温条件下分别以0.5 mL/min、1.0 mL/min、1.5 mL/min、2.0 mL/min、2.5 mL/min、3.0 mL/min的流速全部通过树脂层，为降低引入的误差，每个实验做三个平行样，测定流出液在420 nm处的吸光度，计算脱色率。

3.001×7阳离子交换树脂脱盐试验

阴离子交换柱填充树脂D392，填充高度18 cm，柱直径26 mm；阳离子交换柱填充树脂001×7，填充高度25 cm，柱直径26 mm。低聚木糖液进样150 mL，以1 mL/min流速通过阳离子交换柱，再通过阴离子交换柱，分步收集，测定流出液的电导率变化和糖含量变化。

（三）离子交换法分离提纯低聚木糖的技术参数优化

试验首先选择了5种不同的介质（Amberlite IR－120、UBK－0、活性炭、D001、001×7）进行了静态吸附试验并进一步做了动态吸附试验。根据测得的低聚木糖和单糖的分离度及总糖回收率比较分析，选择最适宜的树脂作为低聚木糖分离技术参数的优化研究对象。分离度（R）是指两个相邻色谱峰的分离程度，分离度越大，表明相邻两组分分离越好。当$R<1.0$时，两峰有部分重叠；当$R=1.0$时，分离度可达98%。

1.不同吸附介质对低聚木糖动态吸附性能的研究

将预处理好的五种不同吸附介质Amberlite IR－120、UBK－0、活性炭、D001、001×7装入制备柱（500×16 mm）中，分别将制备柱充填饱满，用蒸馏水冲洗制备柱至流出液无色透明。以1 mL/min的流速将制备的低聚木糖液通入制备柱中进行吸附，测定流出液中低聚木糖和单糖的分离度及总糖的回收率。

2.不同流速对分离低聚木糖的影响

UBK－0树脂分离操作流动相流速的选择应服从交换和洗脱的质量要求，一般应寻求在质量保证下的最大流速，适宜的流速需要实验确定。浓度30

g/100 mL的低聚木糖溶液 10 mL，在温度 70℃，树脂柱床高度为 100 cm 的条件下，分别以 0.5 mL/min、1.0 mL/min、1.5 mL/min、2.0 mL/min、2.5 mL/min 的流速进行洗脱，通过测定分离度和总糖回收率确定最佳的洗脱流速。

3.不同进料量对低聚木糖分离的影响

UBK－0 树脂柱床高度为 100 cm，在 70℃温度下，以浓度为 30 g/100 mL 的低聚木糖溶液，分别进样 10 mL、15 mL、20 mL、25 mL、30 mL 进行分离，通过测定分离度和总糖回收率确定最佳的进料量。

4.不同进料浓度对低聚木糖分离的影响

UBK－0 树脂柱床高度为 100cm，将低聚木糖糖浆分别以 10%、20%、30%、40%、50% 的浓度进料 10 mL，在 70℃温度下，以 1.5 mL/min 的流速进行洗脱，通过测定分离度和总糖回收率确定最佳的进料浓度。

5.不同操作温度对低聚木糖分离的影响

UBK－0 树脂柱床高度为 100 cm，进料量 10 mL，浓度为 30% 的低聚木糖溶液，洗脱流速为 1.5 mL/min，分别在 50℃、60℃、70℃、80℃、90℃温度下进行分离，通过测定分离度和总糖回收率确定最佳的操作温度。

6.低聚木糖分离纯化技术参数优化方案

基于单因素试验结果确定的最适工作条件，选择流速、进样量、进样浓度、操作温度四个因素为自变量（分别以 X_1、X_2、X_3、X_4 表示），以低聚木糖分离度 Rs 及总糖回收率为响应值，设计 4 因素共 36 个试验点的四元二次回归正交旋转组合的分析试验，保证试验点最少前提下提高优化效率。试验数据采用 SAS 软件进行统计分析。

以产品分离度（Y_1）为指标，对试验进行响应面回归分析（RSREG）。以产品回收率（Y_2）为指标，对试验进行响应面回归分析（RSREG）。根据二次回归组合试验结果，综合考虑分离度、回收率和实际情况，选则最优的流速、进样量、进样浓度、操作温度进行验证实验，重复 3 次（$n=3$）。

（四）测定方法

（1）脱色率和解吸率

采用国标糖色值法（GB/T 317—2018），测定低聚木糖粗糖浆在 420 nm 处的吸光度变化。脱色率和解吸率计算方法如下：

脱色率（%）=（脱色前待测糖液的吸光度－脱色后待测糖液的吸光度）/脱色前待测糖液的吸光度

解吸率(%)=解吸液总糖含量/(脱色前糖液总糖含量-脱色后糖液总糖含量)

(2)总糖损失率

总糖损失率(%)=(絮凝前糖液总糖含量-絮凝后糖液总糖含量)/絮凝前糖液总糖含量

(3)糖液中离子浓度的测定

电导率法。

(4)低聚木糖 HPLC 检测

参照第四节方法。

(5)还原糖测定

采用3,5-二硝基水杨酸法。

(6)总糖测定

采用苯酚—硫酸法。

(7)低聚木糖成分 HPLC 分析

参照第四节方法。

(8)回收率和分离度

回收率计算:

$$回收率(\%)=\frac{吸附前总糖量-吸附后总糖量}{吸附前总糖量}\times 100$$

分离度的计算:

$$R_{sij}=\frac{2(t_j-t_i)}{w_i+w_j}$$

式中:R_{sij}为各组分间的分离度,t_i和t_j分别为峰i和峰j的保留时间;w_i和w_j分别为峰i和峰j在峰底(基线)的峰宽。

三、实验结果与分析

(一)絮凝沉淀除杂条件的确定

1.最佳絮凝剂的选择

表2-32是不同絮凝剂对低聚木糖溶液絮凝除杂效果的选择结果。从中可以看出,聚合 $AlCl_3$对低聚木糖溶液的脱色效果最好,脱色率为13.57%,且总糖的损失最少,经过絮凝后的低聚木糖溶液澄清透明,有利于下一步脱色实验的研究,故选择聚合 $AlCl_3$为低聚木糖溶液的絮凝除杂剂。

表 2－32　不同絮凝剂絮凝效果的选择结果

絮凝剂	聚合 $AlCl_3$	$FeCl_3$	CaO	明矾
脱色率/%	13.57	5.62	11.25	9.42
总糖/%	12.53	18.57	21.64	15.64

2.絮凝剂用量对絮凝沉淀效果的影响

图 2－24 为不同絮凝剂添加量对絮凝效果的影响测定结果。从图 2－24 中可以看出，随着絮凝剂量的增加，总糖的损失率逐渐增大，而脱色率为先增加后减小，当添加量为0.2%时脱色率最大，脱色率为18.42%，即脱色效果最好，故选择絮凝剂的添加量为0.2%。

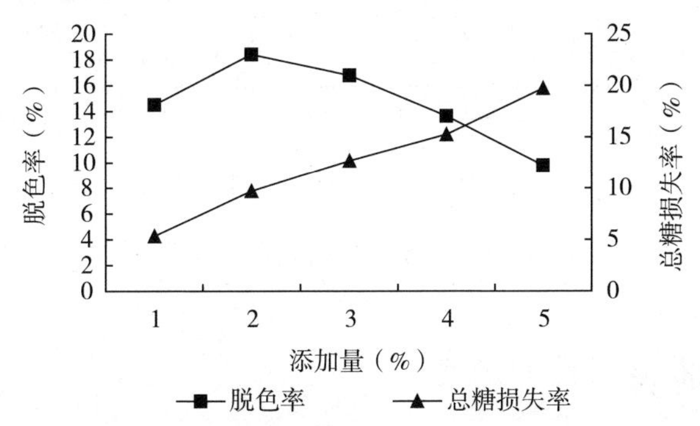

图 2－24　不同絮凝剂添加量对絮凝的效果的影响

3.絮凝时间对絮凝沉淀效果的影响

图 2－25 为不同絮凝时间对絮凝效果的影响测定结果。从图 2－25 中可以看出，随着时间的延长，脱色率逐渐增加，但在 30 min 后增加开始缓慢，可能是絮凝剂对糖液的脱色效果已经达到饱和，总糖的损失率也逐渐增加，综合两方面因素，选择絮凝时间为 30 min 较为合适，此时脱色效果较好且总糖的损失也较少。故选择絮凝时间为 30 min。

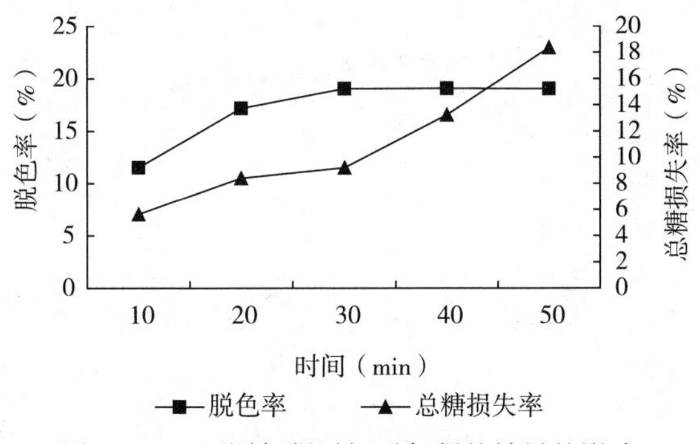

图 2－25　不同絮凝时间对絮凝的效果的影响

4.絮凝温度对絮凝沉淀效果的影响

图2－26为不同絮凝温度对絮凝效果的影响测定结果。从图2－26中可以看出，当温度为60℃絮凝剂对糖液的脱色效果最好，脱色率为18.89%，随着温度的增加，脱色效果降低，这说明温度过高不能增加絮凝效果。总糖的损失率在逐渐增加，但趋势缓慢，说明温度对总糖的损失率影响不大，综合两方面因素，故选择温度60℃为絮凝最适温度。

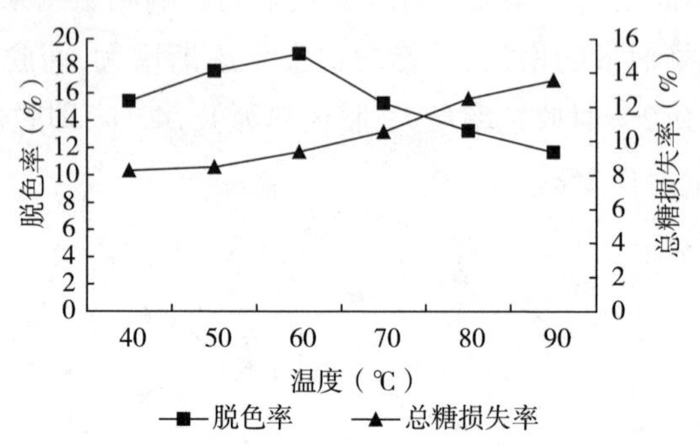

图2－26　不同絮凝温度对絮凝的效果的影响

（二）脱色脱盐条件的确定

1. D392树脂脱色最大吸附量的测定

图2－27是D392树脂动态脱色试验得到的对糖浆色素最大吸附量的变化曲线图。从图中可以看出，在1600 mL之前树脂对糖浆有较好的脱色效果，当流出液体积从1600 mL开始，脱色率急剧下降，说明此点为D392树脂脱色的穿透点，即树脂对糖浆色素的吸附已基本达到饱和，由穿透点流出液的体积可确定出低聚木糖粗糖浆与树脂的体积比为13:1，这样可以确保脱色效率。

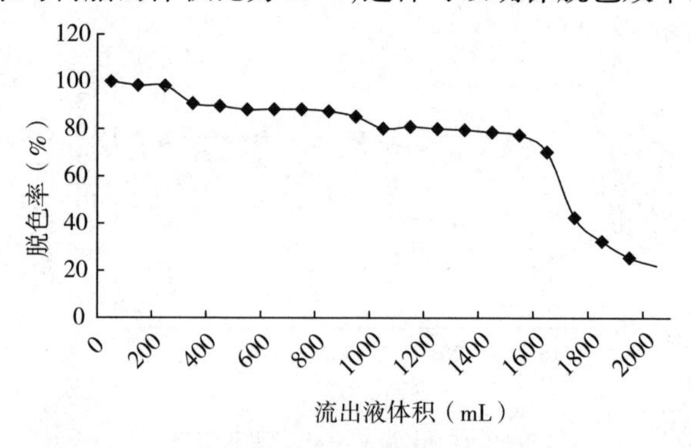

图2－27　D392树脂动态脱色的穿透曲线

2.不同流速对D392树脂脱色效果的影响

图2－28是D392树脂动态脱色试验得到的流速—脱色率变化曲线图。从图中可以看出，当一定量的粗糖浆流经层析柱，在流速较小的情况下比在流速较大的情况下脱色效果较好，主要是由于糖浆在流速较小的情况下可以和树脂进行充分的接触，并且能够进入大孔树脂孔道的内部进行吸附；如果流速过大，糖浆液和树脂表面层接触的时间较短，并且有部分糖浆未进入树脂孔道内部进行吸附而直接流出，所以糖浆液脱色效果较差。当以0.5 mL/min的流速进行脱色效果最好，但由于流速过慢，延长了脱色的时间，使整体效率下降，因此，本实验采用1.0 mL/min的流速进行脱色，脱色率为89.26%，既保证了脱色的效果，也减少了脱色的时间。

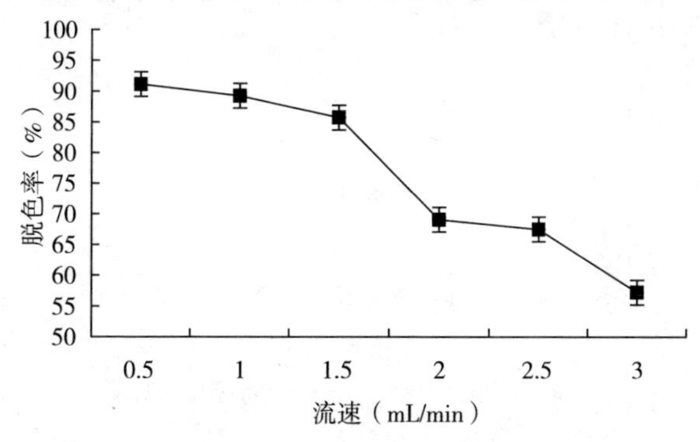

图2－28　不同流速对D392树脂脱色效率的影响

3.不同温度对D392树脂脱色效果的影响

图2－29是D392树脂静态脱色试验得到的温度—脱色率变化曲线图。可以看出，温度对离子交换树脂的吸附性能的影响比较大。温度在30～50℃静态脱色率逐渐增大，超过50℃后脱色率下降较为明显。当温度升高时，色素分子的

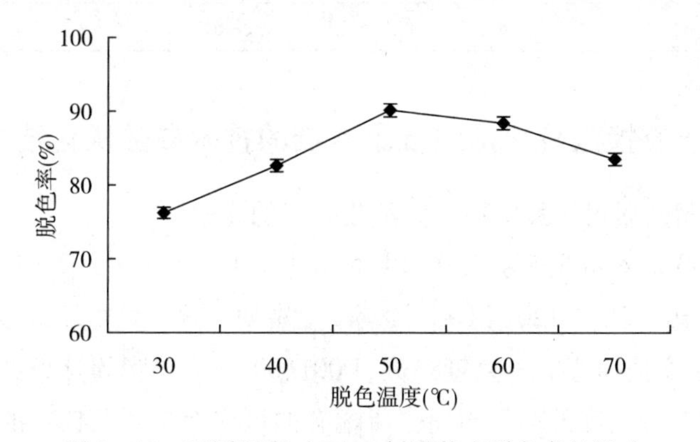

图2－29　不同温度对D392树脂静态脱色率的影响

扩散速度加快，糖液的黏度下降，有利于色素的吸附。因此，在树脂和糖液允许温度和 pH 的条件下，提高温度对脱色有利。但是温度高于 50℃时，阴离子交换树脂上的氮原子容易被氧化，特别是弱碱阴离子交换树脂，其耐氧化性能很差，使树脂的性能受到影响，所以树脂的脱色效率下降。故选择 50℃较为适宜。

4.低聚木糖液的脱盐研究

图 2－30 为低聚木糖透过阴阳离子交换柱曲线图。从图中可以看出，在低聚木糖脱盐的过程中，离子交换树脂对糖的吸收很快达到平衡点，说明在脱盐的过程中糖的损失是比较小的。

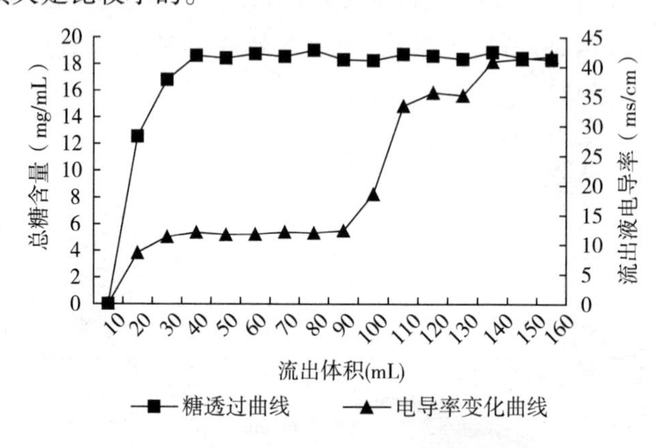

图 2－30 低聚木糖透过阴阳离子交换柱曲线

原低聚木糖糖液的电导为 41.7 ms/cm，经过计算，通过离子交换树脂柱脱盐后，脱盐率为 62.6%（表 2－33）。

表 2－33 低聚木糖液脱盐后电导率的变化

糖液体积(BV)	1	2	3
电导率(ms/cm)	8.5	9.6	15.6

（三）离子交换法分离提纯低聚木糖的技术参数优化结果

1.不同吸附介质对低聚木糖分离纯化效果的比较

不同吸附介质对低聚木糖分离效果的比较如图 2－31 所示。从图中可以看出，树脂 Amberlite IR－120、UBK－0、活性炭对低聚木糖分离效果较好，而 UBK－0阳离子交换树脂的分离度最高，D001、001×7 树脂的分离度较低。不同树脂对低聚木糖分离度的高低与树脂所配有的可交换基团及树脂的孔径大小密切相关，通过静电固定在强酸阳离子交换树脂上的金属阳离子和糖上的羟基形成给体－受体配合物，配合物越稳定，此类糖分子就越受阻滞，而那些不形成配合物或是形成很弱的配合物的糖分子很快就从树脂柱中流出。于是，固定在树脂上的阳离子形式成为影响低聚木糖和单糖分离的一个重要参数。活性炭虽然分离效果较好，分离度和总糖回收率均较高，但由于活性炭在工业化生产中更换比较频繁，重复利用率低。因此，本实验选择 UBK－0 阳离子交换树脂作为分离低聚木糖和单糖的技术参数研究对象。

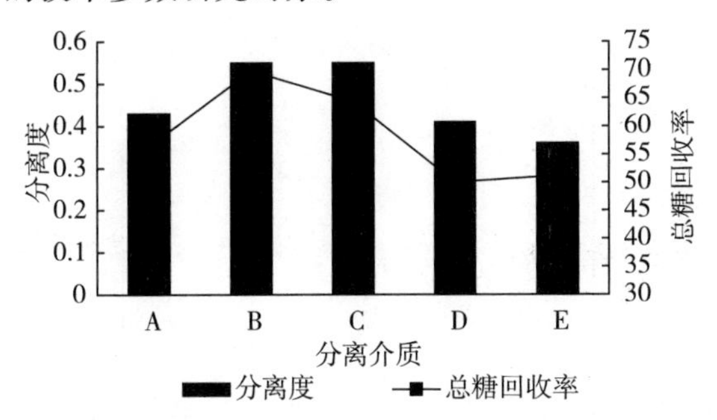

A：DIAION－UBK530；B：Amberlite IR－120；C：活性炭；D：D001；E：001×7

图 2－31　不同分离介质对低聚木糖的分离效果的影响

2.不同流速对低聚木糖分离效果的影响

图 2－32 为不同流速条件下得到的低聚木糖分离度及总糖回收率图。通常来说，较低的流速一般峰高较高，分离度也较大，但流速低，洗脱时间延长，又会降低单位树脂的生产能力。根据图 2－32，流速为 1.5 mL/min 时，分离度较大，这对除去糖浆中的葡萄糖，提高低聚糖组成有一定的好处；因此采用 1.5 mL/min 作为本实验的基本流速。

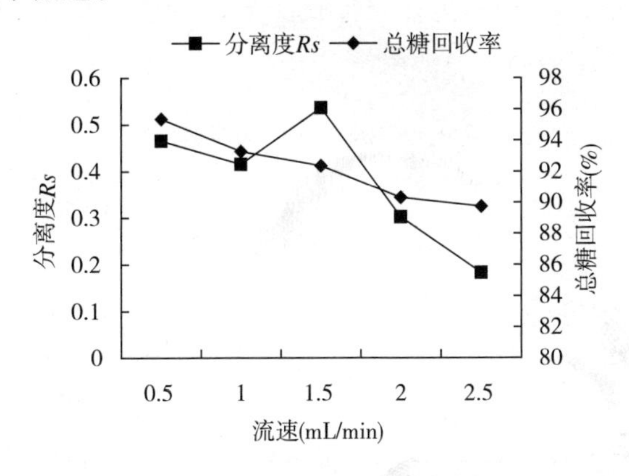

图 2－32　不同流速对低聚木糖分离的影响

3.不同进料量对低聚木糖分离的影响

图 2－33 为不同进料量条件下得到的低聚木糖分离度及总糖回收率图。从图中可以看出，进料量的增加，各组分峰高相应增大，表明树脂生产能力、出料浓度也都增加。但分离度却随着进料量的增加呈下降趋势，总糖回收率也有所下降，且所获得产品含量也随之下降。因此，根据实际生产的综合考虑，选择进料量为 10 mL。

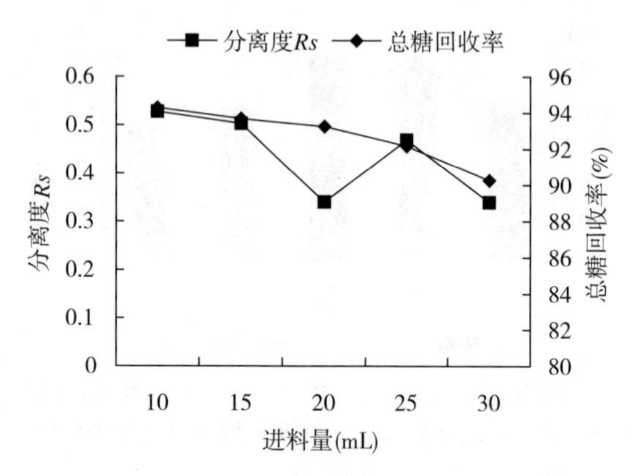

图 2－33　不同进料量对低聚木糖分离的影响

4.不同进料浓度对低聚木糖分离的影响

图 2－34 为不同进料浓度条件下得到的低聚木糖分离度及总糖回收率图。从图中可以看出，分离度在浓度为 30% 时达到最高，50% 时有所下降，由于低聚木糖的提纯主要是除去低聚木糖糖浆中的单糖组分，且随着进料浓度的增加，流出液的浓度升高，在一定范围内提高进料浓度有利于分离效能的提高，因此，选择糖浆浓度 30% 为本实验进料浓度。

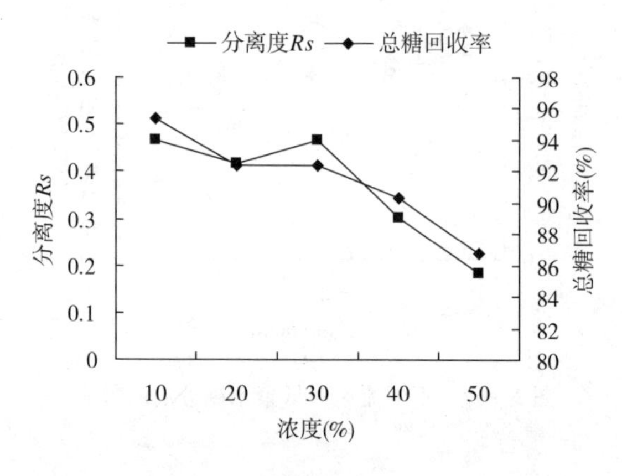

图 2－34　不同进料浓度对低聚木糖分离的影响

5.不同操作温度对低聚木糖分离的影响

图 2－35 为不同操作温度条件下得到的低聚木糖分离度及总糖回收率图。从图中可以看出，提高温度，各组分的出峰高度和浓度都有所升高，糖分回收率也有所增高，分离度也随着温度的升高先增大后减小。70℃时达到最大，90℃时稍有下降，因此，选择 70℃为适宜的操作温度。

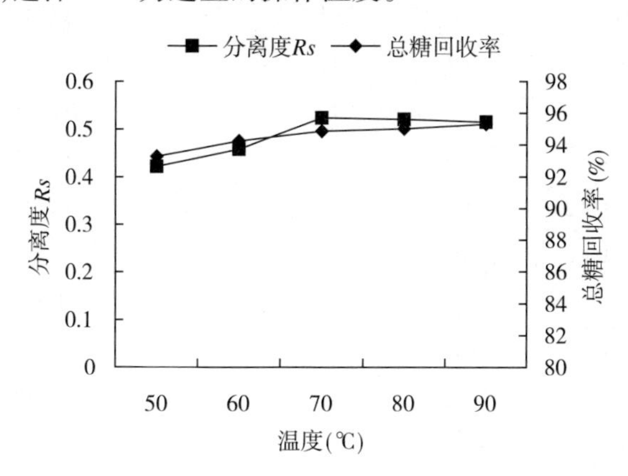

图 2－35　不同操作温度对低聚木糖分离的影响

6.离子交换法分离纯化低聚木糖的技术参数优化结果

低聚木糖分离纯化技术参数优化试验安排以及试验结果如表 2－34 所示，并对试验数据从分离度和回收率两个角度采用 SAS 软件进行响应面回归分析。

（1）以分离度为指标的技术参数优化分析以分离度 Y_1 为指标，回归方程方差分析以及回归方程各项方差分析结果见表 2－35、表 2－36，二次回归参数模型数据如表 2－37 所示。

由表 2－35 和表 2－36 可以看出：二次回归模型的 F 值为 16.63，$P<0.001$，大于在 0.01 水平上的 F 值，而失拟项的 F 值为 2.24，小于在 0.05 水平上的 F 值，说明该模型拟和结果好。一次项、二次项的 F 值均大于 0.01 水平上的 F 值，对分离度有极其显著的影响。

表 2－34　低聚木糖工艺参数优化试验设计及试验结果

试验号	X_1	X_2	X_3	X_4	Y_1 分离度 Rs	Y_2 回收率（%）
1	1	1	1	1	0.664	81.25
2	1	1	1	－1	0.378	83.73
3	1	1	－1	1	0.523	81.24
4	1	1	－1	－1	0.362	81.29

续表

试验号	X_1	X_2	X_3	X_4	Y_1分离度 *Rs*	Y_2回收率(%)
5	1	-1	1	1	0.621	67.07
6	1	-1	1	-1	0.328	74.12
7	1	-1	-1	1	0.508	60.79
8	1	-1	-1	-1	0.284	63.16
9	-1	1	1	1	0.587	86.98
10	-1	1	1	-1	0.335	87.67
11	-1	1	-1	1	0.492	68.95
12	-1	1	-1	-1	0.279	68.86
13	-1	-1	1	1	0.552	74.02
14	-1	-1	1	-1	0.301	74.38
15	-1	-1	-1	1	0.428	56.93
16	-1	-1	-1	-1	0.268	59.01
17	2	0	0	0	0.555	86.62
18	-2	0	0	0	0.526	73.35
19	0	2	0	0	0.606	81.56
20	0	-2	0	0	0.519	64.52
21	0	0	2	0	0.583	88.89
22	0	0	-2	0	0.576	81.53
23	0	0	0	2	0.613	92.16
24	0	0	0	-2	0.256	90.84
25	0	0	0	0	0.692	90.86
26	0	0	0	0	0.541	98.16
27	0	0	0	0	0.628	96.53
28	0	0	0	0	0.638	93.49
29	0	0	0	0	0.540	97.86
30	0	0	0	0	0.525	96.56
31	0	0	0	0	0.609	87.61
32	0	0	0	0	0.588	97.35
33	0	0	0	0	0.582	83.81
34	0	0	0	0	0.635	98.04
35	0	0	0	0	0.537	97.67
36	0	0	0	0	0.529	98.47

表 2-35　Y_1 为指标的参数优化回归方程方差分析表

方差来源	自由度	平方和	均方和	F	P
回归模型	14	0.4620	0.033	13.50	<0.0001
误差	21	0.0976	0.0046		
总误差	35	0.5596			
$R^2=0.900$					

表 2-36　Y_1 为指标的参数优化试验回归方程各项方差分析表

回归方差来源	自由度	平方和	均方和	F	P
一次项	4	0.3090	0.0773	16.63	<0.0001
二次项	4	0.1458	0.0365	7.85	0.0005
交互项	6	0.0072	0.0012	0.26	0.9506
失拟项	10	0.0654	0.0065	2.24	0.1013
纯误差	11	0.0322	0.0029		

表 2-37　Y_1 为指标优化试验二次回归模型参数表

模型	非标准化系数	T	显著性检验
常数项	-11.757917	-3.44	0.0025
X_1	1.058667	0.87	0.3956
X_2	0.080133	0.68	0.5052
X_3	-0.008100	-0.13	0.8957
X_4	0.295567	3.96	0.0007
X_1^2	-0.445667	-2.31	0.0310
X_1X_2	0.004200	0.15	0.8790
X_2^2	-0.003577	-1.86	0.0777
X_1X_3	0.000300	0.02	0.9827
X_2X_3	-0.000030	-0.02	0.9827
X_3^2	-0.000724	-1.50	0.1479
X_1X_4	0.004400	0.32	0.7501
X_2X_4	-0.000080	-0.06	0.9538
X_3X_4	0.000810	1.19	0.2480
X_4^2	-0.002174	-4.51	0.0002

以分离度为 Y_1 值，得出编码值为自变量的四元二次回归方程为：

$$Y_1=-11.7579+1.0587X_1+0.0801X_2-0.0081X_3+0.2956X_4-0.4457\ X_1^2+0.0042X_1X_2+0.0003X_1X_3-0.0035X_2^2 0.0044\ X_1X_4-0.0521X_2X_3-0.00008X_2X_4-0.0007X_3^2+0.00081X_3X_4-0.0022X_4^2;$$

在方程的基础上进行贡献率分析，计算各贡献率可得：$\Delta_4>\Delta_1>\Delta_3>\Delta_2$，所以得到各个不同因素对分离度的影响效果顺序为：操作温度>流速>进样浓度>进样量。

为了进一步确证最佳点的值，对试验模型进行响应面典型分析，以获得最高分离度时的各区流速条件。经典型性分析得最优流速条件和分离度见表 2-38。

表 2－38　Y_1为指标优化最优流速条件及分离度

因素	标准化	非标准化	分离度 Rs
X_1	0.2594	1.6297	
X_2	0.2298	11.1492	
X_3	0.7213	37.2128	0.6837
X_4	0.6348	76.3483	

分离度最高时流速、进样量、进样浓度、操作温度分别为：1.6 mL/min、11.10 mL、37.2%、76℃，该条件下得到的分离度达到0.6837。

（2）以总糖收率为指标的技术参数优化分析以产品收率Y_2为指标，回归方程以及回归方程各项方差分析结果见表2－39、表2－40，二次回归参数模型数据如表2－41 所示。

表 2－39　Y_2为指标的参数优化回归方程的方差分析表

方差来源	自由度	平方和	均方和	F	P
回归模型	14	4690.6811	335.0487	7.82	<0.0001
误差	21	899.2870	42.8232		
总误差	35	5589.9681			

表 2－40　Y_2为指标的回归方程各项的方差分析表

回归方差来源	自由度	平方和	均方和	F	P
一次项	4	1400.2368	305.0592	8.17	0.0004
二次项	4	3105.0535	776.2634	18.13	<0.0001
交互项	6	185.3908	30.8985	0.72	0.6369
失拟项	10	644.2395	64.4240	2.78	0.0543
纯误差	11	255.0475	23.1861		

表 2－41　Y_2为指标二次回归模型参数表

模型	非标准化系数	T	显著性检验
常数项	－1016.7780	－3.09	0.0055
X_1	349.7500	2.98	0.0071
X_2	21.0897	1.86	0.0772
X_3	15.6170	2.67	0.0145
X_4	13.7930	1.92	0.0682
${X_1}^2$	－83.7783	－4.53	0.0002
X_1X_2	1.4250	－6.03	0.5919
${X_2}^2$	－1.1156	－0.40	<0.0001
X_1X_3	－2.4805	－3.40	0.0719
X_2X_3	－0.0521	－0.34	0.6949
${X_3}^2$	－0.1572	0.33	0.0027
X_1X_4	－0.4455	－0.24	0.7369
X_2X_4	0.0437	－2.04	0.7421
X_3X_4	－0.0154		0.8159
${X_4}^2$	－0.0943		0.0544

由表2－39和表2－40可以看出：二次回归模型的F值为8.17，$P<0.01$，大于在0.01水平上的F值，而失拟项的F值为2.78，小于在0.05水平上的F值，说明该模型拟和结果好。一次项和二次项的F值均大于0.01水平上的F值，说明它们对回收率有极其显著的影响。以总糖回收率为Y_2值，得出编码值为自变量的四元二次回归方程为（去除不显著因素）：

$$Y_2 = -1016.7780 + 21.0897X_1 + 349.7500X_2 + 15.6170X_3 + 13.7930X_4 - 83.7783X_1^2 + 1.4250X_1X_2 - 2.4805X_1X_3 - 0.4455X_1X_4 - 1.1156X_2^2 - 0.0521X_2X_3 + 0.0437X_2X_4 - 0.1572X_3^2 - 0.0154X_3X_4 - 0.0943X_4^2;$$

在上面方程的基础上进行贡献率分析，得出各项贡献率为：$\Delta_2 > \Delta_1 > \Delta_3 > \Delta_4$，所以各个不同因素对分离度的影响效果顺序为：进样量＞流速＞进样浓度＞操作温度。

为了进一步确证最佳点的值，对试验模型进行响应面典型分析，以获得最大回收率时的条件。经典型性分析得最优条件和回收率见表2－42。

表2－42　Y_2为指标的最优流速条件及回收率

因素	标准化	非标准化	回收率/%
X_1	0.0311	1.5155	
X_2	0.2042	11.0211	
X_3	0.2484	32.4843	97.0877
X_4	−0.0549	69.4508	

回收率最高时流速、进样量、进样浓度、操作温度分别为：1.5 mL/min、11.00 mL、32.5%、70℃，该条件下得到的最高回收率为97%。

根据分离度和总糖回收率两个角度分析的试验结果，综合考虑分离度、回收率和实际情况，将流速、进样量、进样浓度、操作温度分别定为：1.5 mL/min、11.00 mL、35.0%、75℃，进行验证实验（$n=6$），结果分离度为0.67 ± 0.03、回收率为96.5% ± 0.5%。试验值与模型的理论值非常接近，且重复试验相对偏差不超过2%，说明试验重现性良好。结果表明，该模型可以较好的反映出单柱层析分离纯化低聚木糖的最佳工艺条件。

（四）分离纯化前后低聚木糖溶液的HPLC检测图谱

低聚木糖粗提液经过絮凝除杂、脱色、脱盐、纯化等处理前后的HPLC分析图谱如图2－36、图2－37所示。从图2－37中可以看出，低聚木糖液在未经除杂及纯化前糖液中主要成分除低聚木糖外，还含有一定量的单糖和色素等杂质，根据标准品对照图(参照第四节)可以看出,出峰时间在8.782~10.462 min的峰为低聚糖峰,出峰时间在11.598~13.069 min的峰为单糖峰,而出峰时间在5.794 min和7.841 min的峰为色素等杂质峰。从图2-37中可以看出,经过除杂纯化,杂质峰含量明显降低,含量仅为0.81%,低聚木糖液含量为由64.41%升高到75.63%,单糖含量为23.56%。说明经过絮凝沉淀除杂和离子交换树脂脱盐脱色及分离纯化对低聚木糖液的纯化效果较好。

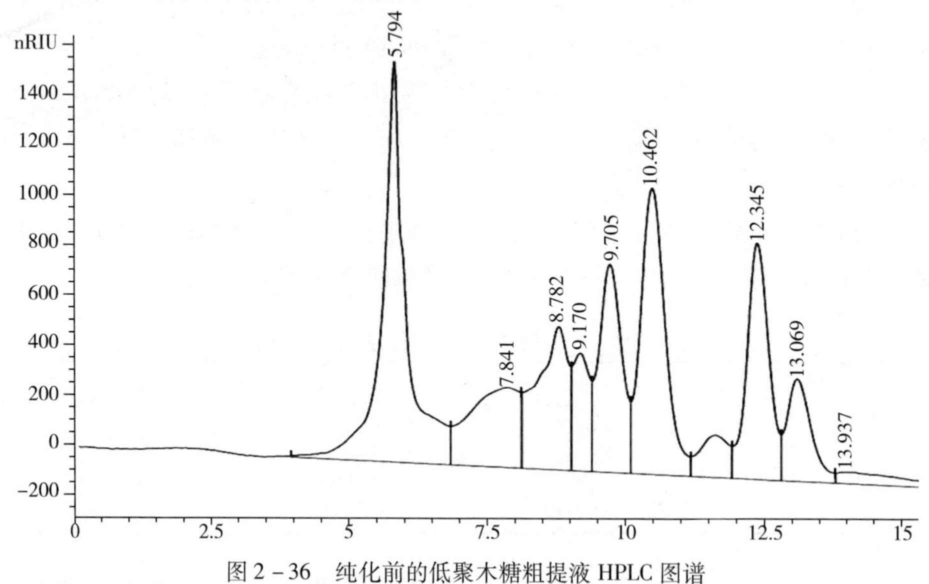

图2-36 纯化前的低聚木糖粗提液HPLC图谱

RID1 A,示差折光信号(003-0301.D)

图2-37 纯化后的低聚木糖粗提液HPLC图谱

四、小结

通过对絮凝剂的选择及絮凝条件的单因素实验，得出最佳的絮凝剂为聚合$AlCl_3$，絮凝后溶液澄清透明。最佳的絮凝条件为：絮凝剂的添加量为0.2%，絮凝温度60℃，絮凝时间为30 min。

通过对5种阴阳离子交换树脂的筛选，优选出最佳的脱色树脂为D392，最佳的脱盐树脂为001×7。优化后的脱色、脱盐技术参数为：流速为1.0 mL/min，脱色温度为50℃；在此条件下，低聚木糖的脱色率为89.26%，脱盐率为62.6%。

通过对不同吸附介质的筛选，优选出分离纯化低聚木糖的树脂为UBK－0，并通过单因素实验及正交旋转组合优化设计，确定最佳的分离纯化条件为：流速1.5 mL/min、进料量11 mL、进料浓度35%、操作温度75℃。

通过对纯化前后低聚木糖液的HPLC分析，表明UBK－0离子交换树脂使低聚木糖溶液中低聚木糖含量由64.41%升高到75.63%。最终确定的工艺流程为：

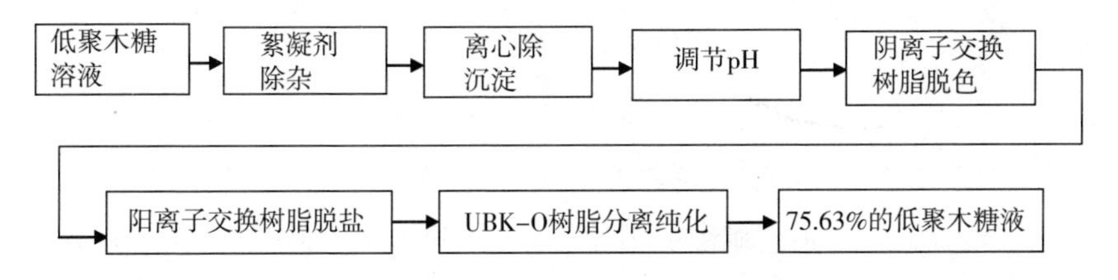

第六节　模拟移动床色谱连续分离纯化低聚木糖技术的研究

一、模拟移动床分离低聚木糖的工艺过程设计

模拟移动床（SMB）技术的过程设计主要是为了减少试验次数，利用数学模型的方法可以来获得其最佳操作参数。建模方法一般基于两种策略，一种是基于真正的SMB模型，SMB模型考虑了周期性地改变进出位点，即循环切换操作时间，其模型求解复杂，为计算机模拟带来很大困难；另一种是采用相应的固定床（TMB）模型，TMB模型则假设了柱内两相的真正逆流，由于忽略了循环口的切换，因而可以得到一个连续逆流吸附过程的平衡方程，大大简化了模型，模型较为简单求解方便。研究中可以利用TMB模型有效地进行SMB运行过程的研究。本文中主要采用了基于TMB的优化策略，来实现SMB运行参数的设计。

(一)设计依据

从经济学的观点来看SMB的最优化就是使进料、洗脱剂的消耗和固定相的耗费量最优化,单位产品的分离成本降到最低水平。分离成本的标准是较高的生产率和较低的洗脱剂消耗,而对于萃取液和残余液的要求是至少保持所需的纯度和回收率。表2-43定义了在常见两组分分离SMB中的工艺参数,其中弱吸附组分B在残余液中被收集,而强吸附组分A则在萃取液中被收集。

表2-43 SMB工艺性能参数

工艺参数	萃取液	残余液
纯度(%)	$\frac{C_{AE}}{C_{AE}+C_{BE}}$	$\frac{C_{BR}}{C_{BR}+C_{AR}}$
回收率(%)	$\frac{Q_E C_{AE}}{Q_F C_{AF}}$	$\frac{Q_R C_{BR}}{Q_F C_{BF}}$
溶剂消耗(mL/mg)	$\frac{Q_F+Q_{El}}{Q_F+C_{AE}}$	$\frac{Q_F+Q_{El}}{Q_R+C_{BF}}$
生产率(mg/min)	Q_E+C_{AE}	Q_R+C_{BR}

表2-43中:C为间平均浓度($0 \sim t_s$);Q为流率。下标中:A-强吸附组分;B-弱吸附组分;E-萃取液;R-残余液;F-进料;El-洗脱液。

对于一个新的SMB应用技术研究,一般要在两种设计中选择,一种是分离柱的数目与径高比,即柱的多少和柱的长度、直径,也包括分离树脂(固定相)的体积等。其目的是在达到一定的生产率后,选择合适的单元尺寸以达到最佳的柱效率和生产力。另外一种设计是假定在单元尺寸已定的情况下如何选择操作的条件以达到期望的分离性能,本文已有小型模拟移动床试验设备,因此考虑的是第二种设计。

本试验中所用的SMB试验设备和它的柱尺寸是固定的,其装填参数是固定数据,并且已知待分离混合物组分的吸附平衡参数。因此所需选择的操作参数有:柱内部流量(也是各个区的流量)、切换时间(对应于固定化分离柱的固相流量)和进料组成,本文分离的低聚木糖提取液组成是已知的,所以这一操作参数改为进料浓度。

SMB分离强调的是技术参数的有效性,如果这些操作参数选择不当,分离制备的工作将无法完成,为此,要先从理论的角度研究如何确定操作参数。操作参数确定的理论依据一般是平衡理论模型（理想模型、三角形理论）、塔板模型、速率模型。本文研究的是低聚木糖的纯化，属于单一组分与其余杂质的分离，可看做是两组分的分离，可依据平衡理论模型。如考虑两组分离，其物料平衡方程如下：

一阶偏微方程：

$$\frac{\partial}{\delta \mathrm{T}}\left[\varepsilon c_{ij}+(1-\varepsilon)q_{ij}\right]+\frac{\partial}{\partial \xi}\left[m_j c_{ij}-q_{ij}\right]=0,(i=A,B) \tag{2-1}$$

其中，$T=r\frac{Q_s}{V}$，$\xi=\frac{x}{V}$，$m_j=\frac{u_s}{u_j}$分别是无纲量时间和空间坐标。另外，吸附相的浓度 q_{ij} 可以从吸附等温线方程计算求得：

$$q_{ij}=fi(C_{Aj},C_{Bj}),(i=A,B)r^{Q_s/V} \tag{2-2}$$

参数 m_j 就是所谓的流量比，即被定义为 j 区的固、液相流量的比值：

$$m_j=\frac{Q_j^{TMB}}{Q_s} \tag{2-3}$$

根据转换关系可得 m_j 与 SMB 流量之间的关系：

$$m_j=\frac{Q_J^{SMB}\tau-\varepsilon V}{(1-\varepsilon)V} \tag{2-4}$$

在线性和 Langmuir 两种吸附平衡等温线情况下，平衡理论证明如已给定常初始和边界条件，则单根逆流吸附柱的模型［即某一个区 j 的方程（2－1）和（2－2）］可利用流量比 m_j 来预知这根柱稳态时的组分组成。相应的可推知一个稳态的四区 TMB 以及等价的循环稳定态时的 SMB 仅依赖于进料组成和四区流量比 m_j（j＝Ⅰ，Ⅱ，Ⅲ，Ⅳ）。这样一来，在平衡理论的框架下，一旦给定进料组成，TMB 或 SMB 的设计问题就简化为对参数 m_j 的值的选择。图 2－38 是 SMB 的基本流程示意图。

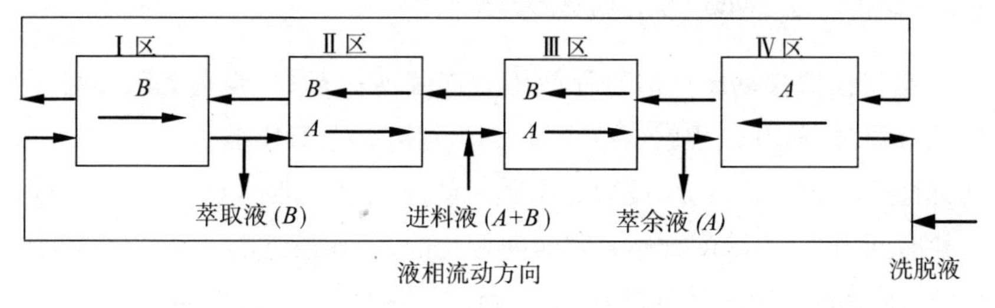

图 2－38　SMB 的基本流程

如图 2－38 所示，目标组分和残余液可在预定的出口收集到，为了在提取液中回收目标组分 A，就必须满足如下约束，这些约束考虑到每一个区组分的净流量。在Ⅰ区，组分 A 和 B 的净流必须向上游移动：Ⅱ区和Ⅲ区，组分 A 的净流必须向下游移动，而组分 B 的净流必须向上游移动；Ⅳ区，组分 A 和组分 B 的净流必须向下游移动，以此类推。这些约束可以表示的不等式如下：

$$\frac{Q_{\mathrm{I}}C_{B\mathrm{I}}}{Q_s q_{B\mathrm{I}}}>1;\frac{Q_{\mathrm{II}}C_{A\mathrm{II}}}{Q_s q_{A\mathrm{II}}}>1.\text{ and. }\frac{Q_{\mathrm{II}}C_{B\mathrm{II}}}{Q_s q_{B\mathrm{II}}}<1;$$

$$\frac{Q_{\mathrm{III}}C_{A\mathrm{III}}}{Q_s q_{A\mathrm{III}}}>1.\text{ and. }\frac{Q_{\mathrm{III}}C_{B\mathrm{III}}}{Q_s q_{B\mathrm{III}}}<1;\frac{Q_{\mathrm{IV}}C_{A\mathrm{IV}}}{Q_s q_{A\mathrm{IV}}}<1 \tag{2-5}$$

$$m_j=\frac{Q_j^{TMB}}{Q_s}$$

取无因次则上述约束变为：

$$m_{\mathrm{I}}>\frac{q_{B\mathrm{I}}}{c_{B\mathrm{I}}};\frac{q_{A\mathrm{II}}}{c_{A\mathrm{II}}}<m_{\mathrm{II}}<\frac{q_{B\mathrm{II}}}{c_{B\mathrm{II}}}; \tag{2-6}$$

$$\frac{q_{A\mathrm{III}}}{c_{A\mathrm{III}}}<m_{\mathrm{III}}<\frac{q_{B\mathrm{III}}}{c_{B\mathrm{III}}};m_{\mathrm{IV}}>\frac{q_{A\mathrm{IV}}}{c_{A\mathrm{IV}}}$$

完全分离即意味着两个出口所得产品纯度为 100%。根据物料平衡亦有以下关系：

$$Q_{\mathrm{II}}=Q_{\mathrm{I}}-Q_E; \tag{2-7}$$

$$Q_{\mathrm{III}}=Q_{\mathrm{II}}+Q_F \tag{2-8}$$

$$Q_{\mathrm{IV}}=Q_{\mathrm{III}}-Q_R \tag{2-9}$$

$$Q_{\mathrm{I}}=Q_{\mathrm{IV}}+Q_{El} \tag{2-10}$$

$$Q_E+Q_R=Q_F+Q_{El} \tag{2-11}$$

其中 Q_k（k＝Ⅰ，Ⅱ，Ⅲ，Ⅳ）是四个区的内部流率；Q_E、Q_F、Q_R和 Q_{El}是四个区的外部流率，对应为提取液、进料液、残余液和洗脱液。

（二）SMB 与 TMB 间的转换关系

SMB 是将模拟移动床色谱过程假想为连续逆流过程，当有无限多柱子和无限短切换时间时，SMB 过程就变成了真实移动床过程，TMB 操作在启动一段时间后可达到稳定状态，即柱内浓度分布不随时间而变化。然而对于真实的 SMB，在某个切换时间内，柱内浓度分布是随时间变化的，而在接连的一系列切换时间内，出样口的浓度随时间又是周期性变化的，是个循环稳态过程，根据 SMB 和 TMB 之间具有的等效性，只要满足简单的几何学和运动学转换规则，就可以用相对较为简单的 TMB 模型来预测 SMB 单元的稳态分离性能。SMB 分离过程的设计是基于 TMB 的设计，m_j 是指 TMB 情况下的 j 区流量比，需先将其转化为 SMB 时的流量比值方可应用于实际的 SMB 过程，SMB 和 TMB 之间的转换关系由下列等式联系：

1.SMB 中固相流量与切换时间的转换关系

$$Q_S=\frac{(1-\varepsilon)}{\tau} \tag{2-12}$$

2.TMB 中流量比公式

$$m_j=\frac{Q_j^{TMB}}{Q_s} \tag{2-13}$$

3.SMB 中流量比与 TMB 中流量比间的转换关系

$$\frac{Q_j^{SMB}}{Q_s}=\frac{Q_j^{TMB}}{Q_s}+\frac{\varepsilon}{1-\varepsilon} \tag{2-14}$$

4.TMB 中流速比与流量比间的转换关系

$$\frac{u_j^{TMB}}{u_s}=\frac{(1-\varepsilon)D_j^{TMB}-\varepsilon Q_s}{\varepsilon Q_s}=\frac{1-\varepsilon}{\varepsilon}\frac{Q_j^{SMB}}{Q_s}-1 \tag{2-15}$$

二、SMB 分离低聚木糖和单糖试验

（一）实验材料（表 2-44）

表 2-44　实验材料

名称	厂家
DIAION-UBK530	北京绿百草科技发展有限公司
低聚木糖标准品	北京市双旋生物培养基制品厂
苯酚	上海天齐生物生物技术有限公司
3,5-二硝基水杨酸	天津市科密欧化学试剂开发中心
盐酸、硫酸、氢氧化钠、乙醇等化学试剂均为国产分析纯	

（二）实验仪器（表 2-45）

表 2-45　实验仪器

名称	厂家
模拟移动床色谱分离系统	黑龙江省农产品加工工程技术研究中心
1.6 cm×50 cm 不锈钢制备分离柱	黑龙江省农产品加工工程技术研究中心

续表

名称	厂家
TBP－5002 制备泵	上海同田生物技术有限公司
DBS－100 电脑全自动部份收集器	上海泸西分析仪器厂
Agilent1200 高效液相色谱仪	美国安捷伦科技有限公司
SHODEX SUGAR KS－802 分析色谱柱	日本昭和电工科学仪器有限公司
T6 紫外－可见分光光度计	北京普析通用仪器有限责任公司

(三)模拟移动床色谱的实验操作

1.模拟移动床的结构特点

本实验所用的模拟移动床为黑龙江省农产品加工工程技术研究中心自行设计制造的。运用连续层析技术,将传统的模拟移动床根据工艺要求进行了改进。整个工艺循环由一个带有多个树脂柱(12,20,30 柱)的圆盘,和一个多孔分配阀组成。通过圆盘的转动和阀口的转换,使分离柱在一个工艺循环中完成了吸附、水洗、解吸、再生的全部工艺过程。且在连续分离系统中,所有的工艺步骤同时进行。本工艺研究用于分离的色谱柱是 500 mm × 16 mm 的制备柱,数量为 12 根。

2.制备柱的装填

模拟移动床的工作单元为制备柱,制备柱的分离性能直接影响到模拟移动床的分离性能,而装填方法是影响制备柱性能的因素之一,填料的装填方法不同,对柱效的影响很大,从而直接影响了对样品的分离效果。

装填制备柱前首先应清洗制备柱。在清洗制备型色谱柱时,由于其内径较大,可用大团棉花蘸清洁剂洗涤内壁(具体方法:用一根细长的绑有大团棉花的棉线穿过色谱柱,并将清洁剂蘸在棉花上,来回抽动棉线,使棉花在柱内往复运动),然后用去离子水清洗,再用乙醇浸泡淋洗,自然晾干。

本实验填料的装填方式采用湿法填柱。该方法的优点是操作简单,填料的分布均匀,制备柱柱效高。

3.模拟移动床分离操作流程

低聚木糖和单糖混合液由恒流泵连续压入进料口,同时洗脱液(超纯水)从洗脱液入口连续进入。分离得到的低聚木糖和单糖分别从残余液出口和萃取液出口流出。如图 2－39 所示,由于系统由多柱组成,当系统运行时各个进出口以一定的切换速度进行切换,并不断顺次移到下一柱的接口,以此模拟出了固定相的相对运动。系统操作温度保持在 75℃。

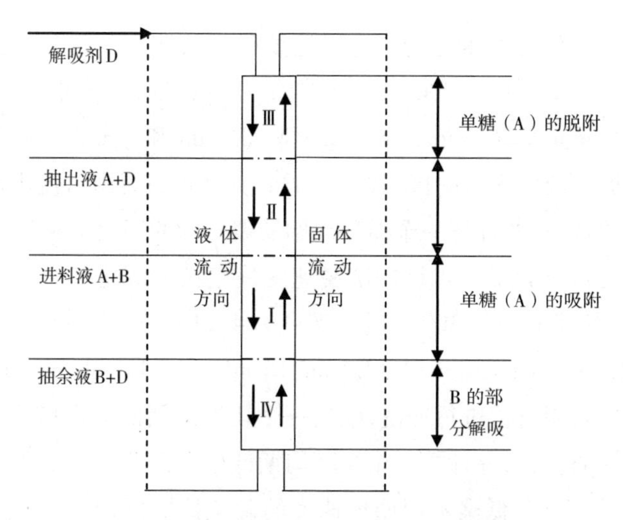

图2－39 模拟移动床吸附分离流程图

4.固定化色谱柱的初始工艺参数确定

根据树脂的静态与动态试验和TMB模型的物料平衡方程推算所得初始工艺参数，见表2－46。

表2－46 SMB初始工艺参数

工艺名称	工艺参数
进料速度	2.0 mL/min
洗脱速度	2.5 mL/min
循环速度	6 mL/min
切换时间	300 s

5.模拟移动床色谱初始工艺条件确定及技术参数优化设计

根据SMB与TMB间的等效性和转换关系，考虑树脂对低聚木糖和单糖吸附强弱的不同，水洗的流速和水洗的效果，以及树脂柱和设备的实际操作性能，确定模拟移动床色谱分离区各区的分配方式，如表2－47所示。

并根据TMB试验的基本参数进一步优化SMB分离纯化低聚木糖工艺参数。

表2－47 SMB分离各区分配方式

区域代号	区域名称	分配方式
Ⅰ区	吸附区	4根制备柱(串联)
Ⅱ区	精馏区	3根制备柱(串联)
Ⅲ区	解吸区	3根制备柱(串联)
Ⅳ区	缓冲区	2根制备柱(串联)

（1）SMB 分离纯化低聚木糖的进料速度确定按照固定的分配区间，选择进样浓度为 30%，切换时间为 300 s，上述参数为固定量，再分别采用 1 mL/min、2 mL/min、3 mL/min、4 mL/min、5 mL/min、6 mL/min 和 7 mL/min 不同的进样流速将低聚木糖提取液泵入吸附区，收集一个切换时间的流出口流出液，测定流出液中低聚木糖的含量，并计算一个循环周期低聚木糖的回收率和分离度。

（2）SMB 分离纯化低聚木糖的洗脱速度确定按照固定的分配区间，选择进样浓度为 30%，切换时间为 300 s，进料速度为 4 mL/min，上述参数为固定量，再分别采用 7 mL/min、8 mL/min、9 mL/min、10 mL/min、11 mL/min 和 12 mL/min 不同的洗脱流速对制备柱进行冲洗，收集一个切换时间的流出口流出液，测定流出液中低聚木糖的含量，并计算一个循环周期低聚木糖的回收率和分离度。

（3）SMB 分离纯化低聚木糖循环速度的确定按照固定的分配区间，选择进样浓度为 30%，切换时间为 300 s，进料速度为 4 mL/min，洗脱流速为10 mL/min，上述参数为固定量，再分别采用 8 mL/min、9 mL/min、10 mL/min、11 mL/min、12 mL/min和 13 mL/min 不同的洗脱流速对制备柱进行冲洗，收集一个切换时间的流出口流出液，测定流出液中低聚木糖的含量，并计算一个循环周期低聚木糖的回收率和分离度。

（四）低聚木糖回收率的测定

取一定量的低聚木糖提取液，经过模拟移动床色谱连续分离纯化一个循环周期，收集全部解吸液，DNS 法测定低聚木糖提取液及解吸液中的低聚木糖的含量。低聚木糖回收率（A）的计算公式如下：

$$A = \frac{W_g \times V_g \times P_g}{W \times V \times P} \times 100\%$$

式中：W_g 为解吸液中低聚木糖的含量（mg/mL）；V_g 为解吸液体积（mL）；W 为低聚木糖提取液中低聚木糖的含量（mg/mL）；V 为低聚木糖提取液的体积（mL）；P_g 为解吸液中低聚木糖的纯度；P 为低聚木糖提取液中低聚木糖的纯度。

（五）低聚木糖纯度的测定

低聚木糖的纯度测定采用 HPLC 分析。具体分析推荐为：Agilent1200 高效液相色谱仪，检测信号：示差折光检测器，色谱柱：Suga KS－802 柱（300×6.5 mm），柱温：70℃，填料粒度 5 μm，流动相：超纯水，流速 0.8 mL/min；检测器温度：50℃，进样量：5 μL。

（六）低聚木糖粉的制备

将模拟移动床分离制备的低聚木糖液浓缩至固形物含量为15%，通过喷雾干燥法制备低聚木糖粉。选用喷雾干燥的条件为进口风温度150℃，出口风温度80℃，进料速度10 mL/min，雾化压力100 kPa。

三、实验结果与分析

（一）进料流速对模拟移动床分离纯化低聚木糖的影响

图2-40是进样流速对模拟移动床连续色谱分离纯化低聚木糖影响曲线图。在进样流速的7点三次重复的因素分析中，对数据进行分析，以分离度和回收率为指标，分离度 $P<0.001$，说明进料速度对低聚木糖的分离度影响显著；回收率 $P<0.001$，说明进样流速对低聚木糖纯度影响显著。由图2-40可知，随着进料流速的增加，产品的分离度和回收率先增大后减小，当超过6 mL/min时开始漏料，在4 mL/min时产品的分离效果最好，且回收率最高，因此选择4 mL/min为进料流速。

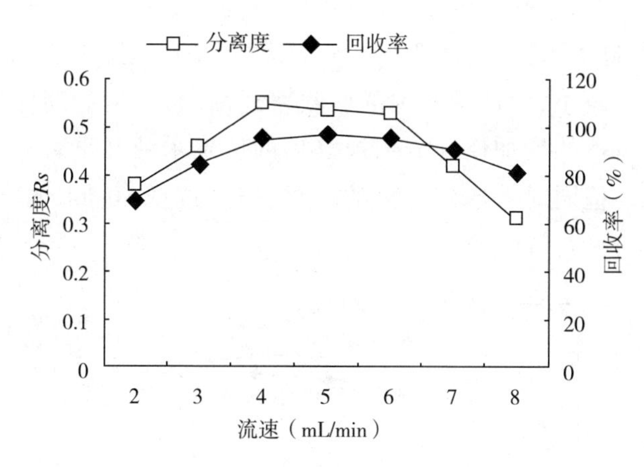

图2-40　进样流速对低聚木糖分离度和回收率的影响

（二）洗脱流速对模拟移动床分离纯化低聚木糖的影响

图2-41是洗脱流速对模拟移动床连续色谱分离纯化低聚木糖影响曲线图。

在洗脱流速的7点三次重复的因素分析中，对数据进行分析，以分离度和回

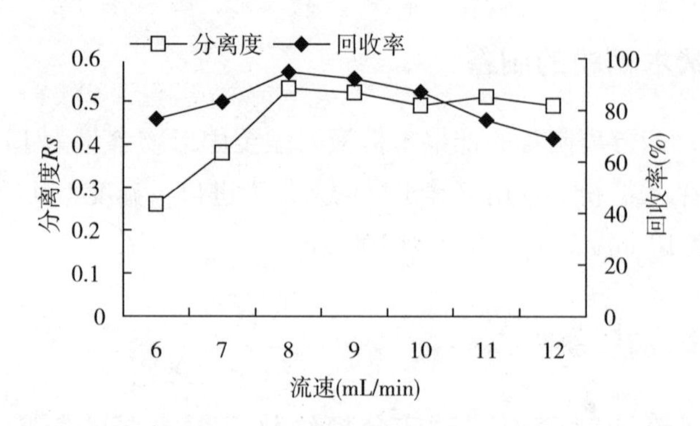

图 2-41　洗脱流速对低聚木糖分离度和回收率的影响

收率为指标,P 均小于 0.001,说明洗脱流速对低聚木糖分离度、回收率影响极显著。由图 2-41 可知,随着洗脱流速的增加,低聚木糖的回收率先增加后降低,而分离度则在 8 mL/min 后保持稳定,因此选择 8 mL/min 为洗脱流速。

(三)循环流速对模拟移动床分离纯化低聚木糖素的影响

图 2-42 是循环流速对模拟移动床连续色谱分离纯化低聚木糖影响曲线图。在循环流速的 7 点因素分析中,得出 $P<0.001$,说明循环流速对低聚木糖分离度、回收率影响极显著。由图 2-42 可知,随着循环流速的增加,低聚木糖的分离度先增加后减小,而低聚木糖的回收率逐渐增加,但后期增加缓慢,这可能是由于循环流速的增加使部分未被分离的低聚木糖又重新分离,从而使回收率缓慢增加。但同时考虑到分离的效果,因此选择 10 mL/min 的流速为洗脱流速。

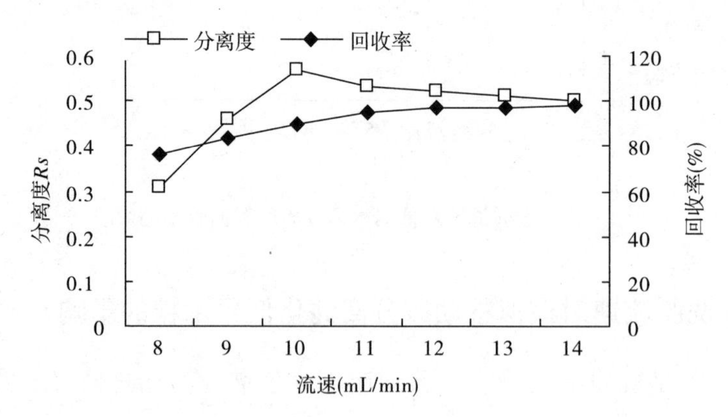

图 2-42　循环流速对低聚木糖分离度和回收率的影响

四、模拟移动床色谱分离法与固定床分离法的效益比较分析

SMB 色谱分离与 TMB 相比有较大不同，不仅体现在设备的构造上，更重要的是体现在工艺运行方面。

（1）SMB 色谱分离设有 20 根分离色谱柱，生产效率高，而 TMB 法是单柱运行，如果要实现与 SMB 色谱分离相同的生产效率，则要设计 20 根以上的分离色谱柱，且每根柱子的容积要大于 SMB 色谱分离的 1 倍以上，所以其占地面积也大。SMB 设备尺寸小、结构紧凑，占地面积小，而且 SMB 树脂用量是 TMB 的 1/2。

（2）SMB 色谱分离运行中的洗脱剂的用量比 TMB 法相应减少，最大可节省 50% ~70%。

（3）SMB 法根据生产过程的需要，随流体的组成成分和流量的变化可自动调节切换时间，能保证在最佳经济状态下运行。表 2 – 48 是 SMB 与 TMB 常规参数比较。

由表 2 – 48 可知，SMB 色谱分离系统与 TMB 相比在工业生产规模纯化产品的应用上具有明显的优势。SMB 色谱分离系统具有运行投入少、成本低、连续化程度高而使生产效率大幅提高。

表 2 – 48　相同生产量下 SMB 与 TMB 参数比较

参数内容	TMB	SMB
柱尺寸/ $(L \times D)$ mm	1000 ×12	500 ×12
柱数目/根	20	20
进料浓度/(g/L)	0.5	2.0
流速：进料速度/(mL/min)	20	20
洗脱速度/(mL/min)	20	20
原料处理量/kg	4.0	4.0
树脂用量/L	4.0	2.0
流动相消耗量/(L/kg 原料)	119.56	3.98
生产效率/(min/L 原料)	50	50
低聚木糖纯度/%	91.2	95.68
低聚木糖回收率/%	90.3	96.8

五、小结

通过 TMB 模型的物料平衡方程推算得到固定化分离柱的初始工艺参数，根据 TMB 与 SMB 的等效性和转换关系理论，应用 TMB 的初始工艺参数进行了 SMB 色谱分离系统的技术参数优化，优化后的参数为：进料速度 4 mL/min、洗脱液为 8 mol/L，循环流速为 10 mL/min，阀门切换时间为 300 s/次。

通过验证试验得到 SMB 分离纯化低聚木糖的纯度可达 95.68%，低聚木糖收率可达 96.8% 以上，而 TMB 分离低聚木糖的纯度为 91.2%，低聚木糖收率为 90.3%。

采用 SMB 色谱分离纯化低聚木糖的是极为有效的方法，其运行成本远远低于固定化层析色谱，而生产效率、产品得率则高于固定化层析色谱，SMB 色谱分离纯化低聚木糖的新工艺具有重要的实际应用意义。

第七节　结论

低聚木糖由于其独特的生理学特性及物理特性而展现出了广阔的市场应用前景。近些年，我国专家多以富含木聚糖的玉米芯、棉籽壳、蔗渣等农业副产品为原料，研究了低聚木糖分离纯化技术。在国内已有利用玉米芯来生产低聚木糖的企业，为数很少，产品远远不能满足市场需求，加之利用玉米芯生产低聚木糖的技术存在着产品颜色深、纯度低等缺点，使低聚木糖的生产水平处于落后状态，其瓶颈是提取、分离纯化技术。我国小麦麸皮资源丰富，其木聚糖含量较高，是制备低聚木糖的极好原料。基于这些问题，本研究以小麦麸皮为原料，利用超声波、模拟移动床色谱等研究低聚木糖产业化生产新技术，以提高低聚木糖产品的纯度、降低产品生产成本。通过研究，形成了以下几方面的技术成果：

（1）优化了小麦麸皮中淀粉和蛋白质去除的工艺参数。针对酶解方法，通过单因素和正交实验得出的工艺方法使小麦麸皮净化效果显著，其中的淀粉和蛋白质分别从 15.28%、22.04% 下降到 0.46%、3.08%，小麦麸皮中木聚糖的含量由 18.69% 升高到 44.58%。

（2）建立了超声波辅助提取与高温高压蒸煮技术相结合的木聚糖提取新工艺。通过单因素实验及四元二次旋转回归组合设计的方法进行了工艺参数的优化，使木聚糖的提取率达到了 60.27%，较传统方法提高近 20%，提取时间缩短了 1/3。证明超声波辅助高温高压提取木聚糖的方法效果显著。

（3）优化了低聚木糖制备新工艺及技术参数。优选出碱性蛋白酶为制取低聚木糖的最佳用酶，并利用单因素试验及多因素组合试验确定最佳酶解工艺参数，产物中低聚木糖的含量为25.52%，低聚木糖的纯度达64.41%。

（4）建立了模拟移动床（SMB）纯化低聚木糖的新工艺技术。通过对离子交换树脂的筛选、脱盐脱色试验，使提取液中的低聚木糖纯度由64.41%升高到75.63%；进一步应用模拟移动床色谱进行纯化技术参数的优化，使低聚木糖的纯度达到95.68%，回收率达到96.8%。

综合而言，本研究得出的工艺方法是先进、可行的，其中应用模拟移动床色谱分离纯化低聚木糖得到了高纯度的产品，是成功的新技术，其运行操作容易控制、生产效率高。因此，以超声波结合高温高压蒸煮技术，配备SMB色谱分离纯化技术制备低聚木糖的工艺技术，是具有重要实际应用意义和推广价值的高新技术。

参考文献

[1] M Roberfroid. Nondigestible Oligosaccharedes[J]. Critical reviews in food science and nutrition, 2000, 40(6): 461 - 480.

[2] J M Fang, R C Sun, J Tomkinson, et al. Acetylation of wheat straw hemicellulose B in a new non - aqueous swelling system[J]. Carbohydrate Polymers, 2000, 40(2): 379 - 387.

[3] K Hettrich, S Fischer, N Schroder, et al. Deribatization and characterization of xylan from oat spelts[J]. Macromol. Symp., 2006, 232(6): 37 - 48.

[4] J Marc, J P Joseleau, J Pierre, et al. Isolation, purification, and characterization of a complex heteroxylan from industry wheat bran[J]. Food Chem., 1982, 30: 488 - 495.

[5] 朱静，严自正. 微生物产生的木聚糖酶的功能和应用[J]. 生物工程学报，1996，12(4)：375 - 378.

[6] 张怀. 低聚木糖生产工艺中试放大研究[D]. 北京化工大学，2001：5 - 10，23 - 26.

[7] 石波. 玉米芯酶法制备低聚木糖的研究[D]. 中国农业大学，2001：14 - 30.

[8] 赵建，李雪芝，石淑兰，等. 桉木RDH蒸煮过程中木质素与碳水化合物的溶出规律研究[J]. 林产化学与工业，2004，24(1)：64 - 68.

[9] Carole Antoine, Stephane Peyron, Valerie Lullien - Pellerin, et al. Wheat bran tissue fractionation using biochemical markers[J]. Journal of Cereal Science, 2004, 39: 387 - 393.

[10] 郑建仙. 功能性食品甜味剂[M]. 北京: 中国轻工业出版社, 1997: 115 - 117.

[11] 郑建仙, 耿丽萍. 功能性低聚糖析论[J]. 食品与发酵工业, 1997, 23(1): 39 - 46.

[12] 陈瑞娟. 新型低聚糖的介绍[J]. 食品与发酵工业, 1993, 19(2): 82 - 90.

[13] 张军华, 徐勇, 勇强, 等. 木二糖和木三糖的分离及其用于双歧杆菌的体外培养[J]. 林产化学与工业, 2005, 25(1): 15 - 18.

[14] 许正宏, 熊彼晶, 陶文沂. 低聚木糖的生产及应用研究进展[J]. 食品与发业, 2002, 28(8): 156 - 159.

[15] Wolf B W. Fermentability of selected oligosaccharides[J]. FASEB Journal, 1994, 8: 186.

[16] Campbell J M, Fahey G C, Wolf B W. Selected indigestible oligosaccharides affect large bowel mass, cecal and fecal short - chain fatty acids, pH and microflora in rats[J]. J. Nutr, 1997, 127: 130 - 136.

[17] Jaskari J, Kontula P, Siitonen A , et al. Oat β - glucan and xylan hydrolysates as selective substrates for bifidobacteria and lactobacillus strains[J]. Appl. Mirobiol. Biotech, 1998, 49: 175 - 181.

[18] C E, Rycroft, M R, et al. A comparative in vitro evaluation of the fermentation properties of prebiotic oligosaccharides[J]. Journal of Applied Microbiology, 2001, 91(5): 878 - 887.

[19] Okazaki M, Koda H, Izumi R, et al. In vitro digestibility and in vivo utilization of xylobiose[J]. J. jpn. soc. nutr. food, 1991, 44(1): 41 - 44.

[20] 徐勇, 余世袁, 勇强, 等. 低聚木糖对两歧双歧杆茵的增值[J]. 南京林业大学学报(自然科学报), 2002, 26(1): 10 - 13.

[21] Imaizumi K, Nakatsu Y, Sato M, et al. Effects of xylooligosaccharides on blood glucose, serum and liver lipids and cecum short - chain fatty acids in diabetic rats[J]. Journal of the Agricultural Chemical Society of Japan, 2006, 55(1): 199 - 205.

[22] 杨瑞金, 许时婴, 王璋. 低聚木糖的功能性质与酶法生产[J]. 中国食品添

加剂，2002（2）：89－93.
[23]章中，徐桂花. 关于低聚木糖的浅谈[J]. 宁夏农学院学报，2003，24(3)：75－78.
[24]Qa Yuan，H Zhang，Z M Qian，et al. Pilot－plant production of xylooligosaccharides from corncob bysteaming，enzymatic hydrolysis and nanofiltration[J]. Journal of Chemical Technology and Biotechnology，2004，79：1073－1079.
[25]蔡静平，黄淑霞，曾实. 真菌分解玉米芯生产低聚木糖的研究[J]. 微生物学通报，1995（2）：91－94.
[26]吴克，张洁，刘斌，等. 真菌木聚糖酶生产和应用研究[J]. 合肥联合大学学报，1999，18(5)：46－47.
[27]周翠英，陆梅. 低聚木糖在面包中的应用[J]. 粮食加工，2006（4）：61－65.
[28]徐勇，顾阳，牧勇，等. 低聚木糖对蛋鸡的促生长作用及促生长机理研究[J]. 饲料工业，2005，126(22)：56－59.
[29]许正宏，熊筱晶，陶文沂. 低聚木糖的生产及应用研究进展[J]. 食品与发酵工业，2001（1）：56－59.
[30]Biely. P. Micorbial xylanolytic sysetms[J]. Trends Biotechnol.，1985，3(11)：286－290.
[31]Yasushi mitsuosti，Takasheishi Yanmanobe，Mltsuo yagisawa. The modes of action of three xylanases from mesophllc fungis strain Y－94 on xyloollgosacchsrldss[J]. Agric. Biol. Chem.，1988，52(4)：921－927.
[32]Bray M R，Clarke A J. Essential carboxy groups in xylanase A[J]. Biochem J.，1990，270：91－96.
[33]赵国志，王锡忠，温继发，等. 低聚木糖的制取及应用[J]. 粮油食品科技，1998（5）：18－20.
[34]洪枫，陈琳，余世袁. 新型功能性食品基料—低聚木糖的研制[J]. 纤维汞科学与技术，1999，7(4)：47－55.
[35]郭祯祥，李利民，温纪平. 小麦麸皮的开发与利用[J]. 粮食与饲料工业，2003（6）：43－35.
[36]王旭峰，何计国，陶纯洁，等. 小麦麸皮的功能成分及加工利用现状[J]. 粮食与食品工业，2006（1）：19－22.
[37]于丽萍. 小麦麸皮深加工门路多[J]. 应用技术，1998（7）：23.

[38]M E F Bergmans, G Beldman H, Gruppen, et al. Optimisation of the selective extraction of (Glucurono) arabinoxylans from wheat bran: use of barium and calcium hydroxide solution at elevated temperatures[J]. Journal of Cereal Science, 1996, 23: 235 -245.

[39]Christelle Lequart, Jean - Marc Nuzillard, Bernard Kurek, et al. Hydrolysis of wheat bran and straw by an endoxylanase: production and structural characterization of cinnamoyl - oligosaccharides [J]. Carbohydrate Research, 1999, 319: 102 -111.

[40]M E F Schooneveld - Bergmans, G Beldman, A G J. Voragen. Structural features of (Glucurono) arabinoxylans extracted from wheat bran by barium hydroxide[J]. Journal of Cereal Science, 1999, 29: 63 -75.

[41]Xiaoping Yuan, Jing Wang, Huiyuan Yao. Antioxidant activity of feruloylated oligosaccharides from wheat bran[J]. Food Chemistry, 2005, 90: 759 -764.

[42]James WPT. The analysis of dietary fiber in food[M]. New York and Basel: Marcel Dekker Inc, 1980.

[43]Carole Antoine, Stephane Peyron, Valerie Lullien - Pellerin, et al. Wheat bran tissue fractionation on using biochemical markers[J]. Journal of Cereal Science, 2004, 39: 387 -393.

[44]J. Beaugr, D Cronier, P Debeire, et al. Arabinoxylan and hydroxycinnamate content of wheat bran in relation to endoxylanase susceptibility[J]. Journal of Cereal Science, 2004, 40: 223 -230.

[45]周惠明，陈正行. 小麦制粉与综合利用[M]. 北京：中国轻工业出版社，2001：5 -6.

[46]朱天钦. 制粉工艺与设备[M]. 四川科学技术出版社，1988.

[47]Benamrouche, D. Cornier, P Debeire. A chemical and histological study on the effect of (1 -4) - β - endo - xylanase treatment on wheat bran[J]. Journal of Cereal Science, 2002, 36(2): 253 -260.

[48]Jamuna Prakash. Rice bran proteins: properties and food uses[J]. Food Sei. and Nutri., 1996, 36: 537 -552.

[49]郑学玲，姚惠源，李利民，等. 小麦加工副产品—麸皮的综合利用研究[J]. 粮食与饲料工业，2001 (12)：38 -39.

[50]Yuan X, Wang J, Yao H. Antioxidant activity of feurloylated oligosaccharides

from wheat bran[J]. Food Chemistry, 2005, 90: 759 - 764.

[51]郑建仙. 功能性低聚糖[M]. 北京: 化学工业出版社, 2004: 31 - 36.

[52]苏小冰, 翁名辉. 超强益生元低聚木糖[J]. 广州食品工业科技, 2003(增刊): 75 - 78.

[53]徐昌杰, 陈文峻, 陈昆松, 等. 淀粉含量测定的一种简便方法—碘显色法[J]. 生物技术, 1998, 8(2): 41 ~43.

[54]宁正祥. 食品成分分析手册[M]. 北京: 中国轻工业出版社, 1998.

[55]熊素敏, 左秀凤, 朱永义. 稻壳中纤维素、半纤维素和木质素的测定[J]. 粮食与饲料工业, 2005, 8: 40 - 41.

[56]杨瑞金, 许时英, 王璋. 用于低聚木糖生产的玉米芯木聚糖的蒸煮法提取[J]. 无锡轻工业大学学报, 1998 (17): 50 - 53.

[57]Pavlostathis S G, Gossett J M. Alkaline treatment of wheat straw for increasing anaerobic biodegradability [J]. Biotechnology Bioengineening, 1985 (27): 334 - 344.

[58]洪枫, 单谷. 采用蒸汽爆破技术制低聚木糖的尝试[J]. 林产化工通信, 1999 (6): 3 - 6.

[59]洪枫, 陈琳. 新型功能性食品基料 - 低聚木糖的研制[J]. 纤维素科学与技术, 1999, 7(4): 47 - 55.

[60]唐爱民, 梁文芷. 纤维素预处理技术的发展[J]. 林产业与工业, 1999, 19 (4): 81 - 88.

[61]徐昌杰, 陈文峻, 陈昆松, 等. 淀粉含量测定的一种简便方法—碘显色法[J]. 生物技术, 1998 (2): 41 - 43.

[62]何照范. 粮油籽粒品质及其分析技术. 第一版[M]. 北京: 农业出版社, 1985.

[63]章骏德, 刘国辉, 施永宁, 等. 植物生理实验法. 第一版[M]. 江西: 江西人民出版社, 1982: 188.

[64]江和源, 吕飞杰, 台建祥. 小麦麸皮的利用[J]. 西部粮油科技, 2000, 25: l55 - 156.

[65]包鸿慧, 曹龙奎, 周睿. 旋转回归实验优化超声波提取玉米黄色素的工艺研究[J]. 中国食品添加剂, 2007 (2): 112 - 115 .

[66]J V Sinisterra. Physical effects of ultrasound and their applications[J]. Ultrasonics sonochemistry, 1992, 30(5): 180 - 185.

[67]杨瑞金，许时婴，王璋. 用于低聚木糖生产的玉米芯木聚糖的蒸煮法提取[J]. 无锡轻工大学学报，1998，17(4)：50－53.

[68]王海，李里特，石波. 用玉米芯酶法制备低聚木糖[J]. 食品科学，2002，23(5)：81－83.

[69]乌尽敏辰. 食品工业生物技术[M]. 北京：化学工业出版社，2005.

[70]尤新. 玉米的深加工技术[M]. 北京：轻工业出版社，1998.

[71]赖凤英，陈焕章，林福兰. 离子交换树脂对糖浆脱色效能的评价[J]. 中国甜菜糖业，2000（2）：12－14.

[72]宋世谟. 物理化学[M]. 北京：高等教育出版社，1993.

[73]杨瑞金，黄海，王璋. 低聚木糖浆二氧化硫硫漂脱色研究[J]. 食品与机械，2002（5）：14－15.

[74]杨瑞金，黄海，王璋. 低聚木糖浆过氧化氢氧化脱色研究[J]. 食品工业科技，2003（1）：20－22.

[75]杨瑞金，黄海，王璋. 低聚木糖液色素的初步研究[J]. 食品工业科技，2003（4）：62－65.

[76]徐勇，余世勇，勇强. 低聚木糖对两歧双歧杆菌的增殖[J]. 食品科学，2003，24(3)：19－22.

[77]袁其朋，张怀. 絮凝脱色在低聚木糖分离纯化中的应用[J]. 食品与发酵工业，2001，28(2)：58－61.

[78]杨富国，方正，余世袁，等. 膜分离技术在低聚木糖制备及乙醇发酵中的应用[J]. 林产化学与工业，2002，22(1)：77－81.

[79]广东省甘蔗糖业食品科学研究所. 甘蔗制糖化学管理统一分析方法[M]. 北京：轻工业出版社，1974.

[80]袁红波，张劲松，贾薇，等. 利用大孔树脂对低分子量灵芝多糖脱色的研究[J]. 食品工业科技，2009，30(3)：204－206.

第三章　不同谷物麸皮中功能成分的提取及特性研究

第一节　引言

一、小麦麸皮研究现状

麦麸是一种很好的膳食纤维来源,它由小麦麦粒的外部组织组成,包括糊粉层和一些附着的胚乳,占籽粒重量的14% ~19%。近期报道研究表明,麦麸中存在多种生物活性物质,如生物香兰素、反式阿魏酸、多糖醇、酚醛酸、植物固醇和甾醇。然而,其主要成分是非淀粉多糖(non - starchpolysaccharides; NSPs)还包括淀粉、蛋白质和木质素等其他成分。在这些成分中,非淀粉多糖包括纤维素、阿拉伯木聚糖和(1→3,1→4) - β - D - 葡聚糖以及一些次要化合物,如葡甘露聚糖、阿拉伯半乳聚糖和木聚糖。据报道,NSPs具有抗球虫病、抗氧化、镇咳及促进先天性免疫反应和获得性免疫反应的作用。麦麸中的低聚木糖经酶水解后可调节血脂代谢,发挥抗氧化作用,并作为益生元对双歧杆菌和乳酸杆菌起作用。麦麸阿拉伯木聚糖具有高度支化结构,主链是β - (1→4)连接的D - 木吡喃糖残基与α - L - 阿拉伯呋喃糖基残基,侧链在O - 2、O - 3或同时在O - 2、O - 3。在CTX诱导的免疫抑制小鼠中,它们通过直接抑制葡萄糖苷酶和促进血清细胞因子的产生而增强免疫,从而显示出降血糖作用。通过巨噬细胞实验来评价不同来源的多糖,其均表现出良好的免疫刺激活性。一旦巨噬细胞被激活,可通过直接吞噬作用和间接释放炎症介质从宿主体内清除病原体。多糖的理化性质、结构和分子量(Mw)是影响多糖生物活性的主要因素,因此深入了解多糖的结构特征,可以更清楚的阐明多糖的生物活性。

可以采用不同的方法分离麦麸多糖,例如氢氧化钠和亚氯酸钠、微波、超声波、氢氧化钡、氢氧化钙溶液、碱和木聚糖酶辅助,可溶性无机盐以及碱性过氧化氢萃取。热水提取法提取麦麸多糖具有操作简单、经济可行的特点,但对其结构特征和免疫刺激活性的研究较少。因此，本章节旨在探讨麦麸水溶性多糖的分子结构，并从细胞和分子水平评价其对巨噬细胞的刺激作用。

二、小米麸皮研究现状

小米麸皮为小米加工后的副产物，年产 40 万 t 左右，主要由小米的果皮、种皮、糊粉层、少量的胚和胚乳组成，富含蛋白质、脂肪、矿物质、维生素、半纤维素和纤维素等营养成分，其膳食纤维含量高达 45% 以上。提高小米麸皮膳食纤维的膨胀力、持水性、吸油性等物理特性成为人们研究的热点。郑红艳等以非糯性小米麸皮为原料，研究酶 - 化学法提取膳食纤维的工艺，制备得到纯度为 92% 的膳食纤维；刘敬科等研究以小米糠膳食纤维为原料对血糖和血脂的调节作用，证明小米糠膳食纤维对血糖和血脂具有一定的调节作用；刘倍毓等采用酶 - 化学法制备得到糯性小米麸皮、非糯性小米麸皮中的膳食纤维，并对其化学成分、膳食纤维的物化特性等进行了研究，得到糯性和非糯性小米麸皮膳食纤维中不溶性膳食纤维质量分数分别为 91.35%、89.55%，膳食纤维均具有良好的物化特性。

超微粉碎是一项新型的食品加工技术，具有速度快、时间短，可低温粉碎，粒径细且分布均匀，节省原料、提高利用率，增强产品物理化学特性，利于机体对营养成分的吸收等特点。超微粉碎后粉体处于微观粒子和宏观物体之间的过渡状态，具有巨大的表面积和孔隙率，质量均匀，溶解性很好，吸附性、流动性很强，化学反应速度快，溶解度大等特性。且超微粉碎技术的粉碎过程对原料中原有的营养成分影响较小，随着颗粒微细程度不同，对某些天然生物资源的食用特性、功能特性和理化性能产生多方面的影响。美国、日本市售的果味凉茶、冻干水果粉、海带粉、花粉等，多是采用超微粉碎技术加工而成的。我国在超微粉碎方面的研究和应用较多，王跃等人研究了超微粉碎对小麦麸皮物理性质的影响，得到超微粉碎的麸皮在持水力、膨胀力和阳离子交换能力较原粉具有较大提高；张荣等人研究了黄芪超微粉碎物理特性及制备工艺条件的优化，得到超微粉碎可以显著提高黄芪粉体流动性、持水力、膨胀力和容积密度；李成华等人研究了利用振动磨超微粉碎黑木耳加工技术参数的研究，优化得到最佳的工艺参数，得到黑木耳超微粉平均粒径 D_{50} 为 4.6 μm。蓝海军等对大豆膳食纤维的干法和湿法超微粉碎进行了对比研究，并进行了物理性质测定，得出干法粉碎对膨胀力、持水力、结合水力的影响不及湿法粉碎的大，却更有助于水分蒸发速率的提高。申瑞玲等研究超微粉碎对燕麦麸皮营养成分及物理特性的影响，超微粉碎可以改善燕麦麸皮的物理特性，在粒度为250～125 μm时燕麦麸皮持水力最强，在180～150 μm时麸皮膨胀力最大，在150～125 μm时麸皮水溶性最佳。

目前虽然对小米麸皮膳食纤维的提取方法及物理、化学、功能特性的研究报道较多，但对通过采用超微粉碎技术处理小米麸皮膳食纤维，并研究其粉碎前后物理性质的变化的研究报道较少。本章节以小米麸皮为原料，通过淀粉酶和蛋白酶去除麸皮中的淀粉和蛋白，制备得到高纯度膳食纤维，并考察不同粉碎粒度对小米麸皮膳食纤维物理特性的影响，将麸皮膳食纤维原粉与超微粉碎微粉在膨胀力、持水力、持油力、结合水力和阳离子交换能力等性质方面进行对比试验，为小米麸皮膳食纤维的开发利用提供一定的理论依据。

第二节　小麦麸皮水溶性多糖的提取、结构鉴定及免疫活性研究

一、实验材料与设备

原材料（麦麸）来自中国黑龙江北大荒米业集团有限公司，样品研磨成细粉末，过筛 <0.5 mm。RPMI－1640培养基、青霉素/链霉素和牛血清蛋白（FBS）购自Lonza（Walkersville，MD，USA），EZ－Cytox细胞增殖检测试剂盒（WST－1）购自韩国Daeillab service公司，Griess购自Sigma－Aldrich（St. Louis，MO，USA），研究中所用的其他试剂均为分析纯。

二、实验方法

（一）提取和纯化

麦麸粉在70℃下用乙醇回流浸提2 h，离心去掉上清液，残渣置于室温下干燥。残渣加入90℃热水中提取4 h，在提取液中加入无水乙醇直到浓度达到80%，离心收集得到沉淀物依次用乙醇、丙酮洗涤，在50℃下烘干得到麦麸多糖粗品（WBP），利用快流速DEAE－琼脂糖凝胶柱对WBP进行纯化得到了WBP的纯化组分（WBP－F）。

（二）理化分析

1.总糖含量测定

总糖含量测定参照Dubois等人的苯酚—硫酸法，方法如下：称取样品加入蒸

馏水配制成质量浓度为0.1 mg/mL的溶液,60℃溶解待用。取1 mL样品溶液加入1 mL 5%苯酚溶液,旋涡振荡,之后加入5 mL浓硫酸溶液,充分旋涡振荡,室温反应20 min。490 nm波长下利用分光光度计(3802UV/VZS,Unico,DAY,USA)测定吸光值,以葡萄糖(Sigma - Aldrich,USA)为标准品,将样品吸光值代入标准曲线中计算样品中总糖含量。

2.蛋白质含量测定

蛋白质含量测定采用Lowry法(福林酚法),使用的是蛋白质定量试剂盒(DC protein assay kit)(Bio - Rad,Hercules,CA,USA),具体方法如下:称取样品加入蒸馏水配制成质量浓度为1 mg/mL的溶液,60℃溶解待用。200 μL样品溶液加入100 μL试剂A,充分旋涡振荡,室温反应10 min。之后加入800 μL试剂B,充分旋涡振荡,室温反应15 min。750 nm波长下测定吸光值,以牛血清蛋白为标准品,将样品吸光值代入标准曲线中计算出样品中蛋白质含量。

3.糖醛酸含量测定

糖醛酸含量测定采用Filisetti - Cozzi的间羟基联苯法,方法如下:称取样品加入蒸馏水配制成质量浓度为1 mg/mL的溶液,60℃溶解待用。吸取400 μL样品溶液,加入40 μL磺酰胺钾溶液(pH 1.6),旋涡振荡后加入2.4 mL四硼酸钠—硫酸溶液,充分旋涡振荡,100℃沸水中反应20 min。冰浴中迅速冷却,加入80 μL质量浓度为0.15 g/100 mL间羟基联苯(m - hydroxydipheny)溶液(溶解在质量浓度为0.5 g/100 mL氢氧化钠溶液中),对照组仅加入80 μL质量浓度为0.5 g/100 mL的氢氧化钠溶液。充分旋涡振荡后室温反应10 min,535 nm波长下测定吸光值,以葡萄糖醛酸为标准品,将样品吸光值减去对照组吸光值的结果代入标准曲线中计算出样品中糖醛酸含量。

(三)单糖组成分析

参考Tabarsa方法测定单糖组成的样品要先进行衍生化,即3 mg样品加入4 M TFA 100℃水解6 h,用硼氢化钠还原后进行乙酰化,利用GC - MS(6890 N/MSD 5973,Agilent Technologies,Santa Clara,CA)进行分析,HP - 5MS毛细管柱规格为30 m×0.25 mm×0.25 μm(Agilent Technologies,Santa Clara,CA),氦气作为载体,流速为1.2 mL/min。工作参数为:柱箱升温程序160～210℃(10 min之内),之后10 min升温到240℃,速度为5℃/min,保持在250℃,进口温度也保持在250℃,MS检测范围为35～450 m/z。根据液谱出峰时间和质谱的离子峰与不同单糖标准品进行对比确定单糖组成。

（四）分子量分析

5 mg 样品溶解在 2 mL 蒸馏水中，3 μm 膜（Whatman International，Maidstone，UK）过滤后注入高效尺寸排阻色谱—紫外检测器—多角度激光光散射仪—示差折光检测器联用系统（HPSEC（High - performance size - exclusion chromatography）- UV - MALLS（Multi - angle laser light - scattering）- RI，HPSEC - UV - MALLS - RI）中测定分子质量。该系统包括泵（#321，Gilson，Middleton，WI，USA），注射器（#7072，Rheodyne），尺寸排阻色谱柱（TSK G5000PW，7.5 × 600 mm，TosoBiosep，Mongomeryville，PA，USA），280nm UV 检测器（#2484，Waters，Milford，MA，USA），MALLS 检测器（HELEOS，Wyatt Technology Corp，Santa Barbara，CA，USA），RI 检测器（#2414，Waters）。流动相是 0.15 M $NaNO_3$ 和 0.02% NaN_3，流速为 0.4 mL/min，采用牛血清白蛋白对系统进行校正，结果分析采用 ASTRA 6.1 软件（Wyatt Technology Corp）。测定的项目包括粗品和分离组分的平均分子质量（Molecular weight，*Mw*），回转半径（Radius of gyration，*Rg*）和回转体积（Specific volume for gyration，*SVg*），其中 SVg 是由 *Mw* 和 *Rg* 计算得出的，公式如下：

$$SVg = \frac{4/3\pi(Rg \times 10^8)^3}{Mw/N} = \frac{2.522Rg^3}{Mw}$$

SVg、*Mw* 和 *Rg* 单位分别为 cm^3/g、g/mol 和 nm，在公式中 *N* 是阿伏伽德罗常数（6.02×10^{23}/mol）。

（五）细胞增殖实验

细胞增殖采用 WST - 1（2 -（4 - 碘苯）- 3 -（4 - 硝基苯）- 5 -（2，4 - 二磺基苯）- 2H - 四氮唑钠盐）细胞增殖及细胞毒性检测试剂盒（EZ - cytox，Daeillab service CO.，LTD，Korea），具体方法如下：100 μL RAW264.7 细胞（1×10^6 个/mL）加入 96 微孔板中，在 37℃ 5% CO_2 培养箱（Excella ECO - 170，New Brunswick Scientific，Scotland）中预培养 24 h，弃去上清液，细胞中加入 200 μL 不同浓度的样品溶液，培养液做为空白组。培养 24 h 后弃去上清液，细胞中加入 110 μL 体积分数 10% WST - 1 溶液，继续在培养箱中培养 1 h，在 450 nm 波长下用酶标仪（EL - 800，BioTek instruments，Winooski，VT，USA）下测定吸光值，细胞增殖率计算公式如下：

$$细胞增殖率(\%) = \frac{样品组吸光值}{空白组吸光值} \times 100$$

（六）一氧化氮的生成量

样品的 NO 产量是利用巨噬细胞上清液进行测定的，具体方法是 100 μL RAW264.7 细胞（1×10^6 个/mL）加入 96 微孔板中，在 37℃ 含有 5% CO_2 的培养箱中预培养 24 h，倒出上清液，加入 200 μL 不同浓度的测试样品溶液（2 μg/mL、5 μg/mL 和 10 μg/mL），培养液作为阴性对照，1 μg/mL LPS 作为阳性对照。培养 24 h 后吸取 100 μL 上清液加入 100 μL Griess 试剂，室温下避光反应 10 min 后 540 nm 波长下用酶标仪测定吸光度，以亚硝酸钠作为标准曲线计算 NO 产量。

（七）细胞因子的基因表达

1mL RAW264.7 细胞（1×10^6 个/mL）加入到 24 孔板中，在含有 5% CO_2 培养箱中 37℃ 预培养 24 h，弃去上清液，细胞中分别加入 1mL LPS（2 μg/mL）和不同浓度的样品溶液（10 μg/mL、50 μg/mL 和 100μg/mL）培养 18 h。之后用 Trizol（Invitrogen，Carlsbad，CA，USA）对细胞进行裂解提取总 RNA，利用微量分光光度计（MS－1000，Tech & innovation，China）测定 RNA 浓度，调整浓度后以 RNA 为模板经逆转录合成 cDNA，再以 cDNA 为模板加入上下游引物（Bioneer，South Korea）后进行 PCR 扩增，引物的详细信息见表 3－1。

表 3－1　引物基因序列

基因		引物序列
iNOS	正向	5′－CCCTTCCGAAGTTTCTGGCAGCAGC－3′
	逆向	5′－GGCTGTCAGAGCCTCGTGGCTTTGG－3
IL－10	正向	5′－TACCTGGTAGAAGTGATGCC－3′
	逆向	5′－CATCATGTATGCTTCTATGC－3′
TNF－α	正向	5′－ATGAGCACAGAAAGCATGATC－3′
	逆向	5′－TACAGGCTTGTCACTCGAATT－3′
IL－6	正向	5′－TTCCTCTCTGCAAGAGACT－3′
	逆向	5′－TGTATCTCTCTGAAGGACT－3′
COX－2	正向	5′－CCCCCACAGTCAAAGACACT－3′
	逆向	5′－GAGTCCATGTTCCAGGAGGA－3′
β－actin	正向	5′－TGGAATCCTGTGGCATCCATGAAAC－3′
	逆向	5′－TAAAACGCAGCTCAGTAACAGTCCG－3′

(八)蛋白质印迹法检测蛋白表达

从经 WBP - F 处理后的 RAW264.7 细胞中提取蛋白质样品,并用 10% 的 SDS 凝胶分离,然后转移到 PVDF 膜上。然后用特异性抗体对膜进行处理,并通过 ECL 试剂盒检测其表达。

(九)抗体中和试验

在用 WBP - F 处理前,将 RAW264.7 细胞经抗体 TLR4 抗体、TLR2 抗体和 CR3 抗体预处理 2 h,测定 NO 生成量,进行抗体中和试验。

(十)甲基化分析

3 mg 样品溶解在 0.5 mL DMSO 中,加入 CH_3I 进行甲基化,之后进行水解、还原和乙酰化,整个操作过程都需要氮气保护,利用 GC - MS 进行分析,分析条件同单糖组成分析相同。

(十一)NMR 分析

对于核磁共振实验样品的制备,WBP - F 溶解在重水中(99.9atom% D, Sigma - Aldrich,USA)中。通过一维 600 MHz 氢谱 ^1H 谱和 150MHz 碳谱 ^{13}C 确定 H、C 的化学环境,之后通过二维 DQF - COSY、TOCSY、NOESY 确定氢谱 ^1H - ^1H,通过 HMQC、HMBC 确定 ^{13}C - ^1H 之间的关系,本研究所用的核磁共振仪为 JEOL ECA - 600(JEOL,Akishima,Japan)。

(十二)统计分析

实验重复 3 次,数据采用 $\bar{x} \pm s$ 表示,采用 Sigmaplot 12.0 软件作图。应用 SAS 8.2 软件对数据进行统计分析,各实验组之间的显著性差异分析采用单因素方差分析(one - way analysis of variance,one - way ANOVA)和 Duncan's 新复极差法。

三、实验结果与分析

(一)提取和理化分析

采用水体醇沉法从麦麸汇总提取得到的 WBP 成分如表 3 - 2 所示,WBP 的产率为5.0%，主要含中性糖(91.2%)、蛋白质(8.6%)和糖醛酸(0.7%)。对其单糖组成分析表明，WBP的主要单糖为葡萄糖(90.7%)，其次为少量鼠李糖(0.7%)、阿拉伯糖(2.0%)、木糖(3.0%)、甘露糖(0.6%)和半乳糖(3.0%)。这些结果表明，WBP是大分子混合物，可以利用离子交换柱进行纯化，得到回收率为90.8%的纯化组分WBP－F。WBP－F主要由98.7%的中性糖、0.2%蛋白质和0.6%糖醛酸组成。同样，WBP－F主要由93.8%葡萄糖、2.6%阿拉伯糖和3.6%木糖组成。

表3－2　麦麸多糖的总收率和化学成分

化学成分		WBP	WBP－F
产率(%)		5.0 ± 0.5[a]	90.8 ± 1.9
中性糖(%)		91.2 ± 1.2	98.7 ± 1.2
蛋白质(%)		8.6 ± 0.3	0.2 ± 0.1
糖醛酸(%)		0.7 ± 0.1	0.6 ± 0.1
单糖组成(%)	鼠李糖	0.7 ± 0.1	n.d.
	阿拉伯糖	2.0 ± 0.2	2.6 ± 0.1
	木糖	3.0 ± 1.0	3.6 ± 0.8
	甘露糖	0.6 ± 0.1	n.d.
	葡萄糖	90.7 ± 2.1	93.8 ± 0.8
	半乳糖	3.0 ± 0.5	n.d.

[a]产量，(粗多糖重量／麦麸粉重量)×100。n.d(未检出)。

(二)分子质量和分布

分子质量和分布由HPSEC－UV－MALLS－RI联用系统检测完成，得到的色谱图如图3－1所示。大部分WBP分子在23～35 min洗脱出来，分子量为911.7×10³ g/moL(表3－3)，WBP－F的RI色谱图与WBP相似，在24～35 min的洗脱时间内只有一个对称峰，分子量为510.2×10³ g/mol[图3－1(B)]。这一结果与Cui等人报道的小麦β－D－葡聚糖分子量相近。WBP和WBP－F的*Rg*分别为50.2 nm和27.6 nm，*SVg*值分别是0.35和0.10 cm³/g，表明WBP－F的分子更加紧密(表3－3)。在26～35 min的洗脱时间内，WBP的紫外光谱图能够显示有蛋白质的存在，WBP－F在洗脱时间为25～28 min时具有较低紫外吸收峰，表明WBP－F中含有较少的蛋白，这与化学成分结果相一致。

表 3-3 麦麸多糖的平均分子量(*Mw*)、回转半径(*Rg*)和回转比体积(*SVg*)

样本	$Mw \times 10^3$ (g/mol)	*Rg*(nm)	*SVg*(cm^3/g)
WBP	911.7 ± 20.0	50.2 ± 6.4	0.35 ± 0.1
WBP-F	510.2 ± 7.8	27.6 ± 4.0	0.10 ± 0.1

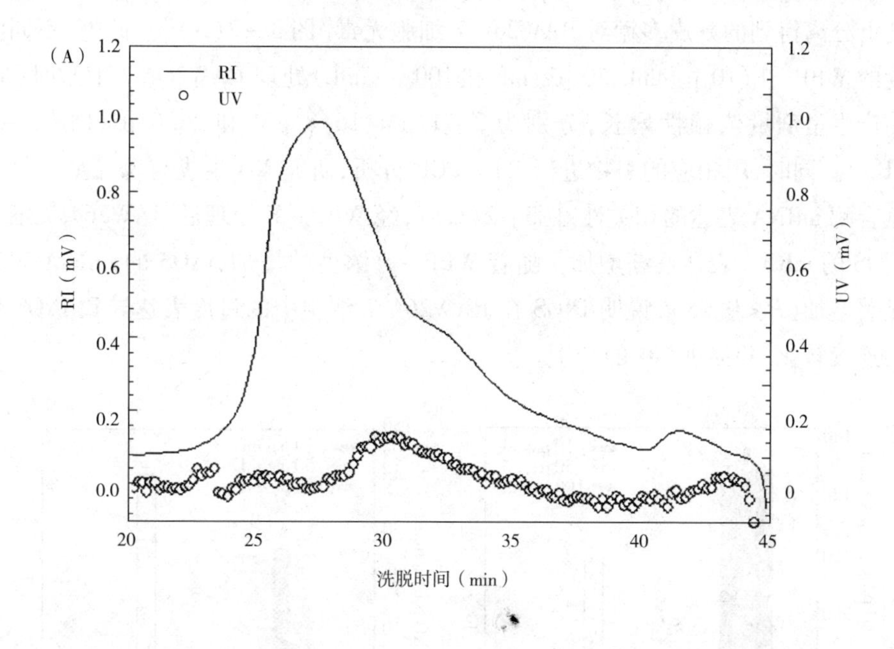

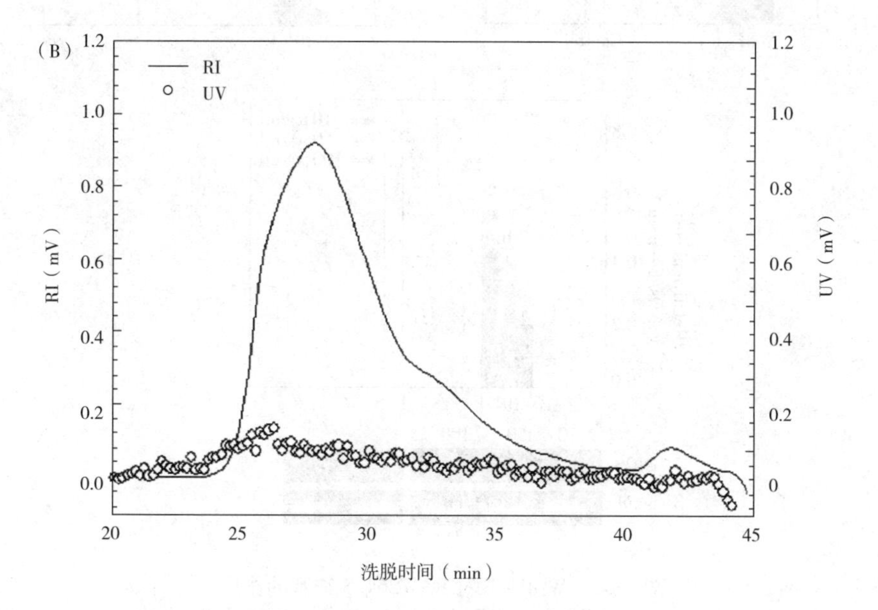

图 3-1 麦麸多糖的 RI 和 UV 色谱图(A)WBP 和(B)WBP-F

(三)WBP-F的免疫调节活性

本研究采用 WST-1 法检测样品对于 RAW264.7 细胞的增殖能力,结果表明,不同浓度的麸皮多糖对 RAW264.7 细胞的增殖均有促进作用,表明在不同浓度下分离得到的麸皮多糖对 RAW264.7 细胞无毒[图 3-2(A)]。此外,不同浓度的 WBP-F(10 μg/mL、50 μg/mL 和 100 μg/mL)处理 RAW264.7 细胞时,NO 的产生呈剂量依赖性增长,分别为 2.71 μM、16.8 μM 和 26.0 μM[图 3-2(B)]。同时,用相应的引物进行 RT-PCR 分析,研究 NO 生成与诱导型一氧化氮合酶 mRNA 表达的相关性[图3-2(C)],经 WBP-F 处理后 RAW264.7 细胞 iNOS 的 mRNA 表达逐渐增加。随着 WBP-F 浓度的增加,iNOS 的 mRNA 表达显著增加($P<0.05$),说明 iNOS 在 RAW264.7 细胞中的过度表达导致 iNOS 酶的连续转化,并促进 NO 的产生。

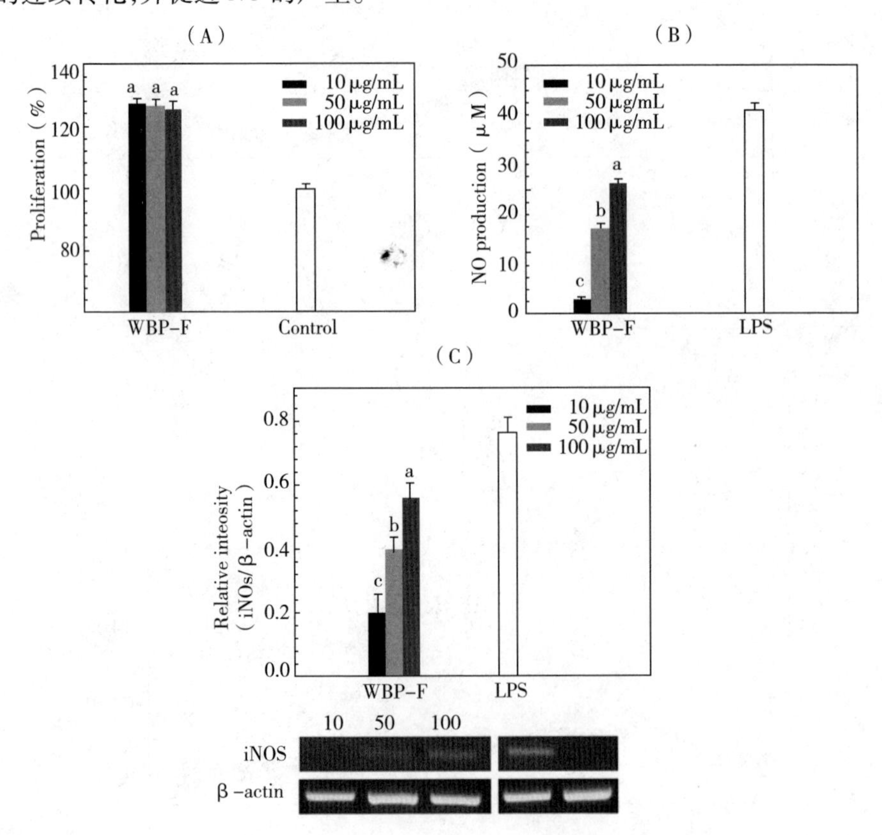

图 3-2 WBP-F 对 RAW264.7 细胞的作用

(A)细胞增殖;(B)NO 生成;(C)iNOS mRNA 表达

注:数据表示为平均值 ± SD($n=3$)。a、b、c 表示浓度之间的统计方差($P<0.05$)。

同时也检测了细胞因子表达情况，由图3－3可知，IL－10、TNF－α、IL－6和COX－2四种细胞因子的产量随着WBP－F的浓度升高显著增加（$P<0.05$），同NO生成水平呈现一致的趋势。

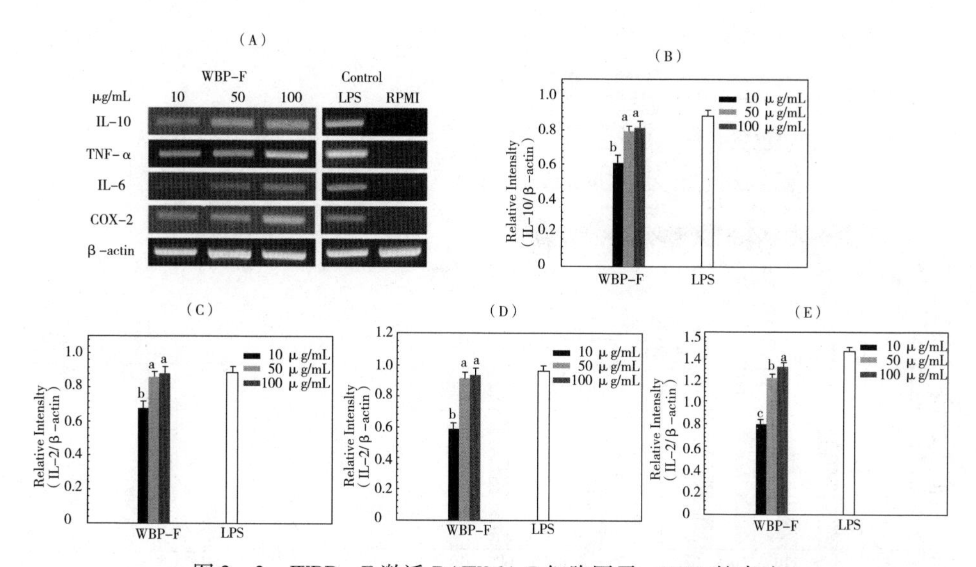

图3－3　WBP－F激活RAW264.7细胞因子mRNA的表达

（A）RAW264.7细胞中IL－10、TNF－α、IL－6和COX－2的mRNA表达电泳图；（B－E）细胞因子mRNA表达相对浓度，β－actin作为对照。数据表示为平均值±SD（$n=3$）。

注：a、b、c表示不同浓度处理组数据间的差异显著性比较，字母相同表示不存在显著性差异（$P>0.05$），字母不同表示存在显著性差异（$P<0.05$）。

对巨噬细胞活化信号通路及调控机制进行俺就，目前p－P38、p－JNK、p－ERK被认为同MAPK通路紧密关联的，在信号转导、调节细胞因子释放和影响多种细胞功能中发挥重要作用。大量研究表明，多糖和LPS可诱导活化的RAW264.7细胞中p－P38、p－JNK、p－ERK、细胞因子的磷酸化并增强NO的释放活性。同样，用WBP－F处理的RAW264.7细胞增强了p－P38、p－JNK、p－ERK的磷酸化（图3－4A－D），并随着WBP－F浓度的增加显著增加蛋白质的表达。此外，WBP－F显著增加p65亚基从细胞质溶胶到细胞核的表达（图3－4E）。同时，p65的磷酸化可以激活NF－κB信号通路，促进巨噬细胞活化。结果表明，RAW264.7巨噬细胞被转录因子（NF－κB）和丝裂原活化蛋白激酶因子（p－P38，p－JNK，p－ERK）磷酸化激活。

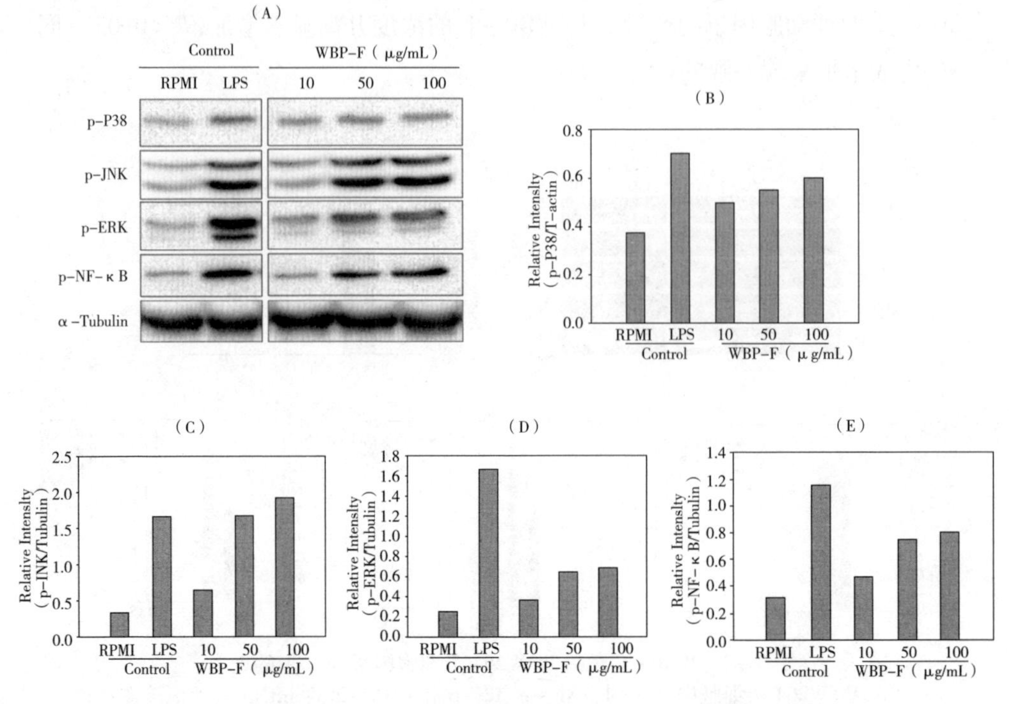

图 3－4　WBP－F 对 RAW264.7 细胞 MAPK 和 NF－kB 磷酸化的影响

(A)RAW264.7 细胞中 p－P38、p－JNK、p－ERK 和 P－NF－κB 的 mRNA 表达电泳图；

(B－E)表达带的图形分析。数据表示为平均值 ± SD($n=3$)。

注：a、b、c 表示浓度之间的统计方差($P<0.05$)。

根据早期的研究显示，多糖通过识别特定的细胞表面受体来调节免疫活性。本研究利用 toll 样受体 4 和 2(TLR－4 and TLR－2)以及补体受体 3(CR3)等抗体来确定 RAW 264.7细胞激活的可能信号通路。在 WBP－F 处理前，让 RAW 264.7细胞与特异性抗体 TLR－4、TLR－2、CR3 孵育。如图 3－5 所示，在使用 TLR－2 和 CR3 抗体处理的 RAW264.7 细胞中，NO 的数量减少，表明WBP－F 可能通过 TLR－2 和 CR3 介导的信号通路增强了 RAW264.7 细胞的活化。然而，抗体 TLR4 没有表现出任何显著的活性。众所周知，TLRs 作为革兰氏阴性菌 LPS 的优秀细胞受体，在先天免疫应答中发挥重要作用，通过多糖与巨噬细胞结合增强免疫系统抗细菌能力。同样，早期的研究已经报道，从 Certaria islandica 提取的多糖通过 TLR2 和 CR3 途径刺激巨噬细胞的活化。

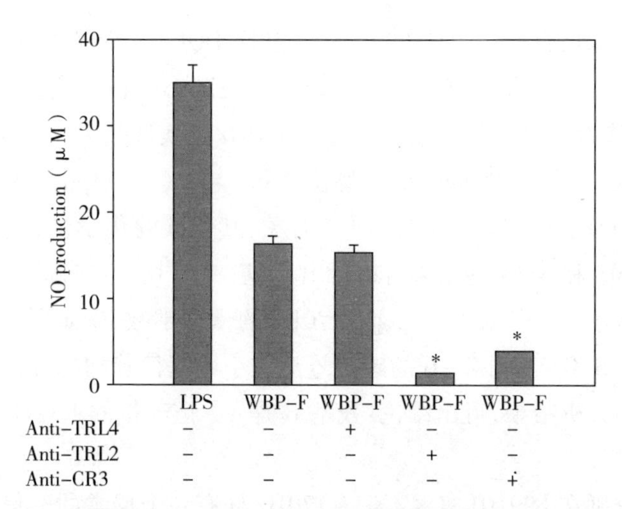

图 3-5　抗体中和试验中一氧化氮(NO)生成的测定。数据表示为平均值 ± SD($n=3$)
注:星号(＊)表示治疗之间的统计差异($P<0.05$)

(四)糖苷键分析

用 GC-MS 分析 WBP-F 的部分甲基化产物。糖苷键及其峰面积如表 3-4 所示。WBP-F 含有(1→4)-D-吡喃葡萄糖残基(1,4,5-tri-O-acetyl-2,3,6-tri-O-methyl-glucitol;65.3%),(1→4,6)-D-吡喃葡萄糖(1,4,5,6-tetra-O-acetyl-2,3-di-O-methyl-glucitol;16.2%)以 Xylp(1,5-di-O-acetyl-2,3,4-tri-O-methyl-xylitol;5.8%)和 Glup(1,5-di-O-acetyl-2,3,4,6-tetra-O-methyl-glucitol;6.9%)为终端。用上述方法研究了糖残基的绝对构型,结果表明,葡萄糖、阿拉伯糖和木糖存在于 D 构型中。

表 3-4　WBP-F 的甲基化分析

持续时间/min	甲基化产物	糖苷键	峰面积/% WBP-F
7.843	1,5-di-*O*-acetyl-2,3,4-tri-*O*-methyl-Xyl	Xyl-(1→	5.8%
10.811	1,5-di-*O*-acetyl-2,3,4,6-tetra-*O*-methyl-Glu	Glu-(1→	6.9%
12.784	1,4,5-tri-*O*-acetyl-2,3,6-tri-*O*-methyl-Glu	→4)-Glu-(1→	65.3%
15.013	1,4,5,6-tetra-*O*-acetyl-2,3-di-*O*-methyl-Glu	→4,6)-Glu-(1→	16.2%

进一步,通过核磁共振分析研究了 WBP-F 的详细结构特征。如图 3-6(A)和表 3-5 所示,有四个异常质子信号(δ5.53, 5.38, 5.12 and 4.80 ppm)在 600 兆赫^{1}H 核磁共振波谱中。如图 3-6(B)所示,δ100.40、93.00、99.01 和96.29ppm

处的四个不规则碳信号，^{1}H 和^{13}C 信号根据 DQF - COSY、TOCSY、HMQC 和 HMBC 光谱中的关联进行分配(图 3 - 7)。如表 3 - 6 所示，残基 A 有一个异头碳，其化学位移为 δ100.40ppm，$J_{C-1,H-1}$ ~170Hz 证实残基 A 为 α 残基。甲基糖苷标准值中 C - 4 (77.49 ppm)的下场位移和 C - 3 (73.73ppm)和C - 5 (71.73 ppm)的上场位移表明，残留 A 与 C - 3 有关，其他碳的化学位移值与标准值相似。由 GC - MS 和 NMR 的结果可以得出，残基 A 为 1,4 - 连接的α - D - 吡喃葡萄糖基的一部分。并根据 $J_{C-1,H-1}$ ~170Hz 的耦合常数，确定了残基 B 的 α 构型。对于残基 B，C - 1 到 C - 6 的碳信号对应于甲基糖苷的标准值。根据 GC - MS 和 NMR 的分析结果，得出结论：残基 B 是 α - 链连接的末端D - 吡喃葡萄糖基部分。

残基 C 分别在 δ99.01、$J_{C-1,H-1}$ ~170Hz 处有一个反常的碳信号，表明残基 C 也是 α - 连接的残基，C - 4 的下场偏移(δ 77.62ppm)和 C - 6(δ 69.97ppm)与甲基糖苷的标准值相对应表明残基 C 连接在 C - 4 和 C - 6 上。残基 C 的碳化学位移值与标准值相近，表明残基为 1→4,6 - 键 - α - D - 吡喃葡萄糖基。在 δ96.29/4.80ppm 和 $J_{C-1,H-1}$ ~170Hz 表明残基 D 是 α - 连接残基。对于残基 D，从C - 1 到 C - 6 的信号与标准值一致，表明该残基是 α - 末端 D - 木吡喃糖基的组成部分。

从 NOESY 和 HMBC 光谱收集的结果如图 3 - 7(A)、(B)和表 3 - 5 所示。从 AH - 1 到 AH - 4，BH - 1 到 CH - 6，CH - 1 到 AH - 4 和 DH - 1 到 CH - 6 都有 NOE 位点的残留接触[图 3 - 7(B)]。糖基残基^{1}H 和^{13}C 之间的交叉峰通过 HMBC 分析进行检查[图 3 - 7(A)，表 3 - 6]。在残基 A 的 C - 1(100.40ppm 时的 δ)和残基 A(AC - 1/AH - 4)的 H - 4(δ 为 3.81ppm)之间观察到交叉峰。残基 A 的 C - 4(δ 为 77.49ppm)与残基 A(ac4/ah - 1)的 H - 1(δ 为 5.53)之间也出现了交叉峰。残基 C 的 C - 4(77.62ppm 时的 δ)与残基 A(cc - 4/ah - 1)的 H - 1(δ 为 5.53ppm)之间存在交叉峰。在残基 C - 6(69.97ppm 时 δ)与残基 B (C - 6/bh - 1)的 H - 1(δ 为 5.38ppm)之间观察到交叉峰。C - 1(99.01ppm 时的 δ)与 A(C - 1/ah - 4)的 H - 4(δ 为 3.81ppm)之间存在交叉峰。残基 D 的 C - 1(96.29ppm 时的 δ)与残基 C(dc - 1/ch - 6)的 H - 6(δ 为 3.82ppm)之间存在交叉峰。基于以上数据，建立了 WBP - F 的重复单元，它由 4 - α - D - 连接的吡喃葡萄糖基组成，在 α - 末端 D - 吡喃葡萄糖残基的 C - 6 处发生分支，α - 末端D - 木吡喃糖残基的 C - 6 处发生分支。

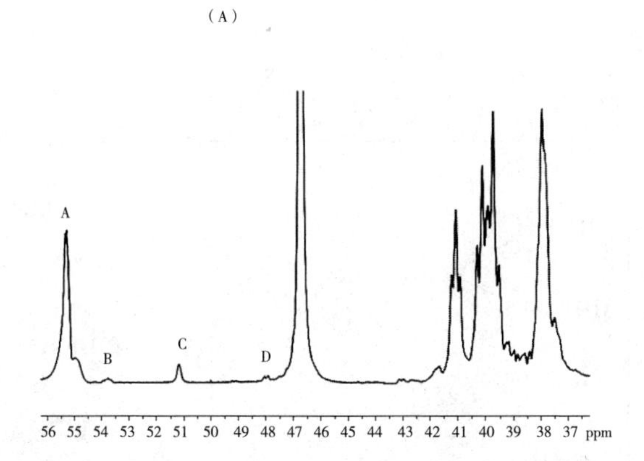

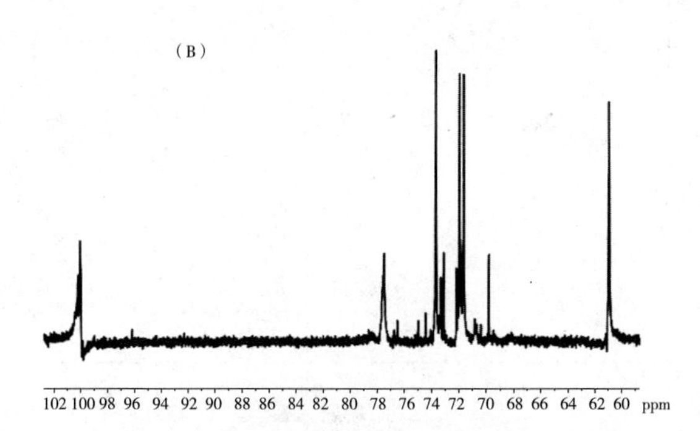

图 3-6　(A) WBP-F 的 ^{1}H 和 (B) ^{13}C NMR 谱

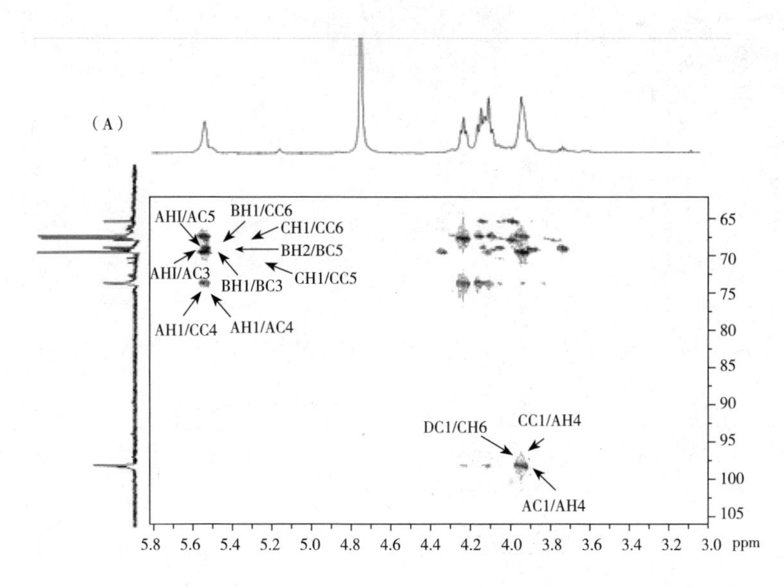

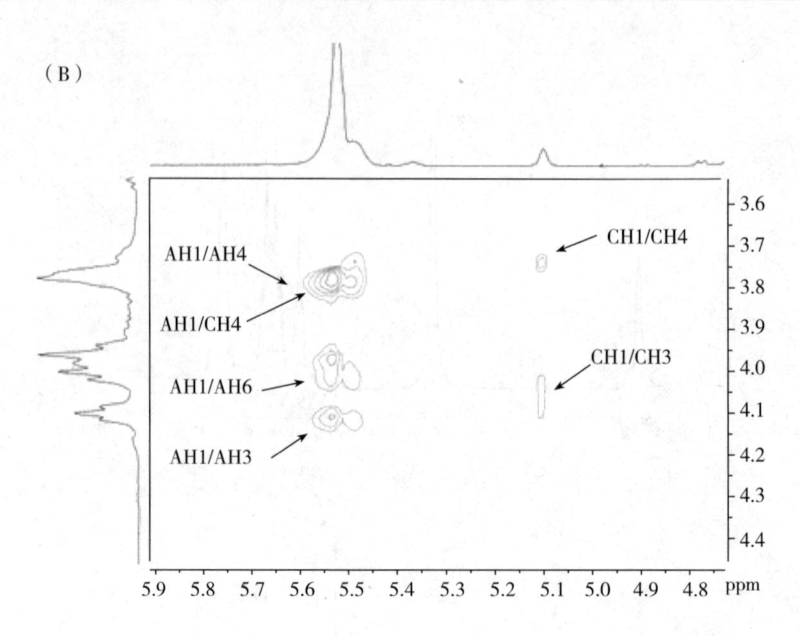

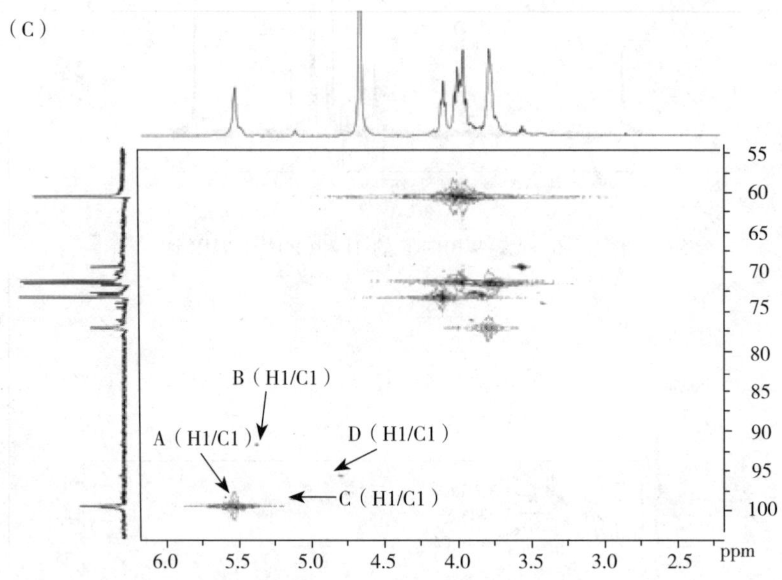

图 3-7 (A)为 WBP-F 的 HMBC,(B)为 NOESY,(C)为 HMQC 光谱

表 3-5 ^{1}H 和 ^{13}C 光谱分析中的化学位移分配

残基	C-1/H-1	C-2/H-2	C-3/H-3	C-4/H-4	C-5/H-5a, H-5b	C-6/H-6a, H-6b
→4)-α-D-Glu*p*-(1→ (A)	100.40/ 5.53	72.06/ 3.80	73.73/ 4.11	77.49/ 3.81	71.73/ 3.58	61.00/ 3.84, 4.03

续表

残基	C－1/H－1	C－2/H－2	C－3/H－3	C－4/H－4	C－5/H－5a，H－5b	C－6/H－6a，H－6b
α－D－Glu*p*－(→1 (B)	93.00/5.38	72.18/3.74	73.58/4.13	70.92/3.77	71.09/4.00	61.03/3.75，3.97
→4,6)－α－D－Glu*p*－(1→ (C)	99.01/5.12	72.24/3.76	73.40/4.18	77.62/3.82	71.06/3.60	69.97/3.75，3.82
α－D－Xyl*p*－(→1 (D)	96.29/4.80	74.63/3.44	76.58/3.93	71.33/3.80	63.40/3.82，4.12	

表 3－6　HMBC 记录的 3JH,C 连接性和 WBP－F 的 NOESY 谱的重要性

残基	糖苷键	C－1/H－1	连接性(观测)		
		δ_C/δ_H	δ_H/δ_C	残基	原子
A	→4)－α－D－Glu*p*－(1→	100.40	3.81	A	H－4
		5.53	77.49	A	C－4
		5.53	77.62	C	C－4
B	α－D－Glu*p*－(→1	93.00	69.97	C	C－6
		5.38	3.75	C	H－6
C	→4,6)－α－D－Glu*p*－(1→	99.01	3.81	A	H－4
		5.12	3.81	A	H－4
D	α－D－Xyl*p*－(→1	96.29	3.82	C	H－6
		4.80	3.82	C	H－6

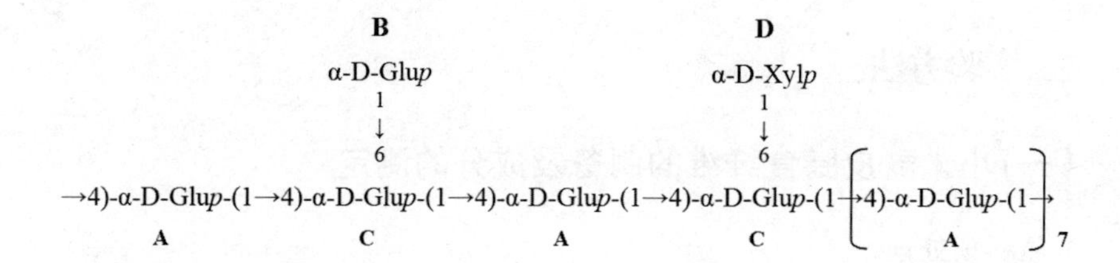

四、小结

本研究从小麦麸皮中提取纯化多糖，分子量为 510.2 × 10^3 g/mol。研究发现 WBP－F 是无毒的，并能够作为 RAW264.7 细胞的有效刺激物。WBP－F 的主链主要含有 4－α－D－连接的吡喃葡萄糖残基，分支点在 C－6。这些发现有助于了解 WBP－F 的结构与免疫刺激活性之间的相互作用，并有助于开发其在医药和功能性食品行业中的应用。

第三节　超微粉碎对小米麸皮膳食纤维物理特性的影响研究

一、实验材料与设备

小米麸皮由大庆市肇州县托古农产品有限公司提供；耐高温 α－淀粉酶（液体，活力≥20000 U/mL），由上海金穗生物科技有限公司提供；中性蛋白酶（固体，活力≥4000 U/g），由北京奥博星生物技术有限责任公司提供；硝酸银、氢氧化钠、盐酸等试剂均为国产分析纯；大豆油为市售优级纯。

QM－DY 行星式球磨机，南京大学仪器厂；XF－100 高速粉碎机（24000r/min），西安明克斯检测设备有限公司；Bettersize2000 激光颗粒分布测量仪，丹东市百特仪器有限公司；TGL－16B 台式离心机，上海安亭科学仪器厂；AR2140 电子天平，梅特勒－托利多仪器（上海）有限公司；KDY－08C 凯氏定氮仪，上海瑞正仪器设备有限公司；DK－S24 型电热恒温水浴锅，上海森信实验仪器有限公司；DGG－9053A 型电热恒温鼓风干燥箱，上海森信实验仪器有限公司；LD4－40 低俗大容量离心机，北京京立离心机有限公司；WXL－5 快速智能马弗炉，鹤壁市天弧仪器有限公司；S40 pH 计，梅特勒－托利多仪器（上海）有限公司。

二、实验方法

（一）小米麸皮膳食纤维的制备及成分的测定

1.原料预处理

称取原料小米麸皮 100 g，分散于 1000 mL 纯水中，常温浸泡 30 min，洗涤除去杂质，于 60℃烘干，将烘干后小米麸皮粉碎至 40 目，备用。

2.麸皮中膳食纤维的提取

称取粉碎 40 目的小米麸皮 50 g，分散于 500 mL 纯水中，浸泡 20 min，调节溶液 pH 为 5.6，并加入 1.5%（相对于麸皮中淀粉）的耐高温 α－淀粉酶，在 90℃条件下处理 30 min，以碘溶液显色验证是否水解完全，降温至 40℃，调节 pH 为7.0，加入 2%（相对于麸皮蛋白）中性蛋白酶水解 120 min，升温至 85℃灭酶 20 min，用纯净水反复洗涤麸皮后，于 60℃下干燥过夜，得小米麸皮膳食纤维。

3.膳食纤维成分的测定

按照 GB 5009.88—2014 食品中膳食纤维的测定方法测定可溶性膳食纤维

(SDF),不溶性膳食纤维(IDF)和总膳食纤维(TDF)。

(二)小米麸皮膳食纤维超微粉碎及粒径的测定

1.小米麸皮超微粉碎

取适量粉碎至40目的小米麸皮膳食纤维,置于球磨机中,固定球磨机粉碎部分参数:激振力为22000 N,磨介质充填率为50%,球料比为5:1,通过改变粉碎时间(0.5 h、1.0 h、1.5 h、2 h)的长短来控制粒度范围,最终得到a、b、c、d四种微粉。

2.粒径的测定

取适量的超微粉碎小米麸皮样品置于激光粒度测定仪器内,以纯净水作为湿润剂,通过超声波对粉体分散2 min,测定各样品的粒径分布。D(v,0.5)表示在粒度累计分布曲线上50%颗粒的直径小于或等于此值,又称为颗粒的平均粒径,本研究以D_{50}为粉碎后产品的试验指标。

(三)小米麸皮膳食纤维物理性质的测定

1.膨胀力的测定

参考Femenia等的方法,准确称取膳食纤维0.5 g,置于10 mL量筒中,移液管准确移取5.00 mL蒸馏水加入其中。振荡均匀后分别在25℃、37℃条件下放置24 h,读取液体中膳食纤维的体积。

$$膨胀力(mL/g)=\frac{膨胀后体积-干品体积}{样品干质量}$$

2.持水力的测定

根据Esposito等的方法,准确称取3 g样品于50 mL的离心管中,加入25 mL的去离子水,分别在25℃、37℃下搅拌30 min,3000 r/min离心30 min,弃去上清液并用滤纸吸干离心管壁残留水分,称量。

$$持水力(g/g)=\frac{样品湿质量-样品干质量}{样品干质量}$$

3.持油力的测定

按Sangnark等的方法进行,取1.0 g膳食纤维于离心管中,加入食用油20 g,分别在25℃、37℃下静置1 h,3000 r/min离心30 min,去掉上层油,残渣用滤纸吸干游离的油,称量。

$$吸油量(g/g)=\frac{样品湿质量-样品干质量}{样品干质量}$$

4.结合水力的测定

根据郑建仙等的方法进行测定。先将 100 mg 膳食纤维分别浸泡于 25℃、37℃的蒸馏水中,在 14000 r/min 下离心处理 20 h,除去上层清液,残留物置于 G－2多孔玻璃坩埚上静置 1 h,称量该残留物 M_1,然后在 120℃下干燥 2 h 后,再次称量残留物 M_2,两者差值即为所结合的水质量,换算成每克膳食纤维的结合水克数。

$$结合水力(g/g)=\frac{M_1-M_2}{样品干质量}$$

5.阳离子交换能力的测定

称取一定量的样品置于烧杯中,注入 0.1 mol/L 的 HCl,浸泡 24 h 后过滤,用蒸馏水洗去过量的酸,用 10% 的 $AgNO_3$ 溶液滴定滤液,直到不含氯离子为止(无白色沉淀产生)。将滤渣微热风干燥后置于干燥器中备用。准确称取 0.25 g 干滤渣加入到 100 mL 5% NaCl 溶液中,磁力搅拌器搅拌均匀后,每次用0.01 mol/L 的 NaOH 滴定,记录对应的 pH,直到 pH 变化很小为止,并根据得到的数据作 V_{NaOH}－pH 关系图。

三、实验结果与分析

(一)小米麸皮膳食纤维成分

经测定小米麸皮中可溶性膳食纤维含量占 1.78%,不溶性膳食纤维含量占 90.58%,总膳食纤维的含量为 92.36%。

(二)小米麸皮膳食纤维超微粉碎微粉粒径(表 3－7)

表 3－7　各微粉粒径测定结果(D_{50})

粒径 \ 样品	小米麸皮膳食纤维原粉	微粉 a	微粉 b	微粉 c	微粉 d
D_{50}(μm)	212.5	122.462	65.412	23.465	19.568

(三)超微粉碎小米麸皮膳食纤维膨胀力的测定

从图 3－8 中可以看出,随着小米麸皮膳食纤维粉体的细化,其膨胀力在 25℃、37℃条件下均优于未经超微粉碎的麸皮膳食纤维,呈现先增加后减小的趋势,微粉 b 和微粉 c 的膨胀效果较好,微粉 b 的膨胀力最大,在 25℃时为原粉的 2.3 倍,37℃时为原粉的 2.2 倍。可能是由于随着粉碎粒度细化程度的加强,麸皮比表面积增大,亲水基团暴露,溶于水后,颗粒伸展产生更大的溶积。随着粉碎粒度的进一步减小,膳食纤维中大分子半纤维素、纤维素的长链断裂,小分子物质增加,对水分的吸附能力降低,导致膨胀力降低。

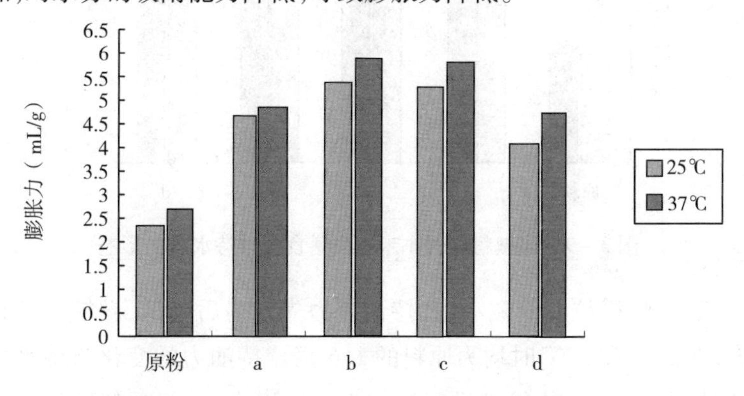

图 3-8 超微粉碎对小米麸皮膳食纤维膨胀力的影响

同等条件下,随着温度的升高,麸皮膳食纤维的膨胀力相应增大,说明温度对膨胀力的增加具有一定的促进作用,可能是由于温度较高时,可以适当疏松膳食纤维的结构从而吸收更多的水分。

(四)超微粉碎小米麸皮膳食纤维持水力的测定

从图 3-9 中可以看出,随着小米麸皮膳食纤维微粉的细化,其持水力在 25℃、37℃条件下均较优于未经过超微粉碎的产品,变化趋势与膨胀力变化相似,呈现先增大后减小的趋势,微粉 c 的持水力最大,25℃时为原粉的 3.1 倍,37℃时为原粉的 2.9 倍。可能是由于随着粒度的减小,比表面积增大,颗粒能够与水产生更好的接触,且产品纤维组成结构更为疏松,毛细孔更多,渗透性增强,使其持水力增大。但随着产品粒度的进一步减小,强烈的机械作用使得产品内部的多孔纤维结构受到破坏,滞留水分的能力降低,持水力降低。

同等条件下,麸皮膳食纤维在 37℃的持水能力优于 25℃条件下,同膨胀力一样,温度升高使得膳食纤维的结构疏松,增强其持水效果。

(五)超微粉碎小米麸皮膳食纤维持油力的测定

从图 3-10 中可以看出,麸皮膳食纤维经超微粉碎后产品的持油力高于粉

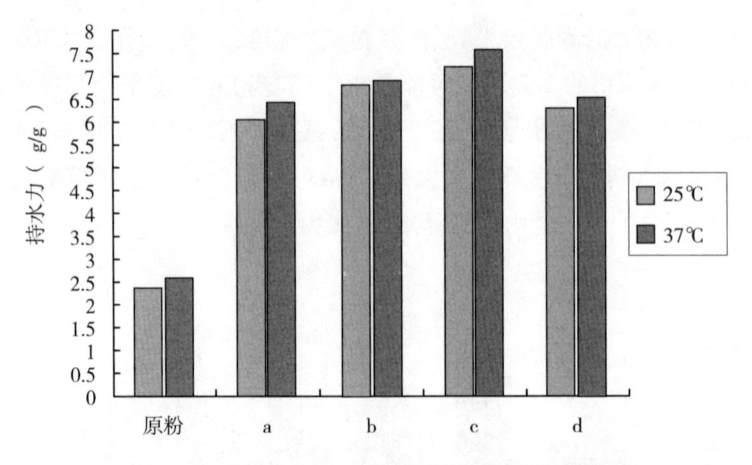

图 3－9　超微粉碎对小米麸皮膳食纤维持水力的影响

碎前，并且随着微粉粒度的减小，其持油能力先升高后降低，微粉 c 具有较好的持油能力，在 25℃和 37℃时均为原料的 1.6 倍。持油力的变化与持水力的变化相似，随着粒度的减小，使得可供吸油的表面积增大，且细颗粒样品的纤维组成结构更为松散，毛细孔更多；但如果粒度过小，麸皮膳食纤维内部的纤维结构受到破坏，使之前的毛细孔呈现裂缝，从而使样品的持油性减弱。

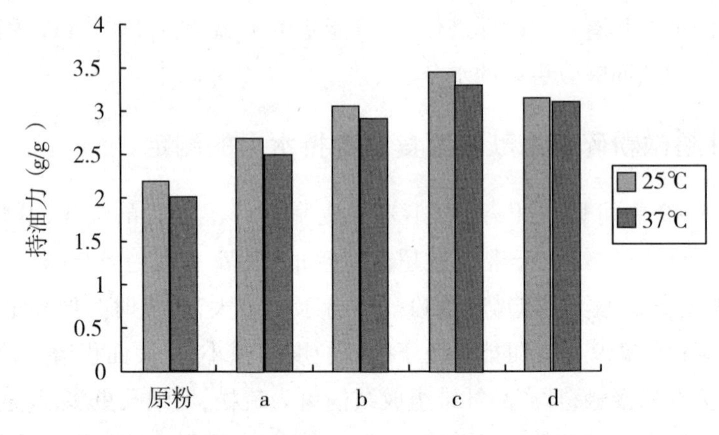

图 3－10　超微粉碎对小米麸皮膳食纤维持油力的影响

同等条件下，麸皮膳食纤维在 25℃时具有较好的吸油性，随着温度变化，37℃时样品的吸油性降低。可能是由于温度的升高，油脂的流动性增强，黏度降低，使得油脂不能很好的存留在样品表面及纤维组织结构内部。

(六)超微粉碎小米麸皮膳食纤维结合水力的测定

从图3-11中可以看出,麸皮膳食纤维经过粉碎后结合水力较原麸皮均减小,说明超微粉碎不利于产品结合水。超微粉碎后随着微粉粒度的减小,结合水力也是逐渐降低。微粉c在25℃、37℃条件下的结合水力均为原料的0.7倍。这是因为随着微粉粒度的减小,天然膳食纤维的结构被破坏,在离心力的作用下,不能束缚更多的水分,使得结合水能力下降。

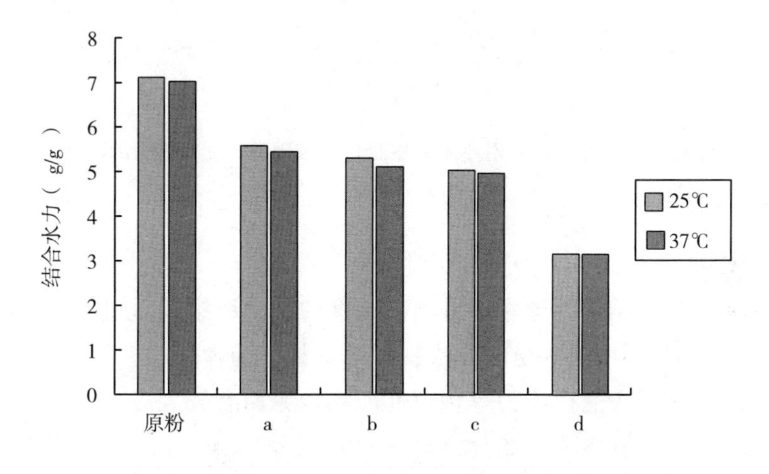

图3-11　超微粉碎对小米麸皮膳食纤维结合水力的影响

同等条件下,25℃时结合水的效果优于37℃时的效果,这可能是由于温度的升高,水分子的运动速率随着温度的升高而加快,导致纤维结构更加不容易束缚水分子。

(七)超微粉碎小米麸皮膳食纤维阳离子交换能力的测定

从图3-12中可以看出,超微粉碎后麸皮膳食纤维的阳离子交换能力优于原粉,且随着微粉粒度的减小,其阳离子交换能力增强,微粉c、微粉d的交换能力优于微粉a、微粉b。麸皮膳食纤维的结构中含有羟基、羧基和氨基等侧链基团,可产生类似于弱酸性阳离子交换树脂的作用,可与Ca^{2+}、Zn^{2+}、Cu^{2+}、Pb^{2+}等离子进行可逆交换,影响消化道的pH、渗透压及氧化还原电位等,出现一个更缓冲的环境以利于消化吸收。在阳离子交换过程中,其滴定曲线越陡,表明阳离子交换能力越强。当麸皮膳食纤维经过超微粉碎后,纤维结构暴露出更多的羟基和羧基等侧链基团,增强其阳离子交换能力。

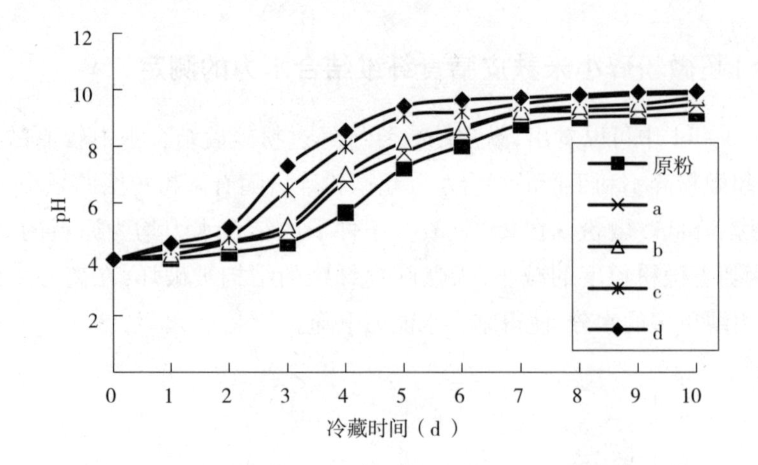

图 3－12　超微粉碎对小米麸皮膳食纤维阳离子交换能力的影响

四、小结

小米麸皮经过酶法处理可以得到高纯度的膳食纤维，其总膳食纤维含量为 92.36%。进一步利用超微粉碎方法制备得到麸皮膳食纤维微粉，其膨胀力、持水力、持油力、阳离子交换能力等物理性质均较原粉有较大提高，结合水力较原粉有所降低。综合其各项性能，微粉 c（D_{50}粒径≤23.465μm）的综合指标最佳，膨胀力在 25℃、37℃时分别为原粉的 2.3 倍、2.2 倍，持水力在 25℃、37℃时分别为原粉的 3.1 倍、2.9 倍，持油力在 25℃、37℃时均为原粉的 1.6 倍，结合水力在 25℃、37℃时均为原粉的 0.7 倍，并具有较强的阳离子交换能力。

参考文献

[1] Agrawal P K. NMR Spectroscopy in the structural elucidation of oligosaccharides and glycosides[J]. Phytochemistry, 1992, 31(10): 3307－3330.

[2] Aguedo M, Vanderghem C, Goffin D, et al. Fast and high yield recovery of arabinose from destarched wheat bran[J]. Industrial Crops and Products, 2013, 43(1): 318－325.

[3] Akhtar M, Tariq A F, Awais M M, et al. Studies on wheat bran Arabinoxylan for its immunostimulatory and protective effects against avian coccidiosis[J]. Carbohydrate Polymers, 2012, 90(1): 333－339.

[4] Bataillon M, Mathaly P, Nunes Cardinali A P, et al. Extraction and purification

of arabinoxylan from destarched wheat bran in a pilot scale[J]. Industrial Crops and Products, 1998, 8(1): 37 -43.

[5] Bergmans M E F, Beldman G, Gruppen H, et al. Optimisation of the selective extraction of (glucurono) arabinoxylans from wheat bran: Use of barium and calcium hydroxide solution at elevated temperatures[J]. Journal of Cereal Science, 1996, 23(3): 235 -245.

[6] Berraondo P, Minute L, Ajona D, et al. Innate immune mediators in cancer: between defense and resistance[J]. Immunological Reviews, 2016, 274(1): 290 -306.

[7] Buranov A U, Mazza G. Extraction and purification of ferulic acid from flax shives, wheat and corn bran by alkaline hydrolysis and pressurised solvents[J]. Food Chemistry, 2009, 115(4): 1542 -1548.

[8] Ciucanu I, Kerek F. A simple and rapid method for the permethylation of carbohydrates[J]. Carbohydrate Research, 1984, 131(2): 209 -217.

[9] Cui W, Wood P J, Blackwell B, et al. Physicochemical properties and structural characterization by two - dimensional NMR spectroscopy of wheat β - D - glucan - comparison with other cereal β - D - glucans[J]. Carbohydrate Polymers, 2000, 41(3): 249 -258.

[10] Di Gioia D, Sciubba L, Setti L, et al. Production of biovanillin from wheat bran [J]. Enzyme and Microbial Technology, 2007, 41(4): 498 -505.

[11] Dubois M, Gilles K A, Hamilton J K, et al. Colorimetric method for determination of sugars and related substances[J]. Analytical Chemistry, 1956, 28(3), 350 -356.

[12] Dunford, N T, Irmak S, Jonnala R. Pressurised solvent extraction of policosanol from wheat straw, germ and bran[J]. Food Chemistry, 2010, 119(3): 1246 - 1249.

[13] DuPont M S, Selvendran R R. Hemicellulosic polymers from the cell walls of beeswing wheat bran: Part I, polymers solubilised by alkali at 2°[J]. Carbohydrate Research, 1987, 163(1): 99 -113.

[14] Filisetti - Cozzi T M C C, Carpita N C. Measurement of uronic acids without interference from neutral sugars[J]. Analytical Biochemistry, 1991, 197(1): 157 -162.

[15] Fincher G B, Sawyer W H, Stone B A. Chemical and physical properties of an arabinogalactan peptide from wheat endosperm[J]. Biochemical Journal, 1974, 139(3): 535-545.

[16] Gerwig G J, Kamerling J P, Vliegenthart J F G. Determination of the d and l configuration of neutral monosaccharides by high-resolution capillary g. l. c [J]. Carbohydrate Research, 1978, 62(2): 349-357.

[17] Green L C, Wagner D A, Glogowski J, et al. Analysis of nitrate, nitrite, and [^{15}N] nitrate in biological fluids[J]. Analytical Biochemistry, 1982, 126(1): 131-138.

[18] Hara Y, Shiraishi A, Ohashi Y. Hypoxia-altered signaling pathways of toll-like receptor 4 (TLR4) in human corneal epithelial cells[J]. Molecular Vision, 2009, 15: 2515-2520.

[19] He C, Lin H Y, Wang C C, et al. Exopolysaccharide from *Paecilomyces lilacinus* modulates macrophage activities through the TLR4/NF-κB/MAPK pathway [J]. Molecular Medicine Reports, 2019, 20(6): 4943-4952.

[20] Hromadkova Z, Kost'alova Z, Ebringerova A. Comparison of conventional and ultrasound-assisted extraction of phenolics-rich heteroxylans from wheat bran [J]. Ultrasonics Sonochemistry, 2008, 15(6): 1062-1068.

[21] Hromadkova Z, Paulsen B S, Polovka M, et al. Structural features of two heteroxylan polysaccharide fractions from wheat bran with anti-complementary and antioxidant activities[J]. Carbohydrate Polymers, 2013, 93(1): 22-30.

[22] Janeway C A, Medzhitov R Innate immune recognition[J]. Annual Review of Immunology, 2002, 20(1): 197-216.

[23] Johnson G L, Lapadat R. Mitogen-activated protein kinase pathways mediated by ERK, JNK, and p38 protein kinases [J]. Science, 2002, 298: 1911-1912.

[24] Jones E, Adcock I M, Ahmed B Y, et al. Modulation of LPS stimulated NF-kappaB mediated nitric oxide production by PKCε and JAK2 in RAW macrophages[J]. Journal of Inflammation, 2007, 4: 23.

[25] Kim K H, Tsao R, Yang R. Phenolic acid profiles and antioxidant activities of wheat bran extracts and the effect of hydrolysis conditions[J]. Food Chemistry, 2006, 95(3): 466-473.

[26] L D Bao, G F Xu, Z Ma, et al. Analysis of polysaccharide composition of hedyotis difusa willd polysaccharides by pre - column derivatization HPLC[J]. Chinese Traditional Medicine, 2002, 30: 406 - 408.

[27] Malunga L N, Eck P, Beta T. Inhibition of intestinal α - Glucosidase and glucose absorption by feruloylated arabinoxylan mono - and oligosaccharides from corn bran and wheat aleurone[J]. Journal of Nutrition and Metabolism, 2016: 1 - 9.

[28] Lowry O H, Rosebrough N J, Farr A L, et al. Protein measurement with the folin phenol reagent[J]. Journal of Biological Chemistry, 1951, 193(1): 265 - 75.

[29] Maes C, Delcour J A. Alkaline hydrogen peroxide extraction of wheat bran non - starch polysaccharides[J]. Journal of Cereal Science, 2001, 34(1): 29 - 35.

[30] Maes C, Delcour J A. Structural characterization of water - extractable and water - unextractable arabinoxylans in wheat bran[J]. Journal of Cereal Science, 2002, 35(3): 315 - 326.

[31] Mandalari G, Faulds C B, Sancho A I, et al. Fractionation and characterization of arabinoxylans from brewers' spent grain and wheat bran[J]. Journal of Cereal Science, 2005, 42(2): 205 - 212.

[32] Manisseri C, Gudipati M. Bioactive xylo - oligosaccharides from wheat bran soluble polysaccharides[J]. LWT - Food Science and Technology, 2010, 43(3): 421 - 430.

[33] Mao W J, Fang F, Li H Y, et al. Heparinoid - active two sulfated polysaccharides isolated from marine green algae *Monostroma nitidum*[J]. Carbohydrate Polymers, 2008, 74(4): 834 - 839.

[34] Nurmi T, Lampi A M, Nyström L, et al. Distribution and composition of phytosterols and steryl ferulates in wheat grain and bran fractions[J]. Journal of Cereal Science, 2012, 56(2): 379 - 388.

[35] Pereira L de P, da Silva K E S, da Silva R O, et al. Anti - inflammatory polysaccharides of *Azadirachta indica* seed tegument[J]. Brazilian Journal of Pharmacognosy, 2012, 22(3): 617 - 622.

[36] Prisenznáková L, Nosáová G, Hromádková Z, et al. The pharmacological activity of wheat bran polysaccharides[J]. Fitoterapia, 2010, 81(8):1037 - 1044.

[37] Ralet M C, Thibault J F, Della Valle G. Influence of extrusion - cooking on the physicochemical properties of wheat bran[J]. Journal of Cereal Science (United

Kingdom), 1990, 11(3): 249-259.

[38] Selvendran R R, Ring S G, O'Neill M A, et al. Diary[J]. Chemistry & Industry, 2020, 84(1): 34-35.

[39] Shen T, Lei T, Barzilay R, et al. Style transfer from non-parallel text by cross-alignment[C]. Advances in Neural Information Processing Systems, 31st Conference on Neural Information Processing Systems, 2017.

[40] Surayot U, Yelithao K, Tabarsa M, et al. Structural characterization of a polysaccharide from *Certaria islandica* and assessment of immunostimulatory activity [J]. Process Biochemistry, 2019, 83: 214-221.

[41] Tabarsa M, Anvari M, Joyner (Melito) H S, et al. Rheological behavior and antioxidant activity of a highly acidic gum from Althaea officinalis flower[J]. Food Hydrocolloids, 2017, 69: 432-439.

[42] Tartey S, Takeuchi O. Pathogen recognition and Toll-like receptor targeted therapeutics in innate immune cells[J]. International Reviews of Immunology, 2017, 36(2): 57-73.

[43] Wang J, Sun B, Cao Y, et al. Wheat bran feruloyl oligosaccharides enhance the antioxidant activity of rat plasma[J]. Food Chemistry, 2010, 123(2): 472-476.

[44] Yoon Y D, Kang J S, Han S B, et al. Activation of mitogen-activated protein kinases and AP-1 by polysaccharide isolated from the radix of *Platycodon grandiflorum* in RAW 264.7 cells[J]. International Immunopharmacology, 2004, 4(12): 1477-1487.

[45] You S G, Lim S T. Molecular characterization of corn starch using an aqueous HPSEC-MALLS-RI system under various dissolution and analytical conditions[J]. Cereal Chemistry, 2000, 77(3): 303-308.

[46] Yuan X, Wang J, Yao H. Antioxidant activity of feruloylated oligosaccharides from wheat bran[J]. Food Chemistry, 2005, 90(4): 759-764.

[47] Zhou S, Liu X, Guo Y, et al. Comparison of the immunological activities of arabinoxylans from wheat bran with alkali and xylanase-aided extraction[J]. Carbohydrate Polymers, 2010, 81(4): 784-789.

第四章　工业化制取小麦胚芽油工艺条件的研究

第一节　小麦胚芽综合利用及其系列产品加工技术中试转化

一、研究背景

基于小麦胚芽的特殊营养价值以及麦胚的产量等情况，以及消费市场对保健食品的需求和面粉加工厂的经济增长要求，麦胚的综合利用是目前国内外竞相研究开发的热点。国外许多小麦胚芽的研究已经获得了专利，并开发出了不同的食品，受到消费者的青睐。

国外研究人员将小麦胚芽广泛应用于各种营养、保健与疗效食品中。美国将麦胚作为早餐食品，俄罗斯将25%的麦胚粉添加到面粉中去，以强化面粉的蛋白质。70年代中期，日本、西德等国家就以小麦胚芽油为原料制成胶囊保健品出售。小麦胚芽经稳定化处理后，可制成多种食品或作为食品配料。

随着经济的发展和人民生活水平的提高，营养方面的强化越来越受到人们的重视，崇尚健康已成为一种追求和时尚。近年来，世界加工食品正在向多样化、组合化、方便化、营养化、高转化率的多功能方向发展，国内外健康食品的产量和销售额增加非常迅速。利用我国丰富的天然生物资源、农副产品和废弃物资源，提取分离有明确功能的成分，开发出具有中国特色的功能食品，乃至开发出疗效显著的药物，具有极好的现实意义。

针对目前我国麦胚加工产品的匮乏现状，利用现代高新技术分离提取麦胚功能成分，加工适合现代人饮食习惯的系列麦胚产品，符合人们对营养及健康的需求，因此研究这一课题对农副产品的综合利用具有重要意义。课题方向的选择符合我国农产品加工发展战略，具有带动农业发展、增值增效、提高农产品经济价值的关键作用。

二、麦胚营养价值及功能成分

小麦胚蛋白含量高达30%左右，小麦胚蛋白含有人体必需的8种氨基酸，占总氨基酸的34.74%，而且各类氨基酸的构成比例与FAO/WHO推荐的标准非常接近，尤其是面粉中最为缺乏的赖氨酸含量特别高，因此小麦胚蛋白质有很好的氨基酸平衡，在营养学上具有重要意义。有许多研究认为，麦胚蛋白的营养价值优于动物蛋白中的牛奶蛋白和鸡蛋蛋白。

小麦胚的脂肪含量超过10%，从营养学上看，小麦胚脂肪含有优质的植物脂肪酸，84%是对人体健康有益的不饱和脂肪酸，其中亚油酸占52.31%、油酸28.14%、亚麻酸3.55%。另外小麦胚脂肪还含有1.38%的磷脂（主要是脑磷脂和卵磷脂）及4%的不皂化物（植物甾醇等）。

小麦胚中维生素含量也很丰富，大体上有B族维生素和维生素E两大类。小麦胚芽中的维生素B_1、维生素B_2、维生素B_6可相互作用，大大提高了其营养价值，人体若缺乏这些成分，就有可能诱发麻疹类皮肤病等，然而一般的食品中却不含或很少含有这些成分，因此小麦胚的营养价值就更为特殊，小麦胚中丰富的B族维生素可成为保健与疗效食品的天然B族维生素强化剂，小麦胚中维生素E含量居所有植物含量之首，其中生理活性较高的α体、β体所占比例大，各占60%和35%左右，这是其他食品所无法比拟的。天然维生素E又称生育酚，是一种极其宝贵的营养素，能延缓人体衰老，预防高血压、癌症等多种疾病，有维持正常生殖的功能，对防止皮肤雀斑和粉刺有特殊的作用，在保证人体健康方面起重要作用。早在1926年，就已经有学者关注麦胚中的维生素E。以及缺乏维生素E与不育症的关系，并指出小麦胚油中不皂化物可以用来生产浓缩维生素E。因此，小麦胚是一种很好的天然维生素营养源。

小麦胚芽中除了含有蛋白质、脂肪、维生素外，还含有特殊的功能成分：麦胚黄酮。麦胚黄酮为麦胚色素的主要成分，胚芽中麦胚黄酮的含量是胚乳中的1000倍以上，是麸皮中的20倍多。黄酮类化合物具有广泛的生理活性，能捕捉生物体内烷过氧化自由基，捕捉生物体内的超氧化物及氧离子，切断生物体内导致机体衰老与疾病的脂质过氧化连锁反应，螯合金属离子使之钝化，阻止氧化酶的作用，从而具有抗氧化作用，其效果比维生素还强。另外，对冠状血管、下肢血管有扩张及调节作用，可做血管保护剂，可防止动脉硬化。它还能抑制多种化学物质的诱变作用，提高动物的免疫功能并具有抗癌及诱导癌细胞分化的作用，而对正常繁殖的细胞则几乎无影响。

小麦胚中还含有丰富的镁、磷、钾、锌、铁、锰、硒等矿物质，种类比较全面，尤其是微量元素硒的含量比较高，所以它是一种很好的天然矿物质供应源。除此之外，小麦胚芽还含有47%碳水化合物，其中半纤维素15.3%、纤维素16.9%、淀粉31.5%、糖36.3%，是一种易于被人体消化吸收的碳水化合物营养源。小麦胚中所含有的2%～3%的膳食纤维具有降低血中胆固醇含量、促进肠道蠕动、预防胃肠癌发生的作用，而且可以缓解泌尿系统的疾病、减少外围动脉疾病等。

三、麦胚产品的研究和开发现状

国内外学者认为小麦胚的开发可分三个阶段。第一阶段：从小麦胚中提取胚芽油，并制成麦胚油胶丸制品；第二阶段，提取麦胚功能成分，做成营养保健食品或是开发成化妆品；第三阶段，进一步利用脱脂小麦胚，提取蛋白、肽和维生素及其他活性物质，可综合利用开发成营养保健食品。

（一）麦胚功能成分的提取

1.小麦胚芽油的提取

小麦胚芽油是一种高级的食用油和高级医药用油，可以改善人脑细胞功能，增强记忆力，还具有增强细胞活力、提高肌肉持久力的功用。目前小麦胚芽油的制取采用超临界CO_2流体萃取技术，该技术是国际上备受关注的高新技术之一，也被列入我国“十五”科技攻关课题。它萃取效率高、传质快，与传统溶剂法相比，具有工艺简便易分离、萃取温度低、无毒、无害、无残留、不污染环境等优点。所得小麦胚芽油色泽浅、风味好、酸价低，所以将超临界CO_2流体萃取技术应用于小麦胚芽油开发是符合食品健康、绿色、天然的发展趋势。江伟强等研究超临界CO_2提取小麦胚芽油，最高工作压力为32 MPa，工作温度305～373 K，工作时间为2～11 h。李国书等经试验分析得出，影响其萃取的主要因素依次为：萃取压力、萃取温度、萃取时间、CO_2流量以及小麦胚芽水分含量等因素，最佳操作条件为：萃取压力32～36 MPa，萃取温度45～50℃，萃取时间6 h，CO_2流量15～20 kg/h，麦胚水分含量5.0%。

2.麦胚黄酮的提取

由于自由基生命科学的进展，具有很强抗氧化和清除自由基作用的黄酮类化合物受到空前重视。目前，人们采用不同的方法提取、纯化麦胚黄酮，翟爱华、马莺等人利用乙醇和微波辅助萃取的方法提取麦胚黄酮，使最终黄酮的提取率达到80%以上，提取时间缩短一半，提取率有较大提高；张燕梁等采用纤维素酶法提取麦胚黄酮,通过单因素及中心组合实验确定最佳的水解条件,使黄酮的提取率达到75%以上;杜敏华、黄龙等采用大孔吸附树脂分离纯化麦胚黄酮,通过对吸附树脂的优选,确定AB-8为较好的吸附树脂,采用70%的乙醇洗脱黄酮,洗脱峰集中,对称性好。

3.麦胚蛋白肽的提取

麦胚蛋白中含有丰富的蛋白质,而且蛋白质组成结构十分合理,还含有人体必需的8种氨基酸,是一种优质的蛋白质,是制备抗氧化肽的一种丰富原料,目前国内外对麦胚抗氧化肽进行了以下方面的研究:2006年朱科学等人采用碱性蛋白酶酶解麦胚蛋白,并对麦胚蛋白水解物进行了清除自由基等抗氧化能力的测定。2006年程云辉等人进行了酶解麦胚蛋白制备抗氧化肽的研究,通过单因素试验和响应面分析,最终确定了制备抗氧化肽的最佳酶解条件为:[S]5%、[E]/[S]4.9~5.05%、pH 9.5、温度53.3~54.5℃、时间3.8h,在此条件下制备的麦胚抗氧化肽对DPPH自由基和超氧阴离子自由基的清除率分别达到59.55%和56.38%。2008年殷微微等人进行了酶法制备抗氧化肽过程的优化研究,试验以麦胚蛋白为原料,采用碱性蛋白酶进行水解,采用四元二次旋转组合设计优化水解条件,最终确定酶解制备麦胚抗氧化肽的酶解条件。2009年刘振家等人进行了采用超声波辅助酶解脱脂小麦胚芽制备抗氧化肽的研究。

(二)麦胚食品

1.麦胚焙烤食品

麦胚可直接以片状或精制成粉末状、粒状加入面粉内制成各种麦胚焙烤食品,以增强其食品营养价值,平衡各种氨基酸,补充小麦赖氨酸不足。因此,小麦胚芽不仅可以改善焙烤食品的外观、口感和风味,而且能提高产品的营养价值。此外,小麦胚芽经热处理后,再研磨成粉状,与炒热大豆粉按一定比例相混合、搅拌。若需要可添加诸如咖啡、可可等芳香强烈风味剂,以改善胚芽大豆粉风味,使其喷香可口,可作为一种滋补营养食品。

2.麦胚饮料

小麦胚芽中含有丰富的植物蛋白质、植物脂肪、碳水化合物、钙、磷、铁、钠、钾及各种维生素等多种人体所必需的营养素和生物活性成分。用麦胚来生产饮料,营养成分齐全,生物效价高,生理功能好。国内不少学者开展了酶法或非酶法制备麦胚蛋白饮料及氨基酸营养液的研究,而国外还未见此方面的报道。葛毅强等通过浸泡、磨浆、均质及杀菌等工序制备了蛋白质含量≥1.0%、可溶性固形物含量≥10%的麦胚蛋白饮料。曹新志等采用不同蛋白酶制备了麦胚蛋白饮料和氨基酸营养液，唐云等也研究了小麦胚酶解生产高营养天然麦胚饮料，由于没有添加任何化学和食品添加剂，生产的麦胚饮料感官品质良好、味鲜、无苦味，有特有的麦胚香味。此外，麦胚也可以与银杏、绿豆、大枣、大豆等混合制作复合饮料。

3.麦胚休闲小食品

可用膨化技术和挤压技术把小麦胚芽加工成各式各样的麦胚片食品，作为儿童及老年人的食用品，也可将小麦胚芽制粉后添加到儿童、老年食品中，使麦胚中含有的多种维生素、微量元素及矿物质得到充分利用。在欧美利用胚芽烘烤成像坚果（核桃、栗子）样的具有香味的各种小食品，各式各样的麦胚片也可作为休闲小食品食用。面制品中添加脱脂麦胚达15%以上，营养面条的性质会得到改善，也可用小麦胚芽来制作功能性面筋和起泡面筋，国外也有很多关于麦胚面包的报道。

第二节　超临界萃取法和溶剂浸提法提取的麦胚油比较

一、引言

小麦胚芽油是以小麦胚芽为原料制取的一种谷物胚芽油，集中了小麦的营养精华，有“万灵药”之美称，富含维生素E、亚油酸、亚麻酸、二十八碳醇及多种生理活性组分，是宝贵的功能性食品，具有很高的营养价值。特别是维生素E含量为植物油之冠，已被公认为一种颇具营养保健作用的功能性油脂。

总结国内外研究方法，小麦胚芽油的制取方法大致可分为压榨法、浸提法和超临界流体萃取法。压榨法属于传统的油脂制取法，该法出油率低，不适合麦胚高级油脂的制取。超临界流体萃取法出油率高、油脂稳定性好、无溶剂残留，但该法工艺要求严格，设备价格也较高，要实现工业化生产还需要一定的时间。浸提法是用有机溶剂溶出油脂，可使最终油粕中的残油率降低，是制取油脂的有效方法，尤其是对于含油率低而油脂价格高的油料更为有利。在本研究中，对超临界萃取法和溶剂浸提法提取的麦胚油进行了对比试验。

二、实验材料与仪器

(一)实验材料(表4-1)

表4-1 实验材料

名称	厂家
小麦胚芽	哈尔滨九三麦业
正己烷	沈阳华东试剂厂分析纯
CO_2气钢瓶	市售,纯度99%
乙醚	分析纯试剂,沸程是30~60℃

(二)实验仪器(表4-2)

表4-2 实验仪器

名称	厂家
T6紫外-可见分光光度计	北京普析通用仪器有限责任公司
AP2140电子分析天平	梅特勒-托利多仪器有限公司
JJ-1精密定时电动搅拌器	江苏荣华仪器有限公司
电热恒温鼓风干燥箱	上海森信实验仪器有限公司
多功能粉碎机	天津市华鑫仪器厂
电热恒温水浴锅	天津上海森新实验仪器有限公司
旋转蒸发器	上海亚荣生化仪器厂
超临界CO_2萃取设备	南通华安超临界萃取有限公司,HA121-50-01型
样本粉碎机	上海隆拓JFSD-70实验室粉碎磨(40~60目)
索氏提取器	上海创萌生物科技有限公司

三、实验方法

(一)小麦胚芽油出油率计算

称取一定量原料麦胚,通过浸提法和超临界法提取后干燥,然后再次称取麦胚质量,按照公式计算出油率。

出油率=(原料麦胚重量-浸提后麦胚重量/原料麦胚重量)×100%

(二)过氧化值的测定

参见 GB 5009.227—2016 食品中过氧化值的测定。

(三)碘价的测定

参见 GB/T 5532—2008 碘值的测定。

(四)酸价的测定

参见 GB 5009.229—2016 食品安全国家标准 食品中酸价的测定。

(五)正己烷浸提法提取小麦胚芽油的方法

实验方案:小麦胚芽→烘干灭酶→粉碎→称重→正己烷浸提→过滤→旋转蒸发→回收溶剂→小麦胚芽油→分析检测

说明:将小麦胚芽置于 120℃的电热鼓风干燥箱中干燥 30 min(料层厚约 1.5 cm),麦胚水分控制在 3%以抑制小麦胚芽中脂肪水解酶的活力,取出后用多功能粉碎机粉碎 6 s(麦胚颗粒度宜选 60 目筛上物与 40 目筛上物,颗粒厚度为 0.1~0.2 mm)。然后称取一定量的麦胚原料置于提取器中,向其中加入正己烷,60℃条件下浸提 4 h,过滤所得滤液用旋转蒸发仪蒸出正己烷并冷凝回收,得到小麦胚芽油后计算出油率。

(六)超临界 CO_2 萃取法提取小麦胚芽油的方法

实验方案:小麦胚芽→烘干灭酶→粉碎→称重→装填萃取柱→密封→调控温度、压力、流量、时间→萃取→降压→小麦胚芽油→分析检测

说明:将小麦胚芽置于 115℃的电热鼓风干燥箱中干燥 30 min(料层厚约 1.5 cm),麦胚水分控制在 3%以抑制小麦胚芽中脂肪水解酶的活力,取出后用多功能粉碎机粉碎 6 s(麦胚颗粒度宜选 60 目筛上物与 40 目筛上物,颗粒厚度为 0.1~0.2 mm)。然后称取一定量的麦胚原料置于萃取柱中,操作条件为:萃取压力 40 MPa,萃取温度 45℃,萃取时间 60 min,二氧化碳流量 23.5 kg/h,得到小麦胚芽油后计算出油率。

四、实验结果与分析

(一)超临界CO_2萃取法和正己烷浸提法出油率的比较(表4-3)

表4-3 超临界CO_2萃取法和溶剂浸提法出油率的比较

方法	萃取温度(℃)	萃取时间(h)	出油率(%)
超临界CO_2萃取法	45	1.0	8.5
正己烷浸提法	60	4.0	10.6

表4-3为超临界CO_2萃取法和正己烷浸提法提取小麦胚芽油出油率的比较结果,由数据可以看出,虽然超临界CO_2萃取法提取小麦胚芽油的出油率低于正己烷浸提法提取小麦胚芽油的出油率,但是萃取温度和萃取时间显著低于浸提法,特别是时间缩短了75%。出油率低的主要原因是正己烷在提取油脂的同时,小麦胚芽中的其他成分,如游离脂肪酸、色素、磷脂等杂质也一同被提取出来。而超临界CO_2萃取纯度相对较高,同时在分离器Ⅱ中又弃出一部分杂质,其中也含有少量的油脂,所以造成超临界CO_2萃取的出油率略低于溶剂浸出法。

(二)超临界CO_2萃取法和正己烷浸提法提取的小麦胚芽油质量的比较

表4-4为超临界CO_2萃取法和正己烷浸提法提取的小麦胚芽油质量的比较结果,由结果可以看出超临界CO_2萃取法提取的小麦胚芽油的状态、颜色和气味都略优于正己烷浸提法提取的小麦胚芽油,说明溶剂浸提法提取的小麦胚芽油中含有一定量的杂质,如色素、游离脂肪酸等,而造成小麦胚芽油存在异味的主要原因是浸提溶剂的残留。超临界CO_2萃取法提取的小麦胚芽油具有较低的过氧化值和酸价,较高的碘价。碘价高表明油脂的不饱和度高,酸价高表明油脂游离脂肪酸含量增加;过氧化值增加表明油脂败坏程度高。

表4-4 超临界CO_2萃取法和溶剂浸提法提取的小麦胚芽油质量的比较

方法	过氧化值(meq/kg)	酸价(mg/g)	碘价(g/100g)	状态	颜色	气味
超临界CO_2萃取法	6.4	8.9	133.4	澄清	浅黄	无异味
正己烷浸提法	14.1	9.2	129.6	略浑浊	棕黄	有溶剂味

五、小结

从出油率上看，溶剂浸提法的出油率高于超临界萃取法。但超临界CO_2萃取的小麦胚芽油的过氧化值和酸价较低，而碘价较高，说明超临界CO_2萃取的小麦胚芽油中的游离脂肪酸含量和酸败程度较低，而不饱和脂肪酸含量高，研究表明主要是亚油酸含量高。溶剂浸出法提取的小麦胚芽油的颜色较深，略有浑浊，同时存在异味，说明色素等杂质的含量较高，影响了产品纯净度，质量指标显示超临界CO_2萃取的小麦胚芽油的品质优于溶剂浸出法提取的小麦胚芽油。

超临界CO_2萃取法提取的小麦胚芽油品质优于溶剂浸提法，同时解决了溶剂残留的问题，节约了提取时间，但是该工艺技术复杂、设备昂贵、压力较高，工业化生产存在投资大、操作复杂、工艺要求高等难题，同时该工艺出油率低的问题还有待于解决，所以目前不能普遍推广。综合考虑出油率和成本，目前溶剂浸提法仍是比较先进有效的提取方法，而且通过增加精制工艺和调整浸提工艺参数可以有效的解决溶剂残留、杂质、酸败等问题。

第三节　溶剂浸提法提取小麦胚芽油工艺参数的优化

一、引言

浸提法是用有机溶剂溶出油脂，可使最终油粕中的残油率降低，是制取油脂的有效方法，尤其是对于含油率低而油脂价格高的油料更为有利。浸提油脂的溶剂很多，但对于食用油脂的提取，要求溶剂要能在室温或低温下以任何比例溶解油脂、化学性质稳定、易从粕和油中被回收、溶剂的纯度要高、沸点范围要窄；溶剂与油料中的各组分、设备材料均不发生反应；溶剂本身无毒性，呈中性、无异味，确保卫生要求与防止污染；不易燃易爆；来源丰富、价格低廉，适于大规模生产的需求量等。目前可用于浸提出小麦胚芽油的常用溶剂有苯、乙醚、丙酮、正己烷、乙醚、95%乙醇水溶液、二硫化碳、三氯乙烯、石油醚。苯有毒，萃取中难免有残留，以及萃取中的蒸发散失，对人体都会造成很大伤害；三氯乙烯有腐蚀性及高沸点；丙酮溶剂有选择性；二硫化碳毒性大，且有相当大的腐蚀性；乙醚有特殊气味，且有麻醉作用，沸点太低，易蒸发散出；石油醚也有特殊气味，对有机物溶解也有选择性，95%的乙醇和无水乙醇的浸出物中含有较多的磷脂、皂化物以及醇溶蛋白、黄酮类和糖类等胶状物，使分离造成困难，所以该研究所最终选择正己烷作为溶剂。

二、实验材料与仪器

（一）实验材料（表4－5）

表4－5　实验材料

名称	厂家
小麦胚芽	北大荒丰缘麦业有限责任公司
正己烷	沈阳华东试剂厂分析纯

（二）实验仪器（表4－6）

表4－6　实验仪器

名称	厂家
AP2140 电子分析天平	梅特勒－托利多仪器有限公司。
JJ－1 精密定时电动搅拌器	江苏荣华仪器有限公司
电热恒温鼓风干燥箱	上海森信实验仪器有限公司
多功能粉碎机	天津市华鑫仪器厂
电热恒温水浴锅	天津上海森新实验仪器有限公司
旋转蒸发器	上海亚荣生化仪器厂

三、实验方法

（一）小麦胚芽油出油率计算

称取一定量原料麦胚，通过正己烷浸提法提取后干燥，然后再次称取麦胚质量，按照公式计算出油率。

出油率＝（原料麦胚重量－浸提后麦胚重量/原料麦胚重量）×100%

（二）小麦胚芽中含油率含量测定

称取麦胚按照国标 GB/T 5009.6—2016《食品中脂肪的测定》测定小麦胚芽中脂肪含量，实验设置三个平行样。经测定麦胚原料中含油率为12.4%。

(三)正己烷浸提法提取小麦胚芽油的方法

实验方案:小麦胚芽→烘干灭酶→粉碎→正己烷浸提→过滤→旋转蒸发→回收溶剂→小麦胚芽油

说明:将小麦胚芽蒸制 30 min 后,置于 120℃ 的电热鼓风干燥箱中干燥 30 min(料层厚约 1.5 cm),麦胚水分控制在 3% 以抑制小麦胚芽中脂肪水解酶的活力,取出后用多功能粉碎机粉碎 6 s(麦胚颗粒度宜选 60 目筛上物与 40 目筛上物,颗粒厚度为 0.1 ~ 0.2 mm)。之后称取一定量的麦胚原料加入正己烷,60℃ 条件下浸提,过滤所得滤液用旋转蒸发仪蒸发出正己烷并冷凝回收,即得毛油,并计算出油率。

(四)浸提料液比对出油率影响

取 250 mL 烧杯 5 个,分别称取 20 g 麦胚,按料液比 1:2、1:3、1:4、1:5、1:6 比例加入正己烷溶剂,放入水浴锅中浸提,温度为 60℃,浸提 2.5 h,浸提 1 次,过滤所得滤液用旋转蒸发仪蒸发出正己烷,计算出油率。根据所得数据绘制出料液比对出油率影响的关系图。

(五)浸提时间对出油率的影响

取 250 mL 烧杯 5 个,分别称取 20 g 麦胚,按料液比 1:5 比例加入正己烷溶剂,放入水浴锅中浸提,温度为 60℃,浸提 1 h、1.5 h、2 h、2.5 h、3 h、3.5 h,浸提 1 次,过滤所得滤液用旋转蒸发仪蒸发出正己烷,计算出油率。根据所得数据绘制出浸提时间对出油率影响的关系图。

(六)浸提次数对出油率的影响

取 250 mL 烧杯 5 个,分别称取 20 g 麦胚,按料液比 1:5 比例加入正己烷溶剂,放入水浴锅中浸提,温度为 60℃,浸提 2.5 h,浸提 1 次、2 次、3 次、4 次,合并各次过滤所得滤液用旋转蒸发仪蒸发出正己烷,计算出油率。根据所得数据绘制出浸提时间对出油率影响的关系图。

(七)浸提法提取小麦胚芽油的多因素综合试验

通过单因素实验,选择最佳的料液比、浸提时间和浸提次数范围做 $L_9(4^3)$ 的正交试验。

四、实验结果与分析

(一)浸提料液比对出油率的影响

由图4-1可知,随着料液比的增加出油率也逐渐升高,当料液比为1:5时出油率达到最高,之后随着料液比增加出油率趋于平缓。这是由于料液比在小于1:5时对于小麦胚芽的油脂提取不充分,当料液比继续增大油脂已经提取干净,出油率趋于平缓,差异不显著($P>0.05$),进而考虑成本,因此选择料液比为1:4、1:5、1:6为浸提小麦胚芽油的最佳料液比。

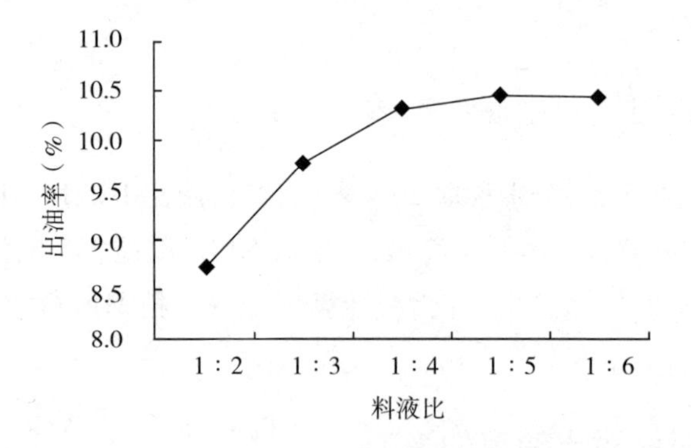

图4-1 浸提料液比对出油率的影响

(二)浸提时间对出油率的影响

由图4-2可知,随着反应时间的不断增加出油率也随之变化,在从1 h到1.5 h出油率显著增加($P<0.05$),从1.5 h到3.5 h出油率趋于平缓,此时出油率已几乎浸提出来。但考虑到时间及正己烷的不断挥发,因此选择1.5 h、2 h、2.5 h为提取小麦胚芽油的最佳时间。

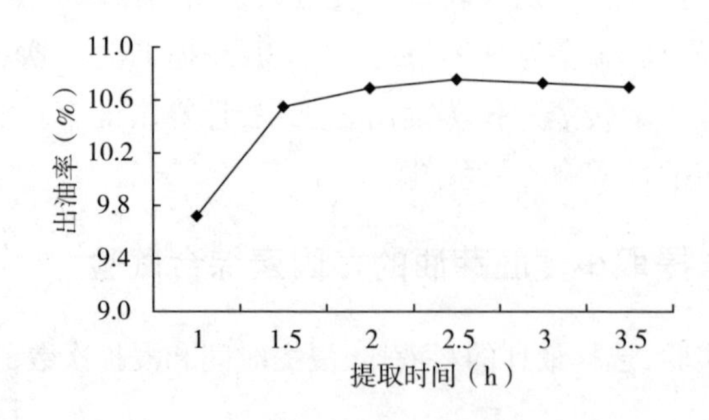

图4-2 浸提时间对出油率的影响

(三)浸提次数对出油率的影响

由图4-3可知,随着提取次数的增加,出油率不断增加,特别是在从1次到3次,出油率显著增加($P<0.05$),但浸提4次出油率与3次出油率差异不显著($P>0.05$)。因为随着次数的增加出油率不断提高,当浸提到3次时已经基本浸提完全,继续增加浸提次数出油率增加缓慢,而且浸提次数的增加浸提成本也会相应的提高。所以选择浸提1次、2次和3次为提取小麦胚芽油的最佳浸提次数。

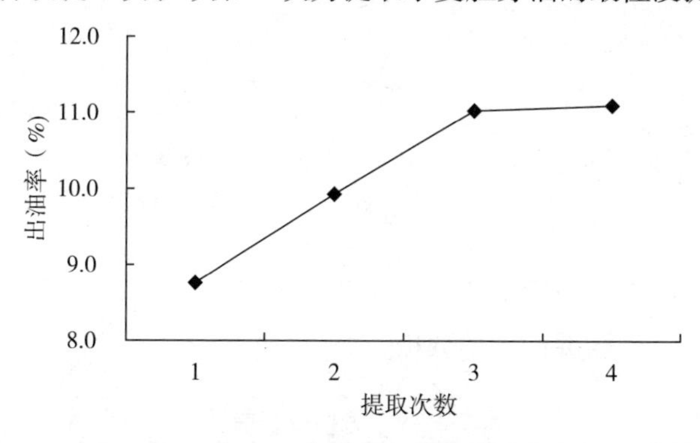

图4-3　浸提次数对出油率的影响

(四)正交试验结果

通过单因素实验,选择料液比为1:4、1:5、1:6,浸提时间为2 h、2.5 h、3 h,浸提次数为1次、2次、3次,实施$L_9(4^3)$的正交试验,实验因素水平表见表4-7,正交试验结果表见表4-8。

表4-7　因素水平表

水平	因素		
	A 浸提时间(h)	*B* 料液比	*C* 浸提次数
1	A_1(2)	B_1(1:4)	C_1(1)
2	A_2(2.5)	B_2(1:5)	C_2(2)
3	A_3(3)	B_3(1:6)	C_3(3)

表4-8　正交试验结果表

试验号	*A* 浸提时间(h)	*B* 料液比	*C* 提取次数	出油率(%)
1	1	1	1	9.64
2	1	2	2	8.35

续表

试验号	A 浸提时间(h)	B 料液比	C 提取次数	出油率(%)
3	1	3	3	10.98
4	2	1	2	8.32
5	2	2	3	11.83
6	2	3	1	10.82
7	3	1	3	10.89
8	3	2	1	10.42
9	3	3	2	8.23
k_1	9.66	9.62	10.29	
k_2	10.32	10.20	8.30	
k_3	9.85	10.00	11.23	
R	0.66	0.58	2.93	

正交试验评定指标进行方差分析,结果见表 4-9。

表 4-9 方差分析表

方差来源	SS	df	MS	F	P
模型	14.71568	6	2.452613	183.32	0.0054
A	0.706022	2	0.35301	26.39	0.0365
B	0.530895	2	0.265447	19.84	0.0480
C	13.47876	2	6.7393828	503.74	0.0020
误差	0.026757	2	0.013378		
总和	14.7424	8			

由表 4-9 可以看出,模型 $P<0.01$,模型有效。A 因素 P 值为 0.0365,$P<0.05$,因此因素 A(浸提时间)对试验的影响显著;B 因素 P 值为 0.0480,$P<0.05$,因此因素 B(料液比)对试验的影响显著;C 因素 P 值为 0.0020,$P<0.05$,因此因素 C(浸提次数)对试验的影响显著。同时比较 P 值大小:$Pb>Pa>Pc$,P 值越小,影响作用越大,各因素对实验的影响程度大小的次序为 C(浸提次数)>A(浸提时间)>B(料液比),各因素对实验结果均影响显著($P<0.05$),为确定最佳的工艺参数对因素 A、B、C 三因素进行多重比较,见表 4-10 ~ 表 4-13。

表 4－10　多重比较 SSR 及 LSR 值表

秩次矩 K		2	3
SSR	0.05	6.090	6.090
	0.01	14.00	14.00
LSR	0.05	4.0876	4.0876
	0.01	9.397	9.397

由表 4－11 可以看出，A 因素三个水平在 0.01 和 0.05 水平下均差异显著，因此 A_2 最好，即选择浸提时间为 2.5 h。

表 4－11　A 因素多重比较

A 因素	A_2	A_3	A_1
平均值	10.32	9.85	9.66
显著性(0.05)	a	b	c
显著性(0.01)	A	B	C

由表 4－12 可以看出，B 因素三个水平在 0.05 水平下均差异显著，因此 B_2 最好，即选择料液比为 1∶5。

表 4－12　B 因素多重比较

B 因素	B_1	B_3	B_2
平均值	10.20	10.00	9.62
显著性(0.05)	a	b	c
显著性(0.01)	A	A	B

由表 4－13 可以看出，C 因素三个水平在 0.01 和 0.05 水平下均差异显著，因此 C_2 最好，即选择提取次数为 3 次。

表 4－13　C 因素多重比较

C 因素	C_3	C_1	C_2
平均值	11.23	10.29	8.30
显著性(0.05)	a	b	bc
显著性(0.01)	A	B	C

通过正交试验和多重比较，确定的正己烷浸提小麦胚芽油的最佳的工艺参数为 $A_2B_2C_3$，即：浸提时间为 2.5 h，料液比为 1∶5，浸提次数为 3 次。用正交试验得出的最佳工艺参数 $A_2B_2C_3$ 作验证试验，设平行样三组，以提取率为指标，结果

显出油率为11.81%，残油率为0.59%，且重复实验相对偏差不超过2%，说明试验条件重现性良好。

五、小结

浸出法是一种较先进的制油方法，它是应用固液萃取的原理，即利用能溶解油脂的有机溶剂，通过润湿、渗透、分子扩散的作用，将料胚中的油脂提取出来，然后再把进出的混合油分离而取得毛油的过程。

浸出法具有出油率高、粕中残油率低、劳动强度低、生产效率高、粕中蛋白质变性程度小、质量较好、容易实现大规模生产和生产自动化等优点。其缺点为浸提出来的毛油含非油物质较多、色泽较深、质量较差、浸出所用溶剂易燃易爆且具有一定毒性、生产的安全性差以及会造成油脂中溶剂的残留。与压榨法比较，浸出法提油是一种更先进的提油方法。

通过此部分的试验数据证明，在单因素的基础上以出油率为指标，对浸提时间、料液比、浸提次数三个因素进行$L_9(4^3)$正交试验。确定出最佳提取条件：浸提时间为2.5 h，料液比为1∶5，浸提次数为3次。用正交试验得出的最佳工艺参数$A_2B_2C_3$作验证试验，设平行样三组，以提取率为指标，结果显出油率为11.81%，且重复实验相对偏差不超过2%，说明试验条件重现性良好。

通过浸提技术所制得的为毛油，并不能直接用于工业化生产，还应进行进一步的深加工，如毛油的过滤或沉降澄清、脱胶、脱酸、脱色、脱臭等，并进一步进行油脂保健品加工，如软胶囊等。

第四节　溶剂浸提法提取小麦胚芽油的中试研究

一、引言

在实验室小试试验的基础上，进行正己烷浸提法提取小麦胚芽油的中试研究，主要设备有蒸炒锅、罐组浸出器、蒸脱机、升膜蒸发器、汽提塔、脱臭机、溶剂蒸汽冷凝器、精炼罐、软胶囊包装机等。

二、实验方法

（一）试验工艺流程（图4－4）

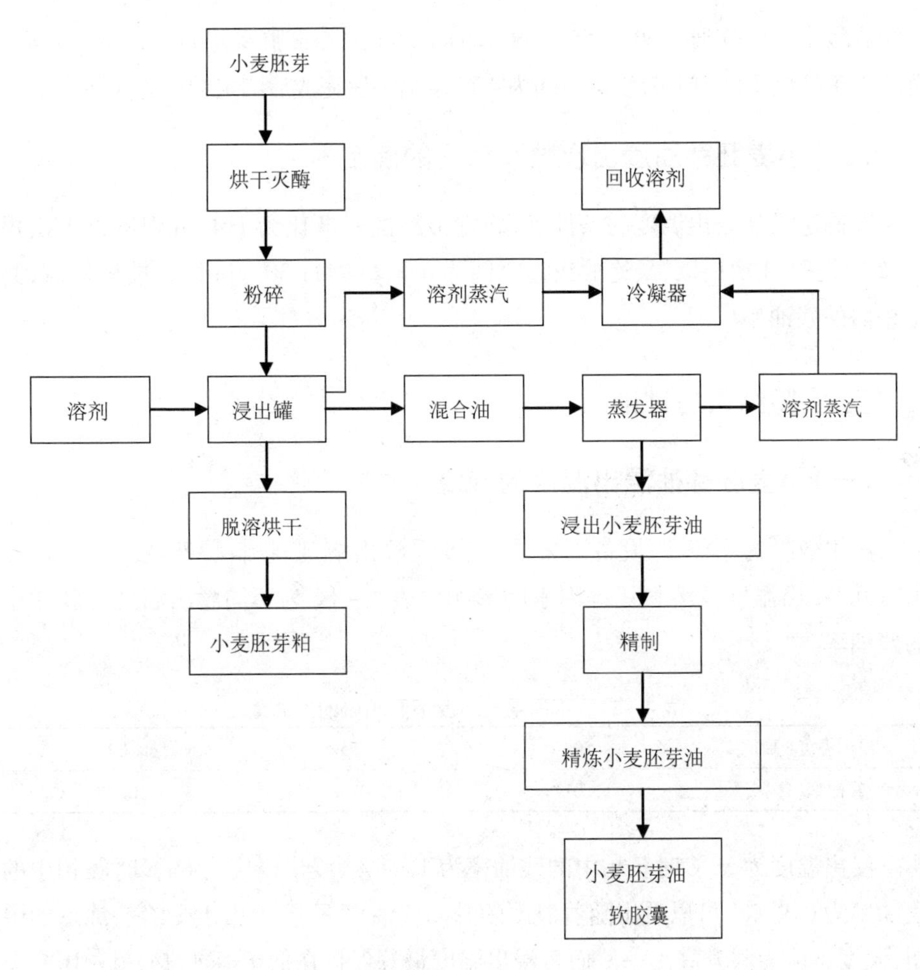

图4－4　试验工艺流程

小麦胚芽极易氧化酸败，因而需要及时的灭酶，采用蒸胚后烘干的方法进行灭酶，蒸胚时间30 min，料胚厚度为1.5 cm，中间翻胚效果更好；蒸好的麦胚在120℃左右进行烘干，烘干时间30 min，控制水分含量在3%左右；在浸提之前需要对麦胚进行粉碎，有利于油脂的浸出，粉碎粒度控制在40目左右；浸提过程在浸出器中完成，在小试实验的基础上，考虑生产成本和能耗，确定最佳的中试生产条件；浸出后的湿粕进入蒸脱机进行蒸脱，脱溶后的粕进行称量和包装；浸出后的混合油分别经蒸发器进行脱溶,得到浸出的毛油,毛油经过精制后通过 HSR－100 软胶囊机进行包装,产品进行检测,溶剂进行回收,回收后的溶剂可重复利用。

(二)小麦胚芽油浸出温度的确定

在浸出温度分别为50℃、55℃、60℃的条件下对小麦胚芽进行浸出,物料与新鲜溶剂正己烷比例为1:4,浸出时间为4 h,浸出工序完成后测定粕内的残油率。

(三)小麦胚芽油浸出次数和时间的确定

在确定最佳浸出温度的条件下,确定最终的料液比为1:4,分别进行1次提取、2次提取、3次提取,最终的浸提时间为4 h,期间每30 min进行抽样检测,测定粕内的残油率。

三、实验结果与讨论

(一)小麦胚芽油浸出温度的确定

浸出效果的好坏,除设备因素外,主要受浸出溶剂、物料特性、浸出次数、浸出时间、浸出温度及溶料比等因素的影响。表4－14为不同浸出温度下胚粕中的残油率。

表4－14　不同浸出温度下胚粕中的残油量

浸出温度(℃)	50	55	60
残油率(%)	1.01	0.98	0.96

浸出温度为50℃时胚粕中的残油率为1.01%,浸出温度为60℃时胚粕中的残油率为0.96%,可以看出随着温度的升高残油率下降,但由于受溶剂沸点的限制,温度不能无限升高。一般而言浸出温度最好保持在低于溶剂沸点5～10℃左右,此条件下可获得较好的浸提效果。从表4－14的数据可以看出,虽然增加了5℃,但残油率仅减少了0.02%,考虑到生产能耗的问题,此中试试验中将55℃定为最佳的浸提温度。

(二)小麦胚芽油浸出次数和时间的确定

在确定最佳浸出温度为55℃的条件下,料液比按照1:4,分别进行1次提取、2次提取、3次提取,最终的浸提时间为4 h,期间每60 min进行抽样检测,测定粕内的残油率结果如表4－15所示。

表4－15　不同浸出次数下胚粕中的残油率

时间 浸提次数	60 min	120 min	180 min	240 min
一次	5.59%	4.12%	2.31%	1.01%
二次	5.63%	3.08%	1.09%	0.85%
三次	5.78%	2.39%	0.92%	0.83%

从表4－15可以看出，随着时间的延长，胚粕中的残油率随之降低；而在相同时间下，提取次数越多胚粕中的残油率也越低。浸提效果不仅取决于浸提时间，同样也受浸提次数的影响，虽然延长浸提时间可以增加出油率，但是也相对增加了生产周期和能耗；而通过增加浸提次数来提高出油率也不是无限的，随着浸提次数的增加，出油率也不会无限制地增加，相反增加了生产工序会造成更多的浪费。从此次中试实验的结果可以看出增加浸提次数可以相对节省浸提时间，因此选择浸提2次，浸提时间180 min为宜。

（三）中试验证试验

将100 kg新鲜小麦胚芽，蒸胚30 min，料胚厚度为1.5 cm，中间翻胚2次；蒸好的麦胚在120℃左右进行烘干，烘干时间30 min；烘干的麦胚进行粉碎，粉碎粒度控制在40目左右；粉碎后的麦胚先进行预热，预热温度为50℃，浸提过程在浸出器中完成，浸提温度为55℃，料溶比为1:4，浸提次数为2次，浸提时间为3 h；浸出后的湿粕进入蒸脱机进行蒸脱，脱溶后的粕进行称量和包装；浸出后的混合油分别经蒸发器进行脱溶，得到浸出的毛油，毛油经过精制后通过HSR－1000软胶囊机进行包装，产品进行检测。质量指标如表4－16所示。

表4－16　中试小麦胚芽油质量指标

指标	结果
外观	黄色、黄褐色半流动液体，澄清
气味	无溶剂味，略有麦胚香味
出油率（%）	10.4
麦胚油软胶囊含油率（%）	83.6
过氧化值（meq/kg）	8.2
酸价（mg/g）	4.7
碘价（g/100g）	130.5

四、小结

通过正己烷浸出法提取小麦胚芽油的中试试验研究得到了较好的效果,该工艺路线正确,操作简单可行,所选工艺参数合理。得到了工业化生产中可行的浸出温度、浸出料溶比、浸出次数和浸出时间。通过对关键工艺参数的优化提高了终产品的出油率,而且通过增加蒸胚、粉碎和精炼工艺降低了终产品酸价值和过氧化值,提高了不饱和脂肪酸的含量。得到的小麦胚芽油颜色为黄色,澄清无异味,解决了色素、溶剂等杂质残留的问题,提高了产品的质量。经过精炼后进行软胶囊包装,既可保持小麦胚芽油的生物活性又可减少氧化,延长货架期,提高了产品的附加值。

参考文献

[1]孙爱东, 尹卓容, 蔡同一. CO_2超临界萃取技术提取麦胚芽油的研究[J]. 食品工业科技, 1997, 5: 68 – 70.

[2]于长青, 张丽萍. 麦胚功能性成分及其综合利用[J]. 中国食品与畜产科技, 2001, (8)1 :34 – 36.

[3]时忠烈. 小麦胚的营养价值及提取方法[J]. 食品工业科技, 1996, 4: 54 – 56.

[4]葛毅强, 倪元颖. 麦胚中天然维生素 E 的 SFE – CO_2最佳提取工艺的研究[J]. 中国油脂, 2001, 26(5): 52.

[5]雷炳福, 孙登文, 田少云. 小麦胚芽油与天然维生素 E 的提取技术[J]. 食品工业科技, 1997, 4: 59 – 61.

[6]杨基础, 王涛, 沈忠耀. 超临界 CO_2萃取大豆油脂的工艺研究[C]. 西安:第三届全国超临界流体技术研讨会论文集, 2000.

[7]刘崇义, 钟民, 沈忠耀. 超临界二氧化碳提取小麦胚芽油的工艺研究[J]. 食品科学, 1994, 3:14.

[8]汪学德, 许红. 小麦胚芽油的开发利用[J]. 现代面粉工业, 2009 (2): 49 – 51.

[9]Amado R, Arigoni E. Nutritive and functional properties of wheat germ[J]. International Food Ingredients, 1992 (4): 30 – 34.

[10]Ge Y, Sun A, Ni Y, et al. Some nutritional and functionalties of defatted wheat

germ protein[J]. Journal of Agricultural and Food Chemistry, 2000, 48(12): 6215-6218.

[11]程列鑫, 劳民帝. 提取与利用小麦胚芽的试验研究[J]. 粮食科技与经济, 2001 (2): 42-43.

[12]李会霞, 周瑞宝. 小麦胚芽蛋白饮料的生产工艺研究[J]. 粮油科技与经济, 2003 (1): 40-41.

[13]郑建仙. 功能性食品[M]. 北京: 中国轻工业出版社, 2002.

[14]史晓东, 吴彩娥. 超声波提取葡萄籽油工艺的研究[J]. 食品科技, 2007, 14(2): 17-20.

[15]Dunford N T, Zhang M Q. Pressurized solvent extraction of wheat germ oil[J]. Food Research International, 2003 (36): 905-909.

[16]高霞, 仇农学, 庞福科, 等. 超声波辅助提取苹果籽油工艺研究[J]. 中国油料作物学报, 2007, 29(1): 78-82.

[17]邓红, 仇农学, 孙俊, 等. 超声波辅助提取文冠果籽油的工艺条件优化[J]. 农业工程学报, 2007, 23(11): 249-254.

[18]桑乃华. 小麦胚芽的营养价值及开发应用[J]. 粮食与油脂, 1992, 1: 1-7.

[19]蔡秋声. 小麦胚芽油[J]. 粮食与油脂, 1993, 1: 78-82.

[20]曾凡坤, 钏耕, 刘述斌, 等. 小麦胚芽油浸提条件的研究[J]. 食品与机械, 2001, 1: 12-14.

[21]刘大川, 舒展. 浸出法制取小麦胚油的研究[J]. 中国油脂, 1992, 1: 25-28.

[22]贺银凤, 张静姝, 王新亮, 等. 超临界 CO_2 流体萃取小麦胚芽油的研究[J]. 内蒙古农业大学学报(自然科学版), 2006, 1: 30-34.

[23]张丽萍, 王宪华, 姜丽英. 小麦胚芽油的萃取工艺参数研究[J]. 黑龙江八一农垦大学学报, 2003, 1: 18-23.

[24]王小梅, 黄少烈. 挟带剂乙醇在超临 CO_2 萃取麦胚油中的作用[J]. 华南理工大学学报(自然科学版), 1998, 26(8): 113-116.

[25]杨慧萍, 王素雅, 宋伟. 水酶法提取米糠油的研究[J]. 食品科学, 2004, 25(8): 106-109.

[26]李珺, 段作营, 尤新. 水酶法提取玉米胚芽油研究[J]. 粮食与油脂, 2002, 1: 5-7.

[27]王瑛瑶，王璋. 水酶法从花生中提取蛋白质与油[J]. 食品科技，2002，7：6-8

[28]P Hanmoungjai，D L Pyie，K Niranjan. Enzymatic process for extracting oil and protein from rice brain[J]. JAOCS，2001，78(8)：817-821.

[29]Full brook P D. The use of enzymes in processing of oil sees[J]. JAOCS，1983，60：476-478.

[30]Mcglone O C，AGUSTN LPEZcmUNGUIA CANALES，Carter J V. Coconut oil extraction by a new enzymatic processing[J]. Food Sci. ,1986，51:695-697.

[31]唐年初，罗彩鸿，倪培德. 玉米胚芽水酶法提油新工艺[J]. 西部粮油科技，1997，4：18-20.

[32]吴定，刘长鹏，高珑，等. 酶法生产小麦麦胚油操作单元研究[J]. 食品科技，2006,7：201-203.

第五章 工厂化制取麦胚蛋白粉及抗氧化肽工艺技术研究

第一节 小麦胚芽中麦胚蛋白的提取研究

目前对于小麦胚芽蛋白的提取方法有：碱溶酸沉法、酶解复合提取法、超声波提取法、微波碱法，但是单一的碱溶酸沉法提取的蛋白质纯度和得率均较低，微波碱法和超声波提取法均处于实验室研究阶段，本试验选用酶法与碱溶酸沉法结合制备小麦胚芽蛋白，既提高了蛋白质的提取纯度，生产工艺还比较简单，这对小麦胚芽蛋白的工业化生产具有现实意义。

一、实验材料与仪器

（一）实验材料

小麦胚芽，北大荒丰缘麦业有限公司；脱脂小麦胚芽蛋白粉，实验室自制；α－淀粉酶，北京奥得星生物技术有限公司。

（二）实验试剂

氢氧化钠、盐酸，氯化钠、硫酸铜、酒石酸钾钠、浓硫酸均为分析纯（AR），上海化学试剂公司产品。

（三）仪器及设备（表5－1）

表5－1 仪器及设备

名称	型号	厂家
电子分析天平	AR2140	奥豪斯国际贸易（上海）有限公司
凯式定氮仪	KDN－08C型	上海新嘉电子有限公司
真空冷冻干燥机	MLS－3020	SANYO Electric CO.，Ltd
紫外可见分光光度计	T6新世纪	北京普析通用仪器有限责任公司

续表

名称	型号	厂家
电热恒温水浴锅	DK－S24 型	上海森信实验仪器有限公司
精密定时电动搅拌器	JJ－1	江苏金坛荣华仪器制造有限公司
移液器	1000μL、200μL、50μL	法国吉尔森公司
粉碎机	F－160 型	北京市永光明医疗仪器厂
低速大容量离心机	LD4－40 型	北京京立离心机有限公司
酸度计	DELTA 320 型	梅特勒—托制多(上海)有限公司

二、实验方法

(一)小麦胚芽蛋白提取工艺流程(图5－1)

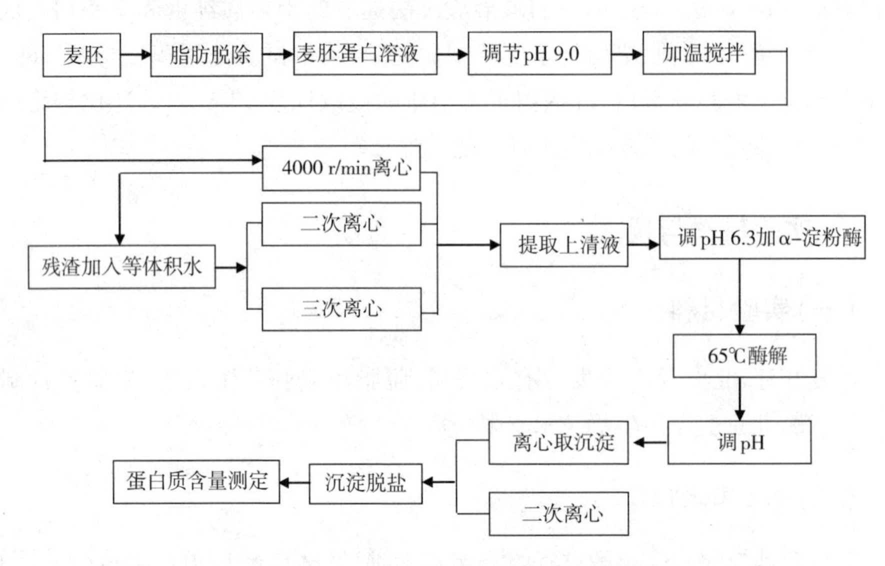

图5－1 小麦胚芽蛋白提取工艺流程

(二)脱脂小麦胚芽蛋白提取的单因素实验

对小麦胚芽蛋白提取选取 α－淀粉酶、提取温度、提取 pH 三因素进行单因素试验,对提取物进行蛋白含量的测定。因此单因素试验分别考察了不同提取条件对蛋白含量的影响。

1.加酶量对蛋白纯度的影响

选定水解温度为 65℃,底物浓度为 10%,pH 为 6.3,加酶量分别在 0.1%、

0.2%、0.3%、0.4%条件下进行酶解，待酶解物在加碘液后不显色为止，然后离心沉淀，测定蛋白含量。

2.提取温度对蛋白纯度的影响

选定底物浓度为5%，加酶量0.3%，分别在25℃、35℃、45℃、55℃、65℃、75℃条件下进行提取，在离心沉淀后测定蛋白含量。

3.pH对蛋白纯度的影响

选定水解温度为65℃，底物浓度为10%，加酶量0.3%，分别在pH 3.0、3.5、4.0、4.5、5.0条件下沉淀，然后测定蛋白含量。

（三）蛋白提取工艺参数的优化

以α-淀粉酶、提取温度、提取pH三个因素为自变量，麦胚蛋白纯度为响应值，采用三元二次正交旋转组合设计原理，设计三因素三水平响应曲面分析实验。实验以随机次序进行，响应值测三次，实验结果以三次结果的平均值表示。

（四）小麦胚芽蛋白含量的测定

根据GB 5009.5—2016方法进行测定。

（五）数据处理

实验数据用SAS软件处理，结果以三次平行实验的平均值±标准差表示，$P<0.05$为差异显著水平，$P<0.01$为差异极显著水平。

三、结果与分析

（一）酪蛋白标准曲线（图5-2）

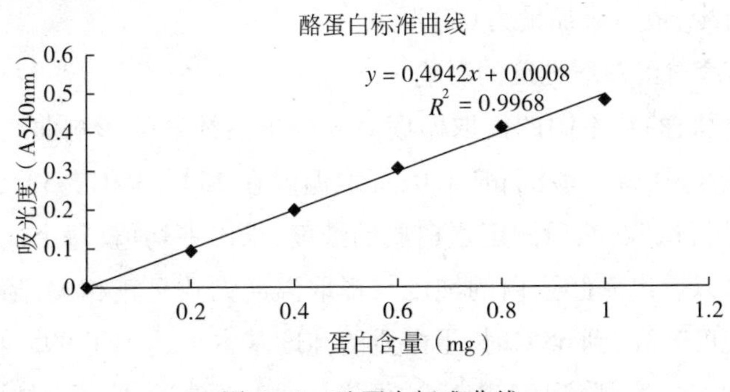

图5-2　酪蛋白标准曲线

根据测定的酪蛋白标准曲线数据得出酪蛋白标准曲线的线性回归方程为：

$y=0.4942x+0.0008$，方程中 y 为吸光度，x 为测定液质量（mg），回归方程的相关系数 $R^2=0.9968$。说明方程拟合较好。

（二）试验因素对小麦胚芽蛋白含量的影响

1.α - 淀粉酶添加量对蛋白质纯度的影响（图 5－3）

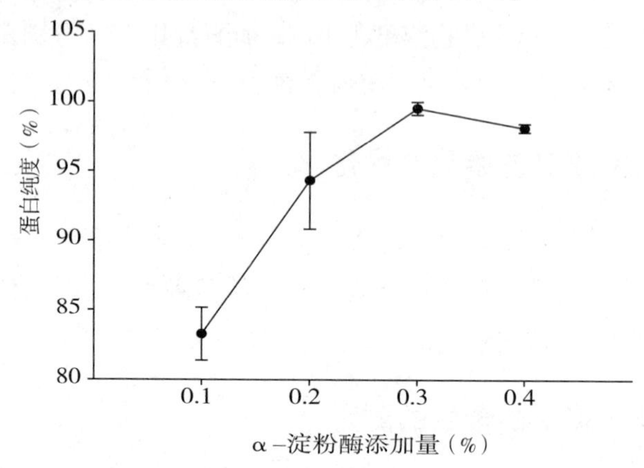

图 5－3　α－淀粉酶添加量对麦胚蛋白纯度的影响

图 5－3 反映的是不同的 α－淀粉酶添加量对麦胚蛋白纯度的影响曲线图。设定料液比 10%，温度 65℃，碱溶 pH 9.0，酸沉 pH 4.0，淀粉酶添加量在 0.1～0.4%之间四个点进行试验，然后测定蛋白质的纯度，求出平均值，每个试验做 3 组平行样。根据所得数据绘制出蛋白质纯度与 α－淀粉酶添加量的关系曲线图，由图可以看出，α－淀粉酶的添加量在 0.1%～0.3%间时，随着添加量的增加蛋白质纯度显著增加（$P<0.05$），0.3%添加量时的蛋白质纯度达到了 99.14%。添加量＞0.3%时，蛋白质纯度有所降低。从 α－淀粉酶添加量对蛋白纯度的影响曲线可以看出，最适添加量为 0.3%。

2.提取温度对蛋白质纯度的影响

图 5－4 反映的是不同的提取温度对麦胚蛋白纯度的影响曲线图。设定料液比 10%，碱溶 pH 9.0，酸沉 pH 4.0，提取温度在 25℃，35℃，45℃，55℃，65℃，75℃六个点进行试验，然后测定蛋白质的纯度，求出平均值，每个试验做 3 组平行样。由图可以看出麦胚蛋白的纯度与提取温度大致呈正相关，随着提取温度的升高蛋白纯度升高，到 65℃时，蛋白质的纯度基本上达到了 99.14%。当温度为 75℃时，蛋白纯度下降到 93.2%，这可能是由于温度过高，蛋白结构有所改变，

进而影响了纯度。

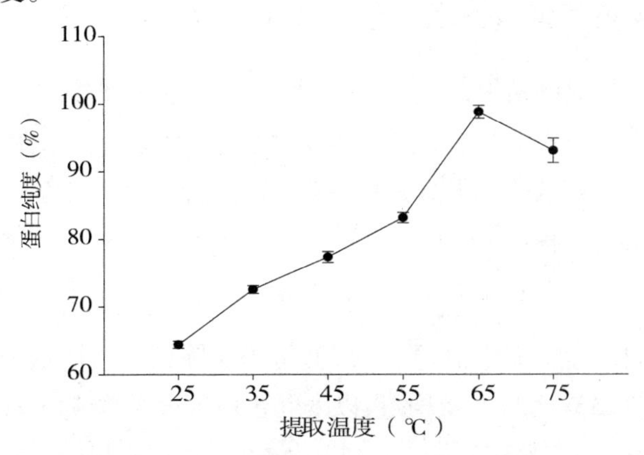

图5－4　提取温度对麦胚蛋白纯度的影响

3. pH对麦胚蛋白纯度的影响(图5－5)

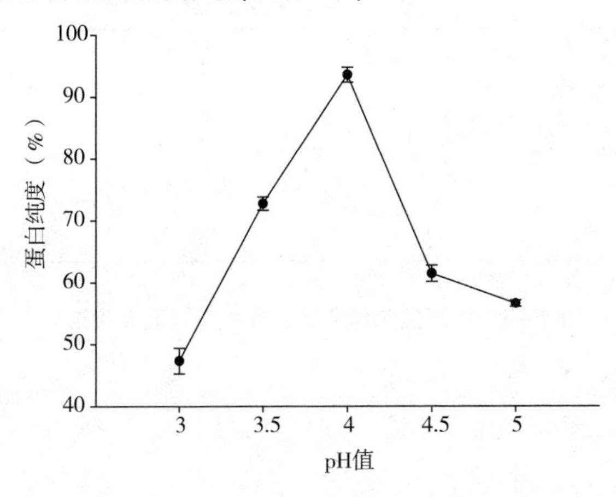

图5－5　提取pH对麦胚蛋白纯度的影响

图5－5反映的是不同的提取pH对麦胚蛋白纯度的影响曲线图。设定料液比10%，温度65℃，碱溶pH 9.0，淀粉酶添加量为0.3%，酸沉pH分别设定为3.0, 3.5, 4.0, 4.5, 5.0五个点进行试验，然后测定蛋白质的纯度，求出平均值，每个试验做3组平行样。根据所得数据绘制出蛋白质纯度与酸沉pH的关系曲线图，由图可以看出，随着pH值的增大蛋白质纯度显著增加($P<0.05$)，当pH > 4.0时，蛋白质纯度有所降低，这是由于偏离蛋白质的等电点，有一部分蛋白又被重新溶解，降低了蛋白质的含量。因此，可以确定酸沉pH为4.0时麦胚蛋白的纯度较高。

(三)小麦胚芽蛋白提取工艺的优化

根据单因素试验的结果,选取 α-淀粉酶添加量、提取温度和提取 pH 三个显著因素作为多因素交叉组合试验的考察因素,分别以 X_1、X_2 和 X_3 代表,每一个自变量的低、中、高试验水平分别以 -1、0、1 进行编码。且编码值与真实值之间的关系符合下列方程:

$$Y = A_0 + \sum A_i X_i + \sum A_{ii} X_i^{\ 2} + \sum A_{ij} X_i X_j$$

式中:i 为自变量的编码值,X_i 为自变量的实际试验水平值,X_0 为试验水平中心点的实际值,ΔX_i 为单变量增量,以麦胚蛋白纯度为响应值 Y,实验采取 $m=3$ 的三元二次回归正交旋转组合设计进行优化,二次回归组合试验安排表及试验结果如表 5-2 和表 5-3 所示,并对 23 次实验所得数据进行多元回归分析。

表 5-2　试验因素水平编码表

编码水平	X_1 α-淀粉酶添加量	X_2 提取温度	X_3 提取 pH
-1	0.2	55	3.5
0	0.3	65	4.0
1	0.4	75	4.5

表 5-3　二次回归组合试验安排表以及实验结果

试验号	X_1	X_2	X_3	纯度(%)
1	1	1	1	82
2	1	1	-1	43
3	1	-1	1	61
4	1	-1	-1	58
5	-1	1	1	87
6	-1	1	-1	55
7	-1	-1	1	67
8	-1	-1	-1	49
9	1.682	0	0	63

续表

试验号	X_1	X_2	X_3	纯度（%）
10	-1.682	0	0	51
11	0	1.682	0	76
12	0	-1.682	0	56
13	0	0	1.682	87
14	0	0	-1.682	56
15	0	0	0	97
16	0	0	0	98
17	0	0	0	84
18	0	0	0	92
19	0	0	0	97
20	0	0	0	90
21	0	0	0	89
22	0	0	0	95
23	0	0	0	97

表5-4为回归方程的方差分析表。

表5-4　回归方程的方差分析

方差来源	df	平方和	均方和	F	P
回归模型	9	0.9481	0.0670	20.32	<0.0001
误差	10	0.0331	0.0033		
总校正	19	0.9812			

表5-5为回归方程各项的方差分析表。

表5-5　回归方程各项的方差分析

回归方差来源	df	平方和	均方和	F	P
一次项	3	0.8637	0.2879	18.51	0.0002
二次项	3	1.8066	0.6022	38.71	<0.0001
交互项	3	0.174	0.0580	3.73	0.0494
失拟项	5	0.0183	0.0037	1.24	0.4098
纯误差	5	0.0148	0.003		
总误差	10	0.0331	0.0033		

由表5－3和表5－4可以看出：二次回归模型的 F 值为20.32，$P<0.001$，大于在0.01水平上的 F 值，而失拟项的 F 值为1.59小于在0.05水平上的 F 值，说明该模型拟和结果好。一次项和二次项的 F 值均大于0.01水平上的 F 值，说明它们对纯度有极其显著的影响，交互项的 F 值均大于0.05水平上的 F 值，说明它对纯度有显著的影响。

由表5－6可知，各因素影响程度从大到小的依次排列为提取温度，提取pH，α－淀粉酶添加量。通过分析得提取率的回归方程：

$$Y = -72.1781 + 13.4742X_1 + 1.4217X_2 - 5.7424X_3 - 1.4359X_1^2 - 0.028X_1X_2 - 0.5556X_1X_3 - 0.0108X_2^2 + 0.3472X_2X_3 - 21.3974X_3^2$$

表5－6　二次回归模型参数

模型	非标准化系数	t	显著性检验
常数项	−72.1781	−7.04	<0.0001
X_1	13.4742	6.62	<0.0001
X_2	1.4217	5.87	0.0002
X_3	−5.7424	−0.64	0.5381
X_1^2	−1.4359	−8.41	<0.0001
X_1X_2	−0.028	−1.23	0.2475
X_1X_3	−0.5556	−0.49	0.6338
X_2^2	−0.0108	−6.30	<0.0001
X_2X_3	0.3472	3.07	0.0118
X_3^2	−21.3974	−5.01	0.0005

图5－6～图5－8分别是α－淀粉酶添加量与提取温度，提取温度与提取pH，α－淀粉酶添加量与提取pH之间的交互作用的响应面和等高线图。

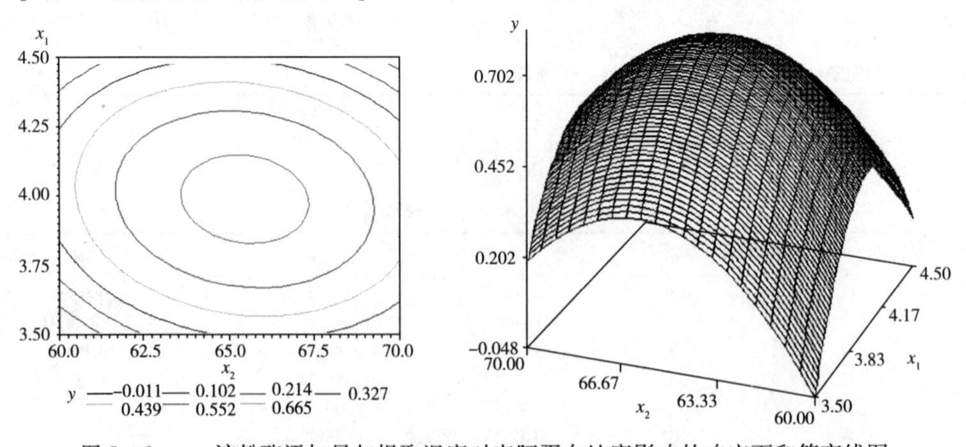

图5－6　α－淀粉酶添加量与提取温度对麦胚蛋白纯度影响的响应面和等高线图

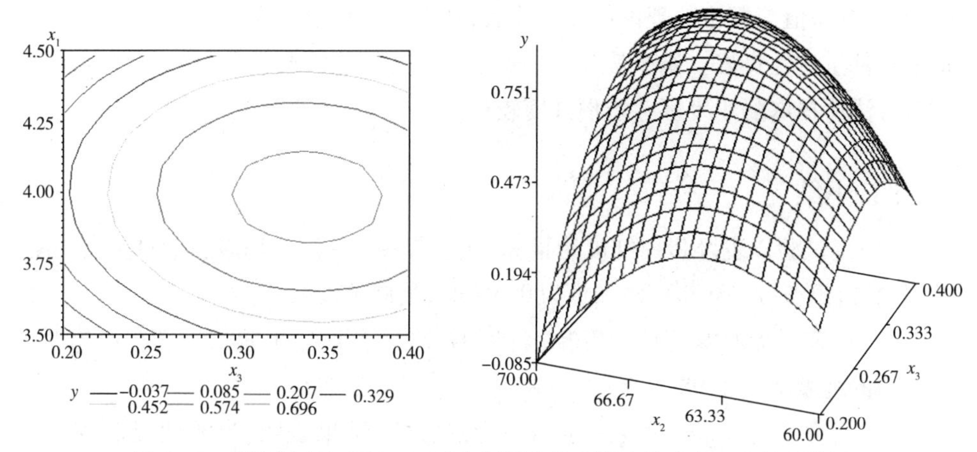

图 5－7　提取温度与提取 pH 对麦胚蛋白纯度影响的响应面和等高线图

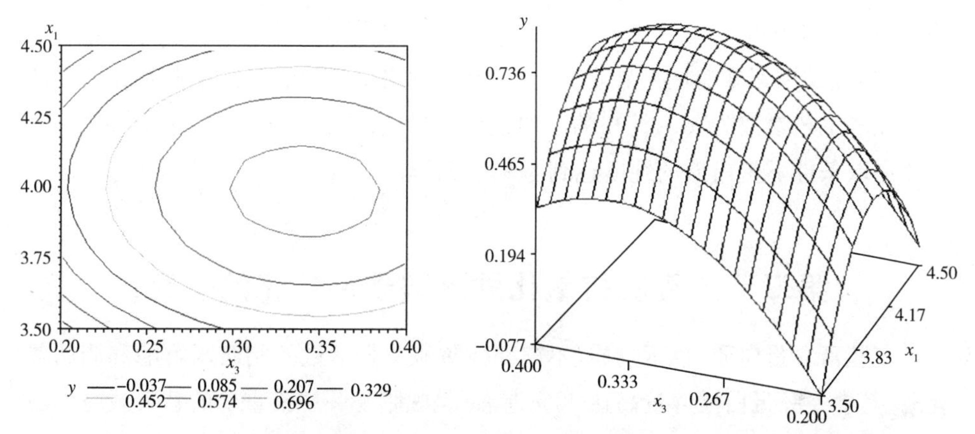

图 5－8　α－淀粉酶添加量与提取 pH 对麦胚蛋白纯度影响的响应面和等高线图

表 5－7 为最优提取条件和最高蛋白纯度。

表 5－7　最优提取条件及蛋白纯度

因素	标准化	非标准化	最大蛋白纯度(%)
X_1	-0.0432	3.9	
X_2	0.3326	66.7	99.17
X_3	0.5505	0.35	

纯度最高时的酸性 pH、提取温度、α－淀粉酶添加量的具体值分别为:3.9、66.7、0.35。该条件下得到的最大纯度为 99.17%。

(四)回归模型的验证试验

按照最优提取条件进行试验,重复三次,结果小麦胚芽蛋白质纯度为

99.3%,试验值与模型的理论值非常接近,且重复实验相对偏差不超过2%,说明提取条件重现性良好。结果表明,该模型可以较好的反映出采用酶法结合碱溶酸沉方法所提取的小麦胚芽蛋白纯度较高。

四、小结

(1)本试验以麦胚蛋白纯度为指标,通过考察α-淀粉酶添加量对蛋白纯度的影响,得出在α-淀粉酶添加量为0.3%时,蛋白纯度较高。

(2)研究了提取温度对麦胚蛋白纯度的影响,结果表明:提取温度在65℃时,蛋白质的纯度达到了98.13%。

(3)研究了提取pH对麦胚蛋白纯度的影响,结果表明:当酸性提取pH为4.3时蛋白质的纯度达到了94%。而且以上三个因素对蛋白质纯度都有较显著的影响($P<0.05$)。

(4)在单因素实验的基础上,采用响应面优化,获得小麦胚芽中麦胚蛋白的最佳提取工艺参数为:α-淀粉酶添加量0.35%,提取温度66.7℃,提取pH 3.9。在该提取条件下蛋白质的纯度达到了99.17%。

第二节　麦胚抗氧化肽酶解条件优化的研究

麦胚富含蛋白质、色素物质、不饱和脂肪酸及强活性的脂肪水解酶和脂肪氧化酶,其中麦胚蛋白质含量高达30%左右,是脱脂麦胚中最重要的营养成分。虽然麦胚具有较高的营养价值,但是由于小麦胚混入小麦粉中会对小麦粉产生不良的影响,所以一直被当成副产品直接销售,其价格往往偏低。麦胚蛋白的水解液富含氨基酸、矿物质和维生素。酶解麦胚蛋白将会是一条优化利用麦胚蛋白的途径,可将麦胚蛋白水解成多肽及氨基酸,大大提高其营养价值和功能特性,从而变废为宝,为企业减少经济损失、提高经济效益。

油脂氧化是食品生产和贮藏中面临的最大问题,如风味的变化、营养成分的丧失甚至还有产生有毒物质。为了防止食品变质以及变质所带来的危害,抑制食品的脂肪氧化非常重要。防止脂肪氧化最直接的方法就是添加抗氧化剂,人工合成的抗氧化剂(BHA、BHT等)有很强的抗氧化能力,但是由于使用这些合成抗氧化剂对人们的身体健康存在一定的潜在危害,因而其使用量受到严格控制。因此有必要开发天然抗氧化剂。现在常用的有α-生育酚,类胡萝卜素、儿茶酚以及一些多酚化合物,这些都是从一些植物中提取的天然抗氧化剂,属于非蛋白物质，而且由于这些天然抗氧化剂对食品的颜色和风味有一定的影响，因此其应用也受到一定的限制。对于一些高效的蛋白质类天然抗氧化剂的开发具有广阔的发展前景。据研究表明，一些动物和植物蛋白质在水解后具有一定的抗油脂和脂肪酸氧化的功效，最具有代表性的有乳清蛋白水解物、大豆蛋白、鱼蛋白、玉米蛋白、蛋黄蛋白等的水解物。本文探讨了麦胚蛋白水解物的抗氧化能力，通过测定水解物的水解度、蛋白溶解度及抗氧化能力，对不同水解酶、不同水解温度和不同水解 pH 等几个因素进行了研究，旨在得出制备麦胚抗氧化肽的最佳水解参数。

一、实验材料及仪器

（一）实验材料

麦胚蛋白，北大荒丰缘麦业有限公司；碱性蛋白酶，NOVO 公司；木瓜蛋白酶，NOVO 公司；中性蛋白酶，NOVO 公司。

（二）实验试剂

大豆卵磷脂、抗坏血酸钠：Sigma 公司；组氨酸购于北京索莱宝科技有限公司；硫代巴比妥酸，购于大庆市隆宽试剂有限公司；另外，实验中使用的乙醇、硫酸亚铁、双氧水、磷酸二氢钠、硫酸氢二钠、三氯乙酸、三氯化铁、硫酸铜、酒石酸钾钠、盐酸、三氯甲烷、冰乙酸、碘化钾、可溶性淀粉、硫代硫酸钠、浓硫酸，均为分析纯（AR）。

（三）仪器及设备（表 5－8）

表 5－8　仪器及设备

名称	型号	厂家
电子分析天平	AR2140	奥豪斯国际贸易（上海）有限公司
真空浓缩装置	HB4B	IKA－WERKE GMBH&W. KG Germany
真空冷冻干燥机	MLS－3020	SANYO Electric CO.，Ltd
紫外可见分光光度计	T6 新世纪	北京普析通用仪器有限责任公司
电热恒温水浴锅	DK－S24 型	上海森信实验仪器有限公司
台式离心机	LD4－1.8	北京京立离心机有限公司
恒温振荡水浴箱	HZS－H	哈东联电子公司
酸度计	DELTA 320 型	梅特勒—托制多仪器（上海）有限公司
电动搅拌器	JJ－1 型	江苏省金坛市金城国胜实验仪器厂

二、实验方法

（一）麦胚蛋白的制备

首先采用正己烷去除麦胚中的小麦胚芽油，然后用碱溶酸沉的方法提取蛋白，所提蛋白含量95%。

（二）麦胚蛋白水解物的制备及条件优化

1.麦胚蛋白水解物的制备

将麦胚蛋白与适量的水混合，配制成一定底物浓度的样品溶液，用1 mol/L的NaOH调节溶液pH 7.0，加入一定量的中性蛋白酶，于50℃温度水浴下振荡水解，反应过程中不断加入1 mol/L的NaOH，使pH保持恒定，记录耗碱量（mL），用于计算水解度。待水解结束后在搅拌条件下迅速升温至95℃，保持10 min使酶灭活。

2.不同蛋白酶对麦胚蛋白水解物抗氧化能力的影响

配制5%的麦胚蛋白溶液，用碱性蛋白酶、中性蛋白酶和木瓜蛋白酶分别水解0.5 h、1 h、2 h、3 h、4 h、5 h、6 h，通过研究麦胚蛋白的水解度、蛋白溶解度和硫代巴比妥酸反应物值（Thiobarbituric Acid - Reactive Substances, TBARS），优选出最适水解酶和水解时间。

3.不同水解温度对麦胚蛋白水解物抗氧化能力的影响

配制5%的麦胚蛋白溶液，分别在40℃、45℃、50℃和55℃条件下水解一定时间，筛选出最适水解温度。

4.不同pH对麦胚蛋白水解物抗氧化能力的影响

配制5%的麦胚蛋白溶液，分别在pH 6.5、pH 7.0和pH 7.5条件下水解一定时间，筛选出最适的水解pH。

（三）水解度的测定(degree of hydrolysis, DH)

水解度的测定采用pH - Stat法，水解度的计算公式按下式计算：

$$DH = \frac{h}{h_{tot}} \times 100\%$$

$$h = B \times N_b \times 1/\alpha \times 1/MP$$

式中：h为单位质量蛋白质中被水解的肽键的量（mmol/g）；h_{tot}为单位质量蛋

白质中肽键的总量(mmol/g),麦胚蛋白 h_{tot} 为 8.3 mmol/g;B 为水解过程中所消耗的碱量(mL);N_b 为碱液的浓度(mol/l);MP 为水解液中蛋白质的质量(g);$1/\alpha$为校正系数(碱性蛋白酶的 $1/\alpha=1.01$;中性蛋白酶的 $1/\alpha=2.27$;木瓜蛋白酶的 $1/\alpha=3.5$)。

(四)蛋白溶解度的测定

取水解液 10 mL,加入 10% 三氯乙酸,混合振荡,在 5000 rpm 离心 30 min,取上清液用双缩脲法测蛋白质的含量,则可溶性氮占样品总氮的百分比即为水解物的溶解度。

$$蛋白溶解度(\%)=(上清液含氮量/总氮量)\times 100$$

(五)大豆卵磷脂脂质氧化体系的制备

参照 Decker 和 Hultin(1990)的方法,并稍作修改。称取一定量的大豆卵磷脂溶于 0.12M KCl,5 mmoL/L 组氨酸缓冲溶液(pH 6.8)中,制成含有 2 mg/mL卵磷脂的溶液,均质,并用超声波在 4℃下超声处理 45 min。然后取 5 mL的卵磷脂脂质体,加入 1 mL 麦胚蛋白水解物,向脂质体和蛋白水解液的混合物中加入 0.1 mL 50 mmol/L $FeCl_3$ 和 0.1 mL 10 mmol/L 抗坏血酸钠引发脂质氧化,然后将样品放在 37℃ 水浴中保温 1 h,通过测定 TBARS 研究脂肪氧化情况。

(六) TBARS 值的测定

参照 Sinnhuber 和 Yu (1958)的方法,并作适当的修改。取 1 mL 样品加入 3 mL硫代巴比妥酸溶液、17 mL 三氯乙酸—盐酸溶液,混匀后,沸水浴中反应 30 min,冷却,取 5 mL 样品加入等体积的氯仿,3000 rpm 下离心 10 min,532 nm 下读取吸光值。TBARS 值以每千克脂质氧化样品溶液中丙二醛的毫克数数表示。计算公式如下:

$$\text{TBARS (mg/kg)}=\frac{A_{532}}{Vs}\times 9.48$$

式中:A_{532}为溶液的吸光值;Vs 为样品的体积;9.48 为常数。

(七)统计分析

采用 Sigmaplot 9.0 软件作图,数据统计采用 Statistix 8.1 软件中 Linear

Models 程序进行，差异显著性（$P < 0.05$），分析使用 Turkey HSD 程序。试验结果均为三次测定结果的平均值。

三、实验结果与分析

（一）不同酶对麦胚蛋白水解物的水解度及抗氧化能力的影响

1.不同酶对麦胚蛋白水解物水解度的影响

由碱性蛋白酶、木瓜蛋白酶、中性蛋白酶三种蛋白酶在最适条件下对麦胚蛋白分别进行酶解，从图 5－9 可知，三种蛋白酶随着时间的延长，水解度（*DH*）不断增大，但其增长速度不同，这与所用的酶、水解时间及底物浓度等都密切相关。木瓜蛋白酶水解的水解度初期缓慢增加，水解 2 h 以后，水解度曲线趋于平缓。碱性蛋白酶和中性蛋白酶的酶解产物的水解度均高于木瓜蛋白酶的水解度，而且在 1 h 后水解度都迅速增加，5 h 的水解度分别达到 19.3% 和 17.28%，到 5 h 后水解度变化不大。

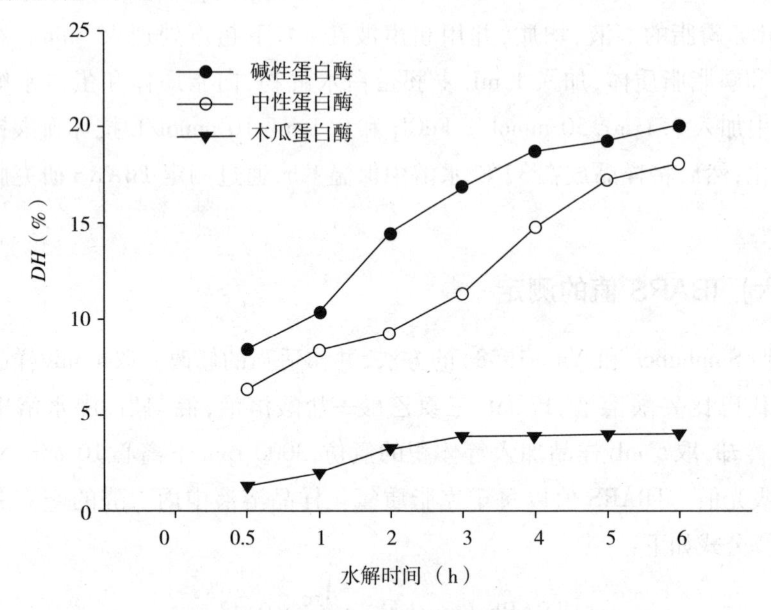

图 5－9　不同水解时间麦胚蛋白水解物的水解度（*DH*）

2.不同酶对麦胚蛋白水解物的溶解度的影响

由图 5－10 可知，碱性蛋白酶、中性蛋白酶和木瓜蛋白酶的蛋白溶解度随着水解时间的延长，其溶解度有所增加，而且碱性蛋白酶水解产物的溶解度 > 中性蛋白酶水解产物的溶解度 > 木瓜蛋白酶水解产物的溶解度。这是由于随着水解时间的延长，肽键断裂，产生了更多带电基团(即 $NH3^+$ 和 COO^-)，它们增强了蛋白质和水的相互作用并且在多肽之间产生更强的静电斥力。因此，水解物在较大的水解度时有较高的溶解度。许多研究结果也表明大部分蛋白功能性质的改善都是由于酶的作用而使溶解度增强引起的。总之，酶可有效水解麦胚蛋白，且水解产物在水溶液中有较好的溶解性。

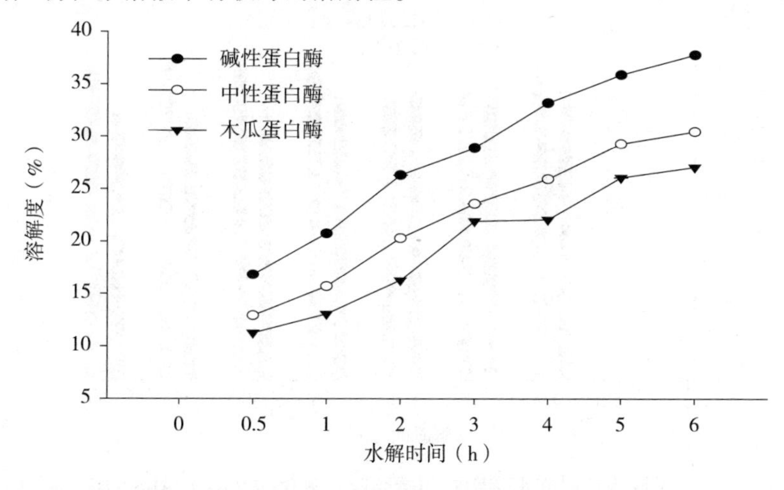

图 5－10　不同水解时间的麦胚蛋白水解物的溶解度

3.不同酶对麦胚蛋白水解物抗氧化能力的影响

TBARS 值是指动物性油脂中不饱和脂肪酸氧化分解所产生的衍生物如丙二醛等与 TBARS 反应的情况。TBARS 值的高低表示脂肪二级氧化产物即最终生成物的多少。麦胚蛋白水解物的抗氧化能力通过在脂质体氧化体系中麦胚蛋白多肽对卵磷脂脂质氧化体系的抑制作用来表达如图 5－11 所示。根据麦胚蛋白水解物对脂质体氧化的抑制作用看，麦胚多肽有显著的抗氧化活性。结合图 5－9看，麦胚多肽的 TBARS 值的抑制作用(除木瓜蛋白酶水解产物外)基本上都是随 *DH* 增加而增大，其中中性蛋白酶 5 h 的水解产物具有较高的抗氧化活性。未水解的麦胚蛋白 TBARS 值为 10.55 mL/L，麦胚多肽在 0.5 h、1 h、2 h、3 h、4 h、5 h 的 TBARS 值分别为 8.5 mL/L、8.1 mL/L、7.1 mL/L、6.05 mL/L、4.52 mL/L、3.3 mL/L，比未水解麦胚蛋白的 TBARS 值降低了 33% 左右($P < 0.05$)。6 h 时，麦胚蛋白水解物的 TBARS 值又有所升高，说明抗氧化能力与 *DH* 并不呈线性关系，这与 kong 的研究结论一致。木瓜蛋白酶在 2 h 之前是随着水解度的增加抗氧化能力增强，但是到了 2 h 后，抗氧化能力明显减弱，基本上与未

水解蛋白的抗氧化能力相近($P>0.05$)。碱性蛋白酶的水解产物也是随着水解度的增加抗氧化能力增强,但是抗氧化能力较中性蛋白酶的水解产物低。综合图5-9、图5-10和图5-11发现,虽然碱性蛋白酶的水解产物具有较高的水解度及蛋白溶解度,但是TBARS值比中性蛋白酶的水解产物高,即抗氧化能力比中性蛋白酶水解产物的低($P<0.05$)。试验结果得出中性蛋白酶为最适酶。

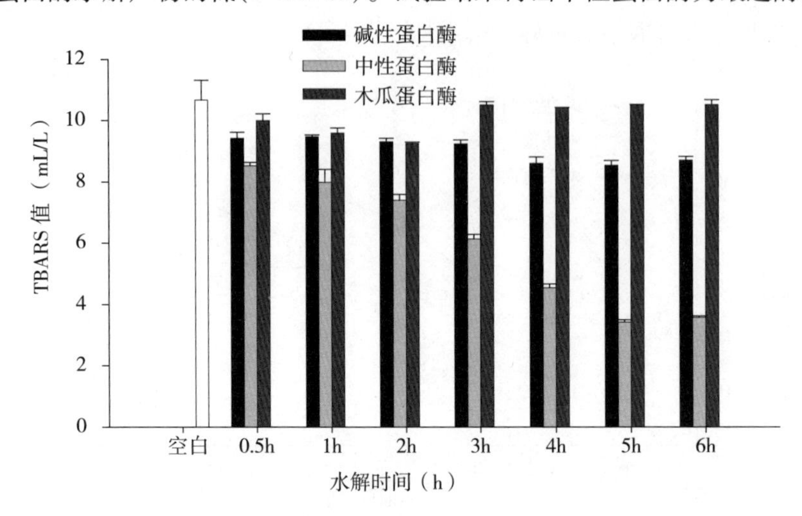

图5-11　不同水解时间水解物对卵磷脂脂质氧化体系中TBARS的抑制作用

(二)不同水解温度对麦胚蛋白水解物水解度和抗氧化能力的影响

1.不同水解温度对麦胚蛋白水解物水解度的影响

中性蛋白酶是由枯草芽孢杆菌经发酵提取而得的,属于一种内切酶,它在一定温度、pH下,将大分子蛋白质水解为小分子的肽及氨基酸。中性蛋白酶的水解温度在35~55℃,由于水解的蛋白不同,需要的肽片段不同,所以对水解的温度和pH的要求也不一样。四种不同水解温度条件下中性蛋白酶水解麦胚蛋白水解度的测定结果见图5-12。由图中可以看出,各条件下水解产物的水解度随着时间的延长而增加,40℃条件下的水解产物的水解度小于其他三个温度条件下的水解产物($P>0.05$),45℃、50℃和55℃三个温度条件下的水解度在2 h之前差异显著($P<0.05$),其中50℃的水解产物的水解度较高,到了2 h后,45℃与50℃的水解度差异不显著($P>0.05$)。

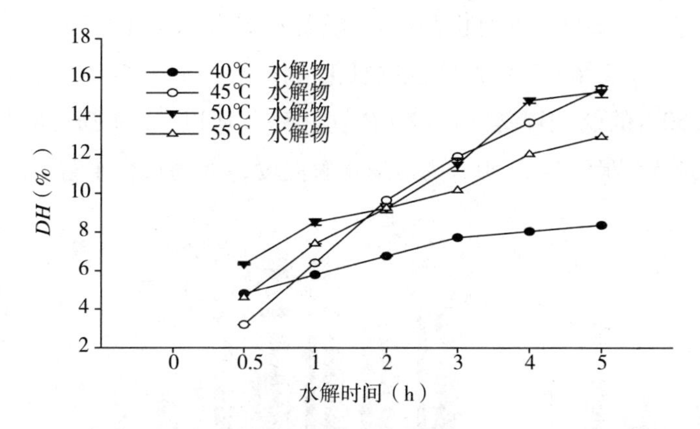

图 5－12　不同温度条件下麦胚蛋白水解物的水解度

2.不同水解温度对麦胚蛋白水解物溶解度的影响

不同水解温度条件下的麦胚蛋白水解物的溶解度如图 5－13 所示。40℃和55℃条件下的水解产物的蛋白溶解度显著低于其余两个温度条件下的($P < 0.05$)，45℃和50℃条件下水解产物的蛋白溶解度差异不显著($P > 0.05$)，而且蛋白溶解度是随着水解时间的延长在增加，到 5 h 时，该温度下的蛋白溶解度，分别从 0 升高到 42.39% 和 39.2%。

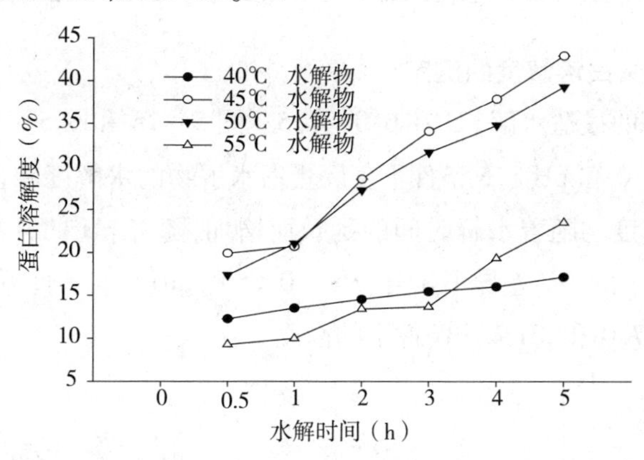

图 5－13　不同温度条件下麦胚蛋白水解物的溶解度

3.不同水解温度对麦胚蛋白水解物抗氧化能力的影响

不同水解温度下的麦胚蛋白多肽对卵磷脂脂质氧化体系的抑制作用如图 5－14 所示。总体上看，麦胚肽的 TBARS 值均随着水解时间的延长而降低，即抗氧化能力在增强，这是由于随着水解时间的增加，酶与底物接触的充分，肽键断裂的也比较多，得到的具有抗氧化活性的小分子肽就多，因此 TBARS 值会随着时间的延长而降低。而且由图可知,随着水解温度的升高,抗氧化活性也在小幅度升高,50℃条件下水解产物的抗氧化活性最强,55℃条件下水解产物的抗氧化活性比50℃的低,但差异不显著($P>0.05$)。所以,通过 *DH*、蛋白溶解度及 TBARS 值的测定,最终确定 50℃为最适水解温度,5 h 为最佳水解时间。

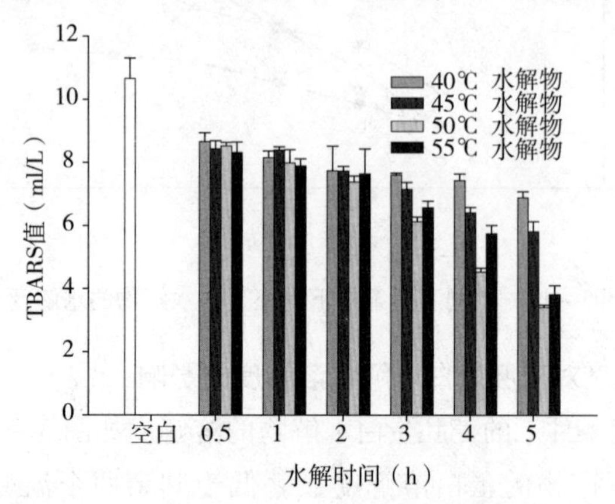

图 5-14　不同水解温度条件下的水解物对卵磷脂脂质氧化体系中 TBARS 的抑制作用

(三)不同水解 pH 对麦胚蛋白水解物的水解度及抗氧化活性的影响

1.水解度和蛋白溶解度的测定

中性蛋白酶的最适水解 pH 在 6.0~7.5。图 5-15 和图 5-16 分别反应的是 pH 6.5、pH 7.0 和 pH 7.5 条件下麦胚蛋白水解物的水解度和蛋白溶解度,水解度与蛋白溶解度均随着水解时间的延长而增加,随着 pH 的升高 *DH* 增加,而且三个 pH 条件下的 *DH* 差异不显著($P>0.05$)。pH 6.5 条件下水解产物的蛋白溶解度较 pH 7.0 和 pH 7.5 条件下的高。

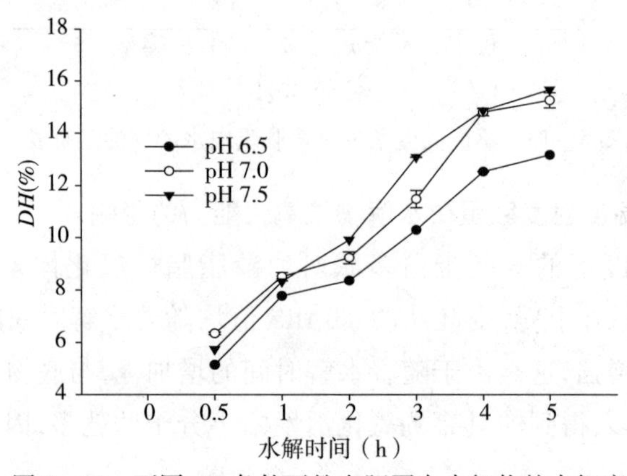

图 5-15　不同 pH 条件下的麦胚蛋白水解物的水解度

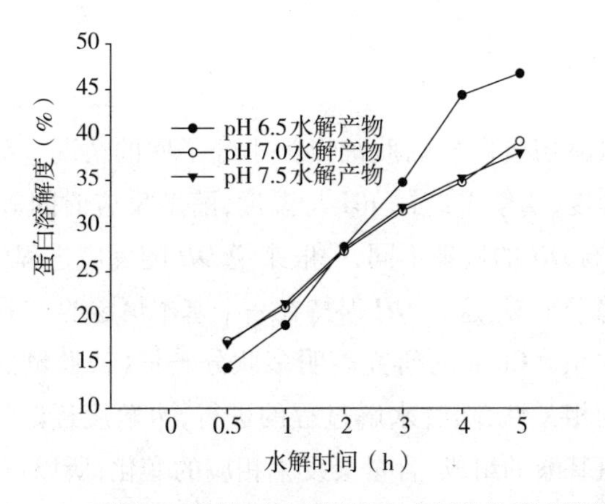

图 5-16 不同 pH 条件下的麦胚蛋白水解物的蛋白溶解度

2.不同水解 pH 对麦胚蛋白水解物的抗氧化活性的影响

从图 5-17 可以看出随着水解时间的增加，麦胚蛋白水解物的 TBARS 值逐渐降低，抗氧化能力逐渐增强，水解 5 h 的水解物具有最强的抑制卵磷脂脂质氧化的能力，显著高于未水解蛋白的抗氧化能力（$P<0.05$），在 2 h 之前，pH 7.5 与 pH 7.0 的抗氧化活性较 pH 6.5 高，到 pH 7.5 的水解产物的抗氧化活性甚至高于 pH 7.0 的，但是到了 2 h 后，pH 7.0 水解产物显示出了较强的抗氧化能力，显著低于其他两个 pH 条件下水解物的抗氧化能力。这一结果表明，在所选的条件下，以麦胚蛋白为底物的酶解反应中，提高反应温度可使中性蛋白酶水解物中具有更多抗氧化活性的多肽，而提高 pH 并没有此效果。因此，在考察了水解条件：酶的种类、水解时间对水解产物的抗氧化活性的影响，以及水解时间与水解度的关系，并综合成本等经济因素，我们得出制备麦胚蛋白肽的条件为：中性蛋白酶、pH 7.0、温度 50℃、水解时间 5 h。

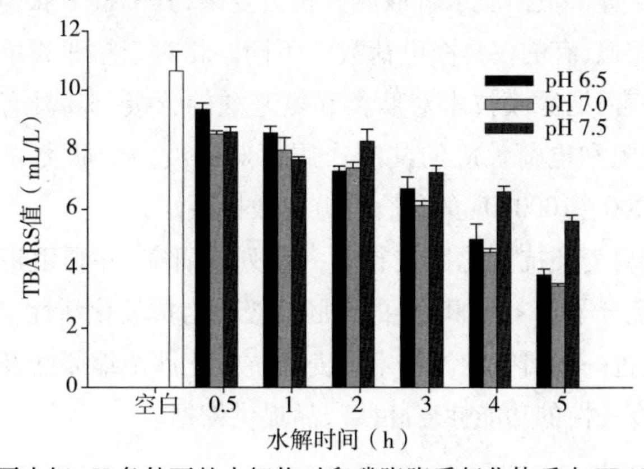

图 5-17 不同水解 pH 条件下的水解物对卵磷脂脂质氧化体系中 TBARS 的抑制作用

四、小结

水解度是衡量酶切蛋白质的肽键成为小分子肽的情况。酶的种类、底物自身的性质与变性程度,酶解系统的 pH 与温度,酶解反应时间等都会影响 *DH* 的大小,但各因素影响 *DH* 的机理不同,一般来说 *DH* 随反应进程的增加而增加,但达到一定进程后趋于平缓,这时 *DH* 保持在一个基本恒定的水平,酶解条件与 *DH* 有一个最大值的关系。Chen 的研究表明多肽分子量(或肽链的长度)大小与抗氧化活性有明显的相关性,随着水解过程的进行,水解度逐渐增大,水解产物中蛋白质、肽、游离氨基酸的组成、含量会发生相应的变化,所以可通过控制水解度的大小来控制水解产物中肽的组成和含量。

由本试验可以得出并不是水解度与抗氧化活性不呈正相关,而是在某一特定的水解度下具有较高的抗氧化能力,如本研究得出水解度在 17.28% 时具有较高的抗氧化能力。本试验分别对酶的种类、水解时间、水解温度和水解 pH 进行了优化,综合各个影响因素条件下的水解度及抗氧化能力结果,最终得出麦胚抗氧化肽的制备条件为:中性蛋白酶、水解时间为 5 h,水解温度为 50℃,水解 pH 为 7.0,在此条件下麦胚蛋白水解物具有较高的抗氧化能力。

第三节　纳滤技术浓缩纯化麦胚肽及对其抗氧化活性的影响

纳滤是一种新型的膜分离技术,其在有机化合物的分离中具有很强的优势,特别适合于分离热敏性物质如果汁、蛋白质、多肽、氨基酸等,且对单价离子截留率很低。因此被广泛应用于食品工业,尤其是饮料行业加工过程中料液的分级分离、浓缩和脱盐等。蛋白质水解液成分相当复杂,其中很多肽类或氨基酸分子质量相近、性质相似,有的仅是净电荷数的不同。相对于超滤膜单纯基于筛分原理进行的分离而言,纳滤膜技术对肽类和氨基酸的分级分离具有明显优势。纳滤膜通过空间位阻和电荷效应的共同作用可对溶液中的肽类和氨基酸进行分离,对分子量为 200 ~ 1000 Da 的化合物分离效果最好。

本实验室曾对麦胚抗氧化肽进行了一系列的研究,并利用超滤技术对其进行分级分离,确定分子量 <3000 Da 的麦胚肽级份为抗氧化活性最高的级份。本实验在此基础上进一步研究纳滤技术对麦胚抗氧化肽浓缩脱盐及其对活性的影响,为今后开发专一性的功能性麦胚肽产品提供依据。

一、实验材料与方法

（一）实验材料与仪器

麦胚蛋白（蛋白含量38.2%）：北大荒丰缘麦业有限责任公司

中性蛋白酶（60000 U/g）：丹麦 Novozymes 公司；大豆卵磷脂、抗坏血酸钠：Sigma 公司；组氨酸购于北京索莱宝科技有限公司；硫代巴比妥酸，购于大庆市隆宽试剂有限公司。

美国 Pull 膜分离设备及截留分子量3 kD 的再生纤维素超滤膜、截留分子质量为560 D 和200 D 的聚醚砜膜。

（二）实验方法

1.麦胚抗氧化肽溶液的制备

将麦胚蛋白与适量的水混合，配制成浓度为7%（m/V）的样品溶液，用1 mol/L的 NaOH 调节溶液 pH 7.0，加入1%的中性蛋白酶，于50℃温度水浴下振荡水解，反应过程中不断加入1 mol/L 的 NaOH，使 pH 保持恒定，待水解结束后在搅拌条件下迅速升温至95℃，保持10 min 使酶灭活，酶解液过3 kD 超滤膜，得到膜透过液，备用。

2.麦胚抗氧化肽溶液纳滤纯化中的各项指标的测定

上述3 kD 超滤膜透过液400 mL 定容至2 L，在一定温度、低压条件下，分别测定麦胚肽溶液过560 Da 和200 Da 纳滤膜浓缩过程中，膜通量和膜对肽的截留率、氨基酸的传质率。肽浓度的测定采用双缩脲法，氨基酸质量浓度的测定采用茚三酮法，盐浓度的测定采用电导率。

$$传质率 = C_p/C_r$$

$$截留率 = 1 - TR = 1 - C_p/C_r$$

$$体积浓缩倍数 = V_o/V_r$$

$$脱盐率 = 1 - (C_r \times V_r)/(C_o \times V_o)$$

$$膜通量 = V_p/(T \times A)$$

式中：C_o、C_p 和 C_r 分别为原液、透过液和截留液中溶质质量浓度（mg/L）；V_o、V_p 和 V_r 分别为原液、透过液和截留液体积（L）；T 为操作时间；A 为膜的有效面积（m^2）。

3.大豆卵磷脂脂质氧化体系的制备

参照 Decker 和 Hultin(1990)的方法,并稍作修改。称取一定量的大豆卵磷脂溶于 0.12M KCl,5 mmol/L 组氨酸缓冲溶液(pH 6.8)中,制成含有 2 mg/mL卵磷脂的溶液,均质,并用超声波在4℃下超声处理45 min。然后取5 mL 的卵磷脂脂质体,加入 1 mL 麦胚蛋白水解物,向脂质体和蛋白水解液的混合物中加入 0.1 mL 50 mmol/L $FeCl_3$ 和 0.1 mL 10 mmol/L 抗坏血酸钠引发脂质氧化,然后将样品放在37℃ 水浴中保温1 h,通过测定 TBARS 研究脂肪氧化情况。

4.硫代巴比妥酸反应物值(TBARS 值)的测定

参照 Sinnhuber 和 Yu (1958)的方法,并作适当的修改。取1 mL 样品加入 3 mL硫代巴比妥酸溶液、17 mL 三氯乙酸—盐酸溶液,混匀后,沸水浴中反应 30 min,冷却,取5 mL 样品加入等体积的氯仿,3000 rpm 下离心 10 min,532 nm 下读取吸光值。TBARS 值以每 L 脂质氧化样品溶液中丙二醛的毫克数数表示。计算公式如下:

$$\text{TBARS (mg/kg)} = \frac{A_{532}}{V_s} \times 9.48$$

式中 A_{532} 为溶液的吸光值;V_s 为样品的体积;9.48 为常数。

5.统计分析

采用 Sigmaplot 9.0 软件作图,数据统计采用 Statistix 8.1 软件中 Linear Models 程序进行,差异显著性($P<0.05$),分析使用 Turkey HSD 程序。试验结果均为三次测定结果的平均值。

二、实验结果与分析

(一)膜通量在麦胚肽液纳滤浓缩过程中的变化

由图 5-18 可知,随着体积浓缩倍数的不断增大,循环液的浓度不断增加,膜污染的程度也不断加大,造成了两种纳滤膜的膜通量均逐渐下降。在体积浓缩倍数为 1~3 变化时,560 Da 纳滤膜因为具有较大的膜通径,膜通量要高于 200 Da 纳滤膜。后期当体积浓缩倍数继续增大时,循环液体积小于纳滤设备的最小循环量体积时,会有空气进入,导致两者膜通量均较快地下降,并逐渐趋于一致。

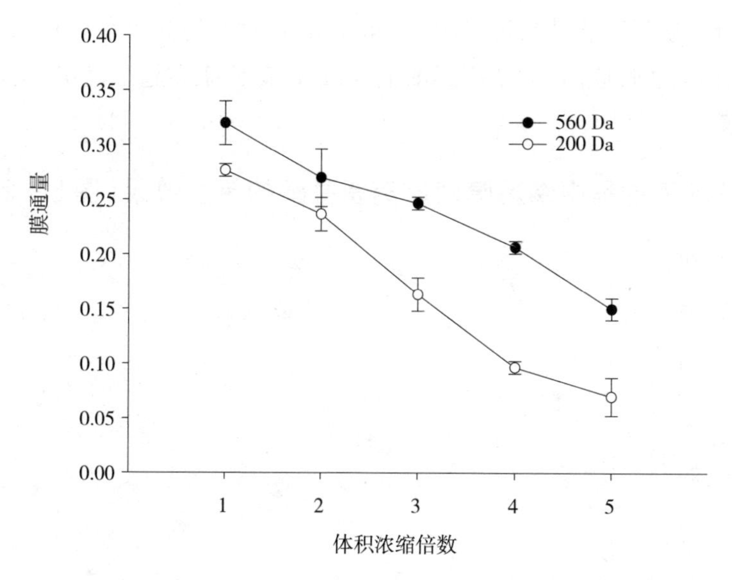

图 5－18　膜通量在麦胚肽液纳滤浓缩过程中的变化

(二)浓缩过程中纳滤膜对麦胚肽的截留率(图 5－19)

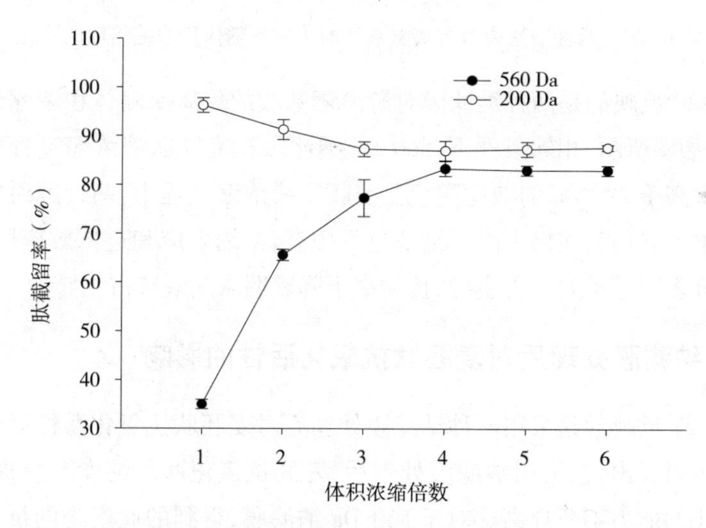

图 5－19　两种纳滤膜对麦胚肽的截留率随浓缩体积倍数的变化

图 5－19 反映的是两种纳滤膜对麦胚肽的截留率随浓缩体积倍数的变化曲线图,如图所示,相同条件下,200 Da 纳滤膜在麦胚肽液浓缩过程中对肽的截留率始终高于 560 Da 的纳滤膜。200 Da 纳滤膜,开始时对多肽的截留率大约为 98%,随后缓慢下降,最后稳定于 88.28% 左右;560 Da 纳滤膜,由于孔径

较大,小分子质量的多肽易透过膜,因此开始时,对肽的截留率只有35%,随着小分子肽逐渐透过膜后,截留率逐渐上升,最后截留率亦趋于稳定,稍低于200 Da纳滤膜。

(三)浓缩过程中纳滤膜对游离氨基酸的传质效果(图5-20)

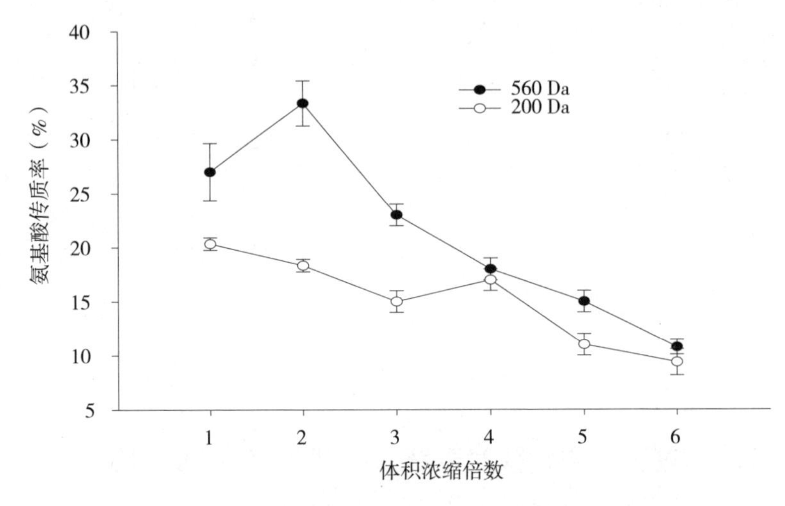

图5-20 两种纳滤膜对游离氨基酸的传质率随体积浓缩倍数的变化

图5-20反映的是两种纳滤膜对游离氨基酸的传质率随体积浓缩倍数的变化曲线图,如图所示,相同条件下,560 Da纳滤膜在麦胚肽液浓缩过程中对氨基酸的传质率高于200 Da的纳滤膜。在麦胚肽液浓缩过程中,两种膜对氨基酸的传质率基本趋势均为缓慢下降。纳滤过程中有,浓缩效应和透析效应同时存在,传质率上升表明透析效应占主导,传质率下降表明浓缩效应占主导。

(四)纳滤膜处理后对麦胚肽抗氧化活性的影响

图5-21反映的是采用两种纳滤膜处理后对麦胚肽抗氧化活性影响的曲线图。由图可以看出,在采用纳滤膜处理后,麦胚抗氧化肽的纯度有所提高,其抑制脂肪氧化的能力不断提高。对于560 Da纳滤膜,得到的肽产物的抗氧化能力显著高于原液及200 Da的产物,这就提示一些无法透过200 Da纳滤膜,却可以透过560 Da纳滤膜的二肽、三肽等小分子量的麦胚肽可能在抗氧化能力方面起着重要的作用。

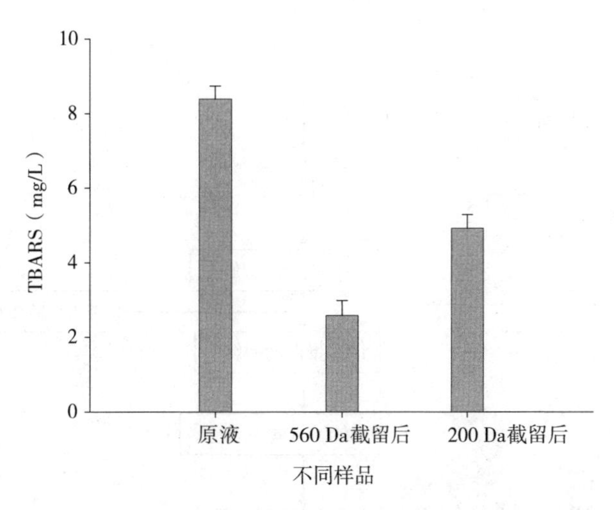

图5－21　两种纳滤膜处理后对麦胚肽抗氧化活性的影响

三、小结

在 M_w < 3 kDa 麦胚肽浓缩过程中，560 Da 纳滤膜对麦胚多肽、氨基酸具有较高的传质率，560 Da 纳滤膜对麦胚肽的截留率在87%左右，200 Da 纳滤膜对麦胚肽的截留率在88.28%，通过两种纳滤膜处理后对麦胚抗氧化活性的测定得出560 Da 纳滤膜的肽产物的抗氧化能力较原液及200 Da 纳滤膜的肽产物高，回收率也较高，达到60%以上。因此综合考虑麦胚肽活性、回收率及能耗，宜选用560 Da纳滤膜对麦胚肽溶液进行浓缩及纯化。

第四节　中试放大实验

一、麦胚抗氧化肽中试实验工艺流程（图5－22）

通过中性蛋白酶和风味蛋白酶分别对麦胚蛋白粉进行酶解，结果表明，酶解100 kg 麦胚蛋白粉，需要4 mol/L NaOH 10.27 kg，2 mol/L HCl 6.85 kg，中性蛋白酶用量为650 g，风味蛋白酶酶解用量为1300 g，酶解时间4 h，水解度为17.3%，此时具有较高的抗氧化活性；经3000 kDa 超滤膜与500 Da 纳滤膜进行过滤，将滤液经喷雾干燥器干燥得到38.3 kg 麦胚抗氧化肽干粉，得率为58.9%。

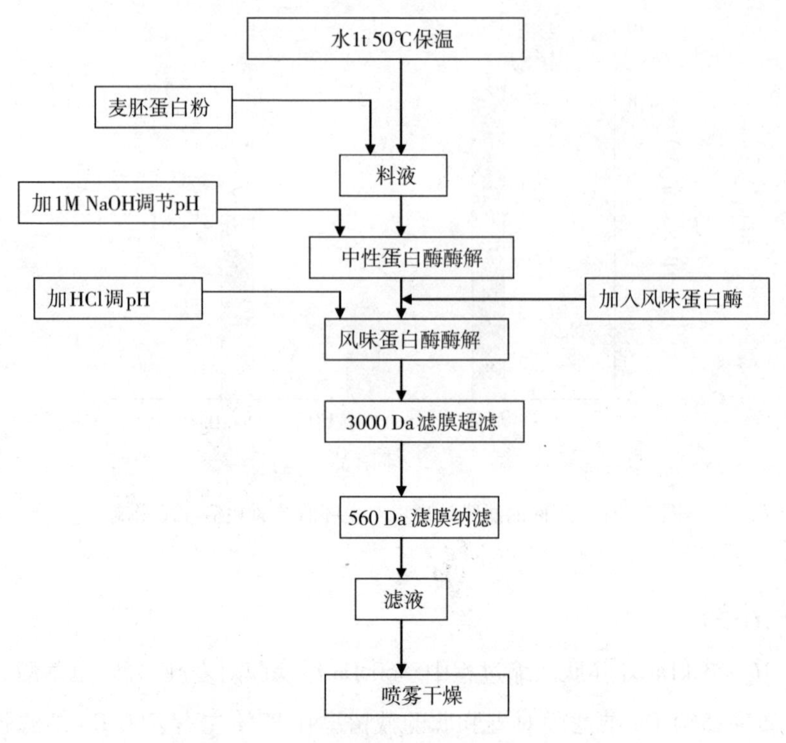

图5－22　酶解100 kg麦胚蛋白粉工艺流程

二、麦胚抗氧化肽中试与小试实验结果比较

麦胚蛋白粉是生产面粉的副产物，含有丰富的蛋白质。本实验采用pH－stat法对酶解100 kg麦胚蛋白粉进行酶解，实现了中性蛋白酶与风味蛋白酶混合水解得到有效生物活性短肽及功能型肽的目的，从表5－9中可以看出在水解度达到17.28%时，麦胚肽小试试验中，麦胚抗氧化肽的回收率为61.0%，中试试验结果为58.9%，差异不显著；从抗氧化能力来看，小试试验与中试试验的差异不显著，说明此中试试验可行，能够推动麦胚蛋白粉的综合利用的进程。

表5－9　麦胚抗氧化肽中试与小试试验结果比较

试验种类	回收率(%)	TBARS值(mg/L)
麦胚肽小试试验	61.6±0.03	2.62±0.12
麦胚肽中试试验	58.9±0.21	2.57±0.05

三、麦芽饮料的研制

（一）引言

以小麦胚为原料经一系列的工序加工成麦胚饮料，它营养丰富、生理功能丰富、利于人体消化吸收，兼具营养、保健、美容功效，是一种具有较高营养价值的新蛋白饮料，对满足人民健康生活的需求具有一定的意义，是老少皆宜的营养食品。近年来，国内高校、科研院所以及相关饮料加工企业都在进行麦胚蛋白饮料的研究与开发，但研究只停留在实验室研发阶段，市场上并无麦胚蛋白饮料产品出售。其主要原因是开发的麦胚蛋白饮料产品由于其原料麦胚本身的性质而具有腥辣的味道，这使人们难以接受，即使使用食用香精等添加剂来掩盖，仍不能达到良好的效果；同时，产品的高蛋白含量使产品的稳定性较差，影响产品的保质期。如何优选具有良好稳定效果的稳定剂成为人们亟待解决的问题。

（二）实验材料与设备（表 5－10）

表 5－10　实验材料与设备

名称	厂家
小麦胚芽	黑龙江北大荒丰缘麦业有限公司
白砂糖	北方糖业有限公司
离心机	长沙英泰仪器有限公司
组织捣碎机	金坛市梅香仪器有限公司
高压均质机	上海东华高压均质机厂
电子分析天平	沈阳华腾电子有限公司
电热恒温水浴锅	天津上海森新实验仪器有限公司
羟甲基纤维素钠、柠檬酸钠、黄原胶、单甘酯、三聚磷酸钠均为国产食品级添加剂	

（三）麦胚蛋白饮料的加工工艺流程

原料选择→去腥→浸泡→打浆→过滤→调酸→稀释→调配→均质→杀菌→罐装

操作要点：

原料选择：新鲜的麦胚用筛子进行筛选，除去杂质。

去腥：蒸煮 20 min，微波 4 min，以达到脱腥的目的。

浸泡:55℃恒温水浴锅,加入0.05%的碳酸氢钠,浸泡2 h,由于麦胚中含有天然的色素麦黄素,它会使麦胚汁呈黄绿色,须先浸泡再进行捣碎,才可得到乳白色风味良好的麦胚蛋白汁。

打浆:用组织捣碎机进行捣碎,每10 s开一次,关一次,总共1 min。

离心:3200 r/min,20 min。

调酸:加酸速度应缓慢,防止蛋白变性,产生沉淀。

稀释:比例是1:2。

调配:将稳定剂和辅料充分混合加入。

均质:均质压力15~20 MPa。

杀菌:通常采用80~85℃,15 min。

(四)实验方法

1.麦胚脱腥实验

在麦胚脱腥过程中不同的方法,不同的时间和温度会有不同的结果,经试验得以下结果,见表5-11。

表5-11　不同麦胚脱腥方法实验

方法	时间(min)	温度(℃)	结果
烘干	30	150	微糊味
烘干	40	130	无味
烘干	60	150	糊味
蒸煮+烘干	30+15	150	微煮味
蒸煮+烘干	30+10	150	蒸煮味
蒸煮+微波	20+4	P30	微甜味
微波	10	P30	糊味

从表5-11中可以看出,通过不同方法,不同温度和时间的实验结果验证,使用蒸煮加微波的方法为麦胚原浆最佳的去腥方法。最终脱腥条件为蒸煮20 min,微波4 min,微波功率为P30。

2.麦胚蛋白饮料稳定性的判定方法

采用离心沉淀法判断,所得的沉淀率越低,体系的稳定性越好,反之则说明体系的稳定性差。由于这种方法简便、快捷,目前在国内已广泛应用于乳饮料检测。因此,本实验判断麦胚蛋白饮料稳定的标准是离心沉淀率<1%。

离心沉淀法:在离心管中精密称取经杀菌处理的样品M_1,通过离心后,弃去

上层液体后称重为 M_2。

$$沉淀率 = \frac{(M_2 - M_1)}{M_1} \times 100\%$$

(五)结果与分析

1.单因素实验结果

(1)CMC 添加量对麦胚蛋白饮料稳定性的影响稳定剂的选择应从稳定性和经济性角度综合考虑,因此本次试验 CMC 为增稠剂。CMC 的用量在 0.06 ~0.1 范围内,对其进行试验。

从图 5 -23 中可以看出 CMC 添加量 <0.08%,离心沉淀率 >1%,体系不稳定,当 CMC 添加量 >0.08% 时,离心沉淀率 <1%,体系基本稳定,当 CMC 添加量为 0.09% 时,体系的离心沉淀率最低,稳定性最好;但是添加量过高体系稳定性略有下降,CMC 添加量 >0.1%,离心沉淀率 >1%,同时,由于 CMC 含量的增加,黏度也不断升高,会使饮料口感变差,所以 CMC 添加量不是越多越好。因此,最终选择 CMC 的添加量为 0.09%。

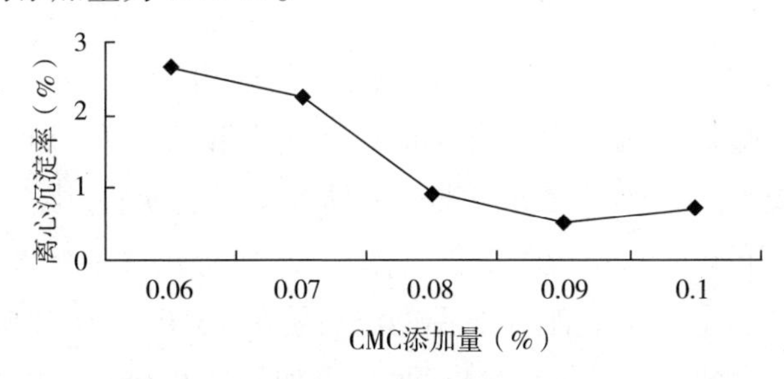

图 5 -23　CMC 添加量对麦胚蛋白饮料稳定性的影响

(2)黄原胶添加量对麦胚蛋白饮料稳定性的影响,从图 5 -24 中可以看出,黄原胶的添加量在 0.01% ~0.05% 时,随着添加量增加,离心沉淀率降低,体系稳定性逐渐增加。当添加量为 0.05% ~0.09% 时,离心沉淀率逐渐增加。当添

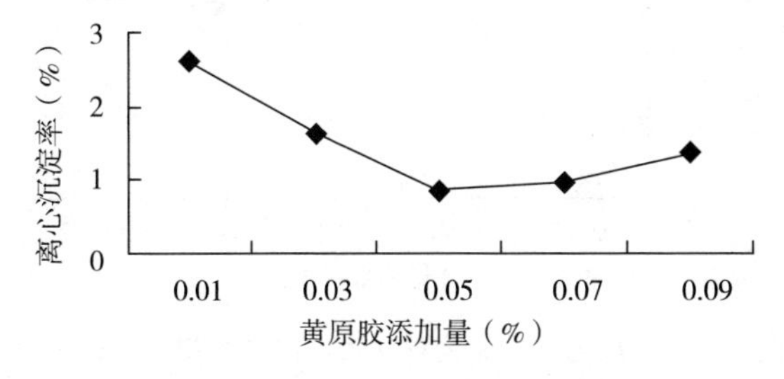

图 5 -24　黄原胶添加量对麦胚蛋白饮料稳定性的影响

加量为0.05%时,离心沉淀率最低,体系稳定最好,当黄原胶添加量>0.09%时会产生沉淀现象,并且随着添加量的增加,沉淀现象更加明显。因此,选择黄原胶的最适添加量为0.05%。

(3)络合剂添加量对麦胚蛋白饮料稳定性的影响。本次试验选择的络合剂是,三聚磷酸钠和柠檬酸钠,将这两种添加剂进行复配,以总量为0.1%为添加量。从图5-25中离心沉淀率的分析,可以看出,当三聚磷酸钠和柠檬酸钠的比例为1:1和2:3时,沉淀率<1%,并在2:3时有最低值,体系处于稳定状态。因此,选择络合剂的添加量为0.1%,其中三聚磷酸钠和柠檬酸钠的比例为2:3。

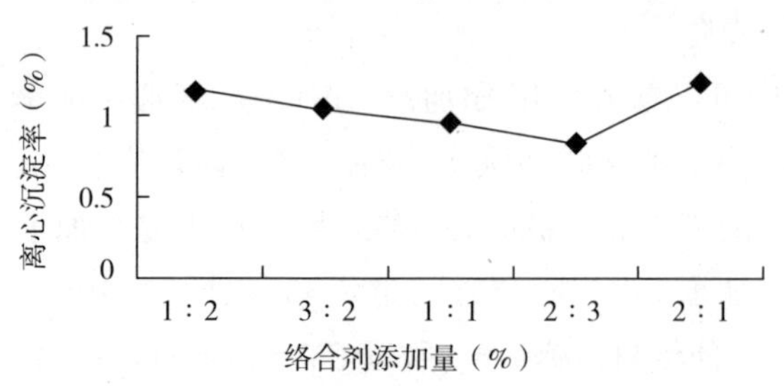

图5-25 络合剂添加量对麦胚蛋白饮料稳定性的影响

(4)乳化剂添加量对麦胚蛋白饮料稳定性的影响。由于麦胚蛋白饮料含有较高的蛋白质和脂肪,它们之间不能构成稳定的体系,从而使饮料在贮藏一段时间后产生分层现象。另外温度等因素也可导致饮料沉淀、分层。因此添加适当的乳化剂,可使脂肪均匀、稳定的分散在水中,从而防止其不良效果的发生。本次试验选用单甘酯作为乳化剂,单甘酯的添加量在0.04%~0.12%。

从图5-26中的离心沉淀率可以得出,添加量在0.08%~0.12%时稳定性最理想,单甘酯的添加量为0.1%时离心沉淀率最低,说明此时体系的稳定性越好。因此,选择乳化剂的添加量为0.1%。

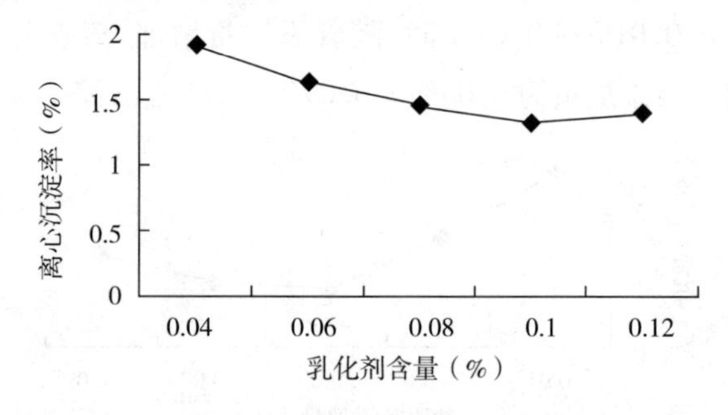

图5-26 乳化剂添加量对麦胚蛋白饮料稳定性的影响

2.正交实验结果

为了综合考虑多因素对麦胚饮料稳定性的影响,基于单因素实验结果确定的最适条件,选取 CMC 添加量 A、黄原胶添加量 B、络合剂添加量 C、乳化剂添加量 D 4 个主要因素为自变量,以离心沉淀率为指标,进行 $L_9(3^4)$ 正交试验设计法。试验因素水平表如表 5 - 12,实验结果见表 5 - 13。

表 5 - 12　麦胚蛋白饮料配料正交试验因素水平表

水平	因素(%)			
	CMC(A)	黄原胶(B)	络合剂(C)	乳化剂(D)
1	0.08	0.05	0.05 +0.05	0.08
2	0.09	0.07	0.04 +0.06	0.10
3	0.10	0.09	0.07 +0.03	0.12

表 5 - 13　麦胚蛋白饮料配料正交试验结果表

序号	CMC(A)	黄原胶(B)	络合剂(C)	乳化剂(D)	离心沉淀率(%)
1	1	1	1	1	1.09
2	1	2	2	2	1.07
3	1	3	3	3	1.42
4	2	1	2	3	0.54
5	2	2	3	1	0.76
6	2	3	1	2	0.98
7	3	1	3	2	2.01
8	3	2	1	3	1.84
9	3	3	2	1	2.18
k_1	1.19	1.21	1.30	1.34	
k_2	0.76	1.22	1.26	1.35	
k_3	2.01	1.53	1.40	1.27	
R	1.25	0.32	0.14	0.08	

通过 R 值比较确定 A 因素为最重要因素,其次分别是 B 因素、C 因素和 D 因素,同时通过 K 值确定了最佳组合为:$A_2B_1C_2D_3$,即 CMC 添加量为 0.09%,黄原胶添加量为 0.05%,络合剂添加量为三聚磷酸钠 0.04% + 柠檬酸钠 0.06%,乳化剂添加量为 0.12% 时,饮料体系的稳定性最好。

3.麦胚蛋白饮料的配方

调配的过程是使饮料达到最佳的口味并富有一定的营养的过程。在保证蛋白饮料稳定新的基础上，甜味剂、辅料的添加对饮料的感官和口感具有重要的影响(图5－27)。通过实验研究最终确定麦胚蛋白饮料的配方为：白砂糖添加量7%，脱脂奶粉的添加量3%，CMC添加量为0.09%，黄原胶添加量为0.05%，络合剂添加量为三聚磷酸钠0.04%＋柠檬酸钠0.06%，乳化剂添加量为0.12%。

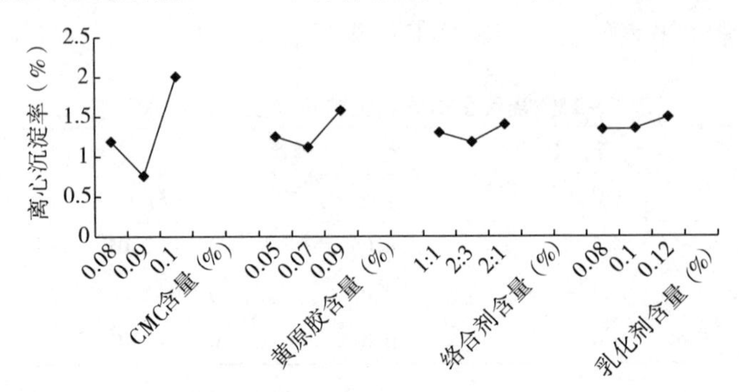

图5－27　麦胚蛋白饮料稳定剂正交试验与指标的关系

(六)小结

通过以上试验数据证明，最终麦胚脱腥条件为蒸煮20 min，微波4 min，微波功率为P30。在单因素的基础上以CMC、黄原胶、络合剂、乳化剂四个因素进行$L_9(3^4)$正交试验，确定的稳定剂最佳添加量为：A2B1C2D3，即CMC添加量为0.09%，黄原胶添加量为0.05%，络合剂添加量为三聚磷酸钠0.04%＋柠檬酸钠0.06%，乳化剂添加量为0.12%。此时，麦胚蛋白饮料体系的稳定性达到最好。

最终确定麦胚蛋白饮料的配方为：白砂糖添加量7%，脱脂奶粉的添加量3%，CMC添加量为0.09%，黄原胶添加量为0.05%，络合剂添加量为三聚磷酸钠0.04%＋柠檬酸钠0.06%，乳化剂添加量为0.12%。

确定麦胚蛋白饮料工业化生产的工艺路线为：

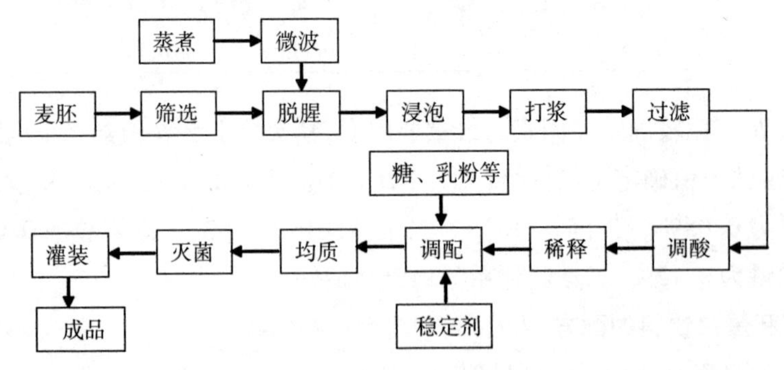

四、麦胚营养粉的研制

(一)引言

麦胚占小麦籽粒总重的2% ~3%,蕴藏着丰富的营养物质,被国内外营养学家誉为“人类天然的营养宝库”。研究表明:麦胚富含多种营养成分,其中蛋白质含量约为30%,且8种必需氨基酸占总氨基酸含量35%,赖氨酸的含量尤其高(是鸡蛋的2.5倍、面粉的7 ~8倍);脂肪的含量为10%左右,不饱和脂肪酸达80%以上,其中亚油酸占44% ~65%;麦胚黄酮的含量达到350mg/kg,是胚乳中的1000倍以上,是麸皮中的20倍多,麦胚中还含有大量维生素E和一定量的矿物质。麦胚中较高的赖氨酸、亚油酸以及麦胚黄酮等物质能够显著降低人体血清胆固醇和甘油三酯含量,具有良好的降血脂和抗氧化功效,对预防和治疗高血压高血脂症患者具有较好的效果。

杂粮富含多种营养成分,其具有微量元素含量高、膳食纤维高、碱酸中和性高、维生素含量高、蛋白质与氨基酸比例高、热量低等特点,具有降血糖、降血脂、减肥、通便、解毒、防癌等保健与预防疾病增进人体健康的重要作用。将麦胚与杂粮搭配食用,可起到营养互补、营养均衡的作用,还有助于提高麦胚营养价值。但由于麦胚自身具有一种不良的麦腥味且易氧化变质,因此其加工利用受到限制,目前已开发的麦胚食品中麦胚多作为营养添加剂和功能替代物使用,以麦胚作为主料生产麦胚粉状食品的报道很少。同时,市场上并未见针对某一特殊人群食用的麦胚营养粉产品。

(二)工艺路线

杂粮混合粉
↓
麦胚→脱腥→烘焙→配料→细粉碎→过筛→包装→检测→成品
↑
增香粉

(三)麦胚原料的脱腥处理

在麦胚脱腥过程中不同方法,不同时间和不同温度会有不同的结果,经试验得以下结果,见表5 -14。

表5－14　不同麦胚脱腥方法实验

方法	时间(min)	温度(℃)	结果
烘干	30	150	微糊味
烘干	40	130	无味
烘干	60	150	糊味
蒸煮＋烘干	30＋15	150	微煮味
蒸煮＋烘干	30＋10	150	蒸煮味
蒸煮＋微波	20＋4	P30	微甜味
微波	10	P30	糊味

从表5－14中可以看出，通过不同方法，不同温度和不同时间的实验结果验证，使用蒸煮加微波的方法为麦胚最佳的脱腥方法。最终脱腥条件为蒸煮20 min，微波4 min，微波功率为P30。经过处理后的麦胚腥辣味明显降低。

(四)杂粮混合粉的配制

工艺流程：

杂粮(燕麦、荞麦、薏仁、绿豆)→清洗→沥干→烘焙→粉碎→混合→灭菌→混合粉

根据杂粮的营养及功能特性，选择燕麦、荞麦、薏仁与麦胚配伍制备营养粉。这些杂粮产品可先制成混合粉，混合粉的各种芳香味不仅可增加产品的感官品质，而且可提高食品营养的互补性，达到营养均衡。每种原料需烘焙后制成熟粉，烘焙条件见表5－15，混合粉的配制采用不同的比例调配，通过感官评价后确定最佳配比，见表5－16。从表5－16中可以看出，当选择燕麦40g、荞麦20g、薏仁10g时，即混合粉中燕麦:荞麦:薏仁＝4:2:1时，三种杂粮混合粉的风味及感官效果最好，因此按照此比例进行杂粮混合粉的配制。

表5－15　杂粮烘焙条件

物料	烘焙条件	达到标准
麦胚	130℃，35 min	金黄色、有香味
燕麦	110℃，30 min	金黄色、香味浓
荞麦	110℃，30 min	微黄色、有香味
薏仁	130℃，40 min	橙黄色、香味浓

表 5－16　燕麦、荞麦、薏仁的配比及结果

试验号	燕麦(g)	荞麦(g)	薏仁(g)	冲调后风味
1	80	0	0	一般
2	60	10	5	好
3	40	20	10	较好
4	20	30	15	一般

(五)增香粉的配制

为了更好的掩盖麦胚粉的不良气味,采用花生、芝麻作为增香物质,赋予麦胚粉更好的芳香气味。从成本、风味和组织状态几方面考虑,对二者的添加比例进行调整,花生和芝麻的烘焙条件及配比结果见表 5－17 和表 5－18。

工艺流程:

花生→挑选→烘焙→去皮→粉碎→过筛→花生粉

白芝麻→除杂→清洗→沥干→烘焙→研磨→过筛→芝麻粉

花生和芝麻的脂肪含量高,过度粉碎会导致配料呈油团状,不利于调配。因此先粉碎,与所有配料混合好后,再进行深度粉碎,以保证物料均匀细致,粉碎后的物料过 60 目筛,使产品口感细腻。

从表 5－18 中可以看出,花生和芝麻最佳的配比结果为花生粉 20 g、芝麻粉 10 g,即花生粉:芝麻粉＝2:1 时,两者的混合粉能够达到最佳的增香效果。

表 5－17　芝麻、花生烘焙条件

物料	烘焙条件	达到标准
花生	130℃,20 min	橙黄色、香味浓、风味好
芝麻	130℃,8 min	皮微黄,香气浓郁

表 5－18　花生和芝麻粉的配比及结果

试验号	花生粉(g)	芝麻粉(g)	综合效果
1	30	0	组团、香味单一
2	20	10	组织均匀、综合香味好
3	10	20	香味较弱
4	0	30	香味不足

(六)配方设计

在混合粉基础上,加入麦胚粉剂增香粉,配制成方便的麦胚营养粉。配方的设计采用3因素3水平的正交试验进行最佳配方设计(表5-19)。

表5-19 试验因素和水平

水平	麦胚粉(g)	杂粮粉(g)	增香粉
1	40	20	4
2	50	15	6
3	60	10	8

正交试验结果:

通过正交试验可以得出影响麦胚粉质量的主次因素为麦胚粉、混合粉、增香粉,配方的最佳组合为麦胚粉:混合粉:增香粉=50:20:6。即麦胚营养粉的最佳配方为麦胚粉65.79%,燕麦15.04%,荞麦7.52%,薏仁3.76%,花生5.26%,芝麻2.63%。

(七)产品的质量评价及检测

1.感官评价结果

根据粉状食品的特点,对麦胚营养粉的组织状态、冲调性、风味、口感等方面进行评价,结果为麦胚营养粉组织状态较好,无结块和油团粒存在;冲调时呈均匀糊状,无沉淀和结块;产品复合麦胚及杂粮的自然香气,无生腥味及其他异味;口感细腻,具有适宜的稠厚感。

2.产品营养成分检测机结果

根据国家粉状食品成分检测项目,对麦胚杂粮营养粉进行蛋白质、脂肪、总糖及水分进行检测。蛋白质≥15%,脂肪≥12%,总糖≤50%,水分≤3%。

3.细菌总数检测及结果

细菌总数、大肠菌群及致病菌的检测结果均符合国家粉状食品要求的质量标准。

(八)小结

(1)通过蒸煮及微波技术将麦胚脱腥处理,并与杂粮混合,按照一定的比例配制具有降血压降血脂功能的麦胚杂粮营养粉,该营养粉中具有较高的蛋白质,其中赖氨酸的含量较高，并且含有丰富的黄酮类物质，适合于高血压高血脂症患者。该营养粉的研制，不仅使麦胚资源得到有效地综合利用，提高其营养保健效果，而且将会带来极好的经济效益和社会效益。

（2）最终确定麦胚营养粉的配方为：麦胚粉占65.79%，燕麦占15.04%，荞麦占7.52%，薏仁占3.76%，花生占5.26%，芝麻占2.63%。

（3）营养粉制备工艺路线如下：

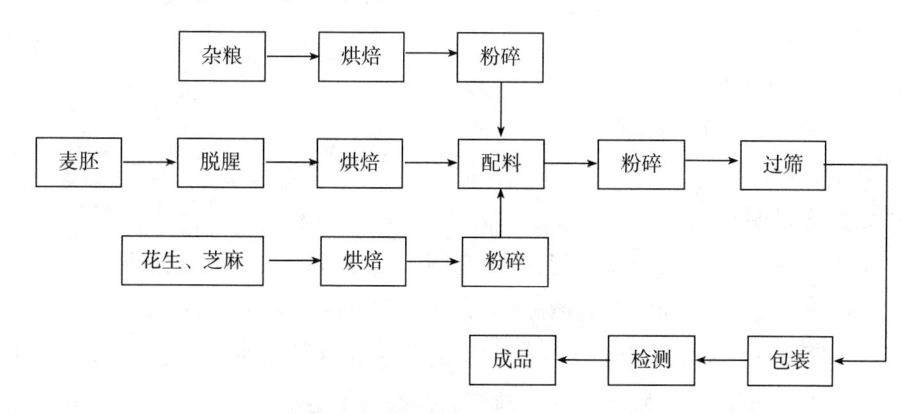

五、麦胚蛋白肽口服液的研制

（一）引言

本文以膜法制备的麦胚多肽是以小分子、具有生物活性的肽为主，由于膜分离具有无毒、无害的优点，所以其可直接进行食品的加工。因此，本研究以从小麦胚芽中提取的麦胚抗氧化肽为原料，辅以蜂蜜、柠檬酸等物质配制麦胚肽口服液，主要研究了麦胚肽的配方、生产工艺、质量标准等。为我国农产品资源深加工拓宽其应用领域提供一条科技含量高、附加值高的有效开发途径，为推动国内肽类营养功能食品的产业化和深度开发具有重要意义，其应用前景非常广阔，市场潜力巨大。

（二）实验材料与设备

1.材料与试剂

麦胚肽、木糖醇、果糖、苹果酸、羧甲基纤维素钠。

2.主要生产设备

高速组织捣碎机1台、离心机1台、均质机1台、超滤机1台、加热锅1台、灌装封口机1台。

(三)产品配方

1.口服液配方(以制作 100 L 为例)

麦胚蛋白肽浓缩液:1 ~2 kg(具体用量以保证麦胚肽在口服液中的含量至少为 1.0 g/100 mL 为准。)

木糖醇:10 kg

果糖:3.5 kg

苹果酸:0.1 kg

羧甲基纤维素钠:0.2 kg

水:补至 100 L

2.配方说明

选择木糖醇和果糖为甜味剂,并没有用蔗糖是考虑到:①木糖醇除了有甜味以外,入口时,还有一种天然的清凉感;②木糖醇和果糖摄入体内后,几乎不使血糖上升,且具有一定的防龋功能;③果糖的甜感比蔗糖更使人愉快。添加 CMC 是为了使体系更均一更稳定,延长保质期,提高货架寿命。

(四)生产工艺

1.工艺流程

碱提酸沉膜 500 Da

↓

麦胚→麦胚蛋白→酶水解→麦胚蛋白肽粗提液→纳滤膜分离纯化→麦胚肽

(水、木糖醇、果糖、苹果酸、羧甲基纤维素钠)

↓

纯化液→浓缩→麦胚肽浓缩液→配制→口服液→灌装→封口→灭菌→冷却→检验→装箱→成品

2.工艺说明

①麦胚蛋白、麦胚蛋白肽的制备按照实验四中的提取制备方法制得。

②麦胚蛋白口服液的配制:

按照配方,在 1 ~2 kg 麦胚蛋白肽浓缩液中添加 10 kg 木糖醇、3.5 kg 果糖、0.1 kg 苹果酸、0.2 kg 羧甲基纤维素钠,并补水至 100 L 配制成口服液,然后装瓶、封口。85 ~90℃/30 min,水浴灭菌、冷却至室温,检验合格后,装盒、装箱,即为麦胚蛋白肽口服液成品。

(五)产品质量标准

感官指标、理化指标、微生物指标如表5－20、表5－21、表5－22所示。

表5－20　感官指标

项目	指标
色泽	浅褐色
滋气味	具有本品特有的滋气味,无异味
组织状态	均匀得液体,久置后允许有少量沉淀

表5－21　理化指标

项目	指标
麦胚蛋白	≥5.5%
麦胚肽	≥5.0%
脂肪	≤0.1%
硝酸盐(以 $NaNO_3$)	≤11.0 mg/L
亚硝酸盐(以 $NaNO_2$)	≤2.0 mg/L
砷(以As计)	≤0.25 mg/L
铅(以Pb计)	≤0.5 mg/L

表5－22　微生物指标

项目	指标
菌落总数	≤1000
大肠菌群(最近似值)	≤40
酵母	≤10
霉菌	≤10
致病菌	不得检出

(六)小结

(1)膜法制备的麦胚肽口服液中的多肽是以小分子、具有生物活性的肽为主,多肽含量为1.0 g/100 mL,产品具有独特的风味并具有较好的营养保健功能。

(2)最终确定麦胚肽口服液产品的配方为(以100 L产品计):麦胚蛋白肽浓缩液:1～2 kg,木糖醇10 kg,果糖3.5 kg,苹果酸0.1 kg,羧甲基纤维素钠0.2 kg,

水补至 100 L。

(3)麦胚肽口服液产品的生产工艺路线为:

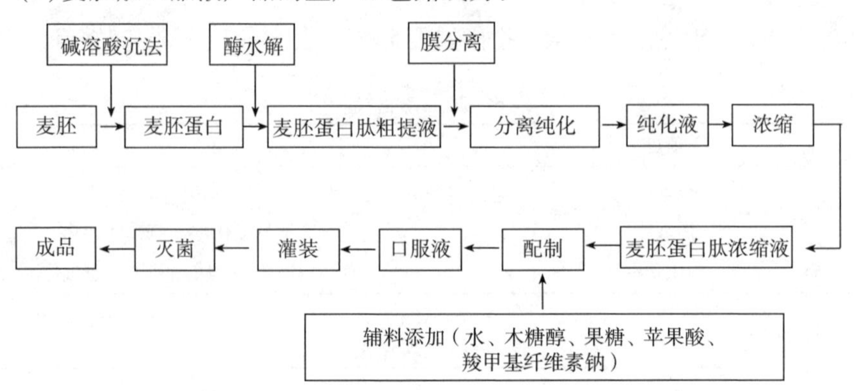

六、麦胚黄酮软胶囊制备工艺的研究

(一)引言

麦胚黄酮具有多种生物活性,除利用其抗菌、消炎、抗突变、降压、镇静、利尿外,再抗氧化、抗癌、防癌、抑制脂肪酶等方面也有显著效果。优于黄酮类化合物的是、这些生物活性使研究进入了一个新的阶段,改变传统的主要以食品添加剂形式添加入食品中,掀起了黄酮类化合物的研究、开发利用热潮,促使其广泛应用于保健、医药、食品等工业中。软胶囊剂是近年来在国内外发展很快的一种制剂,与其他剂型相比具有生物利用度高、密封性好、含量准确等优点。鉴于此,我们研制了麦胚黄酮软胶囊。本研究以实验室自提纯度为 95.56% 的麦胚黄酮为原料,通过添加其他辅料来制备麦胚黄酮软胶囊。

(二)实验材料与设备(表 5 -23)

表 5 -23　实验材料与设备

名称	厂家
HSR -100 风冷滚模式压丸生产线	北京东方慧神科技有限公司
JM 立式胶体磨	上海爱思杰制泵有限公司
溶胶罐	北京东方慧神科技有限公司
明胶(医药级)	大庆华科制药有限公司提供
蜂蜡(医药级)	北京逾世纪科技有限公司

续表

名称	厂家
亚麻籽油	内蒙古宇航人高技术有限责任公司
大豆磷脂	大庆日月星有限公司

（三）方法与结果

1.提取物粉样品制备

取麦胚黄酮干浸膏粉，过100 目筛，备用。

2.辅料的选择

作为软胶囊混悬介质的辅料与药物混合必须具有良好的流动性以保证大规模生产，同时混合液也必须具备良好的物理稳定性。最常用的混悬介质是植物油或植物油加非离子表面活性剂或PEG 等，由于PEG 的亲水性，当PEG 作为基质所配药液填充在胶囊壳内时，会吸收胶壳的水分，使胶囊中的内容物增重约10%，并可能产生囊壳变硬、老化及药物成分迁移到胶壳外等问题。植物油为软胶囊中最常用的基质，亚麻籽油含有丰富的亚麻酸和亚油酸，具有提高免疫力、辅助降血脂等功效，因此选择亚麻籽油作为基质。

3.亚麻籽油用量选择

取过筛后的干浸膏粉，按以下配比，研磨研匀，比较内容物状态，同时观察药液流动性、稳定性，分布均匀性，取麦胚黄酮浸膏粉与亚麻籽油分别按1:1、1:1.5、1:2、1:2.5、1:3 和1:3.5 的比例混匀，观察药液的流动性和均一性，结果见表5－24。

表5－24　浸膏粉与亚麻籽油比例的试验结果

试验号	浸膏粉:亚麻籽油	综合评价
1	1:1	药液黏稠，流动性差，药物分布不均匀
2	1:1.5	药液黏粘稠，流动性较差，药物分布均匀
3	1:2	药液黏稠度适中，流动性较好，药物分布均匀
4	1:2.5	药液黏稠度适中，流动性好，药物分布均匀
5	1:3	药液黏稠度低，流动性好，药物分布均匀
6	1:3.5	药液黏稠度太低，流动性好，药物分布均匀

试验结果表明，当麦胚黄酮浸膏粉与亚麻籽油的比例为1:2.5 时药液黏稠度适中，流动性好，符合软胶囊的灌装要求，故采用浸膏粉与亚麻籽油的比例为1:2.5进行投料。

4.湿润剂和助悬剂的选择及用量

根据混悬液的沉降公式(斯托克斯公式),减小粒径,或增加介质黏度,均可减小沉降速度,从而提高混悬液的稳定性。预试结果显示,仅靠粉末与油混合,浸膏粉很快沉积,流动性差,难以起到理想的效果,故选取具有适当湿润和助悬作用的辅料进行试验。

(1)考核指标流动性:以药匙取适量混合液,药匙与水平面成45°角,肉眼观察混合液从药匙上滴下的情况。

切断性:混合液即将滴完时,液滴很快收缩,而不呈长丝状。

沉降比:内容物置离心试管,刻度尺量取液面高度(h_1),400 转/min,离心30min 后油/固分层,测量混悬液固体高度(h_2),沉降比 = (h_2/h_1) ×100%。

(2)湿润剂和助悬剂的选择结果大豆磷脂为优良的乳化剂和湿润剂,蜂蜡为软胶囊剂中常用的助悬剂,湿润剂与助悬剂配合使用较单一使用效果为好。因此我们选用大豆磷脂作湿润剂、用蜂蜡作助悬剂进行试验,考察所得混合液在(23 ± 2)℃的流动性和切断性,并以沉降比测定来观察其混悬性,结果见表 5 - 25。

表 5 - 25　助悬剂作用分析结果

大豆磷脂	蜂蜡	流动性	切断性	沉降比	沉淀平衡
1.0	3	-	-	73%	11
2.0	3	+	+	86%	9
4.0	4	+ +	+ +	94%	12
4.0	6	+ +	+ +	100%	12
4.0	8	+	+ +	100%	11

由表 5 - 25 结果可知:大豆磷脂用量为 4.0%,蜂蜡用量为 6.0% 时,所制备混合液的流动性、切断性及稳定性最佳。因此,选用该比例投料。

(四)配方与制法

(1)配方:根据以上实验结果和有关经验拟定配方(按 1000 粒量)为麦胚黄酮粉 128 g、亚麻籽油 322 g、蜂蜡 30 g 和大豆磷脂 20 g。

(2)制法:取亚麻籽油与蜂蜡混匀,加热至约 65℃使蜂蜡完全熔融,搅拌冷却至 35℃以下,加入大豆磷脂,搅拌至全溶,加入麦胚黄酮干膏粉,搅拌均匀,胶体磨研磨均匀,抽真空消去气泡,备用;取明胶、甘油、水按 1 : 0.4 : 1 的比例加入水浴式化胶罐,搅拌、熔融,保温 1h,抽真空无明显气泡,80 目/筛网过滤放入胶桶保温（≥60℃），静置2～6 h。在18～26℃、相对湿度为≤50%的环境下用软胶囊压制机，填入上述物料，压制出软胶囊。在室温、20%湿度条件下，吹干。

（五）含量测定

1.对照品溶液的制备

精密称取异鼠李素对照品适量，加甲醇制成每1 mL中含10 g的溶液，即得。

2.供试品溶液的制备

取本品内容物约1.0 g，精密称定，置具塞锥形瓶中，精密加入乙醇250 mL，称定重量，加热回流1 h，放冷，再称定重量，用乙醇补足减失的重量，摇匀，滤过。精密量取续滤液10 mL，置具塞锥形瓶中，加盐酸2 mL，在75℃水浴中加热1 h，立即冷却，转移至100 mL量瓶中，用适量乙醇洗涤容器，洗液并入同一量瓶中，加乙醇至刻度，摇匀，滤过，取续滤液，即得。

3.测定法

分别精密吸取对照品与供试品溶液各10 μL，注入液相色谱仪，测定，即得。本品每粒含异鼠李素（$C_{16}H_{12}O_7$），不得少于25.0 mg。3批中试样品含量测定结果分别为30.5 mg/粒、35.2 mg/粒、34.3 mg/粒。

（六）结论

（1）本品提取物为干膏粉，选用亚麻籽油作为混悬介质，加入助悬剂蜂蜡先熔融在亚麻籽油中，冷至室温后，再加入大豆磷脂混匀，再将麦胚黄酮粉粉碎过100目筛，加入混合油中充分研磨混匀（过胶体磨）即可。试验结果表明，采用亚麻籽油作为混悬介质，6%蜂蜡作为助悬剂、4%大豆磷脂作为湿润剂，干膏粉碎度在100目以下时，混合液质均稳定，放置考察12个月（稳定性试验），混合液均不分层。采用上述工艺所制得的麦胚黄酮软胶囊，完全符合2015年版《中国药典》的规定，工艺稳定，质量可控，适合于工业生产。

（2）配方：根据以上实验结果和有关经验拟定配方（按1000粒量）为麦胚黄酮粉128 g、亚麻籽油322 g、蜂蜡30 g和大豆磷脂20 g。

（3）麦胚黄酮软胶囊的制备工艺路线：

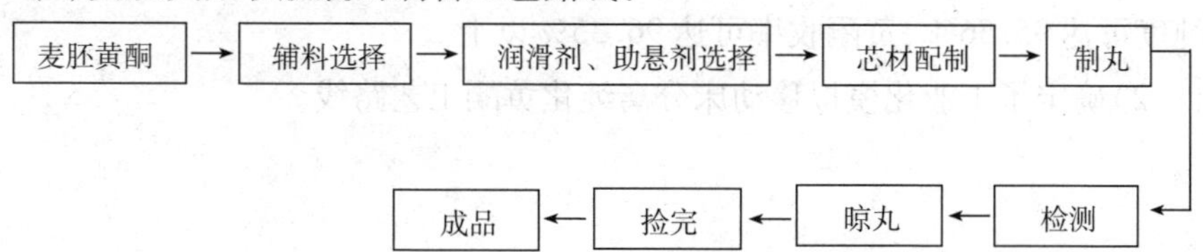

七、结论

(一)完成了工业化生产小麦胚芽油的工艺路线及技术参数

(1)通过对超临界 CO_2法与浸提法提取胚芽油的方法进行对比,确定浸提法为适合工业化生产麦胚油较好的方法。

(2)对正已烷浸提麦胚油的工艺条件进行优化,优选出工业化生产胚芽油的工艺路线和技术参数,最终所得出油率为11.81%。

(3)通过正已烷浸出法提取小麦胚芽油的中试实验研究得到了较好的效果,该工艺路线正确,操作简单可行,所选工艺参数合理。产品经过精炼后进行软胶囊包装,即可保持小麦胚芽油的生物活性又可减少氧化延长货架期,提高了产品的附加值。

(二)建立了超声波提取麦胚黄酮的工艺条件和技术参数

(1)超声波能够提高乙醇提取黄酮的效率,达到省时、高效、节能的目的。实验范围内,超声波提取麦胚中黄酮的最佳工艺条件为:乙醇浓度50%,超声波作用时间 35 min,作用温度 60℃,料液比为 1/20,此时黄酮的提取率为95.7%。

(2)在小试研究的基础上进行中试放大实验研究,经测定黄酮的提取率为94.83%,与实验室提取率基本相同,说明此工艺路线和技术参数可为产业化生产提供技术参考。

(三)建立了模拟移动床色谱分离纯化麦胚黄酮的工艺路线和技术参数

(1)确定了工业化模拟移动床色谱分离纯化麦胚黄酮的技术参数为:色谱柱是500 mm×16 mm 的制备柱,数量为12根,吸附介质为AB-8大孔吸附树脂,洗脱介质为70%乙醇溶液,进料速度为4 mL/min、洗脱速度为8 mol/L,循环流速为10 mL/min,阀门切换时间为300 s/次。验证试验得到SMB分离纯化黄酮的纯度可达95.56%,黄酮收率可达96.35%以上。

(2)确定了工业化模拟移动床分离纯化黄酮工艺路线。

(四)完成了工厂化制取麦胚蛋白粉及抗氧化肽工艺技术研究

(1)确定了麦胚蛋白提取的方法及工艺路线,并优化得到最佳的提取工艺参数:α-淀粉酶添加量0.35%,提取温度66.7℃,提取pH为3.9,在该提取条件下蛋白质的纯度达到了99.17%。

(2)确定了酶水解制备麦胚肽工艺路线和技术参数,最终得出麦胚抗氧化肽的制备条件为:中性蛋白酶,水解时间为5 h,水解温度为50℃,水解pH为7.0,在此条件下麦胚蛋白水解物具有较高的抗氧化能力。

(3)选用560 Da纳滤膜对麦胚肽溶液进行浓缩及纯化,确定了膜分离的最佳条件。

(4)通过中试实验研究,完成工业化制备麦胚肽的工艺参数的研究。

(五)确定了麦胚系列功能保健食品的配方及产业化工艺路线

(1)确定了麦胚蛋白饮料配方及产业化生产工艺路线:白砂糖添加量7%,脱脂奶粉的添加量3%,CMC添加量为0.09%,黄原胶添加量为0.05%,络合剂添加量为三聚磷酸钠0.04%+柠檬酸钠0.06%,乳化剂添加量为0.12%。

(2)确定麦胚营养粉的配方为:麦胚粉占65.79%,燕麦占15.04%,荞麦占7.52%,薏仁占3.76%,花生占5.26%,芝麻占2.63%,以及产业化生产工艺路线及技术参数。

(3)确定麦胚肽口服液产品的配方为(以100 L产品计):麦胚蛋白肽浓缩液:1~2 kg,木糖醇10 kg,果糖3.5 kg,苹果酸0.1 kg,羧甲基纤维素钠0.2 kg,水补至100 L,以及产业化生产工艺路线及技术参数。

(4))确定麦胚黄酮软胶囊配方(按1000粒量)为:麦胚黄酮粉128 g、亚麻籽油322 g、蜂蜡30 g和大豆磷脂20 g,以及产业化生产工艺路线及技术参数。

参考文献

[1]莫航佳. 麦胚的生产与利用[J]. 西部粮油科技, 1998, 23(4): 17-20.

[2]Sullivan B, Bailey C H. The lipids of the wheat embryo. I. The fatty acids[J]. J. am. chem. soc, 2002, 58(3): 383-390.

[3]刘淑芬, 吴自强, 胡建平. 蒸煮优质馒头与小麦品质的关系[J]. 作物杂志, 1986(4): 27-28.

[4]樊永华. 小麦胚芽蛋白制备及应用[J]. 粮油与油脂, 2008, 11: 11 - 13.

[5] Hettiarachchy N S, Griffin V K, Gnanasam bandam R. Preparalion and functional of a protein isolate from defatted wheat germ[J]. Cereal Chemistry, 1996, 73(3): 364 - 367.

[6]朱科学 ,纪莹, 周惠明. 小麦胚芽水溶性蛋白提取工艺优化[J]. 粮食与油脂, 2004 (5): 23 - 26.

[7]周惠明, 钱海峰, 朱科学. 小麦胚水溶性提取物中蛋白质的化学特性分析[J]. 无锡轻工大学学报, 2003, 22: 30 - 33.

[8]葛毅强, 孙爱东, 倪元颖. 脱脂麦胚蛋白的制取和理化及其功能特性的研究[J]. 中国粮油学报, 2002, 17 (4): 20 - 24.

[9]辛志宏, 吴守一, 马海乐. α - 淀粉酶法制备小麦胚芽蛋白的研究[J]. 食品科技,2003 (6): 11 - 12.

[10]梁丽琴, 扶庆权, 冯丽青, 等. 脱脂麦胚蛋白的分离制备[J]. 现代食品科技,2006, 22 (2): 121 - 123.

[11]袁道强, 王丹丹. 超声波法提取小麦胚芽蛋白的研究[J]. 食品研究与开发, 2007, 28(1): 1 - 4.

[12]刘邻渭. 食品化学[M]. 北京: 中国农业出版社, 2003.

[13]陆强, 李宽宏, 施亚钧. 提取与分离蛋白质的新技术 - 反胶束萃取[J]. 现代化工, 1993 (12): 37 - 39.

[14]纪蓓, 朱明军. 反胶束萃取技术在生物工程中的应用[J]. 食品与发酵工业, 2002, 28(12): 62 - 66.

[15]Naoe K, Ura O, Hattori M, et al. Protein extraction using non - ionic reverse micelles of Span 60[J]. Biochemical Engineering Journal, 1998, 2: 113 - 119.

[16]Lu Q, Chen H, Li K H, et al. Transport between an aqueous phase and a CTAB/hexanol - octane reversed micellar phase[J]. Biochemical Engineering Journal, 1998, 1: 45 - 52.

[17]Marcozzi q, Correa N, Luisi P L, et al. Protein extraction by reverse micelles: A study of the factors affecting the forward and bBackward transfer of α - chymotrypsin and its activity[J]. Biotechnology and Bioengineering, 1991, 38: 1239 - 1246

[18]Nishiki T, Muto A, Kataoka T, et al. Back extraction of proteins from reversed micellar to aqueous phase partitioning behaviour and enrichment[J]. The

Chemical Engineering Journal, 1995, 59: 297 -301.

[19]孙晓宏. 反胶束法萃取小麦胚芽蛋白的研究[D]. 江南大学, 2008.

[20]周雪松. 水解蛋白来源的抗氧化肽研究进展[J]. 中国食品添加剂, 2005, 6: 84 -87.

[21]Hartmann R, Meisel H. Food - derived peptides with biological activity from research to food applications[J]. Current Opinion in Biotechnology, 2007, 18(2): 163 -169.

[22]Parke Y, Mormae M, Matsumura Y, et al. Antioxidant activity of some protein hydrolysates and their fractions with different isoelectric points [J]. Journal of Agricultural and Food Chemistry, 2008, 56(19): 9246 -9251.

[23]吴建中. 大豆蛋白的酶法水解及产物抗氧化活性的研究[D]. 广州: 华南理工大学, 2003.

[24]Beermann C, Euler M, Herzberg J, et al. Antioxidative capacity of enzymatically released peptides from soybean protein isolate[J]. Eumpean Food Research and Technology, 2009, 229(4): 637 -644.

[25]Cheng G T, Zhao L Y, et al. In vitro study on antioxidant activities of peanut protein hydrolysates[J]. Journal of the Science of Food and Agriculture, 2007, 87(2): 357 -362.

[26]Xue Z H, Yu W C, Liu Z W, et al. Preparation and antioxidative properties of a rapeseed (*Brassica napus*) protein hydrolysates and three peptide fractions [J]. Journal of Agricultural and Food Chemistry, 2009 (12): 5287 -5293.

[27]Zhang S B, Wang Z, Xu S Y, et al. Purification and characterization of a radical scavenging peptide from rapeseed protein hydrolysates[J]. Journal of the American Oil Chemists Society, 2009, 86(10): 959 -966.

[28]Lu X X, Han L J, Chen L J. In vitro antioxidant activity of protein hydrolysates prepared from corn gluten meal [J]. Journal of the Science of Food and Agriculture, 2008, 88(9): 1660 -1666.

[29]Zhu L J, Chen J, Tang X Y, et al. Reducing radical scavenging and chelation pmperties of in vitro digests of alcalase - treated zein hydrolysates[J]. Journal of Agricultural and Food Chemistry, 2008, 56(6): 2714 -2721.

[30]Chanput W, Theerakulkait C, Nakatis. Antioxidative properties of partially purified barley hordein, rice bran protein fractions and their hydrolysates[J].

Journal of Cereal Science, 2009, 49(3): 422 -428.

[31]吴定, 刘常金, 刘长鹏. 小麦胚芽中保健功能因子功能与提取[J]. 食品科学, 2005, 26(9): 615 -618.

[32]Decker E A, Ivanov V, Zhu B Z, et al. Inhibition of low - density lipoprotein oxidation by carnosine and histidine [J]. Journal of Agricultural and Food Chemistry, 2001, 49: 511 -516.

[33]张梦寒, 徐幸莲, 周光宏. 肌肽对脂质体的抗氧化作用[J]. 食品科学. 2002, 23(7): 52 -55.

[34]Decker E A, Crum A D. Inhibition of oxidative rancidity in salted ground pork by carnosine[J]. Journal of Food Science, 2010, 56(5): 1179 -1181.

[35]Decker E A, Crum A D. Antioxidant activity of carnosine in cooked ground pork [J]. Meat science, 1993, 34(2): 245 -253.

[36]Zhu K X, Zhou H M, Qian H F. Antioxidant and free radical - scavenging activities of wheat germ protein hydrolysates (WGPH) prepared with alcalase [J]. Process Biochemistry, 2006, 41(6): 1296 -1302.

[37]程云辉, 王璋, 许时婴. 酶解麦胚蛋白制备抗氧化肽的研究[J]. 食品科学, 2006, 27(6): 147 - 150.

[38]殷微微, 赵永焕, 李永臣, 等. 酶法制备麦胚抗氧化肽过程的优化[J]. 黑龙江八一农垦大学学报, 2008, 20(1): 36 -39.

[39]刘振家, 朱科学, 周惠明. 超声波辅助酶解脱脂小麦胚芽制备抗氧化肽的研究[J]. 中国油脂, 2009, 34(5): 38 -41.

[40]王丹丹, 胡蓉. 脱脂小麦胚芽酶解及其水解物抗氧化性研究[J]. 现代面粉工业, 2009 (2): 44 - 47.

[41]Kagan V E. Antioxidant action of ubiquinol homologs with different isoprenois chain length in biomembranes[J]. Biochem Pharmacol, 1990, 40(11): 2403.

[42]Fagan J M, Sleczka B G, Sohar I. Quantitation of oxidative damage to tissue proteins[J]. International journal of biochemistry & Cell Biology, 1999, 31: 751 -757.

[43]Takeo, KURATA, Takao, et al. Isomerization of α - pinene oxide with chromic acid adsorbed on silica gel or alumina [J]. Journal of Japan Oil Chemists' Society, 1988, 108(2): 129 -131.

[44]Husain S R, Cillard P, Cillard P. Hydroxyl radical scavenging activity of

flavonoids[J]. Photochemistry, 1987, 26(9): 2489.

[45]Robak J. On the mechanism of antiaggregatory effect of myricetin[J]. Biochem Pharmacol, 1988, 37(5): 837.

[46]Manach C, Morand C, Texier O. Quercetin metabolites in plasma of rats fed diets containing rutin or quercetin [J]. Journal of Nutri. , 1995, 125: 1911 -1912.

[47]Hollman P C H, de Vires J H M, Van Lee Wen S D. Absorption of dietary quercetin glycosides and quercetin in healthy ileostomy Volunteers[J]. J Am Clin Nutr. 1995, 62: 1276 -1282.

[48]Matsuno T. Pathway of glutamate oxidation and its regulation in the HuH13 line of human hepatoma cells [J]. Journal of Cellular Physiology , 2010,148(2): 290 -294.

[49]Li H I, Vladimirov Y A, Deev A I. Comparative study of the effect of carnosine and other antioxidants on the chemiluminesence of a monolver liposome suspension in the presence offerrum ions[J]. Chemical Abstract, 1990, 112 (19): 174 -210.

[50]Beyeler S. Antioxidant effect of some chelating agents on soybean oils[J]. Pharmacol, 1988, 37(10): 1971.

[51]Larson R A. The antioxidants of higher plants[J]. Photochemistry, 1988, 27 (4):969 -978.

[52]Mavne S T, Packer R S. Carotenoids in human blood and tissues[J]. Nutr. Cancer, 1989, 12(3): 225.

[53]Cadenas E, Simic M G. Sies H. Effect of super oxide dismutase on the antioxidation of various hydroquinones[J]. Free Radical Res. Commun, 1989, 6(1): 11.

[54]翁新楚，吴侯. 抗氧化剂的抗氧化活性的测定方法及其评价[J]. 中国油脂，2000，25(6)：119 -122.

[55]朱天钦. 制粉工艺与设备[M]. 成都：四川科学技术出版社，1988.

[56]Amado R, Arrigon E. Nutritive and functional properties of wheat germ[J]. International food ingredients, 1992 (4): 30 -34.

[57]王成忠，李敬龙，毛得奖，等. 酶法水解麦胚蛋白的研究[J]. 食品科技，2004，7：94 -95.

[58]Rajalakshmi D, Narasimhan S. Food antioxidants: sources and methods of

evaluation[M]. Dekker: New York, 1996.

[59] Kong B, Xiong Y L. Antioxidant activity of zein hydrolysates in a liposome system and the possible mode of action[J]. Journal of Agricultural and Food Chemistry, 2006, 54(16): 6059 - 6068.

[60] Alder - Nissen J. Enzymic hydrolysis of food protein[M]. Elsevier Applied Science, London, U. K, 1986.

[61] Gornall A G, Bardawill C J, David M M. Determination of serum proteins by means of the biuret reaction[J]. J. Biol. Chem., 1949, 177: 751 - 766.

[62] Decker E A, Hultin H O. Factors influencing catalysis of lipid oxidation by the soluble fraction of mackerel muscle[J]. Journal of Food Science, 1990, 55: 947 - 950, 953.

[63] Sinnhuber R O, Yu T C. 2 - Thiobarbituric acid method for the measurement of rancidity in fishery products. Ⅱ. The quantitative determination of malonaldehyde [J]. Food Technology, 1958, 12: 9 - 12.

[64] 刘骞, 孔保华, 刁静静. 酶水解制备猪血浆蛋白抗氧化肽工艺参数的优化[J]. 食品工业科技, 2009, 2: 166 - 173.

[65] 赵俊仁. 风干肠中微生物的作用机理及发酵剂对产品质量的影响[D]. 东北农业大学, 2007.

[66] 杨月欣. 中国食物成分表[M]. 北京: 北京大学医学出版社, 2004.

[67] Pena - Ramos E A, Xiong Y L. Antioxidative activity of whey protein hydrolysates in a liposomal system[J]. J. Dairy Sci., 2001, 84: 2577 - 2583.

[68] Miguel M, Contreras M M, Recio I, et al. ACE - inhibitory and antihypertensive properties of a bovine casein hydrolysate[J]. Food Chemistry, 2009, 112(1): 211 - 214.

[69] Wu H C, Chen H M, Shiau C Y. Free amino acids and peptides as related to antioxidant properties in protein hydrolysates of mackerel (*Scomber austriasicus*) [J]. Food Research International, 2003, 36(9/10): 949 - 957.

[70] Sakanaka S, Tachibana Y. Active oxygen scavenging activity of egg - yolk protein hydrolysates and their effects on lipid oxidation in beef and tuna homogenates[J]. Food Chemistry, 2006, 95(2): 243 - 249.

[71] Carlsen C U, Rasmussen K T, Kjeldsen K K, et al. Pro - and antioxidative activity of protein fractions from pork (*longissimus dorsi*) [J]. European Food

Research & Technology, 2003, 217(3): 195 - 200.

[72] Kim S K, Kim Y T, Byun H G, et al. Isolation and characterization of antioxidative peptides from gelatin hydrolysate of Alaska pollack skin [J]. Journal of Agricultural & Food Chemistry, 2001, 49(4): 1984.

[73] 王进，何慧，隋玉杰，等. 玉米肽、大豆肽及其复配肽的降血压活性比较[J]. 中国粮油学报，2007，1: 45 - 47,72.

[74] 程云辉，王璋，许时婴. 麦胚蛋白的研究进展[J]. 食品与机械，2006，3: 105 - 108.

[75] Matsui T, C H L, Osajima Y. Preparation and characterization of novel bioactive peptides responsible for angiotensin I - converting enzyme inhibition from wheat germ[J]. Journal of Peptide Science, 1999 (5): 289 - 297.

[76] 辛志宏，马海乐. 从麦胚蛋白质中分离和鉴定血管紧张素转化酶抑制肽的研究[J]. 食品科学，2003，24(7): 130 - 133.

[77] 程云辉，文新华，王璋. 麦胚抗氧化肽水解用酶的筛选研究[J]. 中国粮油学报，2007，3: 29 - 33.

[78] Sinnhuber R O, Yu T C. 2 - Thiobarbituric acid method for the measurement of rancidity in fishery products. Ⅱ. The quantitative determination of malonaldehyde[J]. Food Technology, 1958, 12: 9 - 12.

[79] Wang L L, Xiong Y L. Inhibition of lipid oxidation in cooked beef patties by hydrolyzed potato protein is related to its reducing and radical scavenging ability [J]. Journal of Agricultural and Food Chemistry, 2005, 53: 9186 - 9192.

[80] Zhang S B, Wang Z, Xu S Y. Antioxidant and antithrombotic activities of rapeseed peptides[J]. Journal of the American Oil Chemists Society, 2008, 85 (6): 521 - 527.

[81] Hirose A, Miyashita K. Inhibitory effect of proteins and their hydrolysates on the oxidation of triacylglycerols containing docosahexaenoic acids in emulsion[J]. Journal of Food Science Technology, 1999, 46: 799 - 805.

[82] Kitts D D. Antioxidant properties of casein - phosphopeptides[J]. Trends in Food Science & Technology, 2005, 16: 549 - 554.

[83] Stohs S J, Bagchi D. Oxidative mechanisms in the toxicity of metal ions[J]. Free Radical Biology and Medicine, 1995, 18: 321 - 336.

[84] Frankel E N. Lipid Oxidation, 2nd ed[M]. The Oily Press, Dundee, U.

K. , 2005.

[85] Chen H M, Muramoto K, Yamauchi F. Structural analysis of antioxidant peptides from soybean β - conglycinin[J]. Journal of Agricultural and Food Chemistry. 1995, 43: 574 -578.

第六章　物理方法处理对米糠稳定性及米糠油提取率影响的研究

第一节　米糠稳定性及米糠油提取效果研究概述

一、米糠及其营养价值

米糠是加工大米时所产生的部分副产物，主要由碾米时产生的依附于糙米上的皮层、部分米胚以及碎米所组成。米糠具有大米的香味，且主要表现为淡黄色。许多学者发现，米糠的重量尽管只有糙米的5% ~7%，但它含有糙米中约60%左右的营养物质。米糠中的主要营养成分为：10% ~15%的蛋白质，10% ~25%的脂肪，6% ~12%的粗纤维，以及5% ~10%的矿物质，除此之外米糠中还富含维生素 B_1、维生素 B_2、维生素PP等多种维生素。由于米糠里没有胆固醇类成分，但其蛋白质含有多种丰富的氨基酸，所以它的营养价值非常高。米糠中所含有的脂肪几乎都为不饱和脂肪酸，其所含的必需脂肪酸可达到48%。此外米糠中富含谷维素、植酸、生育酚、角鲨烯、膳食纤维、神经酰胺等70多种有益物质，因此米糠拥有"天然营养宝库"的美誉。米糠除了丰富的营养价值，还具备超高的医学价值，许多研究发现，米糠具有多重保健功效，可以降低人体血清中总胆固醇的含量；同时可以降低人体血脂，调节人体血糖含量，预防肿瘤及脂肪肝[5]。近年来，诸多国内外研究者使用米糠开发了营养丰富的保健类食品，这些保健食品具有抵抗过度疲劳、减肥、美容养颜、预防肿瘤、降血糖、降血脂等作用。在一些国家米糠拥有"天赐营养源"的美誉。如果可以把米糠充分利用起来，会给人类的生产增加新的活力。目前，许多发达国家已经对米糠有了较为成熟的研究，同时开发了多种产品。部分企业会使用一些技术方法尽量把米糠中富含的营养物质保留在米糠油里或者人为的添加部分营养物质，进而生产高营养的食用油。油脂中的不皂化物是一种不会和碱发生作用的成分，并且其中的一些组分具备抗氧化性以及生理活性，在日本及一些欧美国家目前已经投入大量精力研究不皂化物的提取及应用。多种植物油脂中都含有角鲨烯及植物甾醇,但通常含量比较低。在进行提取某些生物活性物质方面,因为国外具有较为先进的技术,同时创造了多种新技术,取得了诸多科研成果,因此许多研究学者致力于研究使用米糠油制取生物柴油。我国在提取米糠油中的生物活性物质及精炼技术上已经取得了一定的成绩,如在湖南已经建成了目前全国规模最大的米糠油的精炼线,在浙江已经建成了全国规模最大的生产谷维素的企业,但是由于在工艺和技术等方面可能存在一定的问题,造成在生产过程中大量流失了谷维素。目前米糠中所具有的极微量营养成分还没有被开发,更没有进行生产,因此米糠还具有很大的开发价值。

目前我国对于米糠资源的综合利用率还比较低,由于米糠是对稻谷进行碾米时所产生的副产品,因而碾米机所产生的机械破碎作用,会将大米的表面破坏,从而使脂肪酶进入到米糠中,与油脂发生大量的混合反应,这将会立即产生游离脂肪酸,产生的游离脂肪酸将会在贮藏过程中产生氧化酸,因此在我国大部分米糠被用作动物饲料,这就使得大量的米糠没有得到很好的应用。同时由于多种条件会影响米糠的稳定性,因此这也是米糠没有得到充分利用的一个原因。首先是没有成熟的关于米糠稳定化的技术,因而在实行方面的可行性较低,另外是由于稻米加工厂的厂址较为分散,使得运输时间较长,这将使米糠在运输过程中发生严重的品质变化,从而加大深加工的生产难度。综上,要对米糠采取进一步的利用,增强其综合利用价值,其首要因素是稳定化处理。

我国水稻年产量可达到2.0亿t,米糠的年产量约为1400万t。虽然我国拥有大量的米糠资源,但是其中的85%~90%用来生产动物饲料,仅有约10%的米糠被用来提取油脂或是生产生物活性成分。因此米糠仍然具有巨大的开发与生产潜力。更好的利用米糠资源,将为食品产业增加活力,为我国粮食生产提供动力。

二、米糠稳定化研究

(一)米糠不稳定机理

由于米糠中含有大量的营养物质,且具有较高的综合应用价值,因此它成为了食品行业、制造行业及加工行业的新颖待开发资源。但是,米糠是一类容易变质的材料,由于这个原因米糠的应用很难进一步进行。米糠的变质原因有很多:米糠中脂解酶的扩散作用,以及外界物质的危害等,其中起主要作用的是米糠中脂解酶的作用,由于米糠是稻谷进行碾米时所产生的副产品,因而碾米机所产生的外力破碎作用，会将大米的表面破坏，从而使脂肪酶进入米糠中，使其与油脂发生大量的混合反应，使得米糠变质。通常情况下，由于氧化酸的生成会使米糠中的脂肪酸含量在几个小时内迅速升高，导致 pH 快速下降，从而造成了米糠较差的风味，最终影响米糠的功能性质。24 h 的时间内米糠中约有 10% 的脂肪在贮藏过程中分解产生脂肪酸，这样一来不到 30 天的时间米糠中所含脂肪酸的含量就将迅速增加到米糠油的 20%。因此，为了更全方位的应用米糠资源，去开发更多种类的米糠产品，最主要的前提是实现米糠的稳定化处理。米糠内约含有 12% ~23% 的脂肪，米糠内脂肪种类有中性脂质、磷脂和糖脂，其中甘三酯是主要的中性脂质成分，脑磷脂及肌醇磷脂则是磷脂中所占比例比较多的成分。米糠中的脂肪酶主要是解脂酶、磷脂酶 A、磷脂酶 C 及磷脂酶 D。四个脂肪酶的活性比为 100∶24∶35∶39，其中活性最高的是解脂酶。米糠中油脂是以脂肪球的方式聚集，脂肪球的外部有一层磷脂膜，油脂中氧化酸的生成是首先脂肪酶将脂肪球外部的磷脂膜破坏，之后油脂与脂解酶相互作用，使油酸败。通常把能够对三酯酰甘油进行催化水解，并且具有单一蛋白质结构的一类酯键水解酶称为脂肪酶。米糠中含四种脂解酶，且这几种脂解酶多数是碱性蛋白质脂解酶，最适 pH 是 7.5 ~8.0，最适温度是 37℃。容易使脂肪酶发生催化作用的底物是长链的脂肪酸酯，这种底物能够使脂肪酶水相中产生催化作用，同时也能够在油—水界面对脂肪产生催化作用。脂肪酶作为一种天然的催化剂，它可以对不同物质的水解及合成反应产生催化作用，并且在发生反应的过程中无须另外添加催化辅酶，由于在油—水体系表面上脂肪酶具有非常强的结合能力，因此脂肪酶可以催化脂肪在油—水体系表面上被迅速分解。

（二）米糠稳定化国内外研究进展

从 20 世纪开始，国内外就对米糠的稳定化开始不断的深入探索。Browne 从 1903 年就开始对米糠的分解作用进行研究，发现在脂解酶的催化下米糠可以分解产生游离脂肪酸，并发现热处理可以预防米糠的变性。1949 年，美国学者 Loeb 等人对米糠进行冷藏操作，通过使用不同贮藏温度处理米糠，最终得出在 3℃条件下贮藏米糠时，脂肪不易分解，从而使米糠比较稳定。1951 年，研究者 H. L. Burns 对米糠进行加热操作使米糠比较稳定。1960 年以来，各个国家热衷于探寻米糠的稳定化方法，英国、韩国等多个国家使用一系列热处理方式来对米糠进行操作，使米糠稳定。研究发现，挤压处理法在稳定米糠上具有耗能低、效率高的特点，较为适合工业生产。1979 年，各个国家开始使用微波加热的方式对米糠进行操作。1999 年,Ramezanzadeh 等人使用大功率的微波处理对米糠进行长达几分钟的处理,并开启了长达 100 多天的储藏试验,分别在不同时间段来检测微波处理对米糠进行处理后所达到稳定化成效。研究结果发现使用微波处理对米糠有比较明显的稳定化作用。1986 年,国外学者对米糠使用酸处理,发现在一定量的米糠中加一些一定浓度的盐酸,能够很好的抑制米糠的变质。这种方法主要是使用盐酸来降低酸度,较低的酸度可以起到破坏脂解酶的效果,从而使米糠较为稳定。到了 20 世纪 90 年代的后期,美国的一家公司进行了大量的试验证明了挤压法是一种可以对米糠进行稳定化处理的且可以在工厂进行生产实现的一种技术,挤压法可以保留大多数的营养成分,且具有 1 年的保存期。

(三)米糠稳定化方法

目前,国内外发现的稳定米糠的方法大概有四大类,分别是:化学稳定法、热处理法、低温冷藏法及生物酶法。化学稳定法主要有盐酸法、亚硫酸钠法等;热处理法主要有挤压法、欧姆加热法、微波加热法、辐射法、干热法等。

1.挤压法

挤出技术是 1960 年后才兴起的一种技术,利用挤压机,使物料在挤压机的机筒内由于高压、高剪切等一系列的作用,产生高温,高温条件下可以对脂肪酶产生抑制作用,因此挤压法是一种价格低廉而又能稳定米糠的技术。1985 年 Randall 等人就使用挤压膨化法处理米糠,成功的抑制了解脂酶的活性,从而使米糠不易分解。但这种方法存在一定缺陷,由于挤压机的参数和物料的参数会影响米糠的稳定效果,一旦错误的设置参数就会使米糠成分受到很大的损害。但是这个缺陷已经被美国 Rice X 公司解决,该公司通过大量实验研究得出了有效的工艺参数,使用该公司的方法对米糠进行处理可以保留米糠中大多数的营养成分,且具有 1 年的保存期。

2.干热法

干热法是指使用加热器械处理米糠,进而使米糠稳定化。1971 年有人实验得出结论:当干热法的加热温度达不到 100℃时,不能起到对米糠稳定化的作用,如果处理温度超过 150℃,虽然可以达到稳定米糠的目的,但是由于温度过高米糠会发生糊化,从而使其质量变差。因此通常情况下,当烘箱内的温度约为 130℃时处理 60 min,就能达到使米糠稳定的目的。但是米糠具有较差的导热性,因此米糠要达到 135℃要经过很长时间,这样在工业生产时会产生大量的能耗,因此在工业生产上几乎不使用这种方法对米糠进行稳定化处理。

3.化学稳定法

化学稳定法是指向物料中加入一些如醋酸、亚硫酸钠、SO_2等药品，使解脂酶的最适酸度发生变化，最终起到稳定米糠的效果。1986年，国外学者对米糠使用酸处理，发现在一定量的米糠中如果加一些一定浓度的盐酸，能够很好的抑制米糠的变质。但是要抑制米糠的变质，需要满足两个要求，第一个要求是在向物料中添加酸后，物料的pH一定要小于4.5；第二个要求是必须将物料与酸混匀。只有满足这两个条件才能达到稳定米糠的目的。但是，如果添加太多的酸，可能会加深物料的颜色，并且使物料丧失本身所具有的香味。我国学者还曾研究发现使用过亚硫酸钠可以达到稳定物料的效果，为了保护物料中的维生素E，添加约2%左右的过亚硫酸钠较为合适。目前已经使用的化学药品有醋酸、亚硫酸钠、SO_2等，SO_2具有最好的效果。

4.微波法

1979年，关于使用微波处理来稳定米糠的研究被报道，报道称将新鲜米糠使用微波加热4 min脂肪酶就会丧失大部分活性，因此米糠经过微波加热后分解产生的脂肪酸增加较少，这将大大的延长米糠的贮藏时间，并且，微波加热也会杀死米糠中的80%的微生物。而且不会损坏米糠中大部分的营养物质，这样就不会对米糠的色泽、气味等一些的指标造成破坏。微波稳定米糠的机理是：由于微波的作用使米糠中分子产生相互摩擦从而产生能量，能量转化成热量传递到米糠中，使米糠的温度升高，导致脂肪酶能够在在较短时间里由于受热而失去活性。微波处理因为可以直接进入到米糠的内部对整个米糠进行作用，不需要从表面到内部的过程，因此稳定米糠需要很少的时间，且从内部对米糠加热时整个物料受热均衡，同时微波处理具有较小的热惯性，因此产热较易控制。由于这些优点，微波处理能够很好地保留米糠中的营养成分。但该方法的研究仍处于实验室研究阶段，还没有进行工业化生产。

5.酶法

酶法稳定米糠是指在特定温度下向米糠中加入一定量的蛋白酶和水，这种蛋白酶可以对解脂酶产生分解作用，并且这种分解可以使解脂酶在一段时间里失去活性，最后再将米糠进行烘干处理，该方法主要是利用了酶对物质的专一性作用，且酶法所需条件较为温和，没有其他化学试剂的残留，既可以使解脂酶失去活性，又不破坏米糠中营养物质。酶法稳定米糠的发明公司美国Ribus公司针对该方法发表了相关专利，同时还将此种方法用于开发部分食品及化妆品。但是在国内关于该方法的研究还未见报道。

6.辐射处理钝化法

辐射处理钝化法是指使用辐射法对米糠进行加工，但是这种方法得到的米糠稳定性不是很好。由于米糠极易发生氧化，这样如果进行运输，米糠在运输途中就会发生氧化，所以一定要在米糠产地进行稳定化处理。同时，由于射线处理价格较高，不符合工厂生产的经济要求，因此 γ 射线处理并不适合工业生产。

7.低温贮藏法

如果在低温的条件下贮藏米糠，0℃左右的温度可以抑制米糠的氧化，但该方法存在一定缺陷，低温只能暂时抑制水解，一旦温度恢复为室温，脂肪酶就会恢复其分解能力。因此这种方法只适合实验室研究，如果要在工业上使用该技术，对环境温度要求较高，很难达到效果。在实验室进行实验研究发现，如果将米糠放在0℃左右且真空的环境下，可以保持米糠半个月不发生氧化。Roseman等人研究发现，如果先将米糠放在烘箱中一段时间使米糠中约含有2%的水分时，再将其放在封闭的空间中，在 -22℃的温度下可以使米糠中游离脂肪酸(FFA)的含量保持8个月不增加。同样的条件下，如果再将其放回室温，米糠中的氧化酶将恢复其分解能力。

8.射频加热法

射频(radio frequency，RF)是电磁波的一种。射频处理是指电磁场的快速改变，从而使物质内部的分子产生运动，相互碰撞进而产生能量。射频处理稳定米糠的原理与微波处理相似。但射频加热时在射频3 kHz~300 MHz的条件下加热会使米糠中的所有带电粒子发生振荡，将所有产生的电能全部转化为热能，产生的热量使脂肪酶失去活性。因此它的作用力远大于微波处理，同时较强的作用力使物料受热更加均匀，使处理后的产品质量更好，且射频操作所需设备投资小，因此更加适合工业生产。射频加热处理技术目前在国内主要在医学、轻工业上应用较多，但近年来其在食品加工中的应用受到了越来越多的重视。相较来说，国外对射频加热的研究更多一些。在国内，只有个别学者进行了研究，而国外在20世纪80年代开始就在焙烤食品中使用射频加热技术。

三、米糠稳定化对其油品质的影响

米糠油是使用米糠为原料，通过不同的制取方法制得的一种脂肪酸组成合理的植物油脂。米糠油中的油酸与亚油酸含量基本相等，且含有丰富的营养物质，如维生素、甾醇、生育酚等。美国心脏学会研究发现米糠油对一些心脏疾病具有很好的预防作用。但是由于米糠油中含有大量的脂肪酸，一旦受到光、氧气等作用会发生氧化作用,生成甘油三酯等产物,这些产物再发生氧化反应会生成很多不稳定的物质,使产物质量下降。这些油脂的食用可能会导致癌症、脑疾病等。有研究发现对米糠进行稳定化操作既可以延长贮藏时间,又可以显著增强米糠中的可溶性膳食纤维含量。还有研究表明,如果微波功率增大,会使米糠中所含有的脂肪酸量降低。并且微波加热处理会使大豆油中的游离脂肪酸降低,且处理后的大豆油在精炼过程中损失油量较少。由此可知,米糠的稳定化操作有利于米糠的进一步应用。

第二节 压热处理对米糠油提取及稳定性的影响研究

目前处理米糠较为普遍的方法是加热法。1949 年,研究人员探究了热处理温度和物料中的水分含量对米糠稳定性的影响,研究表明通常情况下米糠内源脂肪酶的最适温度为37℃,在储藏温度低于37℃时,脂肪酶活性随着温度的升高逐渐增大;而当储藏温度高于37℃,则脂肪酶活性随着温度的升高而逐渐下降。因此持续地增高处理温度,米糠脂肪酶逐渐丧失活力。常规加工中多用以下两种热处理稳定米糠方法:干热法和湿热法。一般在湿热条件下比干热条件下脂肪酶更易受到抑制,因此在稳定化米糠中经常被应用。同时湿热法理又称为压热处理。压热法是目前热处理方法中最为常用的一类处理方式,经过压热处理后,可以完全抑制米糠中的解脂酶活性,取到稳定米糠的作用,使米糠可以长时间地进行贮藏。本部分研究拟通过压热处理对米糠进行稳定化,以过氧化物酶活性及油脂提取率为指标,考察压热稳定化处理效果。

一、实验材料与试剂

米糠(油脂含量18.27%),东方集团粮油食品有限公司提供。正己烷、磷酸氢二钠、磷酸二氢钠、亚硫酸氢钠、邻苯二胺、过氧化氢均为分析纯。

二、仪器与设备(表6-1)

表6-1 实验主要仪器设备

仪器设备	生产厂家
手提式压力蒸汽灭菌器	广州康迈医疗器械有限公司
THZ-80 水浴恒温振荡器	江苏金坛亿通电子有限公司

续表

仪器设备	生产厂家
JJ－1 精密增力电动搅拌器	江苏省金坛市宏华仪器厂
GZX－9146 MBE 型数显鼓风干燥箱	上海博迅实业有限公司医疗设备厂
Allegra64R 台式高速冷冻离心机	美国贝克曼公司
AL204 型分析天平	梅特勒－托利多仪器(上海)有限公司
DHP－9052 型电热恒温培养箱	上海一恒科技有限公司
电热恒温鼓风干燥箱	上海一恒科技有限公司
KQ－200KDE 型超声振荡器	昆山市超声仪器有限公司
INESA－L3 型紫外分光光度计	上海仪电分析仪器有限公司
ST310 型索氏浸提系统	丹麦福斯公司

三、试验方法

(一)米糠压热处理

将一定质量的新鲜米糠放在垫有纱布、开孔均匀的筛架上，平均摊开，在高压灭菌锅内进行压热处理，压热处理过程中控制米糠物料含水量为16%～20%。通过调控压热处理时间、压热处理温度对米糠进行压热稳定化处理，通过响应面优化工艺参数获得最佳压热处理条件。

(二)压热技术工艺参数的响应面优化研究

1.单因素试验

设定基本压热稳定化处理条件为：米糠加热时间30 min、样品添加量200 g、加热温度120℃。

加热时间的单因素确定试验：在样品添加量200 g、加热温度120℃的条件下，考察加热时间为10 min、20 min、30 min、40 min时压热处理对过氧化物酶残余活力及油脂得率影响。

样品添加量的单因素确定试验：在加热时间30 min、加热温度120℃的条件下，考察样品添加量100 g、200 g、300 g、400 g时压热处理对过氧化物酶残余活力及油脂得率影响。

加热温度的单因素确定试验：在样品添加量200 g、加热时间30 min的条件下，考察加热温度110℃、120℃、130℃、140℃时压热处理对过氧化物酶残余活力及油脂得率影响。

将米糠压热处理后冷却至室温，装在密封塑料袋中，进行品质分析。

2.响应面优化试验

在单因素试验的基础上，选择了极板间距、加热时间和样品厚度三个因素对其应用响应面方法进行设计，使用 Design - Expert 软件对试验结果进行处理，选取加热时间 A(min)、样品添加量 B(g)、加热温度 C(℃)三个因素为自变量，每个因素取 3 个水平，以米糠过氧化物酶残余活力 R_1(%)和米糠油提取率 R_2(%)为响应值，设置三因素三水平进行试验，其因素水平编码表见表 6 - 2。

表 6 - 2　因素水平编码表

编码	因素		
	加热时间 A(min)	样品添加量 B(g)	加热温度 C(℃)
-1	30	150	125
0	35	200	130
1	40	250	135

(三)米糠浸出法工艺及油脂提取率的测定

20 g 新鲜米糠加入 200 mL 正己烷在涡流搅拌器控温 70℃ 内均匀混合 60 min。溶剂/油混合油在 1700 rpm 下离心分离 5 min 后过滤不溶性组分，溶剂在氮气下蒸发。利用索式抽提法结合重量差减法测定浸出油提取率，参考下式：

$$米糠油提取率(\%) = \frac{原料米糠油质量 - 浸出残余物油脂质量}{原料米糠油质量} \times 100$$

(四)过氧化物酶活力测定

向 5 g 样品中加入 125 mL 的磷酸氢二钠—柠檬酸溶液，使用恒温水浴锅(25℃)进行半个小时的持续混合。混合液使用高速离心机在 4℃ 下以 3500 r/min的速度离心 15 min。离心后取上清液 5 mL 稀释到 200 mL，之后取两份混合液各 25 mL 放在 25℃ 水浴锅中，一份加入 0.5 mL 1% 邻苯二胺和 0.5 mL 0.3% 过氧化氢溶液于 5℃ 反应 5 min，反应后马上加入 1 mL 饱和亚硫酸氢钠溶液，使用紫外分光光度计在 430 nm 处测定其吸光度；另一份混合液加入 0.5 mL 1% 邻苯二胺和 1 mL 饱和亚硫酸氢钠溶液后加入 0.5 mL 0.3% 过氧化氢溶液作为空白对照。酶活力使用吸光度/g 表示，计算公式为：

$$过氧化物酶活力 = A/(W/50 \times 5/200 \times 25)$$

式中：A 为吸光度；W 为样品干基重量(g)。

过氧化物酶残余活力使用相对值表示，计算公式为：

$$过氧化物酶残余活力 = \frac{处理后的酶活力}{处理前酶活力} \times 100\%$$

(五)数据处理

所有的试验都进行三组平行。使用分析软件 SPSS 对试验数据进行方差分析和差异显著性分析；采用 Origin 8.5 和 CAD 软件进行作图；采用 Design - Expert 软件进行响应面数据分析及方差分析。

四、结果与讨论

(一)压热处理加热时间单因素确定实验

为探究压热稳定化处理极板间距对过氧化物酶残余活力和米糠油提取率的影响，试验通过控制加热时间条件为：在样品添加量 200 g、加热温度 120℃ 的条件下，考察加热时间分别为 10 min、20 min、30 min、40 min 时压热处理对米糠过氧化物酶残余活力及油脂品质影响，结果如图 6 - 1 所示。

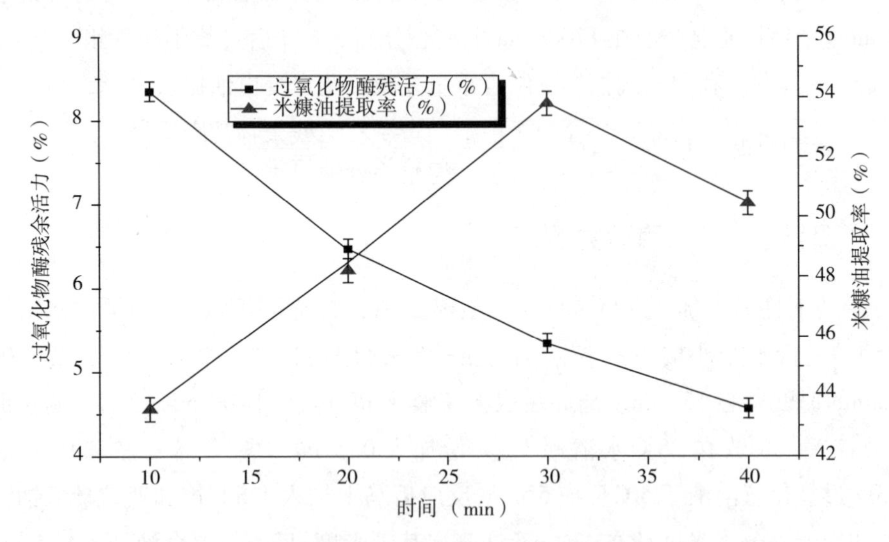

图 6 - 1　压热时间对过氧化物酶残余活力和米糠油提取率的影响

由图 6 - 1 可知，随着压热时间的延长，过氧化物残余活力不断增长，而米糠油提取率则呈现先增大后降低的变化趋势，这是由于延长压热处理后米糠过氧化物酶受到持续抑制，但过长的压热处理时间下米糠蛋白变性严重，影响了米糠油脂的提取。为保证米糠过氧化物酶残余活力在标准水平下，获取更高的米糠油提取率，研究优选 35 min 压热处理对米糠进行后续稳定化工艺优化研究。

（二）压热处理样品添加量单因素确定实验

为探究压热稳定化处理样品添加量对过氧化物酶残余活力和米糠油提取率的影响，试验通过控制样品添加量条件为：在糠加热时间 30 min、加热温度 120℃的条件下，考察样品添加量分别为 100 g、200 g、300 g、400 g 时压热处理对米糠过氧化物酶残余活力及油脂品质影响，结果如图 6－2 所示。

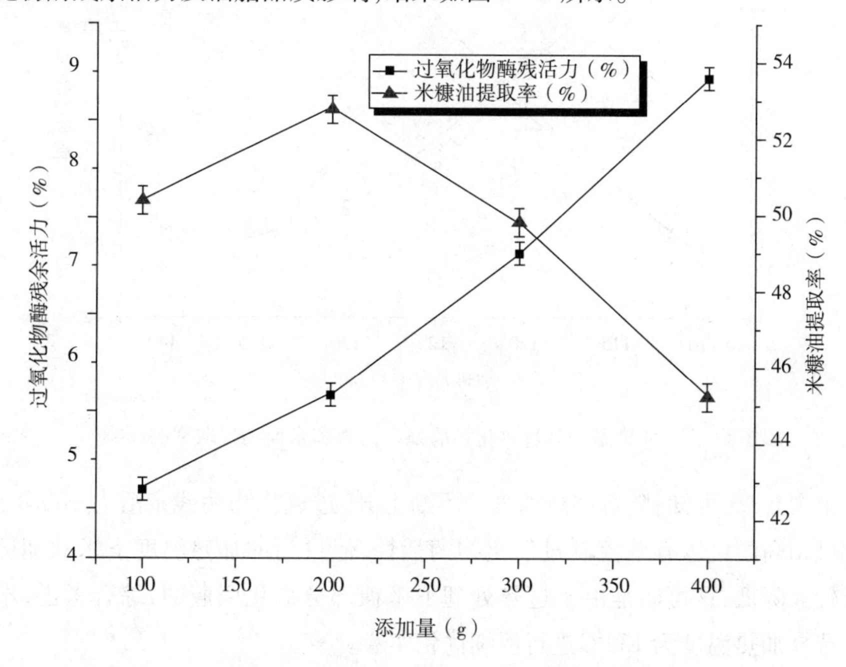

图 6－2　样品添加量对过氧化物酶残余活力和米糠油提取率的影响

由图 6－2 可知，随着样品添加量的增加，过氧化物酶残余活力不断增长，这是由于过多的物料阻隔了热量的传递，降低了过氧化物酶的抑制作用；而米糠油提取率则呈先增大后降低的变化趋势，出于加工效率及提油率的考虑，本研究优选米糠物料添加量为 200 g 进行后续研究。

(三)压热处理加热温度单因素确定实验

为探究压热稳定化处理加热温度对过氧化物酶残余活力和米糠油提取率的影响,试验通过控制加热温度条件为:在样品添加量 200 g、加热时间 30 min 的条件下,考察加热温度 110℃、120℃、130℃、140℃时压热处理对米糠过氧化物酶残余活力及油脂品质影响,结果如图 6 - 3 所示。

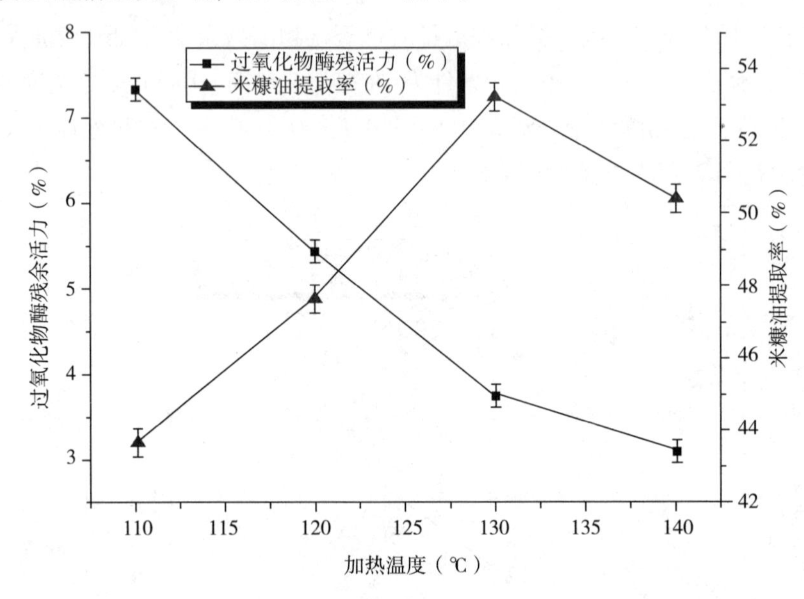

图 6 - 3　加热温度对过氧化物酶残余活力和米糠油提取率的影响

由图 6 - 3 可知,随着加热温度的不断上升,过氧化物酶残余活力不断下降,由此可知高温可以有效控制过氧化物酶活性,但过高的加热温度下米糠油提取率有较大降低,这可能是由于过热处理下米糠部分糊化引起的,综合考虑,本研究拟选择加热温度为 130℃进行后续优化实验。

(四)压热稳定化处理工艺响应面法优化实验

本部分研究采用响应曲面优化法对压热稳定化处理工艺进行研究,利用 Design - Expert 统计软件对数据进行分析处理。以加热时间 A(min)、样品添加量 B(g)、加热温度 C(℃)分别代表的因素为自变量,每个因素取 3 个水平,以米糠过氧化物酶残余活力 R_1(%)和米糠油提取率 R_2(%)为响应值,设置三因素三水平进行试验,响应面优化实验安排及结果见表 6 - 3。

表 6-3　试验安排及结果

试验号	加热时间 A(min)	样品添加量 B(g)	加热温度 C(℃)	米糠过氧化物酶残余活力 R_1(%)	米糠油提取率 R_2(%)
1	-1	-1	0	6.03	48.45
2	1	-1	0	3.47	48.78
3	-1	1	0	6.76	50.87
4	1	1	0	5.73	49.65
5	-1	0	-1	7.33	47.21
6	1	0	-1	5.39	47.66
7	-1	0	1	5.41	46.45
8	1	0	1	3.82	48.16
9	0	-1	-1	4.85	44.13
10	0	1	-1	6.75	45.23
11	0	-1	1	3.45	45.67
12	0	1	1	5.01	46.04
13	0	0	0	3.88	52.45
14	0	0	0	4.16	52.87
15	0	0	0	4.54	51.67
16	0	0	0	4.33	52.22
17	0	0	0	4.91	53.11

使用 Design - Expert 软件分析实验所得数据,建立下面的回归模型:

$$R_1 = 4.36 - 0.89A + 0.81B - 0.83C + 0.38AB + 0.088AC - 0.085BC + 0.80A^2 + 0.33B^2 + 0.32C^2$$

使用分析软件 Design - Expert 软件对回归模型的方差进行分析,结果见表 6-4。

表 6-4　回归与方差分析结果

变量	自由度	平方和	均方	F	Pr > F
A	1	6.34	6.34	68.3	< 0.0001
B	1	5.2	5.2	56.05	0.0001
C	1	5.49	5.49	59.22	0.0001
AB	1	0.59	0.59	6.31	0.0403
AC	1	0.031	0.031	0.33	0.5836
BC	1	0.029	0.029	0.31	0.5942
A^2	1	2.71	2.71	29.26	0.001

续表

变量	自由度	平方和	均方	F	$Pr>F$
B^2	1	0.46	0.46	4.96	0.0613
C^2	1	0.43	0.43	4.66	0.0677
回归	9	21.6	2.4	25.87	0.0001
剩余	7	0.65	0.093		
失拟	3	0.043	0.014	0.095	0.9586
误差	4	0.61	0.15		
总和	16	22.25			

由表6－4能够看出，应用响应面对实验数据所拟合出的方程具有特别显著的回归项，失拟项0.9586＞0.05，而方程中的3个因素和响应值间具有很好的线性关系，拟合方程的均方值$R^2=0.9708$，$R^2_{\text{Adj}}=0.9333$。使用F值检验，根据其值的大小将3个因素排序为：$A>C>B$，即加热时间＞加热温度＞加热温度。

其中每两个因素之间的作用对于响应值影响的响应面分析见图6－4。

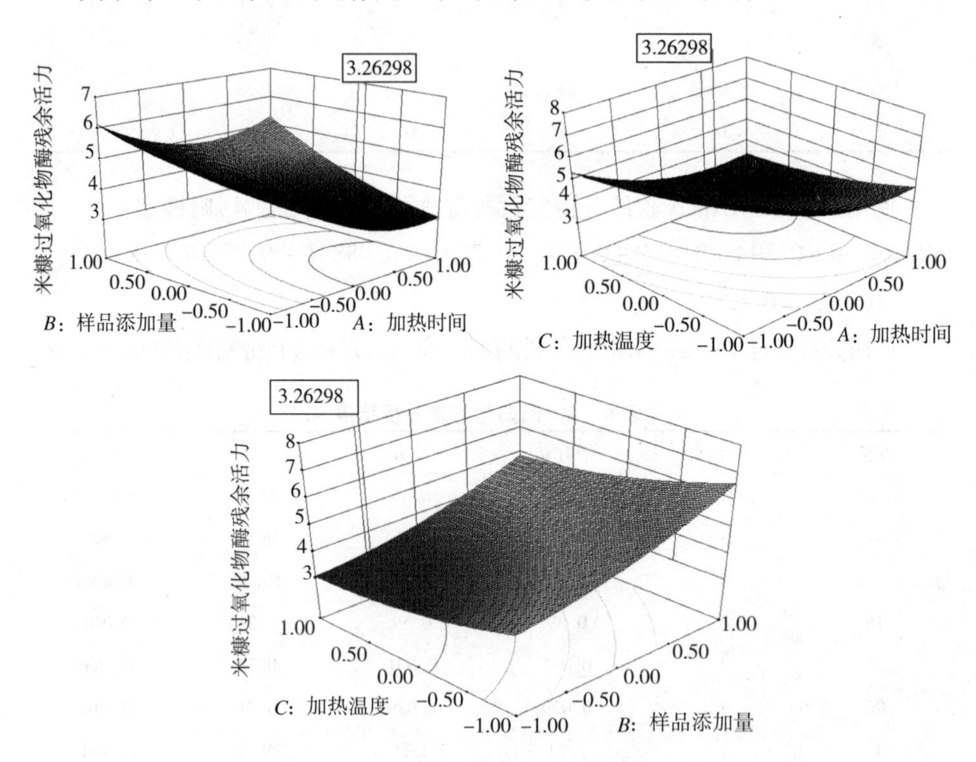

图6－4　两因素交互作用对米过氧化物酶残余活力影响的响应面图

应用响应面寻优分析方法对回归模型进行分析，加热时间 A(min)、样品添加量 B(g)、加热温度 C(℃)对应的编码值分别为0.56、-0.52、0.97。寻找最优射频加热处理工艺参数为：加热时间 37.8 min、样品添加量 174 g、加热温度 134.85℃，过氧化物酶残余活力可达3.26%。

对米糠油提取率 R_2 使用 Design - Expert 软件对试验结果分析，建立下面的二次响应面回归模型：

$$R_2 = 52.46 - 0.16A + 0.59B + 0.26C - 0.39AB + 0.31AC - 0.18BC - 0.46A^2 - 2.56B^2 - 4.63C^2$$

使用 Design - Expert 软件对方程进行方差分析，结果见表6-5。

表6-5　回归与方差分析结果

变量	自由度	平方和	均方	F	$Pr > F$
A	1	0.2	0.2	0.38	0.5564
B	1	2.83	2.83	5.36	0.0538
C	1	0.55	0.55	1.03	0.3433
AB	1	0.6	0.6	1.14	0.3219
AC	1	0.4	0.4	0.75	0.4149
BC	1	0.13	0.13	0.25	0.6311
A^2	1	0.9	0.9	1.7	0.2335
B^2	1	27.69	27.69	52.38	0.0002
C^2	1	90.34	90.34	170.88	< 0.0001
回归	9	131.49	14.61	27.64	0.0001
剩余	7	3.7	0.53		
失拟	3	2.43	0.81	2.54	0.1943
误差	4	1.27	0.32		
总和	16	135.19			

两两因子的相互作用对于响应值影响的响应面分析如下图。

应用响应面寻优分析方法对回归模型进行分析，加热时间 A(min)、样品添加量 B(g)、加热温度 C(℃)对应的编码值分别为0.14、0.10、0.03。寻找最优射频加热处理工艺参数为：加热时间 35.7 min、样品添加量 205 g、加热温度 131.5℃，米糠油提取率可达52.51%。

为同时获取最小过氧化物酶残余活力及最大米糠油脂得率，采用联合求解法确定过氧化物酶残余活力及米糠油提取率均优的压热稳定化处理工艺条件为:加热时间 37.8 min、样品添加量 186 g、加热温度 131℃,在此压热稳定化处理条件下,过氧化物酶残余活力为 3.72%,米糠油提取率可达 52.01%。为适应实际生产需求,将上述指标优化为加热时间 38 min、样品添加量 186 g、加热温度 131℃,在此压热稳定化处理条件下,过氧化物酶残余活力为 3.45%,米糠油提取率可达52.32%。过氧化物酶残余活力是3.45%,不超过该指标所规定的限定值5%,因此可以知道挤压处理可很好的改善米糠的稳定性,并且可以明显改善油脂、其他营养物质的制取。

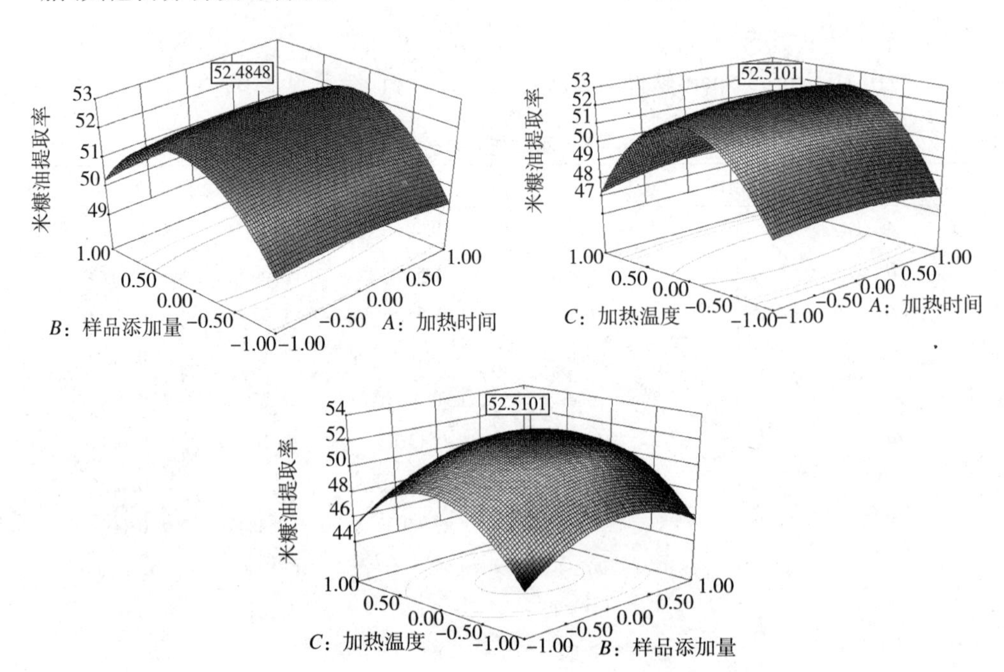

图6-5　两因素交互作用对米过氧化物酶残余活力影响的响应面图

五、本章小结

通过响应面寻优分析设计方法确定米糠油脂提取的最优压热稳定化处理工艺参数为:加热时间 37.8 min、样品添加量 174 g、加热温度 134.85℃,在此压热稳定化处理条件下,过氧化物酶残余活力可达 3.26%。

通过响应面分析实验确定的米糠油提取率的最优压热稳定化处理工艺参数为:加热时间 35.7 min、样品添加量 205 g、加热温度 131.5℃,在此压热稳定化处理条件下,米糠油提取率可达 52.51%。

为同时获取最小过氧化物酶残余活力及最大米糠油脂得率,采用联合求解法确定过氧化物酶残余活力及米糠油提取率均优的压热稳定化处理工艺条件为：加热时间 38 min、样品添加量 186 g、加热温度 131℃，在此压热稳定化处理条件下，过氧化物酶残余活力为 3.45%，米糠油提取率可达 52.32%。过氧化物酶残余活力为 3.45%，不超过该指标所规定的限定值 5%，因此可以知道挤压处理可很好的改善米糠的稳定性，并且可以明显改善油脂、其他营养物质的制取。

第三节　微波处理对米糠油脂提取及稳定性的影响研究

米糠是一种优良的食品原料，但是由于米糠中脂肪酶的存在，容易使米糠氧化，生成甘油三酯等产物，这些产物再发生氧化反应会生成很多不稳定的过氧化物，使油脂质量下降。微波加热的优点是微波处理可以直接进入到米糠的内部对整个米糠进行作用，不需要从表面到内部的过程，因此稳定米糠需要很少的时间，且从内部对物料加热时整个物料受热均匀，同时微波处理具有较小的热惯性，因此产热较易控制。研究表明，微波功率增大，会使米糠中的游离脂肪酸含量降低。并且微波加热处理会使大豆油中的游离脂肪酸降低，且处理后的大豆油在精炼过程中损失油量较少。由此可知，米糠的稳定化处理有利于米糠的开发利用。本章对米糠进行微波处理，研究微波处理条件对米糠稳定化作用和米糠油的得率的影响。

一、实验材料

米糠，东方集团粮油食品有限公司提供；邻苯二胺，华亚化工有限公司；过氧化氢，磷酸氢二钠，柠檬酸溶液，饱和亚硫酸氢钠等均为分析纯，苏州宇凡化工有限公司。

二、主要仪器设备(表 6－6)

表 6－6　实验主要仪器设备

仪器设备	生产厂家
格兰仕 WD800G 型微波炉	广东格兰仕微波炉电器制造有限公司
HG303 － 5A 电热恒温培养箱	上海喆钛机械制造有限公司
LXJ－II 离心机	上海申锐测试设备制造有限公司
电子分析天平	广州市典锐化玻实验仪器有限公司

续表

仪器设备	生产厂家
725 型分光光度计	上海化科实验器材有限公司
101A－3 型干燥箱	广州科晓科学仪器有限公司
DHP－9052 型电热恒温培养箱	上海一恒科技有限公司
SHA－C 恒温振荡器	济南捷岛分析仪器有限公司
303A－2 电热培养箱	菏泽市石油化工学校仪器设备厂
LHS－80HC－I 恒温恒湿培养箱	江苏省金坛市金城国胜实验仪器厂
TD5A 台式离心机	长沙英泰仪器有限公司

三、实验方法

（一）米糠微波稳定化处理工艺

米糠经粉碎后过筛 40 目，称取 20 g 米糠粉均匀铺散于坩埚内，将坩埚放置于微波炉内进行微波稳定化处理，调控微波时间、微波功率、物料水分对稳定化工艺进行优化。

（二）微波稳定化预处理工艺参数的响应面优化研究

1.单因素试验

设定基本微波稳定化处理条件为：米糠水分含量为 20%、微波功率为 490 W、微波处理时间为 90 s。

物料水分含量的单因素确定试验：经测定分析，原始米糠样品的物料水分含量近 12%。本部分研究通过控制微波输出功率 490 W、微波处理时间 90 s，考察将米糠水分含量分别调整为 12%、16%、20%、24%、28%时微波处理对米糠过氧化物酶活力及米糠油提取率的影响。

微波处理时间的单因素确定试验：控制微波输出功率 490 W、物料水分含量 20%，考察 30 s、60 s、90 s、120 s、150 s 时间下微波处理对米糠过氧化物酶活力及米糠油提取率的影响。

微波输出功率的单因素确定试验：控制米糠水分含量 20%、微波处理时间 90 s的条件下，考察 210 W、350 W、490 W、630 W、770 W 功率下微波处理对米糠过氧化物酶活力及米糠油提取率的影响。

2.响应面优化试验

选择米糠水分含量、微波处理时间和微波功率 3 个因素对其应用响应面方法进行设计,使用 Design－Expert 软件对试验数据进行处理分析,选择物料水分含量 A(%)、微波处理时间 B(s)和微波输出功率 C(W)三个因素为自变量,每个因素取 5 个水平,以米糠过氧化物酶残余活力 R_1(%)和米糠油提取率 R_2(%)为响应值,设置三因素五水平进行试验,其因素水平编码表见表 6－7。

表 6－7　因素水平编码表

编码	因素		
	物料水分含量 A(%)	微波处理时间 B(s)	微波输出功率 C(W)
－2	20	80	430
－1	22	100	580
0	24	120	630
1	26	140	680
2	28	160	730

(三)米糠浸出法工艺及油脂提取率的测定

同第二节方法。

(四)过氧化物酶活力测定

同第二节方法。

(五)数据处理

同第二节方法。

四、实验结果与讨论

(一)微波稳定化处理水分含量单因素确定实验

为了控制米糠中的水分含量,微波处理条件为:微波处理功率 490 W,微波加热时间 90 s,将米糠中的含水量分别调整到 12%、16%、20%、24%、28%,考察微波稳定化处理水分含量对过氧化物酶残余活力及米糠油提取率的影响。结果如图 6－6 所示。

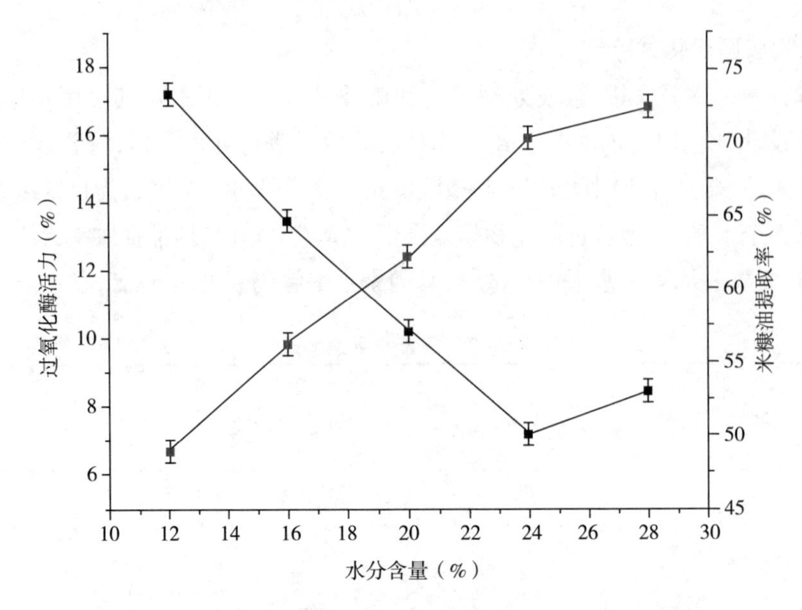

图6－6　水分含量对过氧化物酶残余活力和米糠油提取率的影响

由图6－6可知，微波稳定化处理后米糠的水分含量对提油率有显著影响。随着水分含量的增加，米糠油的提取率显著增大。这可能是因为米糠中含水量的增加有利于微波的热传导，从而抑制了脂肪酶的活性，促进了浸出法油脂提取。当水分含量低于24%时，随着水分含量的升高，过氧化物酶活力显著下降，主要是由于物料含有部分水分可以作为热传导的介质，有利于抑制脂肪酶的活性，从而使脂肪酶残余活力下降，最低可降至7.18%；但当物料中的水分含量高于24%时，过氧化物酶活力开始增大，这是由于当物料中的水分含量高于24%时，微波所产生的大部分热量用于蒸发水分，从而作用于物料的能量减少，从而使过氧化物酶残余活力上升。

（二）微波稳定化处理时间单因素确定实验

为探究微波处理时间对米糠油提取率和过氧化物酶残余活力的影响，研究不同微波处理时间对其的影响条件为：在微波功率为490 W、米糠水分含量为20%的条件下，考察将微波处理时间分别调整为30 s、60 s、90 s、120 s、150 s，结果如图6－7所示。

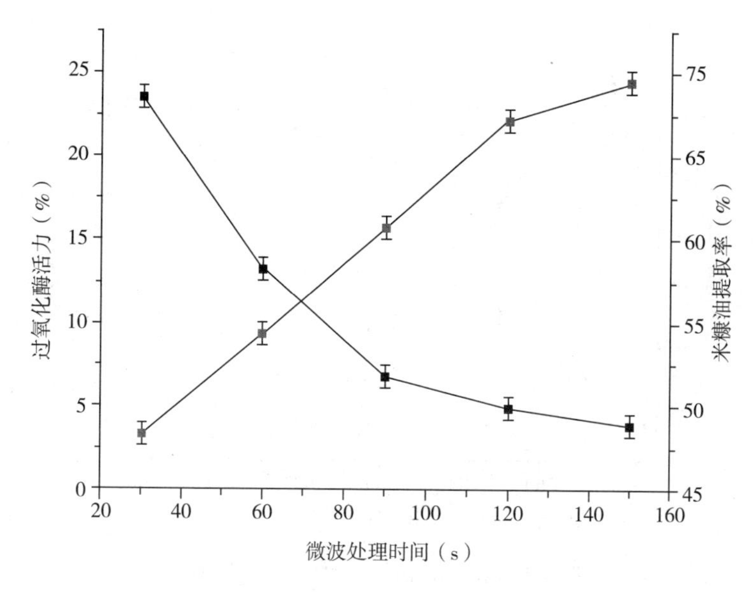

图 6－7　微波处理时间对过氧化物酶残余活力和米糠油提取率的影响

从图 6－7 可以看到随着微波处理时间的增长，过氧化物酶残余活性显著降低。当处理时间为 120 s 时，过氧化物酶残余相对活力为 4.89%，微波处理时间超过 120 s 时，随着时间的进一步延长，过氧化物酶残余活力降低趋势减缓，而此时过氧化物残余活力已达到抑制脂肪酸氧化酸败的标准。随着微波处理时间的延长，米糠油的提取率持续增大，但当处理时间超过 120 s 时，增长程度减缓，出于高效性及经济性的考虑选择微波处理 120 s 进行后续优化研究。

（三）微波稳定化处理功率单因素确定实验

为探究微波处理时间对过氧化物酶残余活力和米糠油提取率的影响，研究不同微波处理功率对其的影响条件为：在微波处理时间为 90 s、米糠水分含量为 20% 的条件下，考察将微波功率分别调整为 210 W、350 W、490 W、630 W、770 W，结果如图 6－8 所示。

由图 6－8 可以看出，随着微波功率的增加，过氧化物酶残余活力明显降低，说明随着微波功率的增大，有利于抑制脂肪酶活性。当微波功率为 770 W 时，过氧化物酶残余活力为 4.88%，这可能是由于微波功率的增大可以产生更多的热量，可以增强抑制脂肪酶活性的效果；随着微波功率的增加，米糠油提取率表现为先不断增加然后不断降低，在微波功率为 490 W 时，米糠油提取率有最大值。过高的微波功率会产生较高的热量，从而使物料产生焦化使米糠中油脂组分难

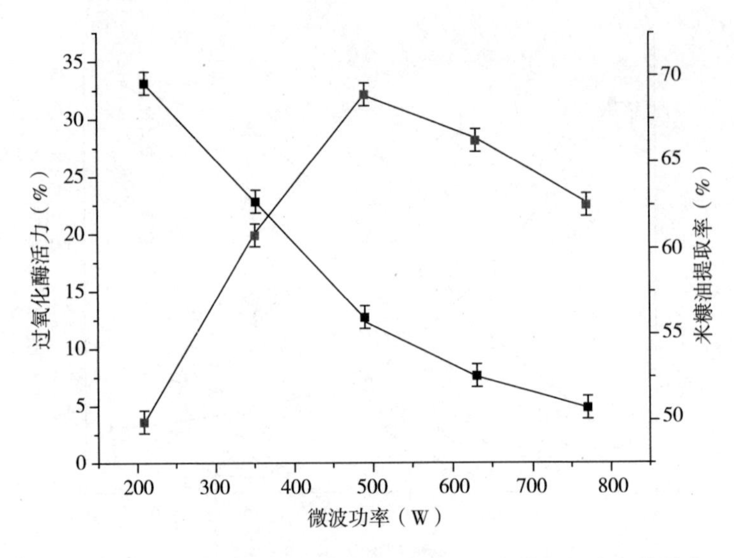

图6-8　微波功率对过氧化物酶残余活力和米糠油提取率的影响

以提取出来是此时米糠油提取率降低的原因，因此选取490 W的功率较为适合。

(四)微波稳定化处理工艺响应面法优化实验

本部分研究采用响应曲面优化法对微波稳定化处理工艺进行优化，利用Design - Expert统计软件对数据进行分析处理。以水分含量A(%)、微波处理时间B(s)和微波输出功率C(W)分别代表的因素为自变量，以米糠过氧化物酶残余活力R_1(%)和米糠油提取率R_2(%)为响应值，响应面优化实验安排及结果见表6-8。

表6-8　试验安排及结果

试验号	物料水分含量 A(%)	微波处理时间 B(s)	微波输出功率 C(W)	过氧化物酶残余活力 R_1(%)	米糠油提取率 R_2(%)
1	-1	-1	-1	11.54	63.26
2	1	-1	-1	11.97	66.16
3	-1	1	-1	7.67	65.67
4	1	1	-1	9.12	69.03
5	-1	-1	1	8.78	64.63
6	1	-1	1	9.51	66.22
7	-1	1	1	6.85	66.01

续表

试验号	物料水分含量 A(%)	微波处理时间 B(s)	微波输出功率 C(W)	过氧化物酶残余活力 R_1(%)	米糠油提取率 R_2(%)
8	1	1	1	6.14	68.88
9	-1.68	0	0	11.19	64.75
10	1.68	0	0	10.75	69.71
11	0	-1.68	0	12.17	63.61
12	0	1.68	0	4.13	69.88
13	0	0	-1.68	10.76	63.42
14	0	0	1.68	4.54	63.55
15	0	0	0	6.29	67.21
16	0	0	0	5.12	66.17
17	0	0	0	5.78	66.69
18	0	0	0	5.21	66.82
19	0	0	0	5.91	67.07
20	0	0	0	4.88	66.33

使用 Design - Expert 软件对试验结果分析，建立下面的回归模型：

$$R_1 = 5.54 + 0.085A - 1.87B - 1.43C - 0.052AB - 0.23AC + 0.18BC + 1.88A^2 + 0.89B^2 + 0.71C^2$$

应用 Design - Expert 分析软件对所得方程进行方差分析，结果见表 6 - 9。

表 6 - 9 回归与方差分析结果

变量	自由度	平方和	均方	F	$Pr>F$
A	1	0.099	0.099	0.14	0.7178
B	1	47.77	47.77	67.03	< 0.0001
C	1	27.79	27.79	38.99	< 0.0001
AB	1	0.022	0.022	0.031	0.8639
AC	1	0.43	0.43	0.61	0.454
BC	1	0.25	0.25	0.35	0.5653
A^2	1	51.18	51.18	71.81	< 0.0001
B^2	1	11.35	11.35	15.92	0.0026
C^2	1	7.28	7.28	10.21	0.0096
回归	9	137.78	15.31	21.48	< 0.0001
剩余	10	7.13	0.71		

续表

变量	自由度	平方和	均方	F	$Pr>F$
失拟	5	5.65	1.13	3.82	0.0837
误差	5	1.48	0.3		
总和	19	144.91			

由表 6－9 能够看出，应用响应面对实验数据所拟合出的方程具有特别显著的回归项，失拟项 0.0837＞0.05，而方程中的 3 个因素和响应值间具有很好的线性关系，拟合方程的均方值 $R^2=0.9508$，$R^2_{Adj}=0.9066$。使用 F 值检验，根据其值的大小将 3 个因素排序为：$B>C>A$，即微波处理时间＞微波输出功率＞物料水分含量。

其中每两个因素之间的作用对于响应值影响的响应面分析见图 6－9。

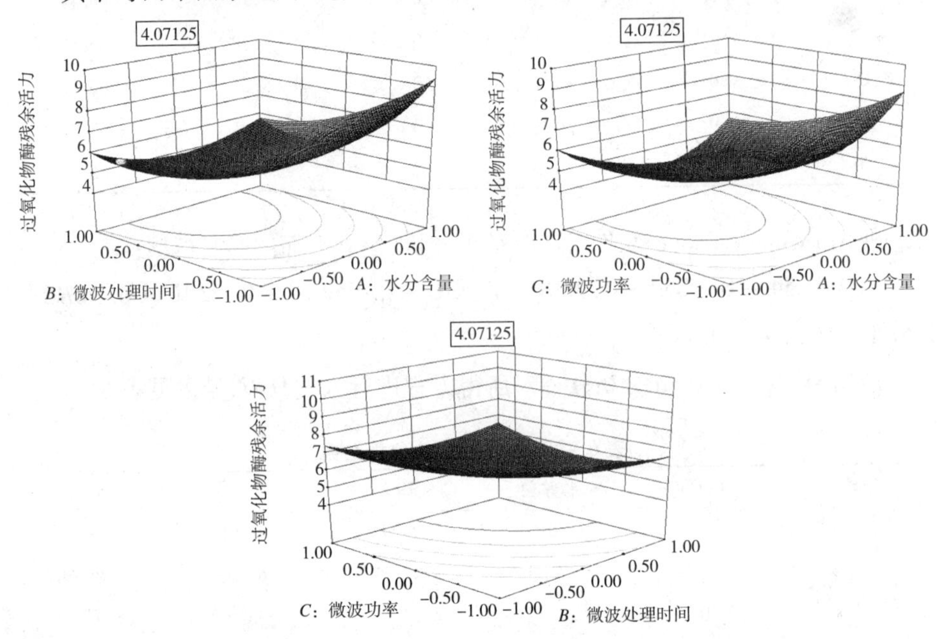

图 6－9　两因素交互作用对米过氧化物酶残余活力影响的响应面图

应用响应面寻优分析方法对回归模型进行分析，物料水分含量 A(%)、微波处理时间 B(s)及微波输出功率 C(W)对应的编码值分别为 0.15、0.89、0.67。寻找最优微波处理工艺参数为：物料水分含量 24.3%、微波处理时间 137.8 s 及微波输出功率 663.5 W，过氧化物酶残余活力可达 4.04%。

对米糠油提取率 R_2 使用 Design－Expert 软件对试验结果分析，建立下面的二次响应面回归模型：

$R_2 = 66.70 + 1.40A + 1.45B + 0.13C + 0.22AB - 0.22AC - 0.15BC + 0.28A^2 + 0.11B^2 - 1.04C^2$

使用 Design - Expert 分析软件对方程进行方差分析，结果见表 6 - 10。

表 6 - 10　回归与方差分析结果

变量	自由度	平方和	均方	F	$Pr > F$
A	1	26.61	26.61	78.8	< 0.0001
B	1	28.89	28.89	85.58	< 0.0001
C	1	0.25	0.25	0.73	0.4119
AB	1	0.38	0.38	1.12	0.3146
AC	1	0.4	0.4	1.2	0.2991
BC	1	0.19	0.19	0.57	0.468
A^2	1	1.13	1.13	3.36	0.0967
B^2	1	0.17	0.17	0.51	0.4922
C^2	1	15.69	15.69	46.47	< 0.0001
回归	9	75.03	8.34	24.69	< 0.0001
剩余	10	3.38	0.34		
失拟	5	2.55	0.51	3.08	0.1214
误差	5	0.83	0.17		
总和	19	78.4			

由表 6 - 10 能够看出，应用响应面对实验数据所拟合出的方程具有特别显著的回归项，失拟项 0.1214 > 0.05，而方程中的 3 个因素和响应值间具有很好的线性关系，拟合方程的均方值 $R^2 = 0.9569$，$R^2_{Adj} = 0.9182$。通过 F 值检验可知，使用 F 值检验，根据其值的大小将 3 个因素排序为 $B > A > C$，即微波处理时间 > 物料水分含量 > 微波输出功率。

其中每两个因素之间的作用对于响应值影响的响应面分析如图 6 - 10 所示。

应用响应面寻优分析方法对回归模型进行分析，物料水分含量 A(%)、微波处理时间 B(s)及微波输出功率 C(W)对应的编码值分别为 0.93、0.97、0.09。寻找最优微波处理工艺参数为：物料水分含量 25.86%、微波处理时间 139.4 s 及微波输出功率 634.5 W，在此微波稳定化处理条件下，米糠油提取率可达 69.92%。

为同时获取最小过氧化物酶残余活力及最大米糠油脂得率，采用联合求解法确定过氧化物酶残余活力及米糠油提取率均优的微波稳定化处理工艺条件为:物料水分含量25.22%、微波处理时间140 s及微波输出功率645.5 W,在此微波稳定化处理条件下,过氧化物酶残余活力为4.92%,米糠油提取率可达69.21%。为适应实际生产需求,将上述指标优化为物料水分含量25.22%、微波处理时间140 s及微波输出功率646 W,在此微波稳定化处理条件下,过氧化物酶残余活力为4.83%,米糠油提取率可达69.65%。过氧化物酶残余活力小于最大允许值5%,表明微波处理可明显提高米糠稳定性,有利于米糠油及其他功能性成分提取。

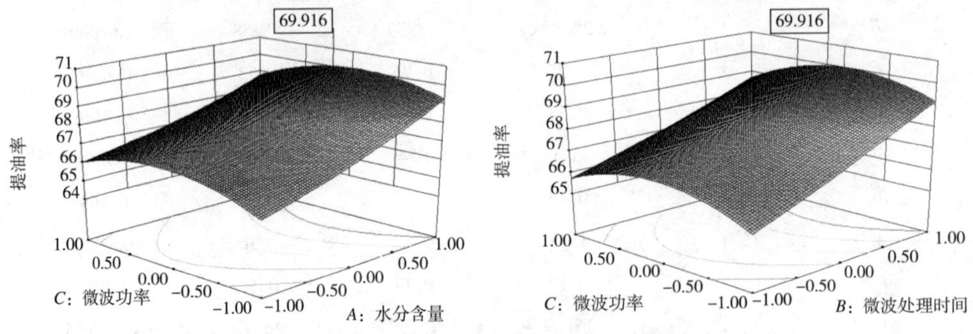

图6-10 两因素交互作用对米糠油提取率影响的响应面图

五、小结

本部分研究应用响应面优化分析设计方法确定米糠油脂提取的最优微波稳定化处理工艺参数为:物料水分含量24.3%、微波处理时间137.8 s及微波输出功率663.5 W,在此微波稳定化处理条件下,过氧化物酶残余活力可达4.04%。

通过响应面分析实验确定的米糠蛋油提取率的最优微波稳定化处理工艺参数为:物料水分含量25.86%、微波处理时间139.4 s及微波输出功率634.5 W,在此微波稳定化处理条件下,米糠油提取率可达69.92%。

为同时获取最小过氧化物酶残余活力及最大米糠油脂得率,采用联合求解法确定过氧化物酶残余活力及米糠油提取率均优的微波稳定化处理工艺条件为:物料水分含量25.22%、微波处理时间140 s及微波输出功率646 W,在此微波稳定化处理条件下,过氧化物酶残余活力为4.83%,米糠油提取率可达69.65%。过氧化物酶残余活力为4.83%,小于最大允许值5%,表明微波处理可明显提高米糠稳定性,有利于米糠油及其他功能性成分提取。

第四节 挤压膨化处理对米糠油脂提取及稳定性的影响研究

我国水稻年产量可达到2.0亿t,米糠的年产量约为1400万t。米糠是加工大米时所产生的部分副产物，其产量大概为稻谷的10%。由于米糠中富含谷维素、蛋白质、生育酚、脂肪、膳食纤维、神经酰胺等70多种有益物质，因此米糠具有很大的开发价值。米糠油脂中大部分为多不饱和脂肪酸，且脂肪酶活性较强，碾米机所产生的外力破碎作用会将大米的表面破坏，从而使脂肪酶进入到米糠中，使其与油脂发生大量的混合反应，引起了米糠变质。米糠变质严重地阻碍了米糠的加工应用，因此现今米糠加工业多应用挤压膨化法处理米糠，实现米糠稳定化。部分研究曾利用挤压膨化法对米糠实施稳定化处理，成功地抑制了脂肪酶活性，有效控制了米糠的品质劣变。但这种方法存在一定的缺陷，由于挤压机的参数和物料的参数会影响米糠的稳定效果，一旦错误地设置参数就会使米糠成分受到严重损害。针对上述问题，本部分实验拟采用挤压技术稳定化米糠，通过钝化脂肪酶，控制米糠品质劣变、提高米糠稳定性。并以过氧化物酶残余活力和米糠油提取率为指标进行响应面分析，确定最佳挤压膨化稳定化工艺参数，为米糠的功能成分提取及综合利用提供研究基础。

一、实验材料

米糠，东方集团粮油食品有限公司提供；邻苯二胺，华亚化工有限公司；过氧化氢，磷酸氢二钠，柠檬酸溶液，饱和亚硫酸氢钠等均为分析纯，苏州宇凡化工有限公司。

二、主要仪器设备（表6－11）

表6－11　实验主要仪器设备

仪器设备	生产厂家
ZH65－III双螺杆挤压膨化机	上海喆钛机械制造有限公司
HG303 －5A电热恒温培养箱	上海喆钛机械制造有限公司
LXJ－II离心机	上海申锐测试设备制造有限公司
电子分析天平	广州市典锐化玻实验仪器有限公司
725型分光光度计	上海化科实验器材有限公司
101A－3型干燥箱	广州科晓科学仪器有限公司
DHP－9052型电热恒温培养箱	上海一恒科技有限公司
SHA－C恒温振荡器	济南捷岛分析仪器有限公司
303A－2电热培养箱	菏泽市石油化工学校仪器设备厂
LHS－80HC－I恒温恒湿培养箱	江苏省金坛市金城国胜实验仪器厂
TD5A台式离心机	长沙英泰仪器有限公司

三、实验方法

(一)米糠挤压稳定化处理工艺

米糠经粉碎过60目筛获得米糠粉,调节糠粉含水量后以一定进料速率加入挤压膨化机内,调控螺杆转速、挤出温度,在此基础上确定最佳米糠挤压稳定化工艺。

(二)挤压膨化辅助水酶法工艺参数确定

设定基本挤压膨化方式为:米糠水分含量为15%、温度为140℃、进料速率260 g/min,螺杆转速170 r/min。

螺杆转速的单因素确定试验:经实验分析,原始样品的物料水分含量近12%。本部分研究通过控制水分添加量15%、温度140℃、进料速率250 g/min的条件下,考察螺杆转速为80 r/min、110 r/min、140 r/min、170 r/min、200 r/min时挤压膨化处理对过氧化物酶残余活力及油脂品质影响。

水分添加量的单因素确定试验:本部分研究通过控制温度140℃、螺杆转速170 r/min、进料速率250 g/min的条件下,研究水分添加量为5%、10%、15%、20%、25%时挤压膨化处理对过氧化物酶残余活力及油脂品质影响。

挤出温度的单因素确定试验:本部分研究通过控制水分添加量15%、螺杆转速170 r/min、进料速率250 g/min的条件下,考察挤出温度80℃、100℃、120℃、140℃、160℃时挤压膨化处理对过氧化物酶残余活力及油脂品质影响。

进料速率的单因素确定试验:在水分添加量15%、挤出温度140℃、螺杆转速170 r/min的条件下,考察进料速率150 g/min、200 g/min、250 g/min、300 g/min、350 g/min时挤压膨化处理对过氧化物酶残余活力及油脂品质影响。

分别取出四组不同挤压膨化稳定化处理的米糠冷却至室温,装在密封塑料袋中,进行品质分析。

(三)响应面优化试验

选择了螺杆转速、水分添加量、挤出温度和进料速率4个因素进行响应面分析设计,使用Design - Expert软件对试验数据进行处理分析,选择螺杆转速A(r/min)、水分添加量B(%)、挤压温度C(℃)和进料速率D(g/min)四个因素为自变量,每个因素取5个水平,以米糠过氧化物酶残余活力R_1(%)和米糠油提取

率 R_2(%)为响应值,设置四因素五水平进行试验,其因素水平编码表见表6－12。

表 6－12　因素水平编码表

编码	因素			
	螺杆转速 A(r/min)	水分添加量 B(%)	挤压温度 C(℃)	进料速率 D(g/min)
－2	110	15	120	200
－1	125	17.5	130	225
0	140	20	140	250
1	155	22.5	150	275
2	170	25	160	300

(四)米糠浸出法工艺及油脂提取率的测定

同第二节方法。

(五)过氧化物酶活力测定

同第二节方法。

(六)数据处理

同第二节方法。

四、结果与讨论

(一)挤压膨化稳定化处理螺杆转速单因素确定实验

为探究挤压膨化条件中螺杆转速对过氧化物酶残余活力和米糠油提取率的影响,试验通过控制螺杆转速条件为:水分添加量 15%、温度 140℃、进料速率 250 g/min 的条件下,考察螺杆转速分别为 80 r/min、110 r/min、140 r/min、170 r/min、200 r/min 过氧化物酶残余活力和米糠油提取率的影响,结果如图 6－11所示。

由图 6－11 可知,随着螺杆转速的增大,过氧化物酶残余活力呈现先降低后增加的变化趋势,这与物料在挤压机中受热均匀程度及在挤压机内的受热时间有关,螺杆转速为 80～170 r/min 时,原料在挤压化机内要经过较长的时间,受高

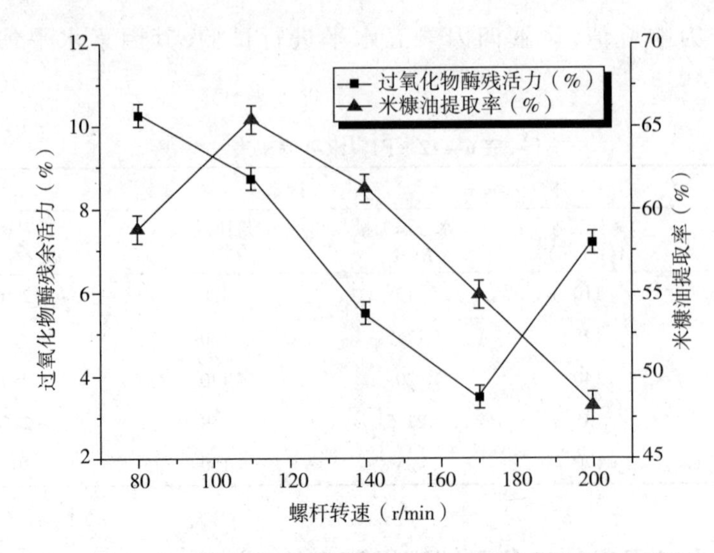

图6－11　螺杆转速对过氧化酶残余活力和米糠油提取率的影响

温作用的时间长，脂肪酶得到有效抑制，但过高温度会使米糠营养组分部分损失，影响了米糠的营养价值。相反，螺杆转速在170～200 r/min时米糠在挤压机内的受热时间相对较短，挤压膨化作用没有完全实施于米糠上，因此米糠中的酶残余活力呈现为不断升高的变化趋势；随着螺杆转速的增大，米糠油提取率呈现增大的变化趋势，螺杆转速为100 r/min时，提取率较大，螺杆转速大于100 r/min时，米糠油提取率呈现下降的趋势，这可能是因为由于螺杆转速的增大，挤压机的剪切作用逐渐增强，而且挤压力持续增大，米糠物料被充分打破；但螺杆转速过高时，米糠在挤压机内移动过快，不能与螺杆表面有效接触，在挤压机中经历的时间过短，提油率下降。

(二)挤压膨化水分添加量单因素确定实验

为探究挤压膨化条件中水分添加量对过氧化物酶残余活力和米糠油提取率的影响，本部分研究通过控制在温度140℃、螺杆转速170 r/min、进料速率250 g/min的条件下，研究水分添加量为5%、10%、15%、20%、25%对过氧化物酶残余活力和米糠油提取率的影响，结果如图6－12所示。

由图6－12可以看出，随着物料中水分含量的不断上升，过氧化物酶残余活力先不断降低后不断上升，可知适当的水分能够很好地抑制脂肪酶的活性。但是，当物料中的水分含量不断增加，过氧化物酶的残余活力会有所上升。这是由于水是一种优质的导热体，适当的水分可以使米糠受热均匀，有利于米糠的稳

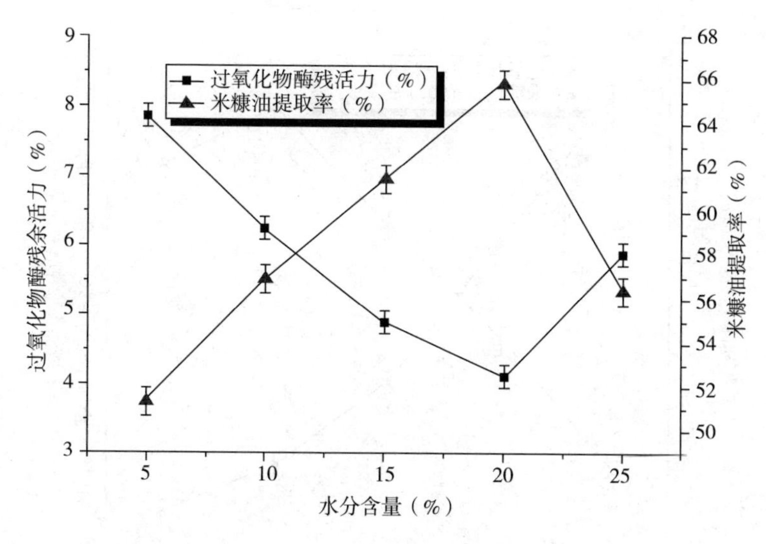

图6－12　水分含量对过氧化酶残余活力和米糠油提取率的影响

定。在进行挤压处理时，米糠中的水分含量同样可以影响米糠的塑性。米糠中的水分比较低时，其塑性变差，会使操作过程不受控制，这样就会出现温度太高的情况，米糠容易糊化，容易堵塞挤压机。如果物料中水分太高，米糠的弹性变小，就没有更多的压力和热来打破物料结构使酶失活，影响米糠稳定化效果；而米糠油提取率随着米糠中含水率的不断上升表现为先不断上升后不断降低，在米糠含水率为20%时，米糠油提取率有较大值65.87%。

（三）挤压膨化挤出温度单因素确定实验

为探究挤压膨化方式中挤出温度对过氧化物酶残余活力和米糠油提取率的影响，本部分研究通过控制在水分添加量15%、螺杆转速170 r/min、进料速率250 g/min的条件下，研究挤出温度分别为80℃、100℃、120℃、140℃、160℃对过氧化物酶残余活力和米糠油提取率的影响，结果如图6－13所示。

由图6－13可知，随着挤出温度的上升，过氧化物酶残余活力不断降低。当温度从80℃上升到140℃时，温度对过氧化酶有特别明显的抑制作用；但是继续升温，则温度对其的作用变得不显著。使用热处理法抑制解脂酶的条件是物料能够抵抗温度使自身不发生变化，但是太高的温度可能造成物料的糊化或者自身遭到破坏。而随着挤压温度的增加，油的制取率呈现逐渐增大的变化趋势，在挤压温度为140℃时，油的制取率有较大值。套筒温度的升高造成米糠油提取率增高的原因在于高温易造成米糠蛋白部分变性，导致其更易被酶解，进而解除了

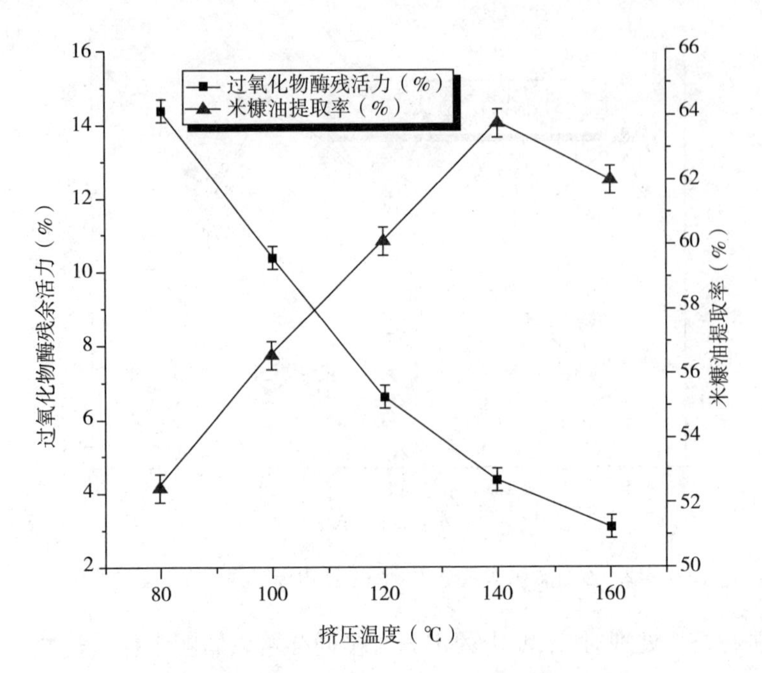

图 6 - 13　挤出温度对过氧化酶残余活力和米糠油提取率的影响

蛋白对油的束缚，使油的制取率提高。从米糠的营养价值的节能等方面综合考虑，米糠挤压温度选择为 140℃。

（四）进料速率对过氧化物酶活力及米糠油脂提取率的影响

为探究挤压膨化稳定化处理进料速率对过氧化物酶残余活力和米糠油提取率的影响，本部分研究通过控制在水分添加量 15%、挤出温度 140℃、螺杆转速 170 r/min 的情况下，考察进料速率分别为 150 g/min、200 g/min、250 g/min、300 g/min、350 g/min过氧化物酶残余活力和米糠油提取率的影响，结果如图6 - 14 所示。

由图 6 - 14 可知，随着进料速率的加快，过氧化物酶残余活力先不断降低之后不断上升。如果进料速度太慢，那么对物料作用产生的温度就比较低，不能对酶起到很好的抑制作用，如果进料速度加快就会加强对物料的压力，所以起初当进料速度不断变快时，对酶的抑制作用逐渐增强，过氧化物残余活力不断下降。但是当进料速度过快时，对酶的抑制能力反而下降，由于进料速度太快，物料在机器内经过的时间短，物料不能得到充足的能量使挤压效果变差；而随着进料速率的增大，米糠制油率先不断上升后不断下降，制取率在进料速率为 150 ~ 250 g/min 时逐渐提高，这主要是由于在进料速率一定范围内挤压膨化

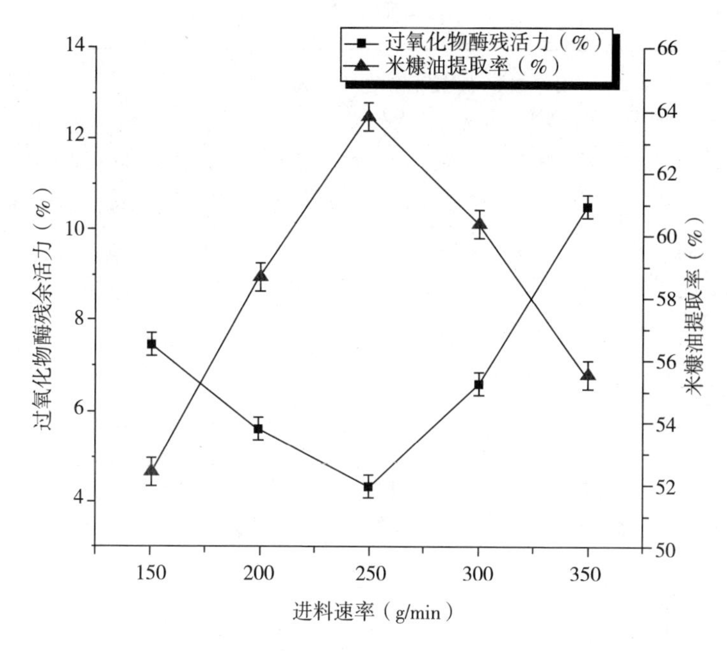

图6－14　进料速率对过氧化酶残余活力和米糠油提取率的影响

机内可充分对物料进行细胞壁挤压、剪切，但在进料速率为250～350 g/min米糠油提取率逐渐降低是由于物料细胞壁未能在挤压机内充分破碎，使油脂不能充分释放。

（五）挤压膨化稳定处理工艺响应面法优化实验

本部分研究采用响应曲面优化法对挤压条件进行优化，利用Design－Expert统计软件对数据进行分析处理。以螺杆转速A(r/min)、水分添加量B(%)、挤压温度C(℃)和进料速率D(g/min)分别代表的因素为自变量，每个因素取5个水平，以米糠过氧化物酶残余活力R_1(%)和米糠油提取率R_2(%)为响应值，设置四因素五水平进行实验，响应面优化实验安排及结果见表6－13。

表6－13　试验安排及结果

试验号	螺杆转速 A(r/min)	水分添加量 B(%)	挤压温度 C(℃)	进料速率 D(g/min)	过氧化物酶残余活力 R_1(%)	米糠油提取率 R_2(%)
1	－1	－1	－1	－1	7.18	56.65
2	1	－1	－1	－1	5.31	54.17
3	－1	1	－1	－1	6.32	60.17

续表

试验号	螺杆转速 A(r/min)	水分添加量 B(%)	挤压温度 C(℃)	进料速率 D(g/min)	过氧化物酶残余活力 R_1(%)	米糠油提取率 R_2(%)
4	1	1	-1	-1	4.91	59.57
5	-1	-1	1	-1	5.35	59.76
6	1	-1	1	-1	3.82	56.34
7	-1	1	1	-1	4.45	61.23
8	1	1	1	-1	4.16	59.77
9	-1	-1	-1	1	6.88	59.88
10	1	-1	-1	1	5.13	55.48
11	-1	1	-1	1	6.22	60.85
12	1	1	-1	1	5.88	57.42
13	-1	-1	1	1	4.55	61.44
14	1	-1	1	1	3.58	56.59
15	-1	1	1	1	5.14	61.68
16	1	1	1	1	4.44	57.14
17	-2	0	0	0	5.55	64.43
18	2	0	0	0	2.82	58.95
19	0	-2	0	0	7.07	54.12
20	0	2	0	0	6.58	57.24
21	0	0	-2	0	6.05	54.96
22	0	0	2	0	2.85	58.84
23	0	0	0	-2	7.23	54.99
24	0	0	0	2	6.66	56.94
25	0	0	0	0	3.05	63.39
26	0	0	0	0	3.65	63.11
27	0	0	0	0	3.54	62.67
28	0	0	0	0	3.38	63.54
29	0	0	0	0	3.61	62.91
30	0	0	0	0	3.52	61.22

使用 Design - Expert 软件对试验结果分析，建立下面的回归模型：

$$R_1 = 3.46 - 0.60A - 0.053B - 0.78C - 0.034D + 0.21AB + 0.12AC + 0.084AD + 0.13BC + 0.21BD - 0.029CD + 0.12A^2 + 0.78B^2 + 0.18C^2 + 0.81D^2$$

应用 Design - Expert 分析软件对所得方程进行方差分析，结果见表 6 - 14。

表 6 - 14　回归与方差分析结果

变量	自由度	平方和	均方	F	$Pr > F$
A	1	8.54	8.54	75.58	< 0.0001
B	1	0.066	0.066	0.59	0.4562
C	1	14.63	14.63	129.44	< 0.0001
D	1	0.028	0.028	0.25	0.6258
AB	1	0.71	0.71	6.32	0.0239
AC	1	0.22	0.22	1.95	0.1825
AD	1	0.11	0.11	0.99	0.3349
BC	1	0.27	0.27	2.35	0.1464
BD	1	0.71	0.71	6.24	0.0246
CD	1	0.013	0.013	0.12	0.7371
A^2	1	0.37	0.37	3.27	0.0908
B^2	1	16.52	16.52	146.12	< 0.0001
C^2	1	0.91	0.91	8.06	0.0124
D^2	1	17.82	17.82	157.63	< 0.0001
回归	14	55.54	3.97	35.09	< 0.0001
剩余	15	1.7	0.11		
失拟	10	1.45	0.15	2.99	0.1193
误差	5	0.24	0.049		
总和	29	57.24			

由表 6 - 14 能够看出，应用响应面对实验数据所拟合出的方程具有特别显著的回归项，失拟项 0.1193 >0.05，而方程中的 4 因素和响应值间具有很好的线性关系，拟合方程的均方值 $R^2 = 0.9704$，$R^2_{Adj} = 0.9427$，使用 F 值检验，根据其值的大小将 4 因素排序为：$C > A > B > D$，也就是挤压温度 > 螺杆转速 > 物料水分含量 > 进料速率。

两两因子的相互作用对于响应值影响的响应面分析如图 6 - 15 所示。

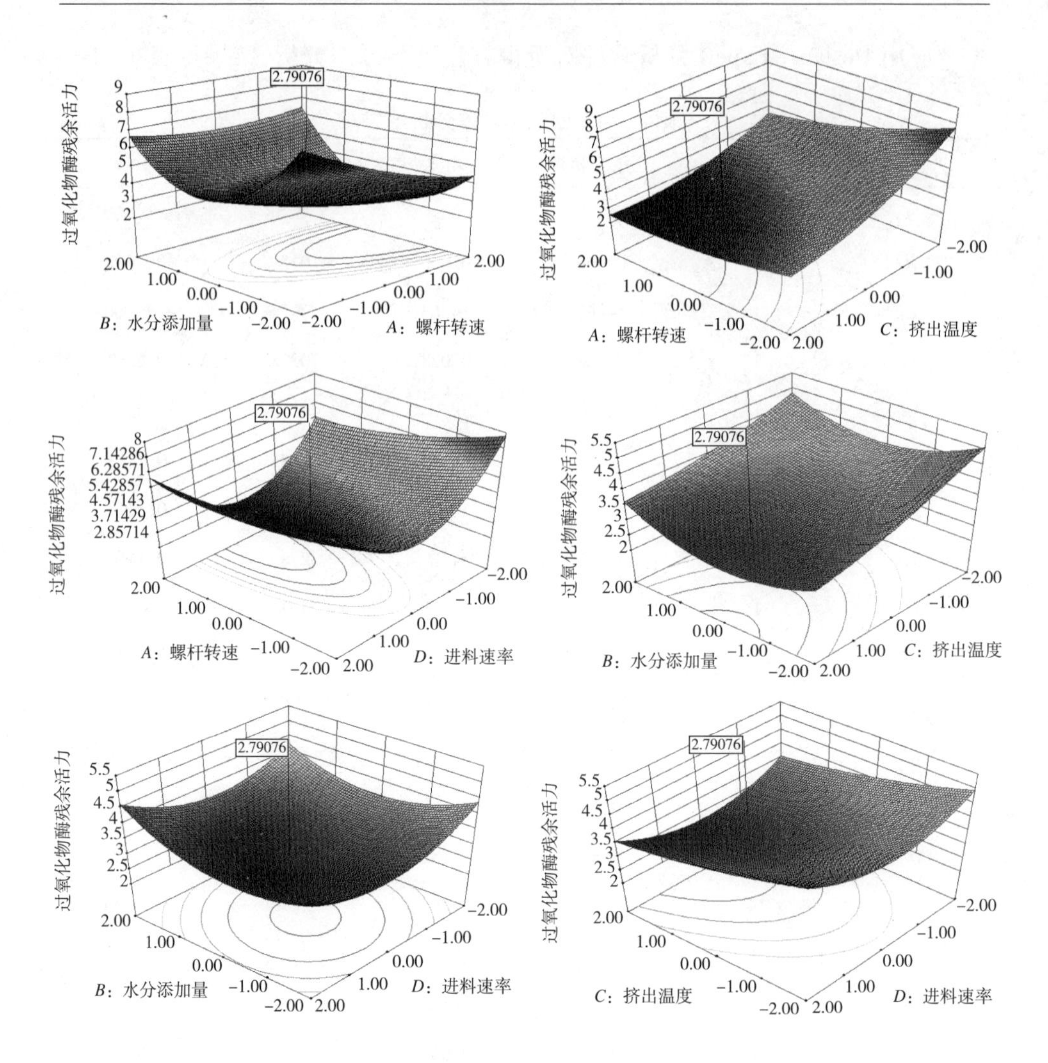

图 6－15　两因素交互作用对米过氧化物酶残余活力影响的响应面图

应用响应面寻优分析方法对回归模型进行分析，螺杆转速 A(r/min)、水分添加量 B(%)、挤压温度 C(℃)和进料速率 D(g/min)对应的编码值分别为 0.34、0.23、0.99、－0.01。得到的最佳挤压加工条件为：螺杆转速 145.1 r/min、物料水分含量 20.575%、挤压温度 149.9℃及进料速率 249.75 g/min，过氧化物酶残余活力可达 2.79%。

对米糠油取率 R_2 使用 Design－Expert 软件对试验结果分析，建立下面的二次响应面回归模型：

$R_2 = 62.81 - 1.51A + 0.99B + 0.73C + 0.28D + 0.32AB - 0.21AC - 0.58AD -$

$0.38BC - 0.63BD - 0.21CD - 0.100A^2 - 1.60B^2 - 1.30C^2 - 1.53D^2$

使用 Design - Expert 分析软件对方程进行方差分析，结果见表 6 - 15。

表 6 - 15　回归与方差分析结果

变量	自由度	平方和	均方	F	$Pr > F$
A	1	54.42	54.42	66.19	< 0.0001
B	1	23.52	23.52	28.61	< 0.0001
C	1	12.79	12.79	15.56	0.0013
D	1	1.88	1.88	2.29	0.1511
AB	1	1.64	1.64	1.99	0.1785
AC	1	0.71	0.71	0.86	0.3689
AD	1	5.36	5.36	6.52	0.0221
BC	1	2.36	2.36	2.87	0.1111
BD	1	6.4	6.4	7.79	0.0137
CD	1	0.69	0.69	0.84	0.3745
A^2	1	0.27	0.27	0.33	0.5721
B^2	1	70.44	70.44	85.67	< 0.0001
C^2	1	46.18	46.18	56.16	< 0.0001
D^2	1	64.31	64.31	78.22	< 0.0001
回归	14	255.46	18.25	22.19	< 0.0001
剩余	15	12.33	0.82		
失拟	10	8.82	0.88	1.25	0.4245
误差	5	3.52	0.7		
总和	29	267.79			

由表 6 - 15 能够看出，应用响应面对实验数据所拟合出的方程具有特别显著的回归项，失拟项 0.4245 > 0.05，而方程中的 4 因素和响应值间具有很好的线性关系，拟合方程的均方值 $R^2 = 0.9539$，$R^2_{Adj} = 0.9110$，使用 F 值检验，根据其值的大小将 4 因素排序为 $A > B > C > D$，即螺杆转速 > 物料水分含量 > 挤压温度 > 进料速率。

两两因子的相互作用对于响应值影响的响应面分析如图 6 - 16 所示。

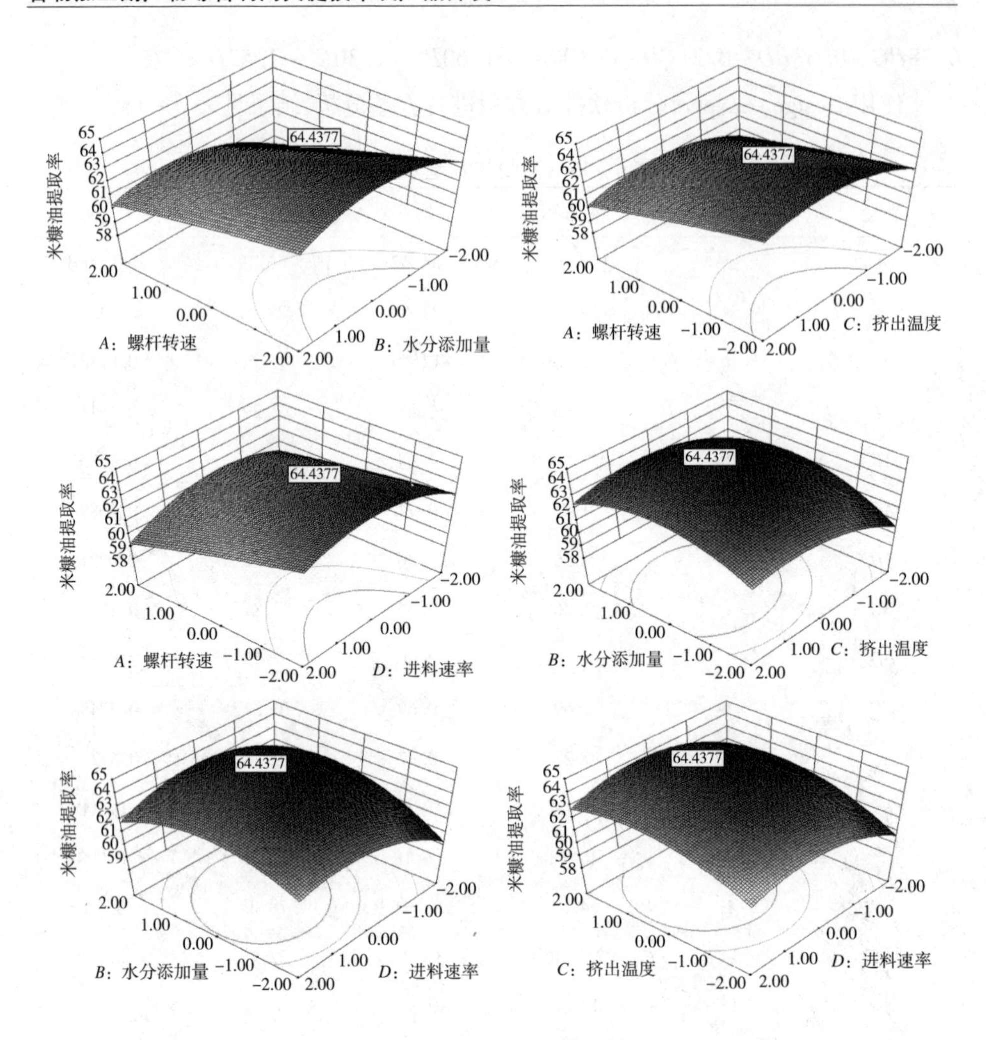

图 6－16　两因素交互作用对米过氧化物酶残余活力影响的响应面图

应用响应面寻优分析方法对回归模型进行分析，螺杆转速 A(r/min)、水分添加量 B(%)、挤压温度 C(℃)和进料速率 D(g/min)对应的编码值分别为 -0.99、0.25、0.43、0.26。得到最佳的挤压条件为：螺杆转速 125.15 r/min、物料水分含量20.625%、挤压温度 144.3℃及进料速率 256.5 g/min，米糠油提取率可达 64.44%。

为同时获取最小过氧化物酶残余活力及最大米糠油脂得率，采用联合求解法确定过氧化物酶残余活力及米糠油提取率均优的挤压加工条件为：螺杆转速 125.15 r/min、物料水分含量 20.2%、挤压温度 148.4℃及进料速率 252.5 g/min，此种稳定化处理条件下，过氧化物酶残余活力为 3.34%，米糠油提取率可达

63.71%。为适应实际生产需求，将上述指标优化为螺杆转速125 r/min、物料水分含量20.2%、挤压温度148℃及进料速率252.5 g/min，在此挤压膨化加工工艺下，过氧化物酶残余活力是3.13%，米糠油提取率可达63.15%。过氧化物酶残余活力不超过该指标所规定的限定值5%，因而可以知道挤压处理可以很好地改善米糠的稳定性，并且可以明显改善油脂和其他营养物质的制取。

五、小结

本部分研究应用响应面寻优分析设计方法得到油脂提取的最佳加工条件为：螺杆转速145.1 r/min、物料水分含量20.58%、挤压温度149.9℃及进料速率249.75 g/min，在此挤压膨化稳定化处理工艺下，过氧化物酶残余活力为2.79%。

通过响应面分析实验得到的米糠油提取率的最佳加工条件为：螺杆转速125.15 r/min、物料水分含量20.625%、挤压温度144.3℃及进料速率256.5 g/min，在此挤压膨化稳定化处理条件下，米糠油提取率可达64.44%。

为同时获取最小过氧化物酶残余活力及最大米糠油脂得率，采用联合求解法确定过氧化物酶残余活力及米糠油提取率均优的挤压加工条件为：螺杆转速125.15 r/min、物料水分含量20.2%、挤压温度148.4℃及进料速率252.5 g/min，此种稳定化处理条件下，过氧化物酶残余活力为3.34%，米糠油提取率可达63.71%。过氧化物酶残余活力不超过该指标所规定的限定值5%，因而可知挤压处理可很好地改善米糠的稳定性，并且可以明显改善油脂和其他营养物质的制取。

第五节　射频加热稳定化处理对米糠油脂提取及稳定性的影响研究

射频（radio frequency，RF）是电磁波的一种。射频处理是指电磁场的快速改变，从而使物质内部的分子产生运动，相互碰撞进而产生能量。射频处理稳定米糠的原理与微波处理相似。但射频加热时在射频3 KHz～300 MHz的条件下加热会使米糠中的所有带电粒子发生振荡，将所有产生的电能全部转化为热能，产生的热量使脂肪酶失去活性。因此它的作用力远大于微波处理。

Jacques最先于1885年发现了射频的加热作用。二战结束后，射频处理技术被逐渐使用在食品工艺。1960年，Kinn等在实验室用射频设备对面包、肉制品和脱水蔬菜等进行了射频加热处理。1980年，射频加热被商业化使用在饼干类食品中；国内研究相对很少，仅王绍金、王云阳、徐立、张丽等、史乐伟进行了相关探索。

由于热和能量被食物直接吸收，射频加热不仅能缩短加热时间而且节能，与传统加热方式不同，微波和射频加热系统在食物内部产生热量，属于"整体加热"。在射频加热中，电磁波能穿透的物品更深且不会出现在微波加热中很可能发生的表面过度加热或热点出现的状况。射频穿透深度是微波的十几甚至几十倍，加热更加均匀，适合于体积更大的固体半固体食品。射频发生器的最高功率可以达到微波发生器最高功率的几百倍，通常情况下，投资一套相同生产能力的微波设备成本会是射频设备的大约 2 倍。由于较强的作用力使物料受热更加均匀，使处理后的产品质量更好，且射频操作所需设备投资小，因此更加适合工业生产。

本试验通过响应面法优化米糠过氧化物酶残余活力和提油率，分析影响射频对米糠过氧化物酶残余活力和提油率作用的因素，以期通过这些研究，为射频对米糠稳定化和增强提油率的应用贡献价值。

一、实验材料

米糠，东方集团粮油食品有限公司提供；邻苯二胺，华亚化工有限公司；过氧化氢，磷酸氢二钠，柠檬酸溶液，饱和亚硫酸氢钠等均为分析纯，苏州宇凡化工有限公司。

二、主要仪器设备（表 6－16）

表 6－16　实验主要仪器设备

仪器设备	生产厂家
Strayfied－SO6B－6kw 型射频加热系统	Strayfied 国际有限公司
HG303　－　5A 电热恒温培养箱	上海喆钛机械制造有限公司
LXJ－II 离心机	上海申锐测试设备制造有限公司
电子分析天平	广州市典锐化玻实验仪器有限公司
725 型分光光度计	上海化科实验器材有限公司
101A－3 型干燥箱	广州科晓科学仪器有限公司
DHP－9052 型电热恒温培养箱	上海一恒科技有限公司
SHA－C 恒温振荡器	济南捷岛分析仪器有限公司
303A－2 电热培养箱	菏泽市石油化工学校仪器设备厂
LHS－80HC－I 恒温恒湿培养箱	江苏省金坛市金城国胜实验仪器厂
TD5A 台式离心机	长沙英泰仪器有限公司

三、实验方法

(一)射频加热稳定化处理工艺

将米糠粉碎至60目形成米糠粉,均匀分散于平皿内,调节物料厚度、射频时间及极板间距,对米糠进行射频稳定化处理,参考米糠稳定性及浸出提油率,确定最佳射频加热稳定化工艺。

(二)射频加热工艺参数的研究

1.单因素试验

设定基本射频加热稳定化处理条件为:米糠加热时间 180 s、样品厚度 15 mm、极板间距 120 mm。

极板间距的单因素确定试验:在加热时间 180 s、样品厚度 15 mm 的条件下,考察极板间距为 80 mm、100 mm、120 mm、140 mm、160 mm 时射频加热条件对过氧化物酶残余活力及油脂品质影响。

射频时间的单因素确定试验:在极板间距 120 mm、样品厚度 15 mm 的条件下,考察加热时间 60 s、120 s、180 s、240 s、300 s 时射频加热条件对过氧化物酶残余活力及油脂品质影响。

样品厚度的单因素确定试验:在极板间距 120 mm、加热时间 180 s 的条件下,考察加热时间 5 mm、10 mm、15 mm、20 mm、25 mm 时射频加热条件对过氧化物酶残余活力及油脂品质影响。

分别拿四组不同射频加热稳定化处理的米糠冷却至室温,装在封闭条件下,对结果处理归纳。

2.响应面优化试验

在单因素试验的基础上,选择了极板间距、加热时间和样品厚度三个因素对其使用响应面进行处理,使用 Design - Expert 软件对试验数据进行处理分析,选择极板间距 A(mm)、射频时间 B(s)、样品厚度 C(mm)三个因素为自变量,每个因素取 3 个水平,以过氧化物酶残余活力 R_1(%)和米糠油提取率 R_2(%)为响应值,设置三因素三水平进行试验,其因素水平编码表见表 6 - 17。

表 6-17　因素水平编码表

编码	因素		
	极板间距 A(mm)	射频时间 B(s)	样品厚度 C(mm)
-1	110	210	7
0	120	240	10
1	130	270	13

(三)米糠浸出法工艺及油脂提取率的测定

同第二节方法。

(四)过氧化物酶活力测定

同第二节方法。

(五)数据处理

同第二节方法。

四、实验结果与讨论

(一)射频稳定化处理极板间距单因素确定实验

为探究射频加热条件中极板间距对过氧化物酶残余活力和米糠油提取率的影响,试验通过控制极板间距条件为:在加热时间 180 s、样品厚度 15 mm 的条件下,极板间距 80 mm、100 mm、120 mm、140 mm、160 mm 时射频加热处理对米糠过氧化物酶残余活力及油脂品质影响,结果如图 6-17 所示。

由图 6-17 可知,在热处理 180s 相同时间内,极板间距由 80~160 mm 变化过程中,过氧化物酶残余活力表现为不断上升。射频加热是指把样品放在了平行的电极板间,然后通过调整电极板之间的距离,从而改变设备对物料的功率,使物料受到不同的能量。所以在相同时间条件下,极板间距为 120 mm 时,过氧化物酶残余活力是 3.45%,小于 5%,灭酶效果较好,极板距离从 120 mm 降到 80 mm时,酶完全失去活性;随着间距的增大,油脂制取率表现为先不断升高后不断下降。这是由于温度太高,淀粉可能分解为糖类,从而会和蛋白质发生美拉德反应,如果反应剧烈可能会产生淀粉糊化,一定温度范围内米糠油提取率增高的

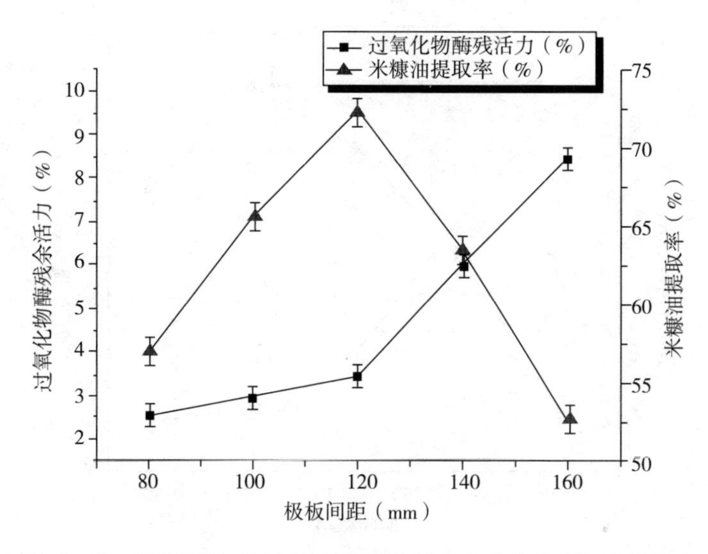

图 6 - 17 极板间距对过氧化物酶残余活力和米糠油提取率的影响

原因在于高温易造成米糠蛋白部分变性，导致其更易被酶解，进而解除了蛋白对油脂的束缚，使油脂制取率提高。随着极板距离增大，温度逐渐降低，米糠提油率较低。综合考虑，极板距离 120 mm 时过氧化物酶残余活力不低于5%，而米糠油提取最高，因此，选极板距离 120 mm 为最优。

（二）射频稳定化处理时间单因素确定实验

为探究射频时间对过氧化物酶残余活力和米糠油提取率的影响，试验通过控制加热时间条件为：在极板间距 120 mm、样品厚度 15 mm 的条件下，考察射频时间 60 s、120 s、180 s、240 s、300 s 时加热对米糠过氧化物酶残余活力及油脂品质影响，结果如图 6 - 18 所示。

由图 6 - 18 可知，在射频加热时，随着加热时间的不断增加过氧化物酶残余活力迅速下降，当射频时间在 180 ~ 300 s 时，过氧化物酶残余活力已经降低到5%以下，由于较强的作用力使物料受热更快更加均匀，从而达到很好的灭酶效果；油脂制取率呈现先升高后下降。这是由于时间的延长，射频温度逐渐升高，使米糠蛋白部分变性而提高出油率，当时间达到 240 s 时，米糠油提取率逐渐下降，是由于随着时间延长导致温度太高，淀粉可能分解为糖类，从而和蛋白质发生美拉德反应，如果反应剧烈可能会产生淀粉糊化，使米糠油提取率降低。综合考虑过氧化物酶残余活力在5%以下和提油率最优，选择射频时间为 240 s。

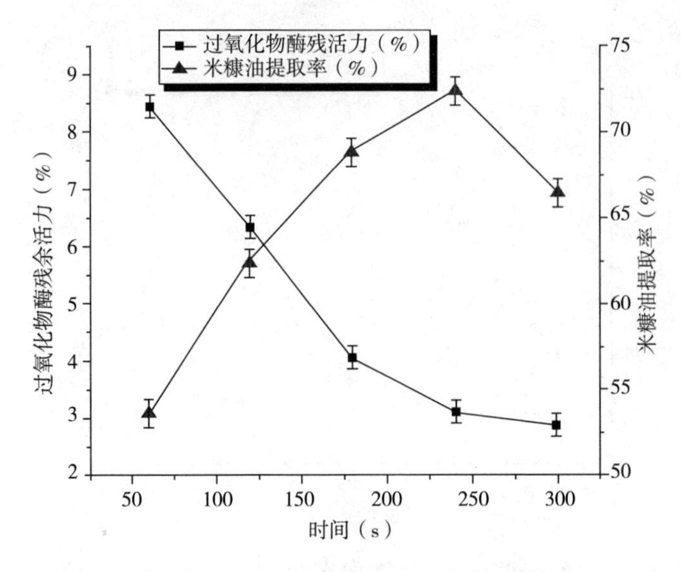

图 6－18　时间对过氧化酶残余活力和米糠油提取率的影响

（三）射频稳定化处理样品厚度单因素确定实验

为探究样品厚度对过氧化物酶残余活力和米糠油提取率的影响，试验通过控制样品厚度条件为：在极板间距 120 mm、加热时间 180 s 的条件下，考察分别设置 5 mm、10 mm、15 mm、20 mm、25 mm 的样品厚度对米糠过氧化物酶残余活力及油脂品质影响，结果如图 6－19 所示。

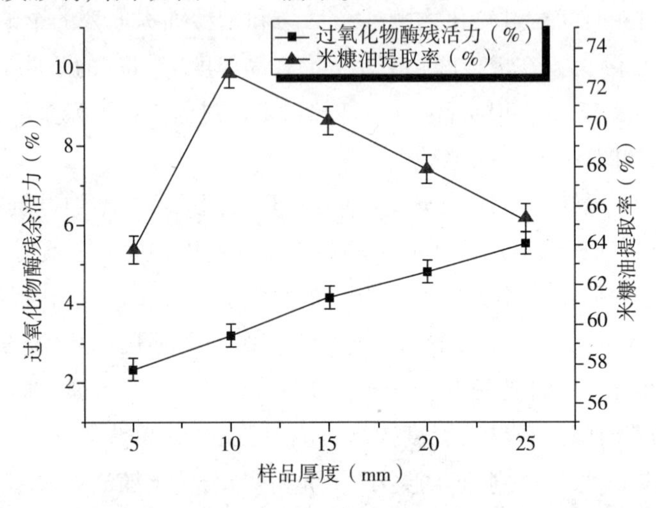

图 6－19　样品厚度对过氧化酶残余活力和米糠油提取率的影响

由图6－19可知，在射频处理时间一定的情况下，随着物料厚度的增加，样品的过氧化物酶残余活力也随之发生变化，且呈现正相关，样品厚度在5 mm时，过氧化物酶残余活力最低，这是因为较薄的物料厚度使米糠受热更加均匀，可是随着样品厚度的增大，过氧化物酶残余活力变化趋势不明显。可能是样品厚度的增加使设备有较大的输出功率，物料可以很快地受热升温，同时，因为厚度的增加使样品高度发生改变，导致电极板之间的电容变大，物料快速升温，使样品过氧化酶残余活力得到较好的控制；但油脂制取率随样品厚度的增大表现为先增大后减小，这是由于米糠过薄会使物料受热过高，淀粉降解的糖与蛋白发生反应阻碍油脂提取，而随着物料厚度的增加，蛋白质的部分变性以及脂肪酶也得到有效钝化，米糠提油率增加，但当物料厚度过高，会使米糠样品受热不均匀导致提油率下降。综合考虑过氧化物酶残余活力在5%以下和提油率最优，选择物料厚度为10 mm。

(四)射频稳定化处理工艺响应面法优化实验

本部分研究采用响应曲面优化法对射频加热工艺优化，利用Design－Expert统计软件对数据进行分析处理。以极板间距A(mm)、射频时间B(s)、样品厚度C(mm)分别代表的因素为自变量，每个因素取三个水平，以米糠过氧化物酶残余活力R_1(%)和米糠油提取率R_2(%)为响应值，设置三因素三水平进行试验，响应面优化试验的设计与结果见下表6－18。

表6－18　试验安排及结果

试验号	极板间距 A(mm)	加热时间 B(s)	样品厚度 C(mm)	米糠过氧化物酶残余活力 R_1(%)	米糠油提取率 R_2(%)
1	－1	－1	0	4.46	62.34
2	1	－1	0	6.76	68.55
3	－1	1	0	3.95	68.34
4	1	1	0	4.98	64.45
5	－1	0	－1	2.67	63.48
6	1	0	－1	5.67	70.68
7	－1	0	1	3.74	70.22
8	1	0	1	5.36	65.21
9	0	－1	－1	4.69	65.88
10	0	1	－1	3.58	71.86

续表

试验号	极板间距 A(mm)	加热时间 B(s)	样品厚度 C(mm)	米糠过氧化物酶残余活力 R_1(%)	米糠油提取率 R_2(%)
11	0	-1	1	4.76	71.23
12	0	1	1	4.25	66.92
13	0	0	0	2.87	75.34
14	0	0	0	3.23	73.23
15	0	0	0	3.45	72.68
16	0	0	0	3.01	73.44
17	0	0	0	3.17	74.61

使用 Design - Expert 软件对试验结果分析,建立下面的回归模型:

$$R_1 = 3.15 + 0.99A - 0.49B + 0.19C - 0.32AB - 0.35AC + 0.15BC + 0.97A^2 + 0.93B^2 + 0.25C^2$$

应用 Design - Expert 分析软件对所得方程进行方差分析,结果见表 6 - 19。

表 6 - 19　回归与方差分析结果

变量	自由度	平方和	均方	F	$Pr > F$
A	1	7.9	7.9	120.51	< 0.0001
B	1	1.91	1.91	29.15	0.001
C	1	0.28	0.28	4.29	0.0771
AB	1	0.4	0.4	6.15	0.0422
AC	1	0.48	0.48	7.26	0.0309
BC	1	0.09	0.09	1.37	0.2797
A^2	1	3.93	3.93	59.9	0.0001
B^2	1	3.61	3.61	55.04	0.0001
C^2	1	0.26	0.26	3.96	0.087
回归	9	19.54	2.17	33.13	< 0.0001
剩余	7	0.46	0.066		
失拟	3	0.26	0.088	1.81	0.2852
误差	4	0.19	0.049		
总和	16	20			

由表 6 - 19 能够看出,应用响应面对实验数据所拟合出的方程具有特别显著的回归项,失拟项 0.2852 > 0.05,而方程中的 3 个因素和响应值间具有很好的线性关系,拟合方程的均方值 $R^2 = 0.9771$,$R^2_{Adj} = 0.9476$,使用 F 值检验,根据其

值的大小将 3 个因素排序为:$A > B > C$,即极板间距 > 射频时间 > 样品厚度。

其中每两个因素之间的作用对于响应值影响的响应面分析见图 6 - 20。

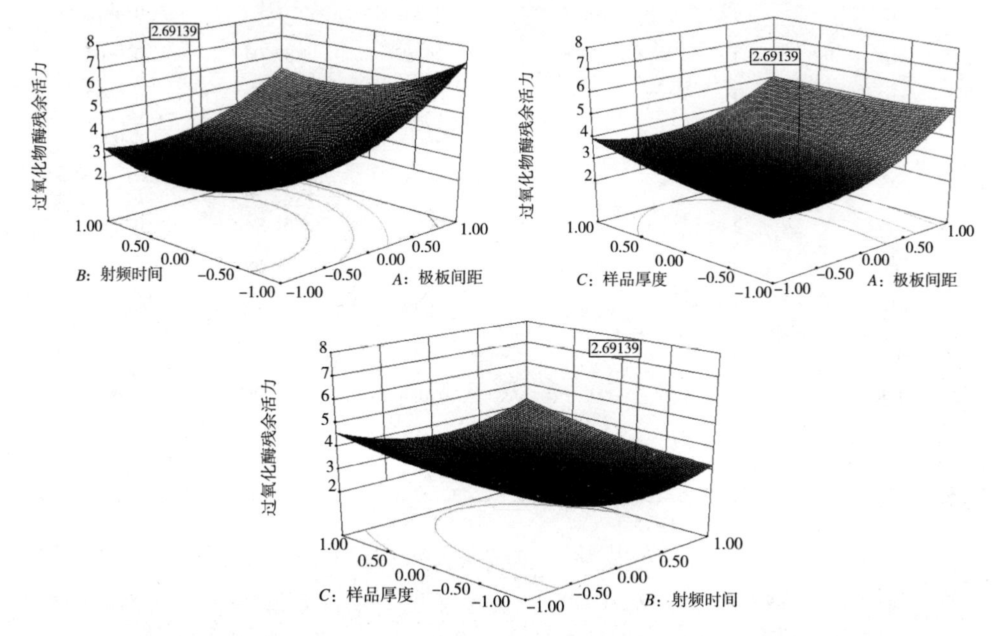

图 6 - 20　两因素交互作用对米糠过氧化物酶残余活力影响的响应面图

应用响应面寻优分析方法对回归模型进行分析,极板间距 A(mm)、射频时间 B(s)、样品厚度 C(mm)对应的编码值分别为 -0.64、0.23、-0.89。寻找最优射频加热处理工艺参数为:极板间距 113.6 mm、射频时间 246.9s、样品厚度 7.33 mm,过氧化物酶残余活力可达 2.67%。

对米糠油取率 R_2 使用 Design - Expert 软件对试验结果分析,建立下面的二次响应面回归模型:

$$R_2 = 73.86 + 0.56A + 0.45B + 0.21C - 2.53AB - 3.05AC - 2.57BC - 4.76A^2 - 3.18B^2 - 1.70C^2$$

使用 Design - Expert 分析软件对方程进行方差分析,结果见表 6 - 20。

表 6 - 20　回归与方差分析结果

变量	自由度	平方和	均方	F	$Pr > F$
A	1	2.54	2.54	3.69	0.0961
B	1	1.59	1.59	2.31	0.172

续表

变量	自由度	平方和	均方	F	$Pr>F$
C	1	0.35	0.35	0.51	0.4973
AB	1	25.5	25.5	37.04	0.0005
AC	1	37.27	37.27	54.13	0.0002
BC	1	26.47	26.47	38.45	0.0004
A^2	1	95.3	95.3	138.41	< 0.0001
B^2	1	42.65	42.65	61.94	0.0001
C^2	1	12.24	12.24	17.78	0.004
回归	9	258.3	28.7	41.68	< 0.0001
剩余	7	4.82	0.69		
失拟	3	0.1	0.034	0.029	0.9925
误差	4	4.72	1.18		
总和	16	263.12			

由表6－20能够看出，应用响应面对实验数据所拟合出的方程具有特别显著的回归项，失拟项0.99252>0.05，而方程中的3个因素和响应值间具有很好的线性关系，拟合方程的均方值 $R^2=0.9817$，$R^2_{\text{Adj}}=0.9581$，使用 F 值检验，根据其值的大小将3个因素排序为：$A>B>C$，即极板间距>射频时间>样品厚度。

两两因子的相互作用对于响应值影响的响应面分析见图6－21。

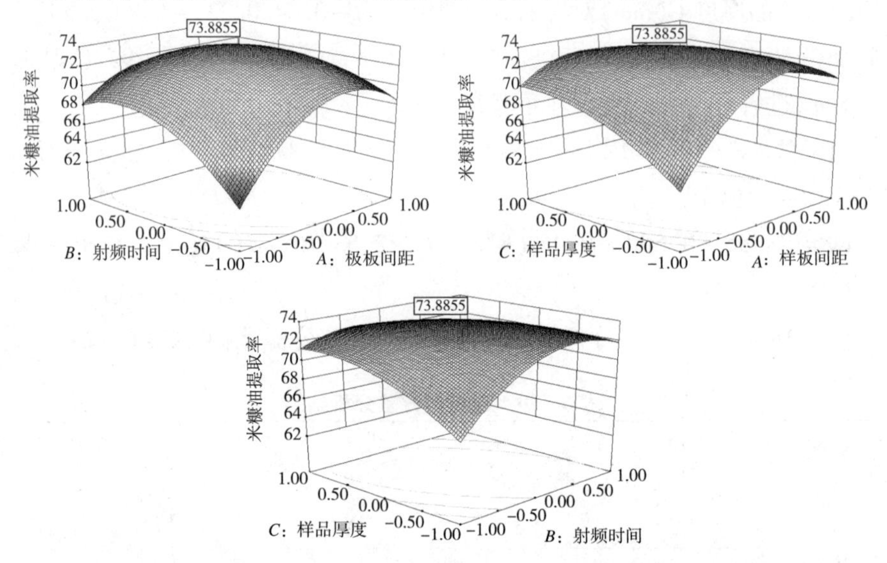

图6－21　两因素交互作用对米糠过氧化物酶残余活力影响的响应面图

应用响应面寻优分析方法对回归模型进行分析，极板间距 A(mm)、射频时间 B(s)、样品厚度 C(mm)对应的编码值分别为0.05、0.06、-0.03。寻找最优射频加热处理工艺参数为：极板间距120.5 mm、射频时间241.8s、样品厚度9.91 mm，米糠提油率可达73.89%。

为同时获取最小过氧化物酶残余活力及最大油脂得率，采用联合求解法确定过氧化物酶残余活力及米糠油提取率均优的加工条件为：极板间距118.4 mm、射频时间246.6 s、样品厚度9.58 mm，在此射频加热稳定化处理条件下，过氧化物酶残余活力为2.93%，米糠油提取率可达73.63%。为适应实际生产需求，将上述指标优化为极板间距118 mm、射频时间247 s、样品厚度10 mm，在此射频加热稳定化处理条件下，过氧化物酶残余活力为2.67%，米糠油提取率可达73.47%。过氧化物酶残余活力不超过该指标所规定的限定值5%，因而可以知道射频处理可很好地改善米糠的稳定性，并且可以明显改善油脂的其他营养物质的制取。

五、本章小结

通过响应面寻优分析设计方法得到米糠油脂制取的最佳射频条件为：极板间距113.6 mm、射频时间246.9 s、样品厚度7.33 mm，在此射频加热稳定化处理条件下，过氧化物酶残余活力可达2.67%。

通过响应面分析实验得到的油脂制取率的最佳射频加工条件为：极板间距120.5 mm、射频时间241.8 s、样品厚度9.91 mm，在此射频加热稳定化处理条件下，米糠提油率可达73.89%。

为同时获取最小过氧化物酶残余活力及最大油脂得率，采用联合求解法确定过氧化物酶残余活力及米糠油提取率均优的加工条件为：极板间距118.4 mm、射频时间246.6 s、样品厚度9.58 mm，在此射频加热稳定化处理条件下，过氧化物酶残余活力为2.93%，米糠油提取率可达73.63%。过氧化物酶残余活力不超过该指标所规定的限定值5%，因而可以知道射频处理可很好地改善米糠的稳定性，并且可以明显改善油脂和其他营养物质的制取。

第六节　结论

由于米糠含有大量的营养物质，且具有较高的综合应用价值，因此它成为食品行业、制造行业以及加工行业的新颖的待开发资源。但是，米糠是一类容易变质的材料,由于这个原因米糠的应用很难进一步进行。米糠的变质原因有很多:米糠中脂解酶的扩散作用,以及外界物质的危害等。但是,其中起主要作用的是米糠中脂解酶的作用,由于米糠是稻谷进行碾米时所产生的副产品,因而碾米机所产生的外力破碎作用,会将大米的表面破坏,从而使脂肪酶进入到米糠中,使其与油脂发生大量的混合反应,造成米糠变质。因此,稳定化处理是米糠综合高效加工的必要条件,而米糠中的变质主要是由解脂酶导致的。既能有效抑制脂肪酶的活性,又可保证稳定化处理后米糠油的高效提取是目前的研究热点。本研究以过氧化物酶活性及米糠浸出提油率为指标,通过对比射频加热、压热、挤压膨化及微波加热等稳定化技术,对比探究最适宜米糠加工的稳定化方法,以期为米糠的高值化加工及生产应用提供理论依据及数据参考。通过研究得到下述主要结论:

(1)通过响应面寻优分析设计方法确定控制米糠稳定性的最优压热稳定化处理工艺参数为:加热时间 37.8 min、样品添加量 174 g、加热温度 134.85℃,在此压热稳定化处理条件下,过氧化物酶残余活力可达 3.26%。进一步通过响应面分析实验确定的米糠油提取率的最优压热稳定化处理工艺参数为:加热时间 35.7 min、样品添加量 205 g、加热温度 131.5℃,在此压热稳定化处理条件下,米糠油提取率可达 52.51%。为同时获取最小过氧化物酶残余活力及最大米糠油脂得率,采用联合求解法确定过氧化物酶残余活力及米糠油提取率均优的压热稳定化处理工艺条件为:加热时间 38 min、样品添加量 186 g、加热温度 131℃,在此压热稳定化处理条件下,过氧化物酶残余活力为 3.45%,米糠油提取率可达 52.32%。

(2)应用响应面寻优分析设计方法确定控制米糠稳定性的最优微波稳定化处理工艺参数为:物料水分含量 24.3%、微波处理时间 137.8 s 及微波输出功率 663.5 W,在此微波稳定化处理条件下,过氧化物酶残余活力可达 4.04%。进一步通过响应面分析实验确定的米糠油提取率的最优微波稳定化处理工艺参数为:物料水分含量 25.86%、微波处理时间 139.4 s 及微波输出功率 634.5 W,在此微波稳定化处理条件下,米糠油提取率可达 69.92%。为同时获取最小过氧化物酶残余活力及最大米糠油脂得率,采用联合求解法确定过氧化物酶残余活力及米糠油提取率均优的微波稳定化处理工艺条件为:物料水分含量 25.22%、微波处理时间 140 s 及微波输出功率 646 W,在此微波稳定化处理条件下,过氧化物酶残余活力为 4.83%,米糠油提取率可达 69.65%。

(3)应用响应面寻优分析设计方法得到控制米糠稳定性的最佳加工条件为:

螺杆转速 145.1 r/min、物料水分含量 20.575%、挤压温度 149.9℃及进料速率 249.75 g/min,在此挤压膨化稳定化处理工艺下,过氧化物酶残余活力为2.79%。进一步通过响应面分析实验得到的米糠油提取率的最佳加工条件为:螺杆转速 125.15 r/min、物料水分含量 20.625%、挤压温度 144.3℃及进料速率 256.5 g/min,在此挤压膨化稳定化处理条件下,米糠油提取率可达64.44%。为同时获取最小过氧化物酶残余活力及最大米糠油脂得率,采用联合求解法确定过氧化物酶残余活力及米糠油提取率均优的挤压加工条件为:螺杆转速125.15 r/min、物料水分含量20.2%、挤压温度148.4℃及进料速率252.5 g/min,此种稳定化处理条件下,过氧化物酶残余活力为3.34%,米糠油提取率可达63.71%。

(4)通过响应面寻优分析设计方法得到控制米糠稳定性的最佳射频条件为:极板间距113.6 mm、射频时间246.9 s、样品厚度7.33 mm,在此射频加热稳定化处理条件下,过氧化物酶残余活力可达2.67%。进一步通过响应面分析实验得到的油脂制取率的最佳射频加工条件为:极板间距120.5 mm、射频时间241.8 s、样品厚度9.91 mm,在此射频加热稳定化处理条件下,米糠提油率可达73.89%。为同时获取最小过氧化物酶残余活力及最大油脂得率,采用联合求解法确定过氧化物酶残余活力及米糠油提取率均优的加工条件为:极板间距118.4 mm、射频时间246.6 s、样品厚度9.58 mm,在此射频加热稳定化处理条件下,过氧化物酶残余活力为2.93%,米糠油提取率可达73.63%。

(5)综合对比可知,压热稳定化处理后米糠过氧化物酶残余活力为3.45%,米糠油提取率可达52.32%,微波稳定化处理后过氧化物酶残余活力为4.83%,米糠油提取率可达69.65%,挤压膨化稳定化处理后米糠氧化物酶残余活力为3.34%,米糠油提取率可达63.71%,射频加热稳定化处理后米糠氧化物酶残余活力为2.93%,米糠油提取率可达73.63%。通过上述数值比较可知,射频加热处理可以有效控制过氧化物酶残余活力且提油率最高,因此是最适宜米糠的稳定化处理方法,挤压膨化及微波稳定化处理次之,压热稳定化处理效果最差。

参考文献

[1] Perkins, Edward G. Composition of soybeans and soybean products[J]. Practical handbook of soybean processing and utilization ,1995: 9 - 28.

[2] Deak, Nicolas A. New soy protein ingredients production and characterization [D]. Diss. Iowa State University, 2004.

[3] Campbell K A, Glatz C E, Johnson L A, et al. Advances in Aqueous Extraction Processing of Soybeans[J]. Journal of the American oil Chemist's Society, 2010, 88(4):449 -465.

[4] Rosenthal A, Pyle D L, Niranjan K. Aqueous and enzymatic processes for edible oil extraction[J]. Enzyme and Microb Technol,1996,19(6):403 -429.

[5] Kasai N, Imashiro Y, Morita N. Extraction of soybean oil from single cells[J]. Journal of Agricultural and Food Chemistry, 2003, 51(21): 6217 -6222.

[6] Dominguez, H, Nunez M J, Lema J M. Enzymatic pretreatment to enhance oil extraction from fruits and oilseeds: a review[J]. Food Chemistry,1994,49(3): 271 -286.

[7] Johnson L A. Oil recovery from soybeans[J]. Soybeans: chemistry, production processing, and utilization. AOCS Press, Urbana, 2008: 331 -375.

[8] Bair C W. Microscopy of soybean seeds: cellular and subcellular structure during germination, development and processing with emphasis on lipid bodies[D]. Iowa State University of Science and Technology, 1979.

[9] Wolf W J. Scanning electron microscopy of soybean protein bodies[J]. Journal of the American Oil Chemists' Society, 1970, 47(3): 107 -108.

[10] 吴祥庭. 酶法提油技术的研究进展[J]. 粮油食品科技, 2006, 14(6): 41 -42.

[11] 陈泽君,胡伟. 水酶法提取油茶籽油的研究进展综述[J]. 湖南林业科技, 2012, 39(5): 101 -104.

[12] 孙红. 油茶籽油水酶法制取工艺研究[D]. 北京: 中国林业科学研究院, 2011: 41 -43.

[13] 方芳. 超声波辅助水酶法萃取葫芦籽油的研究[J]. 中国粮油学报, 2012, 27(10): 62 -65.

[14] 李杨,江连洲,张兆国,等. 挤压膨化后纤维降解对大豆水酶法提油率的影响[J]. 农业机械学报, 2010, 41(2): 157 -163.

[15] 杨柳,江连洲,李杨,等. 超声波辅助水酶法提取大豆油的研究[J]. 中国油脂, 2009, 34(12): 10 -13.

[16] Lamsal B P, Johnson L A. Separating oil from aqueousextraction fractions of soybean[J]. JAOCS, 2007, 84(8): 785 -792.

[17] Lamsal B P, Murphy P A, Johnson L A. Flaking and extrusionas mechanical

treatments for enzyme - assisted aqueous extraction of oilfrom soybeans[J]. JAOCS, 2006, 83: 973 - 979.

[18]李杨,江连洲. 水酶法制取大豆油的水解度对提油率影响机理研究[J]. 食品与发酵工业, 2009, 35(6): 40 - 44.

[19]王璋. 酶法从全脂大豆中同时制备大豆油和大豆水解蛋白工艺的研究[J]. 无锡轻工业学院学报, 1994, 13(3): 179 - 190.

[20]Lamsal B P, Jung S, Johnson L A. Rheological properties ofsoy protein hydrolysates obtained from limited enzymatic hyrolysis [J]. LWT, 2007, 40: 1215 - 1223.

[21]Ramon M C, Kim H J, Cheng Zhang, et al. Destabilization of theemulsion formed during aqueous extraction of soybean oil[J]. JAOCS, 2008, 85(4): 383 - 390.

[22]Ramon M C, Charles E G. Destabilization of the emulsionformed during the enzyme - assisted aqueous extraction of oil fromsoybean flour[J]. Enzyme and Microbial Technology, 2009, 45(1):28 - 35.

[23]王章存,康艳玲. 花生油制取技术研究进展[J]. 粮油食品科技, 2007, 15(6): 40 - 41.

[24]曾祥基. 水酶法制油工艺研究[J]. 成都大学学报(自然科学版), 1996, 15(1): 1 - 17.

[25]钱俊青. 水酶法提取大豆油工艺研究[D]. 浙江: 浙江大学,2001.

[26]李杨,江连洲,许晶,等. 挤压膨化预处理水酶法提取大豆油工艺的研究[J]. 中国油脂, 2009, 34(6): 6 - 10.

[27]李杨,江连洲,张兆国,等. 模糊评判优化水酶法提取膨化大豆油脂和蛋白[J]. 农业工程学报, 2010, 2: 375 - 380.

[28]李杨,江连洲,许晶,等. 水酶法制取大豆油的水解度对提油得率影响机理研究[J]. 食品发酵与工业, 2009, 35(6):40 - 45.

[29]李杨,江连洲,杨柳. 水酶法制取植物油的国内外发展动态[J]. 食品工业科技, 2009, 30(6): 383 - 387.

[30]刘雯, 江连洲, 李杨,等. 琥珀酰化对水酶法提取大豆蛋白的影响[J]. 中国粮油学报, 2012, 27(2): 14 - 18.

[31]刘雯, 江连洲,李杨,等. 响应面法优化水酶法结合磷酸化提取大豆蛋白的生产工艺[J]. 食品工业科技, 2012, 33(6): 272 - 275.

[32]李杨,刘雯,江连洲,等. 琥珀酰化对水酶法提取大豆油的影响[J]. 中国油脂, 2012, 37(2): 14-18.

[33]隋晓楠,江连洲,李杨,等. 水酶法提取大豆油脂过程中蛋白相对分子质量变化对油脂释放的影响[J]. 食品科学, 2012, 33(5).

[34]李杨,江连洲,李丹丹,等. 氨基硅烷修饰的磁性纳米粒子固定化碱性蛋白酶[J]. 食品科学, 2012, 33(9):202-205.

[35]李丹丹,江连洲,李杨,等. 磁性壳聚糖微球固定化碱性蛋白酶的酶学性质[J]. 食品科学, 2012, 21: 249-252.

[36]Chabrand R M, Kim H J, Zhang C, et al. Destabilization of the emulsion formed during aqueous extraction of soybean oil[J]. Journal of the American Oil Chemists´Society, 2008, 85(4): 383-390.

[37]王大为,张颖,秦宇婷,等.微波辅助制备玉米蛋白膜工艺优化及其形态结构分析[J].食品科学,2016(4):1-9.

[38]孟祥勇,张慧恩,宋腾,等. 响应面法优化微波辅助米渣蛋白糖基化改性工艺[J]. 食品工业科技,2017(8):1-10.

[39]宦海珍,朱文慧,步营,等. 微波解冻对秘鲁鱿鱼肌肉品质与蛋白质氧化程度的影响[J]. 食品工业科技,2017(22):1-8.

[40]张勋,张丽霞,芦鑫,等. 混料试验与模糊评价结合优化挤压膨化芝麻制品工艺[J]. 食品科学, 2017(11):1-9.

[41]韩璐,卢小卓,朱力杰,等. 膨化方式对发芽糙米主要生理活性物质的影响[J]. 食品工业科技, 2017(11):1-9

[42]赵学伟,张培旗,王章存,等. 挤压变量对小米-豆粕复合挤压膨化产品蛋白体外消化率,脆性和颜色的影响[J]. 中国粮油学报, 2015,30(5): 11-18.

[43]陈盛楠,江连洲,李扬,等. 挤压膨化对酶解高温豆粕肽得率的影响研究[J]. 食品工业科技, 2012, 33(17): 252-254.

[44]张冬媛,张名位,邓媛元,等. 发芽-挤压膨化-高温α淀粉酶协同处理改善全谷物糙米粉冲调性的工艺优化[J]. 中国粮油学报, 2015,30(6): 106-112.

[45]张艳荣,周清涛,张传智,等. 响应面法优化玉米蛋白挤出工艺[J]. 食品科学, 2011, 32(14): 72-78.

[46]Li-Chan, E C Y. The applications of Raman spectroscopy infood science[J]. Trends in Food Science and Technology,1996(7):361-370.

[47]Spiro T G, Gaber B P. Laser Raman Seattering as a Probe of Protein Structure [J]. Annual Review of Biochemistry, 1977, 46(1): 553 – 572.

[48]王莘,王艳梅,苏玉春,等. 黑大豆萌发期功能性营养成分测定与分析[J]. 食品工业科技,2004,(4): 12 – 16.

[49]江连洲,李杨,王妍,等. 水酶法提取大豆油的研究进展[J]. 食品科学, 2013,34(9): 346 – 350.

[50]Mckinnet L., et al. Changes in the Composition of Soybeans on Sproutin[J]. J. Am. Oil Chem. Soc, 1958(35): 364 – 366.

[51]李笑梅. 大豆萌发工艺条件及成分含量变化研究[J]. 食品科学, 2010, 31 (16): 29 – 32.

[52]韩宗元,李晓静,江连洲. 水酶法提取大豆油脂的中试研究[J]. 农业工程学报, 2015, 31(8): 283 – 290.

[53]李淑艳. 萌发过程大豆蛋白质动态变化及营养价值的研究[D]. 北京林业大学, 2009.

[54]胡友纪,王世杰,张正福. 大豆种子萌发过程中线粒体的发生和发育[J]. 植物生理学报, 1983, 9(2): 117 – 122.

[55]李清芳,范永红,马成仓. 大豆种子萌发过程中蛋白质、脂肪和淀粉含量的变化[J]. 安徽农业科学, 1998(4): 64 – 66.

[56]李淑艳. 萌发过程大豆蛋白质动态变化及营养价值的研究[D]. 北京林业大学, 2009.

[57] Tang J, Chan T, Wang Y. Radio Frequency Heating in Food Processing [M]. 2004.

[58]Marra F, De Bonis M V, Ruocco G. Combined microwaves and convection heating: A conjugate approach[J]. Food Engin, 2010, 97: 31 – 39.

[59]Marra F, Zhang L, Lyng J G. 2009. Radio frequency treatment of foods: Review of recent advances [J]. Journal of Food Engineering, 2009, 91 (4): 497 – 508.

[60]Piyasena P, Dussault C, Koutchma T, et al. Radio Frequency Heating of Foods: Principles, Applications and Related Properties – A Review[J]. Critical Reviews in Food Science and Nutrition, 2003, 43(6): 587 – 606.

[61]彭沛夫,张桂芳. 微波与射频技术[M]. 北京:清华大学出版社, 2013.

[62]胡小中. 米糠稳定化技术研究进展[J]. 粮油食品科技, 2002, 10(4): 24 – 26.

第七章　米糠油共轭亚油酸高产菌株的诱变选育及培养基和发酵条件的优化

第一节　引言

共轭亚油酸简称 CLA(conjugated linoleic acid),它是人类身体健康不可或缺的一部分脂肪酸,在自然界里主要以异构体的形式存在于动物制品中,从含量上来讲,反刍动物和奶制品,含有共轭亚油酸的含量是最高的,是人类摄入的主要来源;在生理活性研究的价值方面,c9、t11 - CLA 和 c10、t12 - CLA 异构体被国外学者 Karme 和 Pariza 鉴定得出具备生理活性,而像海产品和植物油中的 CLA,不仅不具备生理活性而且含量极少;从生理功能上来讲,1987 年 CLA 就被 Pariza 鉴定出具有防治癌症的功效,也由此引发了众多学者的研究兴趣,经过大量的科学研究证实,CLA 不仅具有抗癌功能,还具有防治动脉粥样硬化、防治糖尿病、免疫调节、改善骨质密度和参与脂肪分解代谢等功效。

一般情况下,CLA 的摄入量以几十毫克到几百毫克为最佳,但世界上各个国家人民对 CLA 的摄入量不等。以含有 CLA 数量最多的反刍动物为例,1 g 脂肪中大概含有 2 ~30 mg 的 CLA,如果通过饮食的方式摄入 CLA,即便像欧洲那样的对奶制品和肉制品摄入量比较大的国家,也很难达到正常的人体需求,而且当人每摄入 2 ~30 mg 的 CLA 同时也摄入了 1 g 脂肪,所以更容易在体内堆积脂肪,进而引发肥胖,不利于身体健康。研究人员通过癌细胞体外培养实验,证实了 CLA 具有抗癌的功效,但如果以一个体重在 70 kg 左右的成年人为例,每天只有摄入 1.5 ~3 g 的 CLA 才能使体内肿瘤的发病率降到最低,因此,食物摄入也好,日常保健治疗也好,都不可能满足人们对 CLA 的需求,如果既想充分的补充 CLA,又想避免摄入过多脂肪,那只有通过体外强化才能达到。在我国这样一个原材料供应广泛的国家,共轭亚油酸作为一种新型的食品及营养元素的补充,无论是作为医疗或药物都具有非常广阔的市场前景。因此将提高 CLA 产量作为研究对象,并将其应用在营养学、医学药物和食品工业中已成为当今科研领域的热点，具有极高的应用价值。

一、共轭亚油酸的科研现状及市场应用性浅析

由于CLA一般作为天然成分存在于食物之中，因此，国外对共轭亚油酸的研究起步较早。按照时间顺序，共轭双键的脂肪酸存在于反刍动物食品中这一结论被国外学者Booth等人在1935年证实，这也是人类研究CLA所取得的最早、最有价值的结论。CLA于1951年被P. L. Nichols等人成功合成。c9、t11－CLA于1966年被C. R. Kepler发现是溶纤维丁酸弧菌氢化亚油酸过程中的中间体，该菌位于反刍动物瘤胃内。CLA具有抗癌作用是1978年被Michael Pariza在烹调过程中发现的，Michael Pariza在肉中诱导有机体突变物质的形成时意外发现CLA的一种特殊属性，就是具有抑制诱变活性，进而标志着CLA具有抗癌作用。Pariza又在1985年用小白鼠做实验证实了CLA具有降低皮肤癌变概率的作用。20世纪90年代初期，CLA具有抑制作用被Y. L. Ha等人证实，通过对苯并芘诱导老鼠前胃肿瘤的形成作出的断定。CLA具有抑制乳腺癌的作用是被C. Ip等人在1991通过小白鼠实验证实的。到了90年代中期，随着试验证实CLA具有抗击肿瘤的特性，引发了各国科研人员极大的研究兴趣。CLA既能降低脂肪，又不导致肥胖的功能于1997年被Pariza小组证实。世界上首家用于生产CLA的生产装置是由日本油脂公司于1999年建立的，该公司生产的CLA减肥胶囊在美国成功上市。我国对CLA研究及应用起步较晚，2002年作为我国“十五”期间重大科技项目之一——奶牛现代集约饲养关键技术研究和产业化开发项目，CLA被应用于其中。然后在第二年，TONALIN CLA减肥胶囊在我国开始推广。随着人们饮食观念的不断提高，具有减肥塑身效用的CLA功能食品得到了更多消费者的认可，从而带动了食品研究者和开发商的研究热情和生产需求。生产富含CLA功能性的产品的公司于2004年先是在欧洲开始大量上市，其中最有代表性的是西班牙一家年销售额达4700多万的ASturiana公司。根据全球著名市场调研与预测机构——F&S公司公布的一份数据显示，进入20世纪后CLA的市场前景已经被无限扩大，该机构证实在2006年生产CLA功能性产品的销售收入已经高达6540万美元，更可观的是它的销售额还在不断增长，预计在今年将达到1.379亿美元。从目前全球形势来看，生产CLA功能性产品的市场在欧洲等发达国家已经接近饱和，市场份额已占85%以上，超过全球平均水平，而从目前亚洲市场的份额来看，由于日本是唯一一个起步较早的国家，所以该国家生产的CLA功能性产品已经占据了全亚洲近75%的份额，目前潜力已经不大，因此，作为韩

国、泰国和我国在内的一些其他亚洲国家才是未来提高 CLA 市场份额的新战场，这其中作为我国来讲，是一个千载难逢的机遇及挑战。

目前，肥胖率的提高是由于人民生活水平的提高和不合理的饮食引起的，已成为危害人类健康的重大隐患。俄罗斯、美国等国家饮食主要以高蛋白，高脂肪，高热量为主。导致其成为全球肥胖发病率最高的国家，近些年肥胖在亚洲的发病率也在不断地提高，以我国为例，目前的发病率和 1989 年相比已经超过了近 2 倍，这是我国学者纪立农曾在全球营养状况变迁会议上发表过的言论。与身体非肥胖者相比，肥胖者过早死亡的概率是非肥胖者的 1 ~ 2 倍，除此之外，肥胖还会导致诸如癌症、糖尿病及高血压等许多疾病。共轭亚油酸减少脂肪细胞体积和身体脂肪代谢，以及用于改善情绪稳定的可能性已成为肥胖患者喜爱的减肥产品。同时，共扼亚油酸还具有抑制肿瘤和癌症，预防糖尿病、提升细胞免疫力等功能。根据 F&S 公司提供的可行性分析报告指出，推动 CLA 市场迅速发展的重要因素是肥胖病和更多的患者由于昂贵的医疗费用而对预防性药品更加青睐。目前，CLA 已经被越来越多的生产商添加到其生产的产品中，很重要的因素是 CLA 的许多生理功能被逐步的挖掘和市场需求不断扩大，因此，CLA 是目前食品和保健领域研发的重点，未来应用的潜力会越来越大。

二、共轭亚油酸的生理功能

（一）抗癌功能

CLA 具有抗癌性这一功能始终是人们关注的热点，CLA 的抗癌功能最早被国外学者 Ha 于 1987 年在煎炸牛排的过程中发现，一些动物实验中，共轭亚油酸对许多癌症，如前列腺癌、胃癌和皮肤癌有抑制作用。随后通过大量动物性实验表明，CLA 对很多癌变肿瘤都有抑制作用，比如前列腺癌、胃癌和皮肤癌等。国外学者通过对小鼠膳食的研究发现，占总量 0. 1% 的 CLA 可降低乳腺瘤的发病率，通过化学法对患有乳腺癌、胃癌和皮肤癌的小白鼠和大白鼠试验发现 CLA 的抑制作用明显。国外学者 Eriekson 发现 CLA 能够降低患有乳腺癌的小白鼠癌细胞的转移速率，同时，还能够有效抑制人类癌细胞的扩增速率，比如乳腺癌 MAC - 7、直肠癌 HT - 29、肝癌 HepG2、恶性黑素瘤 M21 - HPs、肺癌 A - 427 等体外培养的细胞。牛乳脂肪中的 CLA 对癌症具有预防和治疗作用是被国外学者 O′Shea 发现的，也被认为是最好的食疗方法。通过国外学者 Ip 研究表明，CLA 能够提升和抑制周围表皮细胞休眠比例及上皮组织增生，进而使癌变的导管泡状表皮萎缩并降低增长的活性。许多国外学者通过实验发现,CLA 能够参与并影响肿瘤坏死因子 α(TNF - α)的合成,而且能够影响免疫调节物的合成,比如白三烯、凝血恶烷和二十烷酸衍生物前列腺素。另外,CLA 能够抑制癌细胞中蛋白质、核酸的合成,原因是 CLA 对癌变中酶的活性具有抑制作用,比如蛋白激酶 C 和鸟氨酸脱氧酶等,对细胞色素 P450 的活性具有调节作用。

CLA 对癌变发生机制的抑制原因尚不明确,国外学者最开始对 CLA 的抗癌活性是通过 CLA 的抗氧化性来考察的,随后的研究发现 CLA 的抗癌作用可以在以下方面实现:一是对 DNA 的附加体和化学致癌剂合成的抑制作用;二是对内毒素 U 和 LTB4 细胞毒素的产生具有抑制作用;三是抑制肿瘤细胞增殖和调节细胞周期的作用;四是对含有雌性激素的癌细胞受体增殖具有抑制作用;五是 CLA 能够使癌变细胞无法生成,原因是 CLA 对癌细胞中核酸和蛋白质具有抑制作用,含有共轭双键的 CLA 能够毒死癌变细胞;六是 CLA 能够抑制生长的癌变细胞,原因是肿瘤细胞的磷脂与 CLA 能够结合;七是 CLA 能够抑制皮肤癌细胞,阻碍作为二甲基苯蒽的中间产物细胞色素 P450 的形成。

(二)免疫功能

CLA 具有免疫系统调节的功能。通过对小白鼠和成年白鼠的实验发现,食物中的 CLA 具有免疫反应。通过对大鼠和家鸡的实验发现,CLA 的抑制作用体现在注入内毒素后引发的生长速度的降低,同时,CLA 剂量导致对免疫鼠脾淋巴细胞的细胞因子和 IgM,IgG 抗体, IgA 的蛋白质存在不同的调节作用。国外学者 Yamasaki 通过实验发现,c9、t11 - CLA 和 t10、c12 - CLA 二者有不一样的免疫激活作用,前者主要促进肿瘤坏死因子增加,后者主要促进 IgA、IgM 增加,同时摄入则改变 T 细胞的数量。共轭亚油酸的免疫调节作用主要体现在化合物中的一些功能基因调节及对二十碳烷的调节。

通过基因表达的控制,共轭亚油酸可影响机体的免疫能力,其原因是通过免疫细胞信息传递的调控实现的。mRNA 编码细胞的表面分子受到 CLA 的影响是被国外学者 Hu 等发现的。VCAM1 是位于血管内皮细胞豁附分子,二十二碳六烯酸(DHA)可抑制其 mRNA 表达,降低被细菌内毒素诱导的 ICAMI、LS、L6 和 E 选择凝聚素的含量和细胞因子。单核细胞 L1β 基因的转录还可以被 CLA 关闭。CLA 可以抑制 T 细胞的原因,首先是 CLA 通过抑制前列腺素 E2(PGE2)来达到降低细胞内钙离子的浓度,再通过降低蛋白激酶活性,进而对早期信号传导 T 细胞增殖产生影响。

CLA 对肌体免疫具有调节作用与合成二十碳烷类化合物有关。国外学者 Belury 通过实验发现 CLA 具有抑制生成作用,比如能抑制骨中 PGE2、角质化细胞、脾、血浆和气管的生成。花生四烯酸(AA)转化为 PGE2 能够被 10 t,12c CLA 代谢物能竞争性抑制。把 CLA 培养小鼠角质形成细胞是由中国学者 Liu 发现的,实验表明,磷脂酰胆碱的 AA 的含量可以使 CLA 显著下降,并能有效抑制 PGE2 的合成。把 CLA 培养小鼠角化细胞是被华裔学者发现的,实验表明细胞磷脂酰胆碱中 AA 的含量能够被 CLA 显著降低,并且能够有效抑制 PGE2 的合成。二十碳共扼三烯酸作为 c9、t11－CLA 的代谢产物可能参与 AA 竞争,但不会轻易代谢为 PGE2,抑制 PGE2 的合成。CLA 影响 AA 的合成是被国外学者 Bulgarella[35]通过羊精囊微粒体 PGE2 合成酶 H(PGHS)被竞争性抑制,进而影响其免疫功能而发现的。

(三)降脂功能

CLA 具有阻止脂肪沉积和分解代谢功能。国外学者 Chin 于 1992 年首次发现 CLA 具有降脂功能,随后通过对饲养老鼠和家鸡的实验都得到了证实,比如,通过用含有 0.5% 的 CLA 饲料饲养幼猪发现其与不用含 CLA 饲料的幼猪,体内脂肪的含量降低了 27%,再比如,每日用含有 1% 的 CLA 饲料饲养老鼠,5 周后发现其与不用含 CLA 饲料的老鼠,体内脂肪的含量降低了 50%,研究结果表明 CLA 可能影响二者体内与脂质代谢相关的酶活性,CLA 能够提高脂肪酸 β－氧化的限速酶,也就是肉毒碱棕榈酰转移酶和脂肪水解释放至血液中的酶的活性,也就是荷尔蒙敏感酶,这不仅有利于体内脂肪的分解,还可以减少脂肪沉淀。

虽然过去很多研究认为目前仍不清楚体内脂质平衡与 CLA 的关系,但认为致使血清脂质和体脂下降的原因是作为过氧化物酶的增生因子－α(PPARα)激活受体能介导脂质代谢酶系的生成受到了 CLA 的影响。国外学者 Peters 和他的助手把野生小鼠和 PPARa 失活的雄性小鼠进行试验,发现 CLA 的减肥功能与 PPARa 无关,仅仅与 PPARa 相关基因表达的特异性激活有关,CLA 调控体内脂质平衡的主要原因是能够提升线粒体解偶联蛋白 mRNA 及编码脂质代谢水平。

在人体内 CLA 同样可起到减肥作用。过度肥胖的患者通过补充 CLA,12 周后大幅减少身体脂肪。人体减肥对于 CLA 来说有以下几个方面:一是体内脂肪的积累被能量代谢和脂类代谢消耗;二是减肥功能通过脂肪细胞被 CLA 抑制增殖和诱导死亡实现;三是通过减少身体脂肪被 CLA 介导,迅速降低瘦素在血液中的水平。

减肥降脂的作用不同体现在 CLA 异构体的不同。认为 t10,c12 CLA 与减肥作用有关,通过实验证实 t10,c12 CLA 降低了体外培养的 3T3 – Ll 脂肪细胞中脂肪蛋白酶的活性,降低细胞内的甘油和甘油三酞的积累,其他像 c9,t11 CLA 没有生物活性的影响。

(四)防治糖尿病和抗粥状动脉硬化功能

CLA 对预防和治疗糖尿病有一定作用,原因是位于肝细胞中胰岛素的受体,其敏感性能够被 CLA 提高,恢复受损的葡萄糖。证实 CLA 的众多生理活性是国外学者 Silvia 和他的助手,证明 CLA 是 PRAR,也就是过氧化物酶增殖活化受体的特异性配体,而与糖尿病有关的许多疾病与过氧化物酶增殖活化受体有关。

CLA 对抗动脉粥样硬化具有一定的功效。动脉中膜和内膜有脂肪沉积,形成主要成分是胆固醇的脂肪斑块,产生人体动脉硬化,其中脂肪斑块的成分有:MUFA、PUFA 及 SFA,分别叫作“单不饱和脂肪酸、多不饱和脂肪酸、饱和脂肪酸”。据有关资料(流行病学),冠状动脉心脏疾病的发病率和 SFA 的比例,患者的糖尿病和高胆固醇,VLDL(极低密度脂蛋白胆固醇)、LDL(低密度脂蛋白胆固醇)及 TC(总胆固醇)能够被 PUFA 降低。如果患者在膳食过程中体内动脉粥样硬化和血胆固醇含量会随着体内胆固醇含量的增高而增高,HDL 与 LDL 的比值可被 SFA 降低,同时可升高人体血液中 LDL 与 TC 的值。

冠心病和动脉粥样硬化的病发是由于胆固醇沉积于动脉壁等组织。国外学者 Gavino 和他的助手通过实验证实,LDL/HDL 的比值会被 CLA 降低,其中 HDL 是高密度脂蛋白胆固醇,同时能够明显的将老鼠血浆中 TC 与 TAG 的含量分别降低。国外学者 Fiona 等人证实,动脉粥样硬化早期显著缓解的原因是血浆中 LDL、TC 及 VLDL 的含量会被 CLA 降低,而且 LDL 的共轭双烯化合物形成速率显著放缓的原因是血浆中 LDL 共轭双烯的数目能够被 CLA 明显降低。通过对大颊鼠和兔子的实验证明,动脉硬化发病率在大动脉中产生的概率较小,原因是其血液中胆固醇和 TC 的含量能够被 CLA 降低。CLA 能够防治动脉硬化的另一个原因是抗血栓功效,原因是血小板的聚集是由于胶原质和花生四烯酸引发的,而 t10、c12 – CLA 和 c9、t11 – CLA 能够将其抑制。另外,CLA 能够对冠状动脉疾病具有良好的防治效果,原因是胰岛素和血浆脂蛋白代谢能够被 CLA 增强敏感性,进而治疗动脉硬化。国外华裔学者 Yang 等人通过实验证明,与吸收胆固醇有关的肠酞基辅酶 A 胆固醇酞基转移酶能够被 CLA 抑制活性。

(五)调节骨质功能

CLA对调节人体骨质功能具有一定功效。对于添加了CLA的食物，通过实验发现骨骼的合成速率可以得到提升，骨骼中的矿物质可以得到增加，骨胶原中软骨细胞的合成可以得到强化。国外学者Watkins及Li等人以老鼠为实验对象，发现CLA对保持骨质健康具有良好的作用，原因是骨组织中矿物质的堆积和软骨组织细胞的合成可以被CLA促进，骨组织的再生和分裂能够被CLA促进。由于抑制骨质的合成是由PGE2浓度过高而引起的，而PGE2的浓度能够被CLA显著降低，因此，CLA对PGE2前列腺素具有良好的调节功能，进而能够缓解如风湿关节炎和骨质疏松等疾病，对骨质的形成有一定的促进作用。

通过很多动物实验证明了骨骼的矿化能够被CLA增强。通过对家鸡的实验证明，人类饲养的家禽患有的诸如弓形腿及外翻足等慢性骨骼疾病能够被CLA有效防治，而患有这些疾病的家禽都与缺少含有CLA的饲料有关，通过实验发现，喂与不喂含有CLA饲料的家鸡比较，少脂肪和在骨骼中更多干燥的灰分含量。

综上所论，虽然共轭亚油酸含有许多生物学功能，但共轭亚油酸对人体的作用、生理功能及机理需要更多的实验论证和阐释。

三、产共轭亚油酸的微生物法

(一)生产共轭亚油酸的微生物

自然界中微生物的种类虽然繁多，乳酸菌、丙酸菌及瘤胃细菌是目前为止发现的能够生产CLA的微生物。

1.乳酸菌

它多数情况下在人类、畜禽的肠道内和许多食品中，属于革兰氏阳性细菌，该菌能够从可发酵性碳水化合物中产生高量乳酸(LA)。乳酸菌的优点有三点：一是厌氧性；二是培养条件易于控制；三是无毒无害。目前为止，通过许多实验证实了CLA可以被许多种乳酸菌生产，乳酸菌中含有诱导酶(亚油酸异构酶)，LA可以被转化成c9，t11－CLA，c12双键的脂肪酸是其作用位点。空气对乳酸菌不产生影响，能够抑制和提高其活性的分别是c6上的双键脂肪酸和c9位置上的双键脂肪酸，而且可以从其细胞培养液中直接提取CLA。国外学者Ogawa等人证实，LA能够被AKU1137(嗜酸乳杆菌)在微好氧的环境下转化为CLA，实验结果是95%的LA转化为CLA在4 h后。在实验条件最优的情况下，国外学者Ogawa等人用108 h将以底物含量为12%的LA转化为CLA，产量40 mg/mL，这是其通过筛选得到的更优的AKU1009a植物乳酸菌，CLA能够被该菌在脂肪酶的作用下还可将蓖麻油转化合成。国内学者张中义等人，以泡菜为实验对象，在LA质量浓度为1.204 mg/mL，37℃的条件下培养24 h，从中筛选出ZS2058植物乳杆菌，它是一株有较高转化能力的植物乳酸菌，质量分数为75.9%的c9，t11－18：2及质量分数为24.1%的tl10，c12－18：2的异构体能够被11.6%的LA转化。国外学者Irmak等人以ATCC23272罗伊氏乳酸杆菌、ATCC55739罗伊氏乳酸杆菌及嗜酸乳杆菌为研究对象，发现LA都能被3种菌转化为CLA，其中以ATCC55739罗伊氏乳酸杆菌的产量最高。国内学者杜波等人，首次以青贮饲料为实验对象，分离筛选出一株ANCLA01植物乳酸菌，该菌能够将LA转化生成33.44 μg/mL的CLA，其浓度为1 mg/mL。

2.丙酸菌

CLA可被是某些细菌生产，丙酸菌大部分存在牲畜粪便、土壤、牛奶、奶酪和其他奶制品的青贮饲料中。华裔学者Jiang通过实验证明，游离的LA能够被费氏丙酸杆菌转化为CLA。Jiang实验将MRS培养基当作初筛培养基，证实了LA被19株丙酸菌转化为CLA，LA可以被PFS 、PFF、PFF6三株丙酸菌转化为产量达265 μg/mL的CLA。国外学者Rainio以费氏丙酸杆菌为研究对象，发现共轭亚油酸的最大生产，是将LA转化共轭亚油酸，对数期产量可达80%～87%，占其中85%～95%的是c9、t11－CLA。

3.瘤胃细菌

内源合成和亚油酸异构化被瘤胃细菌作用是自然界中纯天然的CLA的主要来源。国外学者Kepler等人通过实验发现，反刍动物瘤胃中的中间体是c9、t11－CLA，该中间体是厌氧溶纤维丁酸弧菌生物氢化LA的过程。

埃氏巨型球菌是国外学者Kim等人通过食谷物的奶牛为实验对象，将其瘤胃中取样的物质以胰蛋白及乳酸盐陈富集培养，并进行分离所得，该菌可以生产c10、t12－CLA。虽然LA可以被许多瘤胃菌转化合成为CLA，但是培养瘤胃菌的厌氧条件非常严格，而且产物主要是混合c9、t11－CLA为主的CLA异构体，含量复杂，在其他微生物存在的条件下CLA的生成才能转化成其他脂肪酸，发生还原和氧化等反应，因此在生产上限制了其作用的应用。

(二)共轭亚油酸高产菌株的诱变

国内学者于国萍等人发现,德氏乳杆菌保加利亚亚种 Ldb2 被亚硝基肌、紫外线及硫酸二乙酯进行多次复合及诱变实验,提高了其产 CLA 的能力,得到的 71UN、98DD 及 315UU 三株突变菌能够将 CLA 的生成能力比出发菌株提高了 43.04% ~59.56%。于国萍等人指出,菌株 Ldb2 提高 CLA 的生成能力可以被诱变剂的多次处理提高,特别是将两种诱变剂连续处理或者加大剂量效果更好,而一次处理提高产量的能力是有限的。国内学者王憬等人通过实验得到一株 H3 -1植物乳杆菌能够高产产量达 30.67 mg/L 的 CLA,其实验方法是将植物乳酸菌 A 选作出发菌株,以紫外线和硫酸二乙酯依次处理并结合高浓度 LA 平板(0.1%)复筛及二次摇瓶复筛得到的。

四、影响微生物转化生成共轭亚油酸的因素

LA 被微生物转化生成 CLA 受到诸如培养基、培养时间和温度、菌种、菌和底物浓度、pH 值、细胞培养方式等因素的影响。

(一)培养基的影响

不同的培养基中,被 CLA 生产的菌种的转化和生长能力不同。国外学者 Alonso 等人解析了在脱脂乳培养基或 MRS 中的干酪乳杆菌和嗜酸乳杆菌,其生产的总 CLA 及 c12 - t9、t11 - CLA、c9,t11、t10 异构体的概况,实验结果显示 LA 的转化率在培养基 MRS 中高,比在脱脂乳培养基中高。ZS2058 植物乳杆菌被国外学者 Niu 等人实验发现,c9,t11 - cLA 占总 CLA 的 96.4%,条件是将亚油酸加入培养基 MRS,剂量为 0.5 mg/mL。费氏丙酸杆菌费氏亚种被国内学者王丽敏等人研究发现,可将向日葵油在三种培养基(脱脂乳、乳酸钠、MRS)上转化生产 CLA 能力,产量最高的是 MRS 培养基,其次是乳酸钠培养基,最后是脱脂乳培养基。

(二)细胞培养方式的影响

发酵过程中选择恰当的细胞培养方式非常重要,不仅要考虑到菌体最适宜的生长条件,而且要考虑到酶活和亚油酸异构酶的合成的最佳条件。国外学者 Martin 等人将反刍动物瘤胃细菌进行混合碳源连续培养 24 ~30 h 期间,产率最高的是 c9,t11 - CLA。国内学者梁新乐等人以 HZ - p - 35 费氏丙酸杆菌为研究

对象,将亚油酸进行高密度转化,培养方式有 4 种,分别为间歇培养、pH－sat 培养、间歇补料培养,以及连续补料培养,进而生产共轭亚油酸。pH－sat 培养细胞干重是间歇培养的 1.5 倍,间歇补料培养的细胞干重是间歇培养的 3.4 倍,连续补料培养的细胞干重是间歇培养的 2.97 倍,产 CLA 的量最高的是连续补料培养,CLA 被连续补料培养是间歇培养的 1.29 倍。细胞高密度培养较有利于被间歇补料培养,CLA 的产生较有利于被连续补料培养。

国外学者 Lee 等人以 ATCC55739 罗伊氏乳杆菌为研究对象,在最适合的条件下将其固定在硅胶上反应 1 h,结果是 175 mg/L 的 CLA 可以被 500 mg/L 的 LA 转化生成,其转化率为 35%,而在最适条件下游离洗涤细胞反应 1 h,CLA 产量只有 32 mg/L 时,转化率是 6.4%,因此,CLA 转化率固定化细胞比游离洗涤细胞高,是它的 5.5 倍。国内学者王欢等人以海藻酸钠为研究对象,并将其作为载体采用包埋法,CLA 生成量被制备固定化干酪乳杆菌的相关条件影响,在最适合的条件下进行 18 h 培养,CLA 的积累量可以被达到 62.57 μg/mL 的最大值。与同等条件下的游离乳酸菌相比,培养 18 h 后 CLA 的积累量非常少,仅为 50 μg/mL。固定化的乳酸菌达到 CLA 的最大产量的用时比游离菌所用时间短,而且 CLA 积累量最多,实验结果证明了细胞固定化有利于高产量连续化作业,有利于工业化应用。

(三)亚油酸浓度的影响

CLA 的形成主要因素之一是底物 LA 的浓度,原因是 LA 被亚油酸异构酶异构化的产物是 CLA。提高 CLA 产物的浓度和生成速率受到底物 LA 浓度的影响,成正比关系,但是 LA 的耐受性受生成菌株的影响存在一定范围,如果 LA 的浓度过高会降低菌株的生长,进而降低 CLA 的产量,因此底物 LA 需要一个最适浓度范围。国外学者 Kishino 以 14 株乳酸菌为研究对象,在浓度为 0.06% 的 LA 培养基上培养和收集菌体,并在浓度为 12% 的 LA 反应液中培养 108 h,筛选出一株 AKU1009a 植物乳杆菌,该菌能将每毫升 LA 反应液生产 40 mg 的 CLA,产 CLA 的产化率为 33%;LA 浓度为 2.6% 的培养基中培养 96 h,1 mL 的 LA 反应液产 CLA 的量为 20 mg,产率为 80%。国内学者陆永霞等人以嗜酸乳杆菌为研究对象,在培养基 MRS 中将 pH 设置为 4.6,接种量设置为 2.0%,温度设置为 37℃,转化 LA 生产 CLA 反应 24 h 发现,CLA 的产量会随着 LA 的底物添加量在 0～0.025% 之间增加而增加,但 LA 的添加过量会抑制 CLA 的产量。

(四)发酵条件的影响

LA的转化受到细胞内亚油酸异构酶的活性的影响,而其活性又受到诸如时间、温度和pH等微生物菌株发酵条件的影响。国内学者曹健等人以嗜酸乳杆菌为研究对象转化LA生成CLA,发现将温度设置为35℃,pH设置为4.0后保温48 h,突变株1.1854的亚油酸异构酶转化CLA的条件最佳,LA转化率最高,产量达到38.1%。国内学者董明等人以盐生植物紫花苜蓿籽油为研究对象,并将其作为底物,紫花苜蓿籽油中的LA被1.1854嗜酸乳酸杆菌催化转化CLA,发酵培养基的pH被磷酸钠缓冲液调节来研究CLA受pH的影响程度,发现pH为6.4时LA的转化率最高,转化率超过50%。

如果温度过低菌体产酶的反应将不能顺利进行,温度过高将加速酶的变性最终使酶失去活性。国内学者董明和其他人发现紫花苜蓿籽油中的亚油酸被6026植物乳杆菌催化转化为共轭亚油酸,因为发酵温度变化,LA转化率会有显著的变化,例如,温度为20℃,LA转化率接近10%时,将温度设置为37℃ LA的转化率为30%,而将温度设置为50℃ LA的转化率会出现下降趋势,实验结果是37℃是最适温度,LA的转化率最高。LA的转化率受培养时间变化改变很大,培养5~10 h,植物乳杆菌呈对数增长期,这样可以快速的增加生物量。大约12 h后LA转化率进入稳定期且呈现高速增长;大约12 h后LA的转化率最大,之后呈现下降趋势,下降的原因是CLA必须防止其氧化。

第二节 共轭亚油酸高产菌株的筛选研究

共轭双键的十八碳脂肪酸总称为共轭亚油酸,亚油酸的异构体具有很多医疗和保健功用,主要是增强免疫系统、促进生长、抑制脂肪积累、降低血清胆固醇、抗氧化及抗癌等功效,目前在医药和食品领域应用广泛。

通过化学方法生产的CLA,其几何异构体和一系列位置的混合物,与生物法生产CLA相比,后者的CLA异构体更为单一,而与天然植物中的CLA相比,其异构体相似,因此,各国学者以生物法生产CLA作为研究的热点。试验采用七种乳酸菌,通过生物法分别对其产CLA的能力进行比较,从中选出产量最高的菌株。

一、实验材料与仪器

（一）样品

试验菌种来源于微生物菌种保藏中心，从中购买的 7 种乳酸菌分别是德式乳杆菌、嗜酸乳杆菌、干酪乳杆菌、植物乳杆菌、乳酸乳球菌、嗜热链球菌和发酵乳杆菌。

（二）实验药品

本节所使用的试验药品见表 7－1。

表 7－1　主要试剂

试剂名称	规格	生产厂商
葡萄糖	生化纯	上海蓝季科技有限公司
琼脂	生化纯	天津市杰辉化学试剂厂
亚油酸	分析纯	北京奥博星生物技术有限公司
蛋白胨	生化纯	北京奥博星生物技术有限公司
正己烷	分析纯	上海蓝季科技有限公司
磷酸氢二钾	分析纯	廊坊天科生物科技有限公司
牛肉膏	生化纯	天津市杰辉化学试剂厂
硫酸铵	分析纯	上海蓝季科技有限公司
无水乙酸钠	分析纯	北京奥博星生物技术有限公司
氯化钠	分析纯	上海蓝季科技有限公司
乙醇	分析纯	天津市科密欧化学试剂开发中心
酵母膏	分析纯	天津市杰辉化学试剂厂
吐温 80	分析纯	北京奥博星生物技术有限公司
脱脂乳	分析纯	上海蓝季科技有限公司

（三）实验器材

本节所使用的试验设备见表 7－2。

表 7－2　主要仪器设备

仪器名称	规格/型号	生产厂商
微量移液器	1000/200/100/20/10/2 μL	法国 Gilson
立式压力蒸汽灭菌器	LDZX－75KBS	上海申安医疗器械厂

续表

仪器名称	规格/型号	生产厂商
电子天平	AR2140	梅特勒－托利多仪器有限公司
超净工作台	BCN－1360	北京东联哈尔仪器有限公司
紫外分光光度计	TU－1900	北京普析通用仪器有限公司
冷冻离心机	TGL－16B	上海安亭科技仪器厂
超声波乳化器	CL－100	南京实验仪器厂
电热恒温培养箱	DRP－9082	上海森信实验仪器有限公司
可见分光光度计	TU－1800	北京普析通用仪器有限公司
酸度计	DELTA320	梅特勒－托利多仪器有限公司

(四)培养基

MRS 液体培养基(也称分离纯化培养基):蒸馏水 1L、$MnSO_4 \cdot H_2O$ 0.25 g、$MgSO_4 \cdot 7H_2O$ 0.2 g、磷酸氢二钾 2.0 g、柠檬酸二铵 2.0 g、吐温 80 1.0 mL、乙酸钠 5.0 g、葡萄糖 20.0 g、酵母膏 4.0 g、牛肉膏 5.0 g、蛋白胨 10.0 g,将 pH 调至 6.2～6.4,温度设置 120℃,灭菌 15 min。

MRS 固体培养基:将培养基中放入 15 g 琼脂,将 pH 调至 6.2～6.4,温度设置 120℃,灭菌 15 min。

斜面保藏培养基:加入蒸馏水 1000 mL、琼脂 3 g、$MgSO_4 \cdot 7H_2O$ 0.116 g、KH_2PO_4 1.2 g、$FeSO_4 \cdot 7H_2O$ 0.006 g、$MnSO_4 \cdot 4H_2O$ 0.03 g、乙酸钠 0.5 g、吐温 80 0.25 mL、柠檬酸二铵 0.4 g、葡萄糖 4 g、酵母膏 1 g,将 pH 调至 6.4,温度设置 121℃,灭菌 15 min。

梯度平板的制备:将灭菌的平板中加入普通固体培养基,待冷凝后以形成梯度平板。

二、实验方法

(一)菌株的活化

将保存于冰箱的 7 种乳酸菌接种于脱脂乳中,接种量为 2%,混匀后放入 37℃恒温培养中培养 24 h,作为一代,脱脂乳培养基培养,转移到 MRS 培养液体培养基, 37℃左右静置培养 24 h,活化两代后,接种于 MRS 斜面中,4℃保存备用。

（二）发酵方法

LA 乳化液的配制方法是将吐温 80 和 LA 分别取用 1 mL，其中 LA 的密度为 0.902 g/mL，同时在冰浴条件下加入蒸馏水 88.4 mL，进行超声波乳化，共破碎 8 min，破碎 2 s，间歇 2 s，然后用无菌微孔滤膜 0.22 μm 进行过滤除菌，最终获得 CLA 溶液，其浓度为 10 mg/mL。

菌种活化被保存好的菌株，菌种从 MRS 固体斜面培养中挑取，并将其接种于 37℃的 MRS 液体培养基中静止培养 24 h，用接种量的 2% 再活化一次。培养液为两代活化以后的作为种子液，按照 2% 的接种量接种到装有 10 mL 的 MRS 培养基中，并放入 450 μL LA 乳化液，静止培育 24 h 后，使底物浓度达到0.4 mg/mL。

（三）CLA 标准曲线的制作

CLA 标准品准确称取 2.5 mg，溶剂为正己烷，将其定容在 25 mL 容量瓶内，待溶解后吸取 0.05 mL，0.1 mL，0.15 mL，0.2 mL，0.25 mL，0.3 mL，0.35 mL，0.4 mL，0.45 mL，0.5 mL 放入容量为 10 mL 的容量瓶内，将正己烷定容至 10 mL 以获得 CLA 不同的浓度，用正己烷作为吸光度比值的参数确定 233 nm 的波长，水平坐标被设置为共轭亚油酸的浓度，纵坐标是吸光值，然后绘制 CLA 的标准曲线。

（四）发酵液中 CLA 产量的检测

培养结束后，试管中的发酵液（5 mL）移入 100 mL 分液漏斗中，每管发酵液加入 20 mL 正己烷振荡萃取，静置分层后弃去下层水相液体，加入等量蒸馏水振荡水洗，静置后弃去下层水相液体，水洗两遍后，萃取液移至干净小烧杯中，加入少量无水硫酸钠脱去萃取液中的水分和水溶性物质，干燥至无乳化层，可消除水溶性物质对紫外检测的干扰。无水硫酸钠经 105～110℃干燥 3 h 后使用，将脱去水分和水溶性物质的正己烷萃取液移入 25 mL 容量瓶中，加入正己烷定容，摇匀后进行紫外检测，不能及时检测的样品放入 4℃冰箱保存，并在 24 h 内完成检测。

以不接种的空白培养基为参比液，空白培养基和发酵培养基同一条件下作灭菌处理，并和接种后的发酵培养基同时培养，培养到预定时间后，空白培养基和发酵培养基试管同时取出进行萃取操作，空白培养基的萃取方法、条件和接种的发酵培养基相同。以空白培养基的正己烷萃取液为参比液，扫描后作为发酵培养基正己烷萃取液检测的工作基线存入紫外检测仪的计算机中。这样可消除底物亚油酸、培养基组分在正己烷萃取液中产生的紫外吸收，消除这些因素对紫外检测 CLA 生成量产生的干扰，提高紫外检测 CLA 生成量的数据精确度和可靠性。

以空白培养基正己烷萃取液的紫外区吸收为工作基线，对样品在 200 ~ 350 nm范围内扫描，观察在 233 nm 处有无特征吸收峰。在 233 nm 处有最大吸收，且吸收峰对称者表明其发酵液中有 CLA 生成，读取 233 nm 处的吸收值，根据紫外吸收标准曲线和稀释倍数计算发酵液中 CLA 生成量。空白培养基与发酵培养基加入同量亚油酸，不接入菌种，其他步骤同发酵培养基。每次进行紫外检测时，先将紫外分光光度计开机预热 30 min，仪器稳定后，再放入参比液和样品进行扫描检测，可提高检测精度和可靠性。

三、实验结果分析

（一）CLA 标准曲线的绘制

将 CLA 标准样品配置成不同浓度的溶液，以正己烷作为参比，用紫外分光光度计，测定的吸光度在 233 nm 的吸光值。标准曲线的横坐标为 CLA 的浓度，纵坐标为 CLA 的吸光值，从而确定 CLA 的标准曲线如图 7 - 1 所示。线性回归方程为 $y = 99.473x + 0.0038$。

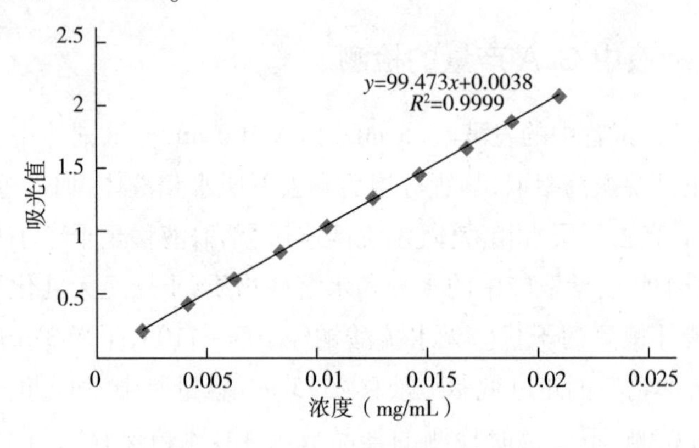

图 7 - 1　共轭亚油酸的标准曲线图

（二）产 CLA 菌株的筛选

通过紫外分光光度计的检测发现，实验中所选择的 7 种乳杆菌中有 5 种乳酸菌在233 nm处有紫外吸收值,5种乳酸菌分别为X1嗜酸乳杆菌、X2植物乳杆菌、X3乳酸乳球菌、X4发酵乳杆菌、X5德式乳杆菌。结果如图7－2所示。该发酵液10 mL,共轭亚油酸的生产量在0.25～0.55 mg,德式乳杆菌保加利亚亚种CLA产量最高,产量达到0.55 mg,因此选用德式乳杆菌作为接下来实验的出发菌株。

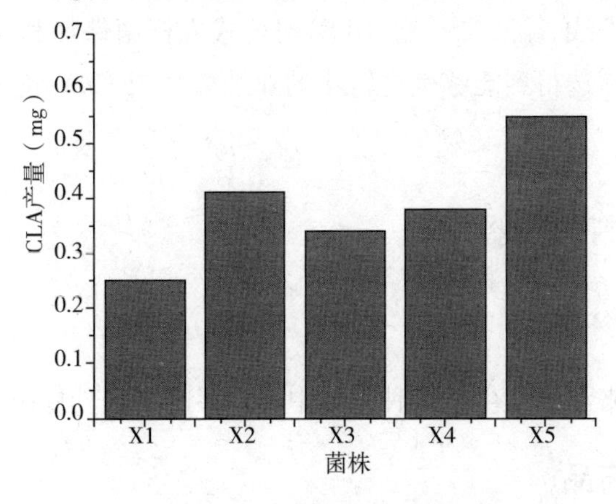

图7－2　筛选得到产CLA的菌株

四、小结

实验以7种乳酸菌即德式乳杆菌、嗜酸乳杆菌、干酪乳杆菌、植物乳杆菌、乳酸乳球菌、嗜热链球菌、发酵乳杆菌为样品。通过发酵试验,并且通过紫外可见分光光度计检测,发现7株中的5种乳酸菌发酵实验在233 nm处有最大吸收峰的提取物。它们产CLA的能力不等。乳酸菌发酵液中德式乳杆菌共轭亚油酸含量最高,产量为0.055 mg/mL,因此选择它作为后续研究菌株。

第三节　共轭亚油酸高产菌株的诱变选育研究

生物转化生成CLA的关键是获得高产菌株,为提高分离筛选得到的德式乳杆菌保加利亚亚种的CLA产量,试验通过人工诱变选育的方法筛选获得CLA正向突变株。

将均匀分散的微生物细胞群通过化学或物理诱变剂处理以达到诱变育种的目的,进而大幅提高微生物细胞群的突变率,该方法能够高效、快捷、简单的挑出符合育种条件的少数突变株,该诱变育种法具有快速及简单的特点。目前,诱变育种的方法仍然是一个获得突变菌株的主要方法,具有实效性。诱变剂主要分为化学诱变剂和物理诱变剂两大种类，其中，物理诱变剂主要有超声波、快中子、离子注入、α 射线、γ 射线、X 射线、激光等。化学诱变剂的种类繁多，甲基亚硝基脲、乙烯亚胺、环氧乙烷、硫酸二乙酯（DES）、甲基磺酸乙酯、亚硝基胍等主要诱变剂种。

本章采用紫外线、硫酸二乙酯（DES）对德式乳杆菌保加利亚亚种诱变育种，该菌种通过分离筛选得到能够生物转化的亚油酸生成 CLA，进而获得 CLA 的高产菌株。

一、实验材料与仪器

（一）菌种

本试验菌种来源于微生物菌种保藏中心购买的德式乳杆菌。

（二）实验药品

本节所使用的试验药品见表 7－3。

表 7－3　主要试剂

试剂名称	规格	生产厂商
葡萄糖	生化纯	上海蓝季科技有限公司
琼脂	生化纯	天津市杰辉化学试剂厂
亚油酸	分析纯	北京奥博星生物技术有限公司
蛋白胨	生化纯	北京奥博星生物技术有限公司
正丁醇	分析纯	上海蓝季科技有限公司
磷酸氢二钾	分析纯	廊坊天科生物科技有限公司
牛肉膏	生化纯	天津市杰辉化学试剂厂
硫酸铵	分析纯	上海蓝季科技有限公司
无水乙酸钠	分析纯	北京奥博星生物技术有限责任公司
氯化钠	分析纯	上海蓝季科技有限公司
乙醇	分析纯	天津市科密欧化学试剂开发中心
酵母膏	分析纯	天津市杰辉化学试剂厂
吐温 80	分析纯	北京奥博星生物技术有限责任公司
硫酸二乙酯	分析纯	上海蓝季科技有限公司
半乳糖	生化纯	上海蓝季科技有限公司
麦芽糖	生化纯	上海蓝季科技有限公司

续表

试剂名称	规格	生产厂商
甘露糖	生化纯	上海蓝季科技有限公司
溴百里酚蓝	生化纯	天津市科密欧化学试剂开发中心
甲基红	生化纯	天津市科密欧化学试剂开发中心

(三)实验仪器

本节所使用的试验设备见表7-4。

表7-4 主要仪器设备

仪器名称	规格/型号	生产厂商
微量移液器	1000/200/100/20/10/2 μL	法国Gilson
立式压力蒸汽灭菌器	LDZX-75KBS	上海申安医疗器械厂
生物显微镜	XSZ-4G	重庆光学仪器厂
电子天平	AR2140	梅特勒-托利多仪器有限公司
超净工作台	BCN-1360	北京东联哈尔仪器有限公司
紫外分光光度计	TU-1900	北京普析通用仪器有限公司
冷冻离心机	TGL-16B	上海安亭科技仪器厂
电热套	CL-100	南京实验仪器厂
电热恒温培养箱	DRP-9082	上海森信实验仪器有限公司
可见分光光度计	TU-1800	北京普析通用仪器有限公司
酸度计	DELTA320	梅特勒-托利多仪器有限公司
梯度PCR仪	TP600	宝生物工程(大连)有限公司
Gel Logic 200凝胶成像系统	Gel Doc 2 000	美国Bio-RAD

(四)培养基

MRS液体培养基(也称分离纯化培养基):蒸馏水1L、$MnSO_4 \cdot H_2O$ 0.25 g、$MgSO_4 \cdot 7H_2O$ 0.2 g、磷酸氢二钾2.0 g、柠檬酸二铵2.0 g、吐温80 1.0 mL、乙酸钠5.0 g、葡萄糖20.0 g、酵母膏4.0 g、牛肉膏5.0 g、蛋白胨10.0 g,将pH调至6.2~6.4,温度设置120℃,灭菌15 min。

MRS固体培养基:将培养基中放入15 g琼脂,将pH调至6.2~6.4,温度设置120℃,灭菌15 min。

二、实验方法

（一）亚油酸乳化及过滤方法

放入少量蒸馏水与吐温 80 和亚油酸混合，吐温 80 与亚油酸的比例为 1∶5（g/mL），用超声波在冰水浴下使水、吐温和亚油酸完全混合。用已经灭菌的，并且膜孔径为 0.22 μm 的微孔过滤器将亚油酸乳化液过滤除菌。

（二）菌体的培养方法

将菌种从斜面中挑取并活化 2 代后，接种于装有 20 mL 液体培养基的 250 mL三角瓶中，温度为 30℃静态培养观察，到 24 h 进入对数期，收集菌体细胞用于诱变处理。

（三）诱变后初筛培养基的设计

初筛培养基选取在 MRS 培养基中的亚油酸，计量分别为 0%、0.025%、0.05%、0.075%，将配置好的四种初筛液体培养基中分别接入经紫外诱变处理后的菌种，将其振荡培养 4～6 h 后，将其在四种初筛培养基中稀释涂布并暗培养 48 h，在四种初筛培养基中各挑选 50 个观察比较大的菌落并在斜面中保存。将培养后的斜面菌苔取 1 环接入试管中，同时放入亚油酸，该亚油酸已过滤除菌，该试管位于装有 10 mL 的 MRS 液体培养基中，接入吐温乳化液摇匀，将温度设置为 30℃，静置发酵 24 h。初筛培养基的确定是经在四种初筛培养基中测定菌体产 CLA 的能力，进而测量出产 CLA 的菌落数量得出的。

（四）紫外线诱变

1.菌悬液的配置

选取液体培养基 20 mL 经离心 10 min，其中离心的具体配置是将温度设置为 4℃，转速 4000 r/min，排出上清液，无菌生理盐水倒入离心洗涤的菌体两次。为了打散菌体，用手摇动一个已经灭菌的三角烧瓶，瓶内装入玻璃珠，并将菌悬液接入其中。将有定性滤纸的漏斗中接入菌体过滤，试管中接入单细胞液作为待处理菌悬液。

2.紫外诱变菌体致死率实验

一是将出发菌与杀菌灯的距离设置为 30 cm，杀菌灯采用 30 W 的紫外线杀菌灯。

二是将制备的菌液选取 2 ~ 4 mL 放入到培养皿中,该培养皿直径为 9 cm,然后将无菌磁力搅拌器放入,30 W 的紫外线灯被放置在一个无菌的磁力搅拌器上,紫外灯距离 30 cm 无菌磁力搅拌器。

三是将紫外灯开启,然后预热 10 min 后将无菌磁力搅拌器开启,并打开皿上盖照射,时间分别为 5 s、10 s、15 s、20 s、25 s、30 s、35 s、40 s、45 s、50 s、55 s、60 s。

四是从照射的菌液和未照射的制备菌液中分别提取 0.5 mL,并稀释分离培养,计算致死量。

3.紫外诱变处理

将 150 mL 的三角瓶中装入致死率在 70% ~ 80% 的照射菌液,计量为 2 mL,同时三角瓶中装入 20 mL 的初筛液体,将震荡时间设置为 4 ~ 6 h,转速设置为 120 r/min 进行集中培养。取中间培养基稀释,并采取培养,培养和处理在红光或黑暗环境中的整体操作来进行,其目的是为了防止光修理。

4.紫外线诱变菌株的筛分

将菌液稀释(该菌液是经紫外线照射处理的),筛选培养基平板上涂用 0.1 mL菌液,将温度设置为 30℃,并培养 48 h。在平板上培育良好的菌株选出转到斜面上培养,斜面培养的温度设置为 30℃,时间为 48 h。将培养后的斜面菌苔取 1 环接入试管中,同时放入亚油酸,该亚油酸是经过滤除菌后的,该试管位于装有 10 mL 的 MRS 液体培养基中,接入吐温乳化液摇匀,将温度设置为 30℃,静置发酵 24 h。将 CLA 在发酵液中的含量进行检测。筛选菌株由 233 nm 处的吸光度值的大小比较,吸光值较高的为筛分菌株,并进行保留。

5.紫外线诱变的发酵实验

将试管中装入 2% 的菌株,该菌株是经紫外线诱变的,同时加入亚油酸,计量为 0.25%,该试管位于 10 mL 的 MRS 液体培养基中,培养温度设置为 30℃,在发酵液中发酵 24 h,检测 CLA 在发酵液中的含量,选择 233 nm 处的吸收峰有对称性,并有特征吸收峰,确定吸收值较高的为优良菌株并保存。

(五)硫酸二乙酯(DES)紫外复合诱变

在进行硫酸二乙酯诱变前,需筛选出 CLA 较高的菌株被紫外线诱变,最终筛选并保存产 CLA 较高的菌株。

1.硫酸二乙酯诱变菌体致死率实验

一是将灭菌试管中加入 0.4 mL 的 DES 原液,同时放入少量的乙醇进行溶解，再加入 19.6 mL 的磷酸缓冲液，调配为 0.1 mol/L pH 7.2 的溶液，其体积分数为 2%。

二是用同样的磷酸缓冲液将新鲜斜面的细菌洗下，制成菌悬液。

三是将无菌试管中加入 5 mL 的 DES 溶液和 5 mL 的菌悬液，并将其混合后浓度处理为 1%，将温度设置为 20℃ 并进行振荡处理，时间为20 min、25 min、30 min、35 min、40 min、45 min、50 min、55 min、60 min。

四是待诱变处理结束后放入 0.5 mL 的 $Na_2S_2O_3$溶液，浓度为 2% 并终止反应，将菌体沉淀物三次离心洗涤后进行收集，将菌体沉淀物加入到 20 mL 的初筛液体培养基中，将诱变时间设置为 1.5 ~ 2 h，然后进行培养，将其稀释分离后置于平皿上，将温度调至 30℃，进行 48 h 培养。

2.硫酸二乙酯诱变后的菌株的筛分

选取 0.1 mL 的经 DES 处理过并稀释的菌液，将其在初筛培养基平板上涂布，将培养温度设置为 30℃，时间为 48 h。在平板上培育良好的菌株选出转到斜面上培养，斜面培养的温度设置为 30℃，时间为 48 h。将培养后的斜面菌苔取 1 环接入试管中，同时放入亚油酸，该亚油酸是经过滤除菌后的，该试管位于装有 10 mL 的 MRS 液体培养基中，接入吐温乳化液摇匀，将温度设置为30℃，静置发酵 24 h。将 CLA 在发酵液中的含量进行检测。通过比较 233 nm 处吸光值的大小筛分菌株，吸光值较高的为筛分菌株，并进行保留。

3.硫酸二乙酯诱变的发酵试验

试管中装入 2% 的菌株，该菌株是经硫酸二乙酯诱变的，同时加入亚油酸，计量为 0.25%，该试管位于 10 mL 的 MRS 液体培养基中，培养温度设置为30℃，在发酵液中发酵 24 h，检测共轭亚油酸的含量，选择 233 nm 处的吸收峰有对称性，并有特征吸收峰，确定吸光值较高的为筛分菌株，并进行保留。

（六）菌种鉴定

1.乳杆菌菌株的糖发酵实验

在 MRS 基础培养基中分别加入 0.5% 的葡萄糖、半乳糖、麦芽糖、甘露糖，对纯化后的菌株进行糖发酵实验，各反应体系均为 1 mL 。葡萄糖、半乳糖、麦芽糖、甘露糖发酵实验接种 12 h 后，使用 BTB – MR 指示剂指示产酸的程度。

2.乳杆菌菌株总 DNA 的提取

参照杨振宇的方法，经适当改进，提取各菌株的总 DNA。

3.PCR 鉴定

采用 Torriani 设计的一对引物 LB1 和 LLB1，由哈尔滨博仕生物有限公司合成。引物序列、扩增基因名称及大小见表 7－5。用来鉴定德氏乳杆菌保加利亚亚种与乳酸亚种，经 PCR 扩增后，如出现 1065 bp 的特异条带，则为保加利亚亚种；如出现 1600 bp 的特异条带，则为乳酸亚种。引物序列及退火温度见表 7－5。

表 7－5　特异 PCR 的序列及退火温度

引物名称	序列(5′→3′)	退火温度(℃)
LB1	AAAAATGAAGTTGTTTAAAGTAGGTA	58
LLB1	AAGTCTGTCCTCTGGCTGG	58

PCR 体系：20 μL 反应体系中，含 0.1 μL Taq 酶，2 μL 10 × PCR Buffer 和 0.4 μL dNTPs，引物(10 μmol/L)和 DNA 模板各 1 μL。扩增程序：94℃预变性 2 min，94℃变性 45 s，58℃退火 30 s，72℃延伸 30 s，35 个循环，然后 72℃延伸 10 min。扩增产物以 1.2% 琼脂糖凝胶电泳分离，经溴化乙锭(EB)染色后，用凝胶成像系统拍照记录。

(七)突变菌株的遗传稳定性分析

对于经诱变后菌种的遗传稳定性，是非常重要的。对于在一般情况下诱变后的优良菌株其性状并不是十分稳定，在经过多次传代后可能会产生退化的现象，因此，诱变后 CLA 的高产突变菌株，对其稳定性进行实验很有必要。为了研究突变菌株的稳定性，将突变菌株 D－2－2(上述实验中取得的优良性状的菌株)加入斜面培养基 MRS 中持续传代 10 次，将每代都放入 37℃的液体培养基 MRS 中，培养 24 h。分别以第 2、4、6、8、10 代为实验对象，发酵结束后对发酵液中的 CLA 进行萃取，并用 751 紫外可见分光光度计于 233 nm 处对发酵液中的 CLA 进行检测，对它的遗传稳定性进行观测。

三、实验结果分析

(一)初筛培养基的确定

将紫外照射 30 s 后的德式乳杆菌分别放入四种初筛培养基中，进行培养。四种初筛培养基中共轭亚油酸的产量如表 7－6 所示。在表中可以发现，经过初筛培养基添加亚油酸后，其产量有明显增加，大大高于未添加初筛培养基的亚油酸，当加入亚油酸的量在 0.05% 时，初筛培养基中 CLA 菌落数达到最高值，有 30

株菌株。在没有添加亚油酸的初筛培养基中 CLA 菌落数最少。所以实验中选择添加量为 0.05% 的亚油酸作为初筛培养基。

表 7－6　德式乳杆菌在四种初筛培养基中产 CLA 的菌落数

初筛培养基中亚油酸的浓度%（v/v）	0	0.025	0.05	0.075
产 CLA 的菌落数	8	16	30	24

(二)诱变实验结果

1.紫外诱变条件的选择

按照图 7－3，德氏乳杆菌菌株致死率随延长紫外照射时间而上升，当照射时间为 35 s 的时候，德氏乳杆菌菌株致死率为 76%。德式乳杆菌致死率在 70% ~ 80%，正突变率的菌株最高，所以选择最佳诱变时间为 35 s。

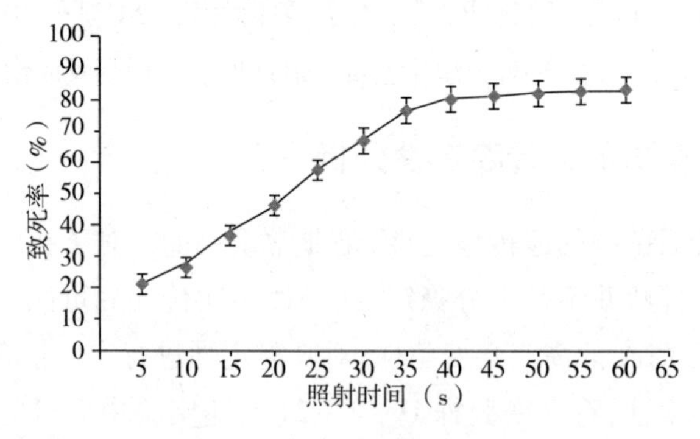

图 7－3　紫外诱变时间选择

2.紫外诱变菌株的发酵试验

紫外诱变菌株进行活化，然后将被活化几代后的菌种，在 MRS 培养基中按 4% 的接种量接种，在 37℃ 条件下培养 24 h。发酵菌株，发酵液中产共轭亚油酸的量检测。筛选得到共轭亚油酸产量较高的菌株作为再次诱变的菌株。在相同的条件下，重复进行实验，比较不同照射次数后的菌株产共轭亚油酸的能力，高产菌株在相同条件下比较每次诱变，其结果如表 7－7 所示。

表 7－7　紫外诱变菌株的发酵试验结果

紫外诱变次数	原始菌株	1	2	3	4
紫外诱变后 CLA 的产量（mg/mL）	0.055 ± 0.001	0.154 ± 0.002	0.166 ± 0.002	0.156 ± 0.000	0.150 ± 0.001

根据表7－7可以看出,经过紫外诱变处理后菌株产CLA的能力增强,其中诱变2次后菌株产量最高,产量达到了0.166 mg/mL。所以诱变2次后选择的菌株,作为接下来硫酸二乙酯诱变出发菌株,将该诱变处理作为下一步。为了便于描述,将实验所得到的D－2,作为共轭亚油酸高产菌株命名。

3.硫酸二乙酯诱变条件的选择

硫酸二乙酯对菌体致死率诱变效应如图7－4所示。从图中可以看出,该菌株德氏乳杆菌细胞致死率随处理时间的增加而上升,当硫酸二乙酯处理35 min,德氏乳杆菌菌株细胞的致死率为74%,在德式乳杆菌致死率在70%～80%时,菌株的正突变率最高,因此选用35 min为硫酸二乙酯的最佳诱变处理时间。

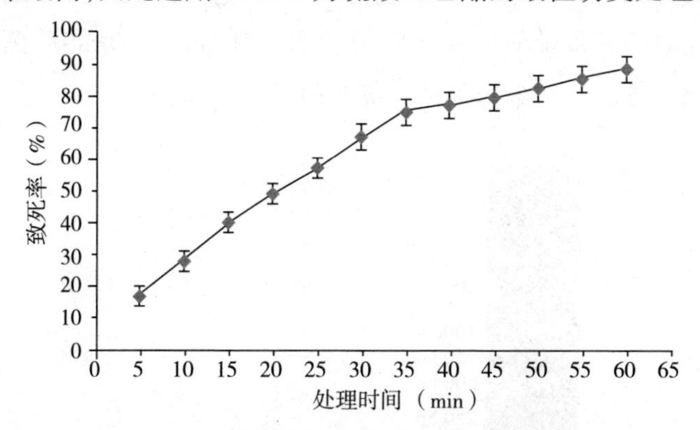

图7－4　硫酸二乙酯诱变时间选择

4.硫酸二乙酯诱变的发酵试验结果

选择紫外诱变后获得的CLA的高产菌株D－2,进行接下来的硫酸二乙酯诱变处理,通过发酵获得共轭亚油酸的高产菌株。紫外诱变和硫酸二乙酯诱变后,筛选了正突变菌株和负突变菌株,但负突变菌株较多。发酵试验后,紫外诱变、硫酸二乙酯诱变的结果如表7－8所示。

表7－8　硫酸二乙酯诱变结果

硫酸二乙酯诱变次数	原始菌株	1	2	3	4
紫外诱变后CLA的产量(mg/mL)	0.166±0.001	0.198±0.002	0.210±0.002	0.203±0.003	0.196±0.001

根据表7－8可以看出,经过硫酸二乙酯处理后菌株产CLA的能力进一步增强,处理2次时产量达到了0.210 mg/mL。相对于出发菌株,共轭亚油酸产量提高了

0.155 mg/mL。为了便于描述,共轭亚油酸的高产菌株通过实验名为 D-2-2。

(三)糖发酵实验结果

将获得的共轭亚油酸的高产菌株 D-2-2 进行糖发酵实验结果为,除葡萄糖产酸反应为阳性外,其余反应均为阴性;根据《伯杰细菌鉴定手册》(第8版)中德氏乳杆菌的鉴别特征,初步判定为德氏乳杆菌保加利亚亚种。

(四)PCR 结果

图7-5为用引物 LB1 和 LLB1 进行 PCR 鉴定德氏乳杆菌保加利亚亚种的电泳图。通过对特异条带的位置和分子量大小判断得知,诱导后菌种为德氏乳杆菌保加利亚亚种。这一结果与糖发酵实验结果一致。

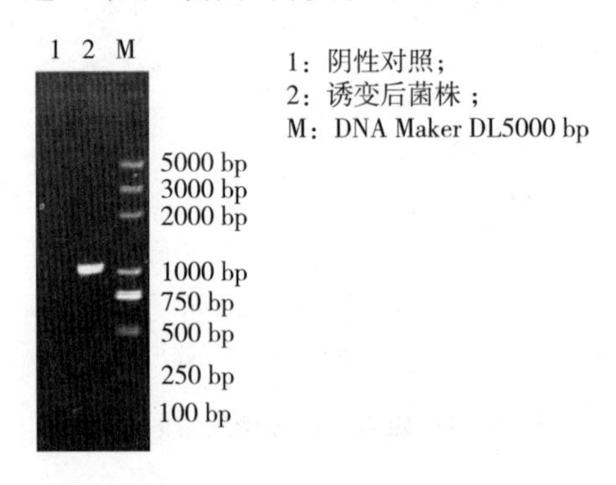

图7-5 德氏乳杆菌菌株的特异 PCR 扩增

(五)突变菌株的遗传稳定性分析结果

将获得的突变菌株 D-2-2 连续传代10次,分别以第2、4、6、8、10代为实验对象检测,它的发酵液中 CLA 产量如表7-9所示。

表7-9 突变菌株传代稳定性试验结果

传代次数	2	4	6	8	10
CLA 的产量(mg/mL)	0.210	0.210	0.210	0.211	0.211

由表7-9可知,菌株 D-2-2 经10代传代培养后,CLA 产量变化不大,可以得出突变株 D-2-2 具有遗传稳定性比较好的特点,证明本章实验结果,对诱变微生物育种有效。可当作 CLA 高产菌株,用于今后实验操作。

四、小结

(1)通过对德氏乳杆菌的生长曲线的研究,24 h 之后菌种生长进入稳定期,因此 24 h 为菌种的最佳培养时间。

(2)以德氏乳杆菌作为出发菌株,通过紫外诱变处理得到诱变条件:出发菌与杀菌灯的距离确定为 30 cm,杀菌灯采用 30 W 的紫外线杀菌灯,照射时间 35 s,经过两次紫外诱变得到高产共轭亚油酸的菌株命名为 D－2,其产量为0.166 mg/mL。

(3)将 D－2 作为出发菌株,通过硫酸二乙酯诱变处理得到诱变条件为:硫酸二乙酯浓度为 2%,处理时间 35 min,得到高产共轭亚油酸的菌株,命名为 D－2－2,其产量为 0.210 mg/mL。并将获得的 D－2－2 高产菌株进行菌种鉴定后确定此菌种为德氏乳杆菌保加利亚亚种。

(4)通过紫外光和 DES 混合诱变后,相对于原始菌株,生产共轭亚油酸产量增加了 0.155 mg/mL。突变菌株 D－2－2 通过 10 代传代试验,CLA 产量变化不大,可以证明本实验采用的诱变方法对菌株的诱变效果较好。

第四节　共轭亚油酸高产菌株培养基的优化研究

一、实验材料

(一)菌种

德式乳杆菌保加利亚亚种诱变菌株——菌株 D－2－2。

(二)实验药品

本节的试验中所使用的试验药品见表 7－10。

表 7－10　主要试剂

试剂名称	规格	生产厂商
葡萄糖	生化纯	上海蓝季科技有限公司
果糖	生化纯	上海蓝季科级发展有限公司
亚油酸	分析纯	北京奥博星生物技术有限公司

续表

试剂名称	规格	生产厂商
蔗糖	生化纯	上海蓝季科技有限公司
乳糖	生化纯	上海蓝季科技有限公司
柠檬酸二铵	分析纯	天津市杰辉化学试剂厂
牛肉膏	生化纯	天津市杰辉化学试剂厂
蛋白胨	分析纯	上海蓝季科技有限公司
酵母膏	分析纯	天津市杰辉化学试剂厂
硫酸镁	分析纯	上海蓝季科技有限公司
磷酸氢二钾	分析纯	天津市科密欧化学试剂开发中心
和乙酸钠	分析纯	天津市杰辉化学试剂厂

(三)实验仪器

本节的试验中所使用的试验设备见表7-11。

表7-11　主要仪器设备

仪器名称	规格/型号	生产厂商
微量移液器	1000/200/100/20/10/2 μL	法国 Gilson
立式压力蒸汽灭菌器	LDZX-75KBS	上海申安医疗器械厂
电子天平	AR2140	梅特勒-托利多仪器有限公司
超净工作台	BCN-1360	北京东联哈尔仪器有限公司
紫外分光光度计	TU-1900	北京普析通用仪器有限公司
电热恒温培养箱	DRP-9082	上海森信实验仪器有限公司
可见分光光度计	TU-1800	北京普析通用仪器有限公司

二、实验方法

(一)培养基碳源的优化

为了探寻最合适的培养基碳源,在MRS基础培养基的基础上,分别选择葡萄糖、果糖、乳糖、蔗糖、木糖、半乳糖、麦芽糖及葡萄糖与果糖、乳糖、蔗糖、木糖、半乳糖、麦芽糖的1:1配比复合糖为培养基碳源进行比对试验,总配置浓度为20 g/L。将已经灭菌的容量为10 mL的培养基试管接入2%的活化高产菌株,同时放入0.25%的亚油酸,温度为37℃,发酵24 h,将CLA在发酵液中的产量进行检测。

(二)培养基无机盐的优化

乙酸钠、硫酸镁、磷酸氢二钾、硫酸锰和硫酸铁是常用无机盐,本论文以硫酸镁、磷酸氢二钾和乙酸钠为实验对象,对 CLA 生成的影响进行分析。添加不同浓度的硫酸镁、磷酸氢二钾和乙酸钠到 MRS 培养基,硫酸镁、磷酸氢二钾和乙酸钠的最佳添加比例通过响应面优化试验确定。用去离子水配制培养基,将已经灭菌的容量为 10 mL 的培养基试管接入 2% 的活化高产菌株,同时添加 0.25% 的亚油酸,温度为 37℃,发酵 24 h,检测 CLA 在发酵液中的产量。

(三)培养基氮源的优化

培养基 MRS 的氮源主要为柠檬酸二铵、酵母粉、蛋白胨和牛肉膏,由于前述实验研究中发现该培养基可用于 CLA 的发酵生产,因此在保证培养基基础配方不变的前提下合理调整培养基的氮源组成,并通过响应面试验对其组成进行优化。将已经灭菌的容量为 10 mL 的培养基试管接入 2% 的活化高产菌株,同时放入 0.25% 的亚油酸,温度为 37℃,发酵 24 h,检测 CLA 在发酵液中的产量。

三、实验结果分析

(一)碳源对 CLA 产量的影响分析

为了探寻最合适的培养基碳源,在 MRS 基础培养基的基础上,分别选择葡萄糖、果糖、乳糖、蔗糖、木糖、半乳糖、麦芽糖及葡萄糖与果糖、乳糖、蔗糖、木糖、半乳糖、麦芽糖的 1:1 配比复合糖为培养基碳源进行比对试验,结果如表 7 - 12 所示。通过表 7 - 12 可知,菌株 D - 2 - 2 可利用多种碳源转化亚油酸为共轭亚油酸,以葡萄糖为唯一碳源时,菌株 D - 2 - 2 转化亚油酸生产共轭亚油酸的能力最强,可达 0.230 mg/mL,而以其他糖为碳源时 CLA 产量均有所降低。为了对比葡萄糖作为唯一碳源生产的优越性,试验进一步比较了复合糖作为碳源的 CLA 产量,比较可知,以葡萄糖与果糖、乳糖、蔗糖、木糖、半乳糖、麦芽糖 1:1 配比的复合糖为碳源用于生产 CLA,在产量上要低于以葡萄糖为唯一碳源的培养基。故在本研究中选择以葡萄糖为唯一碳源进行 CLA 制备。

表 7 - 12 碳源对 D - 2 - 2 产 CLA 产量影响

碳源	发酵液中 CLA 产量/(mg/mL)	碳源	发酵液中 CLA 产量/(mg/mL)
葡萄糖	0.230	麦芽糖	0.174
果糖	0.185	木糖	0.193
乳糖	0.158	蔗糖	0.162
半乳糖	0.186	葡萄糖 + 麦芽糖	0.186
葡萄糖 + 果糖	0.190	葡萄糖 + 木糖	0.194
葡萄糖 + 乳糖	0.177	葡萄糖 + 蔗糖	0.172
葡萄糖 + 半乳糖	0.185		

在确定了以葡萄糖为唯一碳源进行 CLA 制备的前提下,试验进一步考虑葡萄糖的添加浓度,并以发酵液中 CLA 产量为主要考察指标,如图 7 - 6 所示。由图 7 - 6 可以看出,随着葡萄糖的添加量增大,CLA 产量逐渐增加,当葡萄糖添加量为 20 g/L 时,CLA 产量增大至 0.230 mg/mL,而后继续向培养基中添加葡萄糖,CLA 产量并未显著增大。为节约成本考虑采用葡萄糖添加量为 20 g/L。

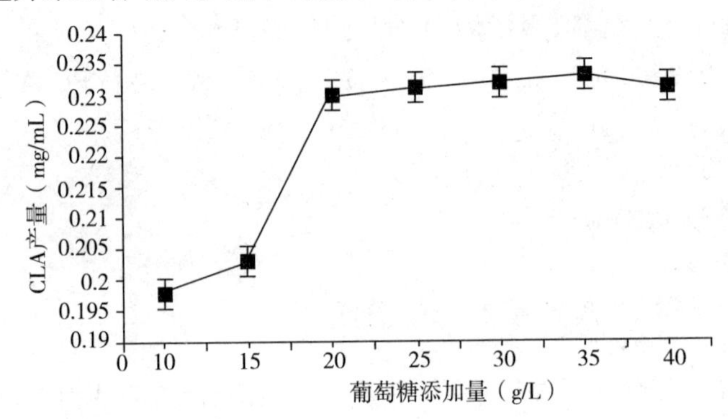

图 7 - 6 葡萄糖添加量对 CLA 产量的影响

(二)无机盐对 CLA 产量的影响分析

1.乙酸钠添加量的优化试验

以 MRS 培养基配方为基础,控制磷酸氢二钾和硫酸镁的添加量分别为 2.0 g/L和 0.2 g/L,调整乙酸钠添加量为 2.0 g/L、3.0 g/L、4.0 g/L、5.0 g/L、6.0 g/L、7.0 g/L、8.0 g/L,考察以此为培养基制备 CLA 的产量,结果如图 7 - 7 所示。

由图 7 - 7 可知,随着乙酸钠添加量的增加,CLA 产量呈先增大后降低的变化趋势，在乙酸钠添加量为5.0 g/L时，CLA产量最大，故选择乙酸钠添加量为5.0 g/L为最佳添加量。

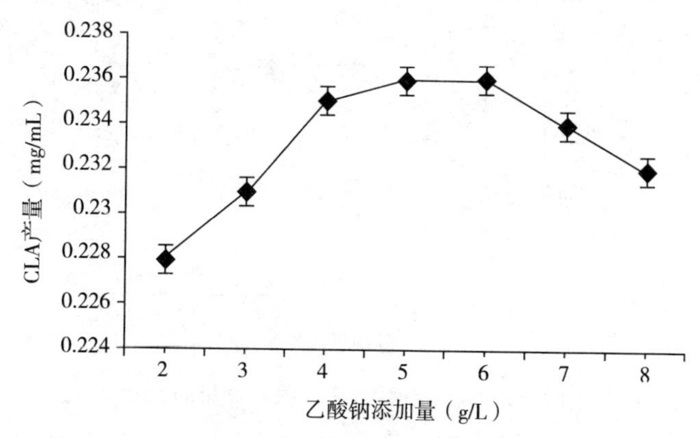

图7-7　乙酸钠添加量对CLA产量的影响

2.磷酸氢二钾添加量的优化试验

以MRS培养基配方为基础，控制乙酸钠和硫酸镁的添加量分别为5.0 g/L和0.2 g/L，调整磷酸氢二钾添加量为0.5 g/L、1.0 g/L、1.5 g/L、2.0 g/L、2.5 g/L、3.0 g/L，考察以此为培养基制备CLA的产量，结果如图7-8所示。

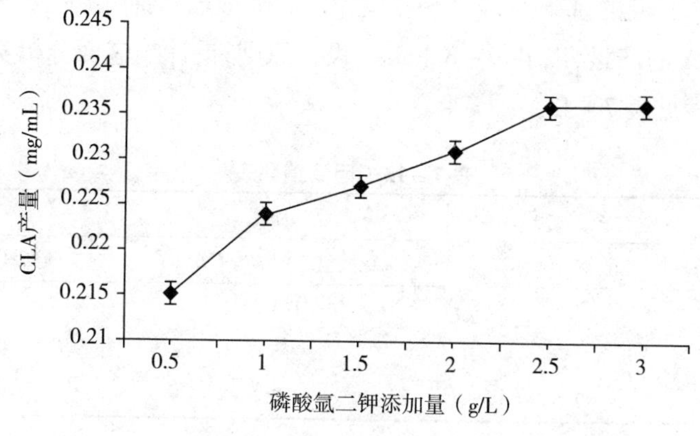

图7-8　磷酸氢二钾添加量对CLA产量的影响

如图7-8可知，随着磷酸氢二钾添加量的增多，CLA产量呈增大的变化趋势，当磷酸氢二钾添加量为2.5 g/L时，CLA产量有最大值，而后再继续增大磷酸氢二钾添加量并不能进一步提高CLA产量。故选择磷酸氢二钾添加量为2.5 g/L进行后续研究。

3.硫酸镁添加量的优化试验

以MRS培养基配方为基础，控制乙酸钠和磷酸氢二钾的添加量分别为

5.0 g/L和2.5 g/L,调整硫酸镁添加量为0.1 g/L、0.2 g/L、0.3 g/L、0.4 g/L、0.5 g/L、0.6 g/L,考察以此为培养基制备 CLA 的产量,结果如图 7-9 所示。

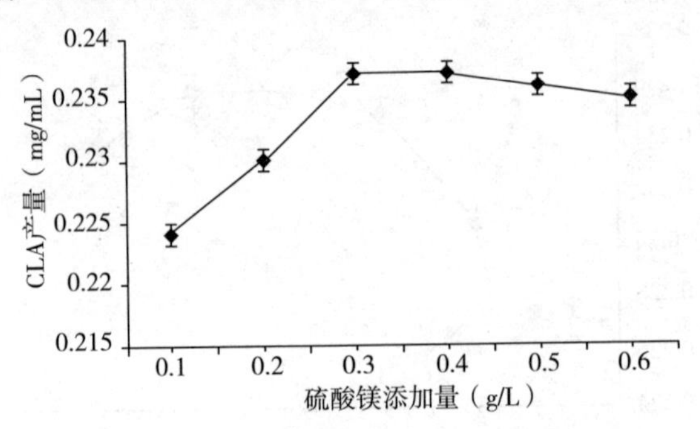

图 7-9　硫酸镁添加量对 CLA 产量的影响

通过图 7-9 硫酸镁添加量对 CLA 产量的影响可知,随着硫酸镁添加量的增加,CLA 产量呈增大的变化趋势,当硫酸镁添加量为 0.3 g/L,CLA 产量有最大值 0.237 mg/mL,而硫酸镁添加量的继续增大并不能使 CLA 产量增大。故选择硫酸镁添加量为 0.3 g/L。

4.响应面优化试验

单个因素研究的基础上,自变量以乙酸钠、磷酸氢二钾、硫酸镁,3 个因素,响应值选取 CLA 的产量,以 Box-Behnken 设计原则,设计响应面分析实验,它的因素水平编码表见表 7-13。

表 7-13　因素编码表

编码	因素		
	乙酸钠 *A*(g/L)	磷酸氢二钾 *B*(g/L)	硫酸镁 *C*(g/L)
-1	2.5	1.5	0.2
0	5	2.5	0.3
1	7.5	3.5	0.4

本实验中,以响应面优化法进行条件优化。自变量选取 *A*、*B*、*C*,响应值选取 CLA 的产量 *R*,响应面实验程序和结果在表 7-14 所示。试验采用响应曲面法进行过程优化,试验设计与数据处理采用统计软件 Design-Expert 来完成。以乙酸钠添加量 *A*(g/L)、磷酸氢二钾添加量 *B*(g/L)和硫酸镁添加量 *C*(g/L)分别代表的因素为自变量,以 CLA 的产量 *R*(mg/mL)为响应值,响应面试验方案及结果见表 7-14。

表 7－14　实验安排及结果

试验号	乙酸钠 A（g/L）	磷酸氢二钾 B（g/L）	硫酸镁 C（g/L）	CLA 的产量 R（mg/mL）
1	1	0	1	0.175
2	0	0	0	0.232
3	0	－1	1	0.158
4	0	－1	－1	0.127
5	0	0	0	0.225
6	1	1	0	0.193
7	1	－1	0	0.144
8	0	0	0	0.229
9	1	0	－1	0.164
10	0	0	0	0.239
11	0	1	－1	0.186
12	0	1	1	0.215
13	0	0	0	0.243
14	－1	0	1	0.153
15	－1	0	－1	0.133
16	－1	1	0	0.122
17	－1	－1	0	0.088

CLA 的产量 R，通过统计分析软件 Design－Expert，进行数据分析，二次响应面回归模型如下：$R = 0.23 + 0.023A + 0.025B + 0.011C + 0.00375AB - 0.00225AC - 0.0005BC - 0.056A^2 - 0.041B^2 - 0.021C^2$。

采用 Design－Expert 软件对方程进行方差分析，CLA 的产量 R 的回归与方差分析结果见表 7－15。

表 7－15　CLA 的产量的回归与方差分析结果

变量	自由度	平方和	均方	F	$Pr > F$
A	1	0.00405	0.00405	24.85	0.0016
B	1	0.00495	0.00495	30.37	0.0009
C	1	0.001035	0.001035	6.35	0.0398
AB	1	0.00005625	0.00005625	0.35	0.5753
AC	1	0.00002025	0.00002025	0.12	0.7349

续表

变量	自由度	平方和	均方	F	$Pr>F$
BC	1	0.000001	0.000001	6.14E-03	0.9398
A^2	1	0.013	0.013	81.16	< 0.0001
B^2	1	0.007009	0.007009	43	0.0003
C^2	1	0.00191	0.00191	11.72	0.0111
回归	9	0.034	0.003826	23.48	0.0002
剩余	7	0.001141	0.000163		
失拟	3	0.0009258	0.0003086	5.74	0.0623
误差	4	0.0002152	0.0000538		
总和	16	0.036			

从表7-15中可以看出，方程的因变量与自变量之间的线性关系明显，模型回归显著（$P<0.0001$），失拟项不显著（$P>0.05$），并且该模型 $R^2=0.9679$，$R^2_{\text{Adj}}=0.9267$，说明该模型与实验拟合良好，自变量与响应值之间线性关系显著，可以用于该反应的理论推测。由 F 检验可以得到因子贡献率为：$B>A>C$，即磷酸氢二钾 > 乙酸钠 > 硫酸镁。

1.因素响应面分析

（1）硫酸镁加入量和磷酸氢二钾加入量对CLA产量的影响（图7-10）。

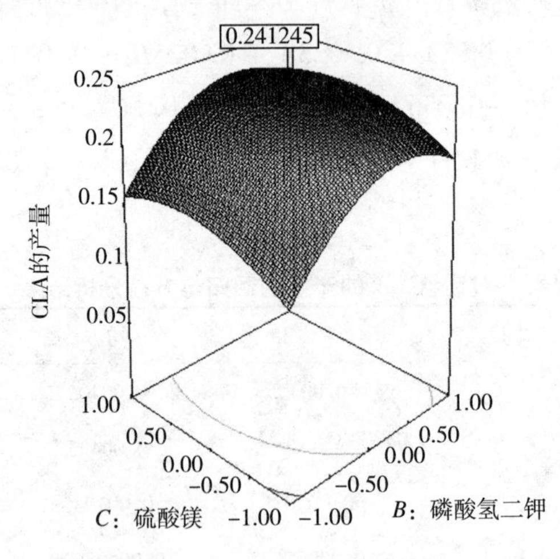

图7-10　硫酸镁加入量和磷酸氢二钾加入量对CLA产量的影响响应面图

(2)硫酸镁加入量和乙酸钠加入量对 CLA 产量的影响(图 7-11)。

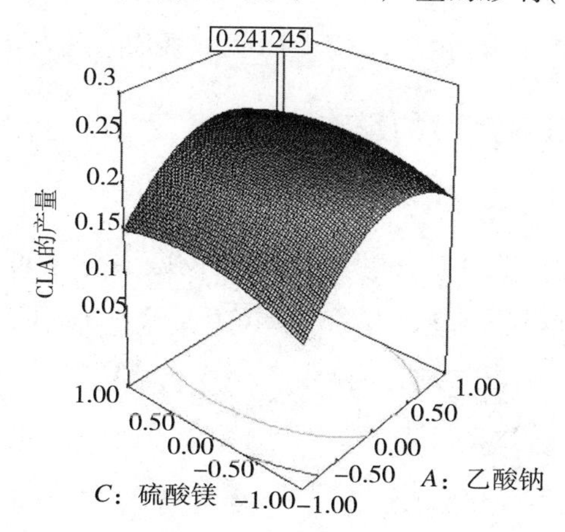

图 7-11　硫酸镁加入量和乙酸钠加入量对 CLA 产量的影响响应面图

(3)乙酸钠加入量和磷酸氢二钾加入量对 CLA 产量的影响(图 7-12)。

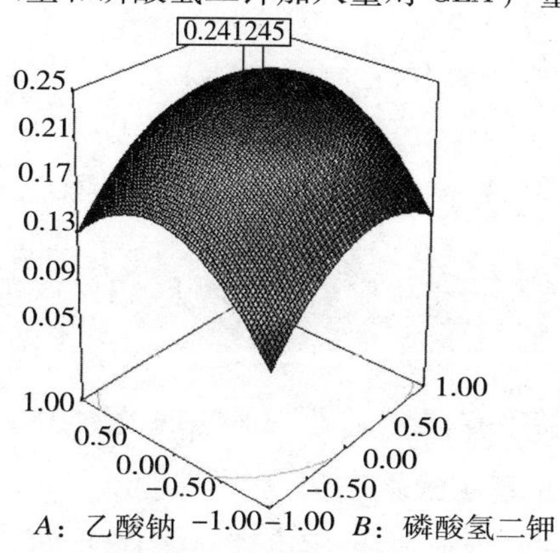

图 7-12　乙酸钠加入量和磷酸氢二钾加入量对 CLA 产量的影响响应面图

应用响应面寻优分析方法对回归模型进行分析，通过分析软件 Design - Expert 寻找最优响应结果。当乙酸钠加入量为 5.525 g/L，磷酸氢二钾加入量为 2.81 g/L，硫酸镁加入量为 0.325 g/L，响应值 CLA 产量最优值为 0.241 mg/mL。

2.验证实验与对比试验

为了验证模型预测的准确性，在响应面优化的工艺条件下，即乙酸钠加入量为 5.525 g/L，磷酸氢二钾加入量为 2.81 g/L，硫酸镁加入量为 0.325 g/L，进行无机盐对 CLA 产量的影响分析试验，重复 3 次验证试验取平均值，在该最优提取条件下 CLA 产量的平均值为 0.239 mg/mL，与预测值 0.241 mg/mL 比较接近，可见该模型能较好地预测无机盐对 CLA 产量的影响情况，证明该试验参数准确可靠。最终确定无机盐对 CLA 产量的影响最优添加量为：乙酸钠加入量为 5.525 g/L，磷酸氢二钾加入量为 2.81 g/L，硫酸镁加入量为 0.325 g/L。

(三)氮源对 CLA 产量的影响分析

1.蛋白胨添加量的确定试验

以 MRS 培养基配方为基础，即酵母膏 5.0 g/L、牛肉膏 10.0 g/L、柠檬酸二胺 2.0 g/L，调整其中蛋白胨添加量为 4.0 g/L、6.0 g/L、8.0 g/L、10.0 g/L、12.0 g/L、14.0 g/L、16.0 g/L，考察以此为培养基生产 CLA 的产量，如图 7－13 所示。

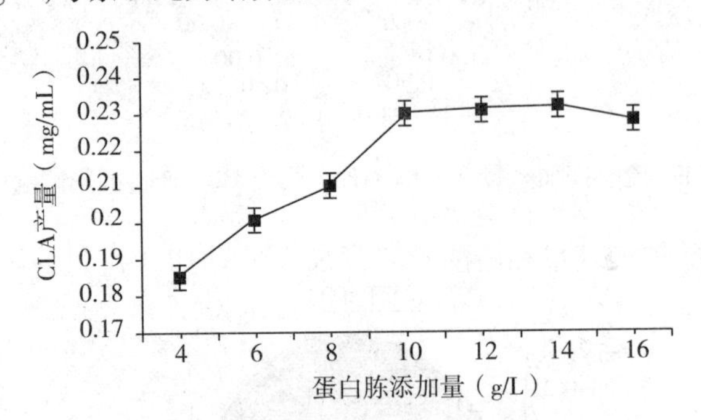

图 7－13　蛋白胨添加量对 CLA 产量的影响

由图 7－13 可知，随着蛋白胨添加量增大，CLA 产量呈增大的变化趋势，当蛋白胨添加量为 10 g/L 时 CLA 产量为 0.230 mg/mL，但当蛋白胨添加量继续增大，CLA 产量几乎保持不变，故选择蛋白胨添加量为 10 g/L。

2.酵母膏添加量的确定试验

以 MRS 培养基配方为基础，即牛肉膏 10.0 g/L、蛋白胨 10.0 g/L、柠檬酸二胺 2.0 g/L，调整其中酵母膏添加量为 2.0 g/L、3.0 g/L、4.0 g/L、5.0 g/L、6.0 g/L、7.0 g/L，考察以此为培养基生产 CLA 的产量，如图 7－14 所示。

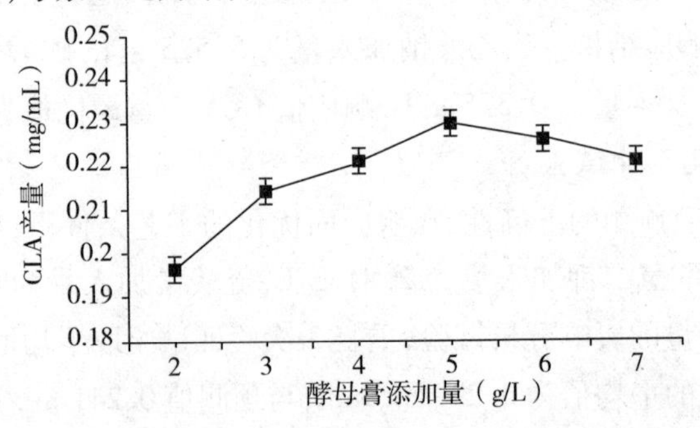

图 7－14　酵母膏添加量对 CLA 产量的影响

由图 7－14 可知，随着酵母膏添加量增大，CLA 产量呈先增大后降低的变化趋势，当酵母膏添加量为 5.0 g/L 时 CLA 产量最大，但当酵母膏添加量继续增大，CLA 产量有部分降低，故选择酵母膏添加量为 5.0 g/L。

3.牛肉膏添加量的确定试验

以 MRS 培养基配方为基础，即酵母膏 5.0 g/L、蛋白胨 10.0 g/L、柠檬酸二胺 2.0 g/L，调整其中牛肉膏添加量为 6.0 g/L、8.0 g/L、10.0 g/L、12.0 g/L、14.0 g/L、16.0 g/L，考察以此为培养基生产 CLA 的产量，如图 7－15 所示。

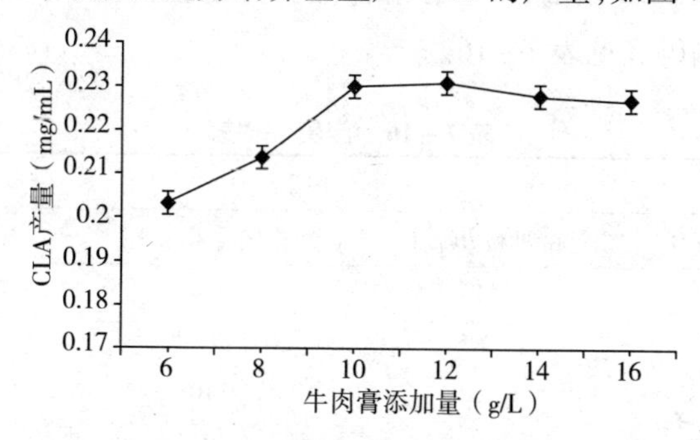

图 7－15　牛肉膏添加量对 CLA 产量的影响

如图 7－15 所示，当牛肉膏添加量为 10.0 g/L 以下时，增大培养基中牛肉膏的添加量可有效地增大 CLA 产量，但当牛肉膏添加量超过 10.0 g/L 时，CLA 产量不再随着牛肉膏添加量的增加而增大。故选择牛肉膏添加量为 10.0 g/L 进行后续研究。

4.柠檬酸二胺添加量的确定试验

以 MRS 培养基配方为基础，即酵母膏 5.0 g/L、牛肉膏 10.0 g/L、蛋白胨 10.0 g/L，调整其中柠檬酸二胺添加量为 0.5 g/L、1.0 g/L、1.5 g/L、2.0 g/L、2.5 g/L、3.0 g/L、3.5 g/L，考察以此为培养基生产 CLA 的产量，如图 7－16 所示。

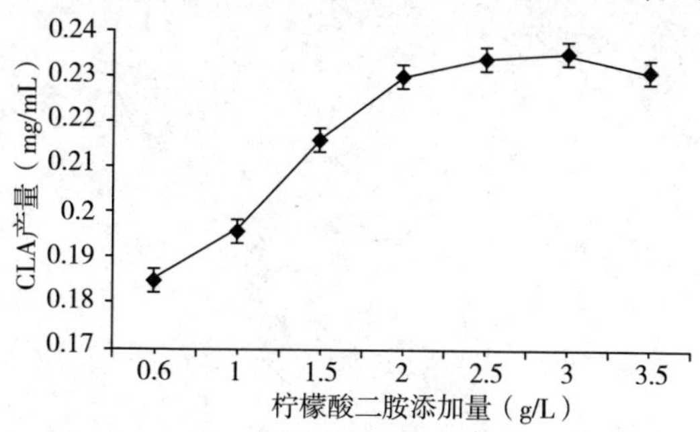

图 7－16　柠檬酸二胺添加量对 CLA 产量的影响

图 7－16 为柠檬酸二胺添加量对 CLA 产量的影响，研究可知，随着柠檬酸二胺添加量的增大，CLA 产量逐渐提高。当柠檬酸二胺添加量为 2.0 g/L 时，CLA 产量达到较大值，继续增大柠檬酸二胺添加量并不能使 CLA 产量进一步增大。故选择柠檬酸二胺添加量为 2.0 g/L 进行后续研究。

5.响应面优化试验

单个因素研究的基础上，自变量以蛋白胨、酵母粉、牛肉膏、柠檬酸二胺 4 个因素，响应值选取 CLA 产量，以中心组合设计为原理，将响应面分析实验进行设计，其因素水平编码表见表 7－16。

表 7－16　因素编码表

编码	因素			
	蛋白胨 A(g/L)	酵母粉 B(g/L)	牛肉膏 C(g/L)	柠檬酸二胺 D(g/L)
－2	5	2	5	1
－1	7.5	3.5	7.5	1.5
0	10	5	10	2
1	12.5	6.5	12.5	2.5
2	15	8	15	3

试验采用响应曲面法进行过程优化，试验设计与数据处理采用统计软件 Design－Expert 来完成。以蛋白胨添加量 A (g/L)、酵母粉添加量 B (g/L)、牛肉膏添加量 C (g/L) 和柠檬酸二胺添加量 D (g/L) 分别代表的因素为自变量，以 CLA 产量值 R(mg/mL) 为响应值，响应面试验方案及结果见表 7－17。

表 7－17　实验安排及结果

试验号	蛋白胨 A (g/L)	酵母粉 B (g/L)	牛肉膏 C (g/L)	柠檬酸二胺 D (g/L)	CLA 的产量 R (mg/mL)
1	1	1	1	－1	0.209
2	1	1	－1	1	0.235
3	0	0	0	－2	0.212
4	0	0	0	2	0.222
5	－1	1	－1	－1	0.198
6	0	0	0	0	0.246
7	1	1	1	1	0.233
8	－1	－1	－1	－1	0.075
9	－1	1	－1	1	0.179
10	0	0	0	0	0.237

续表

试验号	蛋白胨 A (g/L)	酵母粉 B (g/L)	牛肉膏 C (g/L)	柠檬酸二胺 D (g/L)	CLA 的产量 R (mg/mL)
11	0	2	0	0	0.232
12	0	0	2	0	0.231
13	1	1	-1	-1	0.277
14	0	0	0	0	0.236
15	1	-1	-1	-1	0.193
16	1	-1	1	1	0.206
17	-1	-1	-1	1	0.105
18	-1	1	1	1	0.205
19	0	0	0	0	0.235
20	0	0	-2	0	0.203
21	-1	-1	1	1	0.118
22	0	0	0	0	0.222
23	1	-1	-1	1	0.196
24	2	0	0	0	0.236
25	0	0	0	0	0.225
26	-2	0	0	0	0.138
27	1	1	1	-1	0.238
28	-1	-1	1	-1	0.141
29	1	-1	1	-1	0.157
30	0	-2	0	0	0.092

CLA 的产量 R，通过统计分析软件 Design - Expert，进行数据分析，二次响应面回归模型如下：$R = 0.23 + 0.030A + 0.035B + 0.003917C + 0.0008333D - 0.006875AB - 0.011AC + 0.000625AD - 0.425BC - 0.7375BD + 0.0035CD - 0.013A^2 - 0.020B^2 - 0.005979C^2 - 0.005979D^2$。

采用 Design - Expert 软件对方程进行方差分析，CLA 的产量 R 的回归与方差分析结果见表 7 - 18。

表 7 - 18　CLA 的产量的回归与方差分析结果

变量	自由度	平方和	均方	F	$Pr > F$
A	1	0.0210	0.02100	89.27	< 0.0001
B	1	0.0300	0.03000	127.83	< 0.0001

续表

变量	自由度	平方和	均方	F	$Pr>F$
C	1	0.0004	0.00037	1.56	0.2314
D	1	0.0000	0.00002	0.07	0.7943
AB	1	0.0008	0.00076	3.2	0.094
AC	1	0.0018	0.00185	7.81	0.0136
AD	1	0.0000	0.00001	0.026	0.8731
BC	1	0.0003	0.00029	1.22	0.2865
BD	1	0.0009	0.00087	3.68	0.0744
CD	1	0.0002	0.00020	0.83	0.3771
A^2	1	0.0050	0.00498	21.06	0.0004
B^2	1	0.0110	0.01100	45.12	< 0.0001
C^2	1	0.0010	0.00098	4.14	0.0598
D^2	1	0.0010	0.00098	4.14	0.0598
回归	14	0.0700	0.00498	21.06	< 0.0001
剩余	15	0.0035	0.00024		
失拟	10	0.0032	0.00032	4.15	0.0648
误差	5	0.0004	0.00008		
总和	29	0.0730			

由表7-18可知,方程因变量与自变量之间的线性关系明显,该模型回归显著($P<0.0001$),失拟项不显著($P>0.05$),并且该模型$R^2=0.9516$,$R^2_{Adj}=0.9064$,说明该模型与实验拟合良好,自变量与响应值之间线性关系显著,可以用于该反应的理论推测。由F检验可以得到因子贡献率为:$B>A>C>D$,即酵母粉>蛋白胨>柠檬酸二胺>牛肉膏。

6.因素响应面分析

(1)酵母粉加入量与蛋白胨加入量对CLA产量的影响(图7-17)。

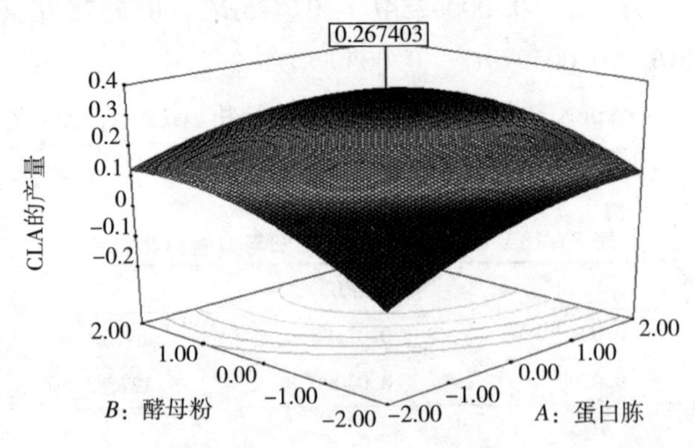

图7-17 酵母粉加入量与蛋白胨添加入量对CLA产量的影响响应面图

(2)牛肉膏加入量与蛋白胨加入量对 CLA 产量的影响(图 7－18)。

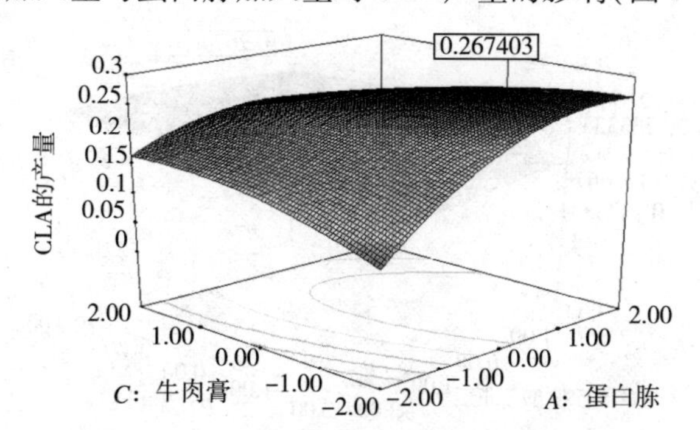

图 7－18　牛肉膏加入量与蛋白胨加入量对 CLA 产量的影响响应面图

(3)柠檬酸二胺加入量与蛋白胨加入量对 CLA 产量的影响(图 7－19)。

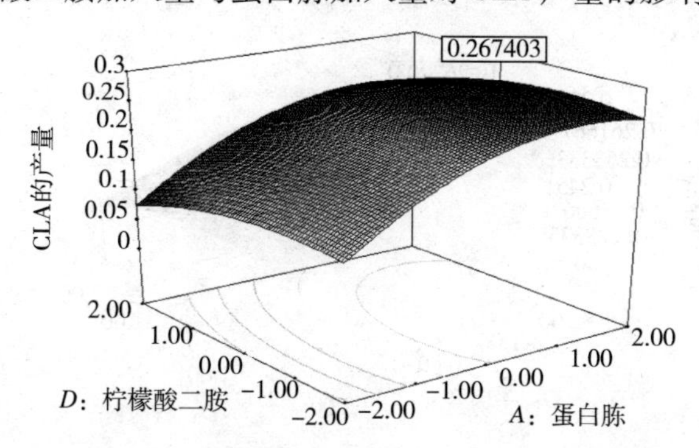

图 7－19　柠檬酸二胺加入量与蛋白胨加入量对 CLA 产量的影响响应面图

(4)牛肉膏加入量与酵母粉加入量对 CLA 产量的影响(图 7－20)。

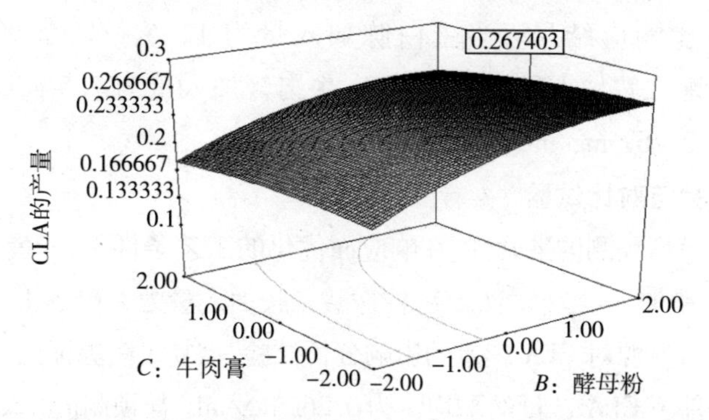

图 7－20　牛肉膏加入量与酵母粉加入量对 CLA 产量的影响响应面图

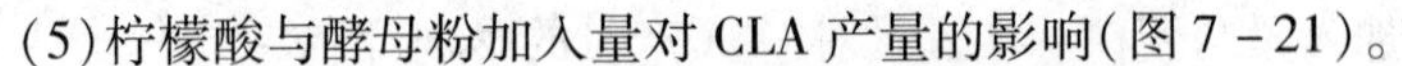

(5)柠檬酸与酵母粉加入量对 CLA 产量的影响(图 7-21)。

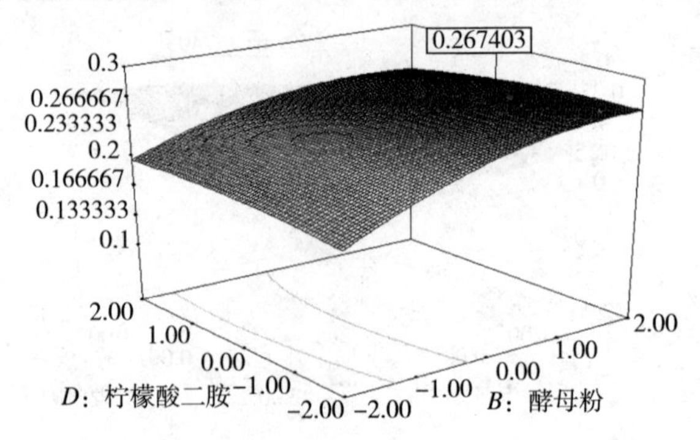

图 7-21 柠檬酸加入量与酵母粉加入量对 CLA 产量的影响响应面图

(6)牛肉膏加入量与柠檬酸二胺加入量对 CLA 产量的影响(图 7-22)。

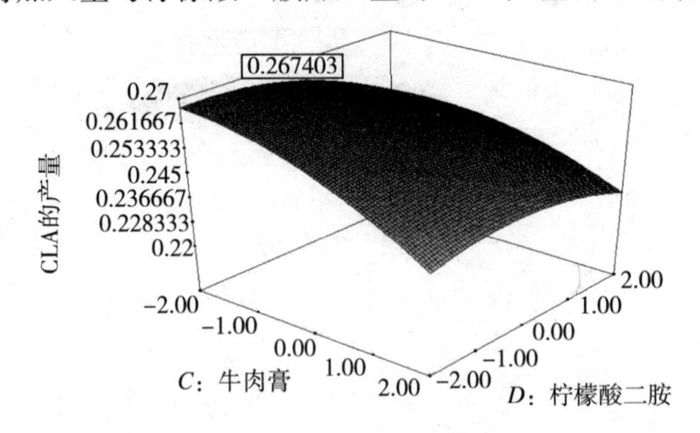

图 7-22 牛肉膏加入量与柠檬酸二胺加入量对 CLA 产量的影响响应面图

应用响应面寻优分析方法对回归模型进行分析,通过分析软件 Design-Expert 寻找最优响应结果。当蛋白胨加入量为 12.5 g/L,酵母粉加入量为 6.57g/L,柠檬酸二胺加入量为 1.61 g/L,牛肉膏加入量为 7.5 g/L,响应值 CLA 产量最优值为 0.267 mg/mL。

7.验证实验与对比试验

为了验证模型预测的准确性,在响应面优化的工艺条件下,即蛋白胨加入量为 12.5 g/L,酵母粉加入量为 6.57 g/L,柠檬酸二胺加入量为 1.61 g/L,牛肉膏加入量为 7.5 g/L,进行氮源对 CLA 产量的影响分析试验,重复 3 次验证试验取平均值,在该最优提取条件下 CLA 产量的平均值为 0.262 mg/mL,与预测值0.267 mg/mL较接近,可见该模型能较好地预测氮源对 CLA 产量的影响情况,证明该试验参数准确可靠。最终确定氮源对 CLA 产量的影响最优添加量为:蛋白胨加入量为 12.5 g/L,酵母粉加入量为 6.57 g/L,柠檬酸二胺加入量为 1.61 g/L,牛肉膏加入量为 7.5 g/L。

四、小结

本实验通过对共轭亚油酸最佳培养基中碳源、氮源、无机盐最佳配比的确定，利用单因素和响应面优化分析，确定了最佳工艺。

(1)不同碳源，对 D-2-2 菌株产 CLA 的产量影响不同。但是，当葡萄糖为唯一碳源，菌株 D-2-2 转换亚油酸发酵液能力最强，共轭亚油酸产量达到 0.239 mg/mL。

(2)在实验范围内，各无机盐对培养基的影响从大到小依次为磷酸氢二钾、乙酸钠、硫酸镁。响应表面优化回归分析法分析最优结果发现，乙酸钠加入量为 5.525 g/L，磷酸氢二钾加入量为 2.81 g/L，硫酸镁加入量为 0.325 g/L，响应值 CLA 产量最优值为 0.241 mg/mL。

(3)在实验范围内各氮源对培养基的影响依次为酵母粉 > 蛋白胨 > 柠檬酸二胺 > 牛肉膏。响应表面优化回归分析法分析最优结果发现，蛋白胨加入量为 12.5 g/L，酵母粉加入量为 6.57 g/L，柠檬酸二胺加入量为 1.61 g/L，牛肉膏加入量为 7.5 g/L，响应值 CLA 产量最优值为 0.267 mg/mL。

第五节　高产菌株最佳发酵条件的优化研究

一、实验材料与仪器

(一)菌种

德式乳杆菌保加利亚亚种诱变菌株——菌株 D-2-2。

(二)主要药品

本节的试验中所使用的试验药品见表 7-19。

表 7-19　主要试剂

试剂名称	规格	生产厂商
葡萄糖	生化纯	上海蓝季科级发展有限公司
琼脂	生化纯	天津市杰辉化学试剂厂
亚油酸	分析纯	北京奥博星生物技术有限责任公司

续表

试剂名称	规格	生产厂商
蛋白胨	生化纯	北京奥博星生物技术有限责任公司
正丁醇	分析纯	上海蓝季科级发展有限公司
磷酸氢二钾	分析纯	廊坊天科生物科技有限公司
牛肉膏	生化纯	天津市杰辉化学试剂厂
硫酸铵	分析纯	上海蓝季科级发展有限公司
无水乙酸钠	分析纯	北京奥博星生物技术有限责任公司
氯化钠	分析纯	上海蓝季科级发展有限公司
乙醇	分析纯	天津市科密欧化学试剂开发中心
酵母膏	分析纯	天津市杰辉化学试剂厂
吐温 80	分析纯	北京奥博星生物技术有限责任公司

(三)主要仪器

本节的试验中所使用的试验设备见表 7－20。

表 7－20　主要仪器

仪器名称	规格/型号	生产厂商
微量移液器	1000/200/100/20/10/2 μL	法国 Gilson
立式压力蒸汽灭菌器	LDZX－75KBS	上海申安医疗器械厂
电子天平	AR2140	梅特勒－托利多仪器有限公司
超净工作台	BCN－1360	北京东联哈尔仪器有限公司
紫外分光光度计	TU－1900	北京普析通用仪器有限责任公司
超声波乳化器	CL－100	南京实验仪器厂
电热恒温培养箱	DRP－9082	上海森信实验仪器有限公司
可见分光光度计	TU－1800	北京普析通用仪器有限责任公司
酸度计	DELTA320	梅特勒－托利多仪器有限公司

二、实验方法

(一)发酵温度对 CLA 生产量的影响

将培养基选取为优化的 MRS 培养基,将已经灭菌的容量为 10 mL 的培养基试管接入 2% 的活化高产菌株,同时放入 0.25% 的亚油酸,在其他条件相同的情况下,将培养箱的温度设置为30～40℃,CLA的产量在培养24 h后测定。最佳培养温度根据CLA的产量确定。

(二)发酵时间对CLA生产量的影响

将培养基选取为优化的MRS培养基,将已经灭菌的容量为10 mL的培养基试管接入2%的活化高产菌株,同时放入0.25%的亚油酸,在其他条件相同的情况下,将培养箱的温度设置为30℃并培养不同的时间,最终测出CLA产量,根据菌株产CLA量,来确定最佳培养时间。

(三)初始pH值对CLA生产量的影响

将培养基选取为优化的MRS培养基,将已经灭菌的容量为10 mL的培养基试管接入2%的活化高产菌株,同时放入0.25%的亚油酸,在其他条件相同的情况下将初始的pH值在培养基中调整为5～8,温度定为30℃,培养24 h测出共轭亚油酸的产量。最佳培养时间根据菌株产CLA确定。最佳pH根据CLA的产量确定。

(四)确定培养条件各因素的交互影响

将培养pH、时间和温度作为以上单因素实验结果进行交互作用,将三种因素分别设置不同的水平,进行响应面法优化试验,以确定最佳条件的菌株产CLA的培养条件,以及相互之间的关系及指标贡献率受各种因素的影响。

三、实验结果分析

(一)发酵温度对CLA生产量的影响

将培养基选取为优化的MRS培养基,将已经灭菌的容量为10 mL的培养基试管接入2%的活化高产菌株,同时放入0.25%的亚油酸,在其他条件相同的情况下,控制发酵时间为24 h、初始pH为7.0,调整培养箱温度为31℃、33℃、35℃、37℃、39℃,比较不同发酵温度对CLA产量的影响,结果如图7－23所示。

由图7－23培养温度对CLA产量的影响可知,随着培养温度的增加,CLA产量呈现先增大后降低的变化趋势,在培养温度为35℃时,CLA产量有最大值0.267 mg/mL。故选择培养温度为35℃进行后续优化试验。

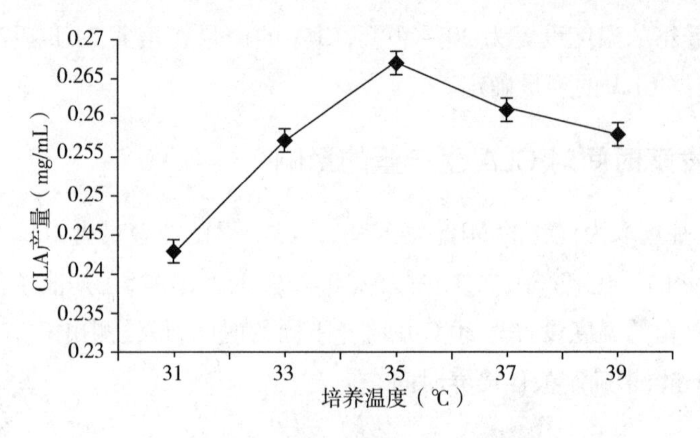

图 7－23　培养温度对 CLA 产量的影响

（二）发酵时间对 CLA 生产量的影响

将培养基选取为优化的 MRS 培养基，将已经灭菌的容量为 10 mL 的培养基试管接入 2% 的活化高产菌株，同时放入 0.25% 的亚油酸，在其他条件相同的情况下，在其他条件相同的情况下，控制发酵温度为 35℃、初始 pH 为 7.0，调整培养时间为 12 h、24 h、36 h、48 h、60 h，比较不同发酵温度对 CLA 产量的影响，结果如图 7－24所示。

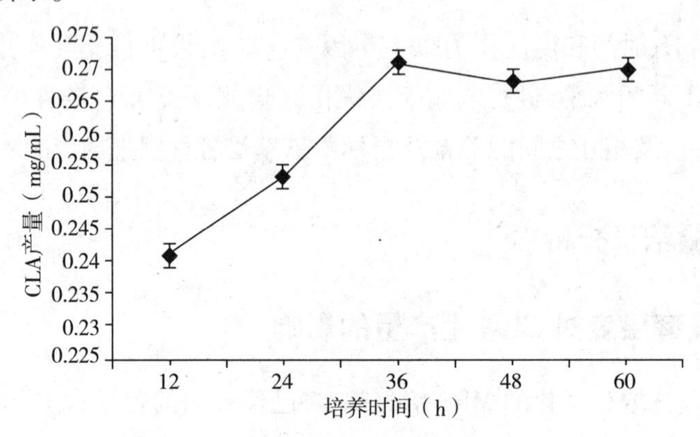

图 7－24　培养时间对 CLA 产量的影响

由图 7－24 培养时间对 CLA 产量的影响可知，随着培养时间的增大，CLA 产量呈现增大的变化趋势，当培养时间为 36 h 时 CLA 产量有最大值 0.271 mg/mL，当培养时间进一步延长，CLA 产量并不继续增大，而呈现小幅的降低。这可能是因为 CLA 的生物合成是一个动态的过程，生成的 CLA 为生物氢化过程的中间产物，会被继续加氢生成油酸或硬脂酸，表现为 CLA 的产量呈缓慢降低的趋势。

(三)初始 PH 值对 CLA 生产量的影响

将培养基选取为优化的 MRS 培养基,将已经灭菌的容量为 10 mL 的培养基试管接入 2% 的活化高产菌株,同时放入 0.25% 的亚油酸,在其他条件相同的情况下,在其他条件相同的情况下,控制发酵温度为 35℃、培养时间为 36 h,调整初始 pH 为 5.0、6.0、7.0、8.0、9.0,比较不同发酵温度对 CLA 产量的影响,结果如图 7-25 所示。

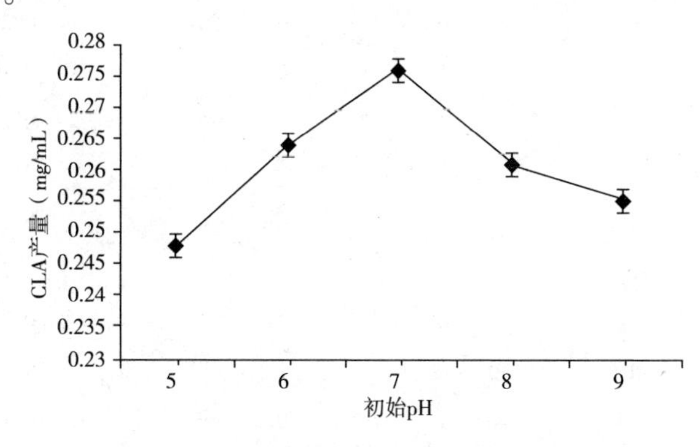

图 7-25 初始 pH 对 CLA 产量的影响

由图 7-25 初始 pH 对 CLA 产量的影响可知,随着初始 pH 的增加,CLA 产量呈现先增大后降低的变化趋势,在初始 pH 为 7.0 时,CLA 产量有最大值 0.276 mg/mL。故选择初始 pH 为 7.0 进行后续优化试验。

(四)响应面优化试验

在单因素研究的基础上,自变量选取温度、pH、时间 3 个因素,响应值选取 CLA 产量,按照 Box-Behnken 设计原则,设计了实验响应面分析法,因素水平编码如表 7-21 所示。

表 7-21 因素编码表

编码	因素		
	温度 *A*(℃)	pH *B*	时间 *C*(h)
-1	30	6	24
0	35	7	36
1	40	8	48

试验采用响应曲面进行过程优化,试验设计与数据处理采用统计软件

Design－Expert 来完成。以温度 A（℃）、pH B 和时间 C（h）分别代表的因素为自变量，以 CLA 的产量 R（mg/mL）为响应值，响应面试验方案及结果见表7－22。

表 7－22　实验安排及结果

试验号	温度 A（℃）	pH B	时间 C（h）	CLA 的产量 R（mg/mL）
1	0	－1	－1	0.237
2	0	0	0	0.289
3	1	1	0	0.195
4	0	1	1	0.251
5	－1	－1	0	0.213
6	1	0	－1	0.247
7	0	－1	1	0.254
8	－1	0	－1	0.224
9	1	0	1	0.255
10	－1	1	0	0.196
11	0	0	0	0.293
12	0	0	0	0.282
13	1	－1	0	0.246
14	0	0	0	0.288
15	－1	0	1	0.243
16	0	1	－1	0.222
17	0	0	0	0.282

CLA 的产量 R 通过统计分析软件 Design－Expert 数据分析，二次响应面回归模型如下：$R = 0.29 + 0.008375A - 0.011B + 0.009125C - 0.0085AB - 0.00275AC + 0.003BC - 0.037A^2 - 0.038B^2 - 0.008025C^2$。

采用 Design－Expert 软件对方程进行方差分析，CLA 的产量 R 的回归与方差分析结果见表 7－23。

表 7－23　CLA 的产量的回归与方差分析结果

变量	自由度	平方和	均方	F	$Pr > F$
A	1	0.0005611	0.0005611	8.74	0.0212
B	1	0.0009245	0.0009245	14.4	0.0068

续表

变量	自由度	平方和	均方	F	$Pr>F$
C	1	0.0006661	0.0006661	10.37	0.0146
AB	1	0.000289	0.000289	4.5	0.0716
AC	1	0.00003025	0.00003025	0.47	0.5146
BC	1	0.000036	0.000036	0.56	0.4784
A^2	1	0.005617	0.005617	87.47	< 0.0001
B^2	1	0.006008	0.006008	93.55	< 0.0001
C^2	1	0.0002712	0.0002712	4.22	0.079
回归	9	0.015	0.001711	26.65	0.0001
剩余	7	0.0004495	0.00006422		
失拟	3	0.0003587	0.0001196	5.27	0.0711
误差	4	0.0000908	0.0000227		
总和	16	0.016			

从表7-23中我们可以看出，方程的因变量与自变量之间的线性关系明显，回归模型显著($P<0.0001$)，失拟项不显著($P>0.05$)，并且该模型 $R^2=0.9716$，$R^2_{Adj}=0.9352$，表明该模型与实验数据拟合不错，自变量与响应值显著之间的线性关系，可以用于该反应的理论推测。由F检验可以得到因子贡献率为：$B>C>A$，即pH>时间>温度。

1.因素响应面分析

(1)pH和温度对CLA产量的影响(图7-26)。

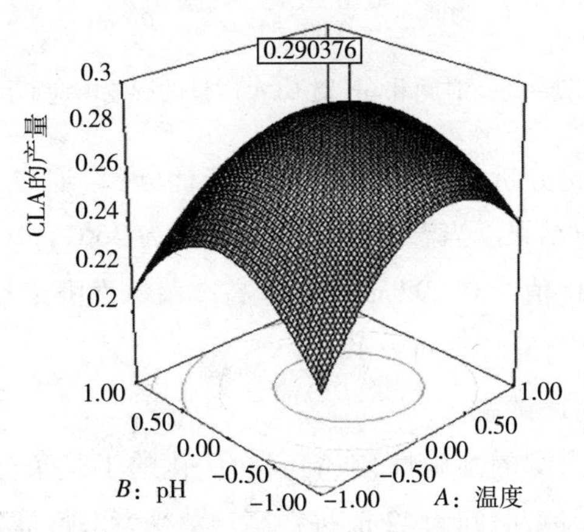

图7-26 pH和温度对CLA产量的影响响应面图

(2)时间和温度对 CLA 产量的影响(图 7-27)。

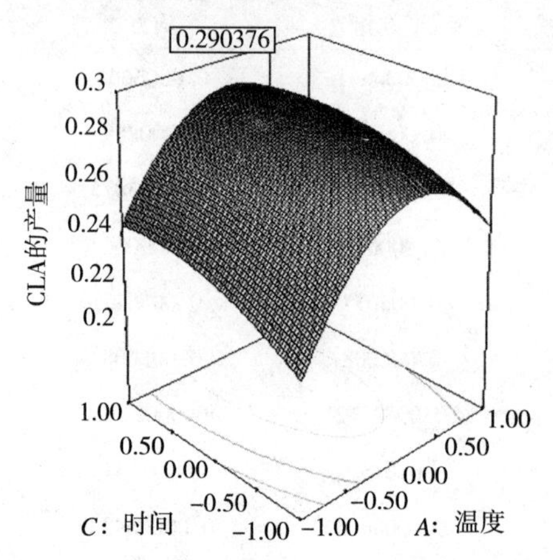

图 7-27　时间和温度对 CLA 产量的影响响应面图

(3)时间和 pH 对 CLA 产量的影响(图 7-28)。

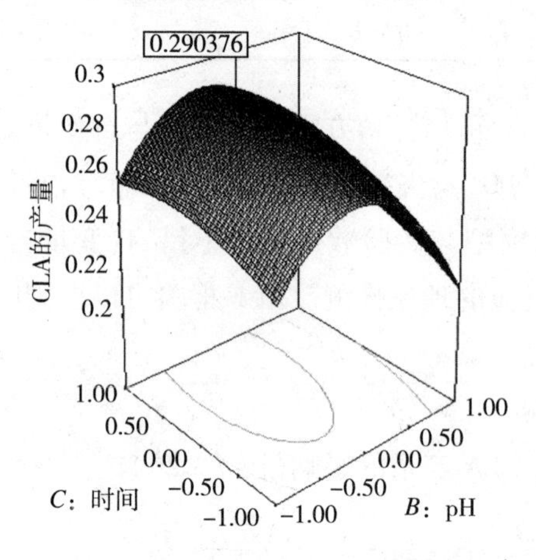

图 7-28　时间和 pH 对 CLA 产量的影响响应面图

应用响应面寻优分析方法对回归模型进行分析,通过分析软件 Design - Expert 寻找最优响应结果。当温度的最佳响应值为 36℃,pH 为 7,时间为 42 h,响应值 CLA 产量最优值为 0.292 mg/mL。高产菌株发酵最佳条件为:发酵温度为 36℃,发酵 pH 为 7,发酵时间为 42 h。

2.验证实验与对比试验

为了验证模型预测的准确性,在响应面优化的工艺条件下,即发酵温度为 36℃,发酵 pH 为 7,发酵时间为 42 h,进行高产菌株发酵最佳条件优化试验,重复 3 次验证试验取平均值,在该最优提取条件下响应值 CLA 产量平均值为 0.290

mg/mL，与预测值 0.292 mg/mL 比较接近，可见该模型能较好地预测高产菌株发酵最佳条件优化情况，证明该试验参数准确可靠。最终确定高产菌株发酵最佳条件优化为：发酵温度为 36℃，发酵 pH 为 7，发酵时间为 42 h。

四、小结

本实验通过对共轭亚油酸最佳培养温度、培养时间、生长 pH 的确定，利用单因素和响应面优化分析，确定了菌种生长的最佳条件。

（1）在实验范围内培养条件对共轭亚油酸菌株生长的影响依次为 pH > 时间 > 温度。

（2）应用响应面优化方法进行回归分析模型分析，发现最佳响应是发酵温度 36℃，发酵 pH 为 7，发酵时间 42 h，响应值 CLA 产量最优值为 0.292 mg/mL。

第六节　结论

在该实验中，7 种乳酸菌，即以德式乳杆菌、嗜酸乳杆菌、干酪乳杆菌、植物乳杆菌、乳酸乳球菌、嗜热链球菌、发酵乳杆菌为样品，在 CLA 高产菌株的筛选，诱变，最佳培养基和培养条件进行了研究，通过单因素试验，响应面分析法优化了工艺条件，确定菌株，并对其进行优化和验证。根据实验与研究，得出如下结论：

（1）通过发酵试验及紫外可见分光光度计检测，发现 5 株乳酸菌发酵实验中在 233 nm 具有最大吸收峰的提取物。它们产 CLA 的能力不等，在发酵液中德式乳杆菌有最高的 CLA 含量，其产量为 0.055 mg/mL。

（2）以德式乳杆菌为初发菌株，采用紫外和硫酸二乙酯诱变方法，获得共轭亚油酸高产菌株的突变菌株。处理条件确定为：紫外光处理，出发菌与杀菌灯的距离为 30 cm，杀菌灯采用 30W 的紫外线杀菌灯，照射时间 35 s，菌株致死率为 76%；硫酸二乙酯处理，浓度为 2%，处理时间 35 min，菌株致死率为 74%。实验发现，德氏乳杆菌保加利亚亚种被紫外线和硫酸二乙酯混合诱变后，其产 CLA 的能力有了很大提高，含量达到 0.210 mg/mL。将获得的 D－2－2 高产菌株进行菌种鉴定后确定菌种为德氏乳杆菌保加利亚亚种。将获得的突变菌株进行 10 代传代试验，试验发现突变菌株的 CLA 产量变化不明显，可以得出突变株 D－2－2 具有较好的遗传稳定性。

（3）通过对共轭亚油酸生产菌株最佳培养基中碳源、氮源、无机盐的确定，利用单因素和响应面优化分析，确定了最佳工艺。以葡萄糖为唯一碳源，菌株 D－

2－2 转化亚油酸发酵液能力最强，共轭亚油酸产量达到 0.239 mg /mL。在实验范围内，各无机盐对培养基的影响从大到小依次为磷酸氢二钾、乙酸钠、硫酸镁。响应面优化回归分析方法分析结果找到的最优反应剂量乙酸钠的加入量为 5.525 g/L，磷酸氢二钾加入量为 2.81 g/L，硫酸镁加入量为 0.325 g/L，响应值 CLA 产量最优值为 0.241 mg/mL。在实验范围内，各氮源对培养基的影响从大到小依次为酵母粉、蛋白胨、柠檬酸二胺、牛肉膏。响应面优化回归分析方法分析结果找到的最优反应剂量蛋白胨的加入量为 12.5 g/L，酵母粉加入量为 6.57 g/L，柠檬酸二胺加入量为 7.5 g/L，牛肉膏加入量为 1.61 g/L，响应值 CLA 产量最优值为 0.267 mg/mL。

（4）通过对共轭亚油酸生产菌株最佳培养温度、培养时间、生长 pH 的确定，在实验范围内培养条件对共轭亚油酸菌株生长的影响依次为 pH > 时间 > 温度。培养温度为 36℃，pH 为 7，培养时间为 42 h，CLA 产量最优值为 0.292 mg/mL。

参考文献

[1] Pariza M W, Hargaves W A. Abeef－derived mutagenesis modulator inhibits initiati on of mouse epidermal tumorsby 7,12－dimethibenz anthracene[J]. Carcinogenesis, 1985,6:591－593.

[2] Pariza M W. Conjugated linoleie acid, a newly recognized nutrient[J]. Chemistry & Industry, 1997,12:464－466.

[3] 冯有胜. 共轭亚油酸的生理功能[J]. 重庆工商学报, 2007,6(4):363－366.

[4] 李瑞，夏秋瑜，赵松林，等. 共轭亚油酸的功能性质及安全性评价[J]. 食品研究与开发, 2007,8(9):168－171.

[5] 林淑英，宁正祥，郭清泉. 共轭亚油酸在食品工业中的应用前景[J]. 中国油脂, 2003,4(11):55－58.

[6] 董明，齐树亭. 乳酸菌发酵生产共轭亚油酸[J]. 中国油脂, 2007,32(7):63－65.

[7] 赵建新，陈卫. 植物乳杆菌 252058 转化亚油酸为共轭亚油酸条件的初步研究[J]. 食品工业科技, 2005,26(12):82－87.

[8] 邵群，张慧，边际. 功能性油脂—共轭亚油酸研究进展[J]. 食品科学, 2002,23(2):164－166.

[9] Booth R G, Kon S K, Dann W J, et al. A study of Seasonal Variation in Butter

fat. A Seasonal Spectroscopic Variation in the Fatty Acid Fraction [J]. Biochem. J., 1935,29:133 - 137.

[10] Brice B A, Swain M L, Herb S F, et al. Standardization of Spectrophotometric Methods for Determination of Polyunsaturated Fatty Acids Using Pure Natural Acids [J]. Riemenschneider. Journal of the American Oil Chemists´Society. 1952,29(7):279 - 287.

[11] Kepler C R, Hirons K P, Mcneill J J, et al. Intermediates and Products of the Biohydrogonation of Linoleic Acid by Butyrinvibrio Fihdsolvens [J]. J Biol Chem, 1966, 24:1350 - 1354.

[12] Michael W P, Samy H A, Fun S C, et al. Effects of Temperature and Time on Mutagen Formation in Pan - fried Hamburger [J]. Cancer Letters, 1979, 7(2 - 3): 63 - 69.

[13] Ha Y L, Storkson J, PARIZA M W. Inhibition of Benzo(a)pyrene - induced Mouse Forestomaeh Neoplasia by Conjugated Dienoic Derivatives of Linoleic Acid[J]. Cancer Res. 1990,50(4):1097 - 1101.

[14] Ip C, Chin S F, Scimeca J A, Pariza M W. Mammary Cancer Prevention by Conjugated Dienoic Derivative of Linoleie Acid [J]. Cancer Res, 1991, 51: 6118 - 6124.

[15] Park Y, Albright K J, Liu W, et al. Effect of Conjugated Linoleic Acid on Body Composition in Mice - Lipids[J]. 1997, 32(8):853 - 858.

[16] 程茂基,杜波.玉米青贮饲料中共轭亚油酸的含量研究[J].畜牧与饲料科学,2006,2:23 - 24.

[17] 石红旗,刘发义.共轭亚油酸氧化稳定性及其影响因素的研究[J].中国油脂,2001,26(2):39 - 40.

[18] 郭净,张根旺,孙彦.共轭亚油酸制备方法的研究进展[J].化学通报,2004,9:592 - 597.

[19] 王月囡,曹建,曾实,等.共轭亚油酸生物合成的研究[J].食品研究与开发,2006,127(4):4 - 8.

[20] 刘晓华,曹郁生,陈燕.微生物生产共轭亚油酸的研究[J].食品与发酵工业,2003,29(9):69 - 72.

[21] Ha Y L, Grimm N K, Pariza M W, et al. Aniiearcinogens from fried ground beef: heat - altered derivatives of linoleic acid [J]. Carcinogenesis , 1987, 8:

1881 – 1887.

[22] 王丽敏,吕加平. 费氏丙酸杆菌费氏亚种在不同基质中转化生成共轭亚油酸的研究[J]. 食品科学,2006,27(8):79 – 82.

[23] Kim YJ, Liu R H, Rychlik J L, et al. The enrichment of a ruminal bacterium that produces the trans – 10, cis – 12 isomer of conjugated linoeic acid [J]. Journal of Applied Microbiology, 2002, 92(50):967 – 982.

[24] Eriekson, Dunford N T, Gilliland S E, et al. Biocatalysis of linoleie aeid toconjugated linoleie acid[J]. Lipids, 2006, 41(8):771 – 776.

[25] O'Shea M, LA Wless F, Stanton C, et al. Conjugated linoleieaeid in bovine milk fat: a food – Based approach to cancer chemopre – vention[J]. Trends in Food Seience and Teehnology, 1998, 9:192 – 196.

[26] Ip C, Chin S F, Scimeca J A, Pariza M W. Mammary Cancer Prevention by Conjugated Dienoic Derivative of Linoleie Acid [J]. Cancer Res, 1991, 51: 6118 – 6124.

[27] 张中义,胡锦蓉,刘萍,等. 产共轭亚油酸乳酸菌的筛选及产物分析[J]. 中国农业大学学报,2004,9(3):5 – 8.

[28] 陆永霞,王武,李佳佳,等. 共轭亚油酸生成条件试验研究[J]. 安徽农业科学. 2007,35(24):7607 – 7608.

[29] 曹健,魏明,曾实. 一株嗜酸乳杆菌突变株转化亚油酸为共轭亚油酸条件的研究[J]. 食品科学,2003,24(9):76 – 79.

[30] Yamasaki M, Kishihara K, Ikeda I, et al. A recommended esterification method for gas chromatographic measurement of conjugated linoleie acid [J]. JAOCS, 1999, 76(8):33 – 938.

[31] Hu N, Wang C, Su H, et al. High frequency of CDKN2A alterations in esophageal squamous cell earcinoma from a high – risk Chinese PoPulation[J]. Genes Chromosomes Caneer, 2004, 39(3):205 – 216.

[32] Belury M. Dietary CLA in health: Physiologieal effects and mechanisms of action [J]. AnnuRev Nutr. 2002, 22:505 – 531.

[33] Liu J, LI B, Chen B, et al. Effectofcis – 9, trans – 11 conjugated linoieic acid on cell cycle of gastric adenocareinoma cell line (SGC7901) [J]. World J. Gastroenterol, 2002, 8(2):224 – 229.

[34] Bulgarella J, palton D. Bull A. Modulation of prostaglandin synthase activity by

conjugated linoleie acid and specicfic CLA isomers[J]. Lipids, 2001, 36: 407 -412.

[35] Chin S F, Liu W, Pariza M W, et al. Dietary sourees of linoleieaeid a newly recognized class of anticarcinogens[J]. J. Food ComPos Anal. 1992, 5(3): 185 -197.

[36] 苗士达,张中义,刘萍,等. 一株植物乳杆菌转化生成共轭亚油酸的特性研究[J]. 食品工业科技,2005,26(7):72 -77.

[37] 邵群,边际,马丽,等. 乳酸菌发酵生产共轭亚油酸条件的研究[J]. 山东师范大学学报(自然科学版),2001,16(4):43 -46.

[38] 胡国庆,张颧. 植物乳杆菌在不同基质中转化生成共轭亚油酸的研究[J]. 郑州工程学院学报,2011,25(2):53 -56.

[39] Peters J M, Yeonhwa P, Gonzalez F J, et al. Influence of eonjugated linoleie acid on body eomposition and target gene expression in perosome proliferator - aetivated reeeptor a - null miee[J]. Bioehimiea et BioPhysiea Aeta. ,2001,1533(3): 233 -242.

[40] 周艳,张兰威. 共轭亚油酸高产菌株选育及其发酵条件的研究[J]. 食品与发酵工业,2004,30(6):288 -231.

[41] 朱曜. 微生物诱变育种中的几个问题[J]. 四川食品与发酵,1993,20(4): 5 -8.

[42] 程明,崔承彬. 化学诱变技术在微生物育种研究中的应用[J]. 国际药学研究杂志, 2009,36(6):412 -417.

[43] 刘艳民. 高产 L - 乳酸菌的选育[J]. 农业科学,2009,13:121 -122.

[44] 闵华. 发酵蔬菜乳酸菌的分离及培养基的筛选[J]. 江西农业学报,2002,14(2):62 -64.

[45] Silvia Y, Camarena M, John P. Conjugated linoleic acid is a potent naturally occurring ligand and activator of a - PPAR[J]. Journal of Lipid Research, 1999, 40:1426 -1433.

[46] 王欢,高世伟,徐龙权,等. 干酪乳杆菌固定化对共轭亚油酸生物合成的影响[J]. 食品工业科技,2007,28(12):57 -89.

[47] Gavoino VC, Gravinoq Leblaneem J, et al. An isomericmixture of CLA but not pure cis -9, tran -11 - octadecadienoic acid affects body weight gain and plasma lipids in hamsters[J]. J Nutr, 2000, 30:27 -29.

[48] Fiona M, Yeow Anne M, et al. Conjugated Iinoleie acid supplementation, insulin sensitivity, and lipoprotein metabolism in Patients with type 2 diabertesmellitus [J]. Am J Clin Nutr, 2004, 80:887 - 895.

[49] Yang L, Huang Y, Wang H Q, et al. Produetion of eonjugated linoleie acids through KOH - eatalyzed dehydration of rieinoleie acid[J]. Chemistry and Physcis of lipids, 2002, 119:23 - 31.

[50] Whigham L D, Cook M E, Athinson R L. Conjugated linoleic acid: implications for human health[J]. Pharmaeol Res, 2000, 42(6):503 - 510.

[51] 杨春雨,曹龙奎. 微波 - 氯化锂复合诱变筛选耐受高浓度丁醇菌株[J]. 黑龙江八一农垦大学学报, 2013, 25(5):59 - 63.

[52] Ogawa J, Matsumura K, Kishino S, et al. Conjugated linoleic acid accumulation via 10 - hydroxy - 12 octadecaenoic acid during microaerobic transformation of linoleic acid by lactobacillus acidoph ilus[J]. App lied and Environmental Microbiology, 2001, 67(3):1246 - 1252.

[53] Jun Ogawa, Shigenobu, Kishino, et al. Production of Conjugated Fatty acids by Lactic Acid Bacteria[J]. Journal of Bioscience and Bioengineering. 2005, 100(4):355 - 364.

[54] Irmak S, Dunford N T, Gilliland S E, et al. Biocatalysis of linoleic acid to conjugated linoleic acid [J]. Lipids, 2006, 41(8):771 - 776.

[55] Jiang J, Bjorek L, Fonden R. production of conjugated linoleic acid by dairy starter cultures[J]. Joumal of Applied Microbiology, 1998, 85(1):95 - 102.

[56] Rainio A, Vahvaselka M, Suomalainen T, et al Production of eonjugated linoleic acid by *propionibacterium freudenreichii* ssp . *shermanii* [J]. Lait, 2002, 82: 91 - 101.

[57] KePler C R. Biohydrogenation of unsaturated fatty acids: IV. Substrate specificity and inhibition of alinoleate 12 - cis, 11 - trans - isomerase from Butyrivibrio fibrisolvens[J]. J. Biol. Chem. 1970, 245:3612 - 3620.

[58] Kim Y J. Produetion of Conjugated Linoleic Acid(CLA) by Ruminal Bacteria and the Increase of CLA Content in Dairy Products[D]. USA: UMI Dissertation Services, 2001, 34.

[59] 于国萍,李庆章,霍贵成. 共轭亚油酸高产菌株的诱变选育[J]. 食品科学, 2006, 27(12):146 - 148.

[60]王憬,吴祖芳,翁佩芳.高产共轭亚油酸植物乳杆菌的诱变选育[J].宁波大学学报,2008,21(2):174－177.

[61]Alonso L,Cuesta E P,Gilliland S E. Produetion of free conjugated linoleic acid by *Lactobacillus acidophilus* and *Lactobacillus* case of human intestinal origin [J]. Joumal of Dairy Seience,2003,86:1941－1946.

[62]Niu X Y,Chen W, Tian F W, et al. Bioconversion of conjugated linoleic acid by resting cells of Lactobacillus plantarum ZS2058 in potassiurn phosphate buffer system [J]. Aeta Microbiologica Siniea, 2007,47(2):244－248.

[63]Martin S. Factors affecting conjugated linoleic acid and trans－C18:1fatty acid production by mixed ruminal bacteria [J]. Journal of Animal Seience,2002,80(12):3347－3352.

[64]梁新乐,张虹,陈敏等费氏丙酸菌 HZ－P－35—细胞高密度培养转化亚油酸生成共轭亚油酸[J].中国粮油学报,2005,23(2):106－110.

[65]Sun－Ok Lee, Geun－Wha Hong, Deok－Kun Oh. Bioconversion of linoleic acid into conjugated linoleic acid by Immobilized Lactobacillus reuteri [J]. Bioteehnol,Prong,2003,19(3):1081－1084.

[66]Kishino S,Ogawa J,Ando A,et al. Struetural analysis of conjugated linoleic acid Produced by *Lactobacillus plantarum*, and factors effecting isomer Production [J]. Bioscience, Biotechnology and Bioehemistry,2003,67:179－182.

[67]陆永霞,王武,李佳佳,等.共轭亚油酸生成条件试验研究[J].安徽农业科学,2007,35(24):7607－7608.

[68]曹健,魏明,曾实.一株嗜酸乳杆菌突变株转化亚油酸为共轭亚油酸条件的研究[J].食品科学,2003,24(9):76－79.

[69]董明,齐树亭.植物乳杆菌发酵生产共轭亚油酸[J].饲料工业,2007,28(4):34－36.

[70]赵建新,陈卫,田丰伟,等.植物乳杆菌 ZS2058 转化亚油酸为共轭亚油酸条件的初步研究[J].食品工业科技,2005,26(12):82－87.

[71]吴冀华,裘爱泳.共轭亚油酸的分析[J].中国油脂,2002,27(2):12－13.

[72]胡国庆,张颧.植物乳杆菌在不同基质中转化生成共轭亚油酸的研究[J].郑州工程学院学报,2004,25(2):53－56.

[73]苗士达,张中义,刘萍,等.一株植物乳杆菌转化生成共轭亚油酸的特性研究[J].食品工业科技,2005,26(7):72－77.

[74]宫春波,刘鹭,谢丽源,等.离子注入微生物诱变育种的研究进展[J].生物技术,2003(2):47－48.

[75]凌代文,东秀珠.乳酸细菌分类鉴定及实验方法[M].北京:中国轻工业出版社, 1999: 117－121.

[76]杨振宇.乳源杆菌菌株的分类鉴定[D].哈尔滨:东北农业大学, 2007.

[77]TORRIANI S, ZAPPAROLI G, DELLAGLIO F. Use of PCR－based methods for rapid differentiation of *Lactobacillus delbrueckii subsp. bulgaricus* and *L. delbrueckii subsp. lactis*[J]. Appl Environ Microbiol. 1999, 65(10): 4351－4356.

[78]BUCHANAN R E, GIBBONS N E. 伯杰细菌鉴定手册[M].8版.中国科学院微生物所,译.北京:科学出版社, 1984.

[79]蒋世春,白骅,陶正利.氮离子注入柔红霉素产生菌诱变高产菌株的研究[J].中国抗生素杂志,2000,25(6):409－411.

[80]刘晓华,曹郁生,陈燕.微生物生产共轭亚油酸的研究[J].食品与发酵工业,2003,29(9):69－72.

第八章　米糠油生产共轭亚油酸生物技术研究

第一节　引言

米糠油是由稻谷加工过程中得到的米糠，用压榨法或浸出法制取得到的，米糠油具有很高的营养价值，在欧美韩日等发达国家，它是一种与橄榄油齐名的健康营养油，深受高血脂、心脑血管疾患人群喜爱，并早已成为西方家庭的日常健康食用油。我国米糠油原料资源丰富，但米糠油的生产和消费还处在起步阶段，年产量不足 12 万吨，如何有效的开发利用这一新的资源是有待研究的热门课题。

米糠油的保健作用主要来自于共轭亚油酸，米糠油含有 29% ~42% 的亚油酸，共轭亚油酸（CLA）是一种主要从反刍动物脂肪和牛奶产品中发现的天然活性物质，是由亚油酸衍生的一组亚油酸异构体，它普遍存在于人和动物体内的营养物质。反刍动物来源的食品是共轭亚油酸最主要的天然来源，因此饲料、瘤胃微生物、瘤胃 pH 以及品种等都对 CLA 有重要的影响。在人类食物中，主要来自乳制品与牛羊肉类，人血清脂质和其他组织如脂肪组织均含有 CLA，它可以减少体内脂肪堆积，并在脂质和葡萄糖代谢中起作用。

共轭亚油酸是具有共轭双键的十八碳二烯酸的一组位置与几何异构体。1998 年 Kramer 将生理活性异构体 cis - 9，trans - 11 - 18：2 命名为瘤胃酸（rumenic acid）。Hubbard 曾研究报道 CLA 具有抗哺乳动物肿瘤的发生，CLA 具有抗癌、增强免疫、降血脂和胆固醇、抗血栓、抗氧化、防治糖尿病、改善骨组织代谢、减少脂肪沉积、延缓动脉硬化的发生等。以米糠油脂为原料，生产含 CLA 的米糠油，从而增加米糠油的附加值，为米糠油的精深加工开拓思路，为以米糠油脂为原料生产富含 CLA 的功能性食品奠定基础。

CLA 正在成为药物和食品等研究领域中的一个热点，引起越来越多的关注，目前的研究主要集中在异构化生成、检测及生理活性等领域。CLA 有很好的抗癌、减肥、抗动脉硬化等生理活性，国内对这方面的研究刚刚起步。目前，CLA 大都由化学异构法制得,其异构体组成复杂,很难对单一异构体的作用进行系统研究,这限制了其在食品和医药方面的应用。与之相比,亚油酸生物异构化生产CLA有着更大的优势。瘤胃菌、丙酸菌和乳酸菌可以异构化亚油酸形成CLA,异构体组成较单一,与天然食物中的CLA异构体组成相似。由于瘤胃菌是严格厌氧菌,培养困难,难以实现大规模生产,而丙酸菌和乳酸菌易于培养,大多数乳酸菌又是一种人体益生菌,可以直接将其应用于食品、保健品,同时还可以将CLA精制成药品。因此,利用乳酸菌来异构化生产CLA有着很好的应用前景。

共轭亚油酸的合成转化一直是研究中的难点之一。化学合成法制得的产物往往是许多共轭亚油酸异构体的混合物,如用碱催化法时,产物中具有生理活性的cis-9,trans-11异构体的含量只有20% ~35%,trans-10,cis-12异构体的含量也只有20% ~35%,甚至还存在环化等副产物。加之化学合成法的一些副产物难以处理,甚至有些化学原料会有一定的毒性,影响CLA在食品和医药保健品中的应用。而用生物技术,采用酶法合成能专一性地将亚油酸及其衍生物转化成具有活性的共轭亚油酸的异构体,从而克服化学转化法的缺点。

本研究的目的是利用乳酸菌产生亚油酸异构酶,以米糠为原料,生产共轭亚油酸,从而增加米糠的附加值,为米糠的精深加工开拓思路,为以米糠油为原料生产富含共轭亚油酸的功能性食品奠定理论基础。

1987年,Ha和他的同事从牛肉脂肪中分离出一种具有抗癌特性的脂肪酸,并证明它是一组共轭亚油酸(CLA)的异构体。此后,关于CLA的研究不断深入,研究表明,CLA具有很多生理功能,如抗癌,抗动脉粥样硬化,降血脂、增强细胞免疫功能、降低体内脂肪含量、改善骨组织代谢等,是一种很有发展前景的营养添加剂,已大量用于食品和药物等研究领域。

国外从20世纪中期就开始研究如何应用化学法合成共轭亚油酸,目前已有多种胶囊制剂产品投放市场,主要针对于运动员、健身人员以及减肥者。采用的方法主要是碱法异构化,目前,商业性的CLA主要通过亚油酸的碱法异构化所得。这类反应的原料或底物通常为亚油酸、亚油酸酯或富含亚油酸的油(如红花油等)。碱性异构化的主要缺点是所得产品为几种异构体的混合物,产品中cis 9,trans 11-异构体占20% ~40%, cis 9,trans 11异构体与trans 10,cis 12异构体的比例约为1:1。由于不同异构体的生理作用不同,分离获得单个异构体的技术还尚未成熟,使该法的应用在某些领域内受到限制。近年来,国外有不少学者已经开始研究如何用生物法合成共轭亚油酸,分离得到了很多能够合成CLA的微生物。研究发现能够产生CLA的微生物有瘤胃菌、丙酸菌、乳酸菌。

与化学法相比，生物转化法反应条件温和，生成异构体组成较单一，与天然食物中 CLA 异构体组成相似，而且对环境污染程度低，因此越来越受到人们的重视。由于瘤胃菌是严格厌氧菌，培养困难，难以实现大规模生产，而丙酸菌和乳酸菌易于培养，大多数乳酸菌又是一种人体益生菌，可以直接将其应用于食品、保健品，同时还可以将乳酸菌直接用作乳品发酵剂。因此，利用乳酸菌来异构化生产 CLA 有着很好的应用前景。水稻是我国的主要农作物之一，但我国水稻的加工水平一直不高。目前国内有一些对微生物来源的亚油酸异构酶性质的研究报告，使用的底物一般为大豆油和其他来源的亚油酸，但还没有以米糠油为底物生产共轭亚油酸的报道。

共轭亚油酸由于具有诸多生理活性而备受人们的青睐。动物产品中含有一定量的 CLA，但是含量一般都很低，为 4 ~ 25mg/g 脂肪，而植物油脂中则没有 CLA。专家建议，每人每天补充共轭亚油酸 1 ~ 3g 较为适宜，这即使在以乳制品和动物性食品为主食的西方国家也难以达到，故有必要在食物中强化 CLA。由于化学方法制备的共轭亚油酸存在着诸多问题，以生物合成方法生产共轭亚油酸已经成为一种必然的趋势，目前国内有少数几个共轭亚油酸生产厂家，产品主要销往欧美市场，因为那里对共轭亚油酸的需求很大，我们市场虽然也有少量共轭亚油酸销售，但价格一般较高，不能为广大消费者所接受，随着共轭亚油酸知识的普及和价格适宜的米糠共轭亚油酸产品的开发，必将迎来一个蓬勃发展的共轭亚油酸的市场。

第二节　米糠油生产共轭亚油酸的生物技术研究

一、材料与方法

（一）材料

德氏乳杆菌保加利亚亚种（*Lactobacillus. delbrueckiisubsp. bulgaricus*）AS1.1482 购于中科院微生物研究所，经诱变筛选后保存于实验室中；

嗜酸乳杆菌（*Lactobacillus acidophilus*）哈尔滨商业大学生物工程教研室保藏；

植物乳杆菌（*Lactobacillus plantarum*）哈尔滨商业大学生物工程教研室保藏；

罗伊氏乳杆菌（*Lactobacillus reuteri*）购自中国工业微生物菌种保藏管理中心；

亚油酸(Linoleic Acid)色谱纯(99%)进口分装 Sigma;

CLA 标样(9,11r – Otadecadieoic Acid) 进口分装 Sigma;

其他试剂均为分析纯。

(二)仪器设备

GC – 14C 气相色谱仪:日本岛津制造;GL – 21M 离心机:上海市离心机械研究所;RE – 52 型旋转蒸发仪(1200w):上海之信仪器有限公司;SHZ – D 循环水式真空泵:巩义市英峪予仪器厂;KQ – 500B 型超声波清洗器:昆山市超声仪器有限公司;722 – 2000 可见分光光度计:山东高密彩虹分析仪器有限公司;H – 1 微型旋涡混合仪:上海精科实业有限公司制造;pHS – 25 型 pH 计:上海雷磁精密科学仪器厂;TU – 1800 紫外可见分光光度计:北京普析通用仪器有限责任公司;XSP – 16A 普通光学显微镜:南京光学仪器厂;手提式高压灭菌锅:上海博讯实业有限公司;超净工作台:北京半导体设备一厂;电热恒温配养箱 DNP – 9272 型:上海精宏实验设备有限公司;振荡配养箱 ZDP – 250:上海精宏实验设备有限公司;电热恒温鼓风干燥箱:上海精宏实验设备有限公司。

(三)方法

1.产亚油酸异构酶乳酸菌菌株的筛选

(1)菌种的活化。

将购买的菌株在无菌条件下活化在 MRS 或脱脂乳培养基中,混匀后置于37℃培养 24 h 后,镜检观察菌体形态及菌数。然后将菌株进行传代培养,待菌种活力完全恢复后用于菌株的筛选部分进行冷冻保存备用。

(2)样品的提取及甲酯化。

将用 MRS 培养基培养的菌液离心,上下层分别进行分析。上层清液放入分液漏斗中,加入异丙醇/正己烷(4:3,V/V),混合均匀,静止分层。有机相经无水硫酸钠脱水,滤入磨口圆底烧瓶中,菌液再用正己烷洗涤一次,合并有机相。最后将上层有机相进行减压蒸馏,直至干燥。以供甲酯化气谱检测。

下层沉淀水洗后再离心,所得上清液与上层的清液合并。下层菌体再加入异丙醇/正己烷(4:3,V/V)振荡均匀后用超声波破壁 1 h。离心,清液取出,沉淀用正己烷洗涤,再离心所得清液合并,用于甲酯化分析,沉淀弃去。

上层和下层提取后的样品分别进行甲酯化,甲酯化后的样品用气相色谱分析,以检测细胞内外的脂肪酸组成及含量,以确定该菌株是否能够生成共轭亚油酸及其分布于细胞内外的情况和存在状态。

2.共轭亚油酸生成菌株培养基的确定及优化

(1)培养基最佳碳源及其添加量的确定。

分别选用D-果糖、D-半乳糖、D-木糖、葡萄糖、甘露醇、蔗糖、麦芽糖、乳糖、可溶性淀粉及葡萄糖/果糖(1:1)为MRS培养基中的碳源,通过最后的共轭亚油酸的含量来确定最适宜的碳源。并对共轭亚油酸产量比较高的几种碳源进行不同添加量的实验,确定碳源的最适添加量。

(2)培养基最佳氮源极其添加量的确定。

MRS培养基中在牛肉粉固定的前提下,选取大豆蛋白胨、多价胨、聚蛋白胨、尿素、硫酸铵、干酪素、蛋白胨、乙酸铵和水解蛋白共九种氮源,以最后的共轭亚油酸产量作为衡量标准选取最佳的氮源。并对集中结果较好的氮源不同的添加量进行试验,确定氮源的最适添加量。

(3)培养基组成各因素的交互影响。

利用正交试验,根据以上单因素试验结果,考察培养基中碳源、氮源、酵母粉含量的交互作用及对菌株生成共轭亚油酸能力的影响,确定各因素对指标贡献率的大小及相互关系。三种影响因素依次用A、B、C表示,分别取不同水平,做$L_9(3^3)$即三因素三水平正交试验,确定菌株生成共轭亚油酸的最佳培养基组成。正交试验因素及水平编码表见表8-1:

表8-1　$L_9(3^3)$正交试验因素水平表

水平	碳源含量A(%)	氮源含量B(%)	酵母粉含量C(%)
1	1.0	1.0	1.0
2	1.5	1.5	1.5
3	2.0	2.0	2.0

3.共轭亚油酸生成菌株最佳培养条件的确定

(1)最佳培养温度的确定。

在100 mL三角瓶中,装入38 mL培养基,其他条件相同时调整培养箱温度在27~47℃,培养24 h后测定共轭亚油酸产量。根据共轭亚油酸产量,确定最佳培养温度。

(2)最佳初始pH的确定。

在100 mL三角瓶中,装入38 mL培养基,其他条件相同时调整培养基的初始pH在4.5~8.5,于37℃培养24 h,测定共轭亚油酸产量。根据共轭亚油酸产量,确定体系的最佳初始 pH。

(3)最佳培养时间的确定。

在 100 mL 三角瓶中,装入 38 mL 培养基,其他条件相同时在 37℃下培养不同时间,根据最后测得的共轭亚油酸产量,确定菌株生成共轭亚油酸的最佳培养时间。

(4)确定培养条件各因素的交互影响。

根据以上单因素试验结果,考察培养温度、培养时间、培养 pH 的交互作用,三种影响因素依次用 A、B、C 表示,分别取不同的水平,做 $L_9(3^3)$ 即三因素三水平正交试验,确定菌株生成共轭亚油酸的最佳培养条件,及各因素对指标贡献率的大小和相互关系。正交试验因素及水平编码表见表 8-2:

表 8-2 $L_9(3^3)$ 正交试验因素水平表

水平	培养温度 A(℃)	培养时间 B(h)	培养 pH C
1	37	24	7.5
2	42	28	8.0
3	47	36	8.5

4.高产菌株的诱变筛选

(1)出发菌株的活化及细胞悬浮液的制备。

取 -80℃冻存菌株按 3% 的添加量接种于 5 mL 试管培养液中,37℃培养 24 h后,传代培养,得到活力较好的菌液。

取活化好的菌体培养液,按培养基 3% 的量接种于盛有 39 mL MRS 液体培养基的三角瓶中,37℃培养 24 h,使细胞处于对数增殖期,培养液于 3500 r/min 离心 10 min,收集菌体,菌体用与培养液等量的溶剂洗涤离心 2 次,之后将菌体悬于等量溶剂中,旋涡振荡 10min 打散菌团使菌体充分悬浮制成悬浮液。细胞悬浮液的浓度用血球计数板技术法确定,调整其浓度在 10^8 个/mL,做诱变试验。

(2)紫外诱变。

在黑暗条件下进行紫外线(UV)照射,先开紫外灯(15 W)30 min,使灯的功率稳定,固定照射距离 30 cm。另取一定量细胞悬浮液于 9 cm 培养皿中,使其厚度不超过 2 mm,置于紫外灯正下方的磁力搅拌器上,打开平皿盖,开动磁力搅拌器,边搅变照射。照射时间分别选取 10 s、20 s、30 s、40 s、50 s。处理后的菌悬液稀释终止反应,利用十倍稀释法用生理盐水稀释后,取 0.2 mL 涂于 MRS 优化培养基平板上,于 37℃培养 36 h,选取适当稀释浓度的平板计数,计算致死率。确定致死率在60%～80%的诱变剂量,随机选取一定数量的单菌落,试管培养后接种于三角瓶中,测其CLA含量,选取正突变值高的菌株,用于进一步复合诱变。

(3)硫酸二乙酯诱变。

将培养至对数期的菌悬液离心获取菌体细胞,用pH 7.0的0.1 mol/L磷酸缓冲液制成细胞悬液。吸取1 mL硫酸二乙酯(DES)溶于9 mL乙醇中,配成10%的处理液。取2 mL DES处理液缓慢加入18 mL细胞悬浮液中37℃恒温振荡处理一定时间,DES的终浓度为1%,加入0.5 mL 25%的硫代硫酸钠溶液终止反应。诱变时间分别选择5 min、10 min、15 min、20 min、30 min、40 min。将菌体稀释到一定浓度涂布平板,分离培养。计算致死率。随机选取一定数量的单菌落,试管培养后接种于三角瓶中,测其CLA含量,选取正突变值高的菌株,用于进一步复合诱变。

(4)亚硝基胍诱变。

取用0.2 mol/L pH 6.0磷酸缓冲液制成的细胞悬浮液。称取一定量的亚硝基胍(NTG),先用丙酮溶解配成10 mg/mL的丙酮溶液,再用缓冲液稀释10倍,配成浓度为1 mg/mL的NTG处理液。取一定量处理液缓慢加入细胞悬浮液中,于37℃恒温振荡处理不同时间,大量稀释以终止诱变作用,利用10倍稀释法涂平板,选取适当浓度计数。计算致死率。随机选取一定数量的单菌落,试管培养后接种于三角瓶中,测其CLA含量,选取正突变值高的菌株,用于进一步复合诱变。

5.亚油酸异构酶的分离纯化

(1)菌悬液的制备。

每250 mL三角瓶装180 mL MRS液体培养基,接种时加入20 mL亚油酸乳浊液(亚油酸:吐温80:水＝1:1:98, V/V/V),按3%接菌量接入培养好的菌液,37℃,培养24 h。培养好的菌液在4℃条件下7000 r/min冷冻离心20 min,弃上清,收集菌体。称取一定量的菌泥,悬于一定量某pH的磷酸氢二钠—柠檬酸缓冲液中摇匀,即得到菌悬液。然后进行细胞破碎,未用完的细胞－20℃冰冻保存、备用。

(2)细胞破碎。

①超声波法。制备好的菌悬液在冰水浴条件下进行超声波破碎处理。破碎后将得到的细胞破碎液离心(8000 r/min,30 min,4℃),去除细胞碎片,取上清液进行酶活测定。通过比较酶活力大小,分别确定超声波破碎菌体的超声时间,间歇时间及超声次数,同时确定超声波破碎最佳条件。

②酶法。在一定量制备好的菌悬液中加入1%～10%溶菌酶混合均匀后，置20℃摇床、120 r/min振荡消化1 h，然后置于4℃冰箱静止30 min。破碎后将得到的细胞破碎液离心（8000 r/min，30 min，4℃），去除细胞碎片，取上清液将进行酶活测定，通过比较酶活力大小，确定溶菌酶破碎时的添加量。

③超声波和酶法相结合。制备好的菌悬液在冰水浴条件下进行第一次超声波破碎处理。超声波处理条件为①中确定的破碎条件，破碎后向菌悬液中加入一定量溶菌酶，20℃下振荡消化60 min。对消化后的菌悬液进行第二次超声波处理，条件同上。破碎结束后离心（8000 r/min，30 min，4℃）细胞破碎液，去除细胞碎片，取上清液进行酶活测定。

（3）硫酸铵分级沉淀、透析脱盐及酶液浓缩。

破碎后的细胞悬液离心（8000 r/min，30 min，4℃）分离，移出离心后的上清液即为粗酶液。准确量取一定体积的粗酶液，在冰水浴中（0℃）匀速搅拌条件下，缓慢添加经干燥和研磨的硫酸铵细粉末至粗酶液中，使酶液中硫酸铵饱和度分别20%、30%、40%、50%、60%、70%，80%、90%，缓慢搅拌30 min后，4℃条件下静止2～4 h过滤或离心（8000 r/min 30 min，4℃）处理（根据所加入的硫酸铵的饱和度的不同确定不同的分离方法）后，取少量上清液测定酶活力和蛋白质含量，确定最适硫酸铵饱和度。沉淀用磷酸氢二钠－柠檬酸缓冲液（25 mM，pH 6.0）溶解后备用。4℃冰箱存放。

透析袋（标准截留分子量6000～8000 Da）剪成15 cm长的片段。在烧杯中装入2%碳酸氢钠和1 mM EDTA水溶液，放入透析袋煮沸10 min。用蒸馏水彻底洗涤后再煮沸10 min，冷却后的透析袋浸入磷酸氢二钠—柠檬酸缓冲液（25 mM，pH 6.0）中，4℃下存放备用。适量的酶液装入透析袋中，两端扎紧，浸没于pH 6.0的磷酸钠缓冲液中，4℃下磁力搅拌透析，每隔2 h更换一次缓冲液。用$BaCl_2$检测脱盐情况，透析至没有白色沉淀出现时为止。

将透析处理后的酶液浓缩至实验所需要的体积。处理方法为：在透析袋表面涂布干燥的聚乙二醇（截留分子量为20000 Da），4℃冰箱放置片刻后取出，更换干燥的聚乙二醇粉末。

（4）Sephadex G－100葡聚糖凝胶过滤层析。

酶液经浓缩后进行凝胶过滤层析。Sephadex G－100使用前用磷酸氢二钠—柠檬酸缓冲液（25 mM，pH 6.0）溶胀72 h以上。取一定量预溶胀过的Sephadex G－100葡聚糖凝胶，用4～5倍的磷酸氢二钠—柠檬酸缓冲液（25 mM，pH 6.0）配成匀浆后装柱，柱子尺寸为1.6×100 cm。用同样的缓冲液以1 mL/

4 min的流速平衡柱子,将酶液加样到层析柱上,用磷酸氢二钠—柠檬酸缓冲液(pH 6.0)进行洗脱,洗脱流速为 1 mL/4 min,自动分部收集器收集洗脱液,每 4 mL收集一管。检测每管洗脱液的酶活力和蛋白质含量,收集酶活力高的组分,4℃下存放,用于电泳测定分子量,所得电泳纯酶液进行酶学性质研究。

(5)酶分子量的测定。

采用 SDS - 聚丙烯酰胺凝胶电泳(PAGE)检测亚油酸异构酶的纯度和分子量。分离胶浓度 12%,浓缩胶浓度 4%。以 Pharmacia 低分子量标准蛋白为标准,电泳条件为恒电流,浓缩胶 8 mA,分离胶 16 mA。电泳结束后用考马斯亮蓝 R - 250 (Coomassie Brilliant blue R - 250)染色显现蛋白带。然后用脱色液(甲醇:乙酸:水 =4:1:5)在摇床脱色至背景清晰。

(6)酶蛋白含量测定。

采用 Bradford 法(Bradford,1967)测定粗酶液及每步纯化操作后酶液中的蛋白质含量。蛋白质含量是确定纯化方法中操作条件的一个依据。

该方法原理为蛋白质分子具有—NH_3^+ 基团,当考马斯亮蓝显色剂加入蛋白标准液或样品中时,考马斯亮蓝染料上的阴离子与蛋白—NH_3^+ 结合,使溶液变为蓝色,通过测定在 595 nm 下的吸光值即可算出蛋白质含量。

(7)亚油酸异构酶酶活力测定。

用紫外分光光度法测定酶活力。

标准曲线的绘制:以正己烷(色谱纯)为溶剂,配制不同浓度的 CLA 标准溶液,以正己烷(色谱纯)为参比,测定 233 nm 处 CLA 标样溶液的吸光值,调整 CLA 浓度使吸光值范围处于 0.2 ~ 1.0,以 CLA 浓度(μg/mL)为横坐标,吸光值为纵坐标,绘制 CLA 紫外吸收标准曲线。

底物亚油酸乳浊液的制备:分别用微量移液器移取亚油酸和吐温 80,二者比例为 1:1,然后加入相应体积的经过灭菌处理的蒸馏水,使亚油酸的浓度达到 1%。按后进行超声波乳化处理,每次超声 10 s,间歇 3 s,处理次数为 50 次。

准确量取酶液 0.2 mL 和底物亚油酸乳浊液 1.0 mL 于具塞试管中,空白管在开始反应时就加入 1.0 mL 20% 三氯乙酸终止反应。40℃条件下反应 2.5 h 后每管分别加入 1.0 mL 20% 三氯乙酸终止反应,然后加入 5.0 mL 色谱纯正己烷萃取生成的共轭亚油酸。4℃,10000 r/min 离心 5 min。取上层清液利用紫外分光光度计在 233 nm 波长下比色,确定共轭亚油酸的生成量并计算酶活力。

在试验过程中规定一个亚油酸异构酶酶活力单位 U 定义为:在上述试验操作条件下,1 h 内生成 1μg 共轭亚油酸所需的酶量。

6.亚油酸异构酶酶学性质研究

(1)亚油酸异构酶反应最适 pH 确定及 pH 稳定性测定。

配制不同的 pH 缓冲液,使 pH 范围在 4.0 ~8.0。3.0 ~7.5 (Na_2HPO_4 - 柠檬酸)、7.5 ~8.5(Tris - HCl)。实验分为 9 组,每组的 pH 分别为 4.0、4.5、5.0、5.5、6.0、6.5、7.0、7.5、8.0,每组作三个平行。40℃条件下亚油酸异构酶与亚油酸乳浊液反应 2.5 h 后加入三氯乙酸终止反应。测定酶活力,确定亚油酸异构酶反应的最适 pH。

pH 稳定性测定:取适当稀释的酶液 0.1 mL,分别加入 pH 为 4.0、4.5、5.0、5.5、6.0、6.5、7.0、7.5、8.0 的 0.1 mol/L 缓冲液 0.5 mL,混匀,在 30℃保温 2 h 后立即冰水浴冷却调节 pH 至 6.0,测定其在 pH 6.0 的反应活性,以保温前 pH 6.0 下测得的酶活力为 1.0,检测各 pH 保温后的相对酶活力。

(2)亚油酸异构酶反应最适温度确定及温度稳定性测定。

最适温度确定:在缓冲液 pH 为 6.0 的条件下,按酶活力测定方法分别测定温度在 20℃、30℃、35℃、40℃、45℃、50℃、60℃反应时的酶活力。通过比较酶活力大小,确定酶反应的最适温度。

酶温度稳定性测定:分别取酶液 1.0 mL 在上述实验温度下保温 2 h,保温后立即冰水浴冷却,然后在 30℃测定残留酶活力,以 0℃保温后残留酶活力为 1.0。

(3)金属离子对酶催化反应速率的影响。

实验分为 7 组,每组三个平行。反应时每组分别添加不同的金属离子。试验的金属离子分别为:Mg^{2+}、Fe^{2+}、Mn^{2+}、Zn^{2+}、Ca^{2+}、Na^{+},以不加金属离子的为空白。反应时各种离子的终浓度均为 1 mol/L,以不添加金属离子的试验结果作为对照,在 40℃,pH 为 6.0 时反应 2.5 h 后加入三氯乙酸终止反应。测定酶活力,比较各种金属离子对酶活力的影响。

(4)酶动力学参数测定。

配制浓度分别为 0.25%、0.50%、0.75%、1.0%、1.25% 亚油酸乳浊液,分别和等量的酶液在 pH 为 6.0,40℃条件下反应 2.5 h,加入三氯乙酸终止反应,测定酶活力,计算出各组的反应速率,以底物浓度的倒数为横坐标、速率的倒数为纵坐标,根据 Lineweaver - Burk 作图法,求出该酶的米氏常数 K_m 和最大反应速度 V_{max}。

7.亚油酸异构酶作用米糠油生产共轭亚油酸条件研究

本部分研究目的:利用实验提纯的亚油酸异构酶,以米糠油为原料,生产共轭亚油酸,研究亚油酸异构酶作用米糠油产 CLA 条件。从而增加米糠的附加值,为以米糠油为原料生产富含共轭亚油酸的米糠油奠定理论基础。

(1)共轭亚油酸生成量的测定。

分别配制0.5%、1.0%、1.5%、2.0%、2.5%的米糠油乳浊液,乳化剂吐温80与米糠油的比例为1:1。利用超声波进行乳化处理(每次10 s,间歇5 s,共处理50次)。

在确定酶作用于米糠油生产共轭亚油酸的条件过程中,利用紫外分光光度法测定吸光值,根据紫外吸收标准曲线,计算共轭亚油酸的生成量。

当反应条件确定后利用气相色谱法确定共轭亚油酸的含量,以没有被酶作用的米糠油脂为空白(即直接进行甲酯化处理)。

(2)米糠油乳浊液浓度对产CLA的影响。

取浓度分别为0.5%、1.0%、1.5%、2.0%、2.5%的米糠油乳浊液与亚油酸异构酶酶液按一定比例,在40℃,pH为6.0条件下反应2.5 h,测定共轭亚油酸的生成量。比较不同浓度米糠油乳浊液对产CLA的影响。

(3)亚油酸异构酶添加量对产CLA的影响。

实验分为6组。亚油酸异构酶酶液与2%的米糠油乳浊液按不同比例反应(即酶的添加量不同),分别为1:1、1:2、1:3、1:4、1:5、1:6。在40℃条件下反应2.5 h,测定共轭亚油酸的生成量。比较亚油酸异构酶添加量对CLA产量的影响。

(4)温度对亚油酸异构酶作用米糠油产CLA的影响。

分别在20℃、30℃、40℃、50℃、60℃条件下,亚油酸异构酶液与2%的米糠油乳浊液按1:5比例反应2.5 h,测定共轭亚油酸的生成量。确定产CLA的最适反应温度。

(5)反应时间对亚油酸异构酶作用米糠油产CLA的影响。

亚油酸异构酶与2%的米糠油乳浊液按1:5比例在50℃条件下分别反应60 min,90 min,120 min,150 min,180 min,测定共轭亚油酸的生成量。确定产CLA的最适反应时间。

8.气相色谱法检测酶促反应产物

(1)反应体系油脂的提取及甲酯化方法。

在具塞试管中分别加入酶液0.2 mL,底物米糠油乳浊液1.0 mL。40℃条件下反应2.5 h后,加入15 mL氯仿—甲醇(氯仿:甲醇=2:1,V/V)倒入分液漏斗中振摇一定时间后萃取生成的脂类物质。静止分层后取下层氯仿层,40℃旋转蒸发除去氯仿,即为反应体系油脂。将得到的反应体系油脂先后加入1 mL苯,

1 mL石油醚,2 mL KOH－甲醇(0.4 mol/L)溶解,室温下甲酯化反应30 min,加水终止反应。3500 r/min 离心 10 min,取上清液用 N_2 吹干后用色谱纯正己烷150 μL定容后进行气相色谱分析。

(2)萃取时间对提取菌体油脂的影响。

试验过程中,主要研究了氯仿－甲醇(氯仿:甲醇 =2:1,V/V)萃取时间对菌体油脂得率的影响。选取的萃取时间分别为:30 min、60 min、90 min、120 min、150 min、180 min。然后除去氯仿、甲酯化,进行气相色谱分析,根据气相色谱标准曲线计算 CLA 的生成量来确定萃取的最佳时间。

(3)CLA 气相色谱峰面积与浓度标准曲线的制作。

用色谱纯正己烷将 9c,11t－CLA 标准品配成 1 mg/mL 的溶液,然后进行梯度稀释,使其浓度分别达到 0.2 mg/mL,0.4 mg/mL,0.6 mg/mL,0.8 mg/mL。进行气相色谱分析,然后利用峰面积(纵坐标)与标准品的浓度(横坐标)作标准曲线,再通过此标准曲线确定实验得到的共轭亚油酸的含量。

(4)气相色谱检测条件。

色谱柱为 PEG－20M(60 m×0.25 mol/L),氢火焰离子化检测器,载器为氮气,流速为1.3 mL/min,氢气压力为60 kPa,空气压力为20 kPa,柱温210℃,检测器与气化室温度均为260℃。

9.米糠油的共轭亚油酸的生物转化

底物的乳化分散:底物米糠油不溶于水,而亚油酸异构酶能溶于水,且脂酶一般作用于乳化过的微脂肪球,所以需采用乳化剂如牛血清蛋白、吐温等来乳化豆油,使之呈水包油(O/W)形式,将底物均匀分散到反应体系中,促进底物和催化剂的有效接触。本实验固定米糠油和乳化剂的比例为 5:1,然后在冰水浴下进行超声波乳化分散(功率600 W,工作5 s,间歇 10 s,50 次)。

脂酶的水解:脂酶能作用于米糠油中的酯键,水解米糠油中以甘油酯形式存在的亚油酸,释放出游离亚油酸,使米糠油成为洗涤细胞催化作用的有效底物。

每一试验样品均为5 mL 反应液,装入螺帽试管中,用高纯氮气驱除试管中的空气造成微氧环境,振荡(120 r/min)反应一定时间。初始反应条件为:反应体系0.1 M 的柠檬酸缓冲液(pH 6.0),含 25.0 mg/mL 乳化过的米糠油(乳化剂BSA),200 U/mL 的脂酶和 5%(W/V)的亚油酸异构酶添加量,30℃,反应 48 h。

10.酶催化转化后米糠油中共轭亚油酸的短程分子蒸馏分离提取 CLA 的研究

选择刮膜转速、进料速率、进料温度和蒸馏温度为四个实验因素,分别选择三个水平,以共轭亚油酸的回收率为考察指标,采用正交表 $L_9(3^4)$ 进行实验,其因素水平见表8－3。

表8－3　米糠油中共轭亚油酸分离提取正交实验因素水平表

水平	A	B	C	D
	刮膜转速(rpm)	进料速率(mL/h)	进料温度(℃)	蒸馏温度(℃)
1	150	50	50	120
2	160	60	60	140
3	170	70	70	160

11 .高共轭亚油酸含量米糠油的软胶囊制备技术研究

(1)标准曲线的绘制。

①柠檬黄最大吸收波长的确定:称取柠檬黄0.05g于100 mL容量瓶中,加水至刻度线,吸取1 mL于50 mL容量瓶中,加水至刻度,在200～700 nm波长范围内扫描吸收光谱。另称取明胶1.2 g、甘油0.6 g、山梨醇0.09 g于1000 mL容量瓶中,加水约800 mL,75℃水浴溶解,冷却后加水至刻度,吸取10 mL于500 mL容量瓶中,加水至刻度,在200～700 nm波长范围内扫描吸收光谱。

②线性回归方程的确定:以柠檬黄溶液的浓度(mg/mL)为横坐标,以柠檬黄吸光度为纵坐标进行线性回归,确定二者之间的线性回归方程。

(2)明胶胶片的制备工艺。

称取0.8 g柠檬黄,将其溶解在120 mL的水中,待柠檬黄充分溶解后放入100 g明胶浸泡24 h,然后将其置于60℃水浴锅中充分搅拌溶解,再按正交试验中的各试验比例加入甘油、水、山梨醇和富马酸,搅拌均匀,超声波排尽气泡,趁热制成厚度为0.50～0.65 mm的胶皮,将所得胶皮置于温度为25℃、相对湿度为30%的房间中干燥。然后将胶皮用刀片切制成2 cm×2 cm的胶皮片,保存待测定。

(3)明胶胶皮溶解速率的测定。

胶皮的溶出速率是通过胶皮中含有的柠檬黄的溶出速率来进行测定的。明胶胶皮的溶出过程符合Noyes－Whitney方程,根据Noyes－Whitney方程计算溶解速率常数K。具体测定方法参见白阳等(2011)。

(4)胶囊皮最佳配方的筛选。

通过单因素试验,根据不同配方所制得的胶囊皮的溶解速率,初步确定甘油与明胶之比、水与明胶之比,山梨醇、富马酸的添加量的范围后,进一步用$L_9(3^4)$正交试验设计(表8－4)进行优,化以确定囊皮的最佳配方,并对最优配方进行验证。

表 8-4 胶囊皮配方四因素三水平考察

水平	因素			
	A	*B*	*C*	*D*
	甘油/明胶(g/g)	水/明胶(g/g)	山梨醇(%)	富马酸(%)
1	0.4	0.7	2	0.5
2	0.5	0.8	3	0.6
3	0.6	0.9	4	0.7

(5)米糠精油软胶囊的制备。

米糠精油

↓

配制胶液→ 压制软胶囊→ 软胶囊的干燥→ 擦洗抛光软胶囊→ 二次干燥→ 检查、记数、包装→ 米糠精油软胶囊

二、结果与分析

(一)产亚油酸异构酶乳酸菌菌株的筛选

用于乳制品发酵的乳酸菌具有生成共轭亚油酸的能力,从我国微生物菌种保藏中心,购得常用于乳制品发酵的多个菌株,以确定不同微生物菌群共轭亚油酸的生成能力,并从中筛选高产 CLA 菌株。已检测的菌株为:嗜酸乳杆菌(*Lactobacillus acidophilus*)La1,La2;唾液链球菌嗜热亚种(*Streptococcus saliverius subsp. thermophilus*)Sst1,Sst2;德氏乳杆菌保加利亚亚种(*Lactobacillus delbrueckii subsp. bulgaricus*)Ldb1,Ldb2,Ldb3;德氏乳杆菌德氏亚种(*Lactobacillus delbrueckii subsp. delbrueckii*)Ldd;乳酸乳球菌(*Lactococcus lactis*)Ll;乳酸乳球菌乳酸亚种(*Lactococcus lactis subsp. Lactis*)Lll1,Lll2,Lll3;乳酸乳球菌乳脂亚种(*Lactococcus lactis subsp. cremoris*)Llc;无乳链球菌(*Streptococcus agalactiae*)Sa;瑞士乳杆菌(*Lactobacillus helveticus*)Lh;发酵乳杆菌(*Lactobacillus fermentum*)Lf;布氏乳杆菌(*Lactobacillus buchneri*)Lb;干酪乳杆菌干酪亚种(*Lactobacillus casei subsp. casei*)Lcc;丙酸杆菌(*Propinonibacterium*)P 共 13 个种属的 19 个菌株进行了筛选。另外,对 2 个 Hansen 生产用菌及 1 个 Crhodia 生产用菌进行了检测。

各菌株在 MRS 培养基中产共轭亚油酸能力结果见表 8-5,对照为培养基不

接菌。用 SPSS 软件对数据进行相关性分析。

表 8－5　不同菌株在 MRS 培养基中共轭亚油酸产量

菌种	代号	CLA 产量(%)
空白	Con	1.207 ab ±0.1465
嗜酸乳杆菌	La1	3.356 i ±0.248
	La2	2.183 e ±0.192
唾液链球菌嗜热亚种	Sst1	3.120 hi ±0.140
	Sst2	1.580 cd ±0.301
德氏乳杆菌保加利亚亚种	Ldb1	2.627 f ±0.172
	Ldb2	3.867ij ±0.163
	Ldb3	1.44 3abcd ±0.217
德氏乳杆菌德氏亚种	Ldd	2.063 e ±0.128
乳酸乳球菌	Ll	1.733 d ±0.125
乳酸乳球菌乳酸亚种	Lll1	1.357 abc ±0.184
	Lll2	2.617 f ±0.182
	Lll3	3.147 hi ±0.156
乳酸乳球菌乳脂亚种	Llc	1.033 aj ±0.155
无乳链球菌	Sa	1.353 abc ±0.255
瑞士乳杆菌	Lh	1.663 cd ±0.285
发酵乳杆菌	Lf	3.130 hi ±0.132
布氏乳杆菌	Lb	2.903 fh ±0.122
干酪乳杆菌干酪亚种	Lcc	2.170 e ±0.134
丙酸杆菌	P	1.400 bc ±0.01
Hansen	H1	0.797 jk ±0.134
	H2	0.647 k ±0.055
Crhodia	C	0.930 ajk ±0.173

除丙酸菌外，所测的 18 株乳酸菌中，Lll1，Llc，Sa，Ldb3 的共轭亚油酸含量与培养基之间的差异不显著，说明这 4 株乳酸菌无明显的生成共轭亚油酸能力。其余 14 个菌株都具备显著的生成共轭亚油酸的能力，同时也筛选出了产量最高的菌株德氏乳杆菌保加利亚亚种 Ldb2，共轭亚油酸含量为 3.867%。另外，嗜酸乳杆菌 La1、唾液链球菌嗜热亚种 Sst1、乳酸乳球菌乳酸亚种 Lll3 及发酵乳杆菌 Lf 具有很强的产 CLA 的能力，产量均在 3.10% 以上。三种直投式酸奶发酵剂的共轭亚油酸的产量都低于培养基中的共轭亚油酸产量。丙酸菌的共轭亚油酸产

量与培养基的共轭亚油酸产量相比差异也不显著，说明这株丙酸菌及三种直投式酸奶发酵剂中的菌株也无明显的生成共轭亚油酸的能力。将表8－5中数据用直观图表示见图8－1。

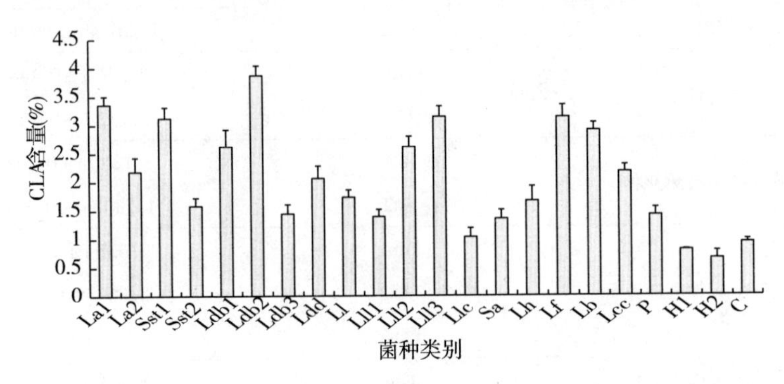

图8－1　菌株在MRS培养基中共轭亚油酸产量

(二)共轭亚油酸生成菌株培养基的确定及优化

1.培养基最佳碳源及其添加量的确定

从数据可以看出，不同碳源对菌株生成共轭亚油酸的能力长生较大的影响，其中D－果糖(F)、D－半乳糖(Gal)和葡萄糖(G)/果糖(1:1)3种碳源添加时，共轭亚油酸的产量较高。因此，选用这3种碳源分别作添加量的实验。当添加量分别为0.5%、1%、1.5%和2%时，测定这3种碳源添加时共轭亚油酸产量，以确定这3种碳源的最适添加量。测定结果见图8－2。

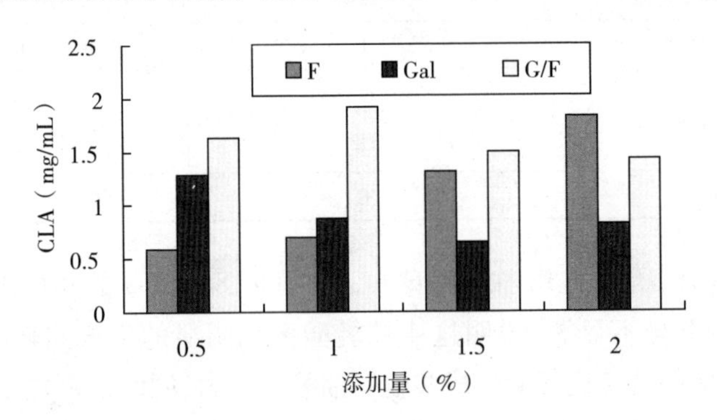

图8－2　3种碳源添加量对共轭亚油酸产量的影响

从图8－2可以看出，随着果糖添加量的增加，共轭亚油酸的含量呈增加的趋势，半乳糖添加量的增加，总体上使共轭亚油酸的含量呈下降的趋势，而碳源为葡萄糖/果糖时,共轭亚油酸的含量呈先增加随后下降的趋势,这可能是葡萄糖不利于共轭亚油酸生成的作用,随葡萄糖含量的增加表现的结果。在添加量相同的情况下,碳源为葡萄糖/果糖(1:1)时共轭亚油酸的含量均表现出较高的水平,在3种碳源的不同添加水平中,1%葡萄糖/果糖(1:1)为碳源时,共轭亚油酸的含量最高。因此,选用葡萄糖/果糖为最佳碳源,

2.培养基最佳氮源极其添加量的确定

利用以下不同氮源替代MRS培养基中的蛋白胨,即:大豆蛋白胨、多价胨、聚蛋白胨、尿素、硫酸铵、干酪素、蛋白胨、乙酸铵和水解乳蛋白共9种氮源,以发酵液中共轭亚油酸产量作为衡量标准来选取最佳的氮源。从数据看出,不同氮源对菌株生成共轭亚油酸的能力产生较大的影响,其中硫酸铵、乙酸铵和干酪素3种氮源添加时,共轭亚油酸的产量较高。因此,选用这3种氮源分别作添加量分别为1%、1.5%和2%的实验,测定这3种氮源的共轭亚油酸产量,以确定氮源的最适添加量。结果见图8-3。

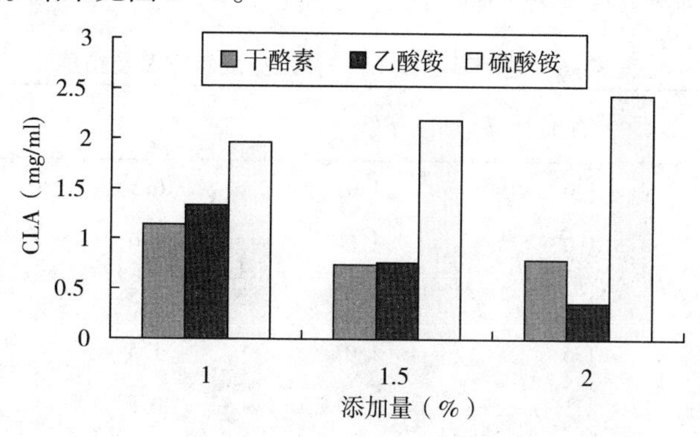

图8-3　3种氮源添加量对共轭亚油酸产量的影响

从图8-3可以看出随硫酸铵添加量的增加,共轭亚油酸的含量呈增加的趋势,而另2种氮源随添加量的增加,总体上使共轭亚油酸的含量呈下降的趋势。在添加量相同的情况下,氮源为硫酸铵时共轭亚油酸的含量比其他2种氮源含量高。在各种添加量水平,氮源为硫酸铵时共轭亚油酸的含量均表现出较高的水平,其中以硫酸铵添加量为2%,共轭亚油酸的含量最高。因此,选用硫酸铵为最佳碳源,测其与培养基中其他物质的交互作用。

3.培养基组成各因素的交互影响

试验实施及结果见表8-6。方差分析结果见表8-7。

由表8-6的极差分析可知,各因素对菌株共轭亚油酸产量贡献率的主次顺

序为:$B>A>C$,即氮源硫酸铵>碳源葡萄糖/果糖>酵母粉。也就是说在各因素的作用下,氮源硫酸铵是影响共轭亚油酸产量的主要因素。

从方差分析表可知,A、B 因素对共轭亚油酸产量的作用显著,C 因素及三个因素的两两交互作用(AB、AC、BC)对共轭亚油酸产量影响不显著。

对实验结果拟合方程如下($R^2=55.92\%$):

$$Y=2.751-0.261A-0.880B-0.088C+0.424AB-0.106AC+0.178BC$$

去除影响不显著项,确定实际方程为:

$$Y=2.751-0.261A-0.880B$$

分别对 A、B 因素各水平作均值比较,结果表明,A 因素各水平均值差异不显著。B 因素各水平均值差异显著,3 水平效果最好。通过以上分析,确定菌株产共轭亚油酸的最佳培养基组成为 $A_1B_3C_1$,即碳源葡萄糖/果糖含量 1%、氮源硫酸铵含量 2% 及酵母粉含量 0.5%。

表 8-6 培养基组成 $L_9(3^3)$ 正交试验方案及结果

试验号	A(%)	B(%)	C(%)	共轭亚油酸产量均值(mg/mL)
1	1.0	1.0	0.5	2.129
2	1.0	1.5	1.0	2.070
3	1.0	2.0	1.5	2.027
4	1.5	1.0	1.5	1.748
5	1.5	1.5	0.5	1.522
6	1.5	2.0	1.0	2.896
7	2.0	1.0	1.0	2.136
8	2.0	1.5	1.5	2.454
9	2.0	2.0	0.5	3.331
k_1	2.069	1.989	2.328	
k_2	2.123	2.077	2.368	
k_3	2.554	2.679	2.077	
R	0.485	0.69	0.291	
极差分析		$B>A>C$		

表 8-7 方差分析

方差来源	df	SS	MS	F	$Pr > F$
A	1	1.007	1.007	5.169	0.036
B	1	0.752	0.752	3.858	0.066
C	1	0.022	0.022	0.115	0.739
AB	1	0.488	0.488	2.503	0.132
AC	1	0.034	0.034	0.175	0.681
BC	1	0.096	0.096	0.495	0.491
模型	6	4.202	0.700	3.595	0.017
误差	17	3.312	0.195		
总和	23	7.513			

(三)共轭亚油酸生成菌株最佳培养条件的确定

1.最佳培养温度的确定

检测在不同温度下共轭亚油酸生成量,以确定体系的最适培养温度。结果见图 8-4。

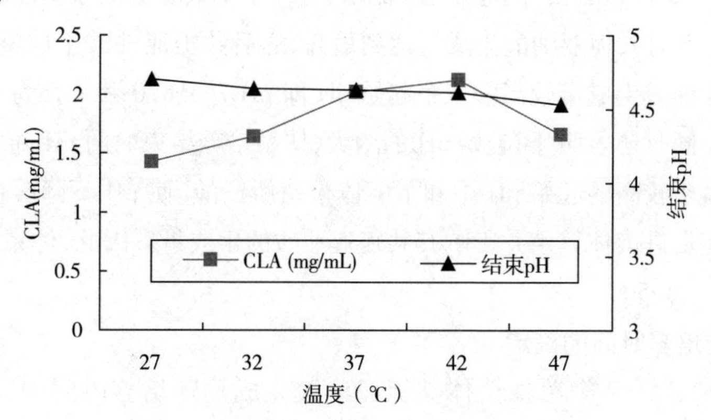

图 8-4 培养温度对共轭亚油酸生成的影响

通常当温度在一定范围之内增加时,生长和代谢也随之增加,达到最高温度后细胞功能很快下降。从图 8-4 所得结论基本与之相似,培养温度增至 42℃时共轭亚油酸产量达到最高,但与 37℃时的共轭亚油酸产量相比差异不显著。选用共轭亚油酸产量较高的三个培养温度即 37℃、42℃、47℃为正交试验的三个水平。同时还表明,随培养温度的增加,体系培养结束时的 pH 呈微弱的下降趋势,但仅 0.3 个 pH 单位。说明培养温度的改变对菌体的繁殖产酸影响不大,但影响其共轭亚油酸的生成量。体系培养温度可控制在37～42℃以获得高的共轭亚油酸的生成量。

2.最佳初始 pH 的确定

检测在不同起始 pH 下共轭亚油酸生成量，以确定体系的最适培养 pH。起始 pH 对共轭亚油酸生成量的影响结果见图 8－5。

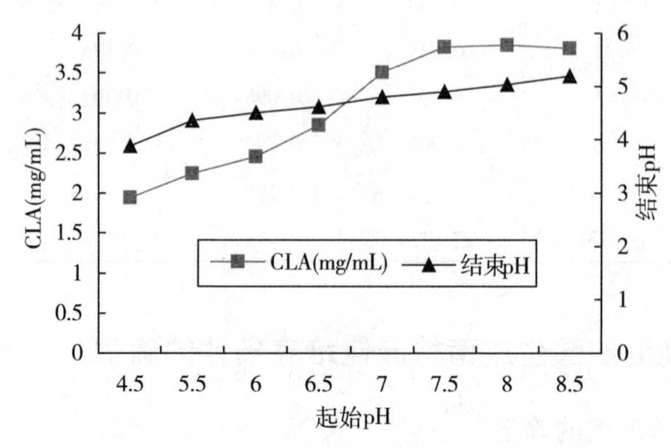

图 8－5　培养 pH 对共轭亚油酸产量的影响

从图 8－5 可以看出，随起始 pH 的增大，体系中共轭亚油酸生成量呈增加趋势，pH 为 7.5 时共轭亚油酸生成量达到最高，之后共轭亚油酸生成量变化不大。选用共轭亚油酸生成量较高的三个起始 pH 即 pH 7.5、8.0 和 8.5 为正交试验的三个水平。同时还表明，随起始 pH 的增大，体系培养结束时的 pH 随之平稳的增加。这是由于较高的起始 pH 中和了菌体繁殖所产酸，使 pH 下降缓慢。同时这种作用可能促进菌体繁殖并影响其共轭亚油酸的生成量。因此，体系起始 pH 应控制在 7.5～8.5。

3.最佳培养时间的确定

将 Ldb2、La1 两个菌株菌体共轭亚油酸生成量随培养时间的变化绘于图 8－6的变化。

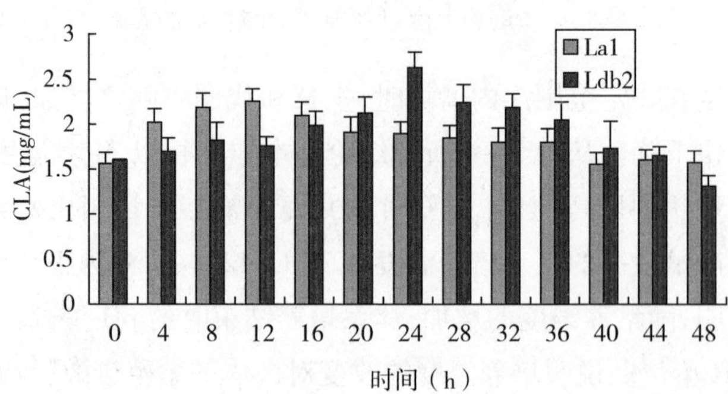

图 8－6　培养时间对菌体共轭亚油酸生成量的影响

从图 8 –6 可知,随培养时间的增加,菌株 La1 的共轭亚油酸生成量快速增加,在 12 h 达到最大值,再延长培养时间,共轭亚油酸生成量呈平缓的下降趋势。对于菌株 Ldb 2 共轭亚油酸生成量的变化趋势于 La1 相似,只是最大值出现在 24 h,这与两种菌株的生长繁殖情况相一致,均是在对数生长期后出现共轭亚油酸生成量的高峰值。

4.确定培养条件各因素的交互影响

培养温度、培养时间及体系初始 pH 三因素依次用 A、B、C 表示,在培养条件三因素中对菌株生成共轭亚油酸的贡献大小、交互作用拟合方程。试验实施及结果见表 8 –8。

表 8 –8　共轭亚油酸培养条件 $L_9(3^3)$ 正交试验方案及结果

试验号	培养温度 A(℃)	培养时间 B(h)	体系初始 pH C	共轭亚油酸产量(mg/mL)
1	37	24	7.5	1.472
2	37	28	8.0	1.916
3	37	32	8.5	1.748
4	42	24	8.5	1.856
5	42	28	7.5	2.122
6	42	32	8.0	1.932
7	47	24	8.0	1.923
8	47	28	8.5	2.086
9	47	32	7.5	1.205
k_1	1.713	1.739	1.609	
k_2	2.069	2.106	1.925	
k_3	1.739	1.591	1.902	
R	0.356	0.515	0.315	
极差分析		$B>A>C$		

由表 8 –8 中极差分析可知,各因素对菌株共轭亚油酸产量贡献率的主次顺序为:$B>A>C$,即培养时间 > 培养温度 > 体系初始 pH。培养时间是影响共轭亚油酸产量的主要因素。

方差分析见表 8 –9。

表 8 –9　方差分析

方差来源	df	SS	MS	F	Pr > F
A	1	0.319	0.319	6.609	0.019
B	1	0.461	0.461	9.569	0.007

续表

方差来源	df	SS	MS	F	$Pr>F$
C	1	0.342	0.342	7.098	0.016
AB	1	1.474	1.474	30.589	0.0001
AC	1	1.244	1.244	25.811	0.0001
BC	1	0.612	0.612	12.698	0.002
模型	6	2.093	0.349	7.238	0.001
误差	17	0.819	0.048		
总和	23		2.913		

从表8－9方差分析可知，因素 B 对共轭亚油酸生成量结果影响极显著；因素 A、C 对结果影响显著；交互作用 AB、AC、BC 影响均为极显著。对实验结果拟合方程如下（$R^2=71.87\%$）：

$$Y=1.830-0.207A+0.273B-0.235C-0.697AB+0.641AC-0.443BC$$

分别对 A、B、C 三因素各水平作均值比较，结果表明 A 因素各水平均值之间，2水平与1水平、3水平之间的差异均显著，而1水平、3水平之间的差异不显著。B 因素各水平均值的差异显著性与 A 因素相同。C 因素各水平均值之间，1水平与2水平、3水平之间的差异均显著，而2水平、3水平之间的差异不显著。通过以上分析，确定菌株产共轭亚油酸的最佳培养条件为 $A_2B_2C_2$，即培养温度42℃、培养时间28 h及体系初始pH为8.0效果最好。

5.嗜酸乳杆菌产亚油酸异构酶最佳条件的确定

以MRS为发酵培养基，选取对嗜酸乳杆菌产酶影响较为显著的四个因素（发酵温度、培养基pH、发酵时间和亚油酸添加量）进行 $L_9(3^4)$ 正交试验，结果见表8－10。

表8－10　正交实验结果及分析

试验号	因素				亚油酸异构酶含量（OD_{233}）
	温度 A（℃）	pH B	时间 C（h）	LA用量 D（%）	
1	1(30)	1(5.5)	1(12)	1(0.00)	0.995
2	1	2(6.5)	2(24)	2(0.05)	1.593
3	1	3(7.5)	3(36)	3(0.10)	1.438
4	2(35)	1	2	3	1.590
5	2	2	3	1	1.135

续表

试验号	因素				亚油酸异构酶含量(OD_{233})
	温度 A(℃)	pH B	时间 C(h)	LA 用量 D(%)	
6	2	3	1	2	1.500
7	3(40)	1	3	2	1.265
8	3	2	1	3	1.611
9	3	3	2	1	1.098
k_1	1.342	1.283	1.369	1.076	
k_2	1.408	1.446	1.427	1.453	
k_3	1.325	1.345	1.279	1.546	
R	0.083	0.163	0.148	0.47	

由表8-10的直观分析中的极差(R)值可以看出,对嗜酸乳杆菌产酶影响最大的因素是LA用量,其次是pH,然后是时间,影响最小的因素是温度。而由均值可以得出结论,最优组合应为:$A_2B_2C_2D_3$。因此嗜酸乳杆菌的最佳生长条件是:LA添加量为0.1%,培养基初始pH为6.5,在35℃下恒温摇床培养24 h,在此条件下进行验证实验,得发酵液中亚油酸异构酶含量的OD_{233}值为1.633。

(四)高产菌株的诱变筛选

1.紫外诱变

对菌株Ldb2进行紫外线照射处理,在光源及照射距离一定的前提下,通过照射时间的变化,改变照射剂量,测定不同照射时间菌体的死亡率,以确定适宜的紫外线诱变剂量。结果见图8-7。由图8-7可知,随照射时间的延长,菌体的死亡率急剧增加。有资料表明,紫外线诱变的正突变较多的出现在偏低剂量中,

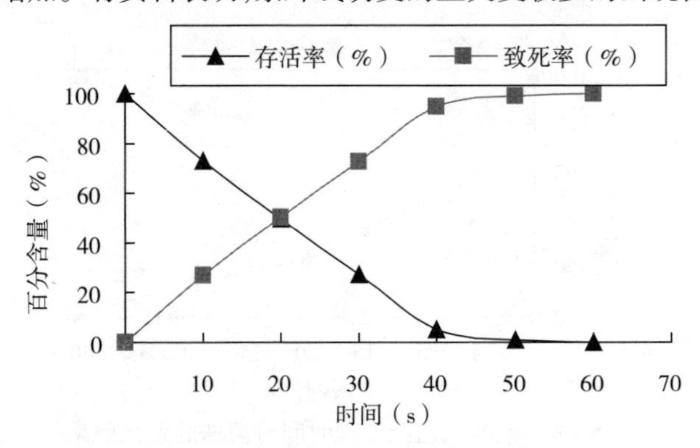

图8-7　紫外线处理时间对菌株的致死效果

而负突变较多的出现在偏高剂量中。高产菌株诱变效果较好时,死亡率为 75% ~80%,因此选择 30 s 照射剂量,使菌体的死亡率接近 75%。

从菌株 Ldb2 出发,经紫外线及复合诱变处理系统选育共轭亚油酸生成菌株的流程见图 8-8 由实验中发现,利用紫外线诱变使菌株发生正突变的概率较高,但将这一遗传性状稳定保留下来较难。最终将菌株 315UU 确定为经紫外线诱变筛选得到的菌株,共轭亚油酸能力较出发菌株提高 50.33%。

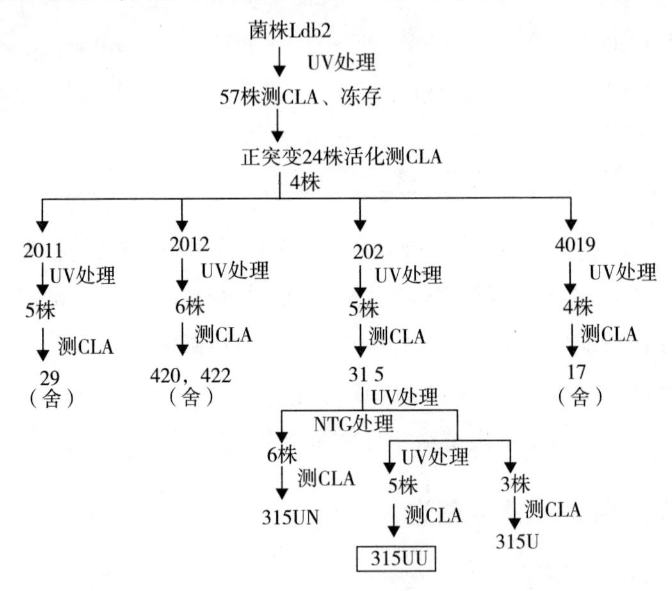

图 8-8　紫外线诱变共轭亚油酸生成菌选育流程

2.硫酸二乙酯诱变

以 1% 硫酸二乙酯对菌株 Ldb2 的细胞悬液进行诱变处理不同时间,测定不同处理时间菌体的死亡率,以确定适宜的硫酸二乙酯诱变剂量。结果见图 8-9。

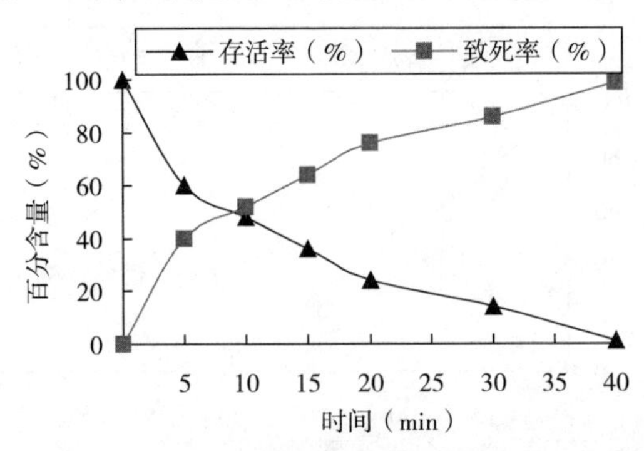

图8-9　硫酸二乙酯处理时间对菌株的致死效果

由图 8 －9 可知，随硫酸二乙酯处理时间的延长，菌体的死亡率快速增加。当处理时间为 20 min 时，菌体的死亡率为 76% 。因此选择 20 min 为硫酸二乙酯诱变处理时间。

从菌株 Ldb2 出发，经硫酸二乙酯及复合诱变处理，筛选共轭亚油酸生成菌株的流程见图 8 －10。硫酸二乙酯及其复合诱变筛选中，最终将菌株 98DD、1616UU 确定为经硫酸二乙酯及复合诱变筛选得到的菌株。其共轭亚油酸生成能力较出发菌株分别提高 59.56%、51.49%。

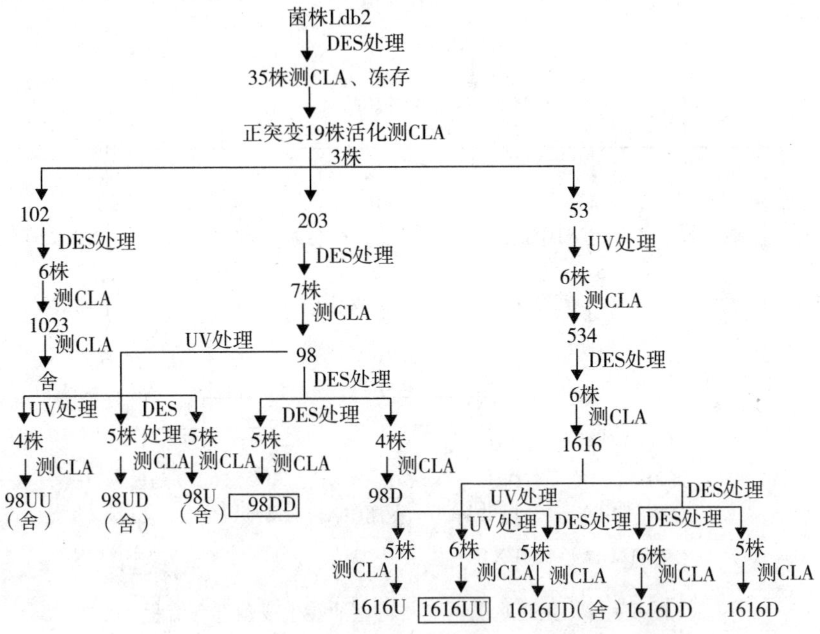

图 8 －10　硫酸二乙酯诱变共轭亚油酸生成菌选育流程

3.亚硝基胍诱变

利用前述方法，以一定浓度亚硝基胍对菌株 Ldb2 的细胞悬液进行诱变处理不同时间，测定不同处理时间菌体的死亡率，以确定适宜的亚硝基胍诱变剂量。结果见图 8 －11。

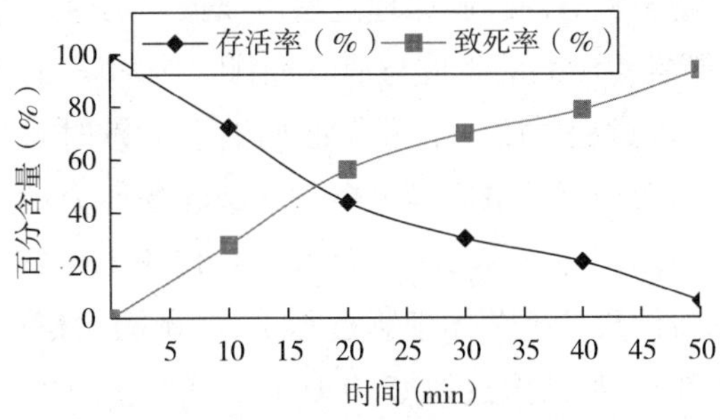

图 8 －11　亚硝基胍处理时间对菌株的致死效果

由图 8－11 可知，随亚硝基胍处理时间的延长，菌体的死亡率呈平缓的增加趋势。当处理时间为 40 min 时，菌体的死亡率为 78.7%。因此选择 40 min 为亚硝基胍诱变处理时间。

从菌株 Ldb2 出发，经亚硝基胍及复合诱变处理，筛选共轭亚油酸生成菌株的流程见图 8－12。最终将菌株 71UN 确定为经亚硝基胍及复合诱变筛选得到的菌株，共轭亚油酸能力较原出发菌株提高 43.04%。

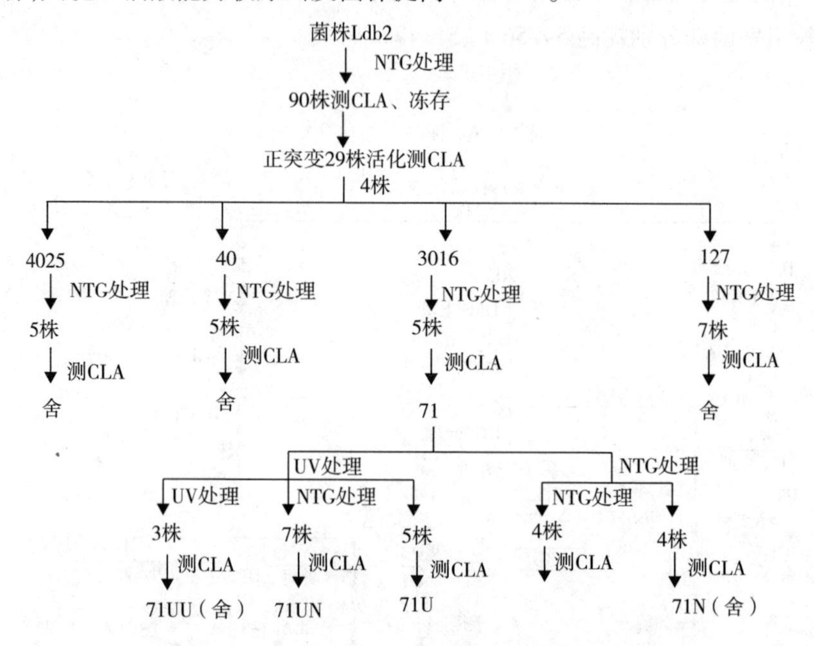

图 8－12　亚硝基胍诱变共轭亚油酸生成菌选育流程

（五）亚油酸异构酶的分离纯化

1.德氏乳杆菌亚油酸异构酶纯化条件的确定

（1）细胞破碎。

①超声波法。超声波破碎细胞原理是超声波振动通过液体时形成局部减压（即空穴作用），不断发生漩涡的生成与消失，由此产生很大的压力而使细胞破碎（于国萍，1998）。实验过程中比较了超声处理时间，间歇时间及超声波破碎次数对酶活力的影响。由数据可见最后确定超声波破碎条件为：每次超声时间 20 s，间歇 5 s，破碎 50 次时酶活力较高，酶活力达到了 18.9 U/mL。

②酶法。当用溶菌酶处理菌体细胞过程中，溶菌酶的添加量在大于 3% 时，能得到较好的破碎效果，酶活力达到 17.9 U/mL，当溶菌酶的添加量达到 6% 时，

酶活力达到了 27.8 U/mL，继续添加则没有较大的提高，酶活力最高达到了28.0 U/mL。

③超声波和酶法相结合。溶菌酶和超声波相结合破碎菌体细胞壁时，当溶菌酶浓度在3%时，就达到了很好的破碎效果，酶活力达到了 26.8 U/mL，继续添加酶活力没有较大提高，已经破碎完全，所以二者相结合时，确定破碎条件为：超声波破碎两次，每次破碎 20 s，间歇 5 s 破碎 25 次；第一次超声波破碎后加入3%溶菌酶消化 1 h，进行第二次破碎。

比较三种破碎方法，可以看到二者相结合破碎时，溶菌酶的用量减少了3%，可以降低试验成本，具有实际应用价值，而且酶活力并没有较大幅度的下降；比较单纯使用超声波破碎方法，虽然在破碎时间上是一样的，但酶活力有较大提高，所以试验最后确定利用溶菌酶和超声波相结合的破碎方法破碎菌体细胞。

(2)硫酸铵分级沉淀、透析脱盐及酶液浓缩。

硫酸铵分级沉淀过程中上清液总酶活力和总蛋白质含量变化见图 8－13，随着硫酸铵饱和度增加，上清液中总蛋白含量下降很快，而总酶活力下降缓慢。当硫酸铵饱和度达到40%时，上清液中总酶活力虽然下降了22%，但蛋白含量下降迅速，此时可沉淀49%的蛋白质，可见沉淀除去的蛋白质主要是杂蛋白。当硫酸铵饱和度在40%～80%时，上清液中酶活力迅速下降，其下降量达到了总酶活力的60%（饱和度为40%时相对酶活力为80%，饱和度为80%下降到20%），当硫酸铵饱和度达到90%时，上清液中酶活力只有9%，说明大部分酶蛋白已进入沉淀中。通过试验最后确定硫酸铵盐析分级沉淀的饱和度范围为40%～80%。

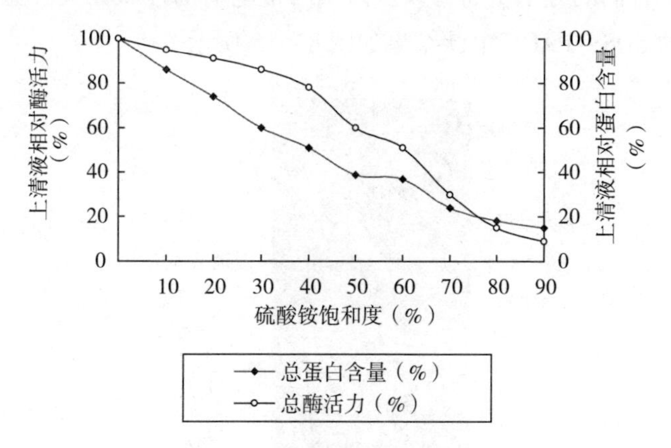

图 8－13　硫酸铵分级沉淀上清液中总酶活力和总蛋白含量变化

在确定硫酸铵盐析饱和度后，先用饱和度为40%的硫酸铵沉淀粗酶液，弃去沉淀。然后在上清液中继续添加硫酸铵至饱和度80%,沉淀上清液,收集沉淀。用一定量的硫酸氢二钠—柠檬酸缓冲液(pH 6.0)溶解沉淀进行透析、浓缩处理。

(3)Sephadex G-100葡聚糖凝胶过滤层析。

收集盐析得到的酶液,经透析、浓缩后上样,进行凝胶过滤层析。用缓冲液洗脱,分部收集,分别测定不同洗脱物的蛋白质含量及酶活力,凝胶过滤洗脱图谱如图8-14所示。

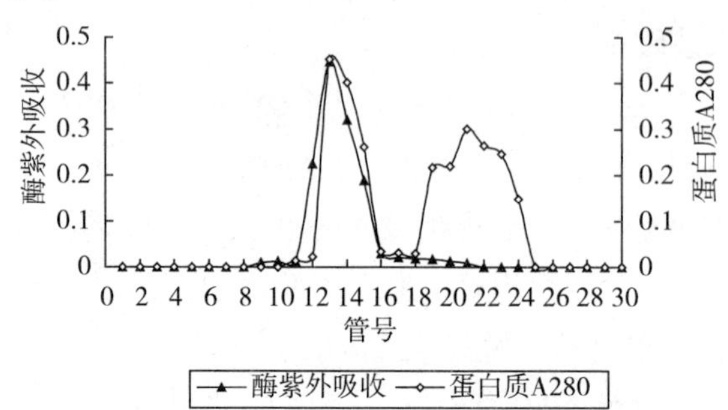

图8-14 SephadexG-100凝胶过滤层析洗脱图

图8-14显示,经过缓冲液洗脱出两个蛋白峰,第Ⅱ个蛋白峰没有检测到酶活力。检测到峰Ⅰ具有酶活力。收集与峰Ⅰ相对应的11~18管的酶液,进行SDS-聚丙烯酰胺凝胶电泳,确定亚油酸异构酶的纯度,并测定其分子量。

(4)酶分子量的测定。

当在聚丙烯酰胺凝胶电泳中加入阴离子去污剂SDS后,蛋白质分子的迁移率主要取决于它们的分子量而与该蛋白质所带电荷的性状无关。亚油酸异构酶与标准蛋白的SDS-PAGE电泳结果如图8-15所示。

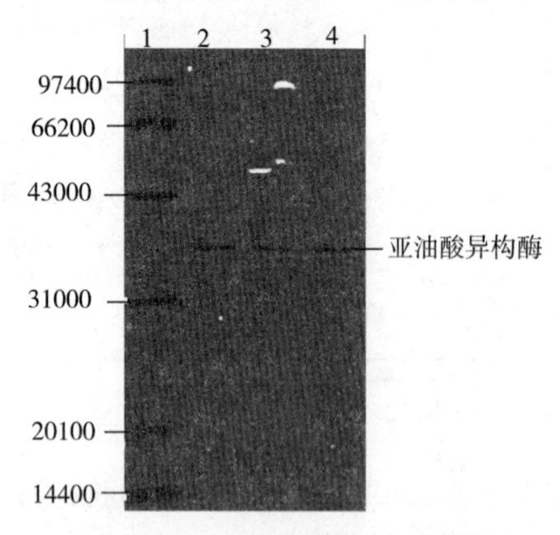

图8-15 SDS-PAGE电泳图谱

注:1—低分子量标准蛋白;2、3、4—亚油酸异构酶

根据亚油酸异构酶和低分子量标准蛋白的SDS－聚丙烯酰胺凝胶电泳图，测定亚油酸异构酶与低分子量标准蛋白的相对迁移率 R_f 值，用低分子量标准蛋白质的 R_f 值对分子量的对数制作标准曲线，结果如图8－16所示。

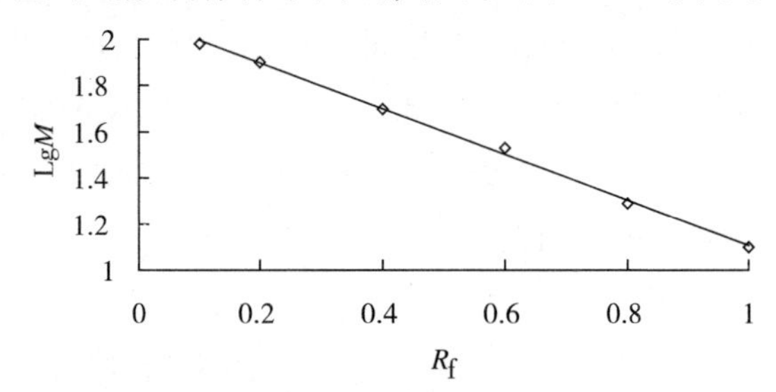

图8－16　标准蛋白分子量与相对迁移率标准曲线

图8－16显示的回归方程为：

$$LgM = -0.9868R_f + 2.0932, R^2 = 0.9978 \quad (8-1)$$

每种蛋白质的相对迁移率计算如下：

$$R_f = \frac{\text{从分离胶开始的蛋白迁移距离}}{\text{从分离胶开始示踪指示剂的迁移距离} } \quad (8-2)$$

根据式(8－2)计算亚油酸异构酶的相对迁移率 R_f，将计算结果得到的 R_f 值代入到式(8－1)中，计算后得到亚油酸异构酶的相对分子量为36.4KD。

(5)分离纯化过程蛋白总量及酶活力变化。

产酶培养后的菌体细胞，经过超声波溶菌酶破碎后，得到亚油酸异构酶的粗酶液。通过对亚油酸异构酶粗酶液进行硫酸铵分级沉淀、透析脱盐、聚乙二醇浓缩、Sephadex G－100凝胶过滤层析等提纯方法，得到了电泳纯的亚油酸异构酶。分离纯化过程中总蛋白质含量、总酶活力、比活力、提纯倍数结果如表8－11所示。

表8－11　亚油酸异构酶分离纯化表

纯化方法	总蛋白质(mg)	总酶活力(U)	比活力(U/mg)	活力回收(%)	提纯倍数
粗酶液	1149.8	3924.1	3.41	100	1.0
硫酸铵盐析	426.7	2089.3	4.90	53.2	1.4
Sephadex G－100凝胶过滤	3.9	257.8	66.1	6.6	19.4

由表8－11可以看出，当提纯倍数达到19.4时，活力回收仅为6.6%。存在于粗酶液中的酶活力有93.4%损失在酶提纯过程的操作中，蛋白含量也由开始的1149.8mg降到3.9mg。在酶的提出过程中，比活力越高，纯化倍数越大，酶的纯度也比较好。但是它不能说明实际纯净程度是多少。

2.嗜酸乳杆菌亚油酸异构酶纯化条件的确定

(1)硫酸铵分级沉淀。

离心发酵液收集细胞,破碎后进行分级沉淀,结果见图8-17。结果表明,硫酸按饱和度在50%~80%时,大部分亚油酸异构酶得到回收。实验过程还表明,分级沉淀处理过程中酶的活力损失非常小,可能是因为硫酸铵对亚油酸异构酶有较好的保护作用的缘故。而且发现,分级沉淀时在缓冲液中加入1%的甘油能够起到稳定亚油酸异构酶的作用。

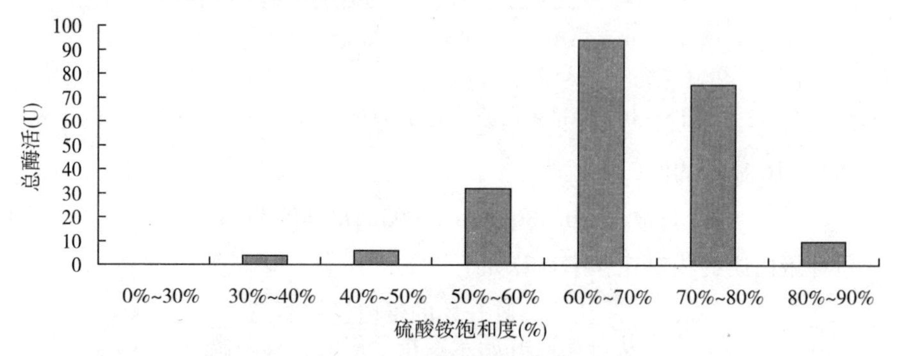

图8-17　硫酸铵分级沉淀

(2)阴离子交换层析。

在预实验基础上,改用容积较大的层析柱(φ1.60 cm×100 cm),洗脱结果见图8-18。情况和预实验基本相似,但是在NaCl浓度为0.5 mol/L时,在洗脱液中几乎检测不到蛋白质,而在NaCl浓度为0.4 mol/L的洗脱液中检测到了亚油酸异构酶活力,这种改变可能是因为在用容积较大的层析柱进行洗脱时,洗脱速率较高,柱内压力较大以及一些壁效应等因素引起的。收集具有酶活力的洗脱液,准备下一步的凝胶过滤层析。

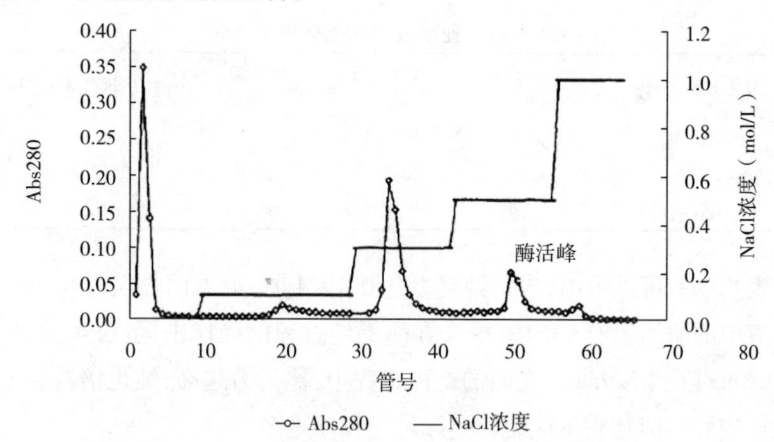

图8-18　亚油酸异构酶的DEAE—Sepharose F. F阴离子交换层析

(3)凝胶过滤层析。

将经离子交换层析有酶活力部分透析平衡和浓缩后,上样于 Sephadex G－100 凝胶层析柱(φ16 mm × 100 cm),用缓冲液洗脱一个柱体积,结果见图 8－19,收集有酶活力部分。

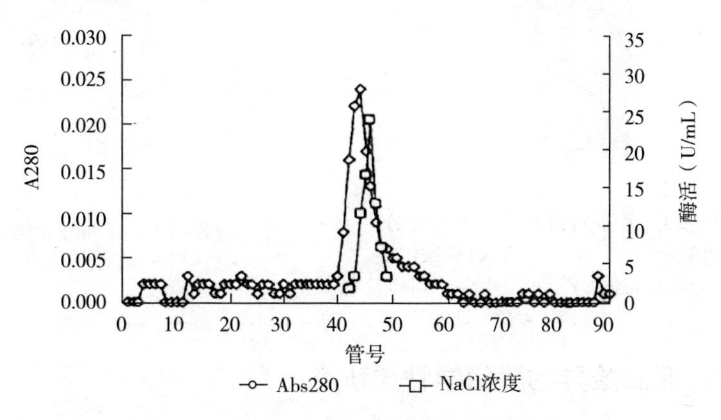

图 8－19　Sephadex G－100 凝胶过滤层析

各步纯化结果见表 8－12。经硫酸铵分级沉淀,酶活回收率仅为 55.7%,造成酶活损失的主要原因可能是将细胞破碎后没有立即进行硫酸铵分级沉淀,而是在 4℃冰箱中放置过夜造成的。

表 8－12　重组菌亚油酸异构酶的分离纯化

处理方式	总酶活(U)	总蛋白(mg)	比活力(U/mg)	回收率(%)	纯化倍数
粗酶	3781.67	1237.60	3.06	100	1.0
硫酸铵分级沉淀	2106.48	471.14	4.28	55.70	1.4
阴离子交换层析	1199.50	18.26	65.69	31.72	21.5
凝胶过滤层析	241.75	2.09	115.92	6.39	37.9

(4)电泳分析。

将纯化过程中各步的酶液进行 PAGE 电泳分析,结果表明(图 8－20),经过多步分离后,得到电泳纯的亚油酸异构酶;将纯酶液进行 SDS－PAGE 分析,结果表明(图 8－21),该亚油酸异构酶的分子量约为 43 kDa。

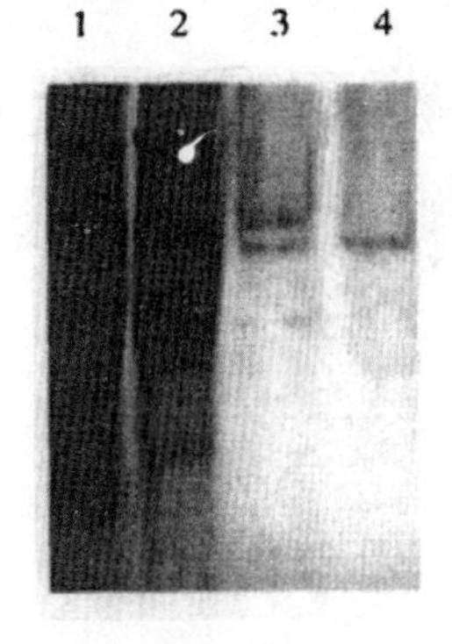

图 8－20　各步所得酶液的 PAGE 分析
1. 粗酶液　　2. 硫酸铵沉淀，
3 DEAF－SepharaseF. F　　4 Sephadex G－100

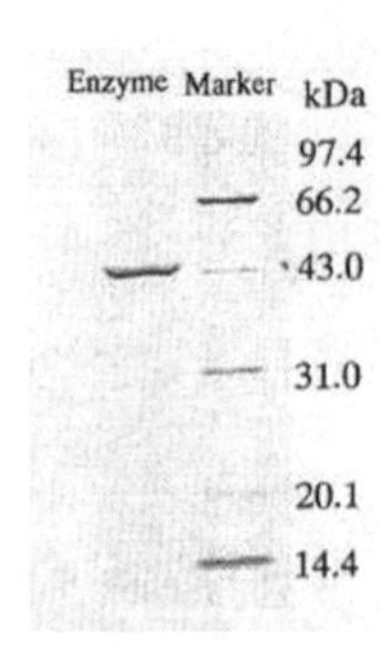

图 8－21　亚油酸异构酶的 SDS－PAGE 分析

(六)亚油酸异构酶酶学性质研究

1.德氏乳杆菌亚油酸异构酶酶学性质

(1)亚油酸异构酶反应最适 pH 确定及 pH 稳定性测定。

选择的 pH 分别为 4.0、4.5、5.0、5.5、6.0、6.5、7.0、7.5、8.0，以 pH 为横坐标，酶活力为纵坐标。结果如图 8－22 所示。

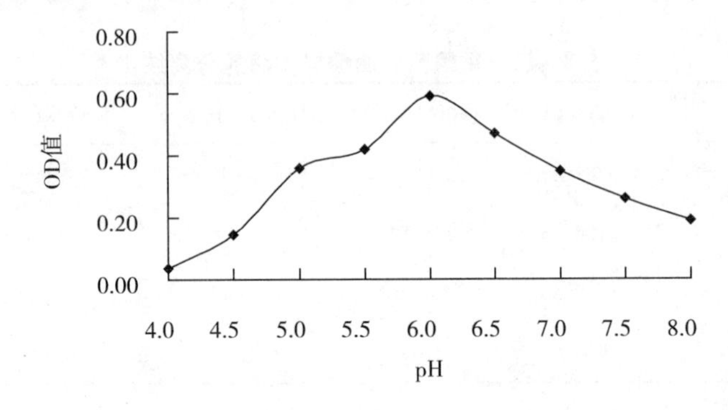

图 8－22　pH 对亚油酸异构酶活力的影响

选择 pH 分别为 4.0、4.5、5.0、5.5、6.0、6.5、7.0、7.5、8.0，在 30℃ 保温 2 h 后立即冰水浴冷却调节 pH 至 6.0，测定其在 pH 6.0 的反应活性，以保温前 pH 6.0 下测得的酶活力为 1.0，检测各 pH 保温后的相对酶活力。结果如图 8－23 所示。

通过试验确定该酶的最适 pH 为 6.0。提纯后的亚油酸异构酶在 pH 5.5～7.0 较为稳定。在 pH 为 5.5 和 6.5 时，30℃ 保温 2 h 后，酶活力分别保留 84% 和

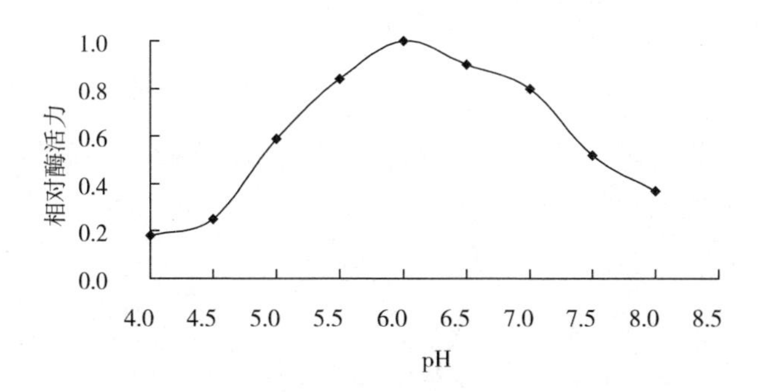

图 8－23　pH 对亚油酸异构酶稳定性的影响

90%。而 pH 在 7.0 和 5.0 时,残余酶活力分别保留 80% 和 59%。在 pH < 5.5 和 pH > 7.0 时,酶活力迅速下降。

(2)亚油酸异构酶反应最适温度确定及温度稳定性测定。

选择的反应温度分别为:20℃、30℃、35℃、40℃、45℃、50℃、60℃。结果如图 8－24 所示。将酶液分别在 20℃、30℃、40℃、50℃、60℃各个温度下保温 2 h 后,迅速冷却后按相同条件测定残存酶活力,以 30℃保温 2 h 后测定的酶活力为 1.0,计算每个保温温度后的相对酶活力,结果如图 8－25 所示。

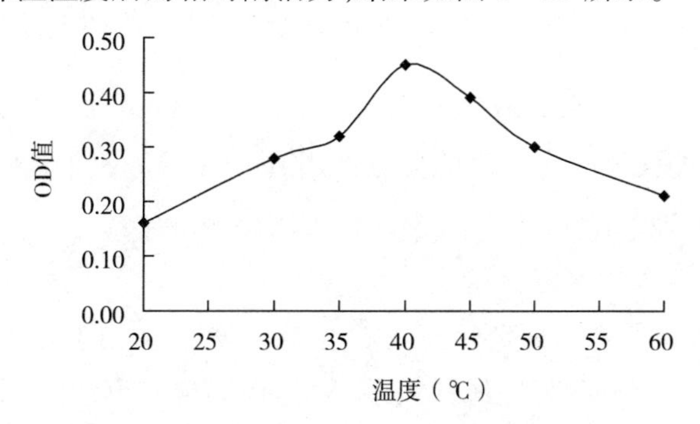

图 8－24　温度对亚油酸异构酶活力的影响

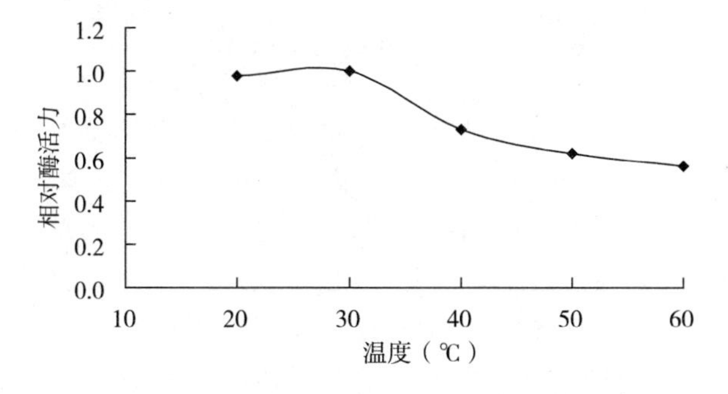

图 8－25　温度对亚油酸异构酶稳定性的影响

在试验过程中，确定酶能充分反应的温度为40℃。在相对较低的20℃试验条件下，酶的稳定性基本与30℃时的试验结果相当。而40℃时酶活力保留为原来的73%，在50℃和60℃时，酶活力均有较大程度的下降，下降率分别为38%和44%，可见该酶应在较低温度下保存。在较高温度下，酶活力下降很快。

(3)金属离子对酶催化反应速率的影响。

试验过程选择的金属离子分别为：Mg^{2+}、Fe^{2+}、Mn^{2+}、Zn^{2+}、Ca^{2+}、Na^{+}，以不添加金属离子的酶活力测定结果为1.0，结果如图8－26所示。

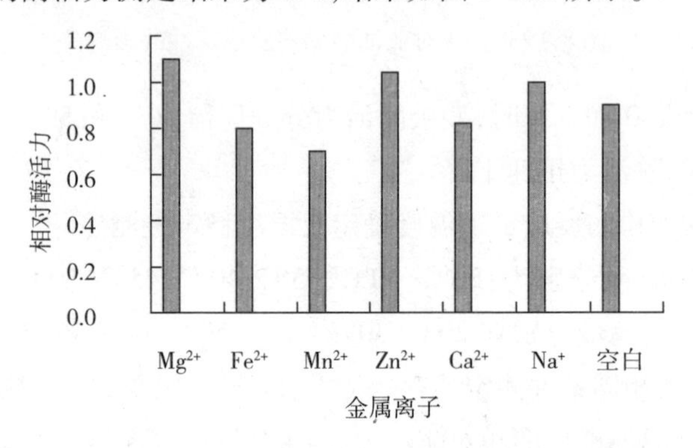

图8－26　金属离子对亚油酸异构酶活力的影响

由图8－26可以看到，添加金属离子Mg^{2+}、Zn^{2+}、Na^{+}后，与对照的相比酶活力有所提高，对酶促反应有一定的促进作用；Fe^{2+}和Mn^{2+}离子对酶促反应与空白相比有明显的抑制作用，而Ca^{2+}对酶活力的影响不显著。

(4)酶动力学参数测定。

以底物浓度的倒数为横坐标、速率的倒数为纵坐标，以$1/v$对$1/S$作图，结果见图8－27。二者呈现很好的线性关系，R^2为0.9766。直线的斜率为K_m/v_m，直线在x、y轴的截距分别为$-1/K_m$和$1/v_m$，据此即可求得亚油酸异构酶的K_m和v_m。

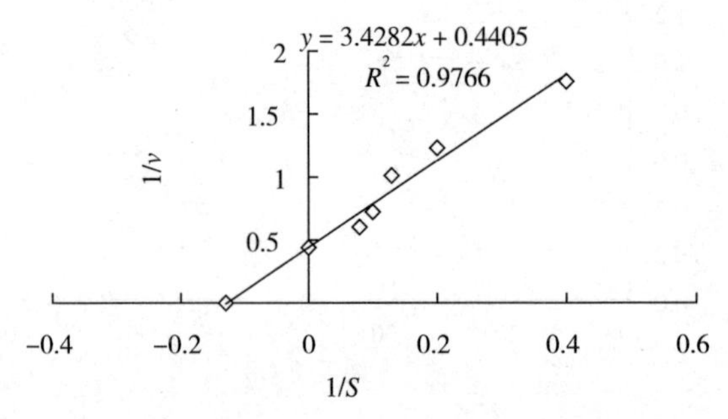

图8－27　亚油酸异构酶的Lineweaver－Burk图

据图8-27计算得到，亚油酸异构酶的米氏常数K_m为2.73×10^{-7} mol/L，最大反应速率v_m为2.32×10^{2} mg/(mL·h)。根据现有对不同微生物来源亚油酸异构酶动力学性质研究的文献资料，不同微生物来源的亚油酸异构酶的动力学特性存在很大差异，K_m值越小，表明酶和底物的亲和力越强。如苗士达等测定*L. plantarum*亚油酸异构酶以LA为底物时的K_m为25.3 μM，吴风亮等测定*L. helveticus*L7中亚油酸的K_m为1.20×10^{-5} M，v_m为5.44 μM/h。

2.嗜酸乳杆菌亚油酸异构酶酶学性质

(1)温度对酶活性的影响。

温度对酶活性的影响有两方面的作用，一方面温度升高能促进反应的进行；另一方面随着温度升高，酶因热变性失活而引起反应速率的减慢。图8-28表明，所纯化的亚油酸异构酶的最适作用温度为30℃；温度超过40℃酶的活力明显降低，说明该酶不耐热。

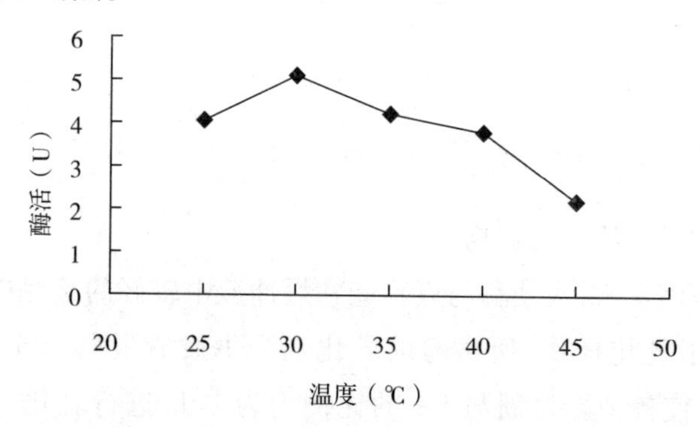

图8-28　温度对亚油酸异构酶活性的影响

(2)pH对酶活性的影响(图8-29)。

pH对酶活性的影响是多种效应的综合表现，过酸或过碱可能引起酶蛋白分子中对维持构象至关重要的氨基酸残基的解离状态的变化，从而影响酶蛋白的

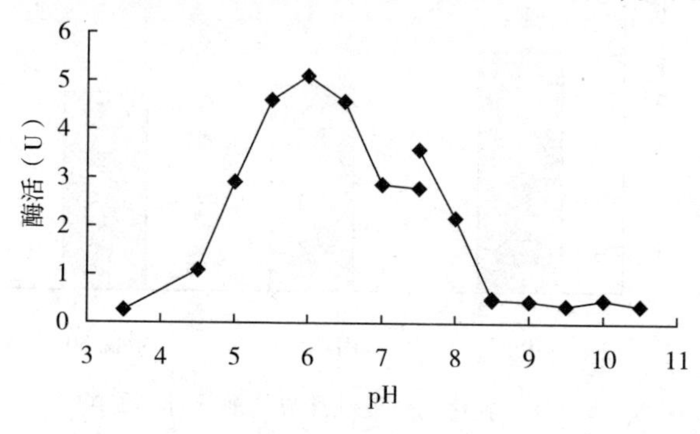

图8-29　pH对亚油酸异构酶活性的影响

催化活性。酶的三级和(或)四级结构的稳定性也与 pH 有关。图 8 - 29 表明,亚油酸异构酶仅在 pH 较窄的范围存在较高的活力,pH6.0 时酶活力最高,过高(>6.5)或过低(<5.5)酶活力均显著下降。

(3)底物 LA 浓度对酶活性的影响。

实验结果见图 8 - 30,反应的最适 LA 浓度为 1.5×10^{-5} g/mL,过高 LA 则对酶产生抑制作用,这与已报道的其他亚油酸异构酶的性质相同,具体的作用机制还不太清楚。

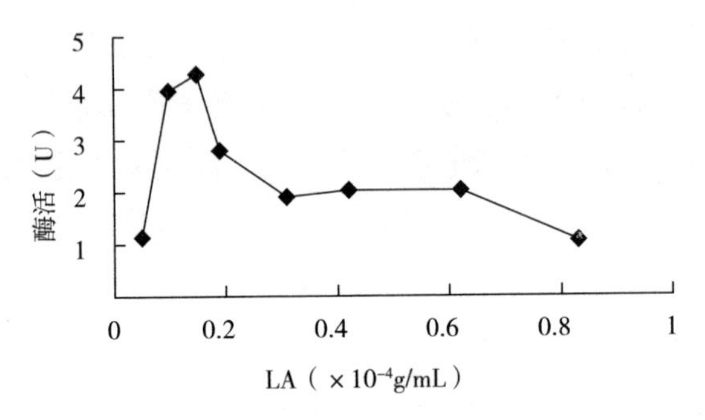

图 8 - 30　LA 对亚油酸异构酶活性的影响

(4)乳化剂对酶活性的影响。

底物 LA 不溶于水,为使酶与底物能在缓冲液中较好的接触并进行反应,对底物 LA 进行了乳化操作,所试验的乳化剂为牛血清蛋白(BSA)、吐温 80 和 1,3 - 丙二醇。使各种乳化剂与 LA 的比例均为 1∶1,进行乳化,实验结果见图 8 - 31。

结果表明,以 BSA 作为乳化剂效果较好,吐温 80 和 1,3 - 丙二醇的效果相当,由于 BSA 价格较高,在精度要求,不高或其他应用研究中可考虑使用吐温 80 或 1,3 - 丙二醇作为替代品。

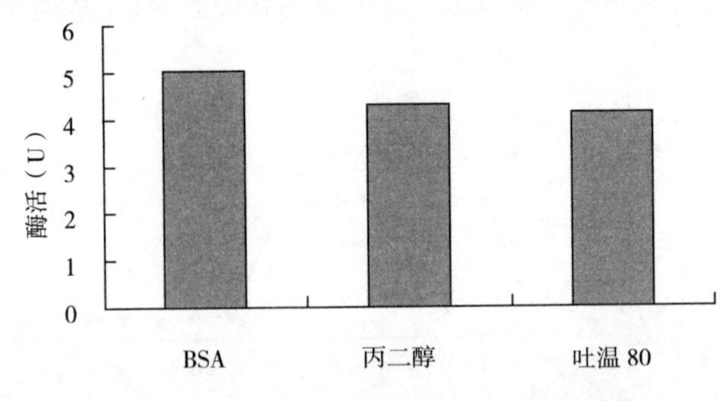

图 8 - 31　乳化剂对亚油酸异构酶活性的影响

（5）亚油酸异构酶的热稳定性。

温度试验中发现该亚油酸异构酶不耐热，为进一步了解在不同温度及不同处理时间下，该亚油酸异构酶的稳定性，进行了酶耐热实验，图 8 - 32 表明，30℃时，酶在试验的时间的范围能够较好的保存活力（但 30℃时放置 24 h 以上也能检测到酶的活力丧失）；50℃时，酶的活力损失很快，保温 2 h 后酶的活力下降约 40%，4 h 后酶活力下降约 70%；温度为 70℃时，2 h 酶活即损失了 90% 以上，因此该酶对高温非常敏感。

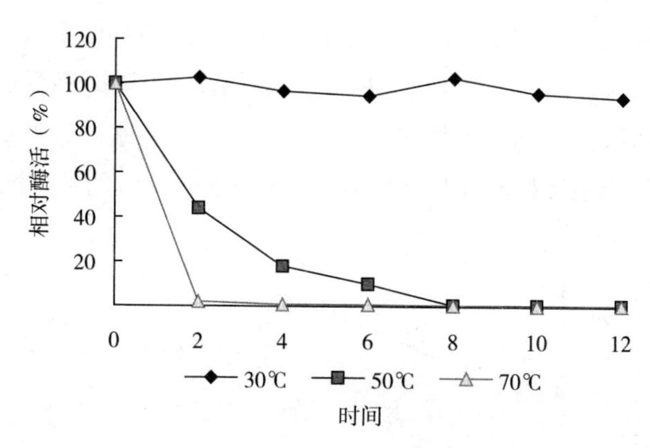

图 8 - 32　温度对亚油酸异构酶稳定性的影响

（6）亚油酸异构酶的 pH 稳定性。

将酶液在不同 pH(3 ~ 11）的缓冲液中，30℃保温 2 h 后，测定去酰胺度，结果见图 8 - 33。由图 8 - 33 可以看出，该酶的 pH 稳定性较好，在 pH 6 ~ 9 均保持 90% 以上的去酰胺度能力。

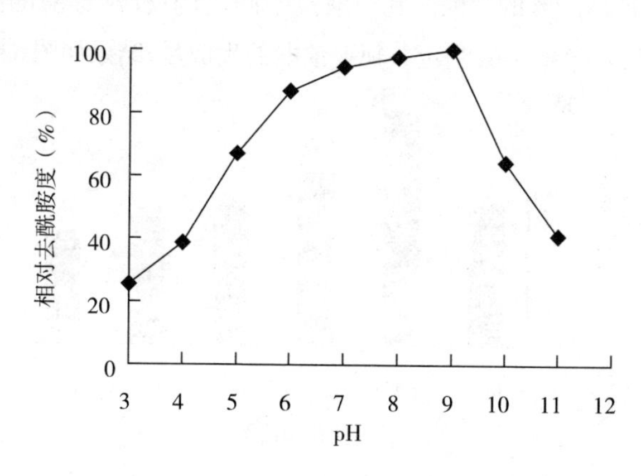

图 8 - 33　酶的 pH 稳定性

(七)亚油酸异构酶作用米糠油生产共轭亚油酸条件研究

1.德氏乳杆菌亚油酸异构酶作用米糠油生产共轭亚油酸条件

(1)米糠油乳浊液浓度对产 CLA 的影响。

分别制备浓度为 0.5%、1.0%、1.5%、2.0%、2.5% 的米糠油乳浊液,确定米糠油乳浊液浓度对产共轭亚油酸的影响。结果如图 8-34 所示。

当米糠油浓度在 2% 时,产 CLA 的量达到最高,达到 28.4 μg/mL。当其浓度在 0.5% ~2.0% 时,CLA 的生成量随着米糠油浓度的增加而增大,当底物米糠油的浓度继续增大时,CLA 的产量没有提高。因为酶分子随时都受底物分子饱和,反应速度在底物浓度达到一定值时必然趋近最高值,此时 CLA 产量也达到最高。通过试验确定亚油酸异构酶作用米糠油时,米糠油乳浊液的最适浓度为 2.0%。

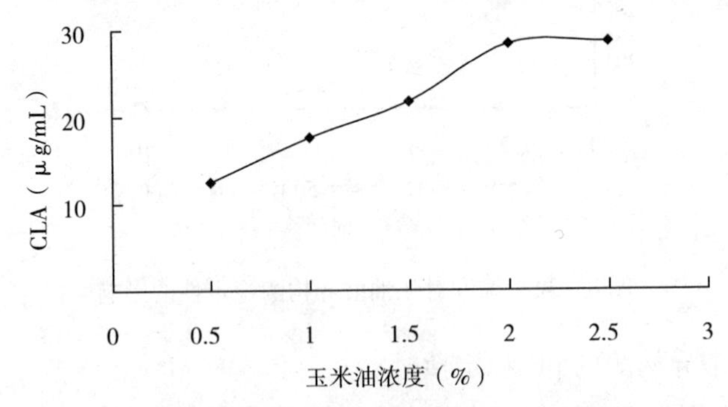

图 8-34 米糠油乳浊液浓度对产 CLA 的影响

(2)亚油酸异构酶添加量对产 CLA 的影响。

亚油酸异构酶与 2% 的米糠油乳浊液按不同比例反应(即酶的添加量不同),分别为 1:1、1:2、1:3、1:4、1:5、1:6,测定共轭亚油酸的生成量,结果如图 8-35 所示。

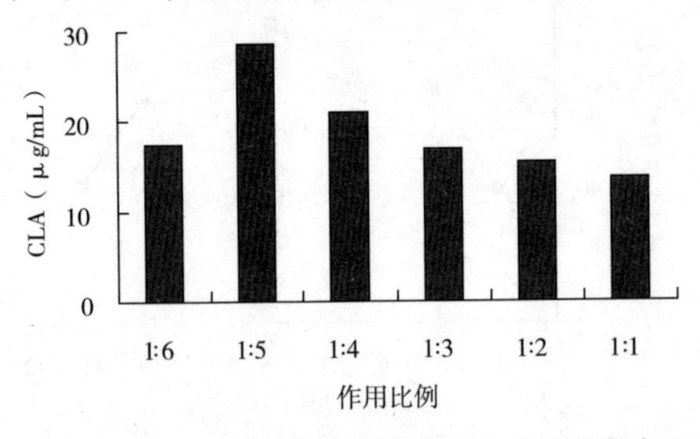

图 8-35 亚油酸异构酶添加量对产 CLA 的影响

从图 8－35 结果得知，当亚油酸异构酶与米糠油的作用比例为 1∶5 时，CLA 的产量最高，达到了 28.6 μg/mL，随着酶的添加量逐渐增多，CLA 的产量并没有相应的提高。有可能存在两方面的原因：一方面是在酶促反应过程中，酶和底物有一个恰好完全反应的比例，此时酶活力达到最大，产物产量也达到最高；另一方面，当酶的添加量过少时，不能完全催化底物使其全部转化为产物，当酶的添加量过多时，过多的酶液又可能会把产物稀释，使检测到的产物含量有较大幅度下降。

(3)温度对亚油酸异构酶作用米糠油产 CLA 的影响。

选取的温度分别为：20℃、30℃、40℃、50℃、60℃，测定共轭亚油酸的生成量，结果如图 8－36 所示。

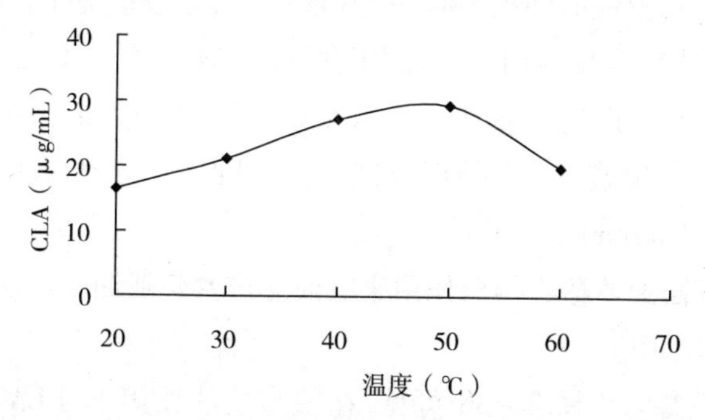

图 8－36　温度对亚油酸异构酶作用米糠油产 CLA 的影响

如图 8－36 所示，在 20～50℃，随着温度的不断升高，CLA 的产量也不断增大，50℃时 CLA 的产量达到了 29.4 μg/mL。而当温度大于 50℃时，CLA 的产量有所下降。原因是在反应的开始阶段(即较低温度条件下)酶不能充分与底物作用，酶的活性中心起到催化作用需要一定的温度，所以随着反应温度的不断提高，反应速率不断增大，即产物 CLA 的产量也相应的不断增多。而当温度比较高时，酶作为蛋白质会发生变性失去活力，所以不能起到催化作用，影响 CLA 的生成量。通过试验确定，亚油酸异构酶作用米糠油的最适温度为 50℃。

(4)反应时间对亚油酸异构酶作用米糠油产 CLA 的影响。

在 50℃条件下，亚油酸异构酶与 2% 米糠油作用比例为 1∶5 时，反应时间分别为 60 min、90 min、120 min、150 min、180 min，测定 CLA 的生成量。确定该反应的最适反应时间，结果如图 8－37 所示。

据 8－37 显示结果看来，当反应时间较短时，CLA 的产量也很低，随着反应

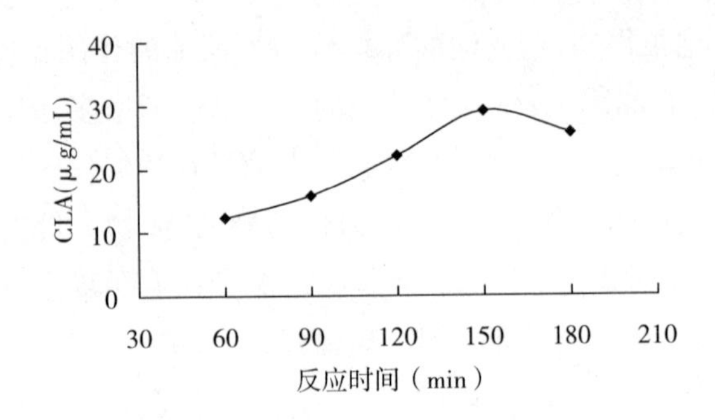

图 8－37　反应时间对亚油酸异构酶作用米糠油产 CLA 的影响

时间的不断增加，CLA 的产量也不断增多。当反应时间过长时，CLA 的产量又会有所下降。因为在反应时间很短时，酶不能和米糠油反应完全，故 CLA 的产量较少，当酶和米糠油完全反应时，CLA 的产量也达到了最大，即二者反应 150 min 时，CLA 的产量达到了 29.1 μg/mL。当反应时间继续增加时，产物 CLA 有可能会在较高温度下分解或发生其他反应，使检测到的 CLA 产量有所下降，此时 CLA 的生成量为 25.7 μg/mL。

2.嗜酸乳杆菌亚油酸异构酶作用米糠油生产共轭亚油酸条件

(1)脂酶的作用。

①脂酶的选择。由图 8－38 可见，在胰脂酶的作用下，CLA 的生成最有效，所以在接下来的实验中选择胰脂酶为米糠油的水解酶。

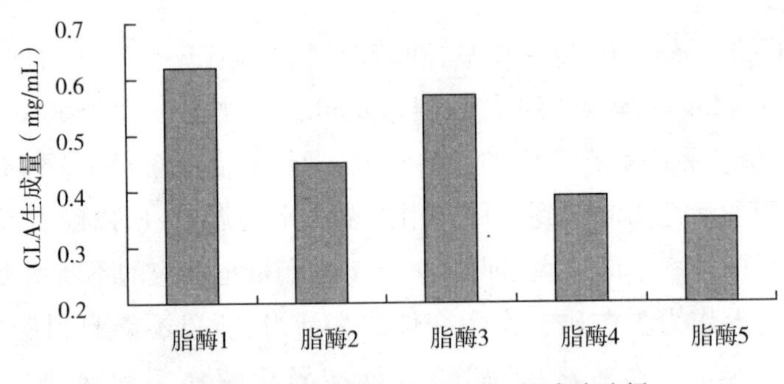

图 8－38　米糠油转化生成 CLA 的酯酶选择

②脂酶的用量。胰脂酶的不同添加量对米糠油转化生成 CLA 有很大影响。在 5.0 mL 的 0.1M 柠檬酸缓冲液（pH 6.0）中，添加不等量的胰脂酶。反应结束检测产物，结果如图 8－39。由图 8－39 可见，胰脂酶的适宜添加量为200 U/mL。

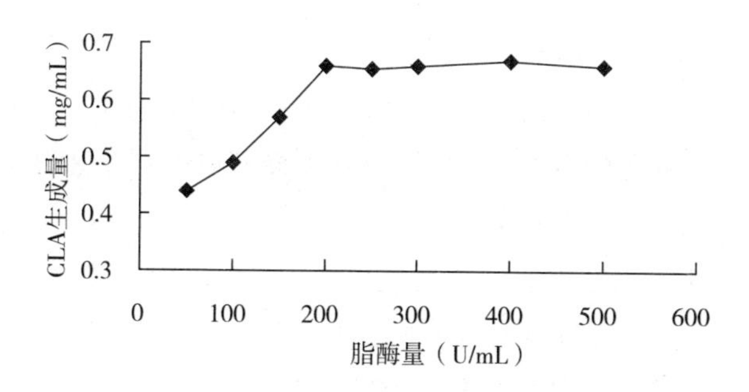

图 8－39　脂酶量对米糠油转化生成 CLA 的影响

(2)乳化剂的选择。

将 25 mg/mL 米糠油和各种不同乳化剂(0.3%，W/V)混合，添加 200 U/mL 的胰脂酶，结果见图 8－40。不同乳化剂分别记为 A 吐温 20；B 单甘酯；C 吐温 80；D－1，3－丙二醇；E BSA。参比为不加任何乳化剂的样品。

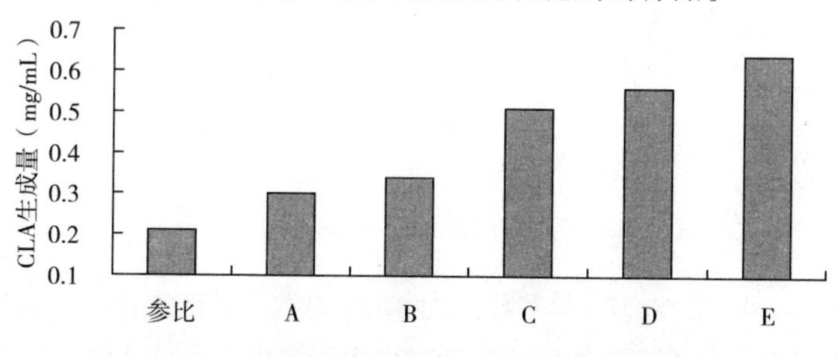

图 8－40　乳化剂对米糠油转化生成 CLA 的影响

由图 8－40 可见，用 BSA 乳化的米糠油能最有效地转化生成 CLA。所以在下面的实验中采用牛血清蛋白(BSA)为乳化剂。

(3)氧气对亚油酸异构酶转化米糠油为 CLA 的影响(图 8－41)。

由文献报道可知亚油酸异构酶转化亚油酸生成 CLA 的反应受氧气的影响，所以本研究在亚油酸异构酶转化米糠油生成 CLA 的过程中，对氧气的影响进行

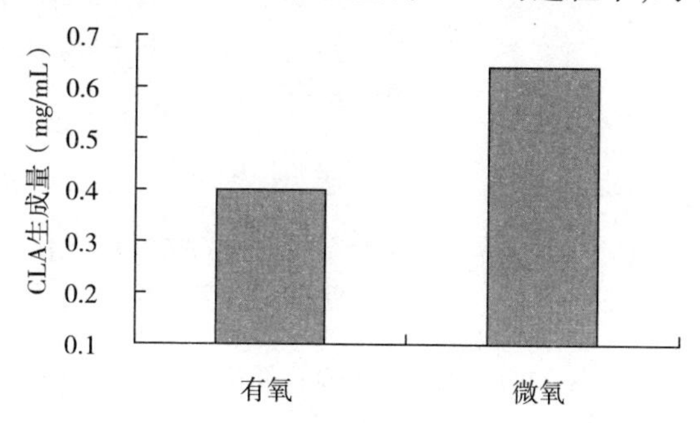

图 8－41　乳化剂对米糠油转化生成 CLA 的影响

了考察。反应试样分两组,一组用高纯氮气驱除试管中的空气造成微氧环境,另一组暴露在空气中进行为有氧条件,结果见图8-41。由图8-41可见,氧气的存在也会影响米糠油到CLA的转化,所以在下面实验中均采用微氧反应条件。

(4)反应温度的亚油酸异构酶转化米糠油为CLA的影响。

在5.0 mL 0.1M的柠檬酸缓冲液(pH 6.0)中,米糠油25.0 mg/mL,BSA添加量0.3%(W/V),亚油酸异构酶的添加量为5%(W/V),胰脂酶200 U/mL,在20~50℃,120 r/min,反应在不同温度下进行48 h,检测产物,所有实验数据均为三个平行样的均值,结果见图8-42。

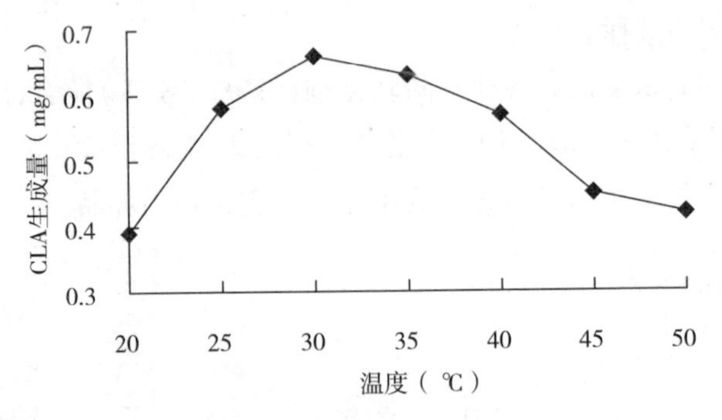

图8-42　温度对米糠油转化生成CLA的影响

由图8-42可见,在20~30℃范围内,CLA的生成量随温度的升高而增加,温度再升高则下降。由此确定30℃为亚油酸异构酶催化生成CLA的适宜温度。

(5)不同反应体系pH的影响(图8-43)。

在5.0 mL的不同pH缓冲体系中,含米糠油25.0 mg/mL,BSA添加量0.3%(W/V)、亚油酸异构酶添加量5%(W/V)和胰脂酶200 U/mL,30℃,120 r/min,

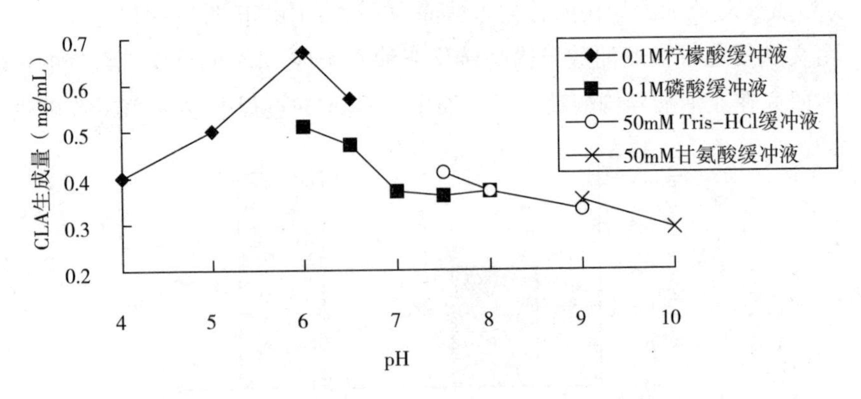

图8-43　不同pH对米糠油转化生成CLA的影响

反应进行 48 h。各种不同缓冲液系统为:0.1 M 柠檬酸缓冲液 pH 4.0,5.0,6.0,6.5;0.1 M磷酸缓冲液 pH 6.0,6.5,7.0,8.0;50 mM;Tris - HCl 缓冲液 pH 7.5,8.0,9.0;50 mM 甘氨酸缓冲液 pH 9.0,10.0。检测产物,所有实验数据均为三个平行样的均值,结果见图 8 - 43。由图 8 - 43 可见,最适缓冲液系统为 0.1 M 柠檬酸缓冲液,pH 6.0。

(6)亚油酸异构酶添加量对转化的影响。

在 5.0 mL 的不同 pH 缓冲体系中,含米糠油 25.0 mg/mL,BSA 添加量 0.3%(W/V)和胰脂酶 200 U/mL,30℃,120 r/min,改变亚油酸异构酶添加量(2%,3%,4%,5%,6%,7%,8%)反应进行 48 h。检测产物,所有实验数据均为三个平行样的均值,结果见图 8 - 44。由图 8 - 44 可见,随着亚油酸异构酶添加量增加生成的 CLA 量也随之增加,到 7% 时达到最大值 0.7 mg/mL。

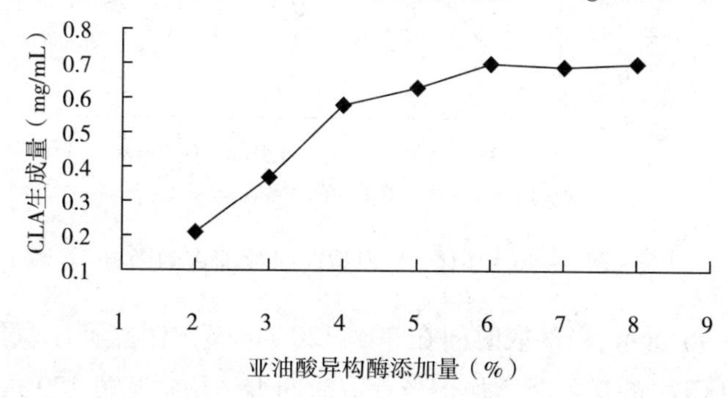

图 8 - 44　酶添加量对米糠油转化生成 CLA 的影响

(7)底物浓度对转化的影响(图 8 - 45)。

在 5.0 mL 的不同 pH 缓冲体系中,BSA 添加量 0.3%(W/V),亚油酸异构酶添加量 6%(W/V)和胰脂酶 200 U/mL,30℃,120 r/min,改变底物米糠油的浓度(10.0 mg/mL,15.0 mg/mL,20.0 mg/mL,25.0 mg/mL,30.0 mg/mL,35.0 mg/mL)

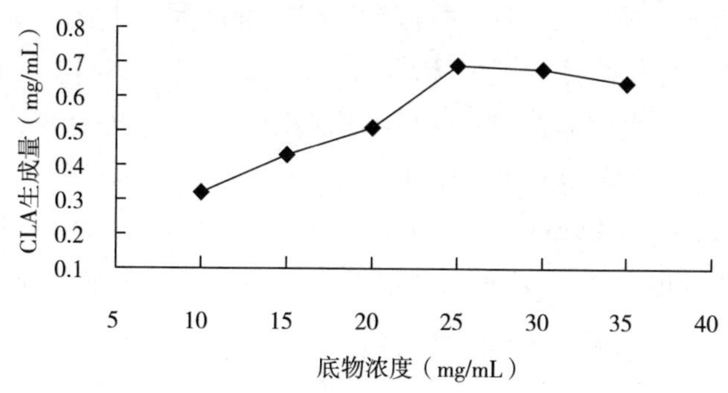

图 8 - 45　底物浓度对米糠油转化生成 CLA 的影响

反应进行 48 h。检测产物,所有实验数据均为三个平行样的均值,结果见图 8 -45。由图 8 - 45 可见随着底物浓度增加,生成的 CLA 量也随之增加,到 25.0 mg/mL时 CLA 生成量达到最大值 0.69 mg/mL,随后有所下降。

(八)气相色谱法检测酶促反应产物

1 .萃取时间对提取菌体油脂的影响

将在不同时间萃取得到的菌体油脂除去氯仿,进行甲酯化及气相色谱检测,以萃取 120 min 时检测到的 CLA 的量为 1.0 mg/mL,结果如图 8 -46 所示。

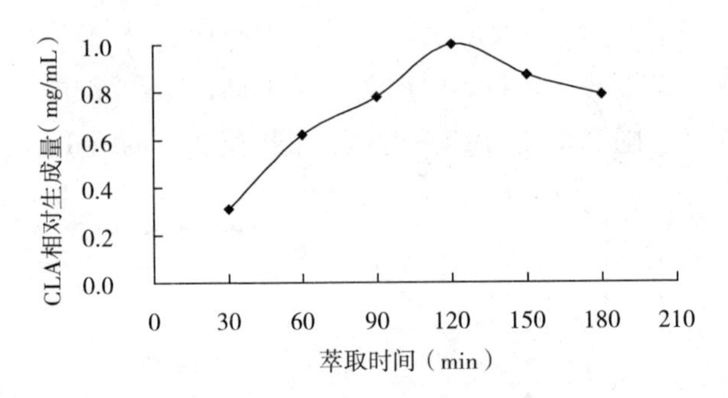

图 8 -46　菌体油脂萃取时间对 CLA 的影响

由图 8 -46 所示,当萃取时间在 30 ~ 120 min 范围内,随着萃取时间的不断延长,生成的 CLA 的量不断增加。当萃取时间继续增加超过 120 min 时,CLA 的量又有相应的减少。出现这种现象的原因可能是,在较短时间内,萃取液不能将反应后的菌体油脂萃取完全,影响检测的 CLA 的含量;而当萃取时间过长时,又会使萃取出的菌体油脂在不断振摇的条件下发生其他的变化,也会影响 CLA 的检测含量。通过试验确定,萃取菌体油脂的适合时间为 120 min。

2.CLA 气相色谱峰面积与浓度标准曲线的制作

用色谱纯正己烷将 9c,11t -共轭亚油酸标准品配成 1 mg/mL 的溶液,然后进行梯度稀释,使其浓度分别达到 0. 2 mg/mL,0. 4 mg/mL,0. 6 mg/mL,0. 8 mg/mL。进行气相色谱分析,然后利用峰面积(纵坐标)与标准品的浓度(横坐标)制作标准曲线,结果如图 8 -47 所示。

根据标准曲线得到线性方程为 $y = 7E + 06x + 6836$,$R^2 = 0.9935$,方程具有显著性。根据此方程,通过气相色谱峰面积可以计算出米糠油乳浊液被亚油酸异构酶作用后产生的共轭亚油酸的含量。

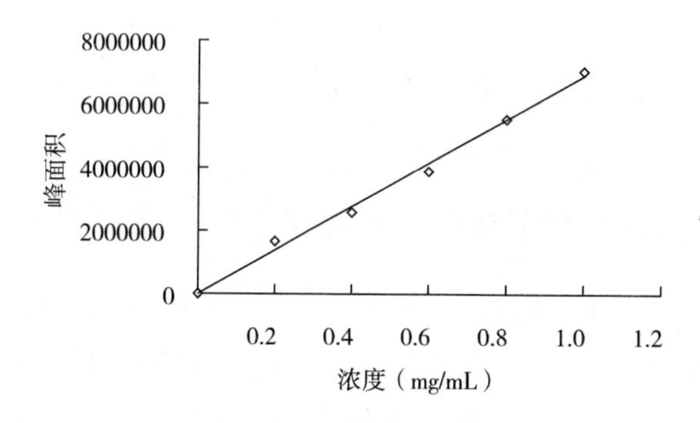

图 8－47　气相色谱标准曲线

3.气相色谱检测米糠油生成 CLA 的量(图 8－48～图 8－50)

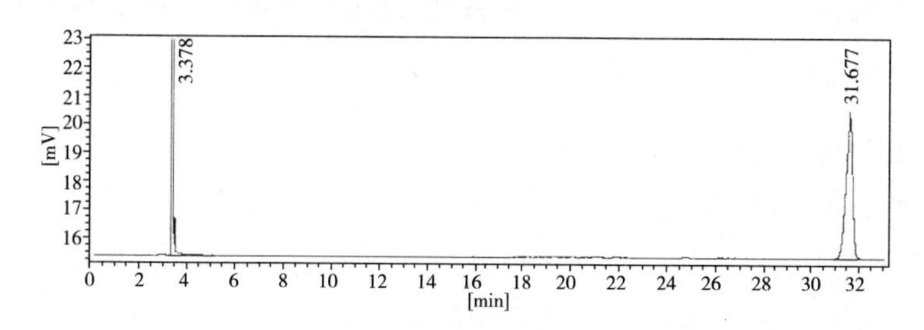

图 8－48　9c,11t 共轭亚油酸甲酯标准品气相色谱图

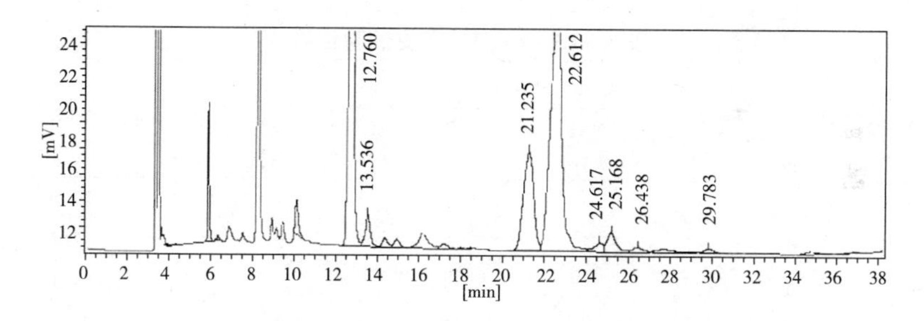

图 8－49　米糠油没有添加亚油酸异构酶时的气相色谱图

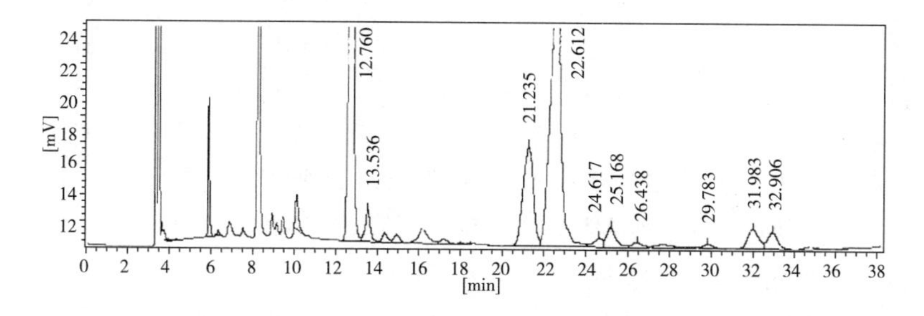

图 8－50　亚油酸异构酶作用米糠油的气相色谱图

由图 8－49 和图 8－50 两图显示结果看来，米糠油加酶反应后 CLA 的量有所提高，根据气相色谱的标准曲线，计算被亚油酸异构酶催化作用的米糠油中产生的共轭亚油酸的含量为 0.43 mg/mL。

（九）米糠油的共轭亚油酸生物转化研究

共轭亚油酸（CLA）生物转化工艺为：5 mL 体系中，含米糠油 25.0 mg/mL，乳化剂牛血清白蛋白（BSA）添加量 0.3%（W/V）、亚油酸异构酶添加量 6%（W/V）和胰脂酶 200 U/mL，0.1M 柠檬酸缓冲液（pH 6.0），微氧或厌氧环境，30℃，120 r/min，反应进行 48 h，此条件下的 CLA 生成量为 7.2 mg/mL。

（十）酶催化转化后米糠油中共轭亚油酸的短程分子蒸馏分离提取 CLA 的研究分离技术研究

由表 8－13 可看出各因素的主次分别为 $D>B>C>A$，即影响分离提纯最主要的因素是蒸馏温度，其次是进料速率和进料温度，刮膜转速的影响不是很大。其中最优水平是 $A_3B_2C_3D_2$，即刮膜转速为 170 rpm，进料速率为 60 mL/h，进料温度为70℃，蒸馏温度为140℃是分离提纯的最佳条件，在此条件下进行验证实验，测得 CLA 回收率为 68.3%，CLA 含量为 26.8%。

表 8－13　$L_9(3^4)$ 正交试验结果

试验号	因素				CLA 回收率（%）
	A 刮膜转速（rpm）	*B* 进料速率（mL/h）	*C* 进料温度（℃）	*D* 蒸馏温度（℃）	
1	1	1	1	1	43.6
2	1	2	2	2	62.7
3	1	3	3	3	53.1
4	2	1	2	3	55.5
5	2	2	3	1	59.6
6	2	3	1	2	53.5
7	3	1	3	2	64.7
8	3	2	1	3	58.4
9	3	3	2	1	47.8
k_1	53.133	54.600	51.833	50.733	
k_2	56.200	60.233	55.333	60.300	
k_3	59.967	51.467	59.133	55.667	
极差 *R*	3.834	8.766	7.300	9.967	

采用短程分子蒸馏技术对米糠油中的共轭亚油酸进行分离提取的工艺条件，结果如下：

采用分子蒸馏技术，以共轭亚油酸的纯度和回收率为评价指标，得出米糠油中共轭亚油酸分离提取的最佳条件是：刮膜转速为 170 rpm，进料速率为 60 mL/h，进料温度为 70℃，蒸馏温度为 140℃，所得到 CLA 含量为 26.8%，CLA 回收率为 68.3%。

（十一）高共轭亚油酸含量米糠油的软胶囊制备技术研究

1.胶囊皮的制备及优化

（1）柠檬黄的最大吸收波长。

由扫描光谱可知（图 8-51），柠檬黄在 241 nm 与 424 nm 下有最大吸收，胶液在 241 nm 下有最大吸收，而在 424 nm 下无吸收。从二者的吸收图谱上看，柠檬黄与胶液均无干扰，柠檬黄的吸收光谱在 424 nm 处出现的吸收峰平稳，因此选择 424 nm 为柠檬黄测定吸收波长。

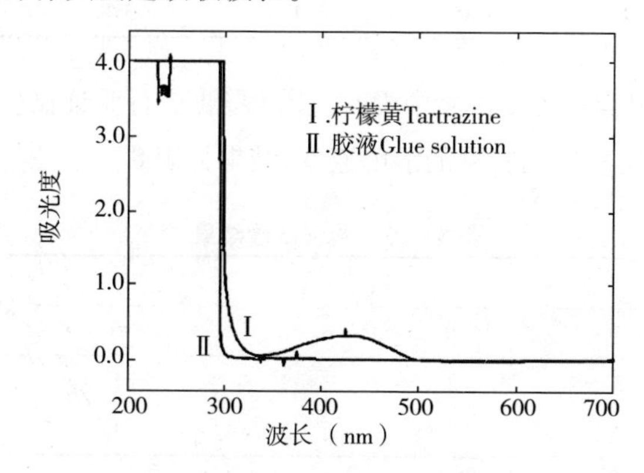

图 8-51　柠檬黄与胶液吸收光谱的比较

（2）线性回归方程。

以柠檬黄浓度（mg/mL）为横坐标、以吸光度为纵坐标得到线性回归方程，结果表明，柠檬黄浓度在 0.01～0.05 mg/mL 范围内线性关系良好，线性回归方程为：

$$y = 39.42x - 0.041, \quad R^2 = 0.9963$$

（3）囊皮配方的最佳比例。

从表 8-14 中的正交试验结果和极差分析可以得出，影响胶皮溶解速率的因素依次为甘油/明胶 > 水/明胶 > 山梨醇的添加量 > 富马酸的添加量，软胶囊

囊皮的最佳配方为 $A_2B_2C_2D_3$。

表 8－14　正交实验结果

试验号	A	B	C	D	K[mg/(min·cm^2)]
1	1	1	1	1	3.835
2	1	2	2	2	4.847
3	1	3	3	3	3.918
4	2	1	2	3	6.120
5	2	2	3	1	5.993
6	2	3	1	2	5.279
7	3	1	3	2	4.488
8	3	2	1	3	5.617
9	3	3	2	1	4.693
K_1	4.200	4.813	4.910	4.840	
K_2	5.797	5.486	5.220	4.871	
K_3	4.933	4.630	4.800	5.218	
R	1.597	0.856	0.420	0.378	

由于 $A_2B_3C_3$组合在正交试验中没有，所以需要进行验证试验。按照配方 $A_2B_3C_3$制成胶皮，测定后得到胶皮的溶解速率，结果见表 8－15。

表 8－15　验证试验结果

试验号	因素				K[mg/(min·cm^2)]
	A	B	C	D	
1	2	2	2	3	6.025
2	2	2	2	3	6.018

从表 8－15 可以看出，验证试验与预测结果比较接近，这说明试验拟合情况较好，实验误差小。因此，配方 $A_2B_2C_2D_3$即甘油:明胶为 0.5:1；水:明胶为 0.8:1；山梨醇用量为 3%；富马酸用量为 0.7%，是软胶囊皮的最佳配方。

2.米糠精油胶囊的制备

(1)配制胶液。

从胶囊皮的条件优化下得到制备胶液的最佳配方，甘油:明胶为 0.5:1、水:明胶为 0.8:1、山梨醇用量为 3%、富马酸用量为 0.7% 进行配料，然后加入物料 1.2 倍的去离子纯净水使其充分膨胀，另外用化胶罐将 0.5 倍的去离子纯净水加热到 90～95℃；然后将胶液加入到化胶罐中，充分搅拌成均匀胶液，保温 30 min，抽真空排除胶液里的气体,最后过滤胶液待用。

(2)压制软胶囊。

首先,调整压丸室的环境条件,使其达到恒温恒湿,通常温度为25℃、相对湿度为35%。过滤后的胶液压入到制囊机中,调节油轴和鼓轮,使压制成的胶带厚度为0.3 mm,同时米糠精油由贮液槽流经填充泵,进入滚模中填充至胶带经滚模旋压制成椭圆型软胶囊,调整每粒重量为0.5 g。

(3)软胶囊的干燥。

从压丸机下来的软胶丸通过收集斜槽和输送装置,经过初步定型干燥后,选掉不合格的胶丸,再到干燥室内经过较长时间的干燥。在干燥温度30~35℃、空气相对湿度20%条件下鼓风干燥约4 h,使软胶囊囊壳的水分达到6%~8%的范围,同时在压制胶囊过程中产生的废胶也通过输送装置进入废胶桶进行回收。

(4)擦洗抛光软胶囊。

由于软胶囊生产过程中采用植物油进行胶囊机的润滑,在胶囊外表面不可避免地粘带一些植物油,因此有必要对其进行擦洗,并且擦洗的过程也是对胶囊进行了一定的抛光作用,通常擦洗液是由乙醇和丙酮按5:1的比例进行配置。值得注意的是,擦洗后的软胶囊要及时用过滤后的洁净风将其吹干。

(5)软胶囊的二次干燥。

二次干燥又称整丸,在经过较长时间对软胶囊进一步干燥的同时,控制较高的空气相对湿度促使软胶囊表面光滑、饱满,使胶囊干燥中不会表面失水、干瘪,并促使胶囊的形状和大小进一步保持均匀。清洗后的胶丸被装入料盘,堆积厚度约为3~4粒丸(不均匀),然后将料盘放置到干燥室,保持干燥室的湿度为30%~40%,并且先置于中温室(室温)进行初步烘干,然后再放到高温室(夏季45℃,冬季38℃左右)进行高温烘干30 h以上。

(6)软胶囊的检查、计数和包装。

干燥后的胶囊用振荡筛分离出不合格产品,然后用色泽分类器剔除色泽不符合要求的产品,最后用电子计数器进行自动计数装瓶(60粒/瓶),最后装箱封存即得成品。软胶囊的贮存条件温度20~24℃,相对湿度50%。

参考文献

[1]冯有胜. 共轭亚油酸的生理功能[J]. 重庆工商学报, 2007, 6(4): 363-366.

[2]Da Silva M A, Sanches C, Amante E R. Prevention of hydrolytic rancidity in rice bran [J]. Food Eng., 2005, 75: 487 - 491.

[3]Danielski L, Zetzl C, Hense H, et al. A process line for the production of raffinated rice oil from rice bran[J]. Supercrit Fluids, 2005, 34: 133 - 141.

[4]董明, 齐树亭. 乳酸菌发酵生产共轭亚油酸[J]. 中国油脂, 2007, 32(7): 63 - 65.

[5]赵建新, 陈卫. 植物乳杆菌 252058 转化亚油酸为共轭亚油酸条件的初步研究[J]. 食品工业科技, 2005, 26(12): 82 - 87.

[6]Chen C W, Cheng H H. A rice bran oil diet increases LDL - receptor and HMG - COA reductase mRNA expressions and insulin sensitivity in rats with streptozotocin/nicotinamide - induced type2 diabetes[J]. Nutr, 2006, 136(6): 1472 - 1476.

[7]Reena M B, Lokesh B R. Hypolipidemic effect of oils with balanced amounts of fatty acids obtained by blending and interesterification of coconut oil with rice bran oil or sesame oil[J]. Agric Food Chem, 2007, 55(25): 10461 - 10469.

[8]田风华. 中国糖尿病现状及初步分析[J]. 中华流行病学杂志, 1998, 19 (6): 361 - 362.

[9]李俊艳, 李正刚. 米糠油中生育三烯酚的生理功能及提取与纯化[J]. 粮食加工与食品机械, 2003 (7): 37 - 39.

[10]刘晓华, 曹郁生, 陈燕. 微生物生产共轭亚油酸的研究[J]. 食品与发酵工业, 2003, 29(9): 69 - 72.

[11]Ikeda I, Sugano M. Inhibition of cholesterol absorption by plant sterols for mass interventions[J]. Curr Opin Lipids, 1998 (9): 527 - 531.

[12]Xu Z, Hua N, Godber J S. Antioxidant activity of tocopherols, tocotrienols, and gamma - oryzanol components from rice bran against cholesterol oxidation accelerated by 2, 2 - azobis (2 - methylpropionamidine) dihydrochloride[J]. Agric Food Chem, 2011, 49: 2077 - 2081.

[13]姚梅桑. 米糠油的制备及其抗氧化活性的研究[D]. 南京: 南京工业大学, 2008.

[14]王丽敏, 吕加平. 费氏丙酸杆菌费氏亚种在不同基质中转化生成共轭亚油酸的研究[J]. 食品科学, 2006, 27(8): 79 - 82.

[15]Hanley A J, Williams K, Stern M P, et al. Homeostasis model assessment of in-

sulin resistance in relation to the incidence of cardiovascular disease: the San antonio heart study[J]. Diabetes Care, 2002, 25: 1177 -1184.

[16]龚院生，姚惠源. 米糠中活性因子γ-谷维素降血脂功能研究[J]. 粮食和饲料工业，2000 (8): 37 -39.

[17]Yudkin J S. Inflammation obesity and the metabolic syndrome [J]. Horm Metab Res, 2007, 39: 707 -709.

[18]曹健，魏明，曾实. 一株嗜酸乳杆菌突变株转化亚油酸为共轭亚油酸条件的研究[J]. 食品科学，2003, 24(9): 76 -79.

[19]Parillo M, Rivellese A A, Ciardullo A V, et al. A high monounsaturated -fat/lowcarbohydrate diet improves peripheral insulin sensitivity in noninsulin - dependent diabetic patients[J]. Metabolism, 1992, 41: 1373 -1378.

[20]Evans N P, Misyak S A, Schmelz E M. Conjugated linoleic acid ameliorates inflammation -induced colorectal cancer in mice through activation of PPaRγ[J]. Nutr, 2010, 140(3): 515 -521.

[21]Chin S F, Liu W, Storkson J M, et al. Dietary sources of conjugated dienoic isomers of linoleic acid, a newly recognized class of anticarcinogens[J]. J Food Compos Anal, 1992 (5): 185 -197.

[22]Cawood P, Wichens D G, Iversen S A, et al. The nature of diene conjugation in human serum, bile and dueodenal juice [J]. FEBS Lett, 1983, 162: 239 -243.

[23]苗士达，张中义，刘萍，等. 一株植物乳杆菌转化生成共轭亚油酸的特性研究[J]. 食品工业科技，2005, 26(7): 72 -77.

[24]邵群，边际，马丽，等. 乳酸菌发酵生产共轭亚油酸条件的研究[J]. 山东师范大学学报(自然科学版)，2001, 16(4): 43 -46.

[25]Cook M E, Miller C C, Park Y, et al. Immune modulation by altered nutrient metabolism: nutritional control of immune induced growth depression[J]. Poult Sci, 1993, 72: 1301 -1305.

[26]闵华. 发酵蔬菜乳酸菌的分离及培养基的筛选[J]. 江西农业学报，2002, 14(2): 62 -64.

[27]Chen J F, Tai C Y, Chen Y C, et al. Effects of conjugated linoleic acid on the degradation and oxidation stability of model lipids during heating and illumination[J]. Food Chemistry, 2001, 72: 199 -206.

[28]龚院生，姚惠源．米糠中活性因子r－谷维醇降血脂功能研究[J]．粮食与饲料工业，2000（8）：39－41.

[29]林淑英，宁正祥，郭清泉．共轭亚油酸在食品工业中的应用前景[J]．中国油脂，2003,11：55－58.

[30]于国萍，李庆章，霍贵成．共轭亚油酸高产菌株的诱变选育[J]．食品科学，2006，27(12)：146－148.

[31]王憬，吴祖芳，翁佩芳．高产共轭亚油酸植物乳杆菌的诱变选育[J]．宁波大学学报，2008，21(2)：174－177.

[32]王欢，高世伟，徐龙权，等．干酪乳杆菌固定化对共轭亚油酸生物合成的影响[J]．食品工业科技，2007，28(12)：57－89.

[33]Kishino S, Ogawa J, Ando A, et al. Structural analysis of conjugated linoleic acid Produced by *Lactobacillus plantarum*, and factors effecting isomer Production[J]. Bioscience, Biotechnology and Bioehemistry, 2003, 67: 179－182.

[34]Jiang J, Bjorek L, Fonden R. Production of conjugated linoleic acid by dairy starter cultures[J]. Journal of Applied Microbiology, 1998, 85(1): 95－102.

[35]Rainio A, Vahvaselka M, Suomalainen T, et al. Production of conjugated linoleic acid by propionibacterium freudenreichii ssp. shermanii[J]. Lait, 2002, 82: 91－101.

[36]Kepler C R, Tucker W P, Tove S. Biohydrogenation of unsaturated fatty acids: IV. Substrate specificity and inhibition of alinoleate 12－eis, 11－trans－isomerase from *Butyrivibrio fibrisolvens*[J]. J. Biol. Chem., 1970, 245(14): 3612－3620.

[37]Kim Y J. Production of conjugated linoleic acid (CLA) by ruminal bacteria and the increase of CLA content in dairy products[D]. 2001.

[38]Yamasaki M, Kishihara K, Ikeda I. A recommended esterifieation method for gas chromatographic measurement of conjugated linoleie acid[J]. JAOCS, 1999, 76(8): 933－938.

[39]Hu N, Wang C, Su H, et al. High frequency of CDKN2A alterations in esophageal squamous cell earcinoma from a high－risk Chinese population[J]. Genes Chromosomes Caneer, 2004, 39(3): 205－216.

[40]Belury M A. Dietary conjugated linoleic acid in health: physiological effects and mechanisms of action[J]. Annual Review of Nutrition, 2002, 22(1): 505－531.

第九章　米糠油酶法制备甘二酯关键技术研究

第一节　引言

一、米糠及米糠油

（一）米糠的简介

我国是产粮大国，其中稻谷是我国粮食品种中的重要组成部分，年产量约有1.85亿吨。我国稻谷产量占全球稻谷产量的近四成，我国稻谷产量占我国粮食产量的近五成。稻谷在制米过程中会产生很多副产品，如稻壳、米糠、碎米等。而米糠则是稻谷的制米过程中产生主要副产品。每50千克稻谷会产生约2千克的米糠，占比约6%，有很高的深度开发利用价值。米糠的成分主要包括种皮、果皮、外胚乳、糊糊层、胚以及交联层，经过研究发现，米糠的含油量在18%～20%。从我国现在每年稻谷的产量可见，若将米糠充分的利用与榨油上，那每年将能产出200万吨左右，具有可观的经济效益。

米糠也叫“米珍”或是“米粕”，虽然米糠在稻谷中的含量较少，但营养成分却占稻谷的一半以上，若加以利用，将会产生可观的经济利益。所以，对米糠的研究开发是十分必要的。

经过研究发现，米糠的价值不仅仅是含有大量油脂，在经济价值和营养方面也有体现。米糠的营养物质十分丰富，可以提炼出如植物甾醇、谷维素、叶酸、烟酸等物质，并且还含有人们常见的矿物质元素，像钙、铁、锌等。因此，在营养方面也有很高的利用价值。米糠具有很多作用，例如润肠通便、降低胆固醇等。Slavin和Lampe通过米糠与麦糠的通便效果试验证实了米糠具有润肠通便的功效，在1991年Rukmini和Raghuram通过试验得出米糠具有一定的降低胆固醇的功能。此外，米糠还可以减少尿结石发生，抗癌护肤等保健作用。

在经济价值方面，随着研究的深入，米糠不仅可以代替玉米等农作物添加在家禽的食物中降低农畜饲养的成本,还可以应用到制取米糠油、功能性食品,以及日化工业和医药工业当中。

米糠用于生产米糠油带来的经济价值是最可观的,在稻米的加工过程中得到的米糠用压榨法或是浸出法来制取米糠油。米糠油多用于加工肥皂、甘油、油酸等,是重要工业原料之一。目前怎样将米糠收集到统一的地方进行米糠的深度加工也是一个存在的问题,目前市面有售米糠油,但其价格偏贵,在今后的研究中,怎样降低成本且提高技术以便于大规模的生产也是将来需要研究的方向。而且除了米糠油外,还可以积极的研发其他关于米糠的副产物,例如将米糠经过酶处理以及发酵处理然后应用到生物制药当中,提高药物的附加值,以便创造好的效益。在人们追求高质量的生活中,功能性食品也是米糠的一个很好的研究去处,若把米糠经过加工处理,加入到饼干中,不仅可以提高饼干的膳食纤维含量,而且可以提高饼干的营养价值。

通过以往的研究表明,米糠的优点体现在很多方面,目前国外已经开始采用生物工程技术在研究米糠的综合利用,但我国在这方面还处在初级阶段,仅仅体现在农畜业方面。随着研究深度的加深,米糠的综合利用在未来将有很好的发展前景,产生的经济效益不可估量。

(二)米糠油的简介

米糠油可以分为两类:一类是食用油,另一类则是工业原料油。食用的米糠油是由糊粉层和纯净的稻米胚提炼而成,具有非常高的营养价值,这种油也可以称作为米粕油。工业原料油则是由真正的米糠提炼而成,是重要的工业原料油之一。米糠油也可以分为精炼米糠油和未精炼米糠油。色泽呈现为黄色到棕黄色油状的液体视为精炼米糠油,这种油由40% ~52%的油酸,12% ~18%棕榈酸等组合而成,未精炼的米糠油则是由糠屑、糠蜡谷维素等杂质和脂肪酸组合而成。

米糠油是一种植物油,营养价值高,它由均衡的脂肪酸组合而成,含有几十种的天然活性成分,如:复合脂质、磷脂、维生素 E、谷维素等。米糠油的15% ~20%是饱和脂肪酸,另外的80% ~85%是不饱和脂肪酸。米糠油的人体吸收率达到九成以上,所以这种油的食用价值非常高,是制作营养油的很好油料。而且米糠油非常适合制作煎炸用油,因为米糠油的稳定性很高。

米糠油还具有一些功能保健的作用,因为其组成成分里含有大量的谷维素,谷维素的作用很大,可以保护皮肤等,是由十几种甾醇类阿魏酸酯组成的一族化合物组合而成的化合物。

米糠油的物理精炼方法相对于其他方法要简单一些,这种物理方法可在节省原辅材料且没有水污染的情况下获取高质量的精炼油和副产品脂肪酸。物理提炼主要包括两个阶段:一是蒸馏前的预处理;二是蒸馏脱酸。这种物理精炼方法可精炼出色浅,含有较低含量游离脂肪酸、谷维素,较高含量生育酚的米糠油。这种米糠油的质量非常好,目前在国外非常受欢迎。

色泽呈现暗棕色、暗绿褐色或是绿黄色的米糠油是经溶剂浸出提炼的,这种方法叫硅胶脱色法,这种方法的条件取决于米糠在储存时变质的程度和制油的方法及加工的条件。硅胶脱色法的缺点也比较明显,很难提取出清澈透明的米糠油。

因为米糠油具有很高的营养价值,在国外,米糠油是与橄榄油一样受到高度关注,患有高血脂、心脑血管疾病的人群喜欢选择这种油。因为米糠油里含有大量的谷维素,谷维素可以促进微血管循环,而且谷维素可以降低血清胆固醇,所以在一些欧美等发达国家深受群众的喜爱,是发达国家人民日常中必不可少的食用油。但是在我国,虽然米糠油的资源非常丰富,但是目前无论是在生产还是消费的观念上,米糠油都不太受欢迎,我国的米糠油的年产量还不到 12 吨,而米糠的油脂含量非常高,相当于大豆的含量,由此可见,我国米糠油事业目前还处在起步阶段。希望这种健康营养的米糠油尽快发展起来,也可以早日走上我国百姓的餐桌。

(三)甘二酯的简介

甘二酯是由两个脂肪酸与丙三醇(甘油)酯化后得到的二脂肪酸甘油酯,又名甘油二酯,英文缩写是 DAG。目前,甘二酯属于新兴的热门研究。这是因为甘二酯的生理功能非常独特,且具有很高的安全性,具有保健作用。现代人意识到保健的重要性,也促进甘二酯的发展及研究,随着研究的深入,发现饮食中含有甘二酯具有减少内脏脂肪,从而抑制体重的增加,降低血脂的功效,可达到减肥的目的。而且,它的食品成分是世界公认的安全,这也是它受到青睐的原因之一。

早期生产甘二酯的方法多是采取反应专一性差且需要化学试剂,反应步骤繁重的化学方法。要使生产甘二酯实现连续且高效地完成。就要具备是三个重要的因素:一是固定化脂肪酶的选择;二是固定化酶反应器;三是分离提取方法,而其中的第一条是决定生产甘二酯的生产效率的重要因素。固定化脂肪酶可以降低脂肪酶的成本,因为固定化脂肪酶可以反复利用。而第二条固定化酶反应器是填充床式,主要是因为这种填充床式适合工业化的长期连续操作,使固定化酶得到充分利用。第三条分离提取方法主要有四种:①分子蒸馏法;②溶剂结晶分离法;③超临界 CO_2 萃取法;④柱层析分离法。经过分析与研究表明,分子蒸馏法是最合适工业化生产的高效纯化方法。

甘二酯在2003年被世界人民所接受,成为最受欢迎的健康油脂之一。随后,国家粮食储备局无锡科研设计院成立甘二酯研究组。

甘二酯是油脂代谢的中间产物,其成分也比较天然。因为其具有很高的加工性、安全性、营养性等优点,使其成为一种多功能添加剂。在目前的各行各业里也有广泛应用,比如医药业、食品化工业等,也因其具有保健功能而成为各大油脂公司开发的新宠儿,同时被国家有关部门列为重点发展的新产品之一。而在国外,甘二酯发展运用早已渗到各行各业里。如日本花王,美国阿彻－丹尼尔斯－米德兰等公司申报的关于甘二酯作为多功能添加剂的相关专利,有一些生产商也把这种技术当成一种商业机密来保护。在各个国家的研究中,日本是属于前列的国家,日本的 Yasukawa 在 1988 年就已经研究出一种含有甘二酯成分可以达到减肥目的的食用油脂。DA 曾在 2000 年时把甘二酯列入公认安全性食品行业,甘二酯在2003年被世界人民所接受。成为最受欢迎的健康油脂之一。随后韩国在2006年也生产出同功效的甘二酯的产品。对于添加剂在国内目前的状况而言,其实我国也早已完成甘二酯相关的生产。只是由于甘二酯的生产本身是一种多学科集成的技术。而单方面技术的不足导致我国暂时还没有取得突破性的成果与进展,但是我国经过长期的发展与研究,在结合自身的油脂工程等经验,对甘二酯的工业化生产取得了阶段性进步,为以后打下殷实的基础。

二、固定化酶的方法

脂肪酶是一种应用很广泛的催化剂,可以应用到许多行业当中。在使用前若将脂肪酶进行固定化不仅可以提高酶的稳定性,还有利于反应后的回收再利用,节约了不少成本,具有一定的经济价值。因此对脂肪酶固定化的研究前景广阔,经济价值高。

通常脂肪酶的固定方法有三种:表面担载法、交联法、包埋法。

三、甘二酯的制备方法

虽然米糠油中含有甘二酯，但在自然状况下，甘二酯的含量很低，可以通过一定的方法制备甘二酯，提高甘二酯在食物中的含量。通常制备的方法有以下五种：醇解法、直接酯化法、油脂选择水解法、化学合成法以及微生物发酵法。

四、分离提纯方法

反应制备出的甘二酯虽然浓度提高许多，但仍然可以通过分离提纯的技术使其含量更高，以便于更大限度地被人体所吸收，通常分离提纯的方法有四种，包括了溶剂结晶法、柱层析法、超临界 CO_2 萃取法以及分子蒸馏法。随着研究的深入，人们越来越多地关注提纯的方法，超临界 CO_2 萃取法以及分子蒸馏法作为高新技术，因其提纯率高等因素被人们越来越关注。高新技术的分离纯化方法的研究对经济价值的提高有着非常重要的意义。

（一）溶剂结晶法

所谓的溶剂结晶法就是通过蒸发溶剂使产物结晶析出的方法，这种方法最简单，但该方法有一定的局限性，适用于反应物溶解度不会随着温度的变化而改变许多的物质。

侯雯雯等人利用反应物在不同的有机溶剂中溶解度不同的特性，对反应物进行了冷冻分离。应用溶剂结晶法，使反应物处于低温的条件下，直至有晶体析出，在此环境下进行分离得到需要的亚油酸，并使其含量提高了三成多。通过试验发现，溶剂结晶法能提高对油脚废料的利用，节省成本，提高经济价值。

彭莺等人利用溶剂结晶法对豆甾醇进行了分离纯化，得到了最佳的利用溶剂结晶法提纯豆甾醇的工艺。

（二）柱层析法

柱层析分离液被称作柱色谱，其基本原理是依据不同物质在硅胶上具有不同的吸附能力而达到分离不同组分的目的，通常，硅胶对极性大的物质有较强的吸附能力，而对极性小的吸附能力较弱，不易被硅胶吸附。因此根据不同实验材料，选取适合实验材料的固体吸附剂和合适的洗脱剂，利用吸附剂对预分离成分的吸附能力差异，经过柱子内部的内填料连续吸附和脱附的作用，从而使实验材料的不同组分分别被分离出来，从而实现了各种组分的分离。据有关文章显示，在分离单甘酯、甘二酯和油脂的实验中,采用适用的分子筛如钾或钠型 X 分子筛或者钾或钠型 Y 分子筛或者钾型 L 分子筛和吸附剂为离子交换树脂的条件下,在 65℃、0.345 MPa 下,洗脱剂为丙酮,可以将单甘酯和甘二酯及少量油脂进行有效分离。

柱层析没有分子蒸馏要求的那么高的真空度,且花费的成本也相对较低。也可以在短时间进行大量的分离提纯。柳杨等人利用柱层析法对反应生成的生物柴油进行了分离纯化,得到的结论是通过柱层析法的分离提纯可以得到高纯度的生物柴油,提高量达 15% 以上,纯度提高显著。贾时宇等人利用柱层析法对 α - 亚麻酸乙酯进行分离提纯,考察了反应物的种类、硅胶的粒度等因素对试验的影响,确定了柱层析的最佳优化条件,制备出高纯度的 α - 亚麻酸乙酯。

(三)超临界 CO_2 萃取法

超临界二氧化碳,在临界温度和临界压力状态下的一种可压缩的高密度的流体,超临界二氧化碳具有无毒、无腐蚀、高纯度、低价格的优点,既像气体又像液体,具有两重性质,有较好的渗透性。超临界二氧化碳萃取方法是近年来比较新型的分离方法,其具有提取率高,基本无溶剂残留,实验材料的天然活性成分和对热敏感成分不会被分解而破坏,可以在最大程度上保持住所分离物质的特性,因此受到了科研人员的青睐。在油脂加工分离过程中,对于甘二酯的分离具有较好的效果,但是由于超临界萃取的所需工作状态需要较高的压力,因此在加工生产过程中不利于成本控制。

曾健青等人利用超临界 CO_2 萃取法对白芹菜籽进行萃取,通过试验发现,利用该方法制备芹菜籽油的含量与水汽法相比翻了五倍左右,并且该方法很好地保护了芹菜籽油的营养成分。

(四)分子蒸馏法

分子蒸馏又叫做短程蒸馏,属于在高度真空的条件下进行的液相连续分离过程。主要针对的是实验对象是沸点高和对热敏感的材料,其于 20 世纪 30 年代出现以后,得到了众多科研工作者的青睐。其工作原理是利用不同类型分子在离开液面时不同的飞行性质来达到分离不同种类分子的目的,首先对液体混合物进行加热,使液体分子获得足够大的能量,可以逸出液面,较轻的分子飞行的距离大,较重的分子飞行距离小,较轻的分子可以落在冷凝面上进行冷凝,而较大的分子不能到达冷凝面,从而将混合物进行分离。分子蒸馏技术具有许多特点，需要在较高的真空度下进行操作，所需要的操作温度低，物料所需加热时间短，因其对沸点高、热敏感的产品有更好的分离效果，所以其较常规蒸馏具有更大优势，在油脂企业中应用较为广泛，油脂企业经过此种方法分离后，单甘酯的含量高达91%，甘二酯含量平均也可以达到85%。分子蒸馏要求技术含量相较于其他三种方法高些，但效果很好，加强对该方法的工艺改善是分离纯化发展的一个趋势。

杨宏杰等人利用分子蒸馏技术对单月桂酸甘油酯进行了分离纯化，研究表明，利用该方法进行分离提纯可以使单月桂酸甘油酯含量高于90%，并且确定了该油脂的得最佳生产工艺条件，但缺点在于不能连续化大规模的生产。

第二节　酶的固定化研究

在众多的酶类里，脂肪酶也是一种很重要的酶种。现有的研究中可以应用于食品行业、造纸业、制药业、农业化学等行业中，可以通过进一步的研发，发现其更多的应用领域，是一种颇具价值的生物催化剂。

脂肪酶又叫三酰基甘油酰基水解酶，主要用于天然底物油脂的水解，使其水解成甘油、脂肪酸以及甘油单酯，组成单位简单，仅为氨基酸。而固定化脂肪酶不溶于水，利用物理或者化学方法制备得来，仍然具有催化活性，即利用物理或者化学的方法去束缚游离的脂肪酶，是一种复合脂肪酶催化剂。研究发现，固定化后的酶比固定前的脂肪酶稳定性更高，一方面，由于束缚了游离的脂肪酶，使其更不溶于水，便于在反应后进行酶的分离。另一方面，由于稳定性的增强，减少了反应酶的流失，在反应后进行合理的收集，可以重复利用，在经济上节约一部分成本，避免了浪费，具有一定的经济效益和社会效益。而且固定后的酶相比固定前反应的条件更加温和，减少了对实验仪器及试剂的部分高要求，此工艺有很好的应用前景。

综上所述，将脂肪酶进行固定化形成固化脂肪酶具有一定的实用意义。在利用酶法生产甘二酯的研究中，多数是利用成品固化酶，而鲜有自行固定的，相关的报道也少。所以，对脂肪酶进行固定化，可以为研究者提供初步的了解，在今后的研发中逐步地完善，为研究提供部分实验数据以及理论依托。本实验以Sigma公司生产的脂肪酶为原料进行固定化，固定的方法因条件的限制等因素，选择简单易操作的物理吸附法，以经过羟基化处理和硅烷化处理的硅藻土颗粒为载体进行固定化。研究了硅烷化试剂添加量、硅藻土与酶质量比、固定温度、固定时间这四个因素对固定化酶的影响,并建立了四元二次回归正交旋转组合实验,以此来确定最佳的脂肪酶固定条件,为酶的大批量固定提供技术依托。在研究的过程中也发现了一些存在的问题,例如载体的选择与处理上,以及固定的方法上,还可以进行进一步的研究。

一、实验材料与设备

(一)原料与试剂

脂肪酶(Lipase):Sigma 公司生产;

硅烷化试剂:乙烯基三甲氧基硅烷;

主要试剂:盐酸、过氧化氢、甲苯、乙醇,均为分析纯。

(二)仪器与设备

DK-S24 电热恒温水浴锅;AR2140 电子天平;RE52-98 旋转蒸发仪;SHY-2 恒温水浴振荡器;JJ-1 精密定时电动搅拌器;LD4-40 低速大容量离心机。

二、实验方法

(一)硅藻土的羟基化处理

准确称取 20 g 硅藻土颗粒,将其放在容量为 250 mL 的圆底烧瓶中,分别向其中加入 1 mol/L 的 HCl 35 mL,再加入质量分数为 25% 的 H_2O_2溶液 35 mL,最后加入 175 mL 的去离子水,充分混匀,然后用搅拌桨在 80℃ 水浴锅条件下搅拌 5 min后,停止搅拌静置分层,将上层混合液倒掉,反复用去离子水洗涤至少 5 次,取出硅藻土,放置在平皿上,放置在 70℃ 的恒温干燥箱中干燥。

(二)硅藻土的硅烷化处理

称取 10 g 经过羟基化处理后的硅藻土放置在容量为 100 mL 的圆底烧瓶中,依次向其中加入少量硅烷化试剂和 40 mL 甲苯充分混匀,盖上塞子,用搅拌桨于室温条件下搅拌 1 h,待反应结束后,静置分层,倒掉上层混合液,用甲苯和乙醇的混合液充分洗涤硅藻土 3 次以上,取出硅藻土,放置在平皿中室温干燥即可得到经硅烷化处理后的硅藻土。

(三)脂肪酶的固定和活力的测定

在4 mL pH 7.0,0.03 mol的Tris－HCl缓冲溶液中加入0.02 g脂肪酶,分装在离心管中,离心条件为8000 r/min离心10 min,用移液枪分别称取上清液于50 mL烧杯中,将一定质量的经过处理后硅藻土载体加入到酶液中,将瓶口密封,将其放在一定温度的摇床中缓慢振荡一定时间后取出,过滤烧杯中的混合物,用同样的缓冲液冲洗固体数次,最后将其取出,放置在平皿上,干燥。这时所得的即为吸附固定化酶。

而酶的活力测定参照国标GB/T 5523—2008测定。

(四)固定脂肪酶条件的确定

1.硅烷化试剂添加量对固定脂肪酶活力的影响

硅烷化添加量分别调为0.1%、0.2%、0.3%、0.4%、0.5%和0.6%,硅藻土与酶的质量比为4,固定温度为30℃,固定时间为6 h。在此条件下,检验硅烷化试剂对固定脂肪酶活力的影响。

2.硅藻土与酶质量比对固定脂肪酶活力的影响

硅藻土与酶的质量比分别调为1、2、3、4、5和6,硅烷化试剂添加量为0.3%,固定温度为30℃,固定时间为6 h。在此条件下,检验硅藻土与酶质量比对固定脂肪酶活力的影响。

3.固定温度对固定脂肪酶活力的影响

温度分别设置为22℃、24℃、26℃、28℃、30℃和32℃,硅藻土与酶的质量比为4,硅烷化试剂添加量为0.3%,固定时间为6 h。在此条件下,检验固定温度对固定脂肪酶活力的影响。

4.固定时间对固定脂肪酶活力的影响

固定时间分别设置为3 h、4 h、5 h、6 h、7 h和8 h,硅烷化试剂添加量为0.3%,硅藻土与酶的质量比为4,固定温度为30℃。在此条件下,检验固定时间对固定脂肪酶活力的影响。

5.响应面法优化固定酶的最佳条件

通过单因素实验确定各因素的范围,以固定脂肪酶酶活性为响应值进行四元二次回归正交旋转组合设计,因素水平编码见表9－1。采用Design－Expert. V8.0.6软件对实验数据进行分析,优化出最佳固定化条件。

表9-1 因素水平编码表

编码	X_1	X_2	X_3	X_4
	硅烷化试剂添加量(%)	硅藻土与酶质量比(g/g)	温度(℃)	时间(h)
+2	0.6	6	32	7
+1	0.5	5	30	6
0	0.4	4	28	5
-1	0.3	3	26	4
-2	0.2	2	24	3
Δ_j	0.1	1.0	2.0	1.0

三、实验结果与分析

(一)单因素试验结果

1.硅烷化试剂添加量对固定脂肪酶活力的影响

由图9-1可知固定脂肪酶活力随着硅烷化试剂添加量先升高后降低,在硅烷化试剂添加量为0.4%达到最大值,硅烷化试剂添加量过高导致固定脂肪酶活力降低是因为偶联剂过多使游离的化学键过多,起不到固定作用。

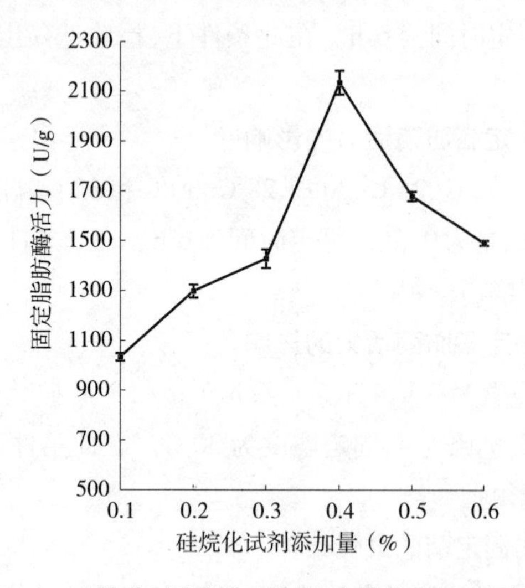

图9-1 硅烷化试剂添加量对固定脂肪酶活力的影响

2.硅藻土与酶质量比对固定脂肪酶活力的影响

由图9-2可知硅藻土与酶的质量比越大,固定脂肪酶活力也就越低,因为固定的脂肪酶与大量的硅烷化处理后的硅藻土结合，酶的活力就相对降低了。

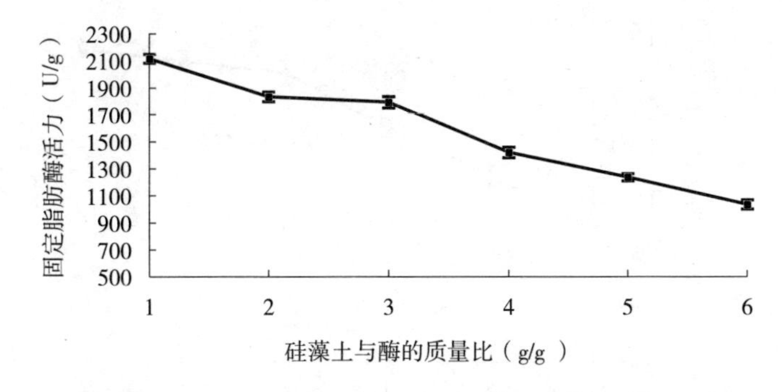

图9－2　硅藻土与酶质量比对固定脂肪酶活力的影响

3.固定温度对固定脂肪酶活力的影响

由图9－3可知随着温度的升高固定脂肪酶的活力开始升高，当温度达到30℃后固定脂肪酶活力就不再上升了，由于高温导致酶失活，酶的最适温度为37℃，所以固定脂肪酶时的温度不宜太高。

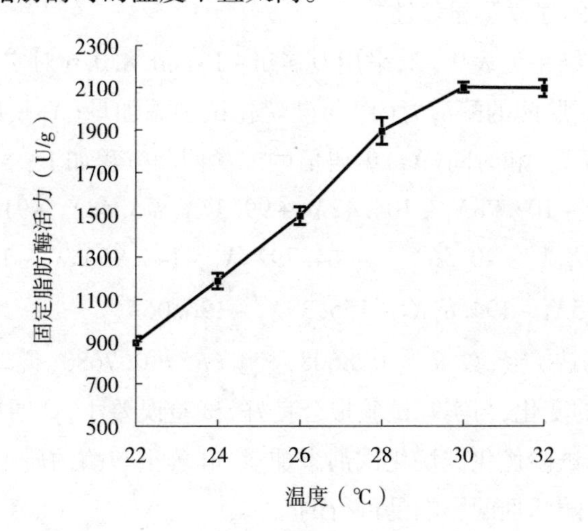

图9－3　固定温度对固定脂肪酶活力的影响

4.固定时间对固定脂肪酶活力的影响

由图9－4可知随着处理时间的增加，固定脂肪酶活力也随着增加，当时间达到4 h时基本不再变化，说明4～6 h的时间处理使酶与硅藻土紧密结合也就是将脂肪酶固定在硅藻土上。

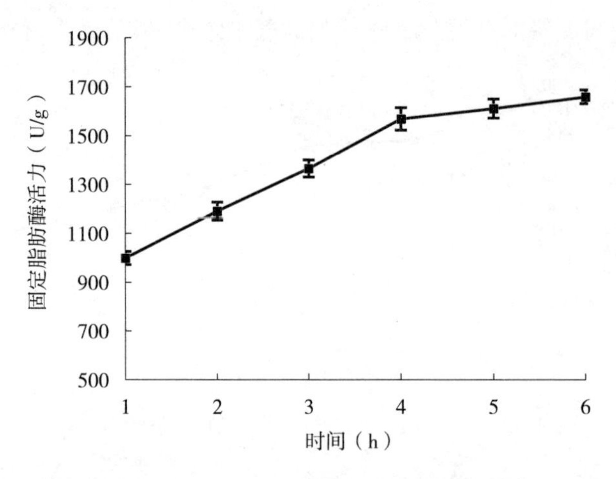

图9-4　固定时间对固定脂肪酶活力的影响

(二)四元二次回归正交旋转组合实验结果

1.回归方程的建立及显著性

实验设计与结果见表9-2,采用Design-Expert.8.0.6对实验数据进行回归分析,得到固定脂肪酶的酶活力(Y)与硅烷化试剂添加量(X_1)、硅藻土与酶质量比值(X_2)、温度(X_3)和时间(X_4)编码值的二次回归方程如下:

$$
\begin{aligned}
Y = & 2155.39 - 107.78X_1 - 104.42X_2 + 99.37X_3 + 5.48X_4 + 91.38X_1X_2 \\
& - 25.79X_1X_3 + 40.56X_1X_4 + 64.79X_2X_3 + 144.95X_2X_4 - 172.22X_3X_4 \\
& - 163.35X_1^2 - 194.81X_2^2 - 155.39X_3^2 - 196.06X_4^2
\end{aligned}
$$

同时模型的决定系数 $R^2 = 0.8608$,校正 $R^2 = 0.7680$,说明该模型能解释76.80%响应值的变化,与实际试验拟合良好,试验误差小,证明应用四元二次回归正交旋转组合试验优化硅烷化试剂添加量、硅藻土与酶的质量比、固定温度和固定时间对脂肪酶活性的影响是可行的。

表9-2　四元二次回归正交旋转组合实验结果表

试验号	硅烷化试剂添加量(%)	硅藻土:酶	温度(℃)	时间(h)	酶活力(U/g)
1	-1	-1	-1	-1	1696.33
2	1	-1	-1	-1	1203.87
3	-1	1	-1	-1	1000.67
4	1	1	-1	-1	973.25
5	-1	-1	1	-1	2436.33

续表

试验号	硅烷化试剂添加量(%)	硅藻土:酶	温度(℃)	时间(h)	酶活力(U/g)
6	1	-1	1	-1	1681.33
7	-1	1	1	-1	1509.67
8	1	1	1	-1	1383.33
9	-1	-1	-1	1	1878.29
10	1	-1	-1	1	1614.67
11	-1	1	-1	1	1498.27
12	1	1	-1	1	1411.33
13	-1	-1	1	1	1406.33
14	1	-1	1	1	1109.67
15	-1	1	1	1	1686.33
16	1	1	1	1	1581.33
17	-2	0	0	0	1493.00
18	2	0	0	0	1276.33
19	0	-2	0	0	1389.67
20	0	2	0	0	1128.00
21	0	0	-2	0	1199.67
22	0	0	2	0	1633.33
23	0	0	0	-2	1296.34
24	0	0	0	2	1211.33
25	0	0	0	0	2169.67
26	0	0	0	0	2049.67
27	0	0	0	0	2029.67
28	0	0	0	0	2096.33
29	0	0	0	0	2031.33
30	0	0	0	0	2799.67
31	0	0	0	0	2054.33
32	0	0	0	0	2168.33
33	0	0	0	0	2015.67
34	0	0	0	0	2183.33
35	0	0	0	0	2023.30
36	0	0	0	0	2243.67

从表9-3中可以得出模型的 F 值为9.28,对应的 $P<0.0001$,远小于0.01,

说明模型极显著,从表 9－3 还可以得出因素一次项(X_1、X_2和 X_3)、交互项(X_3X_4)和二次项(X_{12}、X_{22}、X_{32}和 X_{42})对实验的结果影响是极显著的;交互项(X_2X_4)也达到了显著水平。失拟项的 P 为 0. 5428,远大于 0. 05,这说明该模型拟合程度较好,试验误差小,所建立的模型是可行的,可以用此模型对固定化酶的工艺条件进行优化。

表 9－3　方差分析表

来源	平方和	自由度	均方	F	$Pr>F$
模型	5.898E+006	14	4.213E+005	9.28	<0.0001
X_1	2.788E+005	1	2.788E+005	6.14	0.0218
X_2	2.617E+005	1	2.617E+005	5.76	0.0257
X_3	2.370E+005	1	13463.98	5.22	0.0329
X_4	719.63	1	719.63	0.016	0.9010
X_1X_2	1.336E+005	1	1.336E+005	2.94	0.1010
X_1X_3	10637.86	1	10637.86	0.23	0.6334
X_1X_4	26325.06	1	26325.06	0.58	0.4549
X_2X_3	67163.91	1	67163.91	1.48	0.2374
X_2X_4	3.362E+0.005	1	3.362E+0.005	7.40	0.0128
X_3X_4	4.745E+005	1	4.745E+005	10.45	0.0040
X_1^2	8.539E+005	1	8.539E+005	18.80	0.0003
X_2^2	1.214E+006	1	1.214E+005	26.74	<0.0001
X_3^2	7.727E+005	1	7.727E+005	17.02	0.0005
X_4^2	1.230E+006	1	1.230E+006	27.09	<0.0001
残差	9.537E+005	21	45412.30		
失拟	4.365E+005	10	43649.32	0.93	0.5428
纯误差	5.172E+005	11	47015.02		
总变异	6.851E+006	35			

2.响应面分析

从表 9－3 可以得到 X_2X_4($P=0.0128<0.05$)交互作用显著和 X_3X_4($P=0.0040<0.01$)交互作用极显著,采用降维分析法找出在其他因素条件固定不变情况下,某两个因素对固定脂肪酶活性的影响,即硅藻土与酶的质量比和时间交互作用及温度和时间的交互作用对固定脂肪酶活性的影响。图 9－5 和图 9－6 是 Design－Expert 8.0.6 软件作出的等高线图及响应曲面图,对这些因素中交互

项之间的交互效应进行分析。

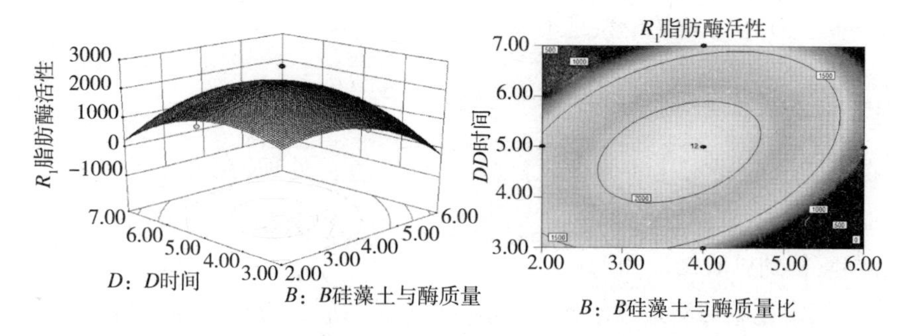

图9-5　硅藻土与酶的质量比和时间对固定化脂肪酶活力影响的响应面图和等高线图

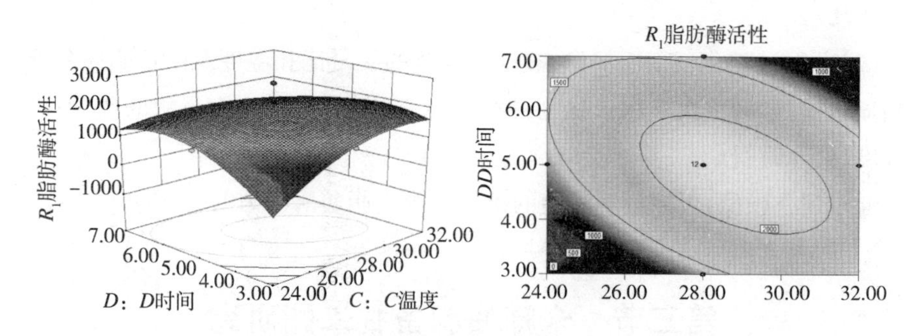

图9-6　温度和时间对固定化脂肪酶活力影响的响应面图和等高线图

由图9-5可以看出当硅烷化试剂添加量为0.4%，温度为固定28℃时，硅藻土与酶的质量比在2.0~4.0，时间在3.0~5.0 h范围内存在存在显著增效作用，固定脂肪酶活力随着两因素水平的增加而升高。硅藻土与酶的质量比在4.0~6.0，时间在5.0~7.0 h范围内时，固定脂肪酶的活力随着两个因素的增加反而开始降低。由图9-6可知，硅烷化试剂添加量为0.40%，硅藻土与酶的质量为4.0时，温度在28~32℃，时间在5~7 h范围内存在显著增效作用，固定脂肪酶活力随着两因素水平的升高而增加。温度在24~28℃，时间在3.0~5.0 h范围内固定脂肪酶活力随着两因素水平的升高反而降低。

为了得到最佳的固定化条件值，分析该模型，以得到固定脂肪酶最高活力值得条件，有分析可知最佳的固定脂肪酶条件为硅烷化试剂添加量为0.34%、硅藻土与酶的质量比为3.52、温度为29.03℃、时间为4.55 h。

3.验证性试验

按上述优化的实验条件进行验证性实验，同时也考虑到实际情况，采用硅烷化试剂添加量为0.35%、硅藻土与酶的质量比3.50、温度为29℃、时间为4.5 h，此时固定后的脂肪酶活力为2206.67 U/g,与预测的固定脂肪酶活力相对误差为1.27%,因此响应分析的模型是可靠的。

四、小结

在脂肪酶的固定化实验中,将硅藻土颗粒进行处理,在进行脂肪酶的固定化。通过单因素试验以及四元二次回归正交旋转试验,进行响应面分析结合验证性试验,得到试验结论如下:

(1)固定化脂肪酶最佳的条件:硅烷化试剂添加量为0.35%、硅藻土与酶的质量比3.50、处理温度为29℃、处理时间为4.5 h,此时固定后的脂肪酶活力为2206.67U/g。

(2)此时硅烷化试剂添加量、硅藻土与酶的质量比和温度对固定脂肪酶活力影响显著,因素的主次顺序依次为硅烷化试剂添加量、硅藻土与酶的质量比、处理温度、处理时间。

通过建立模型,可以说明固定的条件对固定脂肪酶活力的关系。

第三节　米糠油制备甘二酯研究

随着生活水平的提高,得肥胖、心脑血管方面疾病的人越来越多。所以,人们在研究治疗药品的同时也在研究探索着不改变饮食习惯的前提下,尝试新的途径抑制这些慢性病的发生。解决因吃而病从口入的现象,也成为人们的热议话题。在近几年的研究中,甘二酯因其是油脂中的天然组分,是代谢过程中的中间产物,可以抑制肝脏的脂肪堆积,控制体重的增长、缓解糖尿病人肾脏衰竭而越发被人们广泛关注。

甘二酯是一种二酯的产物,甘油的两个羟基与脂肪酸进行酯化而合成的。甘二酯在经过动物与人体的认证后,确保是一种安全可食用的成分。甘二酯作为一种多功能的添加剂,在食品行业中,与其他油脂相比,口感风味好的同时,也便于吸收,可以抑制肥胖;在医药行业中,因其理化性能,可以使药物更加易于人体的吸收;在化工业中,具有良好的乳化作用及稳定作用。甘二酯虽然在食物中可以获得,但一般含量都较少,即使食用了,也达不到预防与控制的目的。经过研究发现,长期摄入高含量的甘二酯不仅可以抑制动脉硬化,而且还可以抑制高血压。目前,市售甘二酯类产品较少,且价格高,针对我国人口的饮食习惯,甘二酯的工厂化生产有非常好的应用前景。所以,研究甘二酯的制备方法,制取高纯度的富含甘二酯产品具有一定的经济利益与社会效益。

在本实验中,以市售米糠油为原料,利用制备的固定化脂肪酶为生物催化剂,制备具有 DAG 的米糠油。通过考察反应温度、反应时间、固定脂肪酶添加量、反应物质量比这四个因素对米糠油酶法制备甘二酯的影响,并建立四元二次回归正交组实验,对米糠油制备甘二酯的反应条件进行优化,通过建立模型,进行数据分析,得到米糠油酶法制备甘二酯的最佳工艺条件。

一、实验材料与设备

(一)原料

米糠油:市售食用油;

固定化脂肪酶:实验室自制。

(二)试剂

实验中主要试剂见表 9 -4。

表 9 -4　主要试剂

试剂名称	规格	生产厂家
正己烷	AR	南京化学试剂有限公司
异丙醇	AR	南京化学试剂有限公司
无水乙醚	AR	南京化学试剂有限公司
无水乙醇	AR	南京化学试剂有限公司
三氯甲烷	AR	南京化学试剂有限公司
冰乙酸	AR	南京化学试剂有限公司
异辛烷	AR	北京康倍斯科技有限公司
丁酮	AR	北京康倍斯科技有限公司
丙酮	AR	北京康倍斯科技有限公司
甘油	AR	上海化学试剂有限公司

(三)仪器设备

实验中所用仪器设备见表 9 -5。

表 9 – 5　主要仪器设备

仪器名称	生产厂家
Waters FS525 高效液相色谱仪	Waters 公司
DELTA 320 型酸度计	梅特勒—托制多仪器(上海)有限公司
DK – S24 电热恒温水浴锅	上海森信实验仪器有限公司
AR2140 电子天平	梅特勒 – 托利多仪器有限公司
RE52 – 98 旋转蒸发仪	上海亚荣生化仪器厂
SHY – 2 恒温水浴振荡器	江苏金坛环宇科学仪器厂
JJ – 1 精密定时电动搅拌器	江苏金坛荣华仪器制造有限公司
LD4 – 40 低速大容量离心机	北京京立离心机有限公司

二、实验方法

(一)甘二酯的制备

准确称取 105 g 米糠油于 150 mL 锥形瓶中,按实验设定的米糠油与油酸甘油一酯质量比加入油酸甘油一酯和一定量的固定化脂肪酶,充分混匀后置于转速为 160 r/min 预先设定温度的恒温水浴振荡器中进行反应,反应一定时间后取出,从锥形瓶中取 2 mL 样品,用 10 mL 体积比为 9:1 的正己烷和异丙醇混合液溶解,将溶解后的样品置于离心机中,在 4000 r/min 下离心 20 min,取上清液于 – 4℃冰箱中保存待测。

(二)甘油二酯含量测定

采用高效液相色谱分析甘油酯的组成和含量。取溶解后的待测样 10 μL 作为进样量,采用硅胶色谱柱(Waters Spherisorb Silica, 5.0 μm, 50 × 4.60 mm),蒸发光散射检测器(ELSD),N_2压力为 30 bar,漂移管温度为 75℃的色谱条件。检测过程中的流动相为:A:体积比为 99/1 的正己烷和异丙醇混合液,B:体积比为 1/1/0.01 正己烷、异丙醇和冰乙酸的混合液;流速为 1.0 mL/min。洗脱梯度为:0 min,100% A;10 min,80% A;14 min,70% A;15 min,100% A;20 min,100% A。出峰顺序依次为甘油三酯(TGA)、游离脂肪酸(FFA)、1,3 – 甘油二酯(1,3 – DAG)、1,2 – 甘油二酯(1,2 – DAG)、1(3) – 甘油一酯(1(3) – MG)、2 – 甘油一酯。采用面积归一化法对 DAG 定量,通过 DAG 的含量按公式(9 – 1)得出 DAG 产率。

$$\text{DAG 产率}(\%) = \frac{m_{1,2-\text{DAG}} + m_{1,3-\text{DAG}}}{m_{\text{米糠油}} + m_{\text{油酸甘油一酯}}} \times 100 \tag{9-1}$$

式中：$m_{1,2-DAG}$为混合待测样中1,2 - DAG质量(g)；$m_{1,3-DAG}$为混合待测样中1,3 - DAG质量(g)；$m_{米糠油}$为反应物中米糠油的质量(g)；$m_{油酸甘油一酯}$为反应物中油酸甘油一酯的质量(g)。

(三)单因素试验

1.反应温度对DAG产率的影响

反应温度分别调为15℃、18℃、21℃、24℃、27℃、30℃、33℃，反应时间为12 h，固定化脂肪酶添加量为10%(以米糠油质量计算)，反应物质量比(米糠油与油酸甘油一酯质量)为15。每组实验做三次平行样，取平均值作为DAG产率。

2.反应时间对DAG产率的影响

反应温度设定为30℃，反应时间分别为4 h、6 h、8 h、10 h、12 h、14 h、16 h、18 h，固定化脂肪酶添加量为10%(以米糠油质量计算)，反应物质量比(米糠油与油酸甘油一酯质量)为15。每组实验做三次平行样，取平均值作为DAG产率。

3.固定化脂肪酶添加量对DAG产率的影响

反应温度设定为30℃，反应时间为12 h，固定化脂肪酶添加量分别为2%、4%、6%、8%、10%、12%、14%(以米糠油质量计算)，反应物质量比(米糠油与油酸甘油一酯质量)为15。每组实验做三次平行样，取平均值作为DAG产率。

4.反应物质量比(米糠油与油酸甘油一酯质量)对DAG产率的影响

反应温度为30℃，反应时间为12 h，固定化脂肪酶添加量为10%(以米糠油质量计算)，反应物质量比(米糠油与油酸甘油一酯质量)分别为5、10、15、20、25、30、35。每组实验做三次平行样，取平均值作为DAG产率。

(四)米糠油甘二酯制备反应条件优化试验

通过单因素实验确定各因素的范围，以DAG为响应值进行四元二次回归正交旋转组合设计，因素水平编码见表9 - 6。采用Design - Expert. V8.0.6软件对实验数据进行分析，优化出最佳个固定化条件。

表9 - 6　因素水平编码表

编码	X_1	X_2	X_3	X_4
	反应温度(℃)	反应时间(h)	固定化脂肪酶添加量(%)	反应物质量比(g/g)
+2	30	16	12	25
+1	27	13	10	20

续表

编码	X_1	X_2	X_3	X_4
	反应温度(℃)	反应时间(h)	固定化脂肪酶添加量(%)	反应物质量比(g/g)
0	24	10	8	15
-1	21	7	6	10
-2	18	4	4	5
Δ_j	3.0	1.0	2.0	5.0

三、实验结果与分析

(一)单因素实验结果

1.反应温度对DAG产率的影响

由图9-7可以得出,在15~18℃内DAG产率增加缓慢,这是由于温度相对较低导致固定化脂肪酶的活力将低,同时低温环境下反应物分子的运动减慢,最终导致DAG产率相对较低,在18~27℃内DAG产率随着温度的上升而稳定上升,但超过27℃后DAG产率开始有所下降;温度对甘二酯的产率的影响主要是通过影响酶的活力实现的,温度高酶活力高,反应速率快,在单位时间内生成的甘油二酯相对较多。

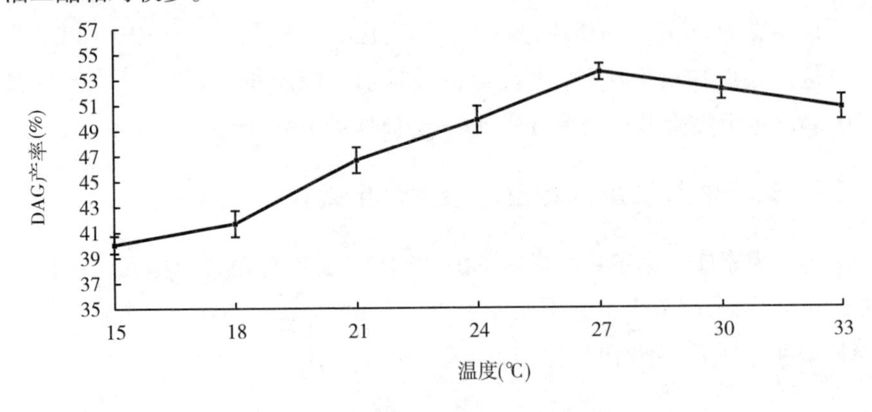

图9-7　温度对DAG产率的影响

2.反应时间对DAG产率的影响

由图9-8可以得出,在4~10 h内DAG产率增加缓慢,在10~14 h内DAG产率增加相对较快,在14~18 h内DAG产率相对平稳,这可能是由于油脂的黏度相对较大,反应物充分混匀需要一定的时间,油酸甘油酯、米糠油和固定化的脂肪酶混合均匀后加快了反应速率使单位时间内生成的 DAG 增多，反应进行 14 h后，反应物已充分接触，反应速率达到了该条件下的最大水平，此时，DAG 产率达到了一个相对较稳定的水平。

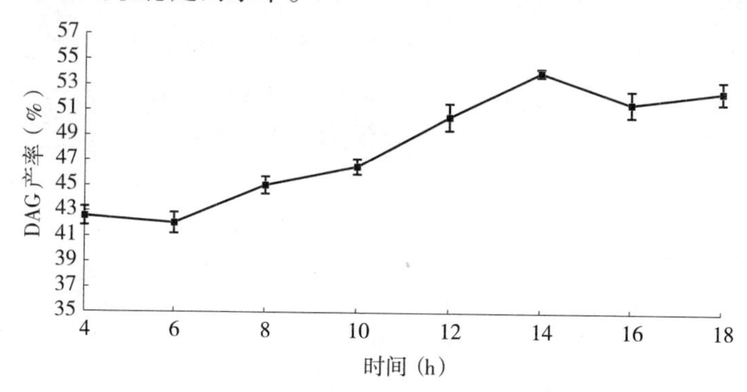

图 9－8　反应时间对 DAG 产率的影响

3.固定化脂肪酶添加量（以米糠油质量计算）对 DAG 产率的影响

由图 9－9 可得，固定化脂肪酶添加量在 2%～8% 内 DAG 产率随着固定化脂肪酶添加量升高而增多，在 8%～14% 内随着固定化脂肪酶添加量的继续增加，DAG 产率不再增加，这是由于少量的固定化酶起着催化反应的进行，反应物中米糠油的质量不变，随着固定化脂肪酶添加量的增加，米糠油和固定化脂肪酶的比例逐渐接近最适底物浓度，故而 DAG 的产率升高，继续添加固定化脂肪酶反应速率基本不变，所以在固定化脂肪酶添加量超过 8% 后 DAG 产率基本不变。

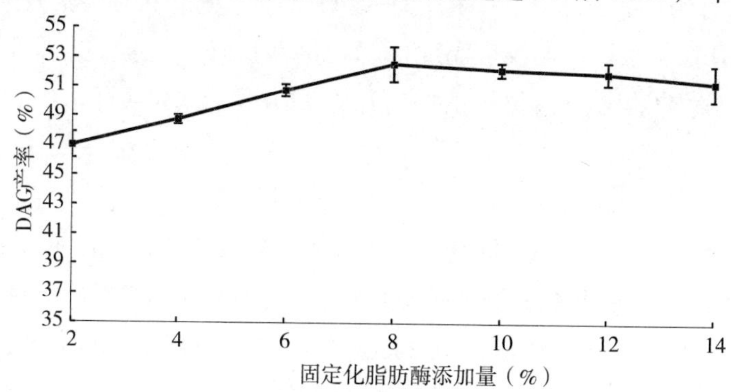

图 9－9　固定化脂肪酶添加量对 DAG 产率的影响

4.反应物质量比（米糠油与油酸甘油酯质量）对 DAG 产率的影响

由图 9－10 可得，反应物质量比在 5～10 内 DAG 产率增加较快，在 10～15 内 DAG 产率增加缓慢，在 15～25 内 DAG 产率趋于稳定，在 25 以后有降低的趋势,这可能是由于反应过程中酶要对米糠油中的甘油三酯酶解,生成甘油二酯和游离脂肪酸,游离脂肪酸在和油酸甘油酯结合成甘油二酯,米糠油的含量升高时酶解生成的游离脂肪酸相对较多,油酸甘油酯结合游离脂肪酸反应速率相对加快,所以在 5 ~ 10 内 DAG 产率呈上升趋势,当米糠油和油酸甘油一酯达到适当的比例是 DAG 产率趣于稳定,当米糠油和油酸甘油酯的比例超过 15:1 后,过多米糠油中的甘油三酯和固定化的脂肪酶结合,使 DAG 产率有减慢的趋势。

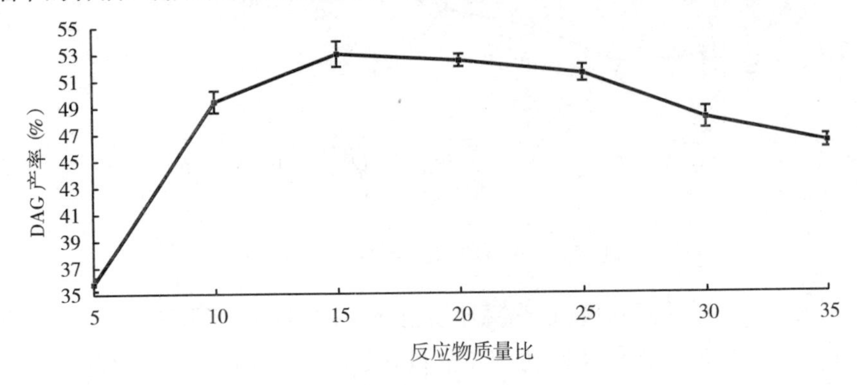

图 9 - 10　反应物质量比对 DAG 产率的影响

(二)四元二次回归正交旋转组合试验结果

1.回归方程的建立及显著性检验

实验设计与结果见表 9 - 7,采用 Design - Expert. 8. 0. 6 对实验数据进行回归分析,得到 DAG 产率(Y)与反应温度(X_1)、反应时间(X_2)、固定化脂肪酶添加量(X_3)和反应物质量比(X_4)编码值的二次回归方程(a)和实际值二次回归方程(b)如下:

(a)

$$Y = -263.90877 + 18.90056X_1 + 8.15921X_2 + 2.88438X_3 + 3.75108X_4 - 0.03944436X_1X_2 + 0.13458X_1X_3 - 0.16167X_1X_4 - 0.13687X_2X_3 + 0.059917X_2X_4 + 0.089875X_3X_4 - 0.33683X_1^2 - 0.33461X_2^2 - 0.36036X_3^2 - 0.034058X_4^2 \text{(b)}$$

同时模型的决定系数 $R^2 = 0.9497$,校正 $R^2 = 0.9162$,说明该模型能解释 91.62% 响应值的变化,与实际试验拟合良好,试验误差小,证明应用四元二次回归正交旋转组合试验优化反应温度、反应时间、固定化脂肪酶添加量和反应物质量比对 DAG 产率影响是可行的。

表 9-7　四元二次回归正交旋转组合实验结果表

试验号	温度(*A*)	时间(*B*)	酶添加量(*C*)	反应物质量比(*D*)	DAG 产率(%)
1	-1	-1	-1	-1	44.60
2	1	-1	-1	-1	54.24
3	-1	1	-1	-1	47.10
4	1	1	-1	-1	56.20
5	-1	-1	1	-1	43.94
6	1	-1	1	-1	58.22
7	-1	1	1	-1	43.90
8	1	1	1	-1	54.12
9	-1	-1	-1	1	47.98
10	1	-1	-1	1	48.15
11	-1	1	-1	1	53.64
12	1	1	-1	1	52.11
13	-1	-1	1	1	51.01
14	1	-1	1	1	53.60
15	-1	1	1	1	53.24
16	1	1	1	1	56.45
17	-2	0	0	0	41.29
18	2	0	0	0	53.09
19	0	-2	0	0	45.19
20	0	2	0	0	49.35
21	0	0	-2	0	52.23
22	0	0	2	0	54.87
23	0	0	0	-2	54.35
24	0	0	0	2	57.47
25	0	0	0	0	57.26
26	0	0	0	0	59.37
27	0	0	0	0	60.53
28	0	0	0	0	57.87

续表

试验号	温度(*A*)	时间(*B*)	酶添加量(*C*)	反应物质量比(*D*)	DAG 产率(%)
29	0	0	0	0	56.83
30	0	0	0	0	62.36
31	0	0	0	0	57.38
32	0	0	0	0	59.68
33	0	0	0	0	61.32
34	0	0	0	0	59.57
35	0	0	0	0	57.45
36	0	0	0	0	63.58

从表9－8中可以得出模型的 F 值为28.33，对应的 $P<0.0001$，远小于0.01，说明模型极显著，从表9－8还可得出因素一次项（X_1、X_2）、交互项（X_1X_4）和二次项（X_1^2、X_2^2、X_3^2 和 X_4^2）对实验的结果影响极显著；因素一次项（X_4^2）和交互项（X_2X_4、X_3X_4）也达到了显著水平。失拟项的 F 值为0.092，对应的 $P=0.9996$，远大于0.05，这说明该模型拟合程度较好，试验误差小，所建立的模型是可行的，可以用此模型对生产DAG的工艺条件进行优化。

表9－8　方差分析表

来源	平方和	自由度	均方	F	$Pr>F$
模型	1078.70	14	77.05	28.33	<0.0001
X_1	211.70	1	211.70	77.84	<0.0001
X_2	22.70	1	22.70	8.35	0.0088
X_3	10.32	1	10.32	3.80	0.0649
X_4	16.83	1	16.83	6.19	0.0213
X_1X_2	2.02	1	2.02	0.74	0.3989
X_1X_3	10.43	1	10.43	3.84	0.0636
X_1X_4	94.09	1	94.09	34.60	<0.0001
X_2X_3	10.79	1	10.79	3.97	0.0595
X_2X_4	12.92	1	12.92	4.75	0.0408
X_3X_4	12.92	1	12.92	4.75	0.0408
X_1^2	294.07	1	294.07	108.13	<0.0001

续表

来源	平方和	自由度	均方	F	$Pr>F$
X_2^2	290.20	1	290.20	106.70	<0.0001
X_3^2	66.49	1	66.49	24.45	<0.0001
X_4^2	23.20	1	23.20	8.53	0.0082
残差	57.11	21	2.72		
失拟	4.41	10	0.44	0.092	0.9996
纯误差	52.70	11	4.79		
总变异	1135.81	35			

2.响应面分析

从表9－8可以得到X_2X_4（$P=0.0408<0.05$）、X_3X_4（$P=0.0408<0.05$）交互作用显著和X_1X_4（$P<0.0001$）交互作用极显著，采用降维分析法找出在其他因素条件固定不变情况下，某两个因素对DAG产率的影响，即反应时间与反应物质量比交互作用、固定化脂肪酶添加量与反应物质量比交互作用、反应温度与反应物质量比交互作用对DAG产率的影响。图9－11～图9－13是Design－Expert 8.0.6软件作出的等高线图及响应曲面图，对这些上述交互项之间的交互效应进行分析。

（1）由图9－11可以看出当反应温度固定为24℃，固定化脂肪酶添加量为8%，要提高DAG产率米糠油和油酸甘油的质量比应控制在9～21，比值过高或过低，DAG产率都降低；米糠油和油酸甘油酯质量比一定，增加反应时间可以增加DAG产率，仅就DAG产率而言，反应时间在7.0～13.0 h，米糠油和油酸甘油酯质量比在9.0～21.0内存在存在显著增效作用，DAG产率随着两因素水平的增加而升高。反应时间在交互作用中起了更为重要的作用。

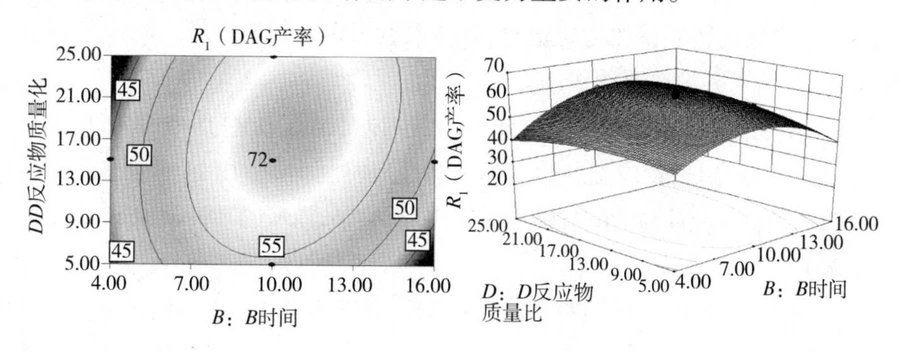

图9－11　时间和反应物质量比对DAG产率影响的响应曲面图和等高线图

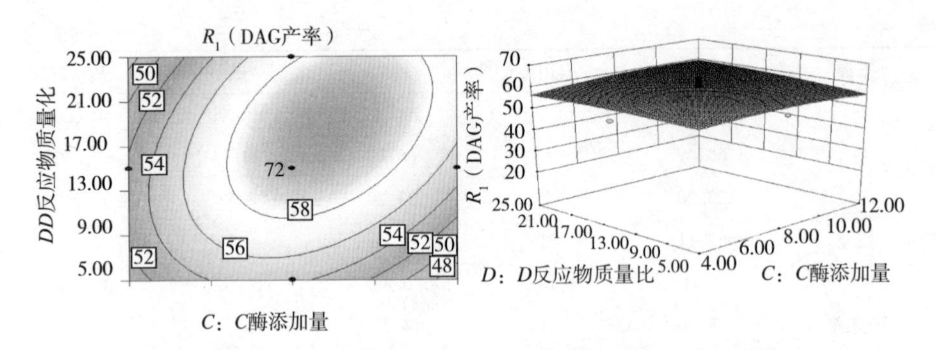

图 9－12　酶添加量和反应物质量比对 DAG 产率影响的响应曲面图和等高线图

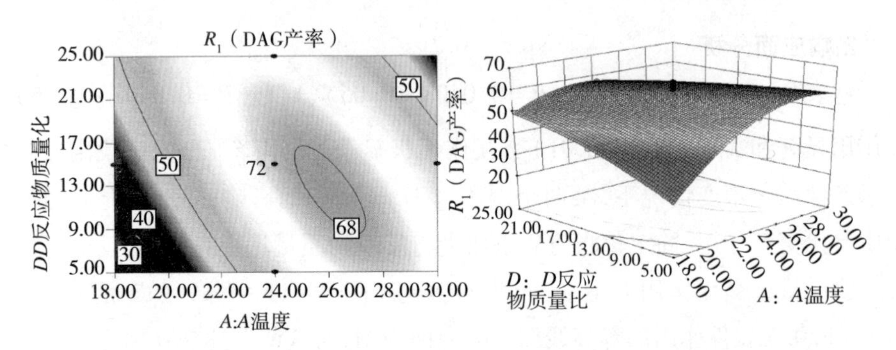

图 9－13　温度和反应物质量比对 DAG 产率影响的响应曲面图和等高线图

（2）由图 9－12 可以看出反应温度固定为 24℃，反应时间固定为 10 h，固定化脂肪酶添加量在 6%～10%，米糠油油酸甘油酯质量比在 13～25 内存在显著增效作用，当酶添加量一定时，反应物质量比在 5～13 内增加可以增加 DAG 产率；酶添加量在交互作用中起了更为重要的作用。

（3）由图 9－13 可以看出反应时间为固定为 10 h，固定化脂肪酶添加量固定为 8% 时，反应温度在 24～30℃，米糠油与油酸甘油酯质量比在 9～18.5 内 DAG 产率较高，当反应物质量比为定值时，升高温度可以增加 DAG 产率；反应温度在交互作用中起了更为重要的作用。

为了得到最佳的制备条件值，分析该模型，以得最高 DAG 产率的条件，由分析可知最佳的反应条件：反应温度为 25.74℃、反应时间为 10.19 h、固定化脂肪酶添加量为 8.67%、米糠油与油酸甘油酯质量比为 14.36，模型的理论值为 60.3831%。

3.验证性实验

按上述优化的实验条件进行验证性实验，同时也考虑到实际情况，采用反应温度为 25.7℃、反应时间为 10 h、固定化脂肪酶添加量为 8.5%、米糠油与油酸甘油酯质量比为14,此时DAG产率为58.31%,验证实际条件预测的理论值为60.36%与实际值的相对误差为3.4%,因此响应分析的模型是可靠的。

四、小结

在米糠油制备甘二酯的试验当中,先对温度、时间、固定化脂肪酶添加量、反应物质量比这几个因素进行分析,在通过四元二次回归正交旋转组合实验设计,以此确定最佳的工艺条件,根据试验数据进行分析,得到结论如下:

(1)最佳DAG制备工艺条件为温度为26℃、反应时间为10 h、固定化脂肪酶添加量为8.5%、米糠油与油酸甘油酯质量比为14,此时DAG产率为58.31%。

(2)在本模型中反应温度、反应时间和米糠油与油酸甘油酯质量比影响显著,因素的主次顺序依次为反应温度、反应时间和米糠油与油酸甘油酯质量比、固定化脂肪酶添加量。

该模型显著,可以说明固定的条件对固定脂肪酶活力的关系。

第四节 甘二酯的分离纯化研究

即使甘二酯的优点众多,但在自然环境下,含量不高,光靠从食物中获取是不够的。制备出的甘二酯尽管含量提高了,为了经济与实用价值,应采取一定的方法进行提纯,以期为人们更好的利用。本实验就采取了分子蒸馏的方法对甘二酯进行了分离纯化。

分子蒸馏的原理是根据被蒸发物的各组分的蒸发速率的不同而对液—液进行分离,分子蒸馏是一种新兴的分离纯化技术,与一般的纯化相比,它是靠平均自由程的不同而对液—液进行分离,而一般的技术是靠反应物的沸点不同而进行分离。分子蒸馏的特点在于不受温度的影响只要存在温度差就能进行分离,分子蒸馏的过程是一个物理的过程,这样可以尽可能的保护分离物质不遭到破坏。分子蒸馏需要的压强低,由于蒸馏器的结构特点也决定了分子蒸馏的受热时间短。从分子蒸馏的过程中反应物不易挥发就可见分离的程度及生成物的产率会相对较高。

随着人们对这种技术的重视,更多的投入到分子蒸馏的研究中,设备在不断完善,装置的投资相较于之前有所降低,所以分子蒸馏技术会更加广泛的应用于石油化工、食品工业、制药工业等,具有良好的市场应用前景。

在甘二酯的分离纯化这部分实验当中,以制备出的甘二酯为原料进行分离纯化。在这部分实验中考察了进料速率、刮膜转速、进料预热温度、蒸馏温度这四个因素对分子蒸馏的影响,并建立了四因素三水平的正交试验,方差分析以及验证性试验综合分析,得到分子蒸馏的最佳工艺。最后对反应的产物进行包括透明度、色泽、气味、滋味在内的感官指标检测,包括水分及挥发物、不溶性杂质、酸值、过氧化值在内的理化指标检测。观察时符合我国对富含 DAG 米糠油的要求。

一、实验材料与设备

(一)材料与试剂(表 9-9)

甘油二酯混合物:实验室自制。

表 9-9 材料与试剂

试剂名称	规格	生产厂家
正己烷	AR	南京化学试剂有限公司
异丙醇	AR	南京化学试剂有限公司
无水乙醚	AR	南京化学试剂有限公司
无水乙醇	AR	南京化学试剂有限公司
三氯甲烷	AR	南京化学试剂有限公司
冰乙酸	AR	南京化学试剂有限公司
异辛烷	AR	北京康倍斯科技有限公司
丁酮	AR	北京康倍斯科技有限公司
丙酮	AR	北京康倍斯科技有限公司
甘油	AR	上海化学试剂有限公司

(二)仪器设备(表 9-10)

表 9-10 仪器设备

仪器名称	生产厂家
Waters FS525 高效液相色谱仪	Waters 公司
DK-S24 电热恒温水浴锅	上海森信实验仪器有限公司
AR2140 电子天平	梅特勒-托利多仪器有限公司
SHY-2 恒温水浴振荡器	江苏金坛环宇科学仪器厂
JJ-1 精密定时电动搅拌器	江苏金坛荣华仪器制造有限公司

续表

仪器名称	生产厂家
LD4－40 低速大容量离心机	北京京立离心机有限公司
MD－S80 型分子蒸馏装置	广州捍卫机电有限公司

二、实验方法

(一)甘油二酯的分离

将去除固定化脂肪酶的甘油二酯混合物注入预热器中,达到设定温度时,启动真空泵,对原料抽真空脱气,当真空度低于 10 Pa 时,开启进料阀门,调节进料速率、蒸馏温度和刮膜转速,蒸馏结束后测定分离器中甘二酯含量。

(二)甘油二酯含量测定

采用高效液相色谱分析甘油酯的组成和含量,取溶解后的待测样 10 μL 作为进样量,采用硅胶色谱柱(Waters Spherisorb Silica, 5.0 μm, 50×4.60 mm),蒸发光散射检测器(ELSD),N_2 压力为 30 bar,漂移管温度为 75℃的色谱条件。检测过程中的流动相为:A:体积比为 99/1 的正己烷和异丙醇混合液,B:体积比为 1/1/0.01 正己烷、异丙醇和冰乙酸的混合液;流速为 1.0 mL/min。洗脱梯度为:0 min,100% A;10 min,80% A;14 min,70% A;15 min,100% A;20 min,100% A。出峰顺序依次为甘油三酯(TGA)、游离脂肪酸(FFA)、1,3－甘油二酯(1,3－DAG)、1,2－甘油二酯(1,2－DAG)、1(3)－甘油一酯(1(3)－MG)、2－甘油一酯,采用面积归一化法对 DAG 定量。

(三)单因素实验

1.进料速率对 DAG 分离的影响

预热温度分别调为 70℃,蒸馏温度为 200℃,进料速率分别为 0.2 L/h、0.3 L/h、0.4 L/h、0.5 L/h 和 0.6 L/h,刮膜转速为 280 r/min,每组实验测三次平行样,取平均值作为 DAG 含量。

2.刮膜转速对 DAG 分离的影响

预热温度分别调为 70℃,蒸馏温度为 200℃,进料速率分别为 0.4 L/h,刮膜转速分别为 260 r/min、270 r/min、280 r/min、290 r/min 和 300 r/min,每组实验测

三次平行样，取平均值作为DAG含量。

3.进料预热温度对DAG分离的影响

预热温度分别调为60℃、70℃、80℃、90℃、100℃，蒸馏温度为200℃，进料速率为0.4 L/h，刮膜转速为280 r/min，每组实验测三次平行样，取平均值作为DAG含量。

4.蒸馏温度对DAG分离的影响

预热温度分别调为70℃，蒸馏温度分别为170℃、180℃、190℃、200℃和210℃，进料速率为0.4 L/h，刮膜转速为280 r/min，每组实验测三次平行样，取平均值作为DAG含量。

（四）分子蒸馏条件优化试验

采用分子蒸馏法分离混合油脂中的DAG，通过单因素实验各因素水平，以不同进料速率在不同刮膜转速、进料温度和蒸馏温度下分离DAG采用$L_9(3^4)$正交试验，并以DAG含量作为测定指标，以评价DAG的分离效果。本试验具体的因素水平见表9－11。

表9－11 分子蒸馏因素水平表

水平	*A* 进料速率（L/h）	*B* 刮膜转速（r/min）	*C* 进料温度（℃）	*D* 蒸馏温度（℃）
1	0.3	280	70	180
2	0.4	290	80	190
3	0.5	300	90	200

（五）理化指标检测

对反应产物进行理化指标的检测，参照国标进行检测。

水分及挥发物（%）：参照GB 5009.236—2016 动植物油脂水分及挥发物的测定。

不溶性杂质（%）：参照GB/T 15688—2008 动植物油脂不溶性杂质含量的测定。

酸值（mg KOH/g）：参照GB/T 35252—2017 动植物油脂2－硫代巴比妥酸值的测定直接法。

过氧化值（mg KOH/g）：参照GB/T 5009.227—2016 食品中过氧化值的测定。

透明度、色泽、气味、滋味：参照GB/T 5525—2008 植物油脂 透明度、气味、滋味鉴定法。

三、实验结果与分析

(一)单因素实验结果

1.进料速率对 DAG 分离的影响(图 9-14)

进料速率的大小影响混合油脂在蒸发面上的停留时间,当进料速率小,混合油脂蒸馏的时间相对较长,分离的效果也显著增加,DAG 在混合油脂中的含量升高,当进料速率超过 0.4 L/h 时混合油脂还未进行充分分离进入分离器,不利于 DAG 同脂肪酸的分离,进料速率越快分离结果也就越差,所以控制进料速率在一定范围内有利于提高混合油脂中 DAG 的含量。

2.刮膜转速对 DAG 分离的影响(图 9-15)

在分子蒸馏过程中,刮膜转速对混合物的传质传热有一定的影响,当刮膜转速小于 280 r/min 时,随着转速的提高,DAG 含量随之升高,刮膜速率的提高促进了传质传热效率的提高,因此蒸馏后 DAG 含量呈上升趋势,当刮膜速率超过 280 r/min,再提高转速 DAG 含量基本保持不变,综合考虑分离效果和节约能源的要求,刮膜速率可控制在 280~290 r/min。

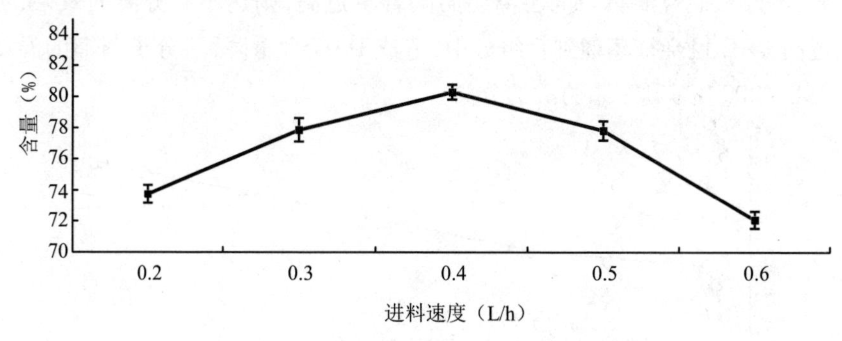

图 9-14 进料速率对 DAG 分离的影响

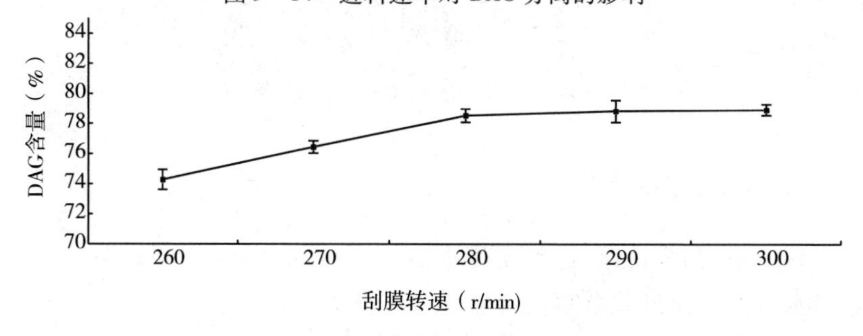

图 9-15 刮膜转速对 DAG 分离的影响

3.进料预热温度对 DAG 分离的影响(图 9-16)

由于进料预热温度影响混合油脂的黏度,所以进料预热温度影响分离后混合油脂 DAG 含量,进料预热温度低于 70℃时,混合油脂的黏度大,不利于蒸馏过程中油脂的传质热,预热温度高于 90℃时有利于游离脂肪酸的分离,但是 DAG 也有一定的损失,因此,预热温度在 70~80℃蒸馏效果较好。

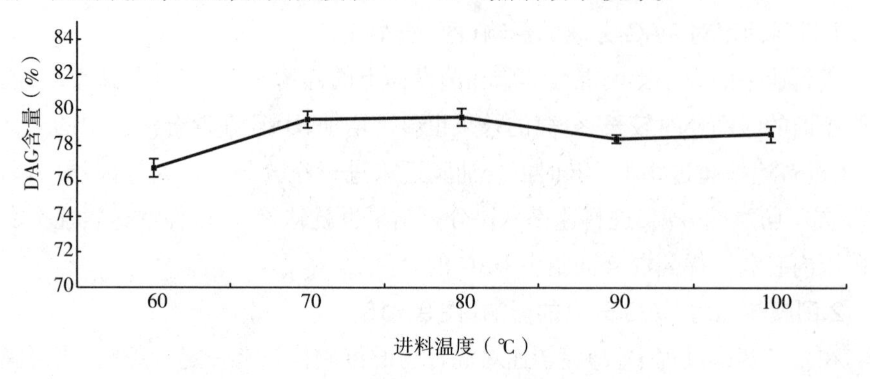

图 9-16 预热温度对 DAG 分离的影响

4.蒸馏温度对 DAG 分离的影响(图 9-17)

蒸馏温度对 DAG 的分离很关键,蒸馏温度过低不能将混合油脂中的游离脂肪酸充分分离,混合油脂中的游离脂肪酸含量过高,则达不到分离的效果,蒸馏温度过高 DAG 也会被蒸馏到轻组分中,造成 DAG 含量降低,分子蒸馏的温度控制在 190~200℃有利于脂肪酸的分离。

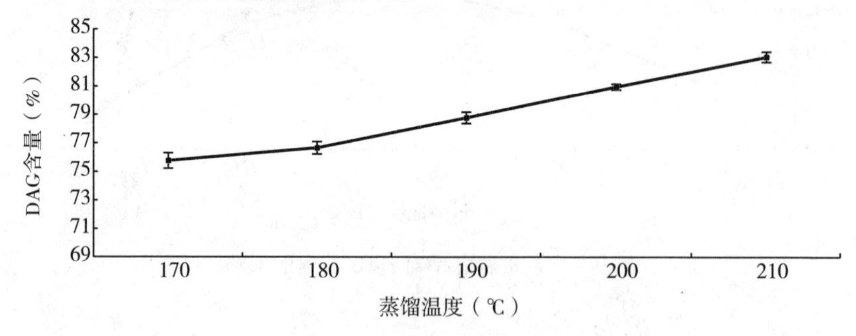

图 9-17 蒸馏温度对 DAG 分离的影响

(二)正交试验结果

以进料速率、刮膜转速、进料温度和蒸馏温度对 DAG 分离效果的影响确定四因素三水平的正交试验方案及结果处理见表 9-12。

表 9-12　正交试验结果

试验号	A 进料速率(L/h)	B 刮膜转速(r/min)	C 进料温度(℃)	D 蒸馏温度(℃)	DAG 含量(%)
1	1	1	1	1	78.2
2	1	2	2	2	77.1
3	1	3	3	3	78.6
4	2	1	2	3	83.0
5	2	2	3	1	78.5
6	2	3	1	2	79.1
7	3	1	3	2	74.4
8	3	2	1	3	80.8
9	3	3	2	1	78.6
K_{1j}	233.90	235.60	238.10	235.30	
K_{2j}	240.60	236.40	238.70	230.60	
K_{3j}	233.80	236.30	231.50	242.40	
k_{1j}	77.97	78.53	79.37	78.43	T=708.30
k_{2j}	80.20	78.80	79.57	76.87	
k_{3j}	77.93	78.77	77.17	80.80	
R_j	2.27	0.27	2.40	3.93	

正交试验结果表明，各因素对分离效果影响的主次顺序为蒸馏温度>进料温度>进料速率>刮膜转速；从表 9-13 分析的结果可以得出 B 因素的平方和最小，以 B 因素的平方和作为误差的平方和，D 因素对分离效果极显著，A 因素、C 因素对分离效果显著，刮膜转速对 DAG 分离效果没有太大的影响，不是主要因素。对因素的水平进行显著性检验并结合实际情况，选 $A_2B_1C_2D_3$ 为最佳的处理组合为，即：进料速率为 0.4 L/h，刮膜转速为 280 r/min，进料温度为 80℃，蒸馏温度为 200℃时分离效果最佳。

表 9-13　正交试验结果的方差分析表

变异来源	SS	df	MS	F	Fα
A 进料速率(L/h)	10.1267	2	5.0634	79.9266*	
B 刮膜转速(r/min)	0.1267	2	0.0634	1.0000	
C 进料温度(℃)	10.6400	2	5.3200	83.9779*	F0.05(2,2)=19.00 F0.01(2,2)=99.00
D 蒸馏温度(℃)	23.5367	2	11.7684	185.7672**	
误差	0.1267	2	0.0634		
总变异	44.4301	8			

(三)验证性试验

将上述优化后的最佳方案进行3次验证性试验,以确保实验的准确性和真实性。结果见表9－14。

表9－14 验证性实验结果

重复	1	2	3	平均值
DAG含量(%)	82.7	81.6	83.4	82.57±0.91

四、反应产物理化指标检测

通过对反应产物进行感官指标以及理化指标检测,与米糠油的国标进行对比,结果见表9－15。

表9－15 质量评定结果

	项目		反应物测定指标	质量指标			
				一级	二级	三级	四级
感官指标	色泽	(罗维朋比色槽25.4mm)≤	—	—	—	黄35 红3.0	黄35 红6.0
		(罗维朋比色槽133.4mm)≤	黄30 红2.5	黄35 红3.5	黄35 红5.0	—	—
	气味、滋味		气味、口感良好	无气味、口感好	气味、口感良好	具有米糠油固有的气味和滋味,无异味	具有米糠油固有的气味和滋味,无异味
	透明度		澄清、透明	澄清透明	澄清透明	—	—
理化指标	不溶性杂质(%)		0.0306	0.05	0.05	0.10	0.20
	酸值(mg KOH/g)≤		0.29	0.20	0.30	1.0	3.0
	过氧化值(mg KOH/g)≤		2.13	5.0	5.0	7.5	7.5
	烟点(℃)≥		210	215	205	—	—
	加热试验(280℃)		—	—	—	无析出物,罗维朋比色:黄色不变、红色增加小于0.4	微量析出物,罗维朋比色:黄色不变、红色值增加小于4.0、蓝色值增加小于0.5

注:1. 划有"—"者不做检测。

2. 参照《中华人民共和国国家标准》GB/T 19112—2003。

五、小结

在甘二酯的分离纯化实验中，先对进料速率、刮膜转速、预热温度、蒸馏温度这四个因素进行单因素试验，通过 $L_9(3^4)$ 正交试验设计，得到最佳的优化设计条件，以及对反应产物进行理化指标检测，根据试验所得数据进行分析，得到如下结论：

(1)进料速率为 0.4 L/h，刮膜转速为 280 r/min，进料温度为 80℃，蒸馏温度为 200℃。

(2)经过验证性试验后，数据显示 DAG 含量为(82.57 ±0.91)%。

(3)进行方差分析得到蒸馏温度、进料温度和进料速率对蒸馏效果影响显著，因素的主次顺序依次为蒸馏温度、进料温度、进料速率、刮膜转速。

(4)反应物在感官指标上，气味、口感良好，澄清、透明。在理化指标上，不溶性杂质含量在 3.06%，酸值为 0.29 mg KOH/g，过氧化值为 2.13 mg KOH/g，烟点为 210℃，通过与国标对比发现，产物满足国家二级米糠油的标准，可以放心食用。

第五节　结论

在米糠油酶法制备甘二酯的试验中，首先对脂肪酶进行了固定化，在试验过程中，对硅烷化试剂添加量、硅藻土与酶质量比、固定化的温度、固定化的时间这几个因素进行了考察，并建立四元二次回归正交组合实验，得到稳定性比脂肪酶高的固定脂肪酶。其次，用此酶对米糠油进行催化反应制备甘二酯，考察反应温度、反应时间、固定脂肪酶添加量、反应物质量比对制备甘二酯的影响，建立响应面进行数据分析，确定了最佳的工艺条件，最后，利用分子蒸馏技术对甘二酯进行分离提纯，利用单因素实验考察进料速率、刮膜转速、进料预热温度、蒸馏温度对分离的影响，并进行正交实验确定最佳工艺条件。对反应产物进行理化指标的检测。针对试验的数据进行理论分析，得到的结果如下：

固定脂肪酶最佳固定化条件：硅烷化试剂添加量为 0.35%、硅藻土与酶的质量比 3.50、温度为 29℃、时间为 4.5 h，固定后的脂肪酶活力为 2206.67 U/g。此时硅烷化试剂添加量、硅藻土与酶的质量比和温度对固定脂肪酶活力影响显著，因素的主次顺序依次为硅烷化试剂添加量、硅藻土与酶的质量比、处理温度、处理时间，该模型显著，能说明固定的条件对固定脂肪酶活力的关系。通过数据，确定固定化后的脂肪酶活力比固定前有所提高,且稳定性等方面也优于固定化前的脂肪酶。

采用四元二次回归正交旋转组合实验设计,进行响应面分析结合验证性实验确定最佳 DAG 制备工艺条件为温度为 26℃、反应时间为 10 h、固定化脂肪酶添加量为 8.5%、米糠油与油酸甘油酯质量比为 14,此时 DAG 产率为 58.31%。在本模型中反应温度、反应时间和米糠油与油酸甘油酯质量比影响显著,因素的主次顺序依次为反应温度、反应时间和米糠油与油酸甘油酯质量比、固定化脂肪酶添加量,该模型显著,能说明固定的条件对固定脂肪酶活力的关系。通过试验,为工厂化生产提供了数据与理论的支持。具有一定的实用性。

采用 $L_9(3^4)$ 正交试验设计,进行单因素和四因素三水平正交试验确定最佳分子蒸馏条件为进料速率为 0.4 L/h,刮膜转速为 280 r/min,进料温度为 80℃,蒸馏温度为 200℃,经过验证性实验后得出 DAG 含量为(82.57 ±0.91)%。同时进行方差分析得到蒸馏温度、进料温度和进料速率对蒸馏效果影响显著,因素的主次顺序依次为蒸馏温度、进料温度、进料速率、刮膜转速。

对反应产物进行理化指标检测,反应物在感官指标上,气味、口感良好,澄清、透明。在理化指标上,不溶性杂质含量在 3.06%,酸值为 0.29 mg KOH/g,过氧化值为 2.13 mg KOH/g,烟点为 210℃,通过与国标对比发现,产物满足国家对二级米糠油标准的要求,可以放心食用。

参考文献

[1]殷傅. 米糠油的营养保健功能及其生产工艺探讨[J]. 江西食品工业, 2002(3):17 -20.

[2]吴时敏. 功能性油脂[M]. 北京:中国轻工业出版社, 2001.

[3]Go PalaKrishna,A G SKhatoon, P M Shiela, et al. Effect to frefining of cruderiee branoilon the retentionofory zanolinthere fined [J]. Journal of the American Chemists. Soeiety,2001(78):127 -131.

[4]宋兴国. 米糠原油酸值指标的探讨[J]. 中国油脂, 2008, 33(2):63.

[5]Nandi S, Gangopadhyay S, Ghosh S. Production of medium chain glycerides from coconut and palm kernel fatty acid distillates by lipase -catalyzed reactions [J]. Enzyme and Microbial Technology,2005, 36(5 -6):725 -728.

[6]霍健聪, 杨坚, 欧丽兰. 米糠油的特性及精炼技术的研究进展[J]. 粮油加工

与食品机械，2005（3）:45－47.

[7]黄莉莉．甘油二酯的功能及安全性研究现状[J]．国外医学卫生分册，2007，34(2):94－98.

[8]韩秀丽，张如意，马晓健，等．米糠的综合利用及其前景[J]．农产品加工学，2007，7(7):62－64.

[9]孙凯，江敏婷，晏凤梅，等．皂化法精制粗米糠蜡的研究[J]．广东化工，2011，38(1)：35－36.

[10]孙德明．米糠综合利用的开发研究[J]．农林科技，2008(12):200－201.

[11]刘军海，刘斌，刘敏，等.米糠浸出和米糠油精炼技术研究新进展[J]，中国油脂，2001，26(3):17－20.

[12]曹国锋，龚任，王舒平，等．米糠资源开发利用的研究[J]．粮食与饲料工业，2000，(7):42－44.

[13]韩秀丽，张如意，马晓健，等．米糠的综合利用及其前景[J]．农产品加工学刊，2007，7(7):62－64.

[14]孙德明．米糠综合利用的开发研究[J]．中小企业管理与科技，2008，34：201－202.

[15]Rong N L，Ausman M，Nicolosi R J．Oryzanol decreases cholesterol absorption and aorticfatty streaks in hamsters [J]．Poultry Sci，1997，32:303－307.

[16]杨博，扬继国．米糠油酶法酯化脱酸的研究[J]．中国油脂，2005,30(7)：22－24.

[17]吴育红，张爱珍．甘油二酯对脂代谢的影响及其可能机制[J]．浙江医学，2005，27(4):309－312.

[18]Yasukawat，Yasungak．Nutritional Functions of Dietary Diacylglycerols[J]．JOLEO，2001，50(5):427－432.

[19]何芳，蔡东联，王莹，等．甘油二酯食用油对大鼠肝脏功能的影响[J]．中国临床营养杂志，2008，16(5)：290－292.

[20]邱寿宽，毕艳兰，杨天奎．Lipozyme RM IM 酶促豆油甘油解制备甘二酯的研究[J].郑州工程学院学报，2004，25(1)：33－36.

[21]李培真．酶催化甘油一酯制备甘油二酯及其酶活性再生技术研究[D]．郑州：河南工业大学，2009.

[22]Birgitte H J，Donna R，Robert G．Studies on free and immobilized lipases from mucormiehei[J]．JAOCS，1988，65(6)：905－910.

[23]白雪松，曹子鹏，曹瑞，等. 膳食甘油二酯对 SD 大鼠食欲及下丘脑神经肽 Y 基因表达的影响[J]. 现代生物医学进展，2007，7(4)：541 -543.

[24]侯雯雯，刘世川，杨东元. 冷冻溶剂结晶法分离纯化混合脂肪酸中的亚油酸[J]. 中国油脂，2011，36(10)：54 -56.

[25]彭莺，宋志德，刘福祯. 溶剂结晶法提纯豆甾醇工艺条件的研究[J]. 现代化工，2008，10(28)：387 -389.

[26]柳杨，衣怀峰，陈宇. 酯交换生物柴油的柱层析分离纯化与分析[J]. 光谱学与光谱分析，2012，32(2)：505 -509.

[27]贾时宇，侯相林. 尿素柱层析分离 α - 亚麻酸乙酯的研究[J]. 食品工业科技，2009，30(6)：292 -294.

[28]曾健青，张镜澄，郭振德. 超临界 CO_2 萃取芹菜籽油研究[J]. 化学工程，1997，25(6)：40 -43.

[29]杨宏杰，冯风琴. 分子蒸馏单月桂酸甘油酯的研制[J]. 食品工业科技，2004，5(25)：110 -112.

[30]孟祥和，毛中贵，高保军，等. 甘油二酯的应用现状[J]. 中国食品添加剂，2002，(4)：58 -61.

[31]陈福明，孙登文. 双甘酯的生产及应用[J]. 中国油脂，1997，22(5)：49 -51.

[32]高贵，韩四平，王智，等. 国内脂肪酶研究状况分析[J]. 生物技术通报，2004，14(6)：543 -545.

[33]孟祥河，潘秋月，张拥军. 甘油二酯减肥功能及其可能的代谢机制[J]. 营养学报，2008，30(5)：443 - 446.

[34]朱顺达，高红林. 酶法合成甘油二酯的研究进展[J]. 粮食和食品工业，2006，(6)：12 -14.

[35]李铎，张治国，李华. 甘油二酯食用油的生产方法[P]. 中国专利：200610049242.5，2006 -07 -19.

[36]刘雄，陈宗道. 高酸值植物油脱酸工艺探讨[J]. 中国油脂，2002，27(3)：24 -26.

[37]李金章，王玉明，薛长湖，等. 脂肪酶催化乙酯甘油酯酯交换制备富含 EPA 和 DHA 的甘油三酯[J]. 中国油脂，2011(1)：13 -16.

[38]田野，段开红，谭天伟，等. 蛋白酶对假丝酵母 Candida sp. 99 -125 脂肪酶生物合成过程的影响[J]. 吉林农业，2011(3)：78 -80.

[39]刘娟，杨楠楠，姜爱莉．固定化脂肪酶的制备及其酶学性质的研究[J]．中国油脂，2013，38(1)：44－47.

[40]房俊卓，王璐，张立根，等．煤基活性炭固定化脂肪酶制备手性苯乙醇[J]．煤炭转化，2013(1)：75－78.

[41]Schmid R D，Verger R．Lipases：interfacial enzymes with attractive applications[J]．Angewandte Chemie International Edition，1998，37(12)：1608－1633.

[42]杨继国，杨博，王永华，宁正祥．全酶法制备甘油二酯的研究（Ⅰ）——油脂酶法部分水解反应工艺条件的优化[J]．中国油脂，2009，34(2)：6－9.

[43]Nakamura R，Komura K，Sugi Y．The esterification of glycerine with lauric acidcatalyzed by multi－valent metal salts．Selective formation of mono－ and dilaurins [J]．Catalysis Communications，2008，9(4)：511－515.

[44]陈岩，潘龙．甘油二酯研究进展[J]．科技信息，2012(17)：19－21.

[45]孟祥河，高保军．甘油二酯的应用现状[J]．中国食品添加剂，2002(4)：58－61.

[46]李鹤，刘云，徐莉，等．甘油二酯的酶法合成工艺研究[J]．应用化工，2011，4(1)：8－12.

[47]陈明．酶促米糠脂解制备甘二酯油脂及精炼工艺的影响[D]．2011，河南工业大学.

[48]于济洋，李新华，赵前程，等．甘二酯制备的研究进展[J]．中国油脂，2007，32(11)：12－15.

[49]Noriyasu O，Satoko S，Tadashi H，et al. Dietary diacylglycerol induces the regression of atherosclerosis in rabbits [J]．Journal of Nutrition，2007，137(5)：1194－1199.

[50]Saito S，Yamaguchi T，Shoji K，Hibi M，Sugita T，Takase H．Effect of low concentration of diacylglycerol on mildly postprandial hypertriglyceridemia[J]．Atherosclerosis，2010，213(2)：539－544.

[51]J．Liu，T．Lee，et al．Quantitative determination of monoglyeerides and diglycerides by high performance liquid chromatography and evaporative light－scattering detection[J]．Journal of the American Oil Chemists Society，1993，70(4)：343－347.

[52]王誉蓉，王树荣，王相宇，等．不同蒸馏压力下的生物油分子蒸馏分离特性研究[J]．燃料化学学报，2013，41(2)：177－182.

[53]冯武文，杨村，于宏奇. 分子蒸馏技术及其应用[J]. 化工进展，1998(6)：26－29.

[54]冯武文，杨村，刘玮，等. 精细化工与高新分离技术[J]. 精细与专用化学品，2000，2:18－19.

[55]郭金秀，宿树兰，李慧，等. 分子蒸馏及其耦合技术在中药及天然产物研究中的应用[J]. 中国现代中药，2013，15(1)：9－13.

第十章　不同预处理方法对米糠蛋白溶解性及乳化性增强机制研究

第一节　引言

一、米糠蛋白

(一)米糠蛋白的组成

米糠中的干基蛋白质含量为11.02% ~15.97%,高于大米中蛋白的含量,其必需氨基酸组成接近FAO/WHO推荐模式,是一种公认的优质植物蛋白。根据Osborne溶解度可将米糠蛋白划分为四种,分别为:水溶性的清蛋白、盐溶性的球蛋白、碱溶性的谷蛋白和溶于70%乙醇的醇溶蛋白,这四种蛋白质的质量比大约为37:36:22:5。米糠中约70%为可溶性蛋白质,这一特性与营养丰富的大豆蛋白相近。

清蛋白和球蛋白是由单链组成的低分子量生理活性蛋白质,清蛋白通常以酶类、蛋白酶抑制剂等形式存在于米糠中,可以直接参与植物的组织代谢,清蛋白必需氨基酸组成平衡,营养价值高,溶解性好,易于消化吸收;王艳玲研究了米糠中四种蛋白的特性,结果表明清蛋白、球蛋白的等电点分别为pH 4.0、pH 4.3,热变性温度分别为71.25℃、62.81℃,而醇溶蛋白和谷蛋白的等电点分别为pH 5.5、pH 4.6,热变性温度分别为60.31℃、67.58℃,醇溶蛋白与谷蛋白为贮藏性蛋白,营养价值较低,但具有较强的韧性和弹性,可用于改善面制品的品质。

(二)米糠蛋白的营养价值

蛋白质的氨基酸组成与比例是衡量其营养价值的重要评价指标之一,尤其是其中必需氨基酸组成与比例。米糠蛋白中必需氨基酸完全,其组成与比例接近FAO/WHO推荐模式,其中赖氨酸的含量远高于其他谷物蛋白。生物价(BV)

则是衡量蛋白质营养价值的另一个很重要的评价指标,能够反映蛋白质吸收后被机体利用的程度。BV 值越高,说明其氨基酸配比越接近人体需要。蛋白质的功效比值(PER)表示蛋白质的净利用率。有报道指出:对几种常见的谷物蛋白的 BV 进行比较得出,米糠蛋白(80) > 大米蛋白(77) > 小麦蛋白(67) > 玉米蛋白(60),可以看出米糠蛋白的营养价值是谷物蛋白中的佼佼者;比较以上四种谷物蛋白的 PER 值结果为:米糠蛋白(2.4) > 大米蛋白(1.9) > 玉米蛋白(1.2) > 小麦蛋白(0.6),米糠蛋白的 PER 接近于牛乳酪蛋白的 PER(2.5)。

与其他常见的动、植物蛋白相比,米糠蛋白还具备独具特色的优点,即是其低致敏性。动、植物蛋白中常见的一些抗营养因子会引发过敏反应,甚至中毒,婴幼儿对其抵抗力更弱,而米糠蛋白中不含有抗营养因子,可用作婴幼儿食品原料。除此之外,米糠蛋白可以应用的领域还有很多,比如:功能性多肽开发;营养强化剂及改善食品功能特性;生产替代谷氨酸钠风味肽;蛋白饮料保健食品等。所以深度开发米糠蛋白,使其丰富的营养价值得到充分利用,将会带来更高的经济效益和社会效益。

(三)米糠蛋白的功能特性

米糠蛋白的营养价值和经济价值已得到公认,然而作为营养补充剂添加到食品中,米糠蛋白的功能特性有待改善,如:溶解特性、乳化特性、起泡特性等直接关系到食品的感官评价。通常对米糠蛋白进行酶处理、pH 处理等改性方式,可有效改善米糠蛋白的功能性质,使米糠蛋白高营养、低致敏性等优势在食品行业中得到充分的利用。

1.溶解特性

蛋白质的溶解性是由于蛋白质和水分子之间相互作用产生的,蛋白质的溶解性很容易受到 pH、离子强度等外界因素的影响。米糠蛋白受到其组分间的聚集作用和二硫键的交联作用的影响,导致溶解特性很差。而溶解性是决定蛋白质能否添加到食品中,发挥其功能特性和体现其营养价值的先决条件。利用一些改性手段提高米糠蛋白的溶解度,可使其更好的添加到各类食品中,使其营养物质含量提高,同时还能保持一定透明度和黏度,不会存在含有混浊物的困扰。

据报道,提高 pH 和酶解可以提高米糠蛋白的溶解性,当 pH 为 3.0、5.0、7.0、9.0、11.0、13.0 时,米糠蛋白溶解度分别为 4.26%、6.84%、29.47%、47.62%、68.52%、92.63%。也有相关研究指出,通过酶法处理对米糠原料进行改性,可显著提高蛋白溶解度。将反应水解度控制在 12% 时,米糠蛋白溶解度可高达 91.83%。

2.乳化特性

乳化性是蛋白在油水界面上形成连续相的能力,定义为每克蛋白质可乳化的油脂的毫升数。表面疏水性是影响蛋白质乳化性的重要因素,据报道,利用酶法改性适当水解米糠蛋白可有效改善其乳化特性,其乳化性及乳化稳定性都随着水解反应的进行显著提高,然而水解度超过3%时,乳化性则陡然下降,相反其乳化稳定性持续升高。鉴于米糠蛋白的乳化性优于多数的常见谷物蛋白,常将其应用于肉制品和乳制品的生产加工中。

3.起泡特性

蛋白质起泡性质的测定是将大量气泡并入到可溶性蛋白中,测量形成的泡沫体积或比重即为起泡能力,进而计算泡沫在一定时间内的液体析出率即为泡沫稳定性。米糠蛋白质分子的柔性、溶解特性以及疏水性均是影响其起泡特性的关键因素,有研究表明,利用酶法改性米糠蛋白得到的水解产物起泡能力显著提高,而起泡稳定性相对略差;若水解过度,起泡能力反而下降。

(四)米糠蛋白的应用

米糠蛋白因其良好的功能特性,目前被广泛应用在食品行业中。其应用可以归纳如下:

1.米糠功能性肽

米糠蛋白经过水解可以产生具有增加机体免疫和抵御疾病的功能性多肽。Cheetangdee 发现米糠蛋白的水解物具有抗氧化性;Kamian 发现米糠蛋白的水解物具有抗癌活性;Zhang H 报道了米糠蛋白水解物具有干扰胆固醇微粒的作用;以及 Hatanaka 报道了米糠蛋白的水解物可抑制二肽基肽酶Ⅳ活性来调控Ⅱ型糖尿病。

2.婴幼儿配方食品

针对因摄入某种蛋白质而出现过敏反应的婴儿及过敏症人群,米糠蛋白的低致敏性可以避免上述现象的发生。到目前为止,还未有见到婴幼儿对米糠蛋白有过敏反应的报道。Khan 等研究了将米糠蛋白添加到婴幼儿食品中,结果表明:米糠蛋白、地瓜粉、全脂乳粉、米粉、面粉等混合后,混合物的营养成分能够满足婴幼儿食品的标准,热量值高达 1739 kJ/100 g,体外消化率高达 84.45%,婴儿短期喂养试验表明,该配方具有良好的接受性。Wang 等研究表明米糠蛋白的氨基酸组成与酪蛋白和大豆蛋白相比,更符合 2~5 岁的孩子对氨基酸的需求。

3.食品添加剂

目前,随着人们对物美价廉的植物蛋白的需求不断增加,科研工作者越来越重视对植物蛋白的研究。米糠蛋白营养价值高,因此常作为营养强化剂和品质改良剂应用在食品中。郑煌炎等在制作海绵蛋糕的过程中,通过添加米糠蛋白,改善了海绵蛋糕的膨发体积。另外,米糠蛋白还作为抗褐变剂、抗氧化剂应用在饮料、焙烤食品、果蔬制品等生产加工中。

除此之外,米糠蛋白还应用在化妆品中。如某日本化妆品配方的"RICEO",就是通过水浸提米糠得到的水溶性营养成分,它具有补水、光滑皮肤、预防衰老的作用。

二、蛋白质改性研究

蛋白质功能特性改善是目前食品领域研究热点,蛋白质的改性是指通过改变蛋白质的一个或几个理化性能达到改善或加强蛋白质功能性的目的,从而抑制酶的活性或除去有害物质以达到提高营养利用率和除去异味的目的。从分子水平上看,改性实质是对蛋白质分子侧链基团进行修饰或切断蛋白质分子中主链,改变蛋白的分子结构,从而引起蛋白空间结构和理化性质改变,使蛋白营养特性和功能特性得到改善。蛋白质的改性方法有物理改性、化学改性、酶改性和生物工程改性。

1.物理改性

蛋白质的物理改性是指通过冷冻、加热、加压、电场、磁场、声场、机械作用(挤压、超微粉碎等)、添加小分子双亲物质及低剂量辐射等物理手段来提高营养价值的方法、改善蛋白质的功能特性。物理改性方法一般只改变蛋白质的分子间的聚集方式和高级结构,一般不会涉及蛋白质的一级结构,实质上,物理改性就是蛋白质在控制条件下的定向变性。物理改性具有耗时少、加工费用低、对蛋白营养价值破坏小、无毒副作用的优点。

2.化学改性

蛋白质的化学改性是指采用化学的方法来改变蛋白质的结构、疏水基团和静电荷。常用的蛋白质的化学改性方法主要包括酸碱处理、磷酸化改性、烷基化改性、糖基化改性等。在众多的化学修饰方法之中,用于改善食物蛋白功能性质的方法很有前途的是磷酸化改性,磷酸化改性是指采用磷酸基化学物质,如三氯氧磷、五氧化二磷等用于食品蛋白的化学改性,获得磷酸化蛋白产物。研究发现,磷酸化乳蛋白的乳化性质得到显著改善;酪蛋白和β-乳球蛋白与钙结合的能力增强。化学改性常常会引起蛋白质初级结构(基本结构)的改变,具有应用广泛、反应简单、效果显著的特点。

3.酶法改性

酶法改性处理是一种制造不凝胶、高分散性和低黏度蛋白的方法,而且专一性强,作用条件温和。利用酶部分降解蛋白质,增加其分子间或分子内连接或交联特殊功能基团,因此可以显著改变蛋白质的功能特性,提高其营养价值。酶法改性通常是指蛋白酶的有限水解。酶法改性的程度取决于处理的时间、所用的酶、以及人们所期望的功能性质。

4.基因工程改性

蛋白质基因工程改性是指应用分子生物学和植物育种技术,通过改变蛋白质分子的结构,进一步影响其功能性质的方法。基因工程改性有广义和狭义改性,广义的基因工程改性主要包括染色体变异、基因突变和基因重组;狭义的基因工程改性主要是指基因的定点修饰。针对蛋白质的基因工程改性目前主要集中在以下几个方面:一是通过改变脂肪合成酶系,使脂肪组成发生改变;二是通过改变球蛋白的组成,以提高其营养价值;三是通过改变脂肪氧合酶同工酶的组成,减少蛋白产品的异味;其他也有针对SOD(过氧化物歧化酶)、胰蛋白酶抑制剂等的研究。基因工程可以从根本上改变蛋白质的性质,未来具有很大的发展潜力。

本研究针对不会造成食品营养成分损失、风味变化、不会产生有毒有害因子,能更好保持食品原有营养与风味的物理改性(超声、动态高压微射流、超微粉碎处理)进行研究,筛选出适合于米糠蛋白物理改性的最优工艺,使其能够在米糠蛋白改性领域内得到迅速发展。

三、三种物理预处理方法

(一)超声波技术

1.简介

超声波是一种频率为20 kHz~1 MHz的不为人耳所听见的声波。超声波处理是集空化、剪切、剧烈搅拌等一系列综合作用于一体的新兴技术,具有突出的分散效应,可实现将目标物质分散到液态体系的过程,提供一种高效分散的物理场环境。超声波技术被认为是一种食品加工中最有潜力和发展前途的物理改性手段。

2.原理及作用机制

超声波为一种靠物质介质传播的弹性机械波,在传播过程中使介质中的粒子产生剧烈机械振动,这种剧烈机械振动引起的介质间相互作用可归纳为:空化作用、热效应和机械作用,三种相互作用是超声技术在应用中的三大理论基础。

(1)空化作用:超声波发生高频机械振荡传播到介质中,介质受到过强的负压,分间距离达到极限,破坏了结构的完整性,形成了空穴,同时产生较多的微小空气泡。但继续传来的超声波正压区,使泡内产生较大压力差,可高达几百个大气压。而因压力差较小未引起崩溃的空化泡将继续振荡,此为超声波的空化作用。在液体中稳定空化和瞬间空化两种超声空化形式几乎同时存在。空化作用是超声波技术最重要的机制。

(2)热效应:超声波在介质内传播过程中,粒子间相互摩擦碰撞,超声波产生的机械能被介质吸收转变成热能,使介质温度升高。

(3)机械作用:超声波通过机械震动,破坏介质的结构,释放有效成分。

当超声波传播于介质中时,超声能可以转化为热能,传播媒介持续吸收由于振动产生的能量,致使其温度不断攀升;因为强声压强和辐射压强的作用,超声波可使传播媒介处于振动状态,增强了传播媒介的动能;此外,在介质中传播的超声波,由于声强超过一定的限度,传播媒介的负压过大,传播媒介分子间的平均距离会大于液体相互作用时临界分子之间的距离,不利于保持液体结构的整体性,进一步破坏并且形成空穴。超声波在不断传播的过程中,空穴会持续稳态空化(声强 $<10\ W/cm^2$)或瞬态空化(声强 $>10\ W/cm^2$),当瞬态空化气泡剧烈收缩至崩溃时,可产生高压、高温(温度的变化速率高达109 K/s),同时伴随着剧烈的冲击波和机械剪切力,从而使介质发生物理化学变化。空化效应是超声技术最主要的作用机制。

3.应用

应用在食品行业中的超声波技术,依据能量强弱的不同可以分为高强度超声波技术和低强度超声波技术。声强小于 $1\ W/cm^2$ 的是能量较低的低强度超声波,不会对介质产生物理化学的破坏。常应用于食品的检测和分析,能提供食品的组成、质构和流变特性等方面的数据。声强在 $10\sim100\ W/cm^2$ 之间是能量较高的高强度超声波,通过介质时可以加速某些化学反应并可以使介质发生物理裂解。高强度的超声波技术主要应用于分散聚沉物、乳化、破碎细胞壁等方面。

超声对米糠蛋白的作用机理主要是空化和机械效应等促使化学键断裂,分子发生解离和聚合,破坏了四级结构,生成了小分子的亚基和肽,暴露和形成更多的反应中心，加速反应进行，并使蛋白质分子中的疏水基团和亲水基团暴露出来，进而改善米糠蛋白功能特性。

杨会丽等研究了超声循环处理对米糠蛋白功能特性的影响。结果表明，当超声功率320 W，超声时间15 min，处理1600 mL浓度为1%米糠蛋白溶液时，与没有经过超声改性的蛋白相对比，乳化能力提高了17%，乳化稳定性提高了49%；在超声时间15 min、超声功率为960 W、800 W时，米糠蛋白的起泡性和起泡稳定性比未经超声处理的蛋白分别提高了70%和7%；米糠蛋白的疏水性在超声功率为640 W时达到最大，与未经超声处理相比提高了39%。孙冰玉等研究表明，在固液比为1:9、功率密度为0.5 W/cm、时间为3 min的最佳工艺条件下，超声波技术改性醇浸出法大豆浓缩蛋白的乳化能力和乳化稳定性分别提高了127.9%、29.9%。朱建华等利用超声仪对米糠蛋白进行超声处理，结果表明，米糠蛋白的溶解性、乳化性、起泡性和凝胶性在超声处理后均有了一定程度地提高；随着处理时间的延长，7 S球蛋白和11 S球蛋白的乳化稳定性增加。Wang等利用超声波处理大豆蛋白液，主要使大豆蛋白的分子发生分解和聚合，提高其溶解性和亲水性，并乳化了大豆蛋白液。此外，还有学者研究表明超声处理能提高蛋白酶水解蛋白的速率和效果。

（二）动态高压微射流技术

1.简介

高压处理技术是一种较为常见的物理手段，被广泛应用于食品加工和保藏领域，目前比较常见的主要有静态高压和动态高压均质处理技术。静态高压的原理是利用高静水压作用于密封在柔性容器内的食品，以达到杀菌、抑酶或改善食品功能性质的目的。高压均质的原理则是利用高压作用于液体使得乳浊液或悬浮液比较粗大的颗粒转变成比较细微并且稳定的颗粒。微射流技术是一种特殊形式的超高压均质。动态高压微射流处理技术（Dynamic high pressure microfluidization，DHPM）是集强烈剪切、高速撞击、压力瞬时释放、高频振荡、膨爆和气穴等一系列综合作用力于一体的新兴技术，可以同时完成输送、混合、超微粉碎、加压、膨化等多种单元操作，与传统高压均质技术相比其处理压力更高、流体速度更快、碰撞能力更大、产品颗粒更细，被认为是一种食品加工中最有潜力和发展前途的物理改性手段。

2.原理及作用机制

动态高压微射流均质机主要是由高压泵和振荡反应腔组成。首先由电机驱动的液压泵产生高压，推动一个内装有高压活塞的双动作增压器内的高压往复活塞产生交替抽吸，流体被加至300 m/s以上高速进入反应室后分成两股或更多股细流，然后在极小的空间内进行强烈的垂直撞击或Y型撞击。在撞击的过程中瞬间转化其大部分能量，产生巨大的压力降，从而使得液体颗粒高度破碎。在微射流均质机内，为实现射流撞击这一作用，主要的力学形式是采用高速液流喷射至坚固材料(液—固相撞)和高速流体间的相撞(液—液相撞)。因而，撞击腔的设计是决定动态超高压微射流均质机作用效果的核心元件。在这种均质过程中，剧烈的处理条件如高速流体的撞击作用、气蚀作用、强剪切粉碎、振荡作用、膨化作用、涡旋现象等作用可能会导致蛋白质大分子结构的变化，从而引起物料的物理性质的变化。

3.应用

动态高压微射流技术在食品加工领域的应用主要包括：超微化乳化均质、脂质体制备、灭菌及钝化酶和大分子改性四类，主要作用对象有蛋白质、脂质、膳食纤维和淀粉等物料。Hakansson等对微射流均质过程中乳化液的形成进行了动态仿真研究。Rodriguez等分析了高压均质制备脂质体过程中处理压力和处理次数对脂质体包封率和粒径的影响。Feijoo等研究表明DHPM能有效杀灭枯草杆菌，进料温度为50℃、200 MPa处理后枯草杆菌数下降到63%。Kasaai等考察了DHPM对壳聚糖的黏度、相对分子质量分布和结构的影响。Li－Ming Che等研究高压均质对淀粉糊的稀释影响，结果表明高压均质不影响淀粉糊的电导率，同时还可以降低淀粉糊的表面黏度而增加其透光率的百分比。高压微射流处理能不同程度改善乳清分离蛋白、芸豆分离蛋白、大豆分离蛋白、米糠蛋白和红豆分离蛋白等蛋白质的功能特性，这主要是因为微射流处理可诱导不溶性蛋白聚合物解聚，有效降低了蛋白溶液的粒径，蛋白质溶解度增加，因而乳化起泡等功能特性也得以改善。

(三)超微粉碎技术

1.简介

超微粉碎技术是利用机械或流体动力的方法克服固体内部凝聚力并使之破碎的粉碎技术，可以使物料的粒度达到10 μm以下，甚至达到1 μm的超微米水平。粉碎是食品工业中既传统而又重要的单元操作之一，超微粉碎作为一种机械处理的物理方法，包括对粉体原料的超微粉碎、高精度的分级和表面活性改变等内容，它是机械力学、电学、原子物理、胶体化学、化学反应动力学等交叉汇合的一门新兴学科，是近20年迅速发展起来的一项新技术，能把原材料加工成微米级甚至纳米级的微粉。物料经超微粉碎后能有效改善粉体的颗粒粒度，且由于机械化学应力的作用，可对某些天然生物资源的食用特性、理化性能和功能特性产生多方面的影响。

2.原理及作用机制

机械法通过机械力作用于物体使其达到粉碎效果。物体在受机械力的作用研磨后，颗粒大小变小，相应的比表面积增大。粉碎的过程中，随着物料粒度的不断减小，物料将会产生机械力化学效应，从而改变物料的结构及物理化学性质，使超微粉体的分密度、散度、溶解度、催化性、吸附性、表面自由能等发生改变。机械法超微粉碎可分为湿法粉碎与干法粉碎，根据粉碎过程中产生粉碎力的原理不同，干法粉碎有高频振动式、气流式、旋转球（棒）磨式、自磨式和锤击式等几种形式；其中气流式较为先进，它利用气体通过压力喷嘴的喷射产生剧烈的碰撞、冲击以及摩擦等作用力实现对物料的粉碎。而湿法粉碎主要是胶体磨和均质机。

当物料被加工到10 μm以下，微粉就具有巨大的比表面、空隙率和表面能，且超微粉碎技术的粉碎过程对原料中原有的营养成分影响较小、制备出的粉体均匀性好，且随着颗粒微细程度不同，对某些天然生物资源的食用特性、功能特性和理化性能产生多方面的影响。超微粉碎使物料具有高吸附性、高溶解性、高流动性、高吸收性等多方面的活性，并且产生新的物理化学方面特性。如当食品、药品、营养品以及化妆品等的生物性物料被超细化后，其细胞壁被破碎，细胞内有效成分充分暴露出来，不仅提高了释放速度和释放量，而且极易被人体或皮肤直接吸收。

3.应用

超微粉碎技术在各行业应用日益广泛，具有一定的社会效益和经济效益。

在粮食加工中，超微粉碎技术作为一种物理手段目前已应用于麸皮、淀粉、小麦粉加工等方面，粉碎后物料的理化特性普遍得到不同程度的改善。Craeyveld等研究表明，球磨处理小麦麸皮可以使麸皮中的水溶性阿拉伯木聚糖由4%（未处理麸皮）增加到61%，有利于人体消化吸收。

在饲料加工中，超微粉碎可降低饲料粉碎粒度，增加粉粒间的表面积，饲料干物质、能量和氮消化率都会得到明显升高。冯尚连将超微茶粉添加到基础饲料中，发现茶粉能明显提高血浆、肝和肌肉的总抗氧化能力。这都是因为茶叶经超微粉碎导致细胞破碎，功能性成分暴露出来，如茶多酚，所以可以提高猪肉的品质。

超微粉碎除了上述应用，目前还广泛应用于食品、保健品、化工以及制药领域中。如在化工领域超微粉可以顺利渗透到皮肤内层，滋养深层细胞，从而事半功倍地发挥护肤、疗肤功效。Rajkhowa等将羊毛进行超微粉碎使其表面积扩大

700 倍,明显增加的黏着力能更好地应用于化妆品中。

在医药行业使用,药效见效快、吸收更完全;在中药行业使用,简单方便,有利于吸收;此外在食品、饮料、保健品行业也有广泛的用处。普通的粉碎手段已越来越不适应食品尤其是功能食品的生产需要,超微粉碎技术作为一种高新技术加工方法,已运用到许多功能食品(因子)的加工生产中。通过超微粉碎的材料已被世界誉为"21 世纪新材料",而这种新的物料加工方法必将会推动我国食品、中药、农产品等行业的快速发展,从而给人类的生活带来深远影响。

四、背景、研究内容及技术路线

(一)背景

据中国统计年鉴资料显示,我国年产米糠 1000 万吨以上,是世界上米糠资源丰富的国家之一。但目前米糠多数作为动物词料,其营养成分和功能物质利用率极低。联合国粮农组织将米糠作为"未充分开发的重要粮谷工业副产物"。米糠蛋白是米糠中主要的营养物质之一,其氨基酸组成合理、易消化、低致敏性等特点,受到食品科学家和消费者的重视。因此充分利用米糠中的蛋白资源,是提高米糠资源附加值的重要途径。

蛋白质是维持生命活动的重要组成物质。随着世界人口的增加,全球蛋白质资源出现紧缺,单一的动物蛋白不能满足人口增加的需要,因此充分利用价格低廉、营养丰富的米糠蛋白成为一种趋势。目前米糠蛋白未能广泛利用的主要原因是提取率低以及溶解性差。

基于以上问题,本文采用超声波、超高压微射流、超微粉碎等技术处理建立米糠蛋白的绿色高效制备工艺,并对制备的蛋白的溶解性、乳化性进行改性处理,从蛋白功能特性变化的角度,明确米糠蛋白改性的机制,为米糠蛋白资源的有效利用提供理论指导。

(二)主要研究内容

(1)研究超声波处理对米糠蛋白溶解性、乳化性的影响。制备不同超声处理条件下的改性米糠蛋白并探究不同超声处理条件前后米糠蛋白的溶解性、乳化性的变化。

(2)研究动态高压微射流处理对米糠蛋白溶解性、乳化性的影响。制备不同动态高压微射流处理条件下的改性米糠蛋白并探究不同微射流处理条件前后米糠蛋白的溶解性、乳化性的变化。

(3)研究超微粉碎处理对米糠蛋白溶解性、乳化性的影响。制备不同超微粉碎处理条件下的改性米糠蛋白并探究不同超微粉碎处理条件前后米糠蛋白的溶解性、乳化性的变化。

(4)比较通过三种物理处理方式处理后对于米糠蛋白溶解性、乳化性、持水性、持油性、起泡性与泡沫稳定性、巯基含量、凝胶性、黏度、分散性等功能特性，并对最终结果进行分析讨论。

(三)技术路线(图10-1)

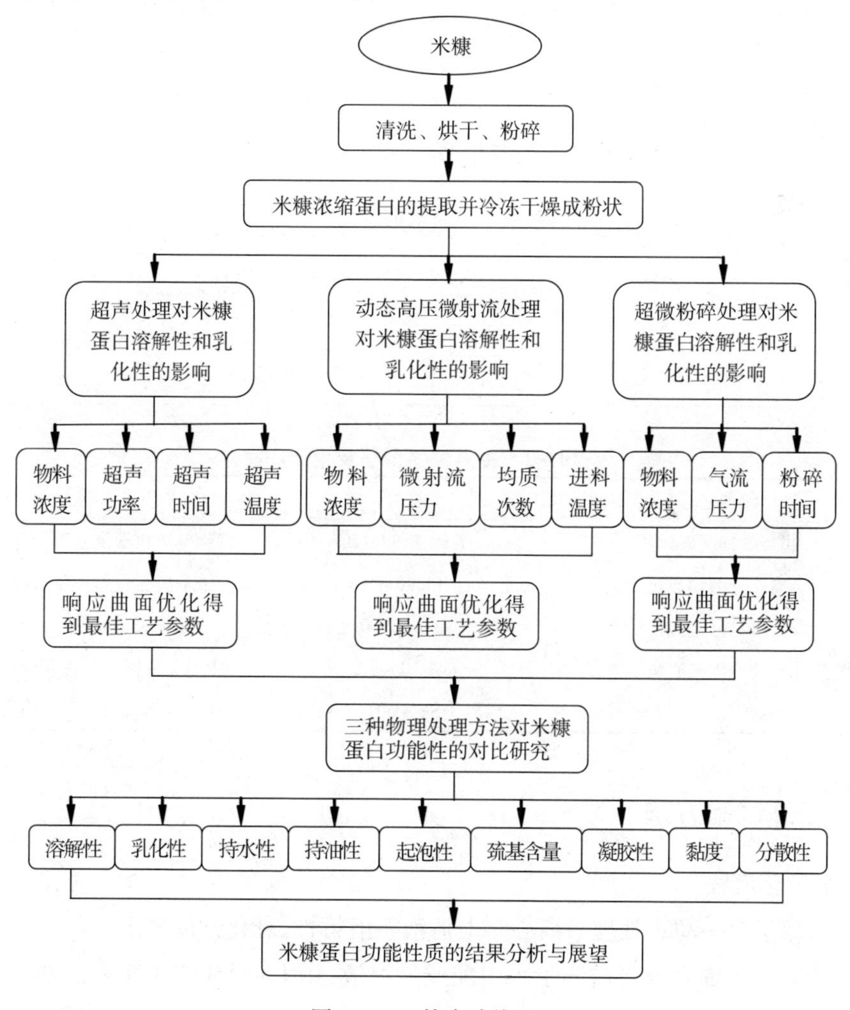

图10-1　技术路线图

第二节 材料与方法

一、超声处理提高米糠蛋白溶解性与乳化性工艺研究材料和方法

(一)试验样品

脱脂米糠(蛋白质19.1%、脂肪2.8%、水分7.1%),黑龙江省北大荒米业有限公司提供。米糠浓缩蛋白:实验室自制。

(二)主要试剂及仪器

本试验所用试剂与仪器的主要信息见表10-1和表10-2。

表10-1 主要试剂及生产厂家

试剂名称	规格	生产厂家
氢氧化钠	分析纯(AR)	国药集团化学试剂有限公司
盐酸	分析纯(AR)	国药集团化学试剂有限公司
无水乙醇	分析纯(AR)	国药集团化学试剂有限公司

表10-2 主要仪器型号及生产厂家

仪器名称	型号	生产厂家
超声波细胞破碎机	KS-JY92-IL	河南兄弟仪器设备有限公司
高速分散均质机	FJ300-S	北京鑫骉腾达仪器设备有限公司
紫外可见分光光度计	UV-2100	上海精科天美仪器有限公司
高速冷冻离心机	LGR10-4.2	上海尤尼柯仪器有限公司
超级恒温水浴锅	SY-601	天津市欧诺仪器仪表有限公司

(三)试验方法

1.工艺流程

米糠蛋白→超声处理→离心→上清液→溶解性、乳化性的测定。

量取一定量米糠蛋白溶于水中配成悬浮液,用1 mol/L NaOH溶液调pH到8.5~9.0,设定超声温度、超声时间、超声功率与米糠蛋白浓度,超声改性后放入离心机设定3000 r/min离心10 min,然后经冷冻干燥,进行粉碎、保存。

2.蛋白质含量的测定

本试验采用考马斯亮蓝比色法对所提取上清液中的蛋白质的浓度进行测定,进而计算蛋白质的含量和提取率。

考马斯亮蓝 G-250 染色液的配制:在分析天平上精确称取 100 mg 考马斯亮蓝 G-250 溶解于 50 mL 95% 的 C_2H_5OH 溶液,然后加入 100 mL 85% 的磷酸,震荡数次,加水稀释至 1000 mL,用滤纸过滤,将滤液置于棕色试剂瓶中备用。

牛血清白蛋白标准溶液的配制:在分析天平上精确称取 100 mg 结晶牛血清蛋白于小烧杯中,加入少量蒸馏水溶解后倒入 1000 mL 的容量瓶中,使用蒸馏水清洗烧杯数次(因牛血清白蛋白在溶解过程中会产生大量的泡沫),一并倒入容量瓶中,定容到刻度后混匀,配制成浓度为 100 μg/mL 的牛血清蛋白标准溶液。

标准曲线的制作:按表 10-3 在试管中加入牛血清白蛋白溶液和蒸馏水,然后在各个试管中加入 5.0 mL 考马斯亮蓝 G-250 染色液,摇匀,室温静置 10 min,在 595 nm 波长处测定吸光度,绘制吸光值(y)与蛋白质浓度(x)标准曲线。

表 10-3 牛血清白蛋白标准曲线配制

试管序号	1	2	3	4	5	6
蛋白溶液(mL)	0	0.2	0.4	0.6	0.8	1.0
水(mL)	1.0	0.8	0.6	0.4	0.2	0
浓度(μg/mL)	0	20	40	60	80	100

样品的测定:准确移取 5.0 mL 考马斯亮蓝染色液于装有 1.0 mL 蛋白质溶液的试管中,之后与标准曲线相同操作,测定吸光值(若吸光值不在 0.2~0.9 的有效范围内,则对样品进行适当倍数的稀释之后,再从稀释液中取 1.0 mL)。将吸光值代入标准曲线中得出蛋白质的浓度,进而计算蛋白质的提取率。

3.溶解度的测定

配制 1% 的米糠蛋白悬浮液,放置 30 min 后采用 3000 r/min 离心 30 min,然后量取 1 mL 上清液于试管中,量取双缩脲试剂 4 mL 于试管中,剧烈振荡 10 min 后平衡 30 min,于波长 540 nm 分光光度计进行比色。配制牛血清蛋白(BSA) 10 mg/mL,分别吸取 0 mL、0.2 mL、0.4 mL、0.6 mL、0.8 mL、1.0 mL 于试管中,用蒸馏水补足到 1 mL,加入双缩脉试剂 4 mL,在波长 540 nm 分光光度计进行比色,以横坐标为吸光度值,纵坐标为 BSA 浓度绘制标准曲线。待测蛋白的浓度可将待测蛋白吸光度值代入标准曲线求出。

按下式计算溶解性:

$$氮溶指数\ NSI = \frac{上清液蛋白质含量(\%)}{样品总蛋白质含量(\%)} \times 100\%$$

$$蛋白质含量 = \frac{A(mg) \times 25}{[样品重量(mg) \times 5]} \times 100\%$$

$$蛋白质分散指数(PDI) = \frac{水中分散蛋白质}{样品中总蛋白质} \times 100\%$$

4.乳化性的测定

根据 Pearce 和 Kinsella 的方法进行，稍加改进。配制浓度为 2 mg/mL 样品溶液（溶于 10 mmol/L pH 7.0 磷酸缓冲溶液中），取大豆油和上述蛋白溶液（1:3，V/V），置于高速均质机中 24000 rpm 均质 1 min，分别在 0 min，10 min 时，从测试管底部取样 50 μL，用 0.1%（W/V）SDS 稀释 100 倍，测定 500 nm 处的吸光值 A_{500}，以 SDS 溶液为空白。乳化性指数（EAI，m^2/g）的计算公式如下：

$$EAI = \frac{2 \times 2.303 \times A_0 \times DF}{C \times \varphi \times \theta \times 10000}$$

式中：DF 为稀释倍数（100）；C 为蛋白质浓度（g/mL）；φ 为比色皿光程（1 cm）；θ 为乳液中油相所占比例（0.25）；A_0 为 0 min 时的吸光度值；A_{10} 为 10 min 时的吸光度值。

5.超声改性处理工艺条件的优化

（1）米糠蛋白浓度对米糠蛋白溶解性及乳化性的影响超声时间 10 min、超声功率 200 W、超声温度 40℃的试验条件下，考察米糠蛋白浓度 1%、2%、3%、4%、5% 对米糠蛋白溶解性及乳化性的影响。

（2）超声功率对米糠蛋白溶解性及乳化性的影响超声时间 10 min、米糠蛋白浓度为 3%、超声温度为 40℃，考察超声功率 0 W、100 W、200 W、300 W、400 W 对米糠蛋白溶解性及乳化性的影响。

（3）超声时间对米糠蛋白溶解性及乳化性的影响超声功率 200 W、米糠蛋白浓度 3%、超声温度 40℃，考察超声处理时间 0 min、5 min、10 min、15 min、20 min 对米糠蛋白溶解性及乳化性的影响。

（4）超声温度对米糠蛋白溶解性及乳化性的影响超声功率 200 W、米糠蛋白浓度 3%、超声时间 10 min，考察超声处理温度 20℃、30℃、40℃、50℃、60℃对米糠蛋白溶解性及乳化性的影响。

（5）响应面优化超声处理工艺的最佳参数根据单因素的研究确定各因素的水平值范围，并采用响应面中心组合实验设计，以米糠蛋白溶解性及乳化性为响应值，以超声功率、米糠蛋白浓度、超声温度及超声时间为自变量，对米糠蛋白改性工艺的最佳参数进行优化。其试验因素水平表见表 10 -4。

表 10 -4　Box - Behnken 试验因素水平表

水平	因素			
	米糠蛋白浓度 *A*(%)	超声功率 *B*(W)	超声时间 *C*(min)	超声温度 *D*(℃)
-1	2	100	5	30
0	3	200	10	40
1	4	300	15	50

6.数据统计分析

本试验的数据采用 SPSS Statistics 19.0 软件进行统计分析,使用 Origin 8.6 绘制图表。单因素方差分析(ANOVA)中采用 Duncan 检验。

二、动态高压微射流处理提高米糠蛋白溶解性与乳化性工艺研究材料和方法

(一)试验样品

同上。

(二)主要试剂及仪器

本试验所用试剂与仪器的主要信息见表 10 -5 和表 10 -6。

表 10 -5　主要试剂及生产厂家

试剂名称	规格	生产厂家
氢氧化钠	分析纯(AR)	国药集团化学试剂有限公司
盐酸	分析纯(AR)	国药集团化学试剂有限公司
无水乙醇	分析纯(AR)	国药集团化学试剂有限公司

表 10 -6　主要仪器型号及生产厂家

仪器名称	型号	生产厂家
超声波细胞破碎机	KS - JY92 - IL	河南兄弟仪器设备有限公司
高速分散均质机	FJ300 - S	北京鑫骉腾达仪器设备有限公司
紫外可见分光光度计	UV - 2100	上海精科天美仪器有限公司
高速冷冻离心机	LGR10 - 4.2	上海尤尼柯仪器有限公司
超级恒温水浴锅	SY - 601	天津市欧诺仪器仪表有限公司

(三)试验方法

1.工艺流程

米糠蛋白→动态高压微射流处理→离心→上清液→溶解性、乳化性的测定。

量取一定量米糠蛋白溶于水中配成悬浮液,用 1 mol/L NaOH 溶液调 pH 到 8.5 ~ 9.0,设定动态高压微射流压力、动态高压微射流均质次数、进料温度与米糠蛋白浓度,将改性后的米糠蛋白放入离心机设定 3000 r/min 离心 10 min,然后经冷冻干燥,进行粉碎、保存。

2.蛋白质含量的测定

同上。

3.溶解度的测定

同上。

4.乳化性的测定

同上。

5.动态高压微射流改性处理工艺条件的优化

(1)米糠蛋白溶解性及乳化性受动态高压微射流压力的影响配制 5% 的米糠蛋白溶液,以 30℃ 的进料温度先经过 20 MPa 的普通均质机均质混溶,通过微射流一次均质,均质的压力分别为 80 MPa、100 MPa、120 MPa、140 MPa 和 160 MPa,测定制得样品的溶解性与乳化性。

(2)米糠蛋白溶解性及乳化性受动态高压微射流均质次数的影响配制 5% 的米糠蛋白溶液,以 30℃ 的进料温度先经过 20 MPa 的普通均质机均质混溶,通过微射流分别均质 1 ~5 次,均质的压力为 140 MPa,测定制得样品的溶解性与乳化性。

(3)米糠蛋白溶解性及乳化性受进料温度的影响将米糠蛋白配制成 5% 的溶液,进料温度分别调整为 20℃、25℃、30℃、35℃、40℃,经过 20 MPa 的普通均质机均质混溶,再通过一次微射流均质(压力为 140 MPa),测定制得样品的溶解性与乳化性。

(4)米糠蛋白溶解性及乳化性受米糠蛋白浓度的影响将米糠蛋白配制成 1%、3%、5%、7%、9% 的溶液,以 30℃ 的进料温度先经过 20 MPa 的普通均质机均质混溶,通过一次微射流均质(压力为 140 MPa),测定制得样品的溶解性与乳化性。

(5)响应面优化动态高压微射流处理工艺的最佳参数根据单因素的研究确定各因素的水平值范围,由于均质一次对米糠蛋白的溶解性与乳化性的效果要好于多次，因此，通过一次均质，采用响应面中心组合实验设计，以压力、进料温度、米糠蛋白浓度为自变量，以米糠蛋白溶解性及乳化性为响应值，优化米糠蛋白改性工艺的最佳参数。其试验因素水平表见表 10－7。

表 10－7 Box－Behnken 试验因素水平表

水平	因素		
	均质压力 A(MPa)	进料温度 B(℃)	米糠蛋白浓度 C(%)
-1	130	25	4
0	140	30	5
1	150	35	6

6.数据统计分析

同上。

三、超微粉碎处理提高米糠蛋白溶解性与乳化性工艺研究材料和方法

(一)试验样品

同上。

(二)主要试剂及仪器

本试验所用试剂与仪器的主要信息见表 10－8 和表 10－9。

表 10－8 主要试剂及生产厂家

试剂名称	规格	生产厂家
氢氧化钠	分析纯(AR)	国药集团化学试剂有限公司
盐酸	分析纯(AR)	国药集团化学试剂有限公司
无水乙醇	分析纯(AR)	国药集团化学试剂有限公司

表 10－9 主要仪器型号及生产厂家

仪器名称	型号	生产厂家
湿法超微粉碎机	QDGX	无锡轻大食品装备有限公司
高速分散均质机	FJ300－S	北京鑫骉腾达仪器设备有限公司
紫外可见分光光度计	WFZ－UV－2100	上海精科天美仪器有限公司
高速冷冻离心机	LGR10－4.2	上海尤尼柯仪器有限公司
超级恒温水浴锅	SY－601	天津市欧诺仪器仪表有限公司
激光粒度分布仪	BT－9300H	丹东市百特仪器有限公司

(三)试验方法

1.工艺流程

米糠蛋白→超微粉碎处理→离心→上清液→溶解性、乳化性的测定。

量取一定量米糠蛋白溶于水中配成悬浮液,用 1 mol/L NaOH 溶液调 pH 到 8.5 ~9.0,设定超微粉碎压力、超微粉碎时间、米糠蛋白浓度,超微粉碎改性后放入离心机设定 3000 r/min 离心 10 min,然后经冷冻干燥,进行粉碎、保存。

2.超微粉碎与粒径测定

将米糠蛋白用粉碎机进行初步粉碎后移至超微粉碎机中,不添加任何抗结剂、助磨剂对其进行干法粉碎。取适量的粉体置于激光粒度仪的容器内,采用蒸馏水作为分散剂,用超声波对粉体进行分散,测定粉体的粒径及其粒径分布,其中 D_{50} 表示在粒径累积分布曲线上 50% 颗粒的直径小于或等于此值,又称为颗粒的平均粒径。

3.蛋白质含量的测定

同上。

4.溶解度的测定

同上。

5.乳化性的测定

同上。

6.超微粉碎处理工艺条件的优化

(1)米糠蛋白溶解性及乳化性受粉碎气流压力的影响将米糠蛋白配制成 5% 的溶液,以无处理的米糠蛋白为对照,分别在进料气流0.4 MPa、粉碎气流 0.4 MPa;进料气流 0.8 MPa、粉碎气流 0.8 MPa;进料气流 1.2 MPa,粉碎气流 1.2 MPa;进料气流 1.6 MPa,粉碎气流 1.6 MPa 条件下处理 9 min,测定制得样品的溶解性与乳化性。

(2)米糠蛋白溶解性及乳化性受粉碎时间的影响将米糠蛋白配制成 5% 的溶液,在进料气流 1.2 MPa、粉碎气流 1.2 MPa 条件下,分别调整粉碎时间为 3 min、6 min、9 min、12 min、15 min,测定制得样品的溶解性与乳化性。

(3)米糠蛋白溶解性及乳化性受米糠蛋白浓度的影响将米糠蛋白配制成 1%、3%、5%、7%、9% 的溶液,在进料气流 1.2 MPa、粉碎气流 1.2 MPa 条件下,粉碎 9 min 后,测定制得样品的溶解性与乳化性。

(4)响应面优化超微粉碎处理工艺的最佳参数根据单因素的研究确定各因素的水平值范围,并采用响应面中心组合实验设计,以米糠蛋白溶解性及乳化性为响应值，以气流压力、粉碎时间、米糠蛋白浓度为自变量，对米糠蛋白改性工艺的最佳参数进行优化。其试验因素水平表见表 10－10。

表 10－10　Box－Behnken 试验因素水平表

水平	因素		
	粉碎压力 A(MPa)	粉碎时间 B(min)	米糠蛋白浓度 C(%)
－1	1.0	8	4
0	1.2	9	5
1	1.4	10	6

7.数据统计分析

同上。

四、三种处理方法对米糠蛋白功能性质的对比研究

(一)试验材料

同上。

(二)试验主要试剂及仪器

本试验所用试剂与仪器的主要信息见表 10－11 和表 10－12。

表 10－11　主要试剂及生产厂家

试剂名称	规格	生产厂家
氢氧化钠	分析纯(AR)	湖北兴银河化工有限公司
盐酸	分析纯(AR)	湖北兴银河化工有限公司
无水乙醇	分析纯(AR)	湖北兴银河化工有限公司

表 10－12　主要仪器型号及生产厂家

仪器名称	型号	生产厂家
超声波细胞破碎机	KS－JY92－IL	河南兄弟仪器设备有限公司
高速分散均质机	FJ－300－S	北京鑫骉腾达仪器设备有限公司
微射流均质机	M－700	美国 mierofluidies 公司
湿法超微粉碎机	QDGX	无锡轻大食品装备有限公司
紫外可见分光光度计	WFZ－UV－2100	上海精科天美仪器有限公司
高速冷冻离心机	LGR10－4.2	上海尤尼柯仪器有限公司
超级恒温水浴锅	SY－601	天津市欧诺仪器仪表有限公司

(三)试验方法

1.不同改性蛋白的制备

对照组米糠蛋白:将实验室提取的米糠蛋白作为参照样品。

超声处理米糠蛋白:1 g 米糠蛋白溶入 100 mL 磷酸盐缓冲液(pH 7),超声波处理(米糠蛋白浓度 3%、超声功率 201 W、超声时间 10 min 和超声温度 40℃),冷冻干燥,备用。

动态高压微射流处理米糠蛋白:1 g 米糠蛋白溶入 100 mL 磷酸盐缓冲液(pH 7),45℃恒温振荡 20 min,微射流装置外加冰,控制管道蛋白温度,微射流处理(压力 140 MPa、进料温度 30℃、一次处理,米糠蛋白浓度 5%),冷冻干燥,备用。

超微粉碎处理米糠蛋白:1 g 米糠蛋白溶入 100 mL 磷酸盐缓冲液(pH 7),超微粉碎处理(气流压力 1.20 MPa、粉碎时间 9 min、米糠蛋白浓度 5%),冷冻干燥,备用。

2.溶解度的测定

同上。

3.乳化性的测定

同上。

4.持水性的测定

称总重为 0.500 g 米糠蛋白,置于离心管中,加水 5 mL,用玻璃棒将样品搅匀,于 4000 r/min 离心 30 min,倒去上清液,测定米糠蛋白的持水性。

$$持水性(\%)=\frac{吸收水的质量}{样品重量}\times 100$$

5.持油性的测定

准确称取 0.500 g 米糠蛋白样品,置于 10 mL 带刻度的离心管中,如入 5 mL 食用油,旋涡振荡混合均匀后,4000 r/min 离心 30 min,除去上层油,称量此时离心管的质量。

$$持油性(\%)=\frac{吸收油的重量}{样品重量}\times 100$$

6.起泡性与泡沫稳定性的测定

起泡性(FC)的测定:将配制 1% 米糠蛋白溶液 100 mL 放于 250 mL 烧杯中,在高速分散器中以 10000 r/min 分散 2 min,迅速倒入 250 mL 量筒中。按下式计算起泡性(FC):

$$FC(\%) = \frac{(V_0 - 100)}{100} \times 100$$

式中：V_0为分散停止时泡沫与液体的总体积，mL；100 为原液的体积，mL。

泡沫稳定性（FS）测定：将上述发泡后测定的泡沫静置 30 min 后，按下式计算泡沫稳定性（FS）：

$$FS(\%) = \frac{(V_{30} - 100)}{(V_0 - 100)} \times 100$$

式中：V_{30}为 30 min 后泡沫与液体的总体积，mL。

7.巯基含量的测定

测定巯基含量参考 Shimada 应用 Ellman 试剂法，并对其进行适当调整。称取 400 mg DTNB，加 Tris - Gly 缓冲液调整其体积至 100 mL，配成 Ellman 试剂。分别称取 2 mg 蛋白样品溶解 2 mL 的 2.0 mL Tris - 甘氨酸缓冲溶液（pH 8.0）和 0.02 mL 的 Ellman 试剂。测定过程中，溶液进行振荡快速混合后置于 25℃条件下保温反应 15 min，测定溶液在 412 nm 处所得吸光度值。以不加 Ellman 试剂为空白。实验重复 3 次，其结果取平均值。巯基含量的计算公式如下：

$$-SH(\mu mol/g) = \frac{73.53 \times A_{412} \times D}{C}$$

式中：A_{412}为添加 Ellman 后样品显示出的吸光度值；D 为系数；C 为最终浓度，mg/mL。

8.凝胶性的测定

凝胶的制备：分别将经三种物理处理后的样品溶于去离子水中，浓度为 12%，搅拌均匀，将此蛋白质溶液装于 100 mL 的烧杯中，盖以铝箔，置于 80℃的水浴中加热保温 30 min，然后用冰浴冷却至室温，在 4℃的冰箱中保存 24 h，从冰箱中取出陈化 30 min 即可测定其凝胶强度。

凝胶强度的测定：用物性测试仪（Texture Analyser TA - XT2i）测定凝胶的强度，选用 TPA 测定模式和 P5 圆柱状平头探头，冲压的速度为 2 mm/s，冲压的深度为 10 mm。凝胶强度定义为第一次挤压变形时，物体所产生应力的最大值，各样品在不同部位测量 3 次，求平均值。

9.黏度的测定

参考丁金龙的方法。分别配制质量浓度为 10 g/L 的米糠分离蛋白溶液，30℃水浴，选用数显黏度计以 0 号转子和 240 r/min 的转速进行测定。

10.分散性的测定

将蛋白粉以同一搅拌速度分散于 20 mL 水中，观察并记录样品完全分散所需要的时间。

11.数据统计分析

同上。

第三节　实验结果与分析

一、超声处理提高米糠蛋白溶解性与乳化性工艺研究

(一)米糠蛋白浓度对米糠蛋白溶解性及乳化性的影响

不同米糠蛋白浓度对米糠蛋白溶解性及乳化性的影响见图 10－2。

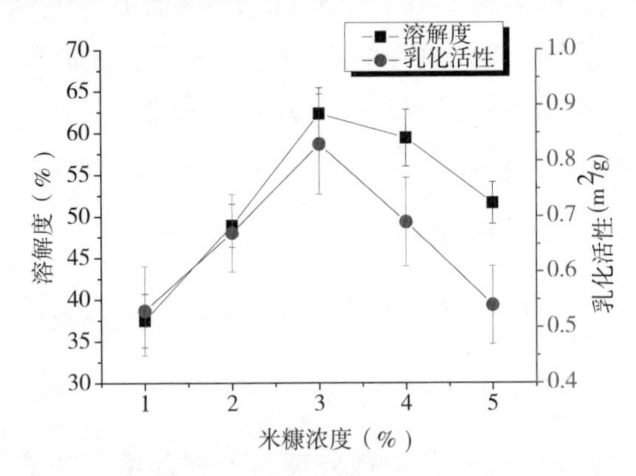

图 10－2　米糠蛋白浓度对米糖蛋白溶解性与乳化性的影响

由图 10－2 可知,米糠蛋白的溶解度随着米糠蛋白浓度的上升呈现先上升后下降的趋势,当蛋白浓度达到 3% 时溶解度达最大值。产生以上变化是由于米糠蛋白浓度逐渐增大时,超声波的空化作用逐渐增强导致蛋白质分子的结构变得疏松,疏水性多肽部分展开朝向脂质而极性部分朝向水相,致使蛋白溶解度逐渐增强;当米糠蛋白浓度继续增大时,在相等时间内超声波空化作用逐渐减弱,致使蛋白质分子结构变化较小,可溶性蛋白减少后导致溶解度显著下降。

由图 10－2 可知,米糠蛋白的乳化性随着米糠蛋白浓度的上升呈现先上升后下降的趋势,当蛋白浓度达到 3% 时乳化性达最大值。产生以上变化是由于米糠蛋白浓度逐渐增大时,超声波的作用会破坏米糠蛋白结构,致使疏水基团疏远水相,而亲水基团向水相靠近,从而提高了乳状液稳定性;当米糠蛋白浓度继续增大时,超声波对米糠蛋白分子结构的改变较小,导致米糠蛋白的乳化性也逐渐

减小，最终结果显示：3%的米糠蛋白浓度可显著改善米糠蛋白的溶解度及乳化性。

(二)超声功率对米糠蛋白溶解性及乳化性的影响

不同超声功率对米糠蛋白溶解性及乳化性的影响见图 10-3。

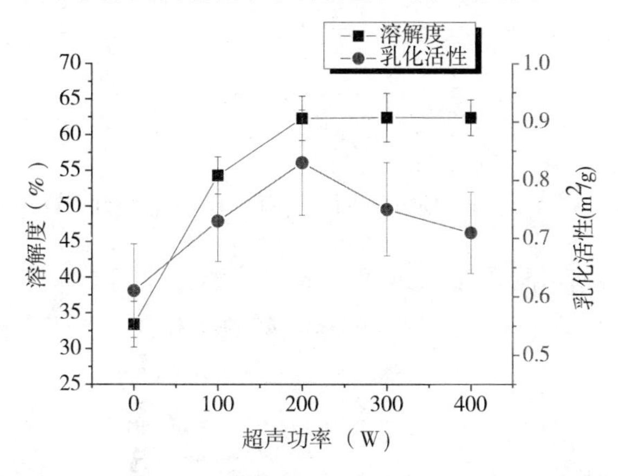

图 10-3　超声功率对米糖蛋白溶解性与乳化性的影响

由图 10-3 可知，米糠蛋白的溶解度随着超声功率的增加呈现逐渐上升趋势，当超声功率达到 200 W 时溶解度达到最大值，当超声功率大于 200 W 时溶解度趋于稳定。产生以上变化是由于超声波的空化作用改变了米糠蛋白的结构，从而提高了蛋白的溶解度，故选择 200 W 的超声波功率对米糠蛋白的溶解性研究最合适。

由图 10-3 可知，米糠蛋白的乳化性随着超声功率的增加呈现逐渐上升趋势，当超声功率达到 200 W 时乳化性达到最大值，当超声功率大于 200 W 时乳化性逐渐下降。产生以上变化主要是由于超声波的压力作用致使米糠蛋白分子裂解、蛋白结构变得松散，使疏水基团暴露出来导致米糠蛋白乳化性增强，以上研究结果与李磊等的研究结果相一致。由于功率继续变大，米糠蛋白的结构由于超声波的作用破坏程度变大，导致米糠蛋白的溶解性变差、蛋白乳化性减小。最终结果显示：超声功率为 200 W 时改善乳化性最显著。

(三)超声时间对米糠蛋白溶解性及乳化性的影响

不同超声时间对米糠蛋白溶解性及乳化性的影响见图 10-4。

由图 10-4 可知，米糠蛋白的溶解度随着超声处理时间的延长呈现先上升

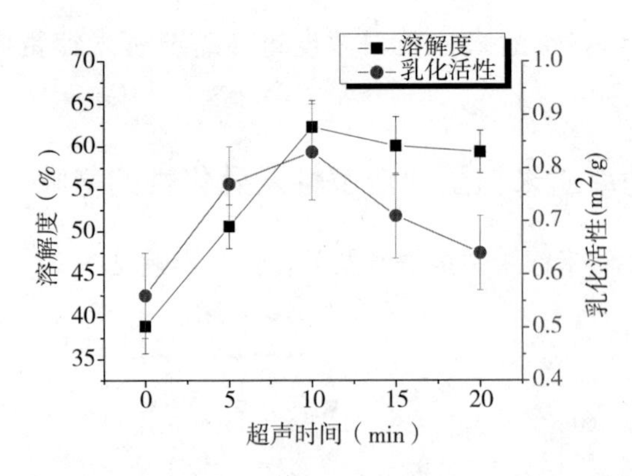

图 10－4　超声时间对米糖蛋白溶解性与乳化性的影响

后下降的趋势，当超声波处理达到 10 min 时溶解度达到最大值。产生以上变化是因为长时间的超声波改性使蛋白质相互间发生作用，增大了蛋白质的变性程度，致使不溶性蛋白质增多，从而导致米糠蛋白溶解度降低。

由图 10－4 可知，米糠蛋白的乳化性随着超声处理时间的延长呈现先上升后下降的趋势，当超声波处理达到 10 min 时乳化性达到最大值。产生以上变化是因为米糠蛋白分子结构在超声波的作用下展开，致使疏水基团朝向油相，极性基团朝向水相后形成液膜可以固定油滴，导致米糠蛋白的乳化性增大。超声时间逐渐变长会加大米糠蛋白变性程度，导致溶解性变差，故米糠蛋白的乳化性减小。最终结果显示：超声时间 10 min 时可提高米糠蛋白的溶解度和乳化稳定性。

（四）超声温度对米糠蛋白溶解性及乳化性的影响

不同超声温度对米糠蛋白溶解性及乳化性的影响见图 10－5。

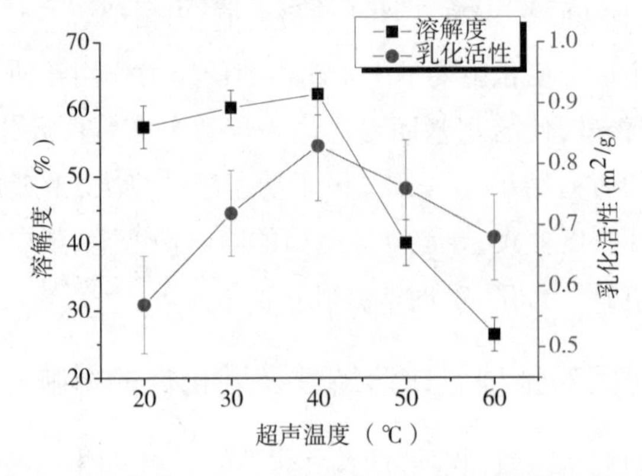

图 10－5　超声温度对米糖蛋白溶解性与乳化性的影响

由图 10－5 可知，随着超声温度从 20℃上升到 40℃，米糠蛋白的溶解度变化不大，但是当超声温度达到 40℃时米糠蛋白的溶解度达到最大值。之后随着超声温度的增加米糠蛋白的溶解度迅速下降。发生溶解度迅速下降的原因是由于肽链的舒展结构随着超声温度的升高发生变化，导致蛋白质发生热变性，致使蛋白质外层出现大量的疏水性基团，故蛋白质溶解性急剧下降。因此 40℃是最佳超声温度，在该温度下米糠蛋白的溶解性会达到最大值。

由图 10－5 可知，超声温度从 20℃上升到 40℃期间，米糠蛋白的乳化性随着超声温度的上升呈现上升的趋势，当温度达到 40℃时，乳化性最高，可达到 0.83 m^2/g，当温度超过 40℃时，乳化性开始下降。

（五）响应面结果分析与优化

根据单因素试验结果采用 Design－Expert 软件对试验进行优化，以米糠蛋白溶解度 R_1、乳化性 R_2 为响应值，选择米糠蛋白浓度 A、超声功率 B、超声时间 C 和超声温度 D 为影响因素，根据响应曲面法设计四因素三水平的二次回归方程，确定拟合因素和指标（响应值）之间的函数关系及最优处理工艺参数，试验方案及结果见表 10－13。

表 10－13　试验方案及结果

试验号	米糠蛋白浓度 A(%)	超声功率 B(W)	超声时间 C(min)	超声温度 D(℃)	溶解度 R_1(%)	乳化性 R_2(m^2/g)
1	1	－1	0	0	50.2	0.41
2	0	1	1	0	35.6	0.60
3	0	－1	0	－1	22.4	0.65
4	0	1	0	1	23.2	0.66
5	1	0	1	0	45.3	0.46
6	－1	0	－1	0	44.7	0.47
7	0	－1	－1	0	33.9	0.61
8	0	0	0	0	64.2	0.83
9	1	0	－1	0	43.9	0.45
10	－1	1	0	0	51.7	0.41
11	0	0	1	1	17.6	0.71
12	1	0	0	1	27.5	0.51
13	0	－1	0	1	23.6	0.65
14	0	0	0	0	64.5	0.83

续表

试验号	米糠蛋白浓度 A(%)	超声功率 B(W)	超声时间 C(min)	超声温度 D(℃)	溶解度 R_1(%)	乳化性 R_2(m^2/g)
15	-1	-1	0	0	51.3	0.41
16	1	0	0	-1	28.5	0.51
17	0	0	0	0	64.7	0.83
18	-1	0	0	-1	26.8	0.51
19	0	0	0	0	64.9	0.83
20	-1	0	0	1	27.5	0.52
21	0	0	-1	-1	18.4	0.71
22	0	0	-1	1	19.5	0.72
23	0	1	0	-1	24.3	0.65
24	-1	0	1	0	42.8	0.46
25	1	1	0	0	50.4	0.4
26	0	0	0	0	62.1	0.8
27	0	-1	1	0	32.5	0.61
28	0	1	-1	0	33.7	0.61
29	0	0	1	-1	17.5	0.71

由表10-13可知，利用响应曲面法对试验数据进行回归拟合，得到以溶解度R_1为响应值，选择米糠蛋白浓度A、超声功率B、超声时间C和超声温度D为相应因素的二次多项回归模型方程为：

$$R_1 = 64.08 + 0.083A + 0.42B - 0.23C + 0.083D - 0.050AB + 0.83AC - 0.43AD + 0.82BC - 0.58BD - 0.25CD - 3.75A^2 - 10.97B^2 - 16.90C^2 - 30.47D^2$$

采用Design-Expert软件对模型方程进行方差分析，结果见表10-14。

表10-14 回归与方差分析结果

变量	自由度	平方和	均方	F	$Pr > F$
A	1	0.083	0.083	0.015	0.9028
B	1	2.08	2.08	0.39	0.5442
C	1	0.65	0.65	0.12	0.7330
D	1	0.083	0.083	0.015	0.9028
AB	1	0.010	0.010	1.854E-003	0.9663
AC	1	2.72	2.72	0.50	0.4890
AD	1	0.72	0.72	0.13	0.7198

续表

变量	自由度	平方和	均方	F	$Pr > F$
BC	1	2.72	2.72	0.50	0.4890
BD	1	1.32	1.32	0.25	0.6281
CD	1	0.25	0.25	0.046	0.8326
A^2	1	91.14	91.14	16.90	0.0011
B^2	1	781.06	781.06	144.84	<0.0001
C^2	1	1852.24	1852.24	343.47	<0.0001
D^2	1	6023.51	6023.51	1116.97	<0.0001
回归	14	7077.16	505.51	93.74	<0.0001
剩余	14	75.50	5.39		
失拟	10	70.33	7.03	5.44	0.0584
误差	4	5.17	1.29		
总和	28	7152.65			

由表10－14可知，响应面优化拟合出的方程回归项及各因素指标与响应值之间的线性关系均呈极显著趋势，且失拟项0.0584>0.05，拟合模型方程的均方值 $R^2=0.9894$，$R^2_{\mathrm{Adj}}=0.9789$。因此，通过以上指标可证明该模型方程用于本研究的试验拟合是可行的。通过 F 值检验可得到 F 值大小由高至低为：$B>C>A=D$，即超声功率>超声时间>超声温度=米糠蛋白浓度。

因子间的交互作用对于米糠蛋白溶解度响应值影响见图10－6所示。

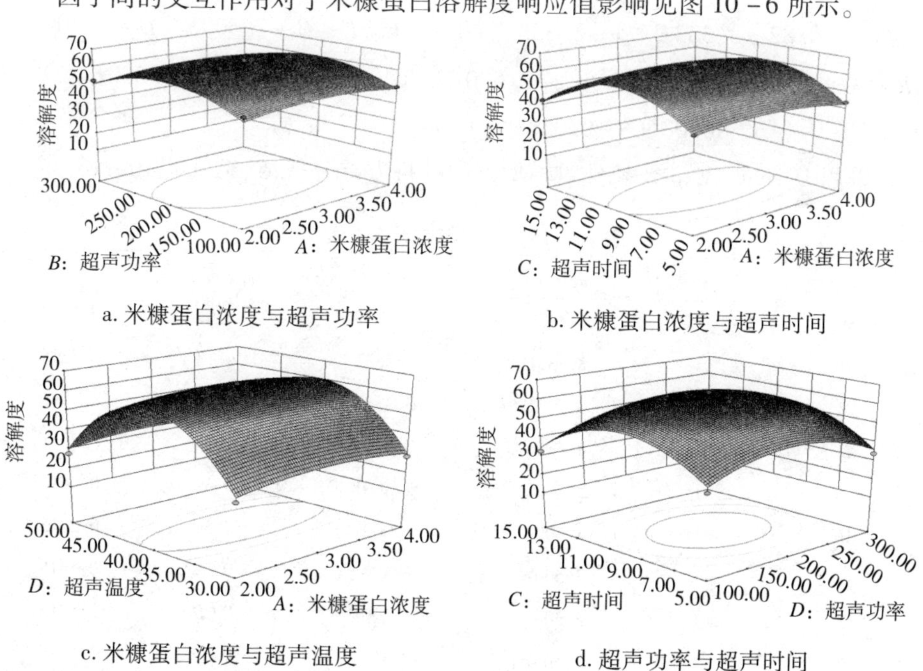

a. 米糠蛋白浓度与超声功率

b. 米糠蛋白浓度与超声时间

c. 米糠蛋白浓度与超声温度

d. 超声功率与超声时间

图10－6

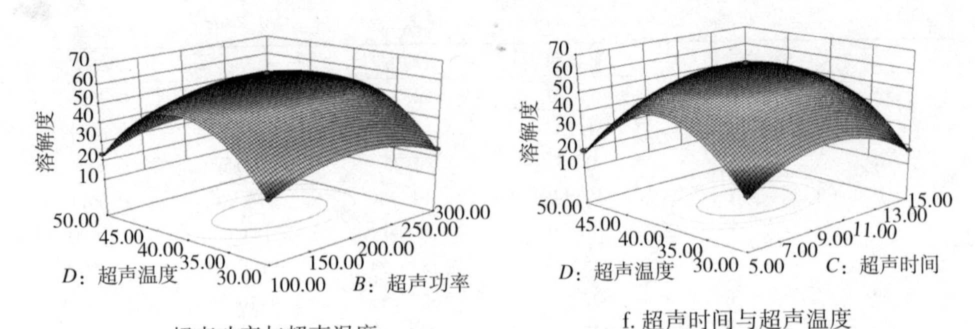

e. 超声功率与超声温度

f. 超声时间与超声温度

图 10－6　各两因素交互作用对溶解度影响的响应面图

由图 10－6 可知，应用响应面寻优分析方法对 R_1 回归模型进行描述，选取米糠蛋白浓度 A、超声功率 B、超声时间 C 和超声温度 D 对应的编码值分别为 0.011、0.019、－0.006、0.001，所对应最优工艺参数为：米糠蛋白浓度 3.01%、超声功率 201.91 W、超声时间 9.97 min 和超声温度 40.01℃，此条件下米糠蛋白的溶解度为 64.09%。但考虑实际的操作情况，将提取工艺参数调整为：米糠蛋白浓度 3%、超声功率 202 W、超声时间 10 min 和超声温度 40℃。

利用 Design－Expert 软件中的响应面对乳化性 R_2 试验数据及结果进行分析，建立回归模型：

$$R_2 = 0.82 - 3.333E^{-3}A - 8.333E^{-4}B - 1.667E^{-3}C + 2.500E^{-3}D - 2.500E^{-3}AB + 5000E^{-3}AC - 2.500E^{-3}AD - 2.500E^{-3}BC + 2.500E^{-3}BD - 2.500E^{-3}CD - 0.28A^2 - 0.14B^2 - 0.081C^2 - 0.032D^2$$。

采用 Design－Expert 软件对模型方程进行方差分析，结果见表 10－15。

表 10－15　回归与方差分析结果

变量	自由度	平方和	均方	F	$Pr>F$
A	1	$1.333E^{-4}$	$1.333E^{-4}$	2.09	0.1707
B	1	$8.333E^{-6}$	$8.333E^{-6}$	0.13	0.7235
C	1	$3.333E^{-5}$	$3.333E^{-5}$	0.52	0.4821
D	1	$7.500E^{-5}$	$7.500E^{-5}$	1.17	0.2971
AB	1	$2.500E^{-5}$	$2.500E^{-5}$	0.39	0.5418
AC	1	$1.000E^{-4}$	$1.000E^{-4}$	1.56	0.2315
AD	1	$2.500E^{-5}$	$2.500E^{-5}$	0.39	0.5418
BC	1	$2.500E^{-5}$	$2.500E^{-5}$	0.39	0.5418
BD	1	$2.500E^{-5}$	$2.500E^{-5}$	0.39	0.5418

续表

变量	自由度	平方和	均方	F	$Pr>F$
CD	1	$2.500E^{-5}$	$2.500E^{-5}$	0.39	0.5418
A^2	1	0.51	0.51	7997.50	<0.0001
B^2	1	0.12	0.12	1904.39	<0.0001
C^2	1	0.042	0.042	661.61	<0.0001
D^2	1	$6.642E^{-3}$	$6.642E^{-3}$	103.90	<0.0001
回归	14	0.57	0.041	636.67	<0.0001
剩余	14	$8.950E^{-4}$	$8.950E^{-5}$		
失拟	10	$1.750E^{-4}$	$1.750E^{-5}$	0.097	0.9986
误差	4	$7.200E^{-4}$	$1.800E^{-4}$		
总和	28	0.57			

由表 10－15 结果可知，响应面优化拟合出的方程回归效果极显著（$P<0.0001$），且失拟项 0.9986 > 0.05，差异性不显著。而拟合模型方程的均方值 $R^2=0.9984$，证明 99.84% 数据的响应变化可用建立的模型来解释，拟合程度较好。故可应用此方程对响应值进行预测。因此，通过以上指标可证明该模型方程用于本研究的试验拟合是可行的。通过 F 值检验可得到四个因素对乳化性影响的主次关系为：米糠蛋白浓度 > 超声温度 > 超声时间 > 超声功率。

利用 Design－Expert 软件绘制响应面曲线图，因子间交互作用对乳化性影响的响应面见图 10－7 所示。

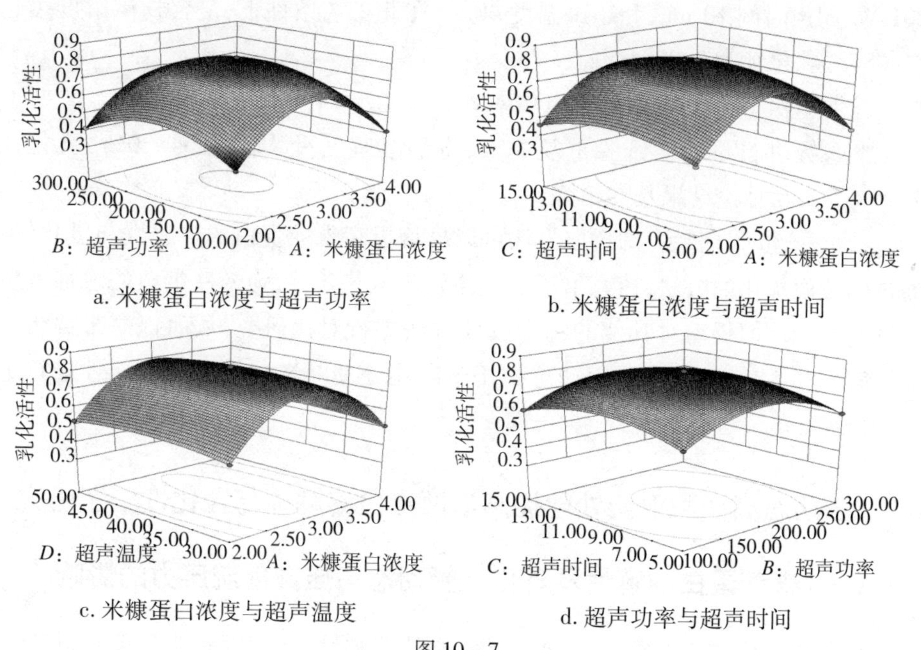

a. 米糠蛋白浓度与超声功率

b. 米糠蛋白浓度与超声时间

c. 米糠蛋白浓度与超声温度

d. 超声功率与超声时间

图 10－7

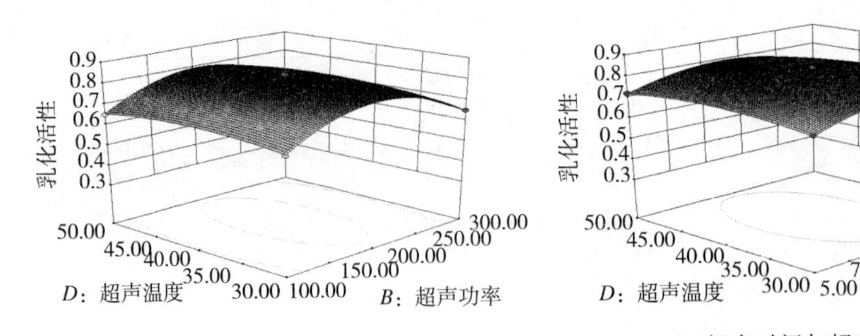

e. 超声功率与超声温度　　f. 超声时间与超声温度

图 10－7　因子间交互作用对乳化性影响的响应面图

由图 10－7 可知，应用响应面寻优分析方法对 R_2 回归模型进行描述，选取米糠蛋白浓度 A、超声功率 B、超声时间 C 和超声温度 D 对应的编码值分别为－0.007、－0.003、－0.011、0.040，所对应最优工艺参数为：米糠蛋白浓度 2.99%、超声功率 199.74 W、超声时间 9.94 min 和超声温度 40.40℃，此条件下米糠蛋白的乳化性为 0.82 m^2/g。但考虑实际的操作情况，将提取工艺参数调整为：米糠蛋白浓度 3%、超声功率 200 W、超声时间 10 min 和超声温度 40℃。

为同时获取最佳乳化性及溶解度，采用联合求解法确定最佳工艺条件为：米糠蛋白浓度 3.00%、超声功率 200.54 W、超声时间 9.96 min 和超声温度 40.05℃，为适应实际生产需求，将上述指标优化为米糠蛋白浓度 3%、超声功率 201 W、超声时间 10 min 和超声温度 40℃，在此工艺条件下，复合物溶解度可达 64.08%，乳化性为 0.82 m^2/g。

按照米糠蛋白浓度 3%、超声功率 201 W、超声时间 10 min 和超声温度 40℃ 的工艺参数进行试验。试验重复 3 次，得到溶解度平均值为 64.30%，乳化性 0.85 m^2/g，与理论结果基本相符。

综上所述，采用超声的提取方法可以显著提高米糠蛋白的溶解性与乳化性，通过响应面优化的方法，探究出了最佳的处理工艺条件，为米糠蛋白的改性提供了理论基础。但仍需对其他的物理改性方法进行对比研究，从而提高米糠蛋白的溶解性和乳化性，所以采用动态高压微射流处理对米糠蛋白的功能性进行进一步研究。

二、动态高压微射流处理提高米糠蛋白溶解性与乳化性工艺研究

（一）米糠蛋白溶解性及乳化性受动态高压微射流压力的影响

蛋白质水化作用的重要体现是蛋白质的溶解性，溶解性是米糠蛋白功能性

质中重要的功能性质之一。蛋白质与水之间的作用力主要是蛋白质中的肽键或氨基酸的侧链同水分子之间发生的相互作用,因此溶解性好的蛋白质也会有良好的乳化性、起泡性、凝胶性,这有利于食品的加工。

米糠蛋白溶解性及乳化性受不同动态高压微射流压力的影响见图 10－8。

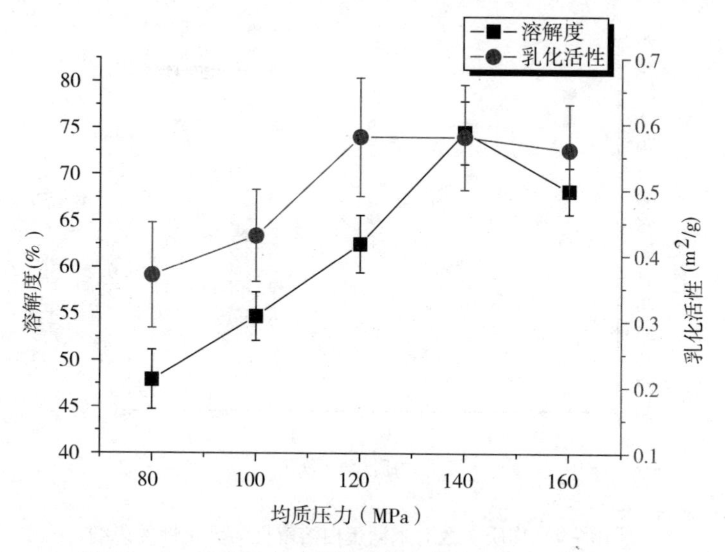

图 10－8　均质压力对米糖蛋白溶解性与乳化性的影响

由图 10－8 可知,米糠蛋白的溶解度随均质压力的增大呈现先增加后降低的趋势,这可能是由于在一定的高压均质作用下凝聚的球状米糠蛋白逐渐伸展和解缔,蛋白质分子被解聚成一些更小颗粒的亚基单位,如 11 S 的亚基分离和 7 S 的三聚体解聚变成单链,并且亚基单位进一步的伸展使球状蛋白质内部的疏水和极性基团暴露出来,蛋白质分子的表面电荷分布增强,暴露的极性基团周围的结合水增多,蛋白质的水化作用增强,致使溶解性得到了改善。但均质压力达到 140 MPa 后聚合的链被打散,乳清蛋白内部的小部分亲水结构和大部分疏水结构也被暴露出来致使蛋白质之间结合机会增多,蛋白质与水之间的结合减少,使得蛋白溶液的溶解性变小。

由图 10－8 可知,5% 浓度的米糠蛋白溶液,经高压均质处理后米糠蛋白的乳化性均有不同程度的提高,当压力大于 120 MPa 时逐渐稳定,这可能是因为压力处理使包含在蛋白质分子内部的疏水基团暴露出来,在乳化过程中将蛋白质吸附至界面的推动力增大、亲油性增强,致使更多的蛋白质吸附在油—水界面,所形成的乳状液油滴粒径减小,界面面积增大,因而乳化能力增强,当压力超过 120 MPa 时,过高的压力不会使得更多的疏水基团暴露,所以其乳化性不会发生改变。

(二)米糠蛋白溶解性及乳化性受动态高压微射流均质次数的影响

米糠蛋白溶解性及乳化性受不同动态高压微射流均质次数的影响见图 10-9。

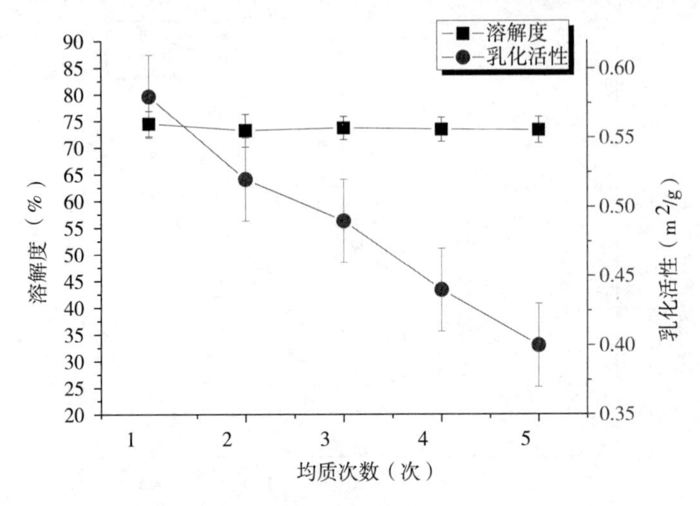

图 10-9 均质次数对米糖蛋白溶解性与乳化性的影响

由图 10-9 可知,米糠蛋白溶解度并不能随着均质次数的增加得到改善,这可能是由于在一定的均质压力范围内蛋白质发生解聚与聚合后达到了一种平衡,导致蛋白质的水合作用改善的不明显。随着均质次数的增加,乳化性呈现降低的趋势,均质一次时,乳化性为 0.58 m^2/g,而随着均质次数的增加蛋白质的乳化性反而低于一次均质的乳化性。

(三)米糠蛋白溶解性及乳化性受进料温度的影响

米糠蛋白溶解性及乳化性受不同进料温度的影响见图 10-10。

从图 10-10 可知,在相同的均质压力下(140 MPa),25~40℃时,与 20℃相比,溶解度没有明显增大。故米糠蛋白的溶解性受动态高压微射流下的不同进料温度的影响不明显。而随着温度的上升,米糠蛋白的乳化性呈现出先上升后下降的趋势,但无显著差异,在 140 MPa 的压力下,米糠蛋白的浓度为 5%,在进料温度为 20℃、25℃、30℃、35℃、40℃时,乳化性分别为 0.52 m^2/g、0.55 m^2/g、0.58 m^2/g、0.57 m^2/g、0.56 m^2/g。所以,温度对乳化性影响不大。

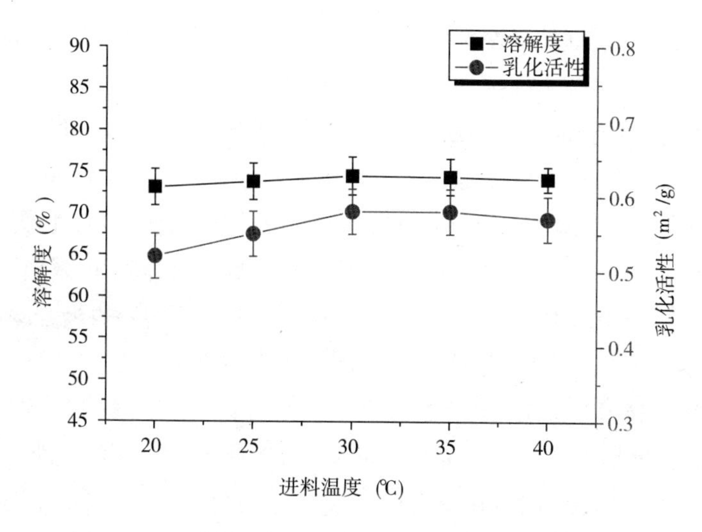

图 10-10　进料温度对米糖蛋白溶解性与乳化性的影响

(四)米糠蛋白溶解性及乳化性受米糠蛋白浓度的影响

米糠蛋白溶解性及乳化性受米糠蛋白浓度的影响见表 10-16。

表 10-16　米糠蛋白浓度对米糖蛋白溶解性与乳化性的影响

米糠蛋白浓度(%)	溶解度(%)		乳化性(m^2/g)	
	预均质	均质后	预均质	均质后
1	46.5 ±1.4	68.9 ±2.4	0.49 ±0.03	0.58 ±0.04
3	43.8 ±1.8	66.7 ±1.2	0.47 ±0.02	0.53 ±0.05
5	52.3 ±2.3	74.5 ±0.8	0.45 ±0.03	0.58 ±0.03
7	66.5 ±2.1	72.1 ±3.2	0.49 ±0.05	0.41 ±0.02
9	69.6 ±3.6	75.9 ±2.6	0.44 ±0.04	0.37 ±0.04

注：表中“$\bar{x} \pm s$”表示均值 ± 标准偏差。

由表 10-16 可以看出，在经过超高压微射流均质后的各个浓度的米糠蛋白溶液，其溶解度具有明显的升高。但是，由于米糠蛋白溶液的浓度不同，超高压微射流均质对其溶解度的作用效果也存在明显的差异。选择在同等浓度下经过 20 MPa 预均质后的米糠蛋白溶液的溶解度作为对照样品，在经过超高压微射流均质后，不同浓度米糠蛋白溶液的溶解度的最大增率分别为：1% 的米糠蛋白溶液为 48.2%；3% 的米糠蛋白溶液为 52.3%；5% 的米糠蛋白溶液为 42.4%，7% 的米糠蛋白溶液为 8.4%，9% 的米糠蛋白溶液为 9.1%。此项结果表明，在利用高压微射流均质提高米糠蛋白溶液的溶解性时，米糠蛋白溶液浓度相对较低时，溶解性提升越明显,即较低浓度的米糠蛋白溶液对均质更为敏感,3%的米糠蛋白溶液经过超高压微射流均质后的溶解度改善最好。一方面,这可能是由于经过超高压微射流均质将米糠蛋白的肽链展开了,里面所包含的疏水基团、亲水基团和极性基团均暴露到表面,从而提高了米糠蛋白分子的水合性,由此可知,超高压微射流均质对于各个浓度的米糠蛋白溶液的溶剂性都是起促进作用的;但另一方面,浓度越高的米糠蛋白密度越大,在进行超高压微射流均质时,高浓度米糠蛋白的蛋白质—蛋白质之间的作用更强,与低浓度的米糠蛋白相比更容易再聚合,所以在经过超高压微射流均质后,高浓度的米糠蛋白溶液的溶解性提升较少。

由表10-16可以看出,在经过超高压微射流均质后,1%、3%、5%的米糠蛋白溶液的乳化性均有所增加。而7%和9%的米糠蛋白溶液的乳化性却呈下降趋势。这个结果与涂宗财等研究的经过超高压微射流均质后,高浓度的大豆蛋白乳化性比低浓度的要提升得多的结果是有差异的。

因此,超高压微射流均质对高浓度的米糠蛋白溶液的乳化性起消极作用,这可能有两个原因:一方面可能是在经过超高压微射流均质后,米糠蛋白溶液中的蛋白质基团部分展开,这可以提升它们的乳化性,由于在低浓度的米糠蛋白溶液中,蛋白质吸附到油水界面都是通过自由扩散实现的,而在高浓度的米糠蛋白溶液中,蛋白质通过自由扩散来迁移的方式被活化能屏障所阻止,因此即使蛋白质颗粒变小,解聚不仅无法提高蛋白溶液的乳化性,反而使乳化性降低;另一方面可能是相比在乳化体系的乳化区中乳化体积,通过超高压微射流腔的体积要小得多,而且在进行均质时能量的输入非常大,这些都可能会导致更高的碰撞机率和更短暂的聚结时间。因此,由于许多均质后形成的新的小液滴还没有在现有的界面稳定下来,很容易再次聚结,而且由于高浓度的米糠蛋白溶液密度较大,与低浓度的米糠蛋白溶液相比更容易再聚合,所以在经过超高压微射流均质后,高浓度的米糠蛋白溶液的乳化性提升较少。

(五)响应面结果分析与优化

在单因素试验结果的基础上采用Design-Expert软件对试验条件进行优化。以米糠蛋白溶解度R_1、乳化性R_2为响应值,选择压力A、进料温度B、米糠蛋白浓度C为影响因素,根据响应曲面法设计三因素三水平的二次回归方程,确定拟合因素和响应值之间的函数关系及最优处理工艺参数,试验方案及结果见表10-17。

表 10－17　试验方案及结果

试验号	压力 A(MPa)	进料温度 B(℃)	米糠蛋白浓度 C(%)	溶解度 R_1(%)	乳化性 R_2(m^2/g)
1	0	0	0	74.9	0.58
2	0	0	0	75.2	0.59
3	0	－1	1	42.2	0.29
4	0	1	1	41.7	0.27
5	1	0	1	48.6	0.32
6	－1	1	0	60.3	0.40
7	0	0	0	74.8	0.58
8	0	0	0	72.6	0.54
9	1	－1	0	60.8	0.42
10	0	1	－1	43.7	0.27
11	1	1	0	61.2	0.42
12	0	－1	－1	44.5	0.25
13	－1	0	－1	48.7	0.33
14	1	0	－1	47.9	0.32
15	－1	－1	0	59.5	0.40
16	0	0	0	74.6	0.59
17	－1	0	1	49.2	0.34

由表 10－17 可以看出，采用响应曲面法对试验数据进行回归拟合，得到以溶解度 R_1 为响应值，以压力 A、进料温度 B、米糠蛋白浓度 C 为影响因素的二次多项回归模型方程为：

$$R_1 = 74.42 + 0.10A - 0.012B - 0.39C - 0.10AB + 0.050AC + 0.075BC - 4.20A^2 - 9.77B^2 - 21.62C^2$$

采用 Design－Expert 软件对模型方程进行方差分析，结果见表 10－18。

表 10－18　回归与方差分析结果

变量	自由度	平方和	均方	F	$Pr>F$
A	1	0.080	0.080	0.053	0.8241
B	1	$1.250E^{-3}$	$1.250E^{-3}$	$8.325E^{-4}$	0.9778
C	1	1.20	1.20	0.80	0.4008
AB	1	0.040	0.040	0.027	0.8750

续表

变量	自由度	平方和	均方	F	$Pr>F$
AC	1	0.010	0.010	$6.660E^{-3}$	0.9372
BC	1	0.023	0.023	0.015	0.9060
A^2	1	74.19	74.19	49.41	0.0002
B^2	1	402.11	402.11	267.81	<0.0001
C^2	1	1968.56	1968.56	1311.06	<0.0001
回归	9	2622.04	291.34	194.03	<0.0001
剩余	7	10.51	1.50		
失拟	3	6.18	2.06	1.90	0.2702
误差	4	4.33	1.08		
总和	16	2632.56			

由表10-18可以看出，响应面优化拟合出的方程回归项及各因素指标与响应值之间的线性关系均呈极显著趋势，且失拟项0.2702>0.05，拟合模型方程的均方值$R^2=0.9960$，$R^2_{Adj}=0.9909$，因此，通过以上指标可证明该模型方程用于本研究的试验拟合是可行的。通过F值检验可得到F值大小由高至低为：$C>A>B$，即米糠蛋白浓度>均质压力>进料温度。

因子间的交互作用对于米糠蛋白溶解度响应值影响见图10-11。

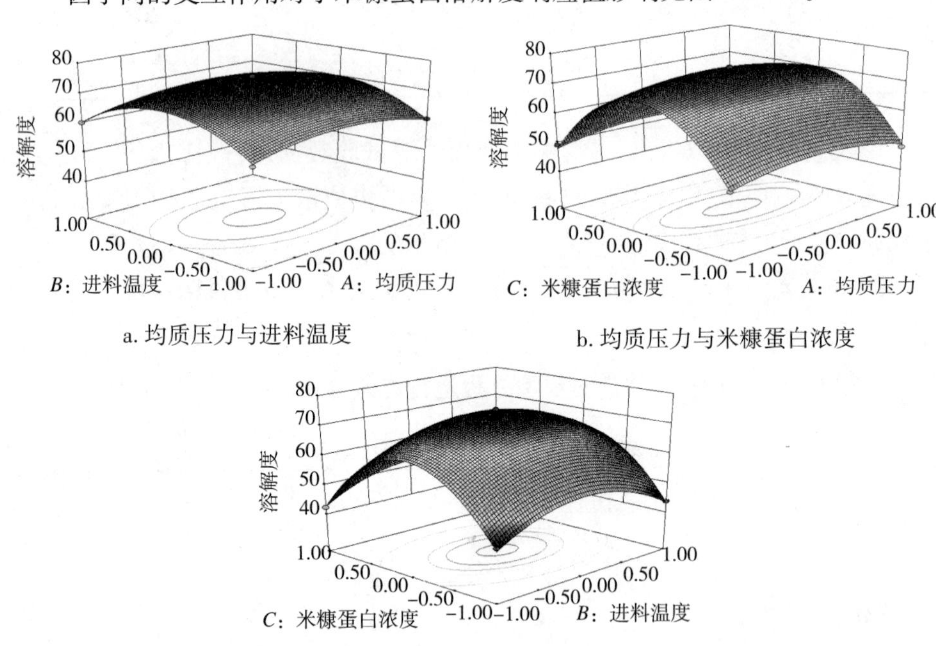

a. 均质压力与进料温度

b. 均质压力与米糠蛋白浓度

c. 进料温度与米糠蛋白浓度

图10-11　各两因素交互作用对溶解度影响的响应面图

由图10－11可知，应用响应面寻优分析方法对R_1回归模型进行描述，选取压力A、进料温度B、米糠蛋白浓度C对应的编码值分别为0.012、0、－0.009，所对应最优工艺参数为：压力140.12 MPa、进料温度30℃、米糠蛋白浓度4.99%，此条件下溶解度为74.42%。但鉴于实际的试验情况可将提取工艺参数调整为：压力140 MPa、进料温度30℃、米糠蛋白浓度5%。

应用响应面寻优分析方法对R_1回归模型进行描述，选取压力A、进料温度B、米糠蛋白浓度C对应的编码值分别为0.012、0、－0.009，所对应最优工艺参数为：压力140.12 MPa、进料温度30℃、米糠蛋白浓度4.99%，此条件下溶解度为74.42%。但考虑实际的操作情况，将提取工艺参数调整为：压力140 MPa、进料温度30℃、米糠蛋白浓度5%。

利用Design－Expert软件中的响应面对乳化性R_2进行试验数据及结果分析，建立回归模型：$R_2 = 0.58 - 1.250E^{-3}A + 0.000B + 6.250E^{-3}C + 0.000AB - 2.500E^{-3}AC + 0.000BC - 0.054A^2 - 0.11B^2 - 0.19C^2$。

采用Design－Expert软件对模型方程进行方差分析，结果见表10－19。

表10－19　方差分析结果

变量	自由度	平方和	均方	F	$Pr > F$	显著性
模型	9	0.24	0.027	77.60	<0.0001	**
A	1	$1.250E^{-5}$	$1.250E^{-5}$	0.036	0.8553	
B	1	0.000	0.000	0.000	1.0000	
C	1	$3.125E^{-4}$	$3.125E^{-4}$	0.89	0.3757	
AB	1	0.000	0.000	0.000	1.0000	
AC	1	$2.500E^{-5}$	$2.500E^{-5}$	0.072	0.7968	
BC	1	$4.000E^{-4}$	$4.000E^{-4}$	1.15	0.3201	
A^2	1	0.012	0.012	35.48	0.0006	**
B^2	1	0.053	0.053	150.54	<0.0001	**
C^2	1	0.16	0.16	454.86	<0.0001	
剩余	7	$2.445E^{-3}$	$3.493E^{-4}$			
失拟	3	$7.250E^{-4}$	$2.417E^{-4}$	0.56	0.6681	不显著
误差	4	$1.720E^{-3}$	$4.300E^{-4}$			
总和	16	0.25				

注："**"极显著（$P<0.01$）；"*"显著（$P<0.05$）。

由表10－19可以看出，响应面优化拟合出的方程回归效果极显著（$P <$

0.0001)，且失拟项 0.6681 >0.05，差异性不显著。因此，可应用此方程对响应值进行预测。同时，拟合模型方程的均方值 $R^2=0.9901$，证明 99.01% 数据的响应变化可用建立的模型来解释，拟合程度较好。因此，通过以上指标可证明该模型方程用于本研究的试验拟合是可行的。通过 F 值检验可得到三个因素对乳化性影响的主次关系为：米糠蛋白浓度 > 均质压力 > 进料温度。

利用 Design - Expert 软件绘制响应面曲线图，因素间的交互作用对乳化性影响的响应面见图 10 - 12 所示。

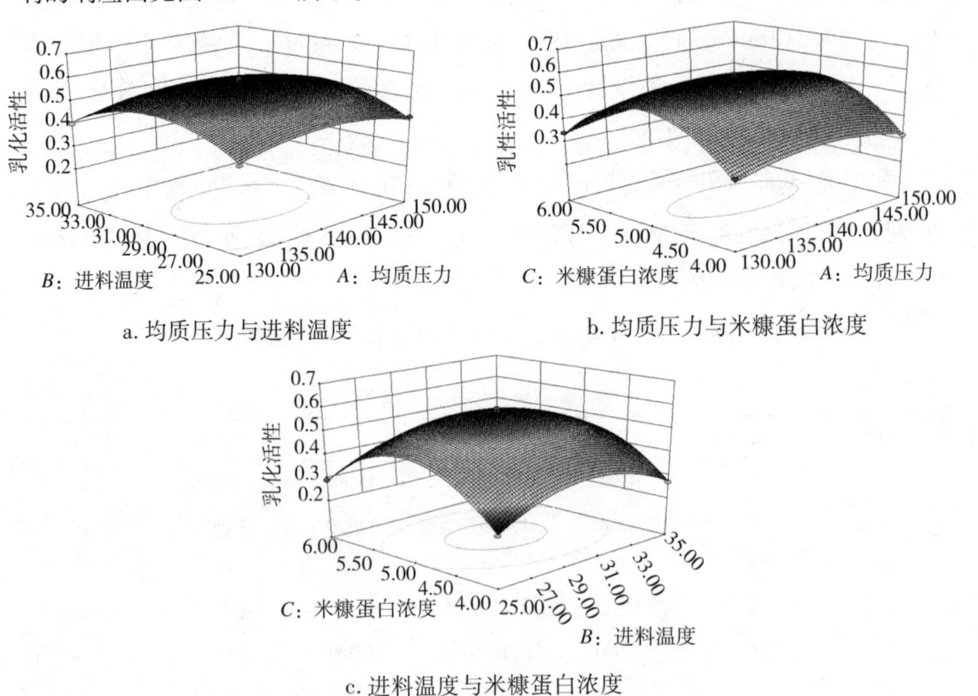

图 10 - 12　各两因素交互作用对乳化性影响的响应面图

由图 10 - 12 可知，应用响应面寻优分析方法对 R_2 回归模型进行描述，选取压力 A、进料温度 B、米糠蛋白浓度 C 对应的编码值分别为 0.010、-0.001、0.016，所对应最优工艺参数为：压力 140.10 MPa、进料温度 30℃、米糠蛋白浓度 5.02%，此条件下乳化性为 0.58 m^2/g。但鉴于实际的试验情况可将提取工艺参数调整为：压力 140 MPa、进料温度 30℃、米糠蛋白浓度 5%。

为同时获取最佳乳化性及溶解度，采用联合求解法确定最佳工艺条件为：压力 140.11 MPa、进料温度 30℃、米糠蛋白浓度 5%，为适应实际生产需求，将上述指标优化为压力 140 MPa、进料温度 30℃、米糠蛋白浓度 5%，在此处理工艺条件下，复合物溶解度可达74.42%，乳化性为0.58 m^2/g。

按照压力140 MPa、进料温度30℃、米糠蛋白浓度5%的工艺参数进行试验。试验重复3次，得到溶解度平均值为73.30%，乳化性平均值为0.53 m^2/g，与理论结果基本相符。

综上所述，采用动态高压微射流的提取方法可以显著提高米糠蛋白的溶解性与乳化性。通过响应面优化的方法，探究出了最佳的处理工艺条件，说明采用响应面优化动态高压微射流工艺具有实际应用价值。但仍需对其他的物理改性方法进行对比研究，从而提高米糠蛋白的溶解性和乳化性，所以采用超微粉碎处理对米糠蛋白的功能性进行进一步研究。

三、超微粉碎处理提高米糠蛋白溶解性与乳化性工艺研究

（一）米糠蛋白溶解性及乳化性受超微粉碎气流压力的影响

不同超微粉碎气流压力对米糠蛋白溶解性及乳化性的影响见图10－13。

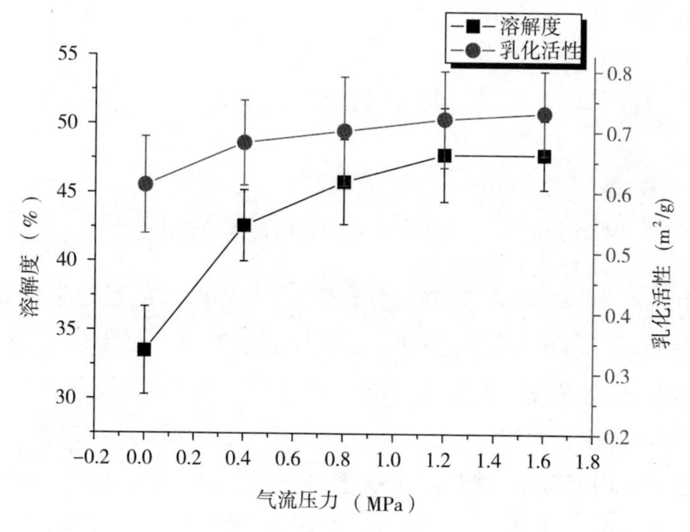

图10－13 气流压力对米糖蛋白溶解性与乳化性的影响

由图10－13可知，随着粉碎气流压力增加，米糠蛋白粒度的减小，其溶解性逐渐升高，粉碎气流1.2 MPa处理样品溶解性最高为47.8%，相比与原样的33.5%，提高了14.3%。

由图10－13可知，随着粉碎气流压力增加，米糠蛋白粒度的减小，其乳化性逐渐升高，粉碎气流1.2 MPa处理样品乳化性最高为0.72 m^2/g，相比与原样的

0.61 m^2/g,提高了0.11 m^2/g。超微粉碎后使得米糠蛋白粒度不同,粒度越小,受到的机械作用越大,蛋白质片段基团被破坏的程度越高,导致蛋白质内部疏水基团暴露越多,蛋白质疏水性越强,在界面的蛋白质浓度越高,界面张力或表面张力越低,乳状液越稳定。因此,米糠蛋白乳化性随着粒度的减小而提高。

(二)米糠蛋白溶解性及乳化性受超微粉碎时间的影响

不同超微粉碎时间对米糠蛋白溶解性及乳化性的影响见图10-14。

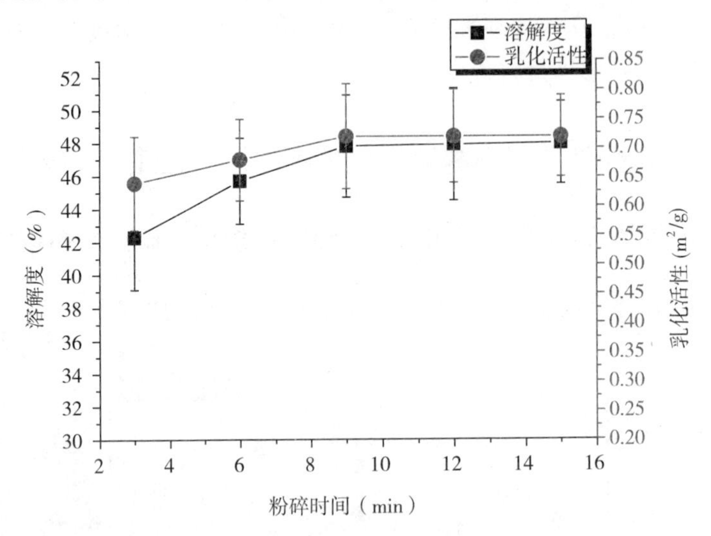

图10-14　粉碎时间对米糖蛋白溶解性与乳化性的影响

由图10-14可知,米糠蛋白的溶解度随着粉碎时间的延长呈现先上升后趋于平缓的趋势。当粉碎时间达到9 min时样品溶解度达最大值47.8%,而随着时间的继续上升,溶解度不再发生变化。产生以上变化可能是随着粉体粒径的不断减小,颗粒的比表面积、表面能和孔隙率提高;也可能是在超微粉碎作用下,其致密的组织结构变疏松,球状的米糠蛋白发生解聚,蛋白质分子解聚形成一些更小颗粒的亚基单位,并且亚基单位有一定程度的伸展,使得球状蛋白质内部的疏水基团和极性基团暴露出来,使得蛋白质分子的表面电荷分布加强,从而围绕着新暴露的极性基团的结合水增多,蛋白质水化作用增强,溶解性也得到改善,当达到一定的粉碎时间时,其解聚程度达到了极限,不会有更多的基团发生暴露,因此,溶解度不发生改变。

由图10-14可知,米糠蛋白的乳化性随着粉碎时间的延长呈现先上升后趋于平缓的趋势。当粉碎时间达9 min时样品乳化性最高为0.72 m^2/g,随着时间的继续增加,乳化性不再发生改变。

(三)米糠蛋白溶解性及乳化性受米糠蛋白浓度的影响

不同米糠蛋白浓度对米糠蛋白溶解性及乳化性的影响见图 10 - 15。

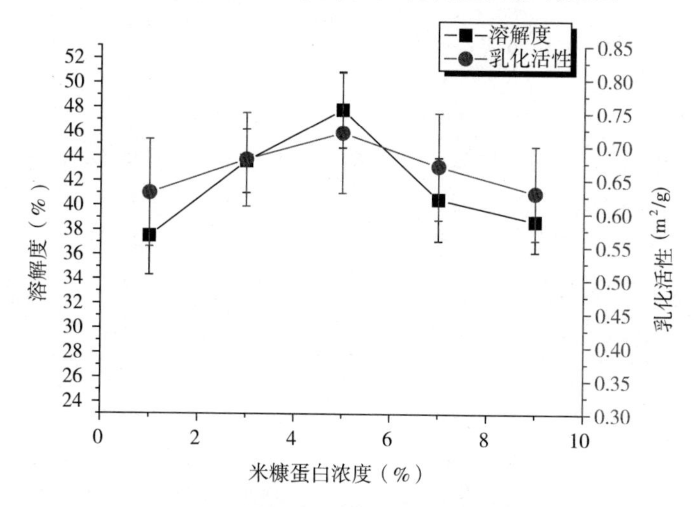

图 10 - 15　米糠蛋白浓度对米糖蛋白溶解性与乳化性的影响

由图 10 - 15 可知,随着米糠蛋白浓度的增加,溶解度逐渐上升,当米糠蛋白浓度为 5% 时,溶解度最高为 47.8%,随后呈现下降的趋势。这可能是由于随着浓度的增加,更多的蛋白质分子受到超微粉碎机的影响,空间结构发生改变,使溶解度增加,当浓度增大到一定值时,粉碎机与蛋白质分子的接触面积不再增加,它的溶解度变化就会变小。

由图 10 - 15 可知,随着米糠蛋白浓度的上升,乳化性呈现上升的趋势,当米糠蛋白浓度为 5% 时,乳化性最高,为 0.73 m^2/g,当浓度继续上升时,乳化性呈现下降的趋势。

(四)响应面结果分析与优化

根据单因素试验结果采用 Design - Expert 软件对试验进行优化。以米糠蛋白溶解度 R_1、乳化性 R_2 为响应值,选择气流压力 A、粉碎时间 B、米糠蛋白浓度 C 为影响因素,根据响应曲面法设计三因素三水平的二次回归方程来拟合因素和指标(响应值)之间的函数关系及最优处理工艺参数,试验方案及结果见表10 - 20。

表 10－20　试验方案及结果

试验号	压力 A(MPa)	粉碎时间 B(min)	米糠蛋白浓度 C(%)	溶解度 R_1(%)	乳化性 R_2(m^2/g)
1	0	0	0	49.1	0.76
2	0	0	0	49.2	0.76
3	－1	－1	0	36.4	0.36
4	0	1	1	25.3	0.56
5	1	0	1	33.1	0.49
6	1	1	0	35.7	0.36
7	－1	1	0	34.2	0.37
8	0	0	0	48.8	0.73
9	0	1	－1	24.3	0.57
10	0	－1	－1	22.3	0.56
11	1	－1	0	35.2	0.37
12	－1	0	1	32.8	0.49
13	1	0	－1	31.5	0.5
14	0	0	0	46.7	0.76
15	0	0	0	49.2	0.76
16	0	－1	1	23.4	0.56
17	－1	0	－1	34.2	0.49

由表 10－20 可知，利用响应曲面法对试验数据进行回归拟合，得到以溶解度 R_1 为响应值，选择气流压力 A、粉碎时间 B、米糠蛋白浓度 C 为相应因素的二次多项回归模型方程为：

$$R_1 = 48.60 - 0.26A + 0.28B + 0.29C + 0.67AB + 0.75AC - 0.025BC - 2.08A^2 - 11.15B^2 - 13.63C^2$$

采用 Design－Expert 软件对模型方程进行方差分析，结果见表 10－21。

表 10－21　回归与方差分析结果

变量	自由度	平方和	均方	F	$Pr > F$
A	1	0.55	0.55	0.39	0.5523
B	1	0.61	0.61	0.43	0.5340
C	1	0.66	0.66	0.47	0.5162
AB	1	1.82	1.82	1.29	0.2937
AC	1	2.25	2.25	1.59	0.2477

续表

变量	自由度	平方和	均方	F	$Pr>F$
BC	1	$2.500\mathrm{E}^{-3}$	$2.500\mathrm{E}^{-3}$	$1.767\mathrm{E}^{-3}$	0.9676
A^2	1	18.13	18.13	12.82	0.0090
B^2	1	523.46	523.46	370.03	<0.0001
C^2	1	781.64	781.64	552.54	<0.0001
回归	9	1432.60	159.18	112.52	<0.0001
剩余	7	9.90	1.41		
失拟	3	5.28	1.76	1.52	0.3377
误差	4	4.62	1.16		
总和	16	1442.50			

由表10－21可知，响应面优化拟合出的方程回归项及各因素指标与响应值之间的线性关系均显著，且失拟项0.3377>0.05，拟合模型方程的均方值$R^2=0.9931$，$R^2_{Adj}=0.9843$，因此，通过以上指标可证明该模型方程用于本研究的试验拟合是可行的。通过F值检验可得到F值大小由高至低为：$C>B>A$，即米糠蛋白浓度>粉碎时间>气流压力。

因子间的交互作用对于米糠蛋白溶解度响应值影响见图10－16。

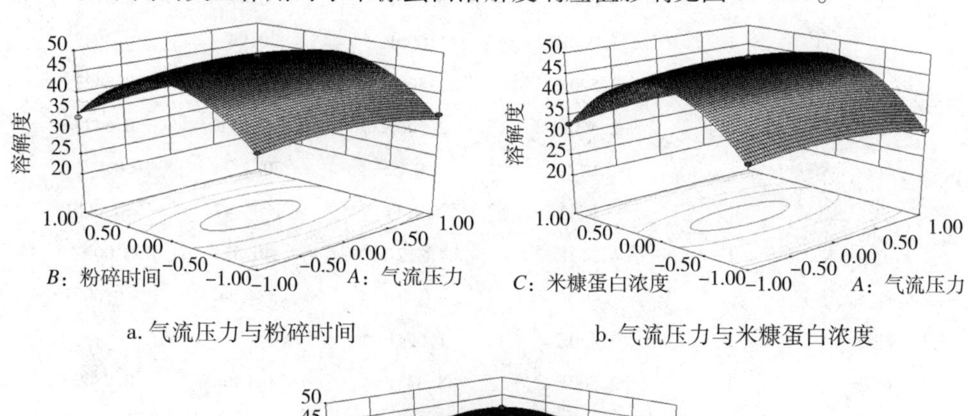

a. 气流压力与粉碎时间　　b. 气流压力与米糠蛋白浓度

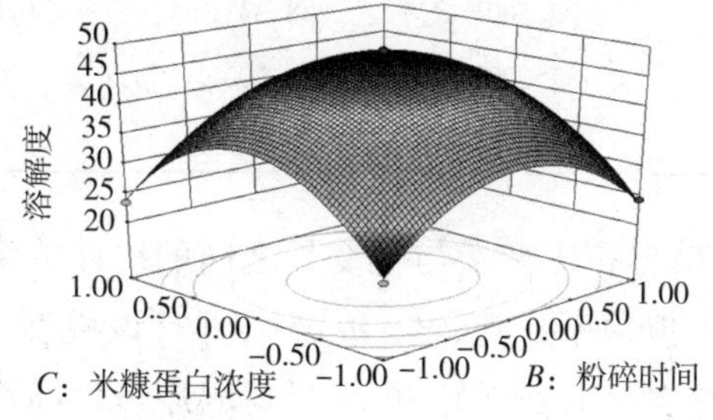

c. 粉碎时间与米糠蛋白浓度

图10－16　各两因素交互作用对溶解度影响的响应面图

由图10－16可知，应用响应面寻优分析方法对R_1回归模型进行描述，确定了最优处理工艺的气流压力、粉碎时间、米糠蛋白浓度对应的编码值分别为－0.058、0.011、0.009，所对应最优工艺参数为：气流压力1.19 MPa、粉碎时间9.01 min、米糠蛋白浓度5.01%。为适应生产需求将上述处理工艺参数优化为气流压力1.2 MPa、粉碎时间9 min、米糠蛋白浓度5%，在此处理工艺条件下，米糠蛋白溶解度可达48.61%。

利用Design－Expert软件中的响应面对乳化性R_2试验数据及结果进行分析，建立回归模型：

$$R_2 = 0.75 + 1.250E^{-3}A + 1.250E^{-3}B - 2.500E^{-3}C - 5.000E^{-3}AB - 2.500E^{-3}AC - 2.500E^{-3}BC - 0.23A^2 - 0.16B^2 - 0.032C^2$$

米糠蛋白乳化性R_2的回归与方差分析结果见表10－22。

表10－22　回归与方差分析结果

变量	自由度	平方和	均方	F	$Pr>F$
A	1	$1.250E^{-5}$	$1.250E^{-5}$	0.12	0.7419
B	1	$1.250E^{-5}$	$1.250E^{-5}$	0.12	0.7419
C	1	$5.000E^{-5}$	$5.000E^{-5}$	0.47	0.5151
AB	1	$1.000E^{-4}$	$1.000E^{-4}$	0.94	0.3647
AC	1	$2.500E^{-5}$	$2.500E^{-5}$	0.23	0.6427
BC	1	$2.500E^{-5}$	$2.500E^{-5}$	0.23	0.6427
A^2	1	0.22	0.22	2083.74	<0.0001
B^2	1	0.11	0.11	1006.47	<0.0001
C^2	1	$4.312E^{-3}$	$4.312E^{-3}$	40.51	0.0004
回归	9	0.36	0.040	374.24	<0.0001
剩余	7	$7.450E^{-4}$	$1.064E^{-4}$		
失拟	3	$2.500E^{-5}$	$8.333E^{-6}$	0.046	0.9849
误差	4	$7.200E^{-4}$	$1.800E^{-4}$		
总和	16	0.36			

由表10－22可知，方程因变量与自变量之间的线性关系明显，该模型回归显著（$P<0.0001$），失拟项不显著（$P>0.05$），并且该模型$R^2=0.9979$，$R^2_{Adj}=0.9953$，说明该模型与实验拟合良好，自变量与响应值之间线性关系显著，可以用于该反应的理论推测。由F检验可以得到因子贡献率为：$C>B=A$，即米糠蛋白浓度>粉碎时间=气流压力。

因素间交互作用对米糠蛋白乳化性影响的响应面图见图 10－17。

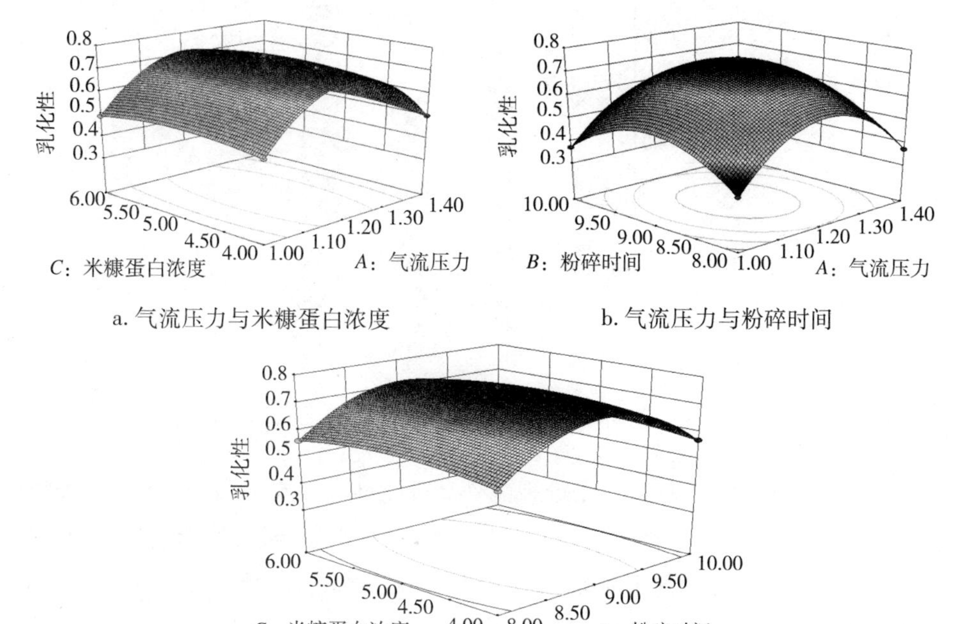

a. 气流压力与米糠蛋白浓度

b. 气流压力与粉碎时间

c. 粉碎时间与米糠蛋白浓度

图 10－17　各两因素交互作用对乳化性影响的响应面图

由图 10－17 可知，应用响应面寻优分析方法对 R_2 回归模型进行分析，确定最优处理工艺的气流压力、粉碎时间、米糠蛋白浓度对应的编码值分别为 0.003、0.004、－0.041。所对应最优工艺参数为：气流压力 1.20 MPa、粉碎时间 9.0 min、米糠蛋白浓度 4.96%。为适应生产需求将上述处理工艺参数优化为气流压力 1.20 MPa、粉碎时间 9 min、米糠蛋白浓度 5%，在此处理工艺条件下，米糠蛋白的乳化性为 0.75 m^2/g。

为同时获取最佳乳化性及溶解度，采用联合求解法确定最佳工艺条件为：气流压力 1.20 MPa、粉碎时间 9.0 min、米糠蛋白浓度 5.01%；为适应实际生产需求，将上述指标优化为气流压力 1.20 MPa、粉碎时间 9 min、米糠蛋白浓度 5%，在此处理工艺条件下，米糠蛋白的溶解度为 48.60%，乳化性为 0.75 m^2/g。

四、三种处理提高米糠蛋白溶解性与乳化性工艺研究的比较

（一）三种不同处理方法对米糠蛋白乳化性的影响

三种不同处理方法对米糠蛋白乳化性的影响见图 10－18。

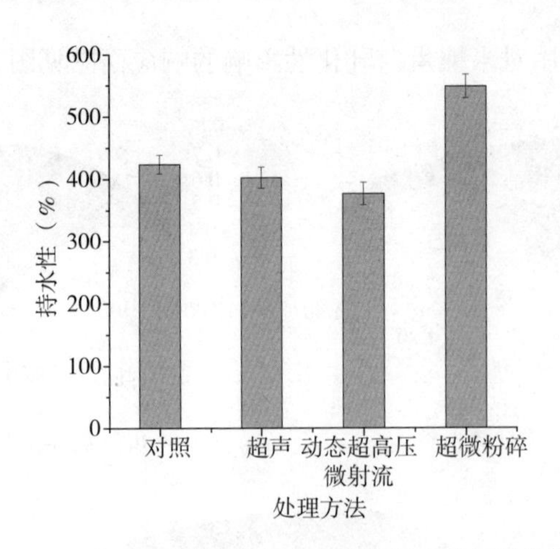

图 10 - 18　三种不同处理方法对米糠蛋白乳化性的影响

从图 10 - 18 中可以发现，未处理的样品乳化性为 0.52 m^2/g，相对于米糠蛋白原样，通过以上三种物理方法处理，超声处理后，米糠蛋白的乳化性上升幅度最高，其中，超声处理后乳化性提高至 0.85 m^2/g，动态高压微射流处理后乳化性提高至 0.60 m^2/g，超微粉碎处理后乳化性提高至 0.76 m^2/g。

(二)三种不同处理方法对米糠蛋白持水性的影响

蛋白持水性是指一定量的干蛋白样品，充分吸水后，经离心后所能结合和包埋水的能力，由不同处理制备的米糠蛋白的持水性见图 10 - 19。

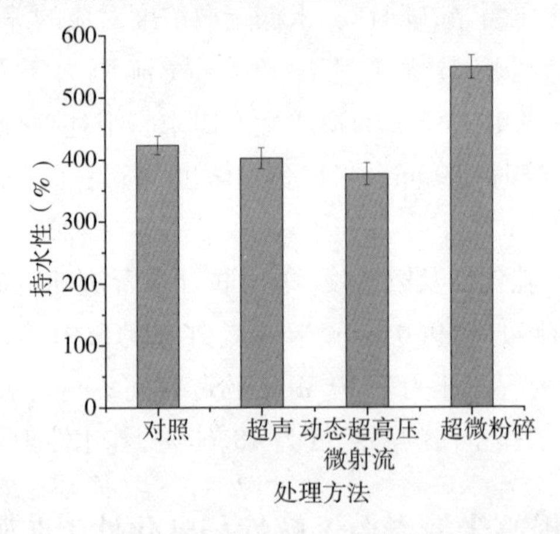

图 10 - 19　三种不同处理方法对米糠蛋白持水性的影响

从图 10 - 19 中可以发现，与对照组相比，经过超声处理、动态超高压微射流处理制备的米糠蛋白样品的持水能力没有显著性提高，反而使样品的持水性有所下降。其理论解释为米糠蛋白经纳米均质微射流处理后,蛋白结构变得松散,降低了包埋水的能力。但是,通过超微粉碎处理后,样品的持水性显著提高,其理论解释为随着粉体粒径的不断减小,其致密的组织结构被疏松,颗粒的比表面积、表面能和孔隙率提高;并且在机械作用下,米糠蛋白颗粒与水的接触面积、接触部位增加,其分散性增强,因而持水性有明显提高。

(三)三种不同处理方法对米糠蛋白溶解度的影响

三种不同处理方法对米糠蛋白溶解度的影响见图 10－20。

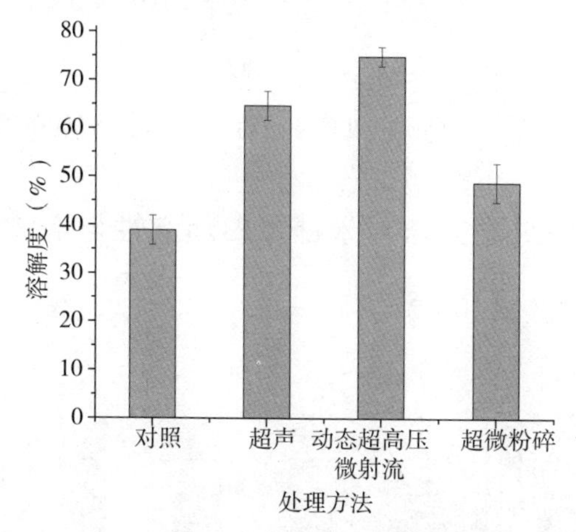

图 10－20　三种不同处理方法对米糠蛋白溶解度的影响

从图 10－20 中可以发现,对照组样品的溶解度为 39.4%,跟对照组相比,在三种物理处理方法中,超高压动态微射流处理后,米糠蛋白的溶解性提高最为显著,其中,超声处理后溶解度提高至 67.2%,动态高压微射流处理后溶解度提高至 73.9%,超微粉碎处理后溶解度提高至 51.6%。

(四)三种不同处理方法对米糠蛋白持油性的影响

不同处理方法对米糠蛋白持油性的影响见图 10－21。

由图 10－21 可知,通过以上三种不同的前处理的米糠蛋白,与对照组相比持油性均有显著提高,尤其经动态超高压微射流处理的米糠蛋白的持油性上升效果最为明显。其理论的解释为,随着粉体粒径的不断减小,其致密的组织结构被疏松,颗粒的比表面积、表面能和孔隙率提高;并且在机械作用下,米糠蛋白颗粒与油的接触面积、接触部位增加,其分散性增强,因而持油性有明显提高。

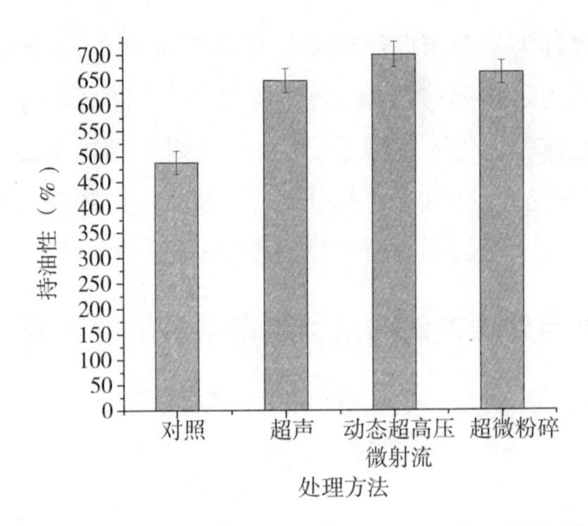

图 10 - 21　三种不同处理方法对米糠蛋白持油性的影响

(五)三种不同处理方法对米糠蛋白起泡性与泡沫稳定性的影响

结果见图 10 - 22、图 10 - 23。

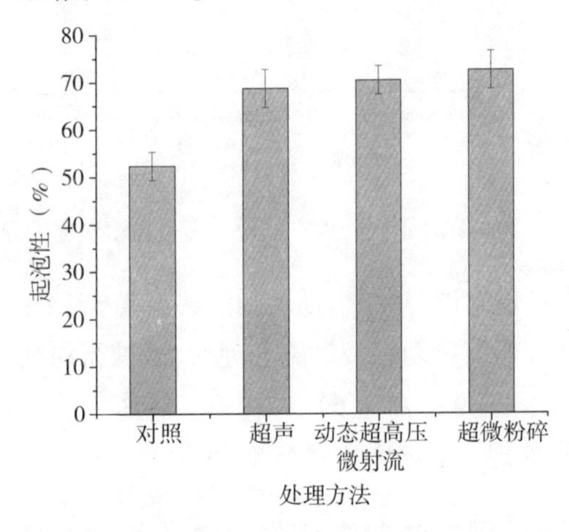

图 10 - 22　三种不同处理方法对米糠蛋白起泡性的影响

由图 10 - 22 可知，通过三种不同的物理方法处理之后，与对照组相比，处理之后米糠蛋白的起泡性上升幅度较为明显，原样中米糠蛋白的起泡性为 52.3，通过超声处理后，其起泡性提升到 68.7，动态超高压微射流处理后，起泡性达到 70.4，超微粉碎处理后，起泡性达到了 72.5。

由图 10 - 23 可知，通过三种不同的物理方法处理之后，与对照组相比，其样品的泡沫稳定性也与起泡性上升的趋势一样，原样中米糠蛋白的泡沫稳定性为

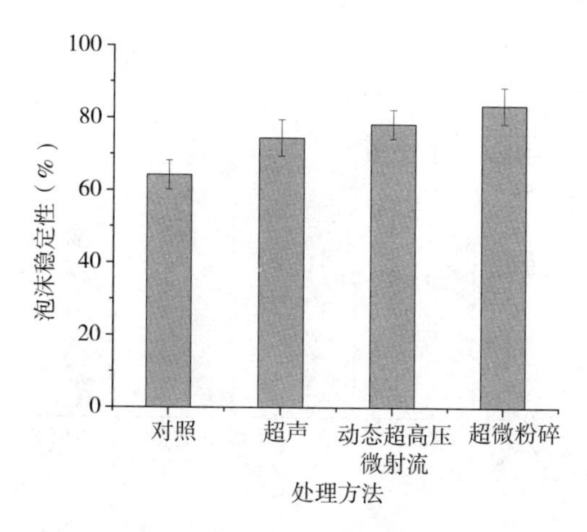

图 10－23　三种不同处理方法对米糠蛋白泡沫稳定性的影响

64.3，通过超声处理后，其泡沫稳定性提升到 74.5，动态超高压微射流处理后，泡沫稳定性达到 78.3，超微粉碎处理后，泡沫稳定性达到了 83.5。

分析认为：一方面，通过以上三种方法处理后，米糠蛋白粒度逐渐减小，颗粒中大的基质蛋白质片段基团被破坏的越严重，形成更小的蛋白质单位，链段柔性增加，蛋白质分子链充分伸展，促使原来被包裹着的氨基酸残基凸现出来。因此链段柔性的增加以及疏水基团的充分暴露使其具有更大的表面活性，能降低水的表面张力，在剧烈搅拌时形成丰富的泡沫。另一方面，二硫键对泡沫稳定性起着相当重要的作用。处理后更多的疏水部位和—SH 的暴露，促进了疏水相互作用和—SH 向—S—S—的交换反应，导致蛋白质分子间相互作用的增强，泡沫稳定性提高。同时，超微化处理后蛋白质内部的极性基团和疏水基团的暴露，使它更容易分布在空气和水的界面上，起到了使泡沫增加和稳定泡沫的作用。

（六）三种不同处理方法对米糠蛋白巯基含量的影响

游离巯基基团（—SH）与二硫键（—S—S—）是米糠蛋白中重要的功能基团，其含量变化可反映蛋白质的变性程度，对其功能性质的发挥具有重要的作用。而蛋白质中游离巯基（即未形成二硫键的巯基）分为两部分：一部分是埋藏在分子内部的巯基，另一部分是暴露在蛋白质表面的巯基。一些加工方法如高压、加热等会引起巯基的变化和二硫键的断裂，从而引起蛋白的变性。不同处理方法对米糠蛋白巯基含量的影响见图 10－24。

由图 10－24 可知，通过与对照组的数据对比，对照组米糠蛋白中巯基含量为 1.2 μmol/g，超声处理后，巯基含量增加到 1.7 μmol/g，而动态超高压微射流

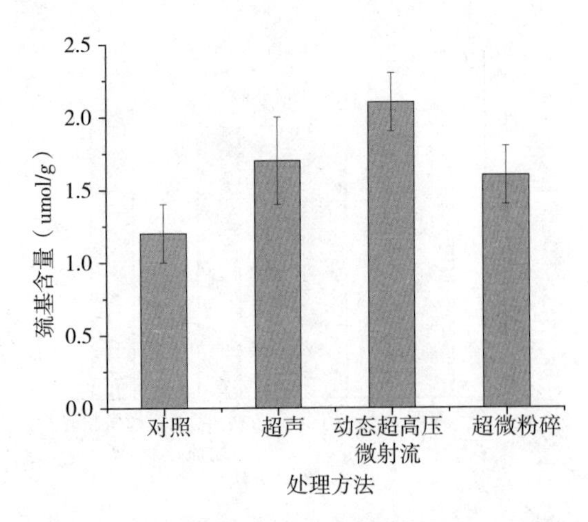

图 10 - 24　三种不同处理方法对米糠蛋白巯基含量的影响

处理后，巯基含量增加到 2.1 μmol/g，超微粉碎处理后，巯基含量增加到 1.6 μmol/g。其理论解释为：通过三种物理方法处理米糠蛋白后，其蛋白质变性伸展，蛋白质内部巯基暴露。也可能是在超微粉碎处理过程中，蛋白因受到机械作用而发生变性，高级结构受到破坏，肽链伸展，疏水结合及离子结合的键被切断，造成某些维持蛋白质高级结构的二硫键发生断裂，形成巯基暴露出来。

（七）三种不同处理方法对米糠蛋白凝胶性的影响

米糠蛋白凝胶化是一个复杂的过程，一般包括蛋白质分子链的展开、分裂、结合及聚集等几个历程，蛋白质是通过充分伸展的肽键之间的相互交联而形成凝胶的。米糠蛋白在受热的情况下，球状的蛋白质分子开始伸展开来，原来包埋在卷曲的分子链内部的功能基团，如二硫基、疏水基团暴露出来，为减少体系的能量，相邻的分子通过二硫键、氢键、疏水作用、静电引力以及范德华力交联形成具有网络状三维空间结构，将水和其他成分包埋起来，形成凝胶。

不同处理方法对米糠蛋白凝胶强度的影响见图 10 - 25。

由图 10 - 25 可知，通过与对照组的数据对比，对照组米糠蛋白中凝胶强度为 1.34 g，超声处理后，凝胶强度增加到 1.77 g，而动态超高压微射流处理后，凝胶强度增加到 2.47 g，超微粉碎处理后，凝胶强度增加到 2.56 g。通过三种物理方法处理后，米糠蛋白分子展开，导致了米糠蛋白分子结构的变化，处理后更多的疏水部位和—SH 的暴露，促进了疏水相互作用和—SH 向—S—S—的交换反应，有利于凝胶结构的形成。

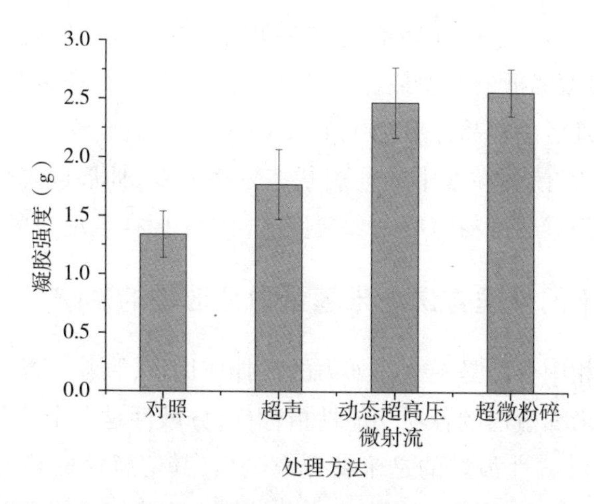

图 10－25　三种不同处理方法对米糠蛋白凝胶性的影响

(八) 三种不同处理方法对米糠蛋白黏度的影响

蛋白质液体流动时表现出来的内摩擦称为黏度，又称为流动性。蛋白质溶液的黏度受蛋白质的温度、pH、分子量、摩擦系数、处理条件和离子强度等因素的影响。米糠蛋白溶液属于非牛顿流体的假塑性液体，黏度通常情况下随着浓度的增加而增加。黏度在调整食品物性方面十分重要。蛋白质的流动性或黏度在肉汁、汤类和饮料等流食中是以增加强度为目的来调整食品物性，在工艺条件选择上，在运输泵、喷雾干燥压力选用时均涉及到黏度，对蛋白质黏度的关注是相当实际的一个问题。

不同处理方法对米糠蛋白黏度的影响见图 10－26。

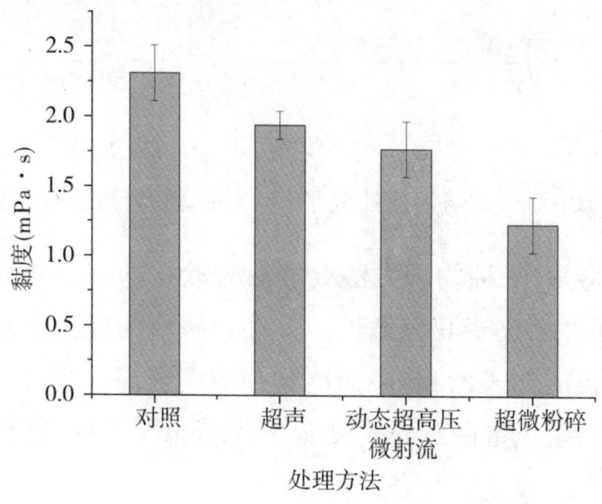

图 10－26　三种不同处理方法对米糠蛋白黏度的影响

由图 10 - 26 可知,三种处理均使得米糠蛋白的黏度有所降低,其中超微粉碎处理后,样品黏度降低的幅度最显著,未处理米糠蛋白的黏度为 2.31 mPa · s,通过超微粉碎处理后的样品黏度为 1.23 mPa · s。其理论解释为三种处理改变了分子的空间结构,使其在水中的伸展状态发生改变,伸展度降低,流动产生的黏性阻力减小。经过超微粉碎后的米糠蛋白相比于原样表现为黏度的下降。

(九)三种不同处理方法对米糠蛋白分散性的影响

蛋白质在水相中分散是一个在外力的搅拌作用下,颗粒不断吸水溶胀、分散溶解的过程。在米糠蛋白的各项功能性指标中,分散性是一个非常重要的指标。米糠蛋白制品中溶解性最好的是米糠分离蛋白,其溶解性最高可达 90% 以上。正是由于其优异的溶解性,米糠分离蛋白分散于水相溶液中时非常容易出现"结团"的现象,先与水溶液接触的蛋白表面极性基团与水分子结合,在表面形成了一个致密的水化层,进一步阻止了里层的蛋白与水结合,因此影响了蛋白在溶液中的快速溶解,故很有必要对这一指标进行研究。

不同处理方法对米糠蛋白分散性的影响见图 10 - 27。

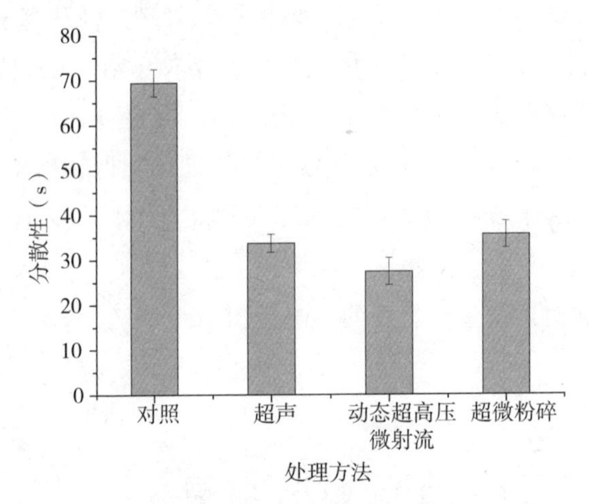

图 10 - 27　三种不同处理方法对米糠蛋白分散性的影响

由图 10 - 27 可知,三种物理方法处理后分散性均有显著性的降低,证明通过三种物理方法均可以改变其分散性。其理论解释为通过三种物理处理,粉体粒径不断减小,颗粒的比表面积、表面能和孔隙率提高。同时,处理后破坏了蛋白质分子的二硫键,阻止蛋白质分子聚集,从而降低了米糠蛋白的分散性。

第四节 结论

本章以脱脂米糠提取的米糠浓缩蛋白为研究对象，探寻了三种物理处理方法对米糠蛋白中溶解性和乳化性影响的工艺研究，并对比了三种物理处理方法对米糠蛋白功能性质的影响。建立了完整的溯源模型的理论分析过程，利用有机成分分析技术和矿物元素指纹图谱技术及两种技术相结合的基础上对大豆产地溯源进行了深入理论和试验研究，得出以下结论：

（1）通过考察米糠蛋白浓度 A、超声功率 B、超声时间 C 和超声温度 D 等因素对米糠蛋白溶解性、乳化性的影响，最终确定了单因素下各因素的最佳条件为：米糠蛋白浓度3%、超声功率200 W、超声时间10 min和超声温度40℃。为同时获取最佳乳化性及溶解度，采用联合求解法确定米糠蛋白处理工艺条件为：米糠蛋白浓度3%、超声功率201 W、超声时间10 min和超声温度40℃，在此处理工艺条件下，米糠蛋白溶解度为64.30%，乳化性0.85 m^2/g。

（2）利用响应曲面法对动态高压微射流工艺参数进行优化，对关键因子及其相互作用进行了评价与探讨，研究结果表明：压力140 MPa、进料温度30℃、米糠蛋白浓度5%，在此条件下米糠蛋白的溶解度73.30%，乳化性为0.53 m^2/g，说明采用响应面优化动态高压微射流具有科学性。

（3）应用响应面寻优分析方法对超微粉碎工艺参数进行优化，为同时获取最大米糠蛋白溶解度与乳化性，采用联合求解法确定米糠蛋白溶解度及乳化性的处理工艺条件为：气流压力1.20 MPa、粉碎时间9 min、米糠蛋白浓度5%，在此处理工艺条件下，米糠蛋白的溶解度为48.60%，乳化性为0.75 m^2/g。

（4）通过对比超声、动态高压微射流、超微粉碎处理制备的米糠蛋白的溶解性、乳化性、持水性、持油性、起泡性与泡沫稳定性、巯基含量、凝胶性、黏度、分散性等功能特性。结果表明：三种处理制备的米糠蛋白的溶解性、乳化性、持油性、起泡性与泡沫稳定性、巯基含量、凝胶性、都要高于对照组（未经改性处理的蛋白），而这之中，动态高压微射流处理对于其溶解性、其巯基含量提升最为显著，超声处理对于其乳化性提升最为显著，动态高压微射流、超微粉碎处理能明显改善其凝胶性。超微粉碎处理使持水性显著升高，三种处理均使黏度有所降低，但超微粉碎处理最为显著。三种处理均使分散性显著降低。

参考文献

[1]杨春，栗红瑜，邓晓燕，等. 小米蛋白质的氨基酸组成及品质评价分析[J]. 农产品加工:学刊，2008，2008(12):8-10.

[2]Prakash J, Ramaswamy H S. Rice bran proteins: Properties and food uses[J]. Critical Reviews in Food Science & Nutrition, 1996, 36(6):537-52.

[3]王艳玲. 米糠中四种蛋白的提取工艺及特性研究[D]. 东北农业大学，2013.

[4]朱巧力. 稻米深加工行业现状分析及对策建议[J]. 质量探索，2013(5): 55-56.

[5]徐红华，于国平. 米糠蛋白的分离及其营养特性的研究[J]. 粮油食品科技，2002，10(1):17-18.

[6]王长远，郝天舒，张敏. 干热处理对米糠蛋白结构与功能特性的影响[J]. 食品科学，2015，36(7):13-18.

[7]郭晓玲，武冬梅，王莹. 米糠蛋白活性肽的制备工艺研究[J]. 佳木斯大学学报(自然科学版)，2010(1): 112-113.

[8]Hou L X, Zhu Y Y, Li Q X. Characterization and preparation of broken rice proteins modified by proteases. [J]. Food Technology & Biotechnology, 2010, 48(1):50-55.

[9]彭文怡，陈慧. 米糠蛋白综合利用[J]. 粮食与油脂，2015(5):9-10.

[10]田杰. 米糠蛋白及膳食纤维的研究与应用[D]. 武汉轻工大学，2015.

[11]徐浩. 米糠资源研究与应用[D]. 安徽农业大学，2015.

[12]尤亮亮，金惠玉，苏萍，等. 米糠蛋白及酚类的综合研究进展[J]. 食品工业，2015(11):267-270.

[13]莫文敏，曾庆孝. 蛋白质改性研究进展[J]. 食品科学，2000，21(6): 6-10.

[14]梁丽琴，袁道强. 绿豆分离蛋白功能特性研究[J]. 郑州轻工业学院学报，2005(1): 50-55.

[15]王长远，全越，许凤，等. pH处理对米糠蛋白理化特性及结构的影响[J]. 中国生物制品学杂志，2015，28(5):483-487.

[16]张薇. 超声波辅助双酶法提取米糠蛋白及其应用的研究[D]. 吉林农业大学，2014.

[17]金世合，陈正行，周素梅. 酶解米糠蛋白的功能性质研究[J]. 食品工业科技，2004(3):56－57.

[18]温焕斌，曹晓虹，李翠娟,等. 米糠蛋白提取工艺优化及其特性研究[J]. 扬州大学学报(农业与生命科学版)，2010，31(2):72－77.

[19]Hedayati A A K，Aalami M，Motamedzadegan A，et al. Functional and Physicochemical Properties of Iranian Rice Bran Protein Concentrates[J]. Minerva Biotecnologica，2015，27(1)：11－19.

[20]顾林，姜军，孙婧. 碎米提取大米蛋白工艺及功能特性研究[J]. 粮食与饲料工业，2006(12):5－7.

[21]任健，郑喜群，王文侠,等. 葵花粕中分离蛋白的成分及特性[J]. 农业工程学报，2007，23(6):252－255.

[22]林素丽. 超高压处理对米糠蛋白功能及结构特性的影响研究[D]. 浙江大学，2017.

[23]Cheetangdee N，Benjakul S. Antioxidant activities of rice bran protein hydrolysates in bulk oil and oil－in－water emulsion[J]. Journal of the Science of Food & Agriculture，2015，95(7):1461－1468.

[24]Kannan A，Hettiarachchy N S，Lay J O，et al. Human cancer cell proliferation inhibition by a pentapeptide isolated and characterized from rice bran. [J]. Peptides，2010，31(9):1629－34.

[25]Zhang H，Yokoyama W H，Zhang H. Concentration－dependent displacement of cholesterol in micelles by hydrophobic rice bran protein hydrolysates[J]. Journal of the Science of Food & Agriculture，2012，92(7):1395－1401.

[26]Hatanaka T，Inoue Y，Arima J，et al. Production of dipeptidyl peptidase IV inhibitory peptides from defatted rice bran[J]. Food Chemistry，2012，134(2)：797－802.

[27]Khan S H，Butt M S，Anjum F M，et al. Quality evaluation of rice bran protein isolate－based weaning food for preschoolers[J]. International Journal of Food Sciences & Nutrition，2011，62(3):280－288.

[28]Wang M，Hettiarachchy N S，Qi M，et al. Preparation and functional properties of rice bran protein isolate[J]. Journal of Agricultural & Food Chemistry，1999，47(2):411－6.

[29]郑煜焱，杨大光，李新华,等. 米糠蛋白在海绵蛋糕中的应用研究[J]. 粮

油加工，2010(3):85-88.

[30]吕飞，许宙，程云辉. 米糠蛋白提取及其应用研究进展[J]. 食品与机械，2014(3):234-238.

[31]张兆琴，万小保. 米糠蛋白提取研究进展[J]. 农产品加工，2017(12):54-55.

[32]姚玉静，杨晓泉，邱礼平，等. 食品蛋白质化学改性研究进展[J]. 粮食与油脂，2006(7):10-12.

[33]袁道强，梁丽琴，王振锋，等. 改性植物蛋白的研究及应用[J]. 食品研究与开发，2005，26(6):13-15.

[34]周雪松. 花生蛋白改性研究[J]. 粮食加工，2005，30(3):42-45.

[35]马庆保，汪一红，刘志东，等. 食品蛋白磷酸化改性的研究进展[J]. 安徽农业科学，2017，45(1):99-101.

[36]赵景华，吴兆明，丁宇宁，等. 胶原蛋白的化学改性方法及其应用的研究进展[J]. 渔业研究，2017，39(2):147-156.

[37]孙鹏. 大豆蛋白改性技术的研究[J]. 食品研究与开发，2005，26(5):115-117.

[38]Rastogi N K. Opportunities and challenges in application of ultrasound in food processing[J]. Critical Reviews in Food Science & Nutrition，2011，51(8):705-722.

[39]朱建华，杨晓泉，熊犍. 超声波技术在食品工业中的最新应用进展[J]. 酿酒，2005，32(2):54-57.

[40]宿哲然，李新华，金嫘. 超声波对蛋清蛋白酶解的研究[J]. 食品科技，2006，31(12):74-76.

[41]孙冰玉，石彦国. 超声波对醇法大豆浓缩蛋白乳化性的影响[J]. 中国粮油学报，2006，21(4):60-63.

[42]贾俊强，马海乐，曲文娟，等. 超声预处理大米蛋白制备抗氧化肽[J]. 农业工程学报，2008，24(8):288-293.

[43]朱建华，杨晓泉，邹文中，等. 超声处理对大豆分离蛋白功能特性的影响[J]. 食品工业科技，2004，25(4):56-59.

[44]杨会丽，马海乐. 超声波对大豆分离蛋白物理改性的研究[J]. 中国酿造，2009，28(5):24-27.

[45]朱建华，杨晓泉，熊犍. 超声处理对大豆蛋白表面性质的影响[J]. 食品与

发酵工业，2005，31(3)：16－20.
[46]朱建华，杨晓泉. 超声物理改性对 SPI 功能特性的影响[J]. 中国油脂，2006，31(1)：42－44.
[47]Wang L C. Soybean protein agglomeration：promotion by ultrasonic treatment [J]. Journal of Agricultural & Food Chemistry，1981，29(1)：177－180.
[48]刘进杰，张玉香，冯志彬，等. 超声和 Alcalase 酶复合处理水解大豆分离蛋白工艺研究[J]. 食品科学，2010，31(14)：84－87.
[49]王述辉，张东杰，王昊，等. 超声酶法对大豆分离蛋白乳化性的影响[J]. 农产品加工：学刊，2011(1)：54－56.
[50]陈海英，张春红，孙焕，等. 超声波对中性蛋白酶酶解谷朊粉影响的研究[J]. 食品工业科技，2006(5)：75－77.
[51]刘振春，邓子瑜，李慧，等. 超声波辅助酶法水解玉米蛋白的工艺研究[J]. 食品科学，2009，30(12)：61－65.
[52]杨诗斌，徐凯，张志森. 高剪切及高压均质机理研究及其在食品工业中的应用[J]. 粮油加工与食品机械，2002(4)：33－35.
[53]涂宗财，张雪春，刘成梅，等. 超高压微射流对花生蛋白结构的影响[J]. 农业工程学报，2008，24(9)：306－308.
[54]涂宗财，汪菁琴，阮榕生，等. 动态超高压微射流均质对大豆分离蛋白起泡性、凝胶性的影响[J]. 食品科学，2006，27(10)：168－170.
[55]Andreas H，Christian T，Björn B. Studying the effects of adsorption，recoalescence and fragmentation in a high pressure homogenizer using a dynamic simulation model[J]. Food Hydrocolloids，2009，23(4)：1177－1183.
[56]Håkansson A，Trägårdh C，Bergenståhl B. Dynamic simulation of emulsion formation in a high pressure homogenizer[J]. Chemical Engineering Science，2009，64(12)：2915－2925.
[57]Barnadas－Rodríguez R，Sabés M. Factors involved in the production of liposomes with a high－pressure homogenizer[J]. International Journal of Pharmaceutics，2001，213(1)：175－186.
[58]Feijoo S C，Hayes W W，Watson C E，et al. Effects of Microfluidizer technology on Bacillus licheniformis spores in ice cream mix.[J]. Journal of Dairy Science，1997，80(9)：2184－2187.
[59]Kasaai M R，Arul J，Charlet G. Fragmentation of chitosan by ultrasonic irradia-

tion. [J]. Ultrasonics Sonochemistry, 2008, 15(6):1001 - 1008.

[60] Che L M, Wang L J, Dong L, et al. Starch pastes thinning during high - pressure homogenization[J]. Carbohydrate Polymers, 2009, 75(1):32 - 38.

[61]钟俊桢, 刘成梅, 刘伟,等. 动态高压微射流技术对乳清蛋白性质的影响[J]. 食品科学, 2009, 30(17):106 - 108.

[62]尹寿伟, 唐传核, 温其标,等. 微射流处理对芸豆分离蛋白构象和功能特性的影响[J]. 华南理工大学学报(自然科学版), 2009, 37(10):112 - 116.

[63]沈兰, 王昌盛, 唐传核. 高压微射流处理对大豆分离蛋白构象及功能特性的影响[J]. 食品科学, 2012, 33(3):72 - 76.

[64]刘岩, 赵谋明, 赵冠里,等. 微射流均质改善热压榨花生粕分离蛋白乳化特性的研究[J]. 食品工业科技, 2010(7):65 - 67.

[65]黄科礼, 尹寿伟, 杨晓泉. 微射流处理对红豆分离蛋白结构及功能特性的影响[J]. 现代食品科技, 2011, 27(9):1062 - 1065.

[66]张洁, 徐桂花, 于颖. 超微粉碎技术及其在动物资源开发中的应用[J]. 肉类工业, 2009(10):14 - 16.

[67]杨连威, 赵晓燕, 李婷,等. 中药超微粉碎后对其性能的影响研究[J]. 世界科学技术:中医药现代化, 2008, 10(6):77 - 81.

[68]丁金龙, 孙远明, 杨幼慧,等. 魔芋葡甘聚糖超微粉碎过程中的自由基效应研究[J]. 现代食品科技, 2008, 24(8):741 - 744.

[69]黄晟, 钱海峰, 周惠明. 超微及冷冻粉碎对麦麸膳食纤维理化性质的影响[J]. 食品科学, 2009, 30(15):40 - 44.

[70]王跃, 李梦琴. 超微粉碎对小麦麸皮物理性质的影响[J]. 现代食品科技, 2011, 27(3):271 - 274.

[71]冯武, 武力, 马永涛. 三七的气流超微细粉碎及其粉体结构的研究[J]. 西部林业科学, 2004, 33(2):84 - 88.

[72] Craeyveld V V, Holopainen U, Selinheimo E, et al. Extensive dry ball milling of wheat and rye bran leads to in situ production of arabinoxylan oligosaccharides through nanoscale fragmentation. [J]. Journal of Agricultural & Food Chemistry, 2009, 57(18):8467 - 8473.

[73]张霞, 李琳, 李冰. 功能食品的超微粉碎技术[J]. 食品工业科技, 2010, 31(11):375 - 378.

[74]栾金水. 高新技术在调味品中的应用[J]. 中国调味品, 2003(12):3 - 6.

[75]吴伟，蔡勇建，吴晓娟，等. 米糠贮藏时间对米糠蛋白结构的影响[J]. 现代食品科技，2017(1):173-178.

[76]孙秀婷. 米糠蛋白的超声-还原剂提取与改性工艺及其功能性研究[D]. 福建农林大学，2015.

[77]王宪泽，张树芹，田纪春，等. 喷洒亚硫酸氢钠对小麦籽粒产量和蛋白质含量的影响[J]. 中国农业科学，2002，35(3):277-281.

[78]刘天一，迟玉杰. 大豆分离蛋白的磷酸化改性及功能性质的研究[J]. 食品与发酵工业，2004，30(6):118-121.

[79]Pearce K N, Kinsella J E. Emulsifying properties of proteins: evaluation of a turbidimetric technique[J]. Journal of Agricultural & Food Chemistry, 1978, 26(3):716-723.

[80]李磊，迟玉杰，王喜波，等. 超声-琥珀酰化复合改性提高大豆分离蛋白乳化性的研究[J]. 食品工业科技，2011(3):123-126.

[81]汤虎，孙智达，徐志宏，等. 超声波改性对小麦面筋蛋白溶解度影响的研究[J]. 食品科学，2008，29(12):368-372.

[82]Wagner J R, Sorgentini D A, Añón M C. Relation between solubility and surface hydrophobicity as an indicator of modifications during preparation processes of commercial and laboratory-prepared soy protein isolates[J]. Journal of Agricultural & Food Chemistry, 2000, 48(8):3159-3165.

[83]涂宗财，张露，王辉，等. 超声波辅助提取藜蒿多酚工艺优化及抗氧化活性研究[J]. 食品工业科技，2012，33(5):239-242.

[84]高云中，张晖，李伦，等. 超微粉碎对花生蛋白提取及性质的影响[J]. 中国油脂，2009，34(4):23-27.

[85]汪菁琴. 动态超高压均质对大豆分离蛋白改性的研究[D]. 南昌大学，2007.

[86]任为聪，程建军，张智宇，等. 不同改性方法对蛋白质溶解性的影响研究进展[J]. 中国粮油学报，2011，26(8):123-128.

[87]温程程. 辽西山杏仁蛋白提取及功能特性研究[D]. 沈阳农业大学，2016.

[88]Rahma E H. Functional and electrophoretic characteristics of faba bean (Vicia faba) flour proteins as affected by germination[J]. Molecular Nutrition & Food Research, 1988, 32(6):577-83.

[89]李维瑶，何志勇，熊幼翎，等. 温度对于大豆分离蛋白起泡性的影响研究

[J]. 食品工业科技, 2010(2):86 - 88.
[90] Shimada K, Cheftel J C. Determination of sulfhydryl groups and disulfide bonds in heat - induced gels of soy protein isolate[J]. Journal of Agricultural & Food Chemistry, 1988, 36(1):147 - 153.
[91] Shimada K, Cheftel J C. Sulfhydryl group/disulfide bond interchange reactions during heat - induced gelation of whey protein isolate. [J]. Journal of Agricultural & Food Chemistry, 1989, 37(1):161 - 168.
[92] 左思敏. 卵粘蛋白胶凝性质及其在蛋清凝胶中的作用[D]. 华中农业大学, 2013.
[93] 丁金龙, 孙远明, 杨幼慧, 等. 魔芋粉湿法微粉碎机械力化学效应研究[J]. 食品与发酵工业, 2003, 29(10):11 - 14.
[94] 逯昕. 酶改性制备专用大豆分离蛋白的研究[D]. 江南大学, 2008.
[95] 张慧, 卞科, 万小乐. 超微粉碎对谷朊粉理化特性及功能特性的影响[J]. 食品科学, 2010, 31(1):127 - 131.
[96] Cortés - Muñoz M, Chevalier - Lucia D, Dumay E. Characteristics of submicron emulsions prepared by ultra - high pressure homogenisation: Effect of chilled or frozen storage[J]. Food Hydrocolloids, 2009, 23(3):640 - 654.
[97] 李丽娜, 李军生, 阎柳娟. 分光光度法测定食品蛋白质中二硫键的含量[J]. 食品科学, 2008, 29(8):562 - 564.
[98] 涂宗财, 汪菁琴, 李金林, 等. 大豆蛋白动态超高压微射流均质中机械力化学效应[J]. 高等学校化学学报, 2007, 28(11):2225 - 2228.
[99] 叶荣飞. 大豆分离蛋白凝胶性影响因素研究进展[J]. 畜牧与饲料科学, 2009, 30(1):29 - 30.
[100] Batista A P, Portugal C A, Sousa I, et al. Accessing gelling ability of vegetable proteins using rheological and fluorescence techniques. [J]. International Journal of Biological Macromolecules, 2005, 36(3):135 - 143.
[101] 王洪武, 何亚东. 大豆蛋白质流变性能的研究[J]. 高分子材料科学与工程, 2002, 18(2):40 - 42.
[102] 丁金龙, 杨幼慧, 徐振林, 等. 超微粉碎对魔芋葡甘聚糖物性的影响[J]. 中国粮油学报, 2008, 23(1):157 - 160.